우리 과학 문화재의

한길에 서서

우리 과학 문화재의
한길에 서서

전상운의 한국 과학 기술사 회고

전상운

대담 신동원

사이언스북스
SCIENCE
BOOKS

하버드-옌칭 연구소, 야부우치 펠로들

그리고 우리 문화재 지킴이들에게

책을 시작하며

  그것은 긴 나그넷길이었다. 그 길목에서 나는 여러 번 주저앉고 눈물을 삼
켜야 했고, 외로움에 지치곤 했다. 50년. 분명히 짧은 세월은 아니었다. 그래
도 신통하게도 잘 견뎌냈다. 그래서 나는 지금 이 글을 쓰면서 한없이 받은
큰 은혜에 고마워하고 있다. 그 큰 은혜를 입지 않고 어떻게 이 책이 빛을 보
게 되었을까. 여러 사람을 고생시켰다.

  우리 전통 과학과 과학 문화재만을 바라보며 앞으로만 나가던 나였다. 그
래서 오늘이 있다. 물질적인 고단함과 정신적인 빚더미에 앉아서도 늘 편안
한 마음을 잃지 않도록 과학사의 길을 함께 한 수호천사가 내 옆에 있었기에
오늘의 이 글들이 햇빛을 볼 수 있어 감사한다.

  하기야 누구인들 나만한 어려움 없이 편안하게 일들을 해 냈을까. 학문이
라는 게 그런 것이 아닌가. 그러나 우리는 그 안에서 기쁨을 안고 지내는 사
람들이다.

  지난 반세기 동안 우리는 온 세상을 뒤흔든 격동의 소용돌이 속에서 살았
다. 용케도 살아남았다. 숨막히는 공기, 벌거벗은 산하, 쏟아지며 흘러가는
흙탕물, 그 속에서 우리는 우리의 전통과 유산을 온몸으로 지켜 냈다. 이제

야 우리는 물려받은 유산의 참모습을 알아보면서 그것들을 곱게 다듬어 다음 세대에 물려주려고 애쓰기 시작했다. 내가 쓴 이 글들은 그 한 조각이고 흩어진 고리들 중의 하나다.

지난 세월 동안, 나는 발로 뛰고 눈으로 보고 확인하고 조사 측정하고 머리로 생각하고 격렬하게 토론하고 자료를 찾아 고증하는 작업을 이어 왔다. 이 글은 거기서 얻은 이삭들이다. 우리는 서유럽의 과학 기술 문명에 빠져 있었다. 그래서 지난 세기 동안 우리는 우리의 과학 기술 유산을 애정을 가지고 대접하지 않았다. 물론 그 전통은 어찌 보면 근대 서유럽의 과학 기술 유산처럼 화려하고 정밀하지 못한 것들이 많다. 그러나 우리가 물려받은 유산은 결코 격이 낮거나 세련되지 못한 것이라 할 수 없다. 반성하고 새롭게 조명하고 재인식하는 노력이 필요하다.

조선의 실학자들이 서양의 새로운 과학 기술을 받아들이는 데 얼마나 진취적이고 적극적이었는지를 알아야 한다. 그리고 정당하게 평가해야 할 것이라는 생각을 하게 된다.

어쩌면 이 책이 그동안 내가 해온 우리 전통 과학 연구의 마지막 보고서가 될 것 같은 생각이 든다. 첫째 편 원고를 쓰기 시작해서 몇 해가 빨리도 지나갔다. 바람처럼 지나간 세월이다.

나라 안의 동료들과 후배 학자들 그리고 나라 밖의 많은 동료 학자들이 나에게 아낌없는 도움을 주었다. 여러 연구소와 박물관에 신세를 졌다. 다 손꼽을 수 없을 정도다. 그래도 꼭 여기 써서 고마움을 나타내야 할 사람들이 있다.

일본 교토의 야부우치 스쿨 펠로들과, 한국과학사학회 동료들, 서울대학교 과학사 과학 철학 협동 과정의 후배 학자들, 임종태 교수와 신동원 교수가 그들이다. 임 교수와 신 교수 두 사람은 이 책의 첫 단계 초기 원고를 꼼꼼히 읽어 주고, 나와의 대화를 통해서 그 말을 글로 옮기는 일에 정성을 다했다. (주)사이언스북스 편집부의 식구들도 내가 제멋대로 하는 산만한 말들을 정리하는 작업을 용케도 해 냈다. 내 아내 박옥선 할머니는 손으로 쓴 원고를 참을성 있게 읽고 컴퓨터에 입력하는 지루하고 어려운 일을 마다하지 않았다.

나는 아직도 과학사의 길목에 서 있다. 인생의 지평선이 보이지만, 커다란 짐을 내려놓고 쉴 생각을 하지 못한 채 엉거주춤 안간힘을 쓰고 있다. 그래도 이젠 쉬면서 가야겠다.

길은 아직도 멀다. 그래도 가야만 했다. 고단하긴 하지만 그게 즐겁기 때문이다. 달리 할 일도 없지 않은가. 그나마 무너미 글방의 작은 공간이 나를 반기고, 그 안에서 기쁨을 누릴 수 있으니까. 평생 내 길잡이가 되어 준 많은 책들, 내 마음의 틈새를 채워 주는 음악을 듣게 하는 오디오 기기들, 2,000장이 넘는 음반들이 나만의 세계를 만들어 주고 있다.

글방 창 밖에 푸름을 자랑하는 아름드리 백년솔들이 긴 세월 나에게 늘 미소 짓고 있다. 아침에 창호지 들창문을 열기를 기다리고 있었다는 듯, 그 노송들의 힘찬 모습을 바라보며 마시는 향긋한 녹차 한잔으로 나는 하루를 연다.

이렇게 살아온 50년 세월의 호기심과 정열 그리고 고민과 탐구로 찾아낸 우리 전통 과학의 참모습을 담아낸 게 이 책이다. 알아낸 것보다 모르는 게 아직도 많다. 그것들을 다 알아내려는 건 욕심이다.

이 글을 읽어 주는 여러분께 감사한다.

2016년 동지에
무너미 글방에서
전 상 운

차례

1부

우리에게 과학 문화재가 있었다

과학 문화재를 찾는 나그넷길의 시작

충격과 좌절 그리고 보람

1950년대 말, 나는 과학사라는 학문에 빠져 있었다. 그러나 한국에서 과학사 연구를 한다는 것은 그 시기에는 생각처럼 쉽지 않았다. 가르침을 받을 교수도 읽을 책도 만나기가 어려웠기 때문이다. 그리고 그런 낯선 학문으로, 내 앞날을 스스로 서서 걸어 나갈 수 있으리라는 전망도 없었다. 그런데도 시작했다. 그저 좋아서 하고 싶어서였다.

어느 날 책방에서 홍이섭의 『조선 과학사(朝鮮科學史)』와 만났다. 1946년에 정음사에서 낸 누런 책이었다. 인쇄도 거칠었다. 그러나 그 내용은 너무나 신선했다. 그때까지 내가 알고 있던 그런 과학사 책이 아니었다. 첨성대, 고려청자, 금속 활자, 거북선, 측우기 정도로 알고 있던 나에게 그것은 큰 충격이었다.

잘 알 수 없는 천문 관측 기기를 해설한 글과 해시계와 자격루, 측우기에 대한 평가는 나를 놀라게 했다. 그러나 인용된 문헌의 어려운 한문 자료는 나를 좌절하게 했다. 그야말로 새카만 한문 원전의 인용문은 내게는 너무도 생소한 내용이었다. 무슨 소린지 거의 알 수가 없었다.

그런데 홍이섭이 천문 기상학에서 자주 인용한 문헌은 나에게 한 가닥의 빛이 되었다. 월 칼 루퍼스(Will Carl Rufus)의 『한국의 천문학(Astronomy in Korea)』(1936년)과 와다 유지(和田雄治)의 『한국 관측소 학술 보문』(1910년), 『조선 총독부 관측소 학술 보문』(1917년)이었다. 국립 도서관에는 그 책들이 있었다. 우리나라 과학사의 연구 조사 논문을 영어와 일본어로 읽을 수 있다는 사실이 나에게는 너무나 감동적이었다. 그 문헌 자료들은 남아 있는 유물이 어디에 있는지를 밝히고 있었고, 그 설명들은 대학에서 자연 과학을 공부한 나에게 이해하기가 어렵지 않았다. 문제가 있다면, 한문으로 기록된 『조선왕조실록』과 『증보문헌비고(增補文獻備考)』 「상위고(象緯考)」의 내용을 이해하고 읽어야 한다는 것이었다. 그 시기 나는 그 원문의 깊은 뜻을 충분히 해독해 내지는 못해도 전체적인 흐름과 내용을 파악할 수 있을 정도까지만 한문 원전 읽기 지도를 받았고, 이것으로 그런 대로 문제를 해결해 나갔다. 나름 편법이었다.

그런 작업과 함께 나는 유물들을 하나하나 찾아 나섰다. 유물을 앞에 놓고, 완전하게 이해하지 못한 한문 사료의 내용을 재구성하면서 해석하는 방법을 쓴 것이다. 요새 말로 하면 일종의 '리버스 엔지니어링(reverse engineering, 역공학)' 같은 작업이었다. 맨 먼저 찾아간 곳은 창경궁이었다. 일제 시대에 운영되던 옛 경성박물관의 유물 일부가 있다는 곳이었고, 장서각의 유물 일부가 남아 있는 곳이었기 때문이다. 그러나 창경궁에는 별것이 없었다. 루퍼스와 와다의 책 그리고 다카바야시 효에(高林兵衛)의 『시계 발달사(時計発達史)』(1924년)의 사진에, 장서각으로 올라가는 계단 오른쪽에 있다고 소개된 물시계와 측우기, 해시계는 거기 없었다. 장서각 앞뜰에는 풍기대와 해시계 대들이 있을 뿐이었다.

창경궁 관리 사무소에 물어보았다. 명전전 뒤에 돌에 새긴 유물들이 여러 개 있다고 했다. 명전전 뒤로 갔다. 나는 그곳에 놓인 유물들 앞에서 숨이 멎는 듯한 충격을 받았다. 땅바닥에, 아름다운 조각을 한 커다란 대리석 돌에 새긴 천문도가 2개, 큰 돌 해시계가 3개, 해시계 대가 하나, 대리석 측우대 하나가 한 줄로 누워 있었다. 추녀 밑, 한데였다. 그래도 나는 기쁨에 벅찼다. 돌에 새긴 커다란 천문도는 1396년(태조 4년)의 명문이 선명한 「천상열차분야지도(天象列次分野之圖)」였다. 그날 밤 나는 잠을 이룰 수가 없었다.

책에서 사진으로 본 천문도가 그렇게 당당한 모습일 줄 미처 몰랐기 때문이다. 그 놀라움은 조선 시대 천문 관측 기기가 어떤 것이었는지 알고 싶다는 지적 욕구를 강하게 자극했다. 그리고 얼마 후 덕수궁에서 나는 물시계를 볼 수 있었다. 나는 그 거대한 물시계 앞에서 또 한번 놀랐다. 2개의 원통 모양의 청동 물 항아리에 돋을새김으로 조각한 꿈틀거리는 용이 그 물시계의 권위를 말해 주고 있었다.

과학 문화재를 좇아 나서는 내 길고도 험한 학문의 나그넷길은 이렇게 시작되었다. 먼저 달려든 것이 시간 측정 기기, 즉 해시계와 물시계였다. 유물들이 비교적 찾기 쉬웠고, 『증보문헌비고』 「상위고」에 조선 시대 기록들이 잘 정리되어 있었기 때문이다. 창덕궁과 서울대학교 박물관, 고려대학교 박물관에도 해시계들이 전시되어 있었다. 와다, 루퍼스, 홍이섭의 글에 소개된 기기들을 조선 시대 문헌들을 통해서 그 구조와 원리를 밝히고, 조지프 테렌스 몽고메리 니덤(Joseph Terence Montgomery Needham, 1900~1995년)의 『중국의 과학과 문명(Science and Civilization in China)』에 기술된 중국의 시간 측정 기기와 일본 학자들의 연구를 통해서 하나하나 그 역사적 배경을 조사했다. 전통 사회의 시간 측정 기기는 그 시기의 천문학과 기계 공학 기술이 집약된 첨단 정밀 기술의 산물이다. 그래서 시계 제작의 역사는 과학 기술 문화의 역사를 반영한다. 조선 시대 과학 기술의 참모습을 뚜렷하게 바라볼 수 있을 것이라고 생각한 것이다.

이것은 한국 과학사를 혼자 공부하기 시작한 나의 첫 연구 과제가 되었다. 그런데 이 과제는 나에게 뜻밖의 행운을 안겨 주었다. 그때 우리나라에서는 처음으로 한 연구 장학 재단에서 연구비 공개 신청을 받았는데, 그 수혜자로 내 연구 과제가 결정된 것이다. 1963년에 서울시사편찬위원회의 학술지《향토서울》17호에 실린 「이조 시대의 시계 제작 소고」가 그 보고서이다. 전국적인 현지 답사와 조사로 이루어진 조선 시대의 시간 측정 기기에 대한 첫 번째 연구 보고였다.

또 하나의 충격, 송이영의 혼천시계

이 조사 연구를 시작할 때, 조선 시대의 시간 측정 기기에 대해 내가 알고 있던 지식은 겨우 세종 때에 해시계와 물시계를 만들었다는 정도였다. 홍이섭의 『조선 과학사』에 씌어 있는 몇 가지 기기들이 있었지만, 그것들은 내 주목을 끌지 못했다. 옛 시간 측정 기기에 대해서 아는 것이 별로 없었기 때문이다. 그러다가 1960년 봄, 예일 대학교 과학사 학과에서 온 편지는 나에게 놀라운 사실을 알려주었다. 데렉 존 디 솔라 프라이스(Derek John de Solla Price, 1922~1983년) 교수가 참여하고 있는 옛 천문 시계 연구 프로젝트에서 관심을 가지고 있는 주요 기기가 서울에 있었는데, 그것을 조사 확인해 달라는 내용이었다. 그것은 루퍼스의 『한국의 천문학』에 씌어 있는 조선 시대 천문 시계였다. 1930년대 초에 인촌 김성수 선생 댁에서 찍은 사진도 실려 있다는 것이다. 프라이스는 매우 귀중한 유물이 한국 전쟁의 참화 속에서 살아남았는지를 알고 싶어 했고, 그와 함께 그 천문 시계에 관한 역사적 자료는 어떤 것이 있는지 조사해 달라고 했다.

천문 시계는 고려대학교 박물관에 잘 보존되어 있었다. 김성수 선생이 기증한 것이다. 정말 다행이었다. 한 달 가까운 조사 끝에 나는 몇 가지 중요한 사실을 알아낼 수 있었다. 만든 사람은 조선 현종 때 관상감 천문학 교수 송이영(宋以穎)이었다. 천문학 교수 이민철(李敏哲)과 함께 1664년에 혼천시계

1964년 봄 고려대학교 박물관에 소장된 천문 시계 조사 중에 찍은 사진이다. 오른쪽부터 윤세영, 레디야드, 필자, 박옥선이다.

(渾天時計)를 만들기 시작했고, 이 모델을 제작한 것은 1669년이었다. 서양 자명종의 원리를 이용했다고 『현종 실록』과 『증보문헌비고』 「상위고」에 적혀 있는 것도 찾아냈다.

시계 장치는 놋쇠와 철로 정교하게 깎아 만들었고 2개의 무쇠 추를 동력으로 움직이게 되어 있었다. 내가 실측 조사할 때, 시계 장치는 부분적이나마 작동될 수 있었고 맑은 종소리가 상쾌하게 울렸다. 그러니까 조금만 손을 보면 제대로 움직이게 할 수 있는 상태였던 것이다. 혼천의와 지구의도 보존 상태가 훌륭했다. 놀라운 만듦새였다. 조선 중기에 이런 기술이 있었을까, 쉽게 믿어지지 않았다. 혹시 중국에서 들여온 것일지도 모른다고, 조금 더 조사해 본 뒤에 발표하는 것이 좋지 않겠느냐고 조심스럽게 의견을 말하는 학자들도 있었다. 나는 조선 천문학자들이 만들었다는 것은 틀림없다고 생각했지만, 학문적인 확신을 가지는 데는 시간이 조금 걸린 것도 사실이다.

영국의 세계적인 중국 과학사 학자 조지프 니덤이 『중국의 과학과 문명』 4권에서 쓴 글이 이 천문 시계가 중국에서 만들어진 것이 아님을 강하게 말해 준다고 나는 생각했다. 그는 "이처럼 풍부한 내용을 갖춘 장치는 그 전체를 복원하여 적당한 역사적 해석을 붙여서 세계의 중요한 과학 기술사 박물관에 전시하는 것이 좋겠다."라고 썼다. 그는 프라이스와 함께 이 천문 시계를 중심으로 한 조선 시대의 천문 기기 제작의 역사를 연구할 준비를 하고 있었던 것이다.

조사 연구를 진행하는 동안에 나는 이런 천문 시계의 모델은 그때까지 다른 어느 곳에서도 만들어진 일이 없다는 사실을 알게 되었다. 조선에서 만들어진 것이 아니라면 중국에서 만들었다고 보아야 하는데, 중국에서도 이런 모델은 만들어진 일이 없다. 그런데 『현종 실록』과 『증보문헌비고』 「상위고」에는 이 시계 제작에 대한 사실이 분명히 씌어 있다. 『증보문헌비고』 3권 「상위고」 3, 「의상」 2의 기록을 보자.

> 또 송이영이 만든 혼천의도 (이민철의 것과) 모양이 서로 같으나 물 항아리를 쓰지 않고 서양 자명종의 톱니바퀴가 서로 물고 돌아가는 제도를 가지고 그 격식대로 확대한 것으로서 해와 달의 운행과 시간의 차이가 나지 않습니다 했다.

현종 10년(1669년)에 임금이 이민철에게 명하여 혼천의를 만들게 했다는 기사에 이어 그것이 완성되었음을 임금에게 보고하면서 김석주(金錫冑)가 한 말을 인용한 글이다.

이때 이민철이 만든 혼천시계는 "물의 힘으로 돌아가게 하는 법"을 이용한 것이라고 김석주는 말하고 있다. 『증보문헌비고』의 기록은 1687년(숙종 13년)의 기사에서 이민철의 혼천시계 장치를 수리하게 한 사실을 쓰면서, 그때 "관상감에 국(局)을 설치하고 기술자를 많이 모집하여 7, 8개월 만에 완성했다."라고 했다. 국가적인 큰 프로젝트였던 것이다. 이때 만든 이민철의 혼천시계는 세종 때 만들었던 혼천시계의 전통을 이은 것이다. 그리고 이민철의 혼천시계는 조선 시대 말까지 여러 번 수리되고 복제되면서 사용되었다. 조선 왕조가 망하고 일제가 일본인을 위한 관립 학교인 경성중학교를 짓기 위해서 경희궁을 헐어 버릴 때까지 경희궁에서 사용되었다.

이 전통적인, 물레바퀴를 동력으로 움직이는 혼천시계와 함께 추를 동력으로 움직이는 금속제 기계 시계 장치인 송이영의 혼천시계는 몇 번의 수리를 거치면서 창덕궁 홍문관 학자들의 천문 시계로 사용되었다. 홍문관의 학자들은 송이영의 혼천시계가 동아시아의 전통적 혼천시계 장치와 서양의 기계 시계 장치를 절묘하게 조화시켜 만든 아주 새로운 천문 시계 모델이라는 사실을 높이 평가했던 것으로 생각된다. 홍문관의 학자들과 관상감의 천문관들은 그 시기 중국에서 유행하던 서양식 자명종의 정밀한 톱니바퀴 기계 시계 장치의 장점을 잘 살리면서, 세종 시대의 정밀한 자동 물시계 장치의 특징을 이어받은 이 첨단 과학의 산물에서 많은 것을 배울 수 있었을 것이다. 그리고 그러한 첨단 시간 측정 기기에 연결한 혼천의와 지구의에서 천체의 운행과 지구의 관계를 실시간으로 알아볼 수 있다는 유용성(有用性)에 커다란 관심을 가졌을 것이다. 운행하는 태양과 달의 위치 그리고 회전하는 지구 모습을 언제나 바로 볼 수 있다는 것은, 천(天)·지(地)·인(人)에 대해 늘 사색하던 조선 학자들의 마음을 사로잡기에 충분했을 것이다.

이 자랑스러운 조선의 혼천시계는 왕조가 무너지고 창덕궁의 학자들이 흩어져 버리면서 쓸모없는 골동품으로 전락했다. 그러다가 1930년대 초, 다른 골동품들과 함께 흘러나와 리어카에 실려 사줄 사람을 찾아 나서는 치욕적인 수모를 겪게 된 것이다. 그 엄청난 값 때문에 아무도 감히 산다고 나서지 못했다. 결국 그 정도의 물건을 살 사람은 인촌 김성수 선생밖에 없을 것이라는 말에 인촌 댁으로 실려 가게 되었다. 인촌 선생은 그 커다란 골동품의 신기함과 범상치 않음을 알아보고 큰 기와집 한 채 값을 주겠다고 선뜻

송이영의 혼천시계(1669년). 프라이스 교수와 니덤 교수의 부탁으로 1962년에 찍은 사진이다. 송이영의 혼천시계를 유난히도 아끼던 그들과의 인연은 내 학문 생활의 좋은 추억으로 남아 있다.

약속했다 한다. 그리고 그는 1930년대 후반, 그가 세운 보성전문학교(지금의 고려대학교)에 기증했다. 그때 그 사실을 직접 보고 들은 화산 이성의가 내게 해 준 이야기이다. 화산 이성의는 통문관과 함께 우리나라 옛 사료와 전적을 전문으로 취급하던 고서점의 두 기둥인 화산 서림의 주인이었다.

혼천시계는 나를 몇 달 동안 정신없이 바쁜 사람으로 만들었다. 고려대학교 박물관의 학예 연구원이었던 윤세영(나중에 고려대 교수, 부총장을 역임한 고고학자)이 너무나 많은 도움을 주었다. 몇 달 만에 나는 타자지 10장쯤 되는 분량의 보고서를 만들 수 있었다. "1669년에 천문학 교수 송이영이 만든 혼천시계." 내 조사의 결론이었다. 일어로 써서 보낸 보고서를 보고 프라이스는 무척 기뻐했고, 논문으로 써서 발표하라고 권했다. 그리고 그 보고서를 그의 박사 과정 학생이었던 일본인 물리학사 학자 야기 에리(八木江里)에게 영어로 번역시켜 영국 케임브리지의 니덤에게 보냈다. 얼마 후 니덤의 의뢰를 받았다면서 게리 레드야드(Gari Ledyard, 그는 한국학으로 박사 학위를 받고 뉴욕의 컬럼비아 대학교 한국학 교수가 된 학자다.)가 찾아왔다. 혼천시계의 정밀 촬영 사진이 필요한데 도와 달라는 것이었다.

고려대학교 박물관에서 전문 사진 기사와 함께 천문 시계 장치의 정밀 촬영 작업을 시작했다. 3월 중순인데 눈이 제법 많이 오는 날이어서 우리는 덜덜 떨면서 사진 촬영과 실측 작업을 해 냈다. 여기 실린 사진이 그때 찍은 수십 장의 흑백 사진 중의 한 장이다. 그 사진들은 니덤, 프라이스, 존 메이저(John Major)와 함께 공동 연구자였던 시계 장치 연구의 전문가 존 콤브리지(John H. Combridge)의 기술 공학적 복원 연구의 기초 자료가 되었다. 송이영 혼천시계의 작동 원리가 완전히 해명된 것이다. 니덤과 그의 공동 연구자들은 송이영의 혼천시계를 조사 연구하는 과정에서 얻은 조선 시대의 여러 사료들과 문헌들을 정리하여 1986년에 케임브리지 대학교 출판부에서 『조선 왕조 서운관의 역사(The Hall of Heavenly Records)』라는 제목으로 출판되었다. 내 논문과 책이 무려 54군데나 인용된 것은 큰 기쁨이었다. 그러나 그 책에 "조선 왕조 서운관의 역사"라는 제자(題字)를 써 달라는 그들의 청을 악화되었던 내 건강 때문에 끝내 사양할 수밖에 없었던 것은 커다란 아쉬움으로 남아 있다. 니덤, 프라이스, 콤브리지 세 사람이 다 세상을 떠났다. 그리고 송이영의 천문 시계를 유난히도 아끼던 그들과의 인연은 내 학문 생활의 좋은 추억으로 남아 있다.

송이영의 혼천시계에 얽힌 이야기는 또 있다. 1960년대 말, 미국 스미스소니언 역사 기술 박물관에서 이 천문 시계의 특별 전시를 계획하고, 정밀 실측 및 복제품 제작을 제의해 온 일이 있었다. 부관장 실비오 베디니(Silvio A. Bedini) 박사가 내게 편지를 보내온 것이다. 베디니는 프라이스의 가까운 친구이고 시계의 역사에 관한 책을 케임브리지 대학교 출판부에서 낸 권위 있는 학자이다. 그가 1960년대에 나와 연구 자료를 주고받고 있었는데, 그 무렵 미국 존슨 대통령이 서울을 방문해 한국과학기술연구소(KIST) 준공 테이프를 끊는 것을 기념해 스미스소니언에서도 송이영의 천문 시계 특별 전시회를 열어 함께 그 경사를 축하하면 좋겠다는 것이 베디니 부관장의 생각이었다.

그러나 그 계획은 실현되지 못했다. 안전하게 운송하는 일이 결코 만만치 않았기 때문이다. 그랬더라면 송이영의 혼천시계는 더 일찍 세계적으로 널리 알려졌을 것이다. 그리고 17세기 조선 중기 과학 기술의 높은 수준을 미국과 서유럽에 알리는 데 크게 기여했을 것이다. 만일 한국 정부 차원에서 이 일이 추진되었더라면 가능했을지도 모른다. 그 무렵 문화재위원회에서 그 천문 시계의 문화재 지정을 보류했다. 송이영 혼천시계에 대한 우리 학계의 이해가 부족했기 때문에 정부의 지원을 기대하기가 어려웠던 것이다. 한참 뒤인 1985년 문화재위원회는 송이영의 혼천시계를 국보 230호로 지정했다. 내가 문화재 위원이 되고 나서 얼마 되지 않아서였다. 1396년(태조 4년)의 「천상열차분야지도」 각석, 1536년(중종 31년)의 자격루 유물과 함께 3개의 국보가 새로 탄생한 것이다. 한국 과학사를 전공하는 나에게 그것은 정말 커다란 기쁨이었다.

**2
장**

과학 문화재의 등장

우리는 과학 문화재를 잊고 있었다

1985년, 문화재위원회는 18개의 유물을 국보·보물로 지정했다. 그리고 이원홍 문화공보부 장관은 특별히 기자 회견을 열어 이 사실을 발표했다. 그 자리에서 나는 문화재 위원으로서 이 '과학 기술 문화재' 지정의 의의와 그 학술적, 문화재적 중요성을 설명했다. 첨성대가 신라 천문대로서 국보로 지정된 이후(일제가 보물로 지정한 것을 1952년에 우리 문화재위원회가 재심, 국보로 지정했다.), 과학 기술 관련 유물이 국보·보물로 지정되기는 처음이었다. 20여 년 동안의 조사 연구 자료를 바탕으로 문화재 지정을 위한 조사 보고서를 쓰느라고 힘들었던 시간들이 커다란 보람으로 돌아온 것이다. 하지만 그날, 나는 너무도 허전한 마음을 달래느라 안간힘을 써야 했다. 장관의 발표를 지켜보고 취재에 열을 올리던 기자들과 텔레비전 카메라들은 장관의 소개로 내가 학문적인 설명을 시작하면서 썰물처럼 빠져나갔기 때문이다. 그래도 몇몇 주요 신문의 문화부 기자들은 자리를 지켜 주었다.

돌에 새긴 「천상열차분야지도」와 자격루 물 항아리 유물의 국보 지정은 우리 문화재 지정에서 과학 기술 유물의 중요성을 문화재위원회가 공식으로 인정했다는 점에서 획기적인 일이었다. 나는 과학 문화재라는 용어를 써서 우리 문화재의 지평을 넓히려고 노력했다. 문화재관리국(지금의 문화재청)의 요청으로 과학 기술 유물들을 다룬 책을 내면서 그 제목을 『한국의 과학 문화재』라고 붙인 것은 그러한 내 시도의 첫 단계였다.

　창경궁 명정전 뒤 처마 밑 땅바닥에 놓여 비바람과 먼지가 앉아 뿌옇던, 14세기에 새긴 검은 대리석 천문도와 17세기에 새긴 대리석 천문도를 그 후 홍릉의 세종대왕기념관에 옮겨 전시했지만, 수십 년 동안 한데서 대접받지 못하고 있는 동안에 많이 손상되었다. (가랑비라도 오는 날이면 소풍 온 어린이들과 어머니들이 각석 위에 신문지를 깔고 점심상을 차리고 있는 것을 나는 여러 번 보았다. 홍이섭 선생은 거기에 모래를 뿌리고 벽돌 굴리기 노름을 하는 아이들도 보았다고 개탄했다.) 그 천문도들이 하나는 국보, 또 하나는 보물로 지정되어 전시장 안에 모셔졌다. 일제 시대와 6.25 한국 전쟁의 슬픈 역사 속에서 버림받은 세계적인 과학 문화재가 명예 회복을 한 것이다. 그리고 태조 때의 「천상열차분야지도」 각석은 덕수궁 석조전이 궁중 유물 전시관으로 단장되면서 그 제1전시실 중앙에 유리 장을 따로 짜서 당당한 모습으로 세워지게 되었다.

　1395년 태조 때 돌에 새겨 만든 「천상열차분야지도」는 원래 경복궁에 있었다. 임진왜란 때 경복궁이 불타고 대간의대와 천문 기기들이 파괴될 때 「천상열차분야지도」 각석도 심하게 훼손되었다. 그래서 숙종 때(1687년), 그 인본(印本)을 가지고 새 돌에 다시 새겨 만들고, 새 석각 「천상열차분야지도」는 관상감에 조그마한 집을 지어 보존했다. 그 당시 태조 때의 천문도는 새로 잘 보존하는 일을 하지 않은 채 그대로 놔 둔 것 같다. 1770년(영조 46년), 『증보문헌비고』의 「상위고」가 편찬될 때 영조는 이 사실을 알게 되었다. 그는 즉시 관상감에 각(閣)을 세워 태조 때의 천문도 각석을 보존하라고 명했다. 영조는 그 집을 흠경각(欽敬閣)이라고 이름 짓고 손수 현판을 써서 걸게 했다. 그리고 영조는 「흠경각기」를 지었다.

내가 아침이나 저녁이나 공경하는 것은 곧 하늘의 현상이다. 해와 달이 비치고 별이 임하는데 대하여 지금 내가 비록 늙고 쇠약하지만 감히 존경함을 조금도 게을리 하지 않는다. (요즈음 날씨가 비록 매우 더워도 창을 열지 않는 것은 늘 누워 있기 때문이다.) 더구나 국초(國初)의 하늘을 존경하는 큰 뜻을 받들어 옛 일을 되풀이할 때 어찌 공경하지 않겠는가. 따라서 어명(御銘)에 대해서도 한 시각도 소홀하게 여겨 본 적이 없었다. 그런데 오늘 상위고랑(象緯考郎)이 아뢴 것을 듣고서야 비로소 옛 대궐에 관상도(觀象圖)의 석판이 있었음을 알고, 즉시 자세히 살피도록 명했는데 과연 그것이 위장소(衛將所)에서 매우 가까운 곳에 있다 하니, 어째서 이렇게 늦게서야 듣게 되었는지 마음에 송구함을 금할 수가 없었다. 그래서 탁지신(度支臣)에게 명하여 그것을 창덕궁 밖의 관상감에 석판을 보관하고 있는 곳으로 옮겨 놓게 하고, 감히 옛날의 흠경각의 이름을 인용하여 특별히 써서 걸게 하고, 이어 그 전후 사실의 줄거리를 기록하고 탁지의 장을 시켜 그것을 판에 써서 조각하여 왼쪽에 걸어놓고 후세에 보여 주도록 했다.

『증보문헌비고』「상위고」의 편찬자도 영조가 태조 때 돌에 새긴 「천상열차분야지도」를 얼마나 정성스럽게 보존하려 했는지를 적어 놓고 있다.

처음에 태조조 을해년(1395년, 태조 4년)에 정한 바 돌에 새긴 천문도는 경복궁에 있었는데, 세월이 오래되자 마멸되었다. 그래서 숙종조에 인본을 가지고 다른 돌에 다시 새겨서 관상감에 설치하고 조그마한 집을 지어 이를 보호하게 했는데, 지금에 이르러 임금이 을해년의 옛 판이 아직도 경복궁에 있다 함을 듣고 즉시 호조판서 홍인한(洪麟漢)에게 명하여 이를 관상감에 옮겨 조그마한 집을 새로 짓고 이에 아울러 새 판도 보관하게 하고, 친히 편명(扁名)을 쓰고 전후의 사실을 기록했다.

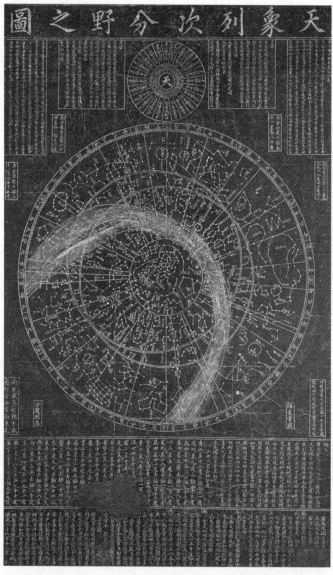

「천상열차분야지도」. 16~17세기. 1770년 영조는 태조 때의 천문도 각석을 보존하라고 명하고, 그것을 보관할 집을 흠경각이라 이름짓고 손수 현판을 써서 걸게 했다. 돌에 생긴 「천상열차분야지도」 각석을 영조가 얼마나 정성스럽게 보존하려 했는지 알 수 있다.

여기서 말하는 관상감은 창덕궁 밖 관상감, 즉 북부 광화방(廣化坊) 관상감이다. 지금의 현대빌딩과 원서동 공원이 있는 자리다. 그곳에 조선 초부터 조선 왕조의 천문관서인 서운관(書雲觀)이 있었다. 조선 시대 말 대원군의 저택에 운현궁(雲峴宮)이란 이름이 지어진 것은 창덕궁 앞 안국동으로 가는 길이 밋밋한 언덕이었는데 그것을 '서운관 앞의 재', 즉 '서운관 재' 또는 '구름재(雲峴)'라고 불렀기 때문이다. 서운관은 세조 때 관상감으로 이름이 바뀌었다. 그러나 조선 시대 선비들은 서운관이라는 이름을 그 애칭처럼 그대로 불렀다.

관상감은 일제가 창덕궁의 여러 전각 건물들을 헐어 버리고, 창경궁을 창경원으로 격하해서 동식물원과 표본관 등이 있는 공원으로 만들고 경성박물관의 일부 시설을 차려 놓으면서 없애 버렸다. 관상감 자리에는 나중에 휘문중고등학교가 들어서면서 관천대만이 운동장 끝 담장에 남아 있었다. 관상감을 없애 버리면서 일제는 그 시설도 건물도 다 옮겨 버렸다. 흠경각이 헐리면서 거기 보존되고 있던 돌에 새긴 「천상열차분야지도」 2개도 창경원으로 옮겨졌고 3개의 커다란 돌 해시계들도 치워졌다. 창경궁 명정전 뒤 추녀 밑에서 1960년대 초에 내가 보았던 천문 기기들이 그것이다. 지금 현대빌딩 앞에 보존되어 있는 관천대가 조선 초부터 그 자리에 있던 서운관(관상감)에서 천문 관측대로 쓰던 화강석 대이다. 계단은 1920년대에 헐려 없어졌다. 조선 시대 천문 기상 연구 센터였던 북부 광화방의 조선 왕조 관상감은 이렇게 비극적으로 흔적도 없이 사라진 것이다. 1985년 과학 문화재들의 국보 보물 지정은 그 전통을 되살리려는 움직임의 작은 출발점이라 할 것이다.

잃어버린 과학사를 복원해 간 20년의 세월

1985년의 우리 과학 문화재 지정은 뜻있는 여러 사람들의 땀의 결실이었

관상감 자리 관천대. 서울특별시 원서동. 현대빌딩과 원서동 공원 있는 자리에 관상감이 있었다. 이 앞에 운현궁이 있는데 여기서 '운현'이란 '서운관 앞의 언덕', 또는 '구름재'라는 뜻이다. 서운관은 세조 이전 관상감의 명칭이다.

다. 20여 년의 세월이 빨리도 지나갔다. 그 전말을 간단하게 살펴보자. 먼저 1960년대에 우리 전통 과학 기술을 새롭게 인식하자며 서울의 주요 일간지 과학부장들과 의기투합해 함께 벌였던 운동이 생각난다. 특히《서울신문》에서는 그때 우리 전통 과학을 소개하는 칼럼 100회 연재를 내게 맡겨 왔다. 「잃어버린 장(章)」이라는 제목의 연재였다. 정말 어려운 나날이었지만 용케도 잘 해 냈다. 그리고 1967~1968년에는 전국적인 과학 문화재 조사 사업을 했다.《서울신문》은 그해 5대 사업의 하나로 과학 문화재 발굴 사업을 선정했다. 1967년 1월 1일자 신문 1면에 "과학 문화재 발굴-햇빛 못 본 슬기로운 조상의 유산을 찾아"라는 큰 제목으로 이 사업을 대대적으로 소개했다. 중요한 성과였다. 또《중앙일보》와《동아일보》가 지면을 크게 배정했다.《한국일보》는 바다 밑에 가라앉은 거북선 탐사 운동을 시작하자고 호소했다. 바다 밑 고고학의 필요성도 역설했다. 그러나 이 운동은 1970년대 중반 과학부가 신문사에서 없어지면서 맥이 끊겼다. 춥고 어두운 시기가 계속되었다. 이웃나라 일본에서는 과학사와 과학 철학을 주제로 한 국제 학술 대회가 도쿄와 교토에서 열렸고, 중국에서는 베이징 국립 자연 과학사 연구소를 설립해 연구직과 행정직을 합쳐 100명의 인력으로 과학사 연구를 독려하고 있었다.

'우리 과학 문화재 제대로 알기' 운동의 불씨는 1980년대에 들어 뜻밖에도 국영 방송 KBS에 의해서 되살아나게 되었다. 1981년 5월, 과학사학회가 주관한 "첨성대는 천문대인가"를 주제로 한 학술 대회를 소개했고, 학술 대회 현장에 텔레비전 카메라를 보내 그 논쟁을 화면에 담는 작업을 2박 3일에 걸쳐 진행했다. 대구에서 고가 소방 사다리차까지 끌고 와서 촬영을 거듭하는 모습은 감동적이었다. 촬영 기자의 헌신적인 노력은 지금도 잊을 수 없는 기억으로 남아 있다. 그리고 1981년 5월 KBS는 우리 과학 문화재를 소개하는 5시간짜리 특별 프로그램을 만들겠다고 나섰다. 놀라운 일이었다. 학계에서는 나와 박성래 교수가 나서 그 일을 돕게 됐다. 박성래 교수는 정말 고생이 많았다. 그는 탤런트 못지않게 잘 해 냈다. 방영은 50분짜리 특별 다큐멘터리 3회로 조정되었다. 우리 과학 문화재를 다룬 첫 번째 방송 프로그램이었다.

그리고 1980년 산학협동재단의 지원을 받아 "한국의 과학 문화재에 관한 연구"에 착수하기에 이르렀다. "우리나라 과학 문화재를 발굴, 조사, 평가하여 보존함을 목적으로" 해서, 우선 천문, 기상, 도량형에 국한해서 시작했다. 학회는 나를 책임 연구자로 하고, 김성삼, 김정흠, 나일성, 남천우, 박성래, 박익수, 박흥수, 송상용, 유경로, 이은성, 이태녕이 공동 조사 연구자로 참여하게 했다. 조사 연구는 4년 가까이 걸렸다. 그래서 마무리된 것이 1984년. 그 연구 조사 성과는 《한국과학사학회지》 제6권 1호에 실렸다.

1985년, 문화재관리국에서는 문화재 위원인 나에게 과학 문화재들을 국가 지정 문화재로 지정하는 조사 프로젝트를 추진하도록 협의해 왔다. 오랫동안 염원하던 반가운 일이 마침내 이루어지게 된 것이다. 한국과학사학회는 나를 조사 책임자로, 박성래 교수를 조사 위원으로 한 공동 조사 연구팀을 조직해서 이 일을 추진했다.

1980년에는 또 한 가지 중요한 진전이 있었다. 우리 전통 과학과 과학 문화재를 과제로 한 협동 연구 사업이 시작된 것이다. 한국정신문화연구원이 『한국 민족 문화 대백과사전』 편찬을 시작했다. 김두종을 비롯해서 전상운, 유경로, 김용운, 박성래, 고경신, 김기협, 현원복, 송상용 등 과학사 학자들이 편집 위원으로 참여했다. 나는 전체 편찬 위원의 한 사람으로 전통 과학과 과학 문화재 분과의 책임을 맡았다. 몇 해에 걸쳐 항목 선정은 대체로 되었으나, 과학사 분야에서는 마땅한 집필자가 없어서 어려움을 겪었다. 나는 이 사전에 실리는 사진들이 컬러로 되어야 한다고 강력히 주장하여 관철시켰다. 큰 보람이었다. 미술 문화재나 불교 문화재 사진은 컬러여야 하고, 과학 문화재 사진은 흑백으로도 충분하다는 고정 관념에서 탈피하기를 주장했다. 21세기를 앞둔 상황에서 꼭 필요한 일이라고 생각했다. 나의 주장은 받아들여졌고, 그것은 과학 문화재 연구에서 흑백 시대에서 컬러 시대로의 대전환이 되었다.

1985년 5월, 나와 박성래 교수는 『전통 과학 기술 유물 조사 보고서』를 문화재관리국에 제출했다. 국가 문화재로서의 과학 기술 문화재 지정을 위한 문화재위원회 심의 자료였다. 이 보고서는, 전통 과학 기술 유물 조사 현황과, 경회루 주변 과학 유물의 복원 문제를 고찰하고, 앞으로의 과학 문화재 조사 연구를 위한 건의를 그 내용으로 담았다. 문화재위원회는 1985년 8월에 조사 보고서를 심의하여, 「천상열차분야지도」 각석, 보루각 자격루 그리고 혼천시계, 3개의 과학 문화재를 국보(국보 228호, 229호, 230호)로 지정하고, 복각 「천상열차분야지도」와 수표, 측우대, 해시계 등 15개를 보물(보물 837~851호)로 지정했다. 그리고 그 결과는 8월 3일, 이원홍 문화공보부 장관이 기자 회견을 열어 직접 발표했다. 그 발표문은 다음과 같다.

- 문화공보부에서는 우리 조상의 창조적 슬기 속에 빛나는 민족 문화의 맥을 오늘에 이어받고, "과학하는 민족"으로서의 긍지와 자부를 고취하기 위하여, 우리 민족사에 있어서 대표적인 "과학 기술 문화재"를 국보 등 국가 지정 유형 문화재로 지정키로 하고 이를 위한 전반적인 "과학 기술 문화재" 발굴 조사 사업과 복원 계획을 추진하기로 했습니다.

- 이를 위하여

첫째, 세계 유일의 천문 시계인 "혼천시계" 등 3점을 국보로 지정하고, "측우기대", "해시계" 등 15점을 보물로 지정합니다.

둘째, 지정된 과학 기술 문화재는 그 원형을 보수하거나 복구하고

셋째, 해시계, 측우기 등은 따로 모형을 제작해서 본래 있던 곳에 설치하여 국민들이 언제나 관람토록 전시할 것입니다.

그리고 앞으로도 "과학 기술 문화재"에 대한 전국적인 조사를 광범하게 실시하여 이를 지정, 보수, 복원해 나갈 계획입니다.

- 이번에 추진하고자 하는 과학 기술 문화재의 지정, 복원 사업은, 제5공화국 출범 시 전두환 대통령께서 주창하신 "민족 문화의 창달"이라는 국정 지표를 구체적으로 구현하는 것이며, 슬기로운 민족 문화의 맥을 이어가는 주류로서 과학 하는 민족의 긍지를 재확인하는 작업이기도 합니다.

- 5,000년의 역사를 돌이켜볼 때, 우리 민족은 그 어느 민족보다 뛰어난 창의적 재능과 솜씨로써 과학 기술을 발전시켜 왔습니다. 우리 조상들은 때때로 문화 예술과 과학 기술을 조화 있게 교직시킨 가운데 수많은 창조품들을 발명했던 것입니다. 신라 시대의 첨성대, 고려 시대의 상감 청자 그리고 조선 시대의 기상 측정기 등이 그 대표적인 것들이라고 하겠습니다.

- 그러나 지금까지 우리는 민족사 발전에 크게 기여했던 과학 기술 분야의 문화 유적이나 유물에 대해서는 다소 소홀했던 감이 없지 않았습니다. 이는 비단 문화재 보존의 측면에서뿐만 아니라 획기적인 과학 기술의 혁신이 요청되고 있는 시대적 추세에서 볼 때, 매우 안타까운 일이라고 아니할

과학 문화재 국보·보물 지정을 보도한 신문 기사. 1985년 8월 3일 신문 기사.

수 없습니다.

- 한 민족의 과학 기술은 하루아침에 갑자기 혁신된 형태로 나타나는 것이 아니며, 지식과 기술의 오랜 축적이 있어야만 그 지속적 발전이 가능한 것입니다.

이러한 의미에서 우리 민족이 창조했던 과학 기술의 예지는 곧 오늘날 첨단 과학으로의 부상에 없어서는 안 될 밑거름이 되고 있는 것입니다.

- 특히 첨단 과학의 경쟁이 치열해질 다가오는 21세기를 대비하여, 그 주역이 될 청소년에게 활기찬 창의력과 무한한 발전에의 비전을 갖도록 해 주기 위해서는, 조상의 얼과 슬기가 담긴 과학 기술의 창조 정신이야말로 오늘의 우리 세대가 더욱 소중하게 가꾸고 현창해 나가야 할 과업이라고 할 것입니다.

- 이러한 뜻에서, 이번에 문화공보부가 추진하는 "과학 기술 문화재"의 지정, 조사, 복원 사업은 "문화입국"을 지향하는 제5공화국의 미래 지향적 의지를 진지하게 담고 있다는 점을 말씀드리면서, 국민 여러분의 높은 인식과 이해 그리고 많은 협조가 있으시기를 기대하는 바입니다.

그 자리에서 나는 과학 문화재 지정의 의의를 기자들에게 다음과 같이 설명했다.

과학 기술사는 우리 민족사에서 가장 중요한 분야입니다. 한국인은 과학적 창조성이 뛰어난 민족입니다. 그래서 우리 역사에 많은 업적을 이룩한 것은 널리 알려진 사실입니다. 과학 기술 문화재 지정은 우리 정부의 문화재 인식의 폭이 넓어지고 과학 문화재 보존 복원 사업의 중요성에 대한 정책적 의지를 나타내는 것으로 획기적이고 의의 깊은 일입니다.

이때 지정된 과학 문화재들을 종합해 본다.

국보 228호, 「천상열차분야지도」 각석, 1395년, 창덕궁

국보 229호, 보루각 자격루, 1536년, 덕수궁

국보 230호, 혼천시계, 1669년, 고려대학교 박물관

보물 837호, 복각 「천상열차분야지도」 각석, 1687년, 세종대왕기념관

보물 838호, 수표, 조선 시대, 세종대왕기념관

보물 839호, 숭정 9년 명 신법지평일구, 1636년, 세종대왕기념관

보물 840호, 신법지평일구, 1713년-1730년경, 세종대왕기념관

보물 841호, 간평일구 · 혼개일구, 1785년, 세종대왕기념관

보물 842호, 대구 선화당 측우대, 1770년, 국립중앙기상대

보물 843호, 관상감 측우대, 조선 시대, 국립중앙기상대

보물 844호, 창덕궁 측우대, 1782년, 영릉 전시관

보물 845호, 앙부일구(2기), 17세기, 18세기, 창덕궁

보물 846호, 창덕궁 풍기대, 조선 시대, 창덕궁

보물 847호, 경복궁 풍기대, 조선 시대, 경복궁

보물 848호, 「신법천문도」 병풍, 1742년, 법주사

보물 849호, 「곤여만국전도」, 1708년, 서울대학교 박물관

보물 850호, 「대동여지도」, 1861년, 성신여자대학교 박물관

보물 851호, 관천대, 1688년, 창경궁

이 프로젝트가 훌륭하게 추진되고 성공적으로 마무리되기까지 여러 사람들이 애썼다. 그중에서 두 사람은 내가 이 글에 이름을 적어 놓아 그들의 노고를 기억하고 싶다. 이원홍 문화공보부 장관과 정재훈 문화재관리국 국장이다. 이원홍 장관은 그가 해외 공관에 근무하던 시절, 한국정신문화연구원에서 한국 외교관들을 위한 우리 문화 특별 강좌에서 내가 한 "우리 전통 과학과 과학 문화재 보존" 특강을 들었다고 한다. 그가 KBS 사장으로 부임해서 제일 먼저 제작하도록 한 다큐멘터리 주제 중에 과학 문화재가 들어 있

었다고 담당 PD는 전한다. 그리고 그가 문공부 장관이 되면서 정재훈 국장에게 과학 문화재를 국가 지정 문화재로 지정하는 문제를 제기했다. 정 국장은 문화재 1과장 시절, 제일 젊은 문화재 위원이었던 나와 성덕대왕신종의 정확한 무게 측정을 해야 한다고 문화재 위원들을 설득하는 데 앞장섰던 공무원이다. 그는 국립전통문화학교 석좌 교수로 학생들을 가르치다 2011년에 세상을 떠났다.

1985년 과학 문화재의 1차 지정이 성공적으로 이루어지고 나서, 정 국장은 나에게 우리 과학 기술 문화재에 관한 책을 빨리 써서 출판해야 한다고 나를 들볶았다. 문화공보부에서 출판 보조금도 준다고 했다. 그때 나는 건강이 아주 안 좋았다. 그런 몸으로 그래도 해 내긴 했다. 몹시도 더웠던 초여름, 원고의 많은 부분을 아내가 정리했다. 그 책이 정음사에서 1987년 9월에 간행된 『한국의 과학 문화재』이다.

1986년 3월에는 과학 문화재 2차 지정이 있었다. 숭실대학교 박물관이 소장하고 있는 청동기 시대 돌 거푸집 13점이 국보 231호로 지정되었다. 그리고 보물 852호에서 865호까지 14점이 지정되었다. 휴대용 앙부일구(1874년, 3.3×5.6×1.6센티미터, 옥돌제, 개인 소장)와 수선전도 목판(1824-1834년, 67.5×82.5센티미터, 고려대학교 박물관), 목활자와 인쇄 용구(일괄, 국립중앙박물관)을 비롯해서 각종 총통들이다. 이에 대하여 3월 10일 문화공보부가 "과학 기술 문화재 2차 지정 보존"이란 제목으로 낸 보도 자료의 일부를 옮겨 본다.

• 문화공보부에서는 1차 지정 이후 지난 해 9월 14일부터 각 분야의 전문가에 의하여 2차 조사에 착수하여 천문 기술 관측, 인쇄 기술, 금속 기술, 국방 과학 분야에서 62건 146점을 조사했으며, 본 2차 조사에 참여한 관계 전문가는 천문 기상 관측 분야에 전상운(성신여대 총장), 유경로(서울대 명예 교수), 인쇄 기술 분야에 천혜봉(성균관대 교수), 금속 기술 분야에 김원용(서울대 대학원장), 임병태(숭전대 박물관장), 국방 과학 기술 분야에 이강칠

(문화재 전문 위원), 정하명(육군박물관장) 등 여러분이 참여하여 조사를 실시했다.

• 2차 조사된 과학 기술 문화재에 대하여는 전문가로 구성된 문화재 위원회 1차 소위원회(진홍섭, 황수영, 기원용, 전상운, 1986. 1. 17) 및 2차 소위원회(진홍섭, 황수영, 전상운 김원용, 천혜봉, 1986. 2. 12)에서 충분한 토의와 심의를 거쳤으며 그중 지정 가치가 있다고 심의된 과학 기술 문화재 21건에 대하여 문화재위원회 제2분과 전체 회의를 개최(1986. 3. 7)하여 심의한 끝에 이번에 15건을 지정하게 된 것입니다.

이렇게 해서, 국보와 보물로 지정된 과학 문화재는 첨성대까지 모두 34점이 되었다. 고고 미술, 그림, 불상 등에 치우쳐 있던 우리 문화재 지정의 영역이 크게 확대된 획기적인 발전이었다.

2000년대에 들어서서 몇 가지 과학 문화재들이 더 국가 지정 문화재로 지정되었다. 물론 지정되어야 할 것은 아직도 많다. 그러나 그것들은 이제 잘 보존되고 있고 학술적인 조사 연구도 되어 있으니 별 문제가 없어서 서두르지 않을 뿐이다. 서울대학교 규장각에 있는 많은 과학 관련 서적들과 지도들이 대표적인 예다. 2001년과 2002년 사이에 햇빛을 본 천문도 하나와 지도 2점은 알려지자마자 곧 문화재로 지정되는 절차를 밟게 되었다. 국립 민속 박물관에서 사들인 천문도 병풍과 서울역사박물관에서 사들인 김정호의 지도 2점이 그것이다. 보물로 지정된 이 과학 문화재들은 「신구법천문도」 8폭 병풍과 「동여도」와 「대동여지도」다. 2003년에는 법주사 성보 박물관이 보존하고 있는 「천문도」가 보물로 지정되었다. 1960년대 초에 내가 법주사에서 처음 보고 1966년판 『한국 과학 기술사』에 소개한 후 40년 만에 과학 문화재로 지정되었다.

과학 문화재 복원 사업이 시작되다

과학 문화재를 복원하라

1995년 12월, 경주에 신라역사과학관이 세워졌다. 설립자 석우일 관장은 우리나라에서 처음으로 첨성대와 석굴암의 축소 복제품을 전시하고 그 구조와 설계의 실험적 전시를 시도했다. 그리고 천장에는 신라 시대의 별자리를 재현했다. 또 조선 태조 때 돌에 새긴 천문도를 복원 고증하여 오석에 새로 새겨 만든 「천상열차분야지도」를 전시했다. 1985년에 문화재위원회가 우리나라 과학 기술 관련 유물들을 국가 문화재로 지정하고 난 10년 만에 각석이 복원, 복제된 것이다. 그리고 같은 해에 열린 「천상열차분야지도」 각석 제작 600주년 기념 학술 행사는 과학 문화재의 위상을 높이는 데 크게 기여했다. 내가 쓰기 시작한 '과학 문화재'라는 용어는 자연스럽게 받아들여지고 쓰이게 되었다.

1985년에 국보 3개, 보물 15개가 지정되고, 이어서 1986년에 국보 1개, 보물 19개가 지정되는 감격과 함께, 2편의 조사 보고서가 문화재관리국에서 간행되었다. 「전통 과학 기술 유물 조사 보고서」(1985년 5월)와 「과학 기술 문화재 조사 보고서Ⅱ」(1986년 3월)가 그것이다. '과학 문화재'라는 용어가 시민권을 얻은 것은 이 보고서부터다. 과학 문화재 살리기 운동 30년 만의 결실이어서 나에게는 커다란 기쁨이고 보람이었다. 이후 문화재관리국은 세종시대 경복궁 천문대와 관측 시설, 천문 의기 등의 복원 연구를 위한 공동 연구에 연구비를 지급하게 되었다. 조용하게 진행된 계획이었지만, 과학 문화재 관련 사업의 첫발이라는 점에서 이것은 획기적인 정책 구현이었다.

한국과학사학회에서 나와 박성래에게 조사를 맡겼다. 우리는 첫 번째 보고서에서 "연구팀은 한국과학사학회와 함께 다음 사항에 대하여 건의할 필요성을 절실히 제기한다."라고 문장을 시작한 다음 5개항을 건의했다.

1. 전통 과학 기술 유물의 국가 문화재로서의 지정 가치를 인정하고, 이에 대한 적절한 조치를 하루 속히 취하여 주기를 건의한다.

2. 여기 조사된 과학 문화재들은 모두 그 지정 가치가 인정된다.

3. 앞으로 더 광범위한 과학 문화재 지정을 위한 조사가 있어야 하겠다고 건의한다.

4. 민족의 과학적 창조성을 인정할 수 있는 과학 기기 중에서 소멸된 것들은 『조선 왕조실록』 등의 가장 확실한 기록에 있는 것부터 복원하고, 그 복원을 위한 과학 기술사 및 공학적 연구를 추진하는 기구 또는 연구팀이 있어야 한다는 건의가 요청된다.

5. 이러한 모든 문제는 과학 박물관이 있음으로서 가장 효과적으로 추진될 수 있다. 우리나라와 같은 과학적 창조성이 뛰어난 민족이 사는 지역에 과학 박물관이 하나도 없는 현실은 그 누구도 이해할 수 없는 일이라고 지적되고 있다. 과학 박물관의 조속한 설립을 건의한다.

1988년에 문화재관리국은 "과학 기술 문화재 복원 연구 사업"을 시작했다. 1차로 박성래, 유경로, 전상운, 나일성, 남문현, 주남철 등 "관계 전문가"

에게 경복궁 대간의대와 천문 관측 기기 및 자격루 복원 연구를 의뢰한 것이다. 우리는 연구회를 구성하여 곧 연구에 착수했다. 1차 연구 용역은 1989년 5월에 일단 마무리하고 보고서를 작성했다. 같은 해 6월에 간행된「과학 기술 문화재 복원 연구 보고서」(1989년)가 그것이다. 보고서는 3편으로 구성되어 있었다. 1편은 박성래, 유경로, 전상운, 나일성이 공동 연구하고 박성래가 대표 집필한「중요 과학 기술 문화재 복원 연구」이다. 세종 시대 과학 기술 유물 유적을 중심으로 경회루 주변의 천문 관측 기기들을 복원하여 옛날 대간의대가 있던 자리에 "세종 과학 박물관"을 세워야 한다는 제안을 담고 있다. 2편은「보루각 자격루 복원 연구」로 연구의 기본 계획에 대한 연구팀의 의견, 자격루의 원리와 구조에 대한 남문현의 연구 개요, 복원 사업 계획과 제언 등을 담았는데, 남문현이 대표 집필했다. 3편은 주남철이 대표 집필한「'보루각'의 건축에 대한 연구」이고, 몇 가지 관련 과학 문화재의 복원 계획도를 덧붙였다.

남문현이 세종 시대의 자격루에 대해 공학자로서 종합적인 연구를 본격적으로 전개하게 된 것도 이 무렵이다. 그가 추진해서 이루어진 '자격루 연구회'는 자격루에 대한 과학 기술사적, 공학적, 건축학적 연구를 공동으로 추진하기 위하여 출범했다. 30여 명의 창립 회원들은 전상운을 회장으로 뽑고 학문적인 연구와 복원을 위한 공동 연구에 힘을 모으기로 했다. 유경로, 전상운, 나일성, 남문현, 이용삼, 한영호, 정재훈 등 여러 연구자들이 참여했다. 정재훈 문화재관리국장이 자격루 연구회 창립 멤버로 참여한 것은 과학 문화재 복원 사업의 행정적 지원을 받는 데 큰 힘이 되었다.

문화재관리국의 과학 문화재 복제 사업은 1988년부터 시작되었다. 먼저 착수한 것이 보물 561호 금영 측우기와 보물 845호 앙부일구의 복제였다. 해외 유명 박물관과 국내외 관계 기관에 기증하여 전시하도록 한 것이다. 이런 사업은 1990년대에도 계속되었다. 1993년에는 신기전 화차, 1994년에는 국보 230호 혼천시계가 복제되어, 궁중 유물 전시관과 문화재관리

1988년부터 문화재관리국은 과학 문화재를 복제·복원하는 사업을 시작했다. 10년 가까운 시간을 들여 간의, 앙부일구, 일성정시의, 규표 등이 복원 제작되었다. 여주 영릉에 전시된 복제·복원된 세종 시대 과학 문화재들.

국에 각각 전시되었다. 그리고 1995년에는 보물 852호 휴대용 앙부일구 155기가 제작되어, 해외 공보관과 문화원 및 유관 기관에 기증 전시하게 했다. 1996~1997년에는 보물 883호 놋쇠 지구의 22기를 제작하여 국립 과학관과 시도 과학 교육원, 박물관 등에 기증 전시했다.

또 여주 영릉에 세종 시대 천문 기기를 복원 제작하여 설치하는 사업도 활발히 전개되었다. 나일성과 남문현, 이용삼이 중심이 되어 연구하고 ㈜옛 기술과 문화(한국과학사물연구소, 사장 윤명진)가 제작한 것이다. 거의 10년 가까운 시간을 들여 간의와 앙부일구, 일성정시의, 규표 같은 세종 때 천문 관측 기기들이 복원 제작되었다. 신라역사과학관, 국립중앙과학관, 세종대왕기념관, 나일성천문관, 국립천문연구원 등에 복제품들이 전시되었고, 우리 과학 문화재를 새롭게 보고 인식하는 데 크게 기여했다.

1990년 8월에 "장영실의 달, 시계 특별 기획전"이 롯데 백화점 잠실점에서 열렸다. 문화부가 기획하고, KBS가 지원한 행사였다. 또 1991년에는 용인 에버랜드 특설 전시관에서 중국과 한국의 과학 기술 문화재 특별 전시회가 한 달 동안 열렸다. 이 두 전시회 모두 성공적이었다. 우리 과학 문화재가 대중 속으로 한발 더 가까이 다가선 것이다.

문화재관리국이 과학 기술 문화재 복원을 위한 학문적인 연구 계획을 실행에 옮기겠다고 적극적으로 나선 것도 이 무렵이었다. 문화재 위원인 내가 추진 중심이 되어, 문화재 전문 위원인 박성래, 유경로, 나일성이 1989년에 낸 보고서 「중요 과학 문화재 복원 연구」를 반영한 것이다. "과학 기술 문화재 복원 기초 조사 및 설계 용역"이라는 구체적인 사업으로 정책적 결정이 난 것은 커다란 진전이었다. 1992년에 문화재관리국은 나일성, 박성래, 전상운, 남문현을 공동 책임 연구자로 한 우리의 용역 계획서를 받아들여 연구 용역비를 지급했다. 경복궁 복원 사업과 병행하여 세종 시대 경복궁의 국가 주요 시설이었던 대간의대와 천문 의기들을 복원 설치하는 연구였다.

공동 연구는 빠른 속도로 순조롭게 진행되어 12월에 보고서가 제출되었다. A4 크기 251쪽의 작지 않은 보고서였다. 총론을 남문현이 쓰고, 「I. 혼상 기초 조사」를 책임 연구원 나일성, 연구원 김천휘, 이은희, 박남수가 함께 썼다. 「II. 간의 기초 조사」 부분은 책임 연구원 박성래와 연구원 이성규가 썼고, 「III. 혼의 기초 조사」 부분을 책임 연구원 전상운과 연구원 이용삼, 정장해가 맡아 썼다. 「IV. 과학 문화재 복원 기초 조사」는 규표, 자격루와 보루각, 옥루와 흠경각, 일성정시의, 앙부일구, 정남일구, 천평일구, 현주일구, 행루, 측우기, 주척을 그 내용으로 하고 있는데, 책임 연구원 남문현, 연구원 남부희, 최은숙, 홍성우, 이은철, 이광석, 지성현, 이정현, 김수현이 썼다. 그리고 「V. 혼상의 복원 설계」는 책임 연구원 나일성이 맡아 썼고, 공동 책임 연구원 네 사람의 논의를 거쳐 앞으로의 연구 계획과 방향을 종합·정리하여 나일성이 총괄 부분을 썼다. 여기에서 나일성은 앞으로의 연구 계획에 대해서 이렇게 썼다.

과학 기술 문화재 복원 사업 2차 연도인 1993년도에는 1992년도의 계속 사업인 혼상의 복원과 몇 가지 천문 관측 기기의 설계에 착수하는 것이 바람직하다. 천문 의기 가운데 규표, 간의 및 혼의를 선정하고 이것의 설계 자료를 수집하여 1차 설계안을 작성하는 것이 좋겠다.

그는 여기에 행루를 더해서 그 구체적인 설계 복원 사업에 대한 방법과 연구 인력 등을 요약하여 제시했다.

이 사업은 1993년에는 계속되지 못했다. 다시 이어진 것은 1994년이었는데, 3월부터 6개월간의 사업으로 혼천의 한 가지만 복원하는 것으로 축소되었다. 그리고 연구 용역의 수행 기관이 건국대학교 부설 한국기술사연구소(용역 책임자 소장 남문현)로 바뀌고, 그 대학의 교수와 연구원인 한영호, 이수웅, 이은철, 손재현, 이승규 등이 참여했다. 전상운, 유경로, 박종국, 김동현, 나일성, 이용삼 등은 자문 위원으로 연구를 도왔다. 박성래가 빠진 것은 아쉬운 일이었다. 혼천의 복원 설계 용역 사업은 같은 해 9월에 A4 98쪽 분량의 보고서를 제출하는 것으로 마무리되었다.

한국과학사학회가 한국과학기술진흥재단에서 "한국 과학 기술사 기초 자료 조사 및 평가" 연구 사업을 위한 지원을 받은 것은 비슷한 시기, 1992년이었다. 과학사 학회는 학회장 송상용을 책임 연구원으로 하고 박성래, 남문현, 김명자, 이성규, 김기협, 이필렬을 연구원으로, 유경로, 이찬, 전상운, 이세용, 김영식, 고경신을 자문 위원으로, 문중양, 김근배, 신동원, 김연희 등 서울대학교 대학원 과학사·과학 철학 협동 과정의 젊은 연구생들을 연구 조원으로 한 범 학회 차원의 공동 연구팀을 짰다. 송상용은 한국 과학사와 과학 문화재의 현주소를 분명히 인식하는 문제의 중요성을 강조하고, 문헌 자료와 유물의 조사 연구에 앞장섰다. 그는 연구비를 따내는 일에 발 벗고 나섰고, 이 조사 연구 사업의 책임 연구원으로서의 역할을 훌륭히 해 냈다. 1992년 12월에 낸 보고서 「한국 과학 기술사 기초 자료 조사 및 평가」는 A4 용지로 428쪽에 달하는 큰 보고서다.

그가 쓴 18쪽 분량의 「서론」은, 그때까지의 한국 과학 기술사 연구의 역사
와 현황을 분석하고, 평가와 과제를 논한 글로서 중요한 논문이다. 둘째 챕
터인 「과학 문화재」는 천문도와 해시계류, 물시계, 천문대, 혼천시계, 기상 관
측기, 도량형기, 고지도, 농기구 등을 300쪽이 넘는 분량으로 다룬 보고서이
다. 모든 유물들을 그 소재와 제작 연대, 재료, 크기 그리고 제작 경위와 내용
및 보존 상태에 이르기까지 분석·평가하고 있다. 200쪽의 고지도 조사 기
록은 특히 우리의 눈길을 끈다. 그때까지 그만한 자료 조사가 보고된 일이 없
었기 때문이다. 그다음 「문헌 자료」 챕터는 1차 문헌과 2차 문헌으로 나누어
한국 과학 기술사 관련 사료와 국내외의 모든 연구서와 논문, 해제 및 조사
보고서를 100쪽의 분량으로 정리했다. 한마디로 이 조사 보고서는 그때까
지 거의 찾아볼 수 없었던 한국 과학 기술사의 훌륭한 '소스 북(source book)'
이었다. 그리고 또 하나, 이 과제 연구는 과학 기술 연구 지원 사업을 하는 한
국과학기술진흥재단이 전통 과학 분야에 대해 지원하는 전기가 되었다는
점에서 큰 의의를 찾을 수 있다.

자격루를 복원하다

1994년에 과학기술처가 전통 과학 기기의 복원 기술 개발 연구 과제에 연
구비를 지급하게 된 것도 큰 변화의 시작으로 평가해서 좋을 것이다. 특정 연
구 개발 사업으로 전통 과학 기기의 복원 연구가 포함된 것이다. 당시 발족한
건국대학교 한국기술사연구소가 그때까지 학자들이 개별적으로 문화재관
리국의 연구 용역을 받아 해 온 공동 연구를 넘겨받아, 세종 때 천문 기기를
중심으로 그 복원 기술을 개발하는 연차 계획 프로젝트를 담당하게 되었다.

남문현이 주도한 이 연구는 세종 시대 보루각 자격루와 그 관련 기기인 앙

부일구, 일성정시의의 복원 제작을 위한 실험적 연구와 설계를 하는 프로젝트였다. 과학기술처의 특정 연구 개발 사업 연구비는 그다음 해에도 지급되었다. 총괄 연구 책임자 남문현은 한득영, 이재효, 이용삼, 윤용산을 책임 연구원으로 하고, 홍성우, 손재현 등 10명을 연구원으로 하는 공동 연구팀을 구성해서 전년도부터의 연구 과제를 일단 완성해 냈다. 그들은 자격루의 기계 공학적 작동 원리를 『세종 실록』의 기록대로 복원 설계하여 그 실험적 작동 모형을 제작하는 데 성공했다. 물시계의 구성과 변환 장치, 자동 시보 장치의 기계 공학적 작동 원리가 밝혀진 것이다. 특히 시보 장치의 구조와 작동을 나타내는 모형의 구성은 훌륭하다는 평가를 받았다. 앙부일구와 일성정시의의 복원 시작품도 완성되었다.

이 사업의 시작에서 결정적인 추진력으로 작용한 인물에 대해서 기록에 남길 필요가 있다. 1993년에 과학기술처 장관으로 취임한 김시중이다. 그는 취임한 지 한 달이 채 안 되어 우리나라 전통 과학 기술 연구의 중요성을 깊이 이해하고 그 활성화를 위한 방안을 나와 몇 차례 협의했다. 그는 공개 석상에서 연구비 지급을 약속하고 그것을 실행에 옮겼다. 1994년에 그가 장관직에서 물러나기까지 과학기술처는 특정 연구 개발 사업 연구비를 전통 과학 기술 연구에도 지원했다. 그러나 안타깝게도 과학기술처의 전통 과학 기술 연구 지원은 더 계속되지 않았다. 김시중이 장관직을 떠난 뒤에 그 지원이 끊어진 것이다.

과학 기술 문화재 복원 연구 프로젝트는 1997년에 다시 시작되었다. 문화재관리국은 세종 시대 경복궁 보루각 자격루 복원 설계 연구를 건국대학교 한국기술사연구소에 맡겼다. 남문현을 용역 책임자로 하고, 주남철, 한영호, 한득영, 서문호, 이재효, 이용삼을 특급 연구원으로, 그밖에 8명의 젊은 학자들과 연구생들을 연구원으로 짠 큰 프로젝트였다. 용역 기관인 건국대 한국기술사연구소는 나, 손보기, 장경호, 김동현, 박성래, 이태진, 윤용산, 이명희, 정봉룡 등의 학자들을 자문 위원으로 참여하게 했다.

우리 연구팀은 ① 보루각 기본 설계, ② 자격루 관련 조사, ③ 『보루각기』 연구, ④ 자격루 계획안 작성, ⑤ 물시계 실험 및 설계, ⑥ 시보 장치 계획 및 설계, ⑦ 시각 교정 자료 조사 및 정리 등으로 작업을 분담해서 연구와 협의를 진행했다. 여러 차례 자문 위원들과 함께 회합을 갖고 부딪친 문제들을 성실하게 연구해 나갔다. 12세기 송나라에서 만들어진 혼천시계 탑을 복원해 전시해 놓은 중국, 타이완, 일본의 시설들을 현지 시찰하기도 했다. 이 연구 사업은 1998년 말에 끝났다. 그 결과 「보루각 자격루 복원 설계 용역 보고서」가 간행되었고, 건국대학교 한국기술사연구소는 그 결과를 언론 매체에 공개했다. 자격루 자동 시보 장치의 실험적 작동 모형이 처음으로 공개 보고된 것이다.

실험은 성공적이었다. 물이 아니라 전동 모터로 구동시키는 것이었지만 자동으로 작동해야 하는 장치들은 모두 다 제대로 작동했다. 다만, 계시 장치가 얼마나 정확하게 작동하느냐가 숙제로 남았다. 물의 힘으로 움직이는 모든 시계 장치는 자동으로 잘 작동하고 있었다. 그것이 『세종 실록』과 김돈(金墩)의 『보루각기(報漏閣記)』의 글처럼, 국가 표준 시계로서 걸맞은 정밀성과 정확성을 갖는지 검증되는 절차가 남은 것이다. 그리고 이렇게 복원한 장치가 세종 때 장영실(蔣英實)이 만든 자격루에 얼마나 가까운지가 과제로 남은 것이다. 나는 이 실험적 자격루 장치를 자격루의 "남문현 모델"이라고 부를 수 있겠다고 제안했다. 한 공학자의 10년이 넘는 눈물겨운 노력의 결실이었다. 장영실이 만들었던 원래 자격루와 크기도 다르고 동력원도 다르지만 적어도 15세기 자동 기계 장치의 독창적인 작동 원리를 우리가 이해하기에는 어렵지 않은 단계에는 접근하고 있음을 보여 준 한 걸음이었다.

그리고 또 한 가지가 있다. 서울역사박물관이 개관한 것이다. 2002년 5월에 개관한 이 큰 박물관에 과학 문화재 전시물들이 유난히 많다는 데 우리는 감격했다. 천문도와 지도 그리고 해시계 등이 독립된 전시장에 당당히 그 모습을 드러낸 것이다. 우리나라의 어느 국공립·사립·대학 박물관에서도

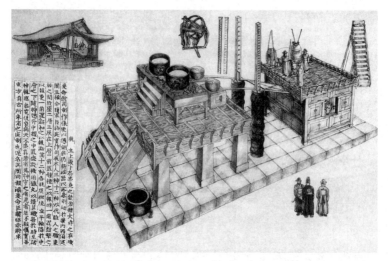

보루각 자격루 그림. 『보루각기』를 연구 고증하여 그린 그림이다. 이것은 정확하게 작동하는 실물 모형 제작으로 이어졌다. 한 공학자의 눈물겨운 노력의 결실이었다.

볼 수 없는 새로운 전시였다. 그리고 6개월 만에 열린 특별전, "서울, 하늘·땅·사람" 전에는 국보와 보물로 지정된 많은 과학 문화재들이 그 당당한 모습을 선보였다. 혼천시계와 동궐도라는 두 국보급 과학 문화재가 일반에게 공개 전시된 것은 처음 있는 일이었다.

　이렇게 큰 프로젝트가 시행되고 있는 동안에 규모가 작은 단일 유물의 복원 사업도 여러 건 있었다는 것을 꼭 덧붙여야 할 것 같다. 1992년에 남문현이 해 낸 「조선 시대 척도 자료 조사 용역」, 나일성, 이용삼, 남문현이 수행한 여주 영릉 세종 시대 천문 기기 복원 설치 사업, 2000년 대전의 한국천문연구원과 2002년 안동의 한국국학진흥원에 세종 시대의 간의를 복원 설치하는 사업이 있었다. 영릉은 세종 시대 과학 기술 문화재 복원 전시에서 특별히 돋보이는 곳으로, 세종 과학 기기 전시의 작은 마당이 되었다.

과학 문화재가 박물관의 테마 전시물이 되다

과학 문화재의 전시 시설을 언급하는 데 있어 몇몇 전문 박물관을 빼놓을 수 없다. 1992년에 개관한 청주의 고인쇄박물관, 1994년에 개관한 목포의 해양유물전시관, 강진의 청자자료박물관, 사립 특수 박물관으로 오랜 역사를 자랑하는 한독의약박물관과 이천의 해강도자미술관은 훌륭한 전시 시설을 갖춘 박물관들이 그것이다. 이 밖에도 몇 개의 산업 기술 박물관이 있다. 농업 기술 박물관과 석탄 박물관, 한지 박물관, 철 박물관 등이 그것이다. 문경석탄박물관과 태백석탄박물관, 보령석탄박물관은 탄광과 탄광촌을 폐광하면서 우리나라 옛 석탄 산업의 영화를 기념하기 위하여 세운 공립 박물관들이다. 거기에는 한국의 석탄 산업과 가정 연료로 널리 쓰였던 무연탄의 역사가 전시되어 있고, 산업 기술 유물과 유적을 광산의 갱도를 따라 관람할 수 있게 만들어, 특색 있는 체험 학습의 마당으로 시설해 놓았다. 농업박물관도 우리나라의 옛 농기구들과 수리 시설, 양수 시설 등을 보존 전시하고 있어 훌륭한 산업 기술 박물관으로 자리 잡고 있다.

한독의약박물관은 우리나라 사립 과학 박물관의 역사를 연 의약학 전문 박물관으로 그 이름이 높다. 1964년 제약 회사 한독약품이 한독약사관으로 설립했다. 이 전시 시설은 1974년에 한독의약박물관으로 발전했다. 이 박물관은 처음부터 독립 건물과 시설을 가지고 출발했다. 국보급 의서들과 의약학 관련 기기들은 우리나라 의약학의 역사와 질병 치료의 발자취를 훌륭하게 전시 보존하고 있는 보기 드문 기관이다. 음성으로 옮겨 새로 지은 박물관 건물과 전시는 더욱 돋보인다. 전문 학예직으로 경력을 시작한 김쾌정 관장은 30여 년 동안 오직 한자리를 지키고 있는 의약 박물관 전시 운영의 권위자이다.

또 하나 눈여겨볼 만한 박물관이 있다. 충북 음성에 있는 세연철박물관이다. 1999년 개관한 이 박물관은 한독의약박물관과 함께 우리나라 사립 박물관 중에서 손꼽히는 과학 기술 박물관이다. 우리나라 철의 역사와 문화를 고대에서 현대 철강 생산에 이르기까지 현장 체험과 함께 볼 수 있게 한 전시가 볼 만하다. 한국 유수의 철강 회사가 세연문화재단을 설립하여 철 하나만을 테마로 한 산업 기술 박물관을 제대로 지었고, 전문 학예직을 두어 관리 운영하는 박물관다운 박물관이다.

과학 문화재 조사 연구 사업에서 성공적으로 이루어진 또 한 가지 매우 중요한 프로젝트가 있다. 해인사가 주관하고 문화재관리국과 경상남도 합천군의 재정을 일부 지원해 이태령이 책임 연구자로 수행한 "고려 대장경 경판 보존을 위한 기초 학술 연구"가 그것이다. 1993년부터 1995년까지 3개년에 걸쳐 이태령, 이대형, 원석(스님), 종림(스님), 박상진, 도춘호, 민경희, 안희균, 이용희, 강대일, 김유선, 이규식, 이상해, 변종흥, 경병용, 전채익 등의 공동 분담 연구로 이루어진 큰 연구 사업이었다. 이 과학적 기초 연구는 지금까지 있었던 고려 대장경 조사 연구 사업에서는 볼 수 없었던, 고도로 전문화된 학술적 기초 연구였다는 점에서 높이 평가되는 사업이었다. 나는 자문 위원으로 여러 차례 현장에서 조사 발견된 새로운 사실들을 확인하고 큰 감명을 받았다. 이 연구에서 지금까지 알려져 오던 사실과는 다른 여러 가지 놀라운 높은 수준의 고려 기술이 밝혀진 것이다.

보존 과학 전담 부서가 생기다

과학 문화재와 관련된 중요한 분야가 또 하나 있다. 보존 과학의 발전이다. 1960년대 후반 국립중앙박물관 관장이었던 김재원 박사가 나에게 보존 과학 연구실을 만들겠다고 의논해 왔다. 그런데 한국에서 보존 과학 분야에 처음 손을 댄 학자는 이태령과 김유선이다. 두 사람 다 화학과 출신이다. 이들은 1960년대에 그 연구를 시작했다. 물론 보존 과학을 전문으로 한 것은 아니다. 이태령은 석굴암 보존과 관련된 탁월한 견해로, 김유선은 경주 지역 고분 발굴 유물의 보존 처리와 관련된 프로젝트로 문화재계에 널리 알려지게 되었다. 그 시기 한국에는 고고 화학과 보존 과학 분야에서 그들만큼 외국 학술지에서 얻은 지식과 최신 정보를 가진 학자가 없었다. 게다가 1960년대 후반과 1970년대에 본격화된 국토 개발의 시기에 파헤쳐져 햇빛에 노출된 많은 유물들을 처리하는 데 고고학계는 쩔쩔맬 수밖에 없었다. 발굴된 유물들은 보고서도 쓰기 전에 변질되는 일이 많았다. 종이·섬유·나무 제품들과 금속 제품은 손을 대기 두려울 정도로 변질이 빨랐다. 우리 고고학은 그저 고고학일 뿐, 과학(또는 자연 과학)이 아니었다.

그래서 김재원 박사는 국립중앙박물관에 보존 과학 전담 부서를 설치해야겠다고 생각한 것이다. 그런데 나는 이미 연구 분야를 바꿀 수 없는 형편에 이르러 있었고 이태령, 김유선은 서울대 화학과의 대선배로 그들 나름대로 중견 화학자로서의 연구 영역의 위치가 서 있었기 때문에 박물관의 보존 과학 부서에 들어갈 수는 없는 입장이었다. 그 시기 보존 과학의 현황에 대하여 신안 보물선의 보존과 복원에 힘쓰고 문화재관리국 목포해양유물보존처리소 소장을 역임했던 최광남은 「문화재의 과학적 보존」(1991년)에서 이렇게 썼다.

우리나라에서는 1968년 과학기술처 주관으로 시행한 "문화재의 과학적 보존 관리에 관한 조사 연구"를 계기로 문화재 보존 관리의 기본 개념이 부각되었다. 그 후 1969년에서 1974년을 걸쳐 유네스코 문화재 보전 연구 소장 해럴드 플렌더라이드(Harold Plenderleith) 박사의 2차에 걸친 방한 및 도쿄 국립문화재연구소장 세키노 마사루(關野克) 박사, 프랑스 국립 고고학 연구소장 베르나르 그로슬러(Bernard Grosller) 박사 등의 방한으로 문화재의 과학적 보존의 필요성에 관한 국내의 여론을 조성했다.

1968년 과학기술처의 "문화재의 과학적 보존 관리에 관한 조사 연구"를 시발로 하여 「현충사 유물의 과학적 보존 관리에 관한 연구」, 「다보탑, 석가탑, 석굴암의 과학적 보존」, 「유형 문화재의 과학적 보존을 위한 기초 연구」 등이 있고, 1970년대 후반부터 경주 지역의 대규모 발굴 조사의 실시로 인하여 보존 과학에 대한 관심이 높아 출토 유물의 보존 처리가 본격적으로 시행되게 되었으며 이에 대한 보고서는 「경주 98호 고분 출토 유물의 과학적 보존 처리」, 「경주 황남대총 보존 과학적 조사 연구」 등이 있다.

그런데 보존 과학이 우리나라에서 싹트고 정착하기 시작한 초기, 과학기술처가 그 일을 맡고 나선 데는 그만한 사연이 있었다. 그 일을 맡은 학자들이 주로 화학을 전공한 과학기술처 산하 연구소 소속이거나, 과학기술처와 관련 있는 대학 교수들이었기 때문이다. 그래서 그들은 보존 과학의 이론적 바탕은 튼튼했으나, 과학적 보존 처리 기술의 숙련도는 높지 못했던 게 사실이다. 여기서 파생된 문제가 노출되면서 보존 처리에 대한 평가는 전체적으로 좋은 편이 못 됐다. 보존 과학자는 자연 과학자이면서 동시에 문화재 전문가거나 과학 기술사 학자여야 한다. 문화재는 역사적 유물이며 인류 문명의 귀중한 유산이기 때문이다. 그것은 오랜 세월 동안 비바람에 시달리며 땅 위에 말없이 서 있었고 땅 속이나 바다 속에서 잠들고 있었으나, 죽은 것이 아니고 살아 숨 쉬고 있는 것이나 다름없는, 아주 개성이 강한 존재들이다. 그래서 문화재는 실험의 대상일 수 없다. 이런 사실을 인식하는 데는 과학적 학문의 바탕뿐만 아니라 역사와 문화에 대한 경륜과 애정이 있어야 한다. 그런데 연구실과 실험실에서 자연 과학 훈련만 받은 과학자는 그런 점에서 부족한 면이 많은 것이 사실이다.

1970년대에 들어서면서 우리나라에도 마침내 보존 과학 연구를 직업으로 가질 수 있는 때가 왔다. 실질적인 보존 과학 연구 제1세대의 시대가 온 것이다. 1970년대에 국립중앙박물관과 국립문화재연구소 그리고 1980년대 후반에 호암미술관에 보존 과학 전담 부서가 생겼다. 이오희, 이상수, 김병

호, 강대일, 강형태, 최광남, 민강희, 안희균 등의 2세대와 3세대가 학예직으로 일을 하게 되었다. 그들은 문화재 보존 기술자로서 맡겨진 문화재의 보수 보존 처리의 직무를 수행하면서, 보존 과학자로서의 연구를 게을리 하지 않았다. '문화재'와 '보존 과학 연구'는 그들의 그러한 노력으로 학문적 수준을 높여 나갔다.

대학에 문화재 보존 과학과도 생겼다. 보존 과학의 학문적 연구와 교육이 궤도에 오르게 된 것이다. 과학사학과가 서울대 대학원에 과학사 과학 철학 협동 과정으로 설치되어 석·박사를 배출하고 있고, 전북대학교에 과학학과가 생긴 것을 시작으로 고려대학교와 부산대학교에도 대학원에 학과가 개설됨으로써 보존 과학과 함께 과학 기술 문화재의 학문적 연구가 한 단계 뛰어오르게 되었다. 최근에 서울대·전북대·포항공대에서 과학 문화 연구 센터가 출범하고 2006년에 과천에 세워진 국립종합과학관에 전통 과학관이 설치된 것 등은 21세기의 새로운 도약을 위한 커다란 첫 걸음이다. 우리 과학에 대한 이해의 폭이 그만큼 넓어진 것이다.

김주삼은 『문화재의 보존과 복원』(2001년)에서 이렇게 쓰고 있다.

문화재 보존 분야의 발전에 중추적인 역할을 해 온 과학은 재질에 대한 연구와 전통적인 복원 기술을 연결하면서 문화재 보존에 기여했다. 하지만 종종 불편한 관계가 되기도 했다. 과학자와 보존 담당자를 서로 다른 배경을 가지고 있다. 그리고 이들은 서로 공통된 목적을 위해 다른 입장에서 일을 하며 방법의 교류를 통해 접근해 간다. 보존 과학자는 문화재의 재질, 환경, 손상 원인에 대한 정확한 연구 결과를 내놓는다. 보존 담당자는 뚜렷한 해답을 찾을 수 없는 다양한 보존상의 문제를 해결하기 위해 이 결과를 적용한다. 보존에 대한 과학의 적용은 조사와 분석, 손상의 원인과 환경 연구, 향상된 기술과 재료에 대한 연구 등과 같이 크게 세 가지로 나눌 수 있다.

경주 불국사의 탑들을 닦아서 깨끗하게 하면 훨씬 더 보기 좋을 것이라는 생각을 가진 정치인들의 아마추어적 문화재 사랑 때문에 빚어진 너무도 답답한 사연이 있었다. 경주의 옛 모습을 되살린다는 그리고 옛 도읍으로서의 한국적 멋을 살려 한옥 일색으로 짓자고 나선 어설픈 전통 문화 사랑의 열정이 빚어놓은 베이지 색으로 칠해진 한옥들의 충격적 인상을 우리는 기억한다. 그런 일이 되풀이되지 않기 위해서 보존 과학이 필요하고 문화재의 과학적 보존을 위한 연구가 필요하다. 그것은 과학 기술사와 산업 기술 고고학의 바탕에 서서 보아야 시야가 트이는 것이다.

과학 기술사와 산업 기술 고고학과 보존 과학의 어우러짐이 이래서 필요하고, 과학 기술 문화재는 그런 정신을 바탕으로 해야 제대로 보일 것이다.

4
장

산업 기술 고고학에서 돌파구를 모색

고고 화학과의 만남

1969년 3월에 나는 과학사 연구를 위해서 뉴욕 주립 대학교에 갔다. 과학
사 과학 체계 학과가 있는 올버니 캠퍼스의 학과장 마틴 레비(Martin Levey)
교수가 연구원(Research Associate)으로 초청해 준 것이다.

내 연구 과제는 두 가지였다. 어쩌면 세 가지였다고 하는 편이 더 정확할지
도 모른다. 첫째는 MIT 출판부에서 출판하기로 되어 있는 한국 과학 기술사
관련 책 원고를 끝내는 작업이고, 둘째는 세종 시대 과학 기술의 중요한 학문
적 배경으로 떠오르고 있었던 이슬람 과학의 연구 자료를 찾고 연구 방법에
대한 지도를 받는 일이었다. 또 하나, 이것은 조금 욕심을 부리는 것이지만,
한국의 전통 과학에 나타나는 금속 기술과 요업 기술의 고고 화학적 연구 방
법을 배우고 싶었던 것이다. 그래서 소개받은 학자가 레비 교수였다. 그는 화
학자이며 과학사 학자이고, 아랍어 원전의 역주 연구 작업을 중심으로 한 이
슬람 과학의 권위자이다. 25개 이상의 언어를 해독하고, 한글에 대한 지식도
가진 그런 학자였다.

내가 올버니 캠퍼스에 도착한 날 저녁, 초대받은 식당에서 자리를 같이 한 또 한 사람의 학자가 있었다. 로버트 브릴(Robert H. Brill) 박사다. 코닝 유리 박물관의 연구 행정 책임자라 했다. 레비의 친구이며 학문적인 동료이기도 한 그가 그날 밤 과학사학과 콜로키엄의 발표자였다. 시차와 피로감에 지친 내가 몽롱한 상태에서 들은 브릴의 발표 내용은 놀랍게도 납 동위 원소를 이용해 유리 제조 산지를 추적하는 방법에 대한 그의 학설이었다. 그러나 그때, 브릴의 납 동위 원소에 의한 산지 추적에 대한 학설이 동아시아의 청동기 산지를 고증하는 어렵고도 미묘한 문제를 푸는 결정적 단서가 된다는 사실을 나는 짐작도 하지 못했다.

MIT 출판부에서 출판할 내 책의 원고를 끝내기 위해서 내가 미국에 가기로 결심했을 때, 체재비와 연구비를 마련하기 위해 나는 하버드-옌칭 방문 학자 선정 계획에 지원했다. 그때 내가 위원회에 제출한 연구 계획은 두 가지였다. 하나는 영문으로 쓰고 있는 한국 과학 기술사 책의 원고를 완성하는 일이고, 또 하나는 한국의 청동기와 토기의 성분 분석을 통해서 그 제작지와 제작 시기를 추적하는 과학적 방법을 개발하는 연구였다. 그러나 하버드-옌칭 학자가 되려던 내 희망은 마지막 단계에서 좌절되었다. 하버드-옌칭 한국 위원회가 서울의 한 작은 사립 대학의 조교수를 추천한 파격적인 결정에 하버드-옌칭 연구소가 사실상의 제동을 걸고 나선 탓이다. 고고 화학이나 기술 고고학의 길에 빠질 뻔하다가 그 기회를 놓친 것이 아쉬웠지만, 한국 과학사 연구에만 전념하라는 하늘의 뜻으로 알고 겸허하게 하버드-옌칭 학자의 꿈을 포기했다. 하지만 뉴욕 주립 대학교에서 두 고고 화학자와 만남으로써 또 하나의 새로운 기회가 만들어지고 있었다. 그것이 기회임을 깨달은 것은 몇 달 뒤의 일이다.

레비 교수와 나는 거의 매일 만나 동아시아의 전통 과학, 이슬람 과학, 한국의 청동기 기술에 대한 이야기를 나누었다. 어느 날 그는 내게 자기와의 만남을 기념한다면서 책 한 권을 주었다. 『고고 화학(Archeological Chemistry)』

1969년 미국 뉴욕 주립 대학교 대학원 게스트 하우스 앞에서 마틴 레빈 교수와 함께 찍은 사진이다. 그는 나에게 고고 화학과의 만남을 주선해 주었다.

(1967년)이다. 미국 화학회 고고 화학 분과 위원장이던 그가 조직한 1962년 심포지엄의 보고서를 엮은 책이었다. 논문들에는 당시로서는 최신의 고고 화학 연구 성과들이며, 새로운 연구 방법들이 제시되어 있었다. 이 심포지엄에 이은 1968년의 고고 화학 심포지엄의 연구 성과를 엮은 책은 브릴 엮음으로 1971년에 MIT 출판부에서 간행되었다. 『과학과 고고학(*Science and Archeology*)』이 그것이다. 책의 첫머리에는 마틴 레비에게 바치는 브릴의 헌사가 있다. 레비 박사는 뛰어난 문헌학자이자 역사가, 수학자, 화학자였다고 그는 쓰고 있다. 1970년에 레비가 무릎 수술 후유증으로 갑자기 세상을 떠난 충격적인 슬픔을 가슴에 담은 글이다. 고고 화학자로서의 레비와 브릴이 그

리고 내가 이어지는 고리들이다.

다시 1969년 봄, 레비는 이웃 도시에 있는 제너럴 일렉트릭(GE) 연구소의 책임 연구원 한 사람이 내 연구실에 찾아오겠다는 연락이 있었다고 알려왔다. 레비는 내가 서울에서 가져온 기원전 2세기경의 청동기 조각을 분석해 보자고 했다. 그리고 미국 육군 탐사 연구소의 고고 화학 분석 연구 담당자에게 의뢰했다. 얼마 후 회답이 왔다. 장거리 전화로 분석 결과를 레비에게 알리면서 분석 담당자는 그 합금 기술의 우수성에 놀라 "고대 한국인의 청동 기술에 찬사를 아끼지 않는다."라고 했단다. 레비와 나는 놀라움과 기쁨에 손을 마주 잡았다. 그것만이 아니었다. 미국 최대 기업인 GE의 책임 연구원이 우리에게 협조를 요청해 왔다. GE의 책임 연구원은 나에게 신소재 연구에서 고대 청동 합금 기술의 비밀을 캐내는 일이 중요하다고 설명하며 내 도움이 필요하다고 했다. 고대 한국의 청동기 기술이 우수하니 본격적으로 분석하고자 한다는 것이다. 우리도 모르는 사이에 미국인들이 한국 고대 청동 기술에 주목하고 그와 관련된 연구를 계획하고 있다는 사실은 충격적이었다.

그 충격이 채 가시기도 전, 초여름에 하버드-옌칭 연구소 한국 도서실에서 평양의 학술지《고고민속》에 실린 논문을 읽으면서 나는 놀라움과 흥분에 사로잡혀 며칠을 보냈다. 최상준의 논문「우리나라 원시 시대 및 고대의 쇠붙이 유물 분석」이 그것이다. 거기에는 북한 지역에서 출토된 여러 개의 초기 청동기 시대 청동기 유물들의 분석 자료가 보고되어 있었다. 1960년대 북한에서의 고고학적 발굴 유물의 분석 결과를 논문으로 발표한 것도 놀라운 일이지만, 그보다 더 놀라운 사실은 기원전 10~7세기 북한의 청동기 시대 유적에서 출토된 여러 가지 청동기의 성분에 아연이 섞인 것이 많다는 것이었다. 최고 24퍼센트까지의 아연 청동이 만들어졌다는 사실은 그야말로 보통 문제가 아니다. 중국의 청동 기술과 한국의 청동 기술을 구분해 주는 분명히 다른 그 어떤 흐름이 있었다고 보아야 하기 때문이다. 이런 생각은

1960년대까지는 말할 것도 없고, 지금까지도 우리 고고학계나 미술사학계, 더 크게는 국사학계의 주류가 되고 있는 청동 기술의 일반적인 학설과는 분명히 많이 다르다.

1950년대까지만 해도 일본 학자들은 한국의 청동기 시대는 없었다고까지 했었다. 그러나 그런 생각은 분명히 식민 사관과 이어지는 것이다. 해방 후 우리 국사학계의 노력과 한국의 여러 청동기 유적들의 발굴은 한국사에서의 이런 그릇된 학설을 바로잡는 데 크게 기여했고, 1980년대 이후 한국사 연구는 혁신적인 발전을 거듭했다. 그러나 한국에서, 한국사와 고고학 연구를 선도하는 원로 학자들과 그들의 학풍을 계승한 학계의 주류는 아직도 한국 청동기 시대의 시작 시기를 기원전 10세기 이전으로 잡는 데 지나치리만큼 신중하다. 그리고 중국의 청동 기술이 한국의 청동 기술을 형성하게 하고, 한국의 청동 기술의 발전을 중국 청동 기술을 수용하는 과정에서 전개되고 있었다는 지금까지의 소극적 역사 해석의 틀에서 벗어나지 못하고 있다. 그리고 한국 청동 기술의 전개 무대를 옛 고구려의 북쪽 영역, 즉 지금의 중국 동북 지방, 압록강 두만강 북쪽, 요동 반도와 하얼빈에 이르는 넓은 영역을 포함하는 지역까지로 넓게 잡는 데 소극적이다.

21세기 들어 국립문화재연구소가 편찬하여 출간한 『한국 고고학 사전』(2001년)은 우리 학계의 어려움과 한계를 잘 반영하고 있다. 그동안의 우리 학계의 연구 성과를 결집한 이 책은 북한 학계와 남한 학계의 견해 차이를 비교적 잘 보여 주고 있다. 나는 1969년에 미국에서 본 북한 학계의 논문과 저술들에서 그 거리가 크다는 것을 알게 되었다. 그것이 나에게 준 충격의 하나였다. 청동 기술 문제에 내가 상당히 집착하게 될 수밖에 없었던 이유의 하나는, 한국의 전통 과학 기술 연구에서 청동기 시대가 매우 중요한 과제이기 때문이다. 청동 기술은 그 시기의 첨단 기술이었다.

1995년부터 1997년까지, 해방 이후 북한의 한국 과학사 연구 성과를 집대성하여 편찬한 『조선 기술 발전사』 5권은 한국 과학 기술사의 한 분야로

한국형 청동검. 기원전 2세기의 것이다. 청동 기술은 당시 첨단 기술이었다. 내가 청동 기술 문제에 상당히 집착하게 될 수밖에 없었던 이유의 하나는, 한국의 전통 과학 기술 연구에서 청동기 시대가 매우 중요한 과제이기 때문이다.

서 청동 기술에 대한 북한 학계의 견해를 뚜렷하게 부각시키고 있다. 예상했던 것이지만, 그 견해는 내가 지금까지 써 놓은 청동 기술에 관한 원고를 그대로 두어야 할지, 아니면 크게 고쳐야 할지의 기로에서 나를 고민하게 했다. 나는 아직 평양 학자들의 연구에 대한 충분한 자료에 접하고 있지 않다. 그리고 중국에서의 최근의 중국 과학 기술사 연구 성과를 반영한 청동 기술에 대한 글들도 내 발목을 잡고 있다.

왜 기술 고고학인가

기술 고고학은 과학 기술의 고고학이다. 과학 기술사가 고대로 올라가 고고학과 만나면 기술 고고학의 영역으로 들어가게 되는 것이다. 기록으로 남아 있지 않은 과학 기술사의 영역은 의외로 많다. 그 부분을 다루는 과학 기술사의 한 부분을 기술 고고학이라 해도 좋다. 따라서 그것은 선사 시대에만 한정되는 것이 아니다. 한국사의 경우, 우리는 『삼국사기』와 『삼국유사』, 『고려사』, 『조선왕조실록』 같은 1차 사료들과, 역사적 가치가 충분히 인정된 여러 사료들을 가지고 있다. 그러나 과학 기술과 산업 기술의 영역에서 볼 때, 우리에게는 없는 것이 너무나 많다. 기록과 유물, 유적의 흔적조차도 없는 것을 비롯해서, 있다고 해도 그것으로는 우리가 이해할 수 있을 만큼 사실이나 원형을 재구성하기에는 부족한 것들이 한두 가지가 아니다.

기술 고고학은 그런 문제들을 대상으로 삼는다. 그것은 분명히 고고학이다. 그러나 우리 고고학은 그런 문제들을 거의 다루고 있지 않다. 다루고는 있지만 문제의 초점을 어느 부분에 맞추었는가에 달린 것일지도 모른다. 우리가 한국인의 위대한 문화 유산이라고 자랑스럽게 여기고 있는, 실제로 불가사의할 정도로 너무나 훌륭한 역사적 유물 중에서 최근에 와서야 비로소 알게 된 사실들이 여럿 있다. 보는 각도와 초점을 어느 쪽에 맞추느냐에 따라서 보이는 부분이 달라지기 때문이다. 물론 보는 사람의 학문적 배경과 전문 분야 그리고 관심의 정도에 따라서 같은 부분을 보면서 다르게 생각하거나, 이해되는 사실도 달라질 수 있다. 해인사 고려 대장경 경판의 나무 재질이 몇 년 전에 산벚나무로 밝혀진 사실은 기술 고고학이 말해 주는 것이 무엇인 지를 보여 준 좋은 보기가 된다.

기술 고고학은 또 과학과 공학, 과학 기술학과 고고학, 미술사, 보존 과학 및 역사학의 여러 학문들이 만나고 그것들을 전체적으로 포괄하면서 그들 사이에 위치하는 학문 분야다. 그리고 천문 고고학, 실험 고고학, 고고 화학, 생물 고고학, 산업 고고학은 기술 고고학의 한 부분이라고 할 수 있다는 것 이 내 생각이다.

이 과제에 대한 해답의 열쇠는 기술 고고학적 연구에서 찾을 수밖에 없다. 그러나 우리의 기술 고고학 연구는 아직 시작 단계에 머무르고 있다. 우리 학 계의 연구가 활발히 전개되어야 하고, 평양 학계와 중국과의 교류 연구가 시 급하다. 1960년대 미국에서의 고고 화학, 기술 고고학과의 만남이 지금으로 이어지는, 이어져야만 하는 이유를 여기서 찾을 수 있다. 그러나 이것은 이제 부터의 과제다. 그래서 나는 얼마 동안의 망설임에서 벗어나, 내 생각과 우리 학계의 역사 해석 그리고 평양 학자들의 학설과 중국 과학 기술사 학계의 견 해를 있는 그대로 여과 없이 정리하기로 했다. 앞으로의 연구에 바탕이 되고 기틀을 잡는 데 기여하려는 것이다. 무엇이 문제이고 어떤 과제가 우리 앞에 놓여 있는지를 극명하게 부각시켜 보도록 하겠다. 이것이 지금 내가 할 수 있 는 역할일지도 모른다.

한국의 청동 기술에서 가장 큰 이슈는 두 가지로 압축된다. 첫째는 청동 기 시대는 언제 성립되었는가 하는 것이고, 둘째는 그것이 어떻게 성립되었 는가 하는 것이다. 『한국 고고학 사전』으로 연구 성과를 집대성한 서울 고 고학계는 청동기 시대 성립 시기를 기원전 10세기에서 더 올리지 않는다. 그 리고 중국 청동기 기술과의 뚜렷한 차이가 한국 청동 기술에서 어떤 모습으로 전개되었는지 확실하게 부각시키지 않았다. 청동 기술의 뿌리 또는 그 원천(源泉)이 어느 문화인가에 대한 명쾌한 해답도 아직 제시하지 못한 채로 있다. 다른 문화, 즉 북방계나 중국계 기술과 문화에 대한 논의는 있지만, 한반도 자체에 있었을지도 모를 문명권이나 한국의 신석기 문화에서 기원한 기술과의 연관성을 별로 논의하지도 않는다. '한국 문명권'에서 전개된 독자적 기술이 한반도에서 청동기 시대가 시작되는 데 영향을 미쳤다고 보아서는 안 될 이유가 무엇인지 우리가 납득할 만한 설명은 아직 별로 없다.

중국 학자들은 중국의 청동 기술이 중국의 문화권 안에서 어느 시기에 돌연히 생겨났다고 말한다. 그런 주장은 자연스럽게 받아들여지고 있다. 당연히 그럴 것이라고 믿고 있는 것이다. 고대 한국인이 활동하던 지역에서 청동 기술이 일어났다고 생각해서는 안 될 특별한 이유가 무엇인지 아직 충분한 설명이 없다. 한국인이 이룩한 거대한 고인돌 문화의 규모가 상상하기 어려울 정도로 크다는 것은 지금 남아 있는 유적들이 그것을 증명하고 있다. 때문에 당연한 역사적 사실로 인정되고 있다. 그것이 청동기 문화의 산물이라면, 그 거대한 문화를 형성한 과학과 기술에 대한 재조명도 분명히 있어야 할 것이라고 나는 생각하고 있다.

또 하나의 과제

우리의 전통 기술 또는 고대 산업 기술사 연구의 현장에서 겪은 또 하나의 이야기가 있다. 1974년에 나는 교토 대학교 인문 과학 연구소에서 1년 남짓의 연구 생활을 했다. 그때 요시다 미쓰쿠니(吉田光邦) 교수와 야마다 게이지(山田慶兒) 교수는 각기 그들 나름의 개성이 뚜렷한 연구 영역을 개척하고 있었다. 그런 그들 사이에 한 가지 두드러진 공통 관심 분야가 있었다. 동아시아 의약학과 그 사상이었다.

그들은 모두 한국의 전통 의약학에 깊은 관심을 가지고 있었다. 중국의 전통 의학과는 또 다른 위대한 전통을 가지고 있다는 사실에 주목하고 있었다. 한국 독자 의학을 뜻하는 '한의학(韓醫學)' 용어의 사용에 대해서도 긍정적인 인식을 가지고 있었다. 그 의약학과 이론, 그 사상에 대해서 우리는 이야기를 나누었다. 우리가 아는 것처럼, 동아시아 의약학, 흔히 한의학(漢醫學)이라고 부르는 의학의 큰 줄기는 진맥과 제약 그리고 침술 등의 고도로 훈련된 경험적 기술을 함께하고 있다.

어느 날 요시다 교수가 텔레비전 대담 프로그램에 나가 동아시아 의학에 대해 네이선 시빈(Nathan Sivin)과 나, 자신 셋이서 자유롭게 이야기해 보자고 했다. 중국과 한국의 전통 의학 그리고 일본의 한방 의학을 논하고 그 특징을 생각해 보자고 했다. 특히 조선 의학의 형성과 독자적 발전 양상에 대해서는 내가 말하고 요시다가 거두는 식으로 이야기를 풀어 나가자는 생각이었다. 그리고 무엇보다도 중요한 것은 흔히 '한의학(漢醫學)'이라고 부르는 동아시아 전통 의학의 미래를 전망해 보자는 것이었다.

우리가 잘 아는 바와 같이 중국의 전통 의학에 뿌리를 두고 있는 이른바 한의학은, 지금 중국에서는 중의학(中醫學)으로, 한국에서는 한의학(韓醫學)으로, 북한에서는 동의학(東醫學)으로, 일본에서는 한방 의학(漢方醫學)으로 각기 자기의 길을 걷고 있다고 해도 지나치지 않을 정도로 분화되어 있다. 중국 대륙에서는 일찍부터 서양 의학을 '양의학', '양방(洋方)'이라 부르고 중국 전통 의학과 섞어 버리거나 서로 조화시키는 작업을 해 왔다.

한국은 한의학이라는 이름으로 전통 의학을 독자적인 영역으로 지켜 왔지만, 1930년대 이후 의학의 학문적 주류는 서양 의학이었다. 해방 이후 한의학을 학문으로 연구하고 임상 의학 영역까지 넓혀서 병원도 세우고 대학도 세우자는 움직임이 한의사들을 중심으로 일어났다. 그것은 전통 의학의 뿌리가 그만큼 깊다는 사실과도 통한다. 마침내 한의과 대학이 섰다. 그러나 학문적 영역에서는 버금의 위치를 차지하는 데 그쳤다. 한의과 대학에서는 한의사들에게 그냥 의학 박사 학위를 주려 했지만 서양 의학계의 격렬한 반발을 불렀고 그 뜻을 이루지 못했다. 아무튼 한의학은 한국 사회에서는 의학의 한 영역으로 독립했고 한의과 대학의 인기는 날로 높아져 갔다. 약사들이 한약 조제까지 하겠다고 팔을 걷어붙이고 나서게 되기까지 이른 것이다.

그러나 일본은 달랐다. 메이지 유신 이후 이른바 근대화 혁신 바람 속에서 전통을 많은 부분 날려 버렸다. 음력을 양력으로 바꾸는 과정에서 음력 숫자를 그대로 양력 숫자로 바꾸는 바람에 축일 날짜가 절기와 상관없어지는 등 끔찍한 개혁이 이루어졌다. 한방 의학도 송두리째 뭉개 버리고 의학은 오직 서양 의학만 인정하는 의료 개혁을 단행했다. 한방은 의과 대학에서 서양 의학을 전공해서 의사가 된 사람에 한해서 독학으로 더 공부해서 진료 처방할 수 있게 했다. 한방 전문의는 무면허이고 돌팔이 취급을 당하게 된 것이다. 그래서 일본에서는 일찍부터 한약의 현대적 제조 기술이 싹텄다. 제약 회사들이 그런 연구를 조용히 꾸준하게 계속해 왔다. 물론 그 밑바닥에는 한약만의 특별한 약효와 치료 효과가 있다는 분명한 사실이 깔려 있었다. 생약의 학문적 연구와 산업화로 활로를 개척해 나간 것이다. 중국에서도 뒤지지 않고 뛰어들었다. 그들은 국가적 제약 산업의 일환으로 밀고 나갔다.

이것은 내가 한국의 전통 과학 기술을 전공하면서 생각하게 된, 전통 과학 기술의 고고학적 연구와 미래 산업과의 연계라는 과제와 사실상 같은 것이다. 1966년에 나는 『한국 과학 기술사』를 내고, 《코리아 타임스(Korea Times)》와의 인터뷰에서 한국의 전통 과학 기술에서 "민족 산업" 육성 방안을 찾을 수 있다고 주장했다. 그때 경제기획원의 국장으로 있던 전상근 씨가 내 주장에 큰 관심을 가지고 나를 만나자고 했다. 한국의 민족 산업이란, 예를 들어 닥종이, 도자기, 자연 염료와 안료, 발효 식품, 직조, 화각과 나전칠기, 놋쇠와 금속 기술, 전통 건축과 그 디자인, 한약 등을 말한다. 한약은 이 민족 산업의 주요한 기둥의 하나이다. 그것들이 기술 고고학 연구와 만나게 된다면 커다란 잠재력이 된다.

일본의 텔레비전에서 나는 서양 의학으로 해결이 되지 않는 생명 과학과 치료약을 동아시아의 전통 의학과 그 치료법과 의학 사상에서 찾을 수 있다는 생각을 말했다. 이건 의학 영역이면서, 제약 산업과 그 기술, 고고 화학적 연구 영역이기도 하다. 이것이 21세기 의약 산업의 과제인 것이다.

자신의 체험과 스승의 가르침으로 얻은 비법을 기록하고 보존하지 못한 우리 선인들의 가슴 아픈 역사는, 비록 그 정도와 높낮이의 차이는 있을지 몰라도, 아직도 사실상 계속되고 있다. 우리에게는 우리 기술의 역사를 이끌어 온 큰 공장(工匠)들과 기술자들의 변변한 전기(傳記) 하나 없다. 불과 100년밖에 안 된 김정호에 대해서 우리가 알고 있는 것은 사실상 그가 남긴 지도와 지리지밖에 없다. 그가 언제 태어나서 어떤 교육을 받았고, 어떻게 살다가 언제 죽었는지 아무도 모른다. 족보가 세계에서 가장 발달한 나라, 조선 왕조의 역사를 충실하게 기록한 방대한 『조선왕조실록』을 가진 나라지만, 김정호 같은 기술자들의 기록은 다 어디 갔는지 하나도 남지 않았다.

에도(江戶) 시대 일본 기술자들이 남긴 수많은 작업 현장의 기록들과 그림들은 일본의 기술사 연구를 우리가 상상할 수 없을 정도의 수준으로 끌어올리고 있다. 최근에 지방 자치 단체들이 펴내는 자기 고장의 역사 기록들은, 우리의 전통 기술 연구 현실과 일본의 작은 지방의 향토 산업 기술 연구 현실이 어떻게 다른지를 극명하게 보여 주고 있다. 물론 다 잃어 버리고 잊어 버려서 그렇다고들 한다. 그러나 나는 반드시 그렇다고만 생각하지 않는다.

이 글을 읽는 이들은 아마도 두 가지 반응을 보일 것이다. 이 글은 우리의 오랜 기술의 역사를 서울과 평양의 학자들이 어떻게 연구해 왔고, 우리 기술과 그 역사에 대한 외국 학자들의 관심과 이해의 수준이 어느 정도인지를, 지난 40년의 내 연구 체험담 형식으로 쓴 것이다. 내 딴에는 지난 40년 동안 한국 기술사 연구가 어떻게 이루어지고 있었는지를 그 현장에서 숨 쉬면서 고락을 함께한, 한 학자의 입을 통해서 남기려는 것이다. 이런 일은 우리 선배 학자들은 잘하지 않았다. 그래서 우리는 그들의 귀중한 연구 성과를 많이 놓치고 말았다. 기록으로, 공식 석상에서의 말로 남기지 못한 채 머릿속에 담은 채로 세상을 떠난 훌륭한 학자들의 학문을, 우리가 새로 또 고민하면서 찾아내야만 한다는 것은 시간 낭비이고 아쉬운 일이 아닐 수 없다. 지금 우리나라에는 산업 기술사 박물관이 없다. 이것도 우리 기술사 연구의 현주소다. 미래는 과거에 지은 집에서 지금 우리가 열어 놓는 창문을 통해서만 바라볼 수 있다. 21세기 첨단 산업 기술의 시대가 눈부시게 발전을 거듭하는 이 시점에서 2,000년 전의 케케묵은 옛 쇠붙이나 만지작거리면서 어쩔 것이냐고 묻는 이가 있다면, 우리는 그들을 성의 있게 설득해야 할 책임감을 가져야 한다.

2부

청동기 시대의 과학 문화재

고인돌의 세계

고인돌의 기술 고고학

고창의 고인돌 군(群)을 답사하면서 나는 그 엄청나게 큰 바위를 떠서 옮길 생각을 한 사람들은 어떤 기술적 배경을 가진 집단의 구성원이었을까를 생각했다. 그리고 전라남도 지방에 정착해서 살고 있던 청동기 시대의 한국인은 어떤 기술적 공사를 했기에 무려 1만 6000기가 넘는 거대한 고인돌을 축조해 낼 수 있었을까. 50톤에서 100톤이나 되는 큰 바윗돌을 어떻게 떼어냈고, 어떤 도구를 써서 들어내고 옮겼으며, 들어 올려 무덤 위에 올려놓는 작업을 어떻게 해 나갔을까. 솔직히 내게는 고인돌의 양식은 축조 기술 문제에 비하면 그리 큰 숙제라 할 수가 없었다.

내려 잡아도 기원전 10세기 무렵에 고창 지방에서 그렇게 많은 노동력을 동원하고 조직하여 기술적 작업과 공사를 전개한 사람은 어떤 인물인가. 내가 알고 싶은 사실은 그 정치적 배경이 아니라, 기술적 배경인 것이다. 이 문제를 다루는 게 바로 기술 고고학이다. 이런 문제를 다룬 글은 우리나라에서 거의 찾아볼 수 없었다. 그렇지만 이와 관련된 비교적 잘 정리된 글이 국립문화재연구소에서 펴낸 『한국 고고학 사전』(2001년)에 실려 있다. 조금 길지만 그대로 옮겨 써도 좋을 것 같다.

고인돌 축조 시 가장 어렵고 중요한 작업이 덮개 돌(上石)의 채석과 운반이다. 덮개돌은 주변 산에 있는 바위를 그대로 옮겨 온 경우도 있으나 대부분 암벽에서 떼어내서 다듬은 바위를 이용하고 있다. 암벽에서 덮개돌을 떼어내는 데는 바위틈이나 암석의 결을 이용하여 인공적인 구멍에 나무 쐐기를 박아서 물로 불리어 떼어내는 방법을 일반적으로 이용했을 것이다. 이러한 과정을 통해 얻어진 덮개돌은 동원된 사람들에 의해 고인돌을 축조하려고 하는 장소로 옮겨지게 된다. 덮개돌을 옮기는 데 얼마나 많은 사람들의 동원이 필요한가는 실험 고고학에 의해 어느 정도 밝혀지고 있다. 1톤의 돌을 1마일(1.6킬로미터) 옮기는 데 16~20명이 필요하며, 32톤의 큰 돌을 둥근 통나무와 밧줄로 옮기는 데 200명이 필요하다는 연구가 있다. 떼어낸 덮개돌을 운반하는 방법은 여러 개의 둥근 통나무를 2겹으로 엇갈리게 깔고 덮개돌을 옮겨놓아 끈으로 묶어 끈다거나 지렛대를 이용하는 방법이 사용되었을 것이다. 무게가 가볍고 가까운 거리에는 지렛대식이나 목도식이, 먼 거리는 견인식(끌기식)이 쓰였을 것이다. 운반되어 온 덮개돌들은 지상이나 지하의 무덤칸 또는 고인돌에 적당히 흙을 경사지게 돋우고 그 위로 덮개돌을 끌어올린 후 흙을 제거했다고 추정된다. 이는 덮개돌과 고인돌 사이에 종종 흙으로 메워져 있는 흔적으로 증명된다. 이와 같은 고인돌의 운반과 축조는 많은 사람이 동원되는 데 적게는 50명에서 많게는 200~300명 정도여서 당시의 고인돌 사회에서는 하나의 거족적인 행사였을 것이다.

그렇다면 이 공사에서 사용된 공구와 밧줄은 무엇으로 만들어졌을까? 청동으로 만들어진 도끼나 끌, 정이 사용되었는지 아직 확인되고 있지 않다.

강화 고인돌. 유적을 정비한 후 답사하면서 찍은 사진이다.

밧줄은 틀림없이 삼베 실을 여러 겹 꼬아서 만든 것이거나 가죽 띠를 여러 겹 꼬아서 만든 것을 썼을 것이라고 나는 생각하고 있다. 사실 이런 도구들은 고대 사회에서 거대한 석재 축조물을 쌓을 때 일반적으로 사용되던 것들이다. 우리는 이것을 많은 고대 기술사 관련 문헌과 유물에서 확인할 수 있다. 지구상 여러 지역의 고대인들이 쓰던 도구와 기술을 우리 조상들도 썼을 것이라는 게 내 생각이다.

그런 점에서 고인돌 축조 기술의 시작에 대한 평양 학자들의 기술(記述)에 주목하게 된다. 한반도에 있었을 것으로 여겨지는 현실을 바탕으로 한 것이기 때문이다. 평양에서 출간된 『조선 기술 발전사』(1996년) 1권 「원시·고대」 편에는 고인돌 석재와 운반 방법에 대해서 이렇게 설명하고 있다.

　　고인돌로 쓰인 암석들은 모두 편리(片理)가 발달한 변성암들이다. 그래

73

서 떼어내기가 비교적 쉽다는 것이다. 바위의 편리면 방향으로 일정한 간격의 구멍을 뚫어 나무 쐐기를 박거나 물을 넣어 얼리면 그 팽창 압력에 의해서 쪼개지게 된다. 바위들은 강기슭에서 채취하는 일이 많았는데, 겨울철에 얼어붙은 얼음판에서 끌면 비교적 쉽게 운반할 수 있기 때문이다. 덮개돌의 무게는 보통 40~50톤 정도였고, 직경 20센티미터 정도의 통나무를 깔고 끌면 50명 정도의 사람의 힘으로 운반할 수 있으므로 통나무를 깔고 끄는 방법도 썼을 것이다.

평양 학자들의 추정이 맞는지, 내 호기심은 어떻게 풀어야 할지 같은 문제들은 모두 기술 고고학이 다뤄야 할 것이다. 『한국 고고학 사전』에 이런 내용이 씌어졌다는 것은 우리 고고학계의 폭이 그만큼 넓어졌다는 뜻이다. 우리 학계는 지금 고고학과 보존 과학 그리고 기술 고고학의 협조와 조화로운 연구의 마당을 밀도 있게 넓혀 나가고 있다. 이러한 시도가 한 단계 도약할 발판으로 기능하기를 바란다. 한국 청동기 문화의 본질에 접근하기 위해서 고인돌 문화와 기술에 대한 해명 작업이 기탄없는 토론 속에서 꾸준하게 계속적으로 전개되어야 할 것이다. 그것이 한국의 청동 기술 해명의 중요한 실마리가 될 것이기 때문이다.

고인돌에 새겨진 하늘 그림

이제 고인돌 문화에서 내가 주목한 별자리 그림, 즉 하늘의 그림 문제를 써야 하겠다. 고고 천문학이라는 학문이 있다. 중국에서는 이미 몇 십 년의 연구 연륜이 새겨진 분야이다. 우리에게도 그 대상이 적지 않고, 실제로 고고 천문학의 테두리로 묶을 수 있는 연구들이 과학 기술사에서 전개되고 있었다. 그러나 그런 용어를 뚜렷하게 내세우면서 이론을 펴나가게 된 계기는 고인돌에 새겨진 하늘의 그림이었다. 기묘하게도 이런 시도는 천문학자들이 늘 앞장서서 해 왔다. 한국에서는 유경로, 이은성이 했었고, 최근에는 나일성과 박창범이 달려들었다. 그러나 그들은 "고천문학(古天文學)"이라는 용어를 선호했다. 근현대 천문학과 대비되는 '옛 천문학'이라는 뜻으로 그렇게 부르는 것 같다.

사실 고천문학이라는 용어는 1970년대에 일본 천문학자 사이토 구니지(齊藤國治)가 처음 쓰기 시작했다. 동아시아 세 나라의 옛 천문 기록을 검증하는 연구를 확대하면서 고생물학, 고문서학 등의 용어에서 따온 고천문학이라는 학문 용어를 만들었다. 그런데 중국에서는 오래전부터 중국의 옛 천문학 연구가 활발히 이루어지고 있었다. 중국 학자들은 그런 연구 분야를 '천문고고(天文考古)' 또는 '과학 기술 고고학'이라고도 불렀다. 2000년에 베이징에서 출판된 루시시안(陸思賢), 리디(李迪) 공저의 『천문고고통론(天文考古通論)』에서 그들은 "고고 천문학"이라는 용어를 쓰고 있다.

나는 '고고 천문학(Archeoastronomy)'이나 '천문 고고학'이라는 용어를 더 좋아한다. 고고 천문학이라는 학문은 1960년대 중반에 미국에서 시작된 비교적 새로운 연구 분야이다. 고대 천문 관측의 방법과 기술 및 그 기록에 대한 연구, 고대 별자리와 별자리 그림에 관한 연구, 고대 천문 관측 기기와 그 복원에 관한 연구 등 역사학, 고고학, 문헌학과 천문 연대학, 공학, 기술이 융합된, 문자 그대로 옛 하늘에 대한 학문이자 옛 천문학에 대한 학문이다. 다시 말하면 천문학과 기술 고고학을 합하여 하나의 학문 분야로 자리 잡게 하자는 생각이 고고 천문학이라는 이름에는 담겨 있다. 천문학의 울타리를 터서 고고학과 손을 잡은 것이다.

고인돌의 별자리 그림을 고고 천문학으로 다룬 연구는 평양 학자들이 1990년대 초에 시작했다. 평남 증산군 용덕리 고인돌 무덤의 뚜껑돌에 새겨진 문자 비슷한 곡선들과 선들이 무엇인가를 밝히는 연구를 하면서부터였다. 『조선 기술 발전사』에는 이렇게 정리되어 있다.

별자리 그림이 새겨진 고인돌의 뚜껑돌들. 고인돌의 별 그림들은 이 세상과 저 세상을 상징적으로 이어놓는 것이라 생각할 수 있다. 한 발 더 나아가 천문학과 우리 역사를 연결해 고대 문명의 기원과 내용을 밝히는 데까지 나아갈 수 있을지도 모른다. 박창범 교수 촬영 사진.

고조선 역사의 시작이 기원전 3000년이라는 것이 확정되면서 지난 시기 원시 시대의 것이라고 생각되어 오던 고인돌 무덤이 고조선 시기의 것이라는 결론에 도달했다. …… 발굴 지점은 평안남도 증산군 룡덕리에 있는 외 새산이다. …… 이번에 진행한 현지에서의 구체적인 조사 연구를 통하여 종합 해석한 결과 이것은 고조선 시기에 새긴 고인돌 별 그림이라는 것이 판명되었다.

그리고 용덕리 고인돌 별 그림에 대해서는, "고인돌 무덤의 뚜껑돌 겉면에는 80여 개의 구멍들이 새겨져 있다."라고 하고, 뚜껑돌의 중심에 파놓은 큰 구멍을 북극성으로 보고 그 주변에 북극성 가까이 보이는 별들을 새겼다고 보았다. 그러니까 이 고인돌 별 그림은, 북극성을 포함하여 리을(ㄹ) 자 모양으로 새긴 용 별자리를 중심으로 왼쪽에는 큰 곰 별자리, 사냥개 별자리, 머리칼 별자리, 목동 별자리, 북쪽 갓 별자리, 헤라클레스 별자리 들을 새기고, 오른쪽에는 살 별자리, 기린 별자리, 작은 곰 별자리, 카페우스 별자리에 속하는 별들이 새겨져 있다는 것이다. 80여 개의 별, 11개의 별자리를 구멍의 크기에 따라 밝고 중요한 별을 구별했다. 작은 곰 자리의 알파별과 목동 별자리의 알파별에 해당하는 구멍이 제일 큰 것은 이 때문이라고 했다. 그리고 평양 학자들은 "뚜껑돌의 대각선 방향들이 천구의 동지점, 하지점, 춘분점 그리고 추분점에 해당하는 것도 알 수 있다."라고 말한다.

평양 학자들은 또, 용덕리 고인돌에 별자리 그림을 새긴 연대를 추정했다. 그들은 "룡 별자리의 알파별이 북극의 이동 경로에 가장 가까운 점은 약 기원전 2,900년경에 해당한다."라고 하고, "따라서 용덕리 고인돌 별 그림은 그때의 유물이라고 말할 수 있다."라고 주장한다. 그리고 그 고인돌 무덤에서 출토된 질그릇 조각을 시료로 해서 "핵분렬 흔적법"으로 연대를 측정했는데, "그 값이 지금으로부터 4,926(±741)년 전으로 나왔다." 한다. 그래서 평양 학자들은 "위에서 본 두 가지 연대 판정 결과들이 서로 거의 일치하므로 이 고인돌 별 그림의 제작 연대는 기원전 2900~3000년으로 보인다. 즉 단군 조선 초기의 유적이다."라고 결론짓고 있다.

솔직히 말해서 나는 이 별자리 그림의 성립 연대가 기원전 29세기에서 기원전 30세기 무렵이라는 결론에 대해서 조금은 불안한 마음이 앞선다. 그것이 내 머릿속에 나도 모르게 박혀 있는 일제 식민 사관의 영향일지도 모른다. 아니면 내가 학문적으로 성장한 곳이 서울이었기 때문에 서울 학자들의 일반적인 견해의 영향일지도 모른다. 아무튼 이 별자리 그림은 한국 고대인의 천문학 지식을 말해 주는 매우 중요한 유물임에 틀림없다. 그러나 평양 학자들의 고고 천문학적 연대 결정과 서울 학자들의 연대 추정 사이에는 무려 1,500년이라는 큰 거리가 있는 것이 현실이다.

평안남도 지역에는 별자리 그림을 가진 고인돌이 또 하나가 있다. 원화리 고인돌이다. 이 고인돌의 덮개돌은 길이 3.45미터, 너비 3.20미터, 두께 0.60미터의 검은색의 화강석이다. 거기에도 용 별자리를 비롯한 여러 별자리들이 새겨져 있다고 보고되고 있다. 구멍의 크기가 지름 10센티미터, 깊이 3.5센티미터나 되는 큰 것을 비롯해서 26개의 별이 확인되고 있다. 그것들은 용 별자리와 작은 곰·큰 곰 별자리들이고, 성립 연대는 기원전 2500년대로 추정된다고 한다.

그리고 또 하나 귀중한 고인돌 유물이 있다. '공화국 국보 유적 제1282호'로 지정된 함경남도 함주군 지석리 고인돌이다. 이 덮개돌(크기 3.6×1.93×0.55미터)에도 별자리 그림이 있다. 큰 것은 지름 10센티미터, 깊이 3.5센티미터나 되는 구멍으로 별을 나타내고 있는데, 북두칠성, 용별자리, 목동 별자리의 알파별, 북쪽 갓 별자리의 알파별, 헤라클레스 별자리의 알파별과 여러 별자리와 별들이 새겨져 있다고 보고되고 있다. "특히 뚜껑들의 오른쪽 기슭을 따라 은하수에 해당하는 구역에 잔 별들이 많이 새겨져 있다."라고 한다. 별자리의 구멍은 별의 밝기에 따라서 네 가지 크기로 구분했고, 그 크기는 10센티미터, 6센티미터, 3센티미터, 2센티미터이고 깊이가 3~3.5센티미터 정도라고 했다. 이 고인돌은 "용덕리 고인돌의 축조 연대 판정과 같은 방법으로 계산하면, 기원전 1,500년대로 나온다."라고 한다. 또 "여기 새긴 별들에 의하여 동지, 하지, 춘분, 추분점들의 위치를 알 수 있게 되어 있다."라고 하고, "천문 관측 기술 수준이 그 이전 시기보다 더욱 정확하다."라고 평가하고 있는 사실은 유의할 만하다. 그리고 평양 학자들은 용덕리 고인돌 별 그림의 북극점을 용 별자리의 알파별이라고 보고, 지석리 고인돌의 별 그림에는 북극점에 해당하는 별이 없다고 하면서 1395년의 「천상열차분야지도」와 비교하여 북극점에 관한 관측 자료가 이어지게 되므로, 북극점의 세차 운동을 실물로 보여 주는 역사적 관측 자료가 된다고 높이 평가하고 있다.

평양 학자들은 평양 일대의 고인돌 별 그림, 즉 고인돌에 새겨진 하늘의 그림을 세계에서 가장 앞선 문명의 유산이라고 했다. 이 문제와 관련해서, 서울대 천문학과 박창범 교수가 2002년에 낸 『하늘에 새긴 우리 역사』는 주목할 만하다. 고인돌의 별 그림에서 시작해 "천문과 우리 역사를 결합하는 본격적인 시도"로까지 이르게 된 천문학적인 노력을 보여 주고 있다는 점에서 그렇다. 그는 책에서 이렇게 말하고 있다. "이는 우리 선사 문화의 매우 중요한, 아마도 가장 중요한 특징이 아닌가 한다. 나는 고인돌을 우리 문명의 기원점으로 이어지는 징검다리라고 생각한다. 고인돌을 우리 역사의 사료로 잘만 이용한다면, 숨겨진 고대 문명의 기원과 내용을 밝히는 데 커다란 이정표를 세울 수 있을 것이다. …… 고인돌은 우리의 대표적인 문화 유산인 동시에 세계적으로도 가치가 높은 인류의 소중한 자산이라고 생각한다." 평양 학자들의 연구와 통하는 부분이다.

한국의 고인돌과 그 별자리에 대해서 10년 가까이 정열적인 연구를 계속해 온 천문학자 박창범 교수가 문화재로서의 고인돌의 중요성을 강조하고 있는 것은 주목할 만하다. 박창범의 현지 답사를 통한 고인돌 연구는 경기·충청·전라·경상의 상당히 넓은 지역에 걸친 것이다. 비록 평안도 지역의 고인돌에 대한 현지 답사는 이루어지지 못했지만, 우리나라에서 알려진 엄청나

한반도 곳곳에서 발견할 수 있는 고인돌들. 고창 답사 중에 찍은 사진이다.

게 많은 고인돌의 별 그림에 대해서 그가 읽어 낸 고대 천문 기록은 앞으로 많은 사실들을 알려줄 것이다.

박창범 교수는 고인돌에 별자리를 새긴 것은 "고대인들의 죽음과 탄생에 대한 관념을 반영한다고 풀이할 수 있다."라고 했다. 옳은 말이다. 무덤의 주인공은 청동기 시대에 권력을 가진 지배자나 그 가족 등 사회적 신분이 높은 사람이었다. 그가 누운 무덤의 천장에 하늘의 별들을 새겨 이 세상과 저 세상을 상징적으로 이어 놓은 것이라고 생각할 수 있다. 고구려의 무덤 천장에 그린 하늘의 세계, 별자리들과 해와 달의 그림에서 우리는 고대인의 세계관을 상징하는 공통된 생각을 발견하게 된다. 그들은 별자리를 무덤에 새기기 위해서 그들의 천문 지식을 정리했다. 고인돌에 남아 있는 별자리 그림은 그들이 지닌 천문 지식의 기록 중의 한 부분이다.

이러한 고고학과 천문학의 만남은 사실 1970년대 후반부터 시작되었다. 충북대학교 고고미술사학과 이융조 교수가 충청북도 청원군 아득이 마을에서 고인돌을 조사하다가 홈들이 새겨진 돌판을 찾아내고는 이를 별들의 그림일지도 모른다고 생각한 것은 그의 뛰어난 학문적 식견에서 비롯된 것이었다. 천문학자인 이용복 서울교대 과학 교육과 교수와 박창범 교수가 그 생각을 이었다. 이융조의 논문 「별자리형 바위구멍에 대한 고찰」에서 이용복과 박창범은 그것이 천문도임을 확신한 것이다. 아득이 고인돌의 별자리 돌판은 고고 천문학의 소양을 갖춘 천문학자의 예리한 눈을 비켜갈 수가 없었다. 열정적인 고고학자와 뛰어난 천문학자들의 만남이었다. 그것은 평양 학자들의 고인돌 별자리 그림에 대한 확신과 함께 서울 학자들이 이룬 또 하나의 훌륭한 발견이었다. 그들은 청동기 시대에 만들어진 아득이 석판에서 큰곰자리, 작은곰자리, 용자리, 카시오페이아자리 등이 그려져 있음을 확인했다. 그리고 그 별자리 그림은 함남 지석리 고인돌의 "별자리 생김"과 비슷한 모양을 하고 있다고 박창범은 말한다.

한국 고인돌들의 조성 시기를 평양 학자들의 생각처럼 기원전 30세기까지 올려 볼 수 있을지는 조금 더 확실한 객관적 검증을 기다릴 필요가 있을 것이다. 그러나 서울 학자들의 주장과 같이 기원전 15세기경에 이루어진 것이라 할지라도 거기 새겨진 하늘 그림의 중요성과 천문학적 가치는 높이 평가되기에 충분하다는 데는 이의가 없다. 그것은 분명히 청동기 시대 한국인이 도달한 천체 관측의 높은 수준을 보여 주는 실증적 자료이다. 고인돌 역시 하나의 과학 문화재인 것이다. 우리는 고인돌이 가지는 과학 문화재로서의 가치를 재조명할 필요가 있다.

고인돌에 새겨진 하늘 그림과 함께 한국에는 비슷한 시기거나 조금 이른 시대에 그려진 또 하나의 거대한 바위 그림이 있다. 이것들 역시 과학 문화재로서의 가치를 가지고 있다. 선사 시대 울산의 반구대 바위 그림(국보 285호)과 천전리 바위 그림(국보 147호)이 그것이다. 경상도 지방에서 많이 발견된 바위 그림은 충청도 전라도 지역의 것을 합치면 16개나 된다. 청동기 시대의 것이 많다고 알려지고 있는 이 바위 그림들에는 사람, 짐승, 새와 물고기와 같은 생물이나, 여러 가지 기하학적 무늬들도 나타나고 있다. 그중에서도 동심원 무늬는 해나 달, 또는 별과 같은 천체를 그린 것이라고 해석되고 있다. 그러니까 이 바위 그림들에서 우리는 하늘과 땅 그리고 바다의 여러 모습을 발견할 수 있다고 나는 생각한다. 그 시대 한국의 고대인들은 자기들이 사는 세계, 자연의 모습을 그렇게 그린 것이다. 그들은 나무나 풀보다는 해와 달, 하늘의 별들과 땅 위에 사는 사람과 짐승, 바다에 사는 고기들을 강하게 표현했다.

박창범 교수도 바위에 새겨진 동심원들과 구멍들을 해와 달 그리고 밝은 별과 어두운 별로 해석하고 있다. 그는 별들이 자연 현상에 따라 동심원으로 보인다는 사실을 체험을 통해 관찰한 사실을 말하면서, 고흐의 유명한 그림 「별이 빛나는 밤」에 묘사된 별들과 달이 동심원과도 같은 모양을 하고 있는 사실과 연결해 생각한다. 도항리 고인돌에 바위 그림을 새긴 선사 시대의 한국인의 눈에도 별들이 그렇게 보인 일이 있었을 것이라는 주장은 설득력이 있다.

또 한 사람 경상도 지방의 바위 그림에 주목한 천문학자가 있다. 우리나라 천문학계의 1세대인 나일성 연세대 명예 교수이다. 그는 오래전부터 바위 그림의 "동심원 무늬"에 주목했다. 그가 쓴 『한국 천문학사』(2000년)에서 나일성은 천문도를 다루는 장에서 "암각화의 별들" 이야기를 6쪽 분량에 걸쳐 쓰고 있다. "암각화의 동심원은 고대인들의 별인가?"라고 가정한 그의 글은 『한국의 선사 시대 암각화』(1993년)를 인용하면서 전개된다.

경남 함안군 가야읍 도항리의 바위 그림은 우리의 주목을 끄는 것이다. 긴 쪽이 약 2.3미터이고 짧은 쪽이 약 1.2미터인 삼각형 덮개돌에는 17개의 동심원 무늬가 있고 약 260개의 크고 작은 구멍이 새겨져 있는데, 그중에는 4개에서 6개의 동심원이 그려진 것도 있다. 이 여러 겹의 동심원이 무엇을 그린 것인지 처음에는 여러 가지 의견이 있었지만, 지금은 그것들이 해와 달 그리고 밝은 별들이라는 견해로 압축되고 있다.

시기도 다르고 문명도 다른 대륙의 유적에서 나타난 것이지만, 멕시코 다라스코의 피라미드에 새겨진, 우주의 상징이라고 고고 천문학자들이 말하는 5겹의 나선 모양 소용돌이 그림이 떠오른다. 그것이 우주의 중심에 사는 태양신을 나타낸다는 견해에 이제 이견을 말하는 학자는 아무도 없다. 그 소용돌이 모양의 우주의 상징을 보는 순간, 나는 도항리 바위 그림의 동심원이 떠올라 깜짝 놀랐다. 너무도 비슷하다는 생각이 든 것이다. 고고 천문학의 중요한 연구 대상이 고대 한국의 고인돌과 바위 그림에서도 찾아진다. 이것은 결코 놓칠 수 없는 중요한 사실이다.

잔줄무늬 청동 거울과
비파 모양 청동 검의 수수께끼

한국의 청동 거울과 청동 검의 기술 형성

청동기 시대 한국인은 고인돌과 함께 독특한 청동 거울을 만들었다. 청동 거울은 고인돌과는 달리 살아 있는 지배자를 위해서 만든 것이다. 그것은 청동 검과 함께 지배자의 권위를 상징했다. 태양 광선을 비추는 신비스러운 물건이었기 때문이다. 우주의 빛, 생명의 빛을 반사하는 또 하나의 작은 태양이었다. 청동 거울은 물론 중국의 고대인들도 만들어 썼다. 그러나 청동 기술을 가진 한국의 고대인들은 고대 중국의 기술자들이 만들었던 청동 거울과는 아주 다른 청동 거울을 만들었다. 청동 판의 한쪽 면을 잘 갈고 닦아서 빛을 반사하는 작용을 하게 한 것은 같지만, 그 뒷면을 장식한 무늬는 딴판이었다.

우리가 거친무늬 청동 거울, 잔줄무늬 청동 거울이라 부르는, 꼭지가 2개 (또는 3개) 달린 특이한 거울이다. 그 무늬는 신기하게도 비슷한 시기 중국의 청동 거울에 새겨진 무늬와는 전혀 다르다. 디자인의 착상과 패턴이 다른 것이다. 꼭지가 2개라는 것도 그렇다. 중국에서는 찾아볼 수 없는 그런 무늬를

가능하게 한 기술적 배경은 무엇이었을
까? 그리고 그런 무늬는 무엇을 상징
하는 것일까. 꼭지는 왜 2개(또는 드
물게 3개)를 달았을까. 나는 늘 그것
들이 궁금했다. 그것이 기술적으
로 부어 만들기에 쉬웠다면 또 모
르지만, 훨씬 복잡하고 어려운 것이
기에 의문은 더 증폭되는 것이다.

그 무늬의 바탕은 동그라미와 빗
살로 이루어진 동심원 또는 평행선이
다. 원과 동심원은 고인돌의 동심원
무늬를 연상케 하고, 빗살의 평행선

숭실대 박물관에서 소장하고 있는 기원전 4세기의
잔줄무늬 청동 거울. 단순한 선을 반복해서 그어 가
는 고도로 정교한 단순미에서 중국의 기술과 예술과
는 전혀 다른 흐름을 감지할 수 있다.

은 태양이나 빛의 광채를 연상시킨다. 그러니까 그 무늬는 태양과 달 및 별들
이 발하는 빛의 광채와 상관이 있는 것 같다. 빗살무늬 토기의 바탕과도 상
관이 있을지 모른다. 초기의 청동 거울 무늬가 굵고 거칠다가 차츰 가늘고 정
교한 무늬로 발전해 나가는 것은 기술의 뚜렷한 발달을 잘 나타내고 있다. 그
리고 그 무늬의 패턴이 일관되게 같다는 사실도 주목할 일이다. 수백 년 동
안 같은 무늬의 패턴이 그대로 이어지고 있다는 것은 한국의 청동 기술을 가
진 고대인의 청동 거울 제작의 의도가 분명했다고 해석해야 할 것이다.

동심원을 이루는 동그라미들은 태양과 달이요, 수많은 빗살무늬의 평행
선들은 그 천체들에서 뿜어져 나와 공간을 가득 채운 찬란한 빛을 형상화
한 것이라고 생각하고 있다. 컴퍼스 같은 작도 도구가 아직 초기 단계에 있을
때, 거푸집 안 지름 20센티미터 정도의 작은 공간에 여러 개의 동심원을 긋
고 거기에 청동을 부어 섬세한 무늬가 새겨진 청동 거울을 만들어 내는 기
술은 결코 쉽지 않았을 것이다. 그래서 이 기술을 개발하기 시작한 초기 단
계에서는 작은 동심원 여러 개가 아니라 큰 동심원 한두 개만 그려 낼 수 있

었을 것이다. 컴퍼스 같은 작도 도구와 청동을 부어 내는 기술이 발달하면서 여러 개의 동심원을 그리는 기술로 발전했을 것이다. 잔줄무늬 청동 거울의 동심원들은 기원전 10세기 무렵의 작도 기술이라고 생각하기 어려울 정도로 정확하게 그려져 있다. 그러나 그 동심원들은 중심으로 갈수록, 다시 말해서 동그라미가 작아질수록 작도의 어려움 때문에 불완전해진다. 한가운데의 아주 작은 원은 어쩔 수 없이 손으로 그려야 했다. 우리는 맨눈으로도 그것을 확인할 수 있다. 그렇다면 이 거울을 만든 기술자가 쓴 컴퍼스는 어떻게 생겼을까? 또 빗살을 그릴 때 쓴 자는 또 어떤 것이었을까.

잔줄무늬 청동 거울에 그어진 선들은 수십 개에서 1만 개에 달하고, 그 굵기도 1밀리미터 간격에서 0.3밀리미터 간격으로 정교하다. 그리고 그 정교한 디자인을 청동으로 부어 냈다. 고도의 청동 주조 기술이다. 단순한 선을 반복적으로 그어 공간을 가득 채움으로써 동그란 작은 공간에서 고도로 정교한 단순미를 구현해 냈다. 한국 청동기 시대 기술자의 예술적 감각과 기술이 어우러져 너무도 놀라운 디자인을 이룬 것이다. 그것은 중국의 기술과 예술과는 확실히 다른 흐름이라는 생각을 나는 떨쳐 버릴 수 없다.

그런 예술 감각과 기술의 세련미는 비파형 청동 검의 빼어난 디자인에서도 잘 나타나고 있다. 그리고 그 세련된 기술은 한국형의 좁은 청동 검에 새겨진 아름다운 선으로 발전해 나갔다. 이렇게 단순하면서 자연스러운 청동 검의 디자인과 주조 기술은 다른 어느 지역의 청동기에서도 찾아볼 수 없다. 여기에서 고대 한국인의 청동 기술을 재조명해야 한다. 이 뛰어난 미적 감각을 가진 기술이 한국인의 기술의 역사에 도도히 흐르고 있기 때문에 더욱 그렇다.

고대 한국인은 청동기의 질을 좋게 하기 위한 기술적 노력에서도 중요한 진전을 이루었다. 그 기술 혁신은, 청동에 아연을 첨가해서 주물의 질과 합금의 색깔을 좋게 하는 새로운 기술의 개발이었다. 이에 대해서는 뒤에 자세히 말하겠지만, 동아시아에서 제일 먼저 아연-청동 합금 기술을 개발한 사실은 분명히 주목할 만하다. 고인돌 문화와 청동 거울, 청동 검의 독특한 기술과 함께 중국 기술과는 다른 기술적 흐름이 이어진다는 사실을 보여 주고 있기 때문이다. 아연-청동 기술은 고대 한국 청동 기술에서 분명히 돋보이는 것이다.

내가 1970년대에 처음 이 사실을 주장했을 때, 고고학계와 국사학계는 그 창조적 기술에 주목했다. 그런데 그 사실이 받아들여지는 과정에서 뜻하지 않은 오해가 일어난 것을 나는 뒤늦게 알게 되었다. 몇몇 학자들이 청동기 시대 한국 청동 기술의 특징을, 아연-청동이라는, 중국의 청동 합금 성분과는 다른 '한국 청동'에서 찾을 수 있다고 이해한 것이다. 나는 단지 구리, 주석, 납을 주성분으로 하는 중국의 청동기, 더 크게는 동아시아의 청동기에서 특히 아름다운 황금색을 갖는 청동 합금, 즉 놋과 아연-청동 합금을 한국인이 개발했다는 사실에 주목하고, 그 기술을 높이 평가한 것이다. 한반도의 북쪽에서 출토된 초기 청동기 시대 장식용 청동기에서 아연이 많이 함유된 아연-청동 제품이 여러 개 분석되었다는 사실을 확인하고, 남쪽에서도 청동기 시대 후기에서 철기 시대, 삼국·통일 신라 시대의 청동기 유물에서도, 아직은 적지만, 그런 분석 예가 나타나고 있다는 보고서들을 토대로 그 가능성을 주장했다.

내 주장과 같은 내용의 글이 고등학교 국사 교과서에까지 서술되면서, 한국의 청동 기술이 중국 청동 기술과 다른 흐름에서 비롯되었다는 결정적인 증거로 아연-청동 기술, 즉 '한국 청동 합금 기술'이 거론되고 있다고 확대 해석된 것 같다. 이형구와 최주는 1980년과 1986년에 이른바 한국 청동, 즉 전상운이 주장하는, 아연-청동은 한국인이 개발했다는 설에 반론을 제기했다. 최주는 남한 지역에서 출토된 여러 청동기를 분석하고 불순물 정도의 아연이 함유된 것을 빼면 사실상 아연이 의도적으로 합금된 청동기는 청동기 시대의 유물에서 찾아볼 수 없다는 결론을 내린 것이다. 이형구도 이 문제를 국사편찬위원회에서 간행된 『한국사 3권: 청동기 문화와 철기 문화』(1997년)

에서 다시 제기했다. "기왕의 인식은 우리나라 청동기는 중국의 것들과 달리 아연이 포함되어 있어서 시베리아 계통의 청동기에 기원을 두고 있다는 주장들이었다."라고 그는 말하고 최주의 논문을 인용, "불순물로 포함되는 소량의 아연 함유는 중국의 청동기에서도 얼마든지 볼 수 있는 점 등을 들어, 우리나라 청동기의 특징으로 아연의 첨가를 강조하는 것은 재고해야 한다."라고 했다. 그의 결론은 한국의 청동 기술은 중국의 청동 기술에서 비롯되었고, 이형구에 의해서 "1983년에 처음으로 우리나라 청동기의 '아연 함유설'이 부정"되었다는 것이다.

중국 청동 기술에 대한 우리의 이해

이 문제는 한국의 청동기 시대의 시작이 기원전 30세기인가, 기원전 15세기 무렵인가 하는 가장 중요한 검증과 함께, 보다 넓은 지역에서 찾아낸, 적어도 수백 개의 축적된 유물 분석 결과를 가지고 풀어내야 할 과제일 것이다. 지금의 연구 자료만 가지고는 아직 '부정'하기에는 이르다는 사실이다. 최근에 중국 랴오닝 성 젠핑(建平) 현 지역의 기원전 3000년경 유적에서 청동기 제작이 있었다는 새로운 사실이 알려지면서 우리가 해명해야 할 한국의 청동기 시대와 그 기술의 기원에 대한 논의가 새로운 단계에 접어들고 있다는 생각이 든다. 한국인의 청동 기술이 활발히 전개된 역사의 현장과 그 중심을 어느 지역에 둘 것인가에 대한 문제도 너무나 중요한 과제가 아닐 수 없다.

우리는 지금까지 고대 한국인이 활동하던 우리 역사의 현장을 압록강과 두만강 남쪽으로, 시야를 너무 좁게 두고 있지 않았는지 반성해 볼 일이다. 랴오닝 지방이 고대에도 마치 중국 땅의 일부인 듯한 인상을 갖게 하는 용어를 그대로 사용하는 게 옳은 일인지도 반성해야 할 것이다. 압록강 북쪽의 고구려 유적과 옛 무덤들을 답사하면서 줄곧 내 머리를 떠나지 않았던 생각이다. 랴오닝 문화 하면 현대 한국인들은 중국 문화라고 생각할 뿐이다. 이런 현실에서 중국 학자들과 정치 지도자들이 의도적으로 고구려를 중국의 옛 변방 국가처럼 여기려고 하는 것이 나에게는 늘 못마땅했다. 지금의 중국 동북 지방, 랴오닝 지역은 청동기 시대에 고조선의 영역으로 한국인의 역사 현장이었다는 사실을 분명히 인식하면, 한국의 청동 기술의 이해가 넓어지고 보다 뚜렷해질 것이라고 내가 새삼스럽게 강조하는 이유가 여기에 있는 것이다.

그리고 또 하나, 비파형 청동 검은 중국식 청동 검이나 오르도스식 청동 검과 달리 검의 몸과 자루가 따로 제작되는, 기술적으로 뚜렷한 차이를 가지고 있다. 그러니까 청동 검의 모양과 제작 기법 그리고 부어 만드는 거푸집이 모두 다르다. 중국의 청동기 제작 기술을 이어받지 않은 것이다. 청동 검의 제작 기술이 주변 민족과 다른 기술적 특징을 보인다는 사실은 고인돌 문화와 꼭지가 2개 달린 정교한 기하학적 줄무늬 디자인 청동 거울의 기술적 특징과 함께, 결국 그 기술의 독자적 성립의 가능성을 짙게 나타내고 있다. 이 너무나도 뚜렷한 기술과 문화 전개의 개성을 어떻게 설명할 것인가.

나는 최근, 이 문제와 관련해서, 평양 학자들이 쓴 『조선 기술 발전사』에 나오는 "기원전 26세기 이전에 형성된 비파형 청동 검의 기술"이라는 주장에 번민하고 있다. 그들은 한걸음 더 나아가, 우리나라 청동기 문화가 중국보다 앞서 성립하고 발전했다고 주장한다. 우리는 물론, 중국의 과학 기술사 학자들도 깜짝 놀라는 전혀 새로운 학설인 것이다. 그러나 지금 우리에게는 그런 평양 학자들의 주장에 부정적인 입장에 설 수 있는 아무런 실험적 자료도 없다. 평양 학자들은 우리에게 낡은 고정 관념에서 하루 속히 벗어나라고 촉구하고 있을 것 같다. 답답하다. 평양 과학 기술사 학자들과의 만남과 자료 교환이 이루어져야 한다.

비파형 청동 검과 잔줄무늬 청동 거울의 기술 고고학

이렇게 비파형 청동 검과 잔줄무늬 청동 거울은 중국 청동기에서는 찾아볼 수 없는 유물이다. 이런 청동기는 중국 청동기뿐 아니라 다른 어느 지역의 청동기에서도 찾아볼 수 없는, 말하자면 한국 특유의 청동 제품인 것이다. 그 모양과 디자인이 전혀 다르다. 한국의 청동 기술자들은 왜, 그리고 어떻게 이런 청동 검과 청동 거울을 만들었을까. 어쩌다 하나둘 만든 것이 아니고 한국 청동기 기술 문화권의 넓은 지역에서 상당히 많은 제품을 만들어 냈다는 사실은, 분명히 기술적으로 충분하고 확실한 실험적 과정을 거친 것임에 틀림없다. 그리고 그것들은 오랜 시일 동안, 여러 사람들의 기술적 전수에 의해서 이루어진 것이다.

비파형 청동 검은 지금의 중국 동북 지방과 한반도의 넓은 지역에서 출토되었다. 그것은 랴오닝 지방의 서쪽, 중국 대륙에서는 발견되지 않고 있다. 랴오닝 지방에서 많이 출토되었다 해서 랴오닝식(遼寧式) 동검이라고 부르는 학자들도 적지 않다. 이 청동 검은 중국 대륙에서 수많이 출토된 중국식 청동 검과 그 형태가 뚜렷이 다른, 특이한 모양을 가지고 있어서 고고학자들의 주목을 받아 왔다. 1940년대까지만 해도 일본 고고학자들은 비파형 청동 검의 문화를 한반도의 서북 지역과 랴오닝 지역을 연결시켜, 한반도의 비파형 청동기 문화를 랴오닝 지역 청동기 문화의 주변부 문화로 보려고 애써 왔다. 랴오닝식 동검이란 용어는 그런 견해와 연결되어 일본 고고학자들에 의해서 널리 사용되었다. 비파형 청동 검을 랴오닝식 동검 문화의 일부로 기술함으로써, 고조선의 청동기 기술과 문화의 중심이 랴오닝 지역을 포함하는 넓은 지역에 이르고 있었다는 사실을 희석시키려 했던 것이다. 비파형 청동 검의 제작 기술을 가진 고조선 사람들의 활동 영역은 지금의 중국 동북 지방과 한반도 북부의 넓은 지역에 이르고 있었다는 사실에 우리는 유의할 필요가 있다.

비파 모양 청동 검은 한반도 지역에서 40여 개, 중국 랴오닝 지역에서 수십 개가 발견되었다. 그것들을 부어 만든 거푸집은 아직 발견된 것이 없는 것 같다. 기원전 10세기경과 기원전 4세기와 5세기 사이에 만들어진 것으로 고증되고 있는 이 비파 모양 청동 검의 기술이 어떤 기술의 영향을 받아서 전개되었는지는 아직 뚜렷하게 정리된 연구 결과가 나오지 않고 있다. 비슷한 시기의 거친무늬 청동 거울이 돌 거푸집으로 부어 만들어졌고, 비파 모양 청동 검에 이어서 나타난 한국형 청동 검도 돌 거푸집으로 부어 만들어진 것으로 미루어, 비파 모양 청동 검도 돌 거푸집으로 부어 만들어졌으리라고 생각되고 있다. 곱돌 거푸집은 한국인이 제작한 두 가지 형식의 청동 검을 만들기에 아주 좋은 거푸집이다. 실험적으로 제작해 본 제품들에서 우리는 그 기술적 결과를 눈으로 확인할 수 있었다.

그렇지만 잔줄무늬 청동 거울은 곱돌 거푸집으로 부어 만들어 냈다고는 생각하기 어려울 것 같다. 일본의 실험 고고학자 나카구치 히로시(中口裕)가 실험적으로 진흙 거푸집으로 부어 만드는 데 성공했다고 보고를 하기는 했지만, 최주는 그 가능성에 부정적인 견해를 나타냈다. 그는 밀랍 거푸집으로 제조되었다고 주장했다. 그렇게 치밀하고 정교한 청동 거울을 진흙 거푸집으로는 만들 수 없다는 것이다. 그러나 그는 잔줄무늬 청동 거울을 밀랍 거푸집으로 만드는 실험을 실제로 해 본 것 같지는 않다.

이 문제는 기원전 5세기 무렵, 한국의 청동기 기술자들이 밀랍 거푸집을 어떤 청동기의 무늬를 부어 만들 때 썼을 것인가를 판단하는 것과 관련해서 중요한 기술적 물음을 우리에게 던지는 것이다. 그러나 나는 아직 그 어느 쪽에도 확신을 가지고 있지 못하다. 거듭된 실험과 토론 그리고 연구가 더 있어야 하겠다는 것이 지금 내가 할 수 있는 솔직한 표현이다. 신중한 검토와 충분한 연구 그리고 기탄없는 토론이 있어야 할 것이다.

이 문제와 관련해서 우리가 꼭 챙기고 넘어가야 할 중요한 글이 있다. 『한국사 3권: 청동기 문화와 철기 문화』 227~250쪽에 쓴 최주의 「야금술의 발

거친 줄무늬 청동 거울 거푸집. 기원전 7세기

달과 청동 유물의 특징」이다. 이 글은 그가 20여 년에 걸쳐 연구한 한국의 청동 기술에 대한 그의 생각과 주장을 담은 것이기 때문이다. 그가 펴나간 이론은 그의 개성 있는 주장을 잘 담고 있다. 우리나라 청동기의 연구가 더 활발히 전개될 때, 아마도 머지않은 앞날에 청동 기술의 문제가 해결의 실마리를 찾게 될 것이라고 생각한다.

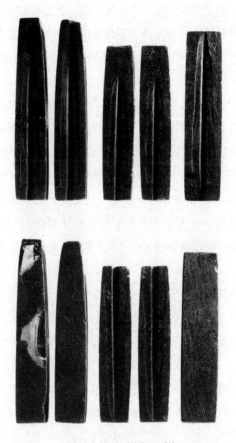

청동검의 거푸집. 기원전 2~1세기

평양 학자들은 잔줄무늬 청동 거울에 대한 고고 화학적 분석 결과를 내놓았다. 정가와자 6512호 무덤에서 출토된 잔줄무늬 청동 거울은 구리 42.19퍼센트, 주석 26.1퍼센트, 납 5.6퍼센트, 아연 7.36퍼센트의 합금 조성으로 분석되었다. (『조선 기술 발전사』1권 46쪽에서 가져왔다.) 주석의 함량이 26퍼센트나 되는 것이 조금 특이하다고 생각되는데, "거울의 세기와 굳기를 높여 외부 작용에 의한 형태적 변화를 막고 보존하는 데 있을 뿐만 아니라 연마로 금속 윤기를 충분히 보장하는 데 있었으며 아연을 첨가한 목적은 용융물의 액류 동성을 좋게 하여 섬세한 잔줄무늬가 잘 나타나게 할 뿐만 아니라 빛 반사를 원만히 보장하자는 데 있었다."라고 나름대로 해석하고 있다. 이 분석 결과만을 가지고 설명할 때 그런 해석은 충분히 가능하다. 다만 잔줄무늬 청동 거울의 분석 사례가 거의 없는 지금의 시점에서 그 하나만의 분석값만으로 잔줄무늬 청동 거울 전체의 주조 기술로 일반화하기에는 조심스럽다. 1만 개가 넘는 정교한 잔줄무늬를 깨끗하게 부어내기 위한 기술적 노력의 한 사례로 해석할 때, 평양 학자들이 쓴 것처럼, "우리 선조들이 오랜 옛날부터 제품 대상에 따라 합금 원소들을 재치 있게 선별하는 높은 합금 기술을 가지고 있었다는 것을 보여 준다."라는 평가에 굳이 인색할 필요는 없을 것 같다.

『조선 기술 발전사』의 저자들은 또 한 가지 매우 중요한 사실을 보고하고 있다. 잔줄무늬 청동 거울의 활석 거푸집의 존재를 확인해 준 것이다. 평안남도 맹산군 출토로 밝힌 이 잔줄무늬 청동 거울의 거푸집은 책에 인쇄된 도판으로 볼 때, 그 그림은, 우리가 알고 있는 잔줄무늬 청동 거울 유물과 같은, 정교한 무늬는 아닌 것으로 보인다. 그것은 우메하라 스에지(梅原末治) 등이 1947년에 낸 『조선 고문화 종감(朝鮮古文化綜鑑)』1권을 통해, 우리에게 전(傳) 맹산 출토로 알려져 있는, 굵은 줄무늬 청동 거울 돌 거푸집 2점 중의 하나와 같은 것이다. 숭실대학교 박물관이 소장하고 있는 잔줄무늬 청동 거울과 같은 아주 정교한 잔줄무늬의 전 단계에 만들어진, 충남 아산 남성리에서 출토된 굵은 줄무늬 청동 거울 2점과 오히려 비슷하다.

그러니까 그런 활석 거푸집이 그보다 몇 배 정교한 잔줄무늬를 부어 낼 때에도 쓰였는지 여전히 의문으로 남는다. 내 생각에는 잔줄무늬 청동 거울은, 『실험 고고학(実験考古学)』을 쓴 일본 학자 나카구치 히로시의 실험적 연구 결과로 알려진 것같이 진흙 거푸집으로 만들었을 가능성이 있을 것 같다.

지금까지 우리나라에서 많은 잔줄무늬 청동 거울이 출토되었는데도 거푸집
은 나오지 않고 있다는 사실이 진흙 거푸집의 가능성을 생각하게 한다. 밀랍
거푸집도 거론될 수 있겠지만, 실험적으로 성공하지 못했다는 것이 그 가능
성을 덜하게 하는 것 같다.

　나카구치의 실험적 연구도 그랬지만, 진흙 거푸집의 가능성은 우리나라
전통 주물 공장(工匠)들 사이에서 기술적으로 매우 긍정적으로 여겨지고 있
었다. 그 경우, 거푸집에 사용된 진흙이 우리나라의 몇몇 지역에서 생산되는
특수 주물용 모래와도 같은 아주 고운 흙일 것이라고 말한다. 그러니까 나
는, 그게 바로 조선 초 태종 때 계미자를 청동으로 부어 만들 때 쓴 뺄흙일 것
이라고 믿고 있다. 고려 때 쓰던 청동 활자의 거푸집 기술인 것이다. 뺄흙 거
푸집 기술은 우리나라 청동 기술자들이 고대로부터 섬세한 청동 주조물을
부어 만들 때 전통적으로 써 온 기술이었다. 실제로 우리나라의 뺄흙은 그
알맹이의 곱기가 초미립자와도 같은, 최고의 품질로 널리 알려져 있는 것이
다. 그리고 그 뺄흙은 적당한 끈기가 있어 무늬의 본을 뜨기에 알맞아서 전
통 금속 장인들이 선호했던 것으로 생각된다.

　거푸집을 만드는 데 가장 우수한 소재인 뺄흙이 무진장으로 널려 있어서
힘들이지 않고 얻어 쓸 수 있다는 천혜의 여건은 고대로부터 활석 거푸집과
함께 우리나라 금속 주조 기술을 뛰어나게 만든 요인의 하나로 꼽을 수 있을
것이다. 나는 우리나라 뺄흙의 알맹이 크기를 정확하게 측정하여 실험적으
로 밀랍 거푸집과의 주물 형성 과정을 비교하는 경험적 작업을 시도하기를
전통 주물 공장들에게 적극 권하고 있다. 그 실험 작업이 제대로 이루어질
때 우리도 보다 확실하게 잔줄무늬 청동 거울을 부어 만드는 기술에 대한
수수께끼를 풀어낼 수 있을 것이다.

3
장

한국 청동기 기술을 둘러싼 논쟁

4,000년 전 중국의 첨단 기술, 청동기

청동은 잘 알다시피 구리(Cu)와 주석(Sn)의 합금이다. 기원전 3000년과 기원전 2500년 사이에 수메르 사람들과 메소포타미아 사람들이 개발한 인류사상 첫 금속 기술의 산물이다. 청동기 시대라는 새로운 역사의 장이 열린 것이다. 중국의 청동 기술은 기원전 2000년 무렵, 또는 그보다 얼마 전에 나타났다. 기록들과 출토 유물에 의하면, 상(商 또는 殷) 시대의 청동 기술은 이미 상당히 높은 수준에 도달하고 있었다. 어떻게 그렇게 수준 높은 청동 기술이 그 시기에 중국에서 전개되고 있었는지, 우리는 아직 알지 못한다. 그래서 야부우치 기요시 같은 과학 기술사 학자들은 곧잘 "돌연히" 출현한 기술이라고 표현한다. 청동 기술은 그 시기의 첨단 기술이다. 구리와 주석을 제련하는 일도 그렇고, 그 비율을 조절하여 청동 합금을 만드는 기술도 문제이고, 중국의 청동은 거기에 납을 넣어 주조물의 질을 부드럽게 하는 합금 기술이 쓰였으니 더욱 그렇다. 우리는 아직 상 시대 이전의 청동기가 어떤 것인지, 그 기술이 중국에서 생겨난 것인지 중앙아시아의 청동 기술과 어떤 연결이 있는지 따위에 대해서 별로 아는 것이 없다. 그것은 중국 청동 기술의 시작을 가늠할 수 있는 고고학적 발견을 기다리는 것이 이 문제 해명의 실마리가 된다고 생각할 수 있다.

청동은, 구리와 주석이라는 무른 금속을 합금하면 단단한 쇠붙이가 된다는 놀라운 사실을 알아냄으로써 만들어 낸 금속 제품이다. 두 가지 이상의 금속을 녹여 섞고 합해서 성질이 전혀 다른 금속을 만든 것은 분명히 대단한 발명임에 틀림없다. 더욱이 구리도 주석도 그리고 납도 한 가지만 가지고 어떤 제품이나 그릇을 만들면 너무 물러서 실용성이 매우 떨어지고, 도구로는 쓸모가 별로 없을 정도였다. 그렇지만 합금 기술이 개발되기 전에는 실용성은 분명히 떨어지지만, 구리로 만든 제품과 주석으로 만든 제품도 대단한 것이었다. 그것은 석기(石器)나 목기(木器), 토기(土器)와는 확실히 다른 뛰어난 재질임에 틀림없었다.

중국 정주(鄭州) 지역에서 출토된 상 시대 전기의 금속기 중에는 구리의 함량이 98퍼센트 이상인 것이 보고되고 있고, 안양(安陽) 지역의 상나라 때 유적에서는 98.5퍼센트의 구리 제품이 출토되었다. 이것들은 사실상 순수한 구리 제품이라고 할 수 있다. 안양에서는 주석 덩어리로 출토되었고, 대사공(大司空) 마을에서는 주석으로 만든 창(戈)도 발견되었다. 그것들은 순수한 주석으로 만든 제품이라 할 수 있다. 또 제가 문화(齊家文化, 기원전 2000년 전후)의 유적에서 발견된 구리 제품들은 스펙트럼 분석 결과 구리의 함량이 99.6퍼센트 이상인 것들이었다. 이른바 홍동기(紅銅器)라고 부르는 순동 제품들이다. (자세한 것은 시마오 나가야스(島尾永康)의『중국 화학사(中國化學史)』 (1995년)에 설명되어 있다.)

이 시기의 순동 제품은 자연동(自然銅)에서 만들어진 것이라고 생각되고 있다. 그런데 우연한 기회에, 구리 광석을 높은 온도로 가열하여 녹인 다음 식히면 순동 제품과는 다른 매우 단단한 구리를 얻을 수 있다는 사실을 중국 금속 기술자들이 알게 되었다.

한국의 청동 기술은 언제 어떻게 이루어졌나

1996년 평양에서 간행된 『조선 기술 발전사』 1권, 「원시·고대」 편 44~45쪽에는 충격적인 사실이 씌어 있다.

> 최근에 발굴된 평양시 상원군 룡곡리 4호 고인돌 무덤에서 드러난 비파형 창끝은 지금으로부터 4,539년 이전에 만든 것으로 측정되었으며 황해남도 봉천군 대아리 돌판 무덤과 황해북도 신편군 선암리 돌판 무덤에서 나온 비파형 단검의 연대를 재검토한 데 의하면 이것은 초기 비파형 단검 형성 단계에 만들어진 것으로서 현재로서는 가장 오랜 것이고 룡곡리 고인돌 무덤에서 나온 비파형 창끝보다 더 이른 것이다. 이것은 우리나라에서 비파형 단검 문화가 기원전 26세기 이전에 형성되어 발전했고 기원전 14세기 이전에는 그것이 좁은 놋 단검 문화로 발전했다는 것을 보여 준다.

한국 청동기 시대의 시작을 기원전 26세기까지 올려 본다는 사실은 나에게는 너무 놀라운 일이었다. 평양 기술사 학자들은 성천군 룡산 무덤을 기원전 31세기 것으로 보고, 거기서 출토된 청동 조각과 그밖에 덕천시 남양 유적에서 나온 비파형 창끝, 상원군 룡곡리 유적에서 나온 비파형 창끝과 청동 단추로 보아 이 시기에 청동 합금 기술이 도입되었다고 주장한다. 그리고 그들은 한국에서 형성된 청동 기술보다 늦게 중국의 청동 기술이 형성되었다고 주장한다.

『조선 기술 발전사』는 1996년에 모두 5권으로 간행된, 해방 후 평양에서 나온 가장 방대한 한국 과학 기술사이다. 이 연구는 최상준을 비롯한 평양의 대표적인 과학 기술 학자 16명으로 구성된 조선 기술 발전사 편찬 위원회 집필진이 수행했다. 그리고 내용 심사를 사회 과학원 고고학 연구소와 김일성 종합 대학 역사학부가 했다. 그러니까 이 학설은 평양의 고고학계와 역사

학계 그리고 과학 기술사 학계의 공식 입장이라고 볼 수 있다. 단군을 실재 인물로 보고, 그 시기를 청동기 시대로 보고 있는 것이다. 이는 1979년 『조선 전사』의 기원전 2000년에서 크게 올라간 것이다.

평안도와 황해도의 청동기 시대 유적에서 출토된 여러 가지 청동기들의 제작 연대가 그렇다고 주장한다. 그들은 "청동 합금 기술이 도입되었다."라고 표현하거나 "형성되어 발전했다."라고 쓰고 있으나, 그 기술이나 문화가 그 지역에서 자생적으로 개발 또는 형성되었는지, 도입되었는지를 분명하게 쓰지는 않았다. 그러나 평양 학자들은 그것이 독자적인 기술 개발에 의하여 이루어진 것이라고 보고 있음에 틀림없다. "우리 선조들은 이미 고조선 시기에 청동기 문화를 창조했다."라고 쓰고 있고, 중국의 청동기 유적에서 출토된 유물들의 방사선 탄소 14에 의한 연대 측정 결과를 토대로 그것이 기원전 1300~1500년이라는 사실을 말하면서, "중국에서는 우리나라보다 늦은 시기에 청동기가 나왔다."라고 강조하고 있기 때문이다.

그렇다면 동아시아에서의 청동 기술 형성은 한국인의 활동 무대였던 한반도 서북부와 지금의 중국 동북부 지역에서 제일 먼저 이루어졌다고 볼 수 있다는 이론이 성립된다. 그렇다고 보아도 좋을지는, 앞으로의 연구 결과와 한·중·일의 기술사 학자와 고고학자들의 충분한 토론과 검증을 거칠 필요가 있다고 생각된다. 거기에는 한반도 지역의 특이하리만치 거대한 고인돌 문화에 대한 기술사적, 고고 기술학적 연구도 함께 이루어져야 할 것 같다. 동아시아의 청동 기술 형성과 발달에서 한반도의 거대한 고인돌 문화를 연결한 깊이 있는 연구가 지금까지 별로 없었다는 사실은 반성해야 할 일이다. 평양 기술사 학자들의 연구는 그런 점에서 한 발 앞선 것으로 평가된다.

한국의 청동 기술 연구에서 고고 기술학적 연구와 고고 화학적 분석과 같은 실험 자료의 축적이 별로 없다는 사실은 한국 고고학 연구의 큰 약점의 하나이다. 우리 고고학계는 지금까지 고전적 고고학 연구가 주류를 이루고 있었다. 1980년대에 들어서서야 "과학적 분석"이라고 고고학자들이 말하는 실험적 분석 연구가 겨우 시작되었다. 자연 과학자와의 공동 연구 프로젝트가 그것이다. 그 중요한 성과가 1996년에 나타난 것은 매우 고무적인 일이었다. 그해 최몽룡, 신숙경, 이동영 공저의『고고학과 자연 과학: 토기』가 서울대학교 출판부에서 간행된 것이다. 이 책은 1980년대와 1990년대에 고고학·역사학·화학·지질학 등을 연구한 학자들의 공동 연구 성과를 모은 것이다. 그러나 이 연구 성과는 책의 부제가 말하듯 토기의 과학적 분석 연구에 한정되어 있다. 금속 분야에서는 최주, 강형태, 노태천 등이, 평양 학자로는 강승남 등이 참여했는데, 1980년대와 1990년대 사이에 고고 화학 또는 기술 고고학적 연구에 달려든 학자들이다. 그러나 남한에서는 평양 학자들이 제시한 연대 고증의 정확성과 관련된 문제를 다루는 연구가 아직 진전되지 않고 있다.

이 문제는 한국의 고대 기술, 특히 청동기 문화와 청동 기술의 형성 및 그 본질을 밝히는 데 매우 중요하기 때문에 반드시 해명되어야 할 시급한 과제이다. 그러나 그 작업은 결코 쉽지 않다. 연구 시설과 예산, 전문 연구 인력뿐만 아니라 오랜 시간 참을성 있게 기다리며 밀어 주는 제도적 밑받침이 있어야 가능한 일이다. 우리에게는 아직 그런 여건이 성숙되어 있지 않다.

한국의 청동기 문화와 청동 기술이 기원전 30세기에서 26세기 무렵에 형성되었고, 그것이 중국보다 앞선다고 한다면, 가장 먼저 풀어야 할 문제가 있다. 그것이 어떤 기술 집단에 의해서 어떻게 이루어졌으며, 황해도·평안도 지역의 고인돌 문화의 기술 집단과 지금의 중국 동북 지방, 특히 랴오닝 지역의 청동 기술 집단은 어떤 교류를 했는가 하는 문제이다. 그리고 한 발 더 나아가, 중국 하(夏)·상·서주(西周) 초기 청동 기술의 형성과 어떤 연관이 있는지 탐구할 수도 있을 것이다. 솔직히 말해서, 나는 아직 중국이나 일본의 과학 기술사 학자들이 북한 지역의 청동 기술 형성 시기에 관해서 어떤 견해를 가지고 있는지 알지 못한다. 사실 평양 학자들의 주장은 동아시아의 기술사 학자들뿐만 아니라 서유럽의 기술사 학자들에게도 매우 충격적인 것이다.

서울 학자 중에서 청동 기술 문제에 관한 고고 화학 또는 기술 고고학적인 연구를 수행한 대표 학자로 최주를 꼽을 수 있다. 그는 20년 가까운 꾸준한 연구 활동을 전개하여 많은 논문을 발표했다. 『천공개물(天工開物)』의 역주는 특히 돋보이는 업적으로 꼽힌다. 그는 『한국사 3권: 청동기 문화와 철기 문화』에 「야금술의 발달과 청동 유물의 특징」(227~250쪽)이라는 논문을 썼다. 거기에는 최근 10년간 수행된 한국의 청동 기술에 관한 그의 기술 고고학적 연구가 잘 요약되어 있다. 거기서 최주는 한국 청동 기술의 시작과 관련하여, 평북 용천군 산암리 유적에서 출토된 청동 칼과 청동 단추 그리고 나진 초도의 청동 가락지, 청동 방울, 장식품 등의 제작 시기를 평양 학자 강승남의 논문을 근거로 해서 기원전 2000년기로 쓰고 있다. 최주는 이 연대에 대해서 따로 어떤 의견을 달지 않았다. 문장의 흐름과 글의 내용으로 봐서 그는 그러한 평양 학자의 학설을 그래도 인정하고 있었던 것 같다. 사실, 우리는 아직 그 연대 설정을 부정적으로 받아들여야 할 특별한 과학적 자료를 가지고 있지 않다. 다만 랴오닝 지방 청동기 문화층과 유적의 방사성 탄소 연대 자료를 가지고 한국의 청동 기술의 시작을 판단할 때, 아직은 그 상한 연대를 올려 잡아도 기원전 1000년에서 200~300년 거슬러 올라가는 정도로 보는 것이 서울 고고학계의 일반적인 견해이다.

솔직히 말해서, 나는 아직 서울과 평양 학자들 사이의 청동기 시대의 시작에 대한 시대적 거리가 왜 이렇게 엄청나게 큰지 자신 있게 말할 만큼 아는 것이 없다. 그리고 몇 가지 풀리지 않는 문제들이 꼬리를 물고 나타난다. 그것은 과거 일본 학자들이 한국의 청동기 문화에 대해서 의도적이라고 생각될 정도로 매우 부정적인 해석을 했었기 때문에 일어난 선입견이 우리에게 뿌리 깊이 작용하고 있지는 않나 하는 생각에서 출발한다. 1960년대에서 1970년대까지만 해도 한국의 많은 고고학자들은 한국의 청동기 시대를 기원전 7세기에서 더 올라가지 않는다고 생각했던 게 사실이다. 1980년대에 들어와서 중진 역사학자들과 고고학자들도 기원전 10세기까지 올려 볼 수 있다고 생각하게 되었고, 기원전 15세기까지 주장하는 젊은 학자들도 생겨 났다. 이기백이 그의 『한국사 신론』 1976년 개정판에서 "청동기를 처음 사용 하기 시작한 연대는 대체로 기원전 9세기 내지 8세기쯤의 일로 짐작되고 있 다. 그러나 이를 더 올려 보거나 혹은 내려 보는 견해도 있다."라고 쓴 것은 그 무렵 한국 학계의 일반적인 견해를 반영하고 있는 것이다. 그것이 기원전 10 세기로 수정된 것은 1990년 신수판에서였다. 김원룡이 1984년에 일본에서 니시타니 다다시(西谷正)의 번역으로 낸 『한국 고고학 개설』에 "한국에서의 청동기 시대의 개시를 기원전 1000년이라고 정해 버리는 것은 아직 조급하 고, 기원전 1000~700년 무렵이라고 해 놓는 것이 합리적이고 신중한 태도 일 것이다."라고 한 것은 1980년대 초 한국의 대표적 고고학자의 생각을 잘 보여 주고 있다. 『개정 신판 고고학 개설』(1982년)에서 김정학과 김정배는 기 원전 10세기로 생각하고 있다고 주를 달고 있다.

그러니까, 1980년대 후반부터 서울 학자들은 청동기 시대 시작을 적어 도 기원전 10세기로 끌어올린 것이다. 그 후 1990년대에 들어서면서 그보다 300년 정도 더 올려 볼 수도 있다는 생각이 늘어나고 기원전 15세기까지 주 장하는 젊은 학자들이 생겨나게 된 것이다. 거기에 평양 학자들의 학설이 어 떤 형태로든 영향을 주었다고 추측하기는 어렵지 않을 것 같다. 여기서 우리 가 유의해야 할 것은 1980년대에 김원룡이 이미 지적했던 것처럼, 연대를 올 려 보는 것만이 민족을 사랑하고 우리 민족의 자긍심을 높이는 데 도움을 주는 것은 분명히 아니라는 점이다. 그러나 과거 일본 학자들은 한국의 고대 문화를 여러 가지 모양으로 평가 절하하거나 정당한 평가에 인색했다. 그래 서 중국과의 시차가 넓어지게 됐다. 그 영향이 컸던 시기에 고고학을 공부한 한국인들은 자기도 미처 모르는 사이에 받은 일본 학자들의 영향이 바탕에 깔려 있지는 않은지 반성해야 한다.

2001년 말에 국립문화재연구소에서 펴낸 『한국 고고학 사전』에서 내가 느낀 것은, 한국 고고학을 이끌어 오고 또 이끌고 있는 현역 전문가들이 힘을 모아 20세기 한국 고고학의 연구 성과를 집대성하면서 그들이 안고 있는 어려움과 고민을 숨기려 하지 않았다는 사실이다. 이 사전은 분명히 한국의 역사학계와 고고학계가 일제의 식민 사관과 민족 분단의 비극을 극복하려는 눈물겨운 학문적 노력의 결실이다. 청동 기술 시작에 대한 평양 학자들의 학설과 남한 고고학자들의 학설 사이에 놓인 문제는 21세기 한국 기술사와 기술 고고학이 가진 최대의 과제 중 하나로 떠오를 것이다.

내가 지금 한국 기술 고고학의 전문적인 각론보다는 오히려 총론적인 문제에 매달리고 있는 것은 이 때문이다. 우리는 지금 지난 1세기 동안에 이루어 놓은 중국 고고학과 기술 고고학의 놀라운 학문적 성과와, 해방 후 반세기 동안 분단된 우리나라의 남과 북에서 발견된 눈부신 우리 문화 유산과 그에 대한 연구 그리고 일본과 서유럽 학자들의 고고 화학과 기술 고고학의 연구에서 드러난 새로운 사실들을 어떻게 소화하고 받아들여야 하는가 하는 커다란 과제 앞에 서 있다. 이 과제와 현실은 우리가 생각하기에 따라서 장애가 될 수도 있고 돌파구가 될 수도 있다.

꼭지가 2개 달린 우리나라 잔줄무늬 청동 거울은 그 디자인의 높은 예술적 감각과 정밀한 제도 솜씨 그리고 뛰어난 제작 기술에서 우리의 주목을 끌기에 충분한 유물이었다. 숭실대학교 박물관 소장의 잔줄무늬 청동 거울(국보)은 그 제작 솜씨가 가장 훌륭한 것으로 높이 평가되고 있다. 그것은 분명히 청동기 시대 최고의 작품이다. 1970년대 이후 우연한 기회에 내가 그 청동 거울의 놀라운 제작 기술에 빠져들고 나서 나는 그 기하학적 작도의 분석적 연구를 시도했다. 그 실마리는 1980년대 후반에 이 청동 거울의 무늬를 실험적인 방법으로 재현해 볼 기회가 생기면서 풀리게 되었다. 이 잔줄무늬 청동 거울의 복제품을 만들게 된 것이다. 그 과정에서 놀라운 사실들이 속속 드러났다. 영상으로 크게 확대한 이 청동 거울의 무늬는 우리가 상상하기 어려울 정도로 스케일이 큰 디자인의 설계를 지름 21.0센티미터 작은 원 안에 치밀하게 그려 넣은 것을 알게 되었다. 그 대강을 적어 보자.

거울의 무늬는 중심에서부터 3등분한 동심원 공간에 그려지고 있다. 안쪽 공간은 굵은 선으로 그은 동심원 5개로 둘러싸여 있다. 두 꼭지의 끝이 맨 안쪽 동심원의 원주에 닿아 있는데, 그 안을 직사각형과 그 대각선 그리고 수많은 평행선과 사선 등 모두 3,340개의 선으로 메웠다. 중간 부분은 10개의 가는 선으로 0.5밀리미터 간격의 동심원을 새겼다. 그리고 3겹에서 5겹의 가는 줄과 굵은 줄을 적절하게 배치하여, 약 1센티미터 간격의 동심원을 그려 넣었다. 또 그 공간을 48등분하고 그래서 생긴 직사각형에 가까운 도형에 대각선을 새겼다. 그리고 0.35밀리미터 간격으로 모두 4,230개가량의 선을 그어서 공간을 메웠다. 맨 바깥 부분은 원반에 내접하는 정사각형의 꼭짓점에 30여 개의 동심원으로 이루어진 도형 8개를 배치했다. 그리고 그 밖의 공간을 5,730개가량의 평행선과 사선으로 엇갈리게 그어서 장식했다.

그러니까 이 잔줄무늬 청동 거울에 그어 있는 선은 모두 1만 3300개쯤 되는 셈이다. 0.3밀리미터 간격까지 그은 이 가는 선들을 어떤 제도기와 컴퍼스를 써서 제도했는지 그 놀라운 솜씨에 감탄을 금할 수가 없었다. 확대경으로 보면, 동심원의 맨 가운데 작은 두 원은 컴퍼스를 쓸 수 없어 손으로 그린 것을 볼 수 있다. 제도한 기술자의 한계를 보여 주는 부분이다. 최주가 50배로 확대한 사진을 찍었는데, 잘못 그은 선이 뚜렷이 나타나 있다. 최주는 또 부어낸 원의 무늬에서 원의 높이를 쟀는데, 그 "높이는 경우 0.06~0.08밀리미터이며, 두 원 사이의 간격은 0.7~0.76밀리미터에 불과하다."라고 했다. 또 "삼각 무늬의 선 높이는 0.04~0.06밀리미터이며, 그 간격은 0.3~0.34밀리미터에 불과하다."라고 측정 결과에 놀라움을 나타냈다.

지금까지 알려진 이른바 다뉴경, 즉 꼭지가 2개(또는 3개) 달린 줄무늬 청동 거울은 80여 개다. 그중에서 잔줄무늬 거울은 40개 정도. 확실한 통계도 밝혀지고 있지 않아서 정확하게는 말할 수 없지만, 그것이 고대 한국인의 청동 기술 문화권에서만 발견되고 있다는 사실은 우리가 해명해야 할 중요한 과제임에 틀림없다. 고대 한국인의 청동 기술을 말해 주는 결정적인 과학 문

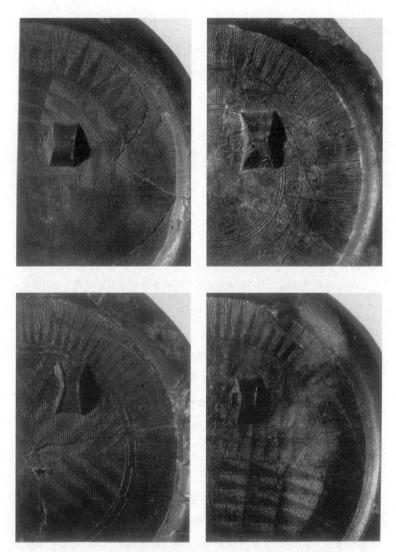

그러니까 이 잔줄무늬 청동 거울에 그어 있는 선은 모두 1만 3300개쯤 되는 셈이다. 0.3밀리미터 간격까지 그은 이 가는 선들을 어떤 제도기와 컴퍼스를 써서 제도했는지 그 놀라운 솜씨에 감탄을 금할 수가 없었다.

화재로서의 잔줄무늬 청동 거울의 가치는 그것이 가지는 기술 고고학적 문제들과 함께 큰 학문적 비중을 가지고 있다. 한국의 기술 문화의 시작과 흐름을 밝히는 데 반드시 거쳐야 할 단계에 그 문제들이 놓여 있기 때문이다.

우리 청동기의 기원을 찾아서

이기백 교수는 명저 『한국사 신론』(1999년) 2장에서 청동기의 사용을 다루면서 이렇게 쓰고 있다.

> 몇 차례의 파상적인 인종과 문화의 변동으로 인하여 얼마간의 동요가 있었다 하더라도, 신석기인(新石器人)은 오랫동안 조용하고 평화로운 생활을 즐기어왔다. 이 신석기인의 평화는 그러나 청동기가 사용되기 시작하면서 깨져 버리고 말았다.
> 청동기를 처음 사용하기 시작한 연대는 대체로 B. C. 10세기쯤으로 짐작되고 있다. 그러나 이를 더 올려 보거나 내려 보는 견해도 있다. 이 청동기 시대는 대개 B. C. 4세기경까지 계속된 것으로 보인다. 청동기 시대가 시작되거나 끝나는 연대가 지역에 따라서 약간의 차이가 있었던 것은 물론이다.

이기백 교수의 한국 청동기 시대에 대한 이러한 생각은 그의 1976년 개정판 이후 계속되어, 이제는 우리에게 자연스럽게 받아들여지고 있다. 그러나 청동기 시대는 1970년대만 해도 기원전 7세기보다 더 이를 수 없다고 생각되고 있었다. 평양 학자들이 기원전 2000년기 설까지 주장하고 나섰고, 서울 학자들 중에서도 김정배 교수 같은 소장 학자들이 기원전 13~10세기 이전이라는 충격적인 학설을 주장하고 나섰다. 20세기 한국의 대표적인 고고학자 고고미술사학자로 커다란 업적을 쌓은 김원룡이 기원전 10~7세기로 그의 학설을 수정한 것이다. (이에 대해 종합적으로 정리한 글이 있다. 예컨대 국사편찬위원회가 펴낸 『한국사 3』(1997년)에 실린 최몽룡의 「청동기 시대」와 한길사에서 펴낸 『한국사 2』(1994년)에 실린 정운용의 「한민족의 형성」을 참조하면 좋다.)

1950년대까지만 해도 일본 학자들 중에는 한국에는 청동기 시대가 없었다고 주장하는 사람들이 적지 않았다. 그리고 한국 고고학계에서도 1960년대만 해도 기원전 4세기 무렵이라는 생각이 지배적이었다. 일본 학자들은 한국의 청동 기술이 나름대로 형성되고 높은 수준에 있었다는 사실을 인정하려고 하지 않았다. 일본의 청동 기술이 한국의 기술에 의해서 형성되고 발전했다는 사실을 인정하고 싶지 않았던 것이다. 고대 과학 기술사에서 매우 중요한 과제인 청동 기술 문제에 일찍부터 큰 관심을 가졌던 나에게, 일본 학자들의 이러한 주장은 늘 마음에 걸리는 숙제의 하나였다. 무언가 괘씸한 생각이 들곤 했다. 그것이 민족 감정이란 것일지도 모른다. 그러나 사실을 사실대로 인정하려 하지 않으려는 태도는 학문적으로 결코 그대로 지나쳐 갈 수가 없었다. 청동 기술은 고대 기술의 핵심이고 그 시기 최첨단 기술이란 점에서 기술사의 흐름에서 최대의 쟁점이었기 때문에 더욱 그랬다.

그리고 중국의 청동 기술 형성에서 풀지 못하고 있는 커다란 숙제를 생각하면서, 그 문제는 더욱 확대되기만 했다. 기원전 15세기에 '돌연히' 나타난 청동 기술. 어떻게 그렇게 중국 대륙의 중부에서 그런 굉장한 기술이 밑도 끝도 없이 갑자기 나타날 수 있을까. 압록강 두만강 남쪽의 한반도 지역에 나타난 청동 기술은 분명히 그 북쪽, 이른바 만주 지방이라 하는 중국 동북부 지역과 연결될 것이다. 그렇다면 한반도 북쪽 지역에서 형성된 청동 기술과 중국 대륙 중부의 청동 기술과는 아무런 관계가 없었을까. 이것이 내 생각의 출발점이었다. 한반도의 북쪽 지방, 즉 중국의 동북 지방에 형성되고 있던 청동 기술의 풀(pool)에서 흘러나간 기술이 중국 대륙 중부에서 어떤 시점에 꽃피었다고 생각할 수 있지 않을까. 그렇게 생각할 때, 가장 큰 장애물이 한국 청동기의 시대의 편년 문제였다. 나는 고고학자가 아니었기에 그 영역은 선불리 가상하기 어려웠다.

1969년에 나는 미국 MIT 출판부에서 출판 예정인『한국 과학 기술사』영어판의 원고를 마무리하는 작업을 위해서 하버드-옌칭 연구소에 가게 되었다. 가는 김에 중국과 평양 학계의 연구 성과를 폭넓게 조사 연구하고자 했다. 냉전 시기였기에 그동안 일본을 통해서 입수한 자료들은 단편적이었고, 접근하는 것도 매우 조심스러운 작업이었기 때문이다. 중국과 북한의 연구 성과는 반영되지 못했다고 할 수 있다.

하버드-옌칭 연구소의 도서관에서 본 자료들은 놀라운 것이었다. 거기서 나는 우리나라 청동기 기술 문제에 대해 과학 기술사 학자로서 새로운 생각을 하게 되었다. 중국과 평양 학계의 문헌에 따르면 한반도 북쪽 고대 한국인 활동 지역에서 발달한 청동 기술이 중국의 그것과는 다른 특징을 가지고 있다는 사실이었다. 무엇보다도 해방 후 북한 지역에서 발견된 초기 청동기 시대의 청동기 유물들의 성분 분석 결과는 놀라운 사실을 담고 있었다. 기원전 7세기 이전의 것으로 여겨지는 청동 유물들에서 발견된 아연-청동의 존재는 우리가 알지 못했던 새로운 청동 기술이 있었음을 말하는 것이었다. 그리고 분석 결과를 정리한 보고서들에서 평양 학자들이 아연-청동의 존재를 발견해 놓고 주목하고 있지 않다는 사실 또한 나를 설레게 했다. 한국의 청동기 기술과 관련해 새로운 학설을 주장할 수 있는 기회가 나에게 주어졌기 때문이다.

비파형 청동 검과, 굵은 줄무늬 청동 거울 및 잔줄무늬 청동 거울이 중국의 청동기와는 구별되는 양식적 특징을 가지고 있다는 고고학적 사실을 알고 있는 우리에게, 청동기의 성분에서 나타나는 기술 고고학적 특징이 말해주는 사실은 중요한 의미를 가진다는 표현 정도로는 너무도 부족한 중대한 기술적 문제가 되는 것이다. 그리고 북한 고고학자들이 한국의 청동기 시대의 편년을 기원전 15세기에서 2000년기로 올려 본다는 사실도 나에게 충격적인 발견이었다. 중국에서 기원전 15세기 무렵에 높은 수준의 청동 기술이 돌연히 출현했다는 기술 고고학의 불가사의가 풀릴 수 있는 실마리가 될지도 모르기 때문이다.

그 시기에 우리가 알고 있는 중국 청동기와 한국 청동기의 외관상의 차이는 대강 중국의 청동기는 크고, 굵은 무늬의 기교가 뛰어난 데 비해서 한국의 그것은 작고 섬세한 것이 주류를 이루고 있다는 사실이었다. 상·주 시대 청동 제기들의 디자인과 주조 기술은, 그것이 기원전 15세기 무렵에 만들어진 것이라고 믿기 어려우리만치 훌륭한 솜씨를 보여 준다. 솔직히, 그것들을 보다가 우리 청동 기술자들이 만든 작품들을 보면, 너무 얌전하다. 그러나 그 대신 한국인이 만든 청동 제품들은 섬세하고 세련되어 있다. 그리고 정교하게 부어 만든 기술이 특히 돋보인다. 여러 가지 장신구들과 청동 단검들 그리고 청동 거울들의 디자인과 주조 기법은 그 뛰어난 솜씨가 최고의 경지에 이르고 있다. 비파형 청동 단검과 잔줄무늬 청동 거울의 솜씨는, 그 시기 청동 기술자들의 최첨단 기술을 보여 주는 최고의 작품들이다.

한국인 청동 기술자들의 제품은 분명히 중국의 그것과 확실히 구별된다. 한국인은 왜 중국 청동기처럼 거대하고 당당한 작품들을 만들지 않았을까. 만들지 못해서 그랬을까. 그것은 오랫동안 내 머릿속에서 떠나지 않았던 숙제의 하나였다. 기술적 한계, 구리의 생산량 부족, 권력과 부(富)의 제한된 축적 등 때문이었을까. 나는 오랫동안 거대한 땅을 지배하는 권력과 축적된 부가 중국에는 일찍부터 있었다는 사실에 주목했다. 한반도에 자리 잡은 지배 권력과 부의 규모는 중국과는 비교가 안 된다고 생각했기 때문이다. 그런데 솔직히 말해서 근래에, 한반도의 거대한 고인돌 문화에 생각이 미쳤다. 한마디로 그것은 쉽게 상상하기 어려운 한국 청동기 시대 문화의 수수께끼이다.

한반도와 같은 넓지 않은 땅이라는 제약을 안고 있는 자연 환경에 지평선에서 해가 뜨고 지는 거대한 중국 대륙에나 세워질 것 같은 거대한 고인돌 문화가 자리 잡았다는 사실은 일반적인 생각만으로는 쉽게 받아들여지지 않는 불가사의한 일이다. 이 문화를 가진 사람들은 어디서 온 사람들인가. 어떤 청동기 문화를 가진 사람들과 연결되어 있고, 어떤 생각을 가지고 이런 아이디어를 현실적으로 실현했을까. 그 축조물 공사의 기술적 방법과 설계 (스케치)는 어떻게 이루어진 것일까. 이 밖에도 많은 문제들이 아직 풀리지 않은 채 남아 있다. 그러나 분명한 것은 그것을 만든 사람들이 한국의 청동기 시대 기술자들이란 사실이다. 그리고 또 하나, 이런 것이 기술 고고학의 영역에 속하는 과제들인 것이다.

한국 청동 기술의 흐름을 생각할 때, 그 문화권의 지리적 근접을 생각하게 된다. 기원전 15세기와 기원전 10세기 사이 한국인의 활동 무대는, 고고학자들이 설정한 대로라면, 압록강과 두만강의 유역과 그 북쪽, 옛 고구려의 영역, 만리장성의 동북쪽까지의 넓은 지역으로 볼 수 있다. 그렇게 보면, 청동 기술을 가진 옛 한국인의 활동 무대는 서남쪽으로는 중국과 이어지고, 동북쪽으로는 시베리아 지역과 이어진다. 그래서 한국의 청동 기술은 중국의 그것, 그리고 시베리아의 그것과 떼어서는 생각할 수 없다는 고고학자들의 설정은 자연스러운 것이다. 그랬을 때, 그 두 지역의 기술 문화와 이어지는 부분을 찾아내서 그것들이 흘러 들어왔을 것이라고 보는 견해는 매우 자연스럽기도 하다.

하지만 문제는, 그것으로 설명이 안 되는 사실들이 있다는 것이다. 그것도 부분적인 것들이 아니고 본질적인 줄기에서 나타나기 때문에 우리의 고민이 생기는 것이다. 과거 일본 학자들은 중국 문명의 높은 선진성을 전제로 해서 한국 문화를 그 그늘에 놓고, 한국의 과학 기술사를 중국에서 흘러 들어온 과학과 기술의 문화가 한반도에 자리 잡는 과정으로 해석하는 일에 열중했다. 집요하리만큼 애썼다. 그런 영향은 해방 후 한국 고고학자들과 역사학자들에게도 은연중에 영향을 미쳤다.

게다가 우리 역사학계에는 1960년대 후반까지도 과학 기술사적 바탕이 거의 없었다. 청동기 시대의 청동이라는 용어 자체가 과학 기술 개념에서 출

발하고 있었음에도, 우리 학계는 그 부분을 수용하지 못했다. 일본 고고학
자들은 1930년대부터 고대 중국 청동기를 중심으로 기초적인 화학 분석을
시도했고, 그 성분 분석값을 가지고 청동 기술의 문제를 해석하고 그것을 고
고학적 연구와 연결시키려고 노력했다. 물론 그것은 기술 고고학이나 실험
고고학적 시도로서 이루어진 것은 아니었다. 일본 학자들은, 소수의 중국 학
자들도 그랬지만, 『주례(周禮)』 「고공기(考工記)」의 이른바 "금(金)의 6제(六齊)"
의 기술에서 구리 합금의 비율을 확인하기 위해 많은 청동기들을 분석했다.
「고공기」에는 이렇게 씌어 있다.

> 금(金)에 육제(六齊)가 있다. 그 금을 6분하여 주석 1이 있는 것을 종정
> (鍾鼎)의 제(齊)라고 한다. 그 금을 5분하여 주석 1이 있는 것을 부근(斧斤)
> 의 제라고 한다. 그 금을 4분하여 주석 1이 있는 것을 과극(戈戟)의 제라고
> 한다. 그 금을 3분하여 주석 1이 있는 것을 대인(大刃)의 제라고 한다. 그 금
> 을 5분하여 주석 2가 있는 것을 삭(朔, 小刀)·살시(殺矢)의 게라고 한다. 금
> 과 주석이 반이 있는 것을 감수(鑑燧)의 제라고 한다.

'육제(六齊)'란 여섯 가지 조제(調劑)하는 방법, 즉 여섯 종류의 청동 합금 조
제법을 말한다. "금을 6분하여 주석 1이 있다."는 것은 주석이 금의 6분의 1
이 있다는 뜻이고, "5분하여 1이 있다."는 것은 5분의 1이 있다는 뜻이며, "4
분하여 1이 있다."는 뜻은 4분의 1이 있다는 뜻이고, "3분하여 1이 있다."는
것은 3분의 1이 있다는 뜻이고, "5분하여 2가 있다."는 뜻은 5분의 2, 반이
있다는 뜻은 2분의 1이라는 말이다.
  청동을 만드는 이 여섯 가지 조제법의 함유량 비율에 대한 해석은 1920년
대와 1930년대에 중국과 일본에서 고고학자들의 중요한 연구 과제 가운데
하나였다. 앞에서 잠깐 말한 것처럼, 그래서 많은 고대 중국 청동기들이 분석
되었다. 그러나 누구나 납득할 수 있는 시원한 결과는 나오지 않았다. 결국,

지금까지, 대체로 두 가지로 그 결과는 정리되고 있다. 그 하나는 금(金)을 청동이라고 보고 청동에 주석이 16.7퍼센트(1/6), 20퍼센트(1/5), 25퍼센트(1/4), 33.3퍼센트(1/3), 40퍼센트(2/5), 50퍼센트(1/2)가 들어 있다고 해석하는 것이고, 또 하나는 금을 청동의 주성분인 구리로 해석해서 주석의 함량을 14.3퍼센트(1/7), 16.7퍼센트(1/6), 20퍼센트(1/5), 25퍼센트(1/4), 28.6퍼센트(2/7), 33.3퍼센트(1/3)로 보는 것이다.

그런데 실제로 주석의 함량이 17퍼센트가량인 청동은 오렌지색을 띠어 그 색깔이 아름답고 두드리면 맑은 소리가 나서 종이나 징과 같은 종류의 청동기를 부어 만들기에 아주 좋은 재료로 알려지고 있다. 검이나 화살촉과 같은 예리한 무기류는 비교적 경도(硬度)가 높은 청동기여야 하므로 당연히 주석의 함량이 높아야 할 것이다. 그리고 도끼나 자귀, 창과 같은 무기들은 튼튼하기도 해야 하므로 주석의 함량은 검이나 화살촉보다는 줄일 필요가 있다. 청동 거울에 주석을 많이 섞는 것은 그 표면을 갈고 닦아서 은백색의 금속 광택을 내야 하고 다른 면에는 섬세한 무늬를 부어 내는 데 알맞은 것이어야 하기 때문이다.

「고공기」에 기술된 구리와 주석의 합금 비율은 이런 청동기를 주조하는 데 필요한 경험적 방법을 나타낸 것으로 생각되었다. 그리고 한나라 때의 청동기의 분석 결과는 그것들과 비슷한 합금 비율이 실제로 제조 공정에서 반영되고 있었다고 해석되기도 했다. 두시란(杜石然) 등 6명이 1982년에 편저한 『중국 과학 기술사고(中國科學技術史稿)』는 이것이 합금의 배합 비율에 관한 세계 최고(最古)의 경험 과학적 총괄이라 할 수 있다고 쓰고 있다.

그동안 중국 학자들은 수십 년 동안 청동 합금의 이 배합 비율이 정확히 지켜졌다는 것을 유물의 분석을 통해서 검증하려고 많은 노력을 기울였다. 그러나, 부분적으로밖에는 그 배합 비율이 잘 맞아떨어지지 않은 것이 사실이다. 그리고 중국의 청동기는 구리와 주석 이외에 납이 주요 성분으로 들어 있다. 그래서 「고공기」에 기술된 금의 육제는 청동 합금의 배합 성분비에 대

한 기본을 말한 것이지, 실제 청동기 주조 과정에서 꼭 그대로 지켜지기 어려
웠을 것으로 생각하는 것이 오히려 자연스럽다고 생각된다. 기원전 4~5세기
에 그러한 성분비를 제대로 지킨다는 것은 기술적으로 결코 쉬운 일이 아니
었다. 오히려 그 시기의 금속 기술자들은 자기들의 경험적 기술과 숙련된 주
조 공정에 더 무게를 두었을 것으로 생각된다.

유명한 사모무정(司母戊鼎)을 놓고 보아도 그런 생각이 든다. 1939년에 중
국 안양 시 우관촌(武官村)에서 출토된 이 은나라 때의 거대한 청동 솥은 높
이가 1.33미터, 무게가 875킬로그램이나 되는 굉장한 유물로 세상을 놀라게
했다. 솥 밑에 "사모무(司母戊)"라는 글자가 새겨져 있어서 사모무정이라고 이
름 지었지만, 움직이는 데만 10명이 달려들어야 하는 엄청난 크기에 네발 달
린 네모난 솥이어서, 과연 음식물을 익히는 데 썼을까 하는 생각도 든다. 중
국 학자들이 한 번에 많은 음식물 익히는 데 썼을 것이라고 결론을 내렸으니
그렇다고 보는 것에 큰 무리는 없을 것도 같다. 그러나 중국 학자 중에는 정
말로 솥으로 썼는지, 아니면 다른 용도로 썼는지 사실은 잘 모르겠다고 솔직
하게 말하는 사람들도 있다. 나는 오히려 뭔지 잘 모르겠다는 쪽에 마음이
간다. 실용성보다는 상징성의 의미가 더 큰 그릇이라고 보고 싶다.

그건 그렇고, 그 거대한 청동 솥은 분석 결과, 구리가 84.8퍼센트, 주석이
11.6퍼센트, 납이 2.8퍼센트였다. 그렇다면 「고공기」에 나타난, 솥과 같은 것
을 만드는 청동은 6분의 5가 구리이고 6분의 1이 주석이라는 기술과 꼭 맞
는다고 할 수는 없지만, 비슷하다고 할 수는 있다. 주석이 16.7퍼센트거나
14.3퍼센트로 해석하는 성분 함량과 크게 다르지 않기 때문이다.

그렇게 큰솥을 만들려면 적어도 800킬로그램의 구리를 녹이지 않으면
안 된다. 그 당시에 그런 설비가 있었다는 것도 놀라운 일이다. 그렇게 큰 도
가니를 만든다는 것은 결코 쉬운 일이 아니기 때문이다. 그런 거대한 청동 그
릇은 국가 규모의 조직이 권력의 상징으로 만들어 냈을 것이다. 권력과 부와
기술 그리고 노동력을 일정 수준 이상 축적할 수 있었던 중국에서나 가능한

일이었다. 수많은 인력(人力)을 집중적으로 동원해서 많은 도가니에서 구리와 주석을 녹여 붓는 일을 짧은 시간 안에 해 내야 하므로 기술적으로 여간 숙달되지 않고서는 어려운 작업이었던 것이다.

기원전 9세기와 기원전 7세기 사이에 만들어진 것으로 보이는 몇 개의 거대한 청동기들에 새겨진 명문으로 우리는 이것들을 만드는 데 종사한 금속 기술자들이 수천 명에 이르고 있음을 짐작할 수 있다. (차오위안위(曹元宇)의 『중국화학사화(中國化學史話)』(1979년)에 자세하게 설명되어 있다.) 1970년대 후반에 출토된 서주 시대의 청동기들은 그 크기에서뿐만 아니라 섬세한 세공에서도 매우 뛰어난 기술적 산물이다. 「고공기」가 전국 시대의 저작이라고 생각되고 있지만, 그 내용이 주 시대 초기의 기술과도 이어지고 있다고 한다. 중국의 청동 기술이 기원전 15세기 또는 그 이전에 돌연히 높은 수준에 도달하고 있었다는 차오위안위 같은 중국 기술사 학자들의 주장은 이래서 충분히 설득력을 가지는 게 사실이다.

그렇다면 이 기술이 형성되던 시기나 퍼지고 있던 시기에 이 기술을 가지고 있던 집단이 압록강과 두만강의 북쪽에서 랴오둥 반도에 이르는 넓은 지역에 살던 사람들과 교류하지는 않았을까? 바로 한국 청동기 시대의 사람들이 활동하던 무대 말이다. 여기서 우리는 러시아 학자들의 주장에 유의할 필요가 있다. 1955년에 모스크바에서 출판된 『세계사』에는 크라스크에서 출토된 청동기를 은 시대 말기에서 주 시대 초기의 것이라고 하고, 그 청동기 문화가 중국에서 전래된 것이라고 했었다. 그런데 1974년에 출판된 『역사의 문제』에서는 다른 견해를 보이고 있다. 은 시대의 청동기 문화가 크라스크 문화의 흐름을 이은 것이라는 주장으로 바뀐 것이다. 물론 중국 학자들은 말도 안 되는 주장이라고 반박한다. 그러면서 중국 학자들은 근래에 와서 청동기 시대에 앞서, 아주 짧았지만 순동(純銅)의 시대가 있었을 것이라는 가설을 내세우고 있다. 물론 구리는 합금 가공하지 않으면 물러서 실용성 있는 그릇을 만들기에는 적당하지 않다. 그런데 앞에서 이야기한 것처럼 중국 정주 지역에서 출토된 은 시대 전기의 동기(銅器)에서도 구리 함량이 98퍼센트 이상인 것이 있다는 보고가 있었고, 중국 안양 지역의 출토품 중에서도 구리가 98.55퍼센트 함유된 제품이 있었다고 한다. 이런 것들은 순동 제품이라 할 수 있다. 또 주석 덩어리나 주석 제품도 발견되고 있어 순주석 제품의 존재도 생각할 수 있다고 한다. 따라서 순동 시대라는 아이디어가 허황된 것만은 아닐 것이다. (차오위안위의 앞을 책을 참조하면 좋다.)

중국계 일본 학자 시마오 나가야스(島尾永康)는 그의 『중국 화학사(中國化學史)』(1995년) 64쪽에서 중국 청동 기술의 기원에 대해 이렇게 쓰고 있다.

> 고고학의 획기적인 안양 지역 은허(殷墟)의 발굴로 한 고대 문명의 실재가 밝혀졌다. 고도로 발달한 청동기가 한꺼번에 출토됐지만 그 이전의 초보적인 단계의 청동기가 전혀 알려지지 않았기 때문에 중국의 청동 기술이 외래의 것이 아닌가 보이기도 했다. 여기에는 청동의 발생지로 보이는 중앙아시아의 청동이 압도적으로 오래고, 세계에는 청동의 발생지는 오직 하나밖에는 있을 수 없다는 전제가 있었다. 그러나 외래설이나 전파설을 뒷받침하는 충분한 증거는 아직 없다.

이에 대해서, 청동은 중국 고유의 기술이라는 중국 학자의 강한 주장도 완전히 증명된 것도 아니다. 최근의 고고학적 발견으로, 성숙된 안양 이전의, 조금 초보적인 청동기도 알려지게 되었다. 아주 원시적인 단계로부터의 완전한 발달 계열은 아직 알려지고 있지 않지만, 중국의 청동 기술에 중앙아시아나 서방에는 없는 독자적인 기법이 있다는 것은 차츰 분명해졌다.

이 독자성에서 중국의 청동 기술은 독립적으로 발달했다는 견해가 중국 이외의 학자들로부터도 나오기 시작했다. 연대적으로 빠르거나 늦거나의 차이는 있다손 치더라도 세계에는 복수의 독립된 발생지가 있을 수 있다는 것이 된다.

청동기의 주조 기술과 거푸집 문제

청동기를 만들 때, 그 기술에는 몇 가지 중요한 단계가 있다. 광석을 캐서 골라내는 작업 다음으로 그것을 녹이는 기술에서 도가니의 중요성은 이미 말했다. 그 도가니는 초기의 토기 제작 기술과 이어진다. 섭씨 1,000도 이상 으로 광석을 가열하여 녹일 때에 잘 견디는 튼튼하고 다루기 쉬운 토기를 만 드는 일과 그 도가니를 설치하여 숯불을 고열로 올려 유지하는 기술과 시설 또한 중요하다. 초기의 토기들이 밑이 뾰족하게 생긴 것은 이런 문제와도 관 련이 있을 것 같다. 그다음에, 녹인 구리와 주석, 납을 부어내는 기술, 즉 주 조 기술은 특히 중요하다. 거푸집을 잘 만들어야 좋은 청동기를 만들 수 있 는데, 그 좋은 거푸집을 만드는 기술 또한 중요하다. 중국에서는 처음에 진흙 으로 거푸집을 만들어 쓰는 기술이 주류를 이루고 있었다. 출토품들은 그것 을 말해 주고 있다. 상 시대의 주조 기술은, 그 정교함과 창조적 아이디어로 높은 수준에 도달하고 있었다. 그다음 단계에 나타난 것이 모래 거푸집(砂鑄型)에 의한 주조 기술이었다.

그릇을 부어 만드는 공정은 다음과 같다. 먼저 진흙으로 본을 만들고 무 늬를 조각한다. 그 본(모형)을 진흙에 눌러서 진흙 바깥틀(外范)을 만든다. 모 형을 얇게 깎아내서 진흙 안틀(內范)을 만든다. 진흙 틀을 자연 건조해서 높 은 온도에서 구이내고 반듯하게 다듬는다. 진흙 틀과 진흙 안틀을 맞추고 그 위를 진흙으로 바른다. 용융된 청동액을 흘려 넣고 식을 때까지 기다린다. 진흙 거푸집 틀을 뜯어 갈라내고 부어 만든 제품을 꺼내서 다듬는다. 그리 고는 끝마무리 작업을 한다. 흠집을 수정하고 꼼꼼한 솜씨로 마감한다.

이런 거푸집 기술 공정은 주로 의기(儀器)나 예기(禮器)라고 불린 그릇을 부 어 만들 때 하던 것이다. 이런 공정은 중국뿐만 아니고 한국과 중앙아시아를 중심으로 한 다른 지역에서도 거의 같았다. 신기한 일이다. 고대 기술이 도달 할 수 있는 마지막 단계는 결국 비슷한 것이다. 인간의 슬기와 솜씨로 이루어

지는 기술이 숙련되면서 그 산물들 사이에 공통점이 생긴다는 사실을 우리
는 기술의 역사에서 자주 만나게 된다. 여러 나라의 기술 유물을 비교하다
보면 독립적으로 이루어지고 발전된 기술이라고 보기에는 너무도 닮은 제작
솜씨를 어떻게 해석해야 할지 망설일 때가 한두 번이 아니다. 그래서 자꾸 되
짚어 보게 되는 것이 '교류'와 '영향' 문제인 것이다.

중국에서는 초기에 청동기를 부어 만들 때 주로 진흙 거푸집과 모래 거푸
집을 썼다. 그런데 한국인의 기술은 조금 달랐다. 진흙 거푸집과 돌 거푸집
그리고 뻘흙(해감 모래) 거푸집과 밀랍 거푸집을 썼다. 특히 돌 거푸집의 기술
은 중국과는 다른 양상이라 주목된다.

한국의 고대 거푸집에는 돌로 만들어진 것들이 유난히 많다. 지금까지 한
반도에서 발견된 거푸집은 30여 개인데, 그중에서 진흙 거푸집으로 확인된
것은 경주 황성동의 삼국 시대 유적에서 발견된 3~4세기의 쇠도끼와 쇠막
대 거푸집뿐이다. 그리고 3개는 확실치 않은 것이며 나머지는 모두 돌 거푸
집이다. 1996년에 나온 국립중앙박물관의 안내 도록 해설에 따르면, 돌 거
푸집은 활석(滑石), 곧 곱돌로 만든 것이 대부분이고, 몇 개는 편암(片岩)처럼
보인다. 한국의 청동 기술자들이 거푸집을 만드는 데 곱돌을 주로 쓴 것은,
곱돌이 다른 돌보다 연해서 무늬가 복잡하지 않고 단순한 청동기의 거푸집
을 깨끗하고 쉽게 새길 수 있었던 기술적인 이유를 첫째로 꼽을 수 있을 것이
다. 게다가 곱돌은 한국에서 가장 많이 산출되는 석재이기 때문에 고대 청
동 기술자들이 쉽게 쓸 수 있기도 했다.

13세기 고려 청동 활자와 조선 시대 청동 활자들이 모두 뻘흙 거푸집으로
만들어졌으므로, 뻘흙 거푸집도 청동기 시대부터 쓰였을 것이지만, 유물로
남아 있는 것이 없다. 뻘흙은 곱돌과 함께 섬세한 주조물을 만들어 내는 데
아주 좋은 거푸집의 소재로 한국의 금속 기술자들이 개발한 것으로 보인다.
또 밀랍으로 만든 거푸집이 있다. 꿀찌끼를 굳혀 조각을 하면 아주 섬세한
무늬나 선을 잘 나타낼 수 있다. 그러나 밀랍 거푸집이 청동기 시대나 철기 시

대에 쓰였는지는 아직 확인되고 있지 않다. 중국에서는 춘추 전국 시대(기원전 7세기경)에 이 기술이 출현한 것으로 알려지고 있다. 한국의 청동기 시대 유물 중에서 가장 섬세하고 정밀한 잔줄무늬 청동 거울이 밀랍 거푸집으로 만들어졌을 것이라고 여겨지나, 아직 과학적 검사를 통해 확인되지는 않았다.

거푸집의 과학은 청동 기술과 철 기술의 연구에서 매우 중요한 과제이다. 그러나 우리나라에서는 고고학과 미술사의 영역에서 발굴 보고나 출토된 사실을 확인하는 정도에 머무르고 있을 뿐이다. 유물로서의 중요한 가치가 일부 인정되고 있지만, 그 과학적 검사는 아직 이루어지고 있지 않다. 기술 고고학적 연구가 거의 없기 때문이다. 1992년에 국립중앙박물관과 국립광주박물관에서 열린 한국의 청동기 문화 특별전은 우리나라에서 출토된 거푸집들을 거의 모두 모아 전시해서 그 중요성을 일깨워 주었다는 점에서 의의가 컸다. 그 도록은 한국의 청동기 기술 연구에 중요한 학문적 자료가 되고 있다. 청동기의 제작 기술을 따로 다루고 있는 것도 크게 돋보인다. 이건무의 논고에서 한국 청동기의 제작 기술을 쓴 부분은, 중견 고고학자가 우리에게 제시한 하나의 길잡이(이정표)로서 한국 기술 고고학 연구의 한 초석이 되었다. 거푸집의 중요성을 일깨우는 데 크게 기여한 것이다. 그러나 그 후 사반세기 넘는 세월이 흘렀지만, 거푸집과 청동기의 주조 기술에 관한 과학적 조사는 시작되지 않고 있다. 거푸집의 과학은 청동 합금의 과학 기술과 함께 청동기 제작 기술의 두 기둥이다. 그렇기 때문에 고대 한국의 청동 기술을 이해하는 데 합금의 기술과 거푸집의 기술이 중국과는 다른 모습으로 형성되고 전개되고 있었다는 사실은 반드시 짚고 넘어가야 할 매우 중요한 문제이다.

일반적으로 말할 때, 중국 청동기는 주로 진흙 거푸집으로 부어 만들었고, 한국의 청동기는 돌 거푸집으로 부어 만든 것이 많았다. 중국의 과학 기술사 학자들은, 진흙 거푸집은 모래 거푸집이 쓰이기 이전에는 일관되게 중국의 가장 주요한 주조 거푸집이었다고 말하고 있다. (1982년에 나온 중국 과학 기술사고』를 참조하라.) 물론 돌 거푸집도 쓰였다. 시마오의『중국 화학사』에 따르면 상대 말기의 유적에서는 돌 거푸집 300여 개와 돌 거푸집으로 부어 만든 공구와 무기가 발견되었다. 돌 거푸집은 높은 온도에서 잘 견디고, 한 번 만들면 여러 번 거듭해서 쓸 수 있는 좋은 거푸집이었다. 그러나 그릇을 만들거나 복잡한 무늬를 새겨 넣은 청동기를 만들기는 어려운 거푸집이다.

한국 청동기의 거푸집이 돌과 뻘흙을 주로 써서 만들어졌고 중국 거푸집이 진흙을 주로 써서 만들어진 것은 청동 기술의 계통과 연결시켜 생각할 수 있다. 그러나 그것만으로는 설명이 다 되지 않는다. 어떤 청동기를 만드는가에 따라서도 달라질 수 있기 때문이다. 중국의 청동기는 커다란 제기와 향로 그리고 식기와 술그릇(酒器)들, 즉 예기(禮器)가 많이 만들어졌다. 그것들은 진흙 거푸집이나 모래 거푸집으로 부어 만드는 것이 기술적으로 효율적이다. 같은 것을 여러 벌 만들지 않았기 때문에 더욱 그랬다. 그러나 중국 청동 기술자들은 청동 거울과 같이 평면적이고 무늬가 그렇게 복잡하지 않은 주조물도 주로 진흙 거푸집을 써서 만들었다. 그런데 한국의 청동 기술자들은 중국 기술자들과 달리 커다란 제기와 향로, 식기와 술그릇을 별로 만들지 않았다. 평면적인 청동기가 대부분이어서도 그랬지만, 무늬가 비교적 복잡한 것도 돌 거푸집으로 만들었다. 중국에서 돌 거푸집이 비교적 많이 발견되는 지역에 내몽고와 랴오닝, 윈난 지방이 포함되고 있다는 점도 우리의 눈길을 끈다. 내몽고와 랴오닝은 비파형 청동 검의 기술로 한국의 청동 기술과 이어지는 곳이다. 서양에서도 돌 거푸집의 기술이 먼저 전개되고 진흙 거푸집은 뒤에 나타났다.

또 한국에서는 기원전 5~4세기 무렵, 뻘흙 거푸집의 기술이 나타났다. 잔줄무늬 청동 거울의 주조 기술이 뻘흙 거푸집과 이어진다고 생각할 수 있기 때문이다. 뻘흙의 미세한 알갱이는 요새 많이 쓰이는 실리콘 거푸집에 맞먹는 섬세한 주물 뜨기를 가능케 한다. 뻘흙 거푸집으로 밀랍 거푸집과 거의 같은 주물을 부어 낼 수 있었을 것이다. 나카구치 히로시가 『실험 고고학(實驗考古學)』에서 주장한 대로 잔줄무늬 청동 거울을 진흙 거푸집으로 부어 낼 수 있었다는 실험 보고가 맞는다면, 뻘흙은 진흙보다 훨씬 더 기술적으로 좋은 거푸집 재료가 될 수 있기 때문이다.

그러나 최주는 진흙 거푸집으로 잔줄무늬 청동 거울을 만드는 실험에 성공했다는 나카구치의 주장에 부정적이다. 그는 원의 높이가 겨우 0.06~0.08밀리미터이며, 두 원 사이의 간격이 0.7~0.76밀리미터이고, 삼각무늬의 선 높이는 0.04~0.06밀리미터고 그 간격이 0.3~0.34밀리미터에 불과하다는 이유를 내세워 "다뉴세문경을 이범(泥范, 진흙 거푸집)으로 복원할 수 있다는 말은 이런 치밀하고 정교한 거울에는 해당되지 않는다."라고 주장했다. 그리고 그는 "그 시기에 만든 전남 출토로 전해지는 동령도 과학적으로 조사한 결과 밀랍법으로 주조된 것으로 밝혀졌다."라고 했다. 이 문제는 앞으로의 더 깊이 있는 실험적 검증이 있어야 그 어떤 결론에 도달할 수 있을 것이다. 다만 20센티미터 지름의 원의 공간에 1만 3000개가 넘는 선을 0.3밀리미터 간격으로 새겨 놓은 청동 거울을 보면서 얼른 생각되는 것이 밀랍 거푸집의 기술이다. 그러나 곧바로 따라붙는 것이 과연 밀랍 거푸집으로 그 많은 선을 조금의 흐트러짐도 없이 부어 만들 수 있을까 하는 의문이다. 거기에 나카구치의 실험 보고는 설득력이 있었다.

나카구치의 보고는 여러 차례의 실험적 주조 과정과 거듭된 기술 고고학적 연구를 바탕으로 해서 얻은 결론이다. 그리고 그는 자신이 진흙 거푸집을 이용해 만든 잔줄무늬 청동 거울을 공개했다. 그런데 최주는 그런 실험적 제작 과정을 분명히 하지 않은 채 밀랍 거푸집에 의한 주조라는 주장을 하는 것이다. 금속 공학자로서 그의 오랜 경륜과 연구 경험을 종합해서 도달한 추론이겠지만, 보다 구체적인 연구와 조사가 있어야 할 것이다. 그렇다면 뻘흙 거푸집이어서는 안 되고 밀랍 거푸집이어야 한다는 확실한 실험적 사실이 제시되지 않는 한, 밀랍 거푸집이라고만 단정할 필요가 없을 것 같다.

지금 우리가 실험해 볼 필요가 있는 방법이 있다. 그것이 뻘흙 거푸집 방법이다. 조선 초, 계미자에서 갑인자에 이르는 청동 활자 주조 방법은 확실히 뻘흙 거푸집에 의한 것이라고 생각할 수 있다. 그렇다면 그 때의 청동 기술 자들의 방법은 의심할 여지없이 고려 시대의 공장(工匠)들이 쓰던 청동 활자 주조법이었을 것이다. 나는 1970년에 쓴 논문 「청동 활자 인쇄술의 발명, 그 기술사적 배경」에서 고려의 기술자들이 청동 활자 인쇄 기술을 개발해 낸 것은 청동 활자의 거푸집 기술을 발명하고 청동 활자 인쇄에 알맞은 먹과 종 이의 제조 기술이 있었기 때문이라는 사실을 말했다. 그중에서 뻘흙 거푸집 의 개발은 핵심 기술이었다는 것이 내 주장이었다.

논의의 초점은 이 부분에서 찾을 수 있다. 그런 측면에서 조선 초 청동 활 자 인쇄 기술의 가장 핵심적인 부분에 대해서 말하고 있는 성현(成俔)의 『용 재총화』에 있는 짧은 문장에 주목해야 한다. 거기에는 이렇게 씌어 있다.

주자(鑄字)하는 법을 설명해 본다. 먼저 황양목(黃楊木)에 글자를 새기 고 해포연니(海浦軟泥)를 인판(印板)에 평평하게 펴고 목각자(木刻子)를 그 고운 모래에 찍으면 눌려진 오목(凹)한 곳에 글자가 새겨진다. 그리고 두 인 판(印板)을 합한 뒤 용동(鎔銅)을 구멍을 통해 부어 주면 유액(流液)이 오목 한 곳에 흘러 들어가서 한 자 한 자가 완성된다. 이리하여 겹치고 덧붙은 것 을 깎아 새겨 정리했다.

고려 후기와 조선 초기에 해포연니, 다시 말해 뻘흙 거푸집을 이용해 완성 도 높은 청동 활자를 부어 만드는 기술이 발전했다는 사실은 한국인이 오랫 동안 청동기 주조 기술을 독자적으로, 창조적으로 발전시켜 왔음을 보여 주 는 생생한 증거이다. 이것은 주목할 만한 창조적 발명이다. 성현이 15세기에 쓴 『용재총화』의 기록은 이래서 매우 중요한 자료인 것이다. 고려의 금속 기 술자가 발명한 청동 활자 거푸집 기술이 그저 진흙 거푸집을 사용한 것이 아 니고 뻘흙 거푸집을 사용한 것이었다는 성현의 증언은 기술적으로도 검증 가능한 것이기 때문이다. 최근에 고려 청동 활자를 재현하여 닥종이에 찍어 낸 다음 책을 만드는 데 성공했는데, 작은 글자의 섬세한 획을 선명하게 드러내야 하는 청동 활자를 만드는 데 안성맞춤인 거푸집의 소재가 뻘흙임을 다시 한번 확인할 수 있었다. 여말선초의 금속 장인들은 이 신기술을 고대로부터 전승된 기술에서 찾아냈을 것이다.

중국의 청동 기술자들이 진흙 거푸집을 주로 쓰고 있는 동안에, 한국의 청동 기술자들은 돌 거푸집과 뻘흙 거푸집을 함께 쓰고 있었다. 뻘흙 거푸집은 진흙과 모래 거푸집의 테두리 안에 드는 것이지만, 확실히 그 특색이 인정된다. 한국의 고대 금속 기술자들은 한국의 바닷가에서 쉽게 얻을 수 있는 뻘흙의 미세한 가루에 주목한 것이다. 그것은 기막힌 발견이었다.

이런 생각을 바탕에 깔고 숭실대 박물관 소장의 잔줄무늬 청동 거울을 제작한 거푸집이 무엇이었는가를 추론해 보면, 나카구치가 말한 진흙 거푸집이 뻘흙 거푸집과 같은 것일 수 있다는 가설이 훨씬 설득력 있게 다가온다.

계속되는 고민과 헷갈림

2000년 8월에 나는 중국 청동 기술이 시작된 유적들이 있는 지역을 답사했다. 홍콩에서 열린 제1차 국제 중국 과학사 회의에 참석하고 싱타이(邢台)에서 열린 곽수경(郭守敬) 탄신 900주년 기념 국제 학술 대회 개회식에서 축사를 하러 가는 길에 뤄양과 정조우, 안양 등을 답사했다. 박물관에는 수많은 고대 청동기 유물들로 꽉 차 있었다. 1970년대 초 대만의 고궁 박물원에 처음 들렀을 때의 놀라움을 또 한번 겪은 것이다. 기원전 18~8세기 상과 서주 시기의 청동기 걸작들이 널려 있기 때문이다. 고궁 박물원에서 그 엄청나게 많은 청동기들을 보고 중국 고대의 청동기들이 모두 여기 왔으리라고 생각했던 때가 생각난다.

그러나 2002년 상하이에서 열린 제14차 국제 동아시아 과학사 회의에 참석하면서 가 본 상하이 박물관의 청동기들은 나를 혼란에 빠뜨렸다. 400점에 이르는 중국 고대의 청동기들이 1층의 중국 고대 청동관 넓은 전시실에 훌륭하게 전시되어 있었기 때문이다. 세계적으로 널리 알려진 유물들이 즐비했고, 그것들은 중국 청동 기술의 최고 수준을 보여 주는 것들이었다. 우리와 같은 과학 기술사 학자들에게는 청동기를 부어 만드는 기술의 과정을 친절하게 설명해 주는 전시도 돋보였다. 상하이 박물관의 청동기들은 베이징이나 타이완의 고궁 박물원 소장품들보다 그 질과 양에서 더 훌륭하다고 한다.

기원전 20세기 무렵에 이런 고도의 청동 기술이 돌연히 나타나고 있다는 사실 앞에서 나의 머릿속은 그저 혼란스럽기만 했다. 이해가 잘 안 되는 것이다. 그런데 평양 학자들은 중국의 이 거대한 청동기들이 만들어지기 전에, 비파형 청동 검의 경우 기원전 26세기 이전에 형성되고 발전했다고 주장한다. 중국의 청동기 기술의 형성과 전개를 어떻게 설명해야 할지, 내가 안고 풀지 못하고 있는 이 숙제는 내 고민을 더 크게 할 뿐이었다. 그 거대한 중국 고대 문명의 유산 앞에서 한동안 나는 그저 맥이 풀려 있었다.

글 쓰는 작업도 한동안 중단되었다. 진도가 잘 나가지 않았던 것이다. 그러다 다시 쓰기 시작한 것은 나름대로 생각이 정리되었기 때문이다. 물론 그어떤 해답도 아직 도출해 내지 못했다. 할 수가 없었다. 그 자체를 해답으로 내 놓기로 한 것이다. 여기에는 김영식 교수와 상하이 박물관에서 가진 짧은 의견 교환이 크게 작용했다. 있는 그대로 사실 그대로를 쓴다는 서술 방법이다. 그런데도 과연 이래도 되겠는가를 되씹게 된다. 평양 학자들의 주장과 서울 학자들의 주장 사이에서 납득할 만한, 또는 학문적으로 가능한 가설이라도 세우는 것이 내가 할 일의 하나가 아닌지. 그 큰 골을 누가 어떻게 메울 것인지를 전망이라도 해 놓아야 하지 않을까. 김영식 교수의 의견은, 그 일을 내가 해내야 하겠다는 미련을 떨쳐 버리라는 충고일지도 모른다. 거기서 자유로워지니까 이렇게 다시 내 생각을 정리해 나갈 수 있지 않은가. 역설적인 이 현실 문제를 나는 겸허히 받아들여야 한다. 잘 알지 못하는 역사적 사실을 앞에 놓고 그럴듯하게 핵심의 언저리에서 맴돌지 말고, 사실대로 쓰는 태도도 중요하지 않을까 생각하는 것이다.

이제 또 최주의 연구를 되돌아보아야겠다. 앞에서도 말했지만, 『한국사』 2권에 쓴 그의 글은 그의 청동 기술 연구를 잘 정리한 것이다. 한마디로 그의 생각은 매우 보수적이다. 그리고 그의 연구는 평양 학자들의 연구에 회의적인 생각을 바탕에 깔고 있다. 또 하나 그는 분석 자료가 우리나라 남쪽 지역에서 출토된 청동기가 대부분이라는 한계를 극복하지 못한 채 결론을 이끌어 냈다. 이런 것들이 탁월한 학자였던 그의 발목을 잡았다. 이런 약점에도 불구하고 그의 성실한 연구 성과는 우리 국사학계에 적지 않은 영향을 미친 것이 사실이다. 그래서 최주의 논문에 담긴 생각과 주장은 유의해야 할 점이 적지 않다.

먼저, 최주는 청동기를 부어 만드는 거푸집의 기술에서 밀랍 주조법에 대한 그 나름의 주장을 펴고 있다. 그는 몇 가지 청동기의 금속학적 실험을 통해서, 숭실대학교 박물관 소장 잔줄무늬 청동 거울(국보 141호)이 밀랍 거푸집으로 부어 만들었다고, 했다. 그런데 그는 그 청동 거울이 기원전 4세기와 기원전 1세기 사이에 만들어졌다고 보고, 비슷한 시기에 만든 전남 출토로 전해지는 청동 방울(동령)도 "과학적으로 조사한 결과 밀랍법으로 주조된 것으로 밝혀졌다."라고 했다. 그래서 그는 "우리나라에서는 청동기 후기에 밀랍을 사용했다."라고 주장했다.

다음은 아연-청동 합금 제조에 대한 최주의 부정적인 견해를 들 수 있다. 그는 황해도 봉산군 송산리 출토의 잔줄무늬 청동 거울에 아연이 7.36퍼센트, 도끼에 24.50퍼센트, 나진 초도의 치레걸이에는 13.70퍼센트 함유되어 있다고 분석 보고한 최상준의 논문을 근거로 아연-청동 합금이 제조된 사실은 인정하면서도, "이런 아연의 첨가는 의도적인 것이 아니고, 능아연석에 의한 우발적인 첨가로 보인다."라고 하고, "특히 우리나라의 방연광에는 예외 없이 아연이 공존되어 있어서 아연 3퍼센트 미만은 불순물로 첨가될 수 있으며, 청동에 큰 영향을 미치지 못한다."라고 결론짓고 있다.

그런데 그는 섞인 아연을 불순물로 판단하는 기준을 왜 3퍼센트로 했는지에 대해서는 쓰지 않았다. 『동국여지승람』에 황해도 봉산군에서 산출되는 광물로 노감석을 들고 있고, 황동을 제조할 때 노감석을 합금 원료로 썼다는 사실은 이규경이 『오주서종박물고변』에 밝히고 있으므로, 봉산군에서 출토된 청동기에 아연이 섞여 있는 것은 황동과 같은 합금을 만들기 위해서 의도적으로 첨가했다고 봐도 무리가 없을 것이다. 앞으로 더 많은 분석 데이터가 축적되어 보다 확실한 결론에 도달하기를 기대한다.

최주와, 또 한 사람 그동안 우리나라 청동 기술에 대한 분석 연구를 해 온 고고 화학자가 있다. 강형태 박사다. 그는 보존 과학자이기도 한데, 지난 15년 동안 많은 기술 고고학적 논문들을 발표해 왔다. 1998년에 한국상고사학회에서 간행된 『고고학 연구 방법론: 자연 과학의 응용』(최몽룡, 최성락, 신숙정 편저)에 실린 논문 「고대 청동기 분석법」에서 한국 청동 기술의 가장 큰 쟁점에 대해서 이렇게 쓰고 있다.

　한국의 청동기 시대는 기원전 1000년 또는 기원전 700년, 북한에서는 기원전 2000년 등의 여러 학설이 있으나 대략 기원전 1000년으로 보고 있다. 그런데 이 청동기 문화가 어느 지역을 배경으로 어떻게 유입되었으며, 어떠한 경로를 통해 확산되었는지는 아직도 학자 간에 일치된 의견이 없다. 우리나라 청동기의 원류가 중국 계통인지 또는 스키타이-시베리아 계통인지의 논란이 있으며 또 우리나라 청동기에 독특하게 나타나는 아연 성분이 우발적으로 첨가된 것인지 아니면 의도적으로 첨가한 것인지에 대한 문제도 현재로서는 이견이 있다.

그리고 그는 "우리나라 청동기의 문화적 배경을 연구하기 위해서는 고고학적인 자료와 문헌을 활용하고 이와 함께 자연 과학적인 데이터를 충분히 활용하는 종합적인 연구가 이루어져야 한다."라고 강조하고 있다. 기술 고고학적 과제를 제시하고 있는 것이다.

아연 청동에 대해서 그는 함평 초포리 청동기 유적에서 발굴된 26점의 청동기 분석 결과를 보고하면서 이렇게 쓰고 있다.

> 또 여기서 주의 깊게 관찰해야 할 것은 아연의 첨가이다. 한 유적에서 5점이나 되는 청동기에 함량이 높은 아연이 포함되어 있다는 것은 우리나라 청동기의 독특한 점을 반영한다고 할 수 있다. 아연은 섭씨 420도에서 용해되며 섭씨 950도에서 끓어 증기로 되어 버리고, 구리는 섭씨 1,080도의 고온에서 용해되므로 황동의 주조는 고도의 합금 기술이 요구된다. 고대에 아연을 언제부터 사용했는지는 정확히 알 수 없으나, 이북의 청동기 유적에서도 아연을 첨가한 청동 유물이 발견되고 있다.

다른 문화와 기술에 대해서는 독자적인 생성과 전개를 인정하면서, 우리 문화와 기술에 대해서는 그런 생각을 가지는 데 소극적인 이유를 우리 스스로 납득할 만큼 정립해야 한다는 것이다. 한국어가 우랄·알타이 어 계에 속하는 말이라 한다. 그 우랄 산맥의 주변과 알타이 지역에서 유럽의 청동 기술이 형성되고 전개되었다는 사실이 우리의 청동 기술과는 이어지지 않는지도 확인할 필요가 있다. 지금의 중국 동북 지방, 옛 고구려인의 역사의 무대였던 저 광활한 지역이 중국과 한국 청동기 문화 형성의 풀(pool)과도 같은 역할을 한 시기가 있었는지도 다시 한번 파헤쳐 볼 필요가 없는지 모르겠다.

동아시아 청동기 문화에서 한국의 청동기 문화의 자리매김을 보다 선명하게 하려는 시도는 결코 만족스러운 상태에서 전개되고 있다고 할 수가 없다. 앞에서 되풀이 강조한 것처럼, 한국 청동기인의 기술, 비파형 청동기를 만들어 낸 기술과 고인돌 문화와 기술을 만들어 낸 그 독특한 문화와 기술을 보는 눈이 너무 좁은 시야에 머무르고 있는 사실을 우리는 솔직하게 인정해야 한다. 그리고 20세기의 틀에서 벗어나야 한다. 중국 학자들의 연구와 평양 학자들의 연구를 뜬구름 잡는 일 같다고 평가하는 것은, 우리도 모르는 사이에 우리 생각의 밑바탕에 자리 잡은 낡은 고정 관념 탓은 아닌지 냉철하게 반성해 볼 때가 온 것이다.

청동 기술의 시작을 기원전 10세기 이전으로 올려 보면 안 되는지를 진지하게 재검토할 때가 되었다. 한국의 신석기인과 청동기인이 어떻게 이어졌는지를 다시 한번 정리해 보는 일은 한국 청동 기술의 시작과 관련해서 우리에게 주어진 과제의 하나다. 밖에서 흘러 들어온 문화와 기술의 영향을 찾는 시야의 틀에서, 토착 문화와 기술의 발전이라는 시야로 바라보며 초점을 맞춰 보려는 시도도 있어야 할 것으로 생각된다.

이제 우리는 한국의 청동 기술에 얽힌 문제들이 무엇인지 알게 되었다. 그 주장과 학설이 어떻게 다른지도 알게 되었다. 그리고 그 문제들을 해결하려면 무엇을 어떻게 해야 할 것인지도 짐작할 수 있게 되었다. 그런데 그 전망은 밝아 보이지 않는다. 서로의 주장의 골이 너무 깊고 해야 할 일이 엄청나게 많기 때문이다. 그러나 이 문제들은 반드시 해명되어야 할, 우리 역사 연구의 중요한 과제이다.

기술 고고학적 연구에 의한 해명이 있을 때까지 이 고민과 헷갈림은 계속될 것이다. 평양 학자들의 연구 결과에 따른 역사 해석이 서울 학자들의 견해와 큰 거리가 있고, 또 지금까지의 고고학 관련 연구 성과와도 맞지 않는 문제를 어떻게 할 것인가에서 벽에 부딪치게 되기 때문이다. 꼭지가 2개(또는 3개) 달린 청동 거울(다뉴동경)의 기원 문제도 그렇다. 이형구, 심봉근 등은 그 기원을 굵은 줄무늬 거울과 잔줄무늬 거울의 기하 무늬 양식을 중국의 은허에서 출토된 기원전 14세기부터 13세기의 기하 무늬 동경과 연결시켜 "시베리아의 북방 초원 문화에서 찾을 것이 아니라, 마땅히 은대 문화에서 유래되었다고 보아야 할 것"이라고 주장했다. 그리고 우리나라 청동기 문화의 특징적인 동물 문양은 중국 은대(상대)와 서주 시대 초기의 청동기 장식에 나타나는 동물 문양 그리고 서주 내지 춘추 시대와 한대의 호랑이 조각 장식과 밀접한 관련을 맺고 있음이 확인된다고 했다. 우리나라 청동 기술의 시작을 중국 청동기 문화와 연결시키고 있는 것이다.

그러니까 우리나라 청동 기술의 기원과 관련해서는 북방 시베리아 지역의 청동기 문화 또는 중국의 청동기 문화가 흘러 들어와서 시작되었다는, 이른바 기술의 수용에서 찾는 학설이 있고, 옛 고조선의 넓은 영역, 즉 한반도의 북부 지방에서 활동하던 사람들의 자생적 기술이라고 보는 학설로 정리되는 셈이다. 내 생각에 북방 시베리아, 중국, 한반도 북부 하는 식으로 세 갈래로 나뉘고 있는 학설과 주장은 제각기 그 나름의 이론이 서 있어서 이견을 쉽게 좁히기는 어려울 것 같다. 한국 과학 문화재 연구의 기술 고고학적 접근을 내가 강조하는 이유의 하나가 여기에 있는 것이다. 청동 거울의 문제만이 아니고 청동 검의 문제도 같이 산뜻하게 설명할 수 있는 이론이 절실하게 요구된다.

우리나라 청동기 문화와 청동 기술의 모습을 보면서 또 하나 제기되는 중요한 과제가 있다. 고인돌 문제다. 앞에서도 말한 것처럼, 이 문제는 1990년대 후반 이후 급속히 부각되고 있다. 한반도 남쪽에서 고인돌의 존재가 계속 확인되고 있는 것이다. 그것도, 상상하게 어려우리만치 많은 고인돌 유적들이 보고되고 있다. 그동안 고인돌에 주목하여 자료를 찾아보고 현지 답사를 하면서 나는 적지 않게 혼란에 빠져들었다. 동아시아에서 중국이나 일본에서는 드물게 발견되는 고인돌이 한국에서 3만여 기가 알려지고 있고, 그중에서 전남 지방에 2만여 기나 밀집되어 있다는 사실은 놀라운 일이다.

고창 지역에서는 2,000기가 넘는 고인돌의 수에 놀랐고, 여수 지역에 갔을 때에는 율촌 산수리 왕바위재의 거대한 고인돌에 놀랐다. 가로×세로가 8.6×5.8미터나 되고 높이가 2.1미터나 되는 거대한 덮개돌이다. 율촌면에는 142기의 고인돌이 알려져 있고, 여수 지역 전체로는 1,478기의 고인돌이 널려 있다고 한다. 그리고 여수 지역에서는 지금도 빌딩 기초 공사 때 고인돌의 유물로 보이는 커다란 바위가 발견되고 있다고 한다. 나는 그 지역을 답사하면서 어떻게 이 넓지 않은 지역, 지금은 마을도 별로 크지 않은 곳에 이토록 많은 거대한 바위들이 밀집해 있을까, 쉽게 이해가 되지 않았다. 율촌, 즉 밤나무골은 왕바위골이라고도 한다. 다 고인돌과 관련이 있는 고장 이름이다.

동아시아 세 나라 중에서 고대 한국인의 문명권에만 고인돌이 집중적으로 남아 있다는 사실은, 고대 한반도 청동기 문화의 몇 가지 특성과 함께 우리에게 새롭고 트인 사고와 시각을 요구하고 있다. 솔직히 말해서 평양 학자들은 너무 급진적이고, 서울 학자들은 너무 보수적이다. 둘 다 선배들의 사고 틀에서 벗어나지 못하고 있다는 생각이 든다. 한국 고대인의 고인돌 문화는 분명히 비파형 청동 검, 꼭지가 둘 달린 줄무늬 청동 거울 그리고 아연-청동의 합금 기술 등 중국의 청동기 문화와는 다른 흐름에서 생겨나고 발전했다. 중국의 과학 문명이 중국인에 의하여 독자적으로 형성되었다는 사실에 이의를 제기하는 사람은 이제 거의 없다. 그렇다고 한국의 청동기 문화가 꼭 중국의 영향을 받아서 형성되었다고 봐야만 할까? 물론 그렇게 본다고 해도 무리 없는 무난한 이론을 전개할 수는 있다. 한국 청동기 시대의 여러 가지 특색 있는 기술을 산뜻하게 설명하는 데 한계가 있다.

그래서 나는 지금 우리가 가진 연구 성과만 가지고 서둘러 결론 짓지 말자는 제안을 하고 싶다. 당장 무리해서 문제를 다 풀려 하지 말고, 몇 가지 가능한 가설을 세워 두고 앞날의 더 깊고 넓은 연구 성과를 기다리는 게 낫지 않을까 생각하게 된다. 남북이 분단되어 학문적인 교류마저도 제대로 하지 못하고 있는 상태에서 우리의 역사를 온전하게 인식하는 데에는 한계가 있다. 그 한계를 인정하고 앞날의 밑거름으로 삼자는 것이다. 이것이 나의 가장 큰 고민에서 토해 낸 제언이다.

고대 한국인의 우주와 세계를 그린 최고의 역사 자료인 울산의 거대한 바위 그림. 그리고 한반도에 너무나 많이 남아 있는 상상하기 어려울 정도로 큰 고인돌들. 지름 20센티미터 크기의 원의 공간에 1만 3000개가 넘는 직선들과 동심원을 뛰어난 미적 감각으로 디자인해서 청동으로 부어낸 두 꼭지 청동 거울. 그리고 너무나 세련된 선의 흐름을 거푸집으로 부어 만든 비파 모양 청동 검, 그 아름다운 빛깔과 포근함을 안겨 주는 선의 자태를 자랑하는 붉은간토기, 삼국 시대를 거쳐 통일 신라와 고려, 조선으로 이어진 한국적이고, 창조적인 기술의 빼어난 보배들이다. 이 유물들이 주는 시공을 뛰어넘는 충격은 한국의 과학 문화재를 찾아 40년이 넘는 세월을 힘들게 달려온 나에게 차라리 깨끗한 우물의 생명수를 마셨을 때의 기쁨이라고 표현하고 싶다. 우리 청동기 시대 사람들은 너무나 많은 것을 만들어 냈다. 그러나 지금의 우리는 그들과 그들이 남긴 위대한 과학 기술 문화 유산에 대해서 아는 것이 너무도 적다. 부끄러운 일이다.

3부

장대한 고구려의 과학 문화재

고구려의 무덤에 살아 숨 쉬는
고구려의 과학 기술

옛 국내성 터에서 만난 고구려 과학의 숨결

1998년 6월, 나는 고구려의 옛 서울이었던 지안(集安)에 갔었다. 통구 일대의 고구려 무덤들을 답사하는 오랜 소망을 이루기 위해서였다. 심양에서 야간 쾌속 열차로 9시간, 통화에서 완행으로 갈아 타고 3시간 30분 그리고 택시로 호텔까지 가는 길고 힘든 여행이었다.

지안 박물관. 12시가 다 되어 점심 시간이라고 1시간 후에 다시 오란다. 마땅히 갈 곳도 없어 문 앞 계단에 앉아 쉬면서 기다렸다. 박물관은 그날 따라 유난히 나이 먹은 공무원 차림의 관람객이 많이 왔다. 고구려 학술 연토회(研討會)에 왔던 중국인 학자들이었다. 침대차 옆 자리에 같이 가던 중국 학자 말 그대로 조선족은 완전히 배제한 '한족(漢族)'만의 학술 모임이 지안에서 열렸던 것이다. 그 일부가 박물관에서 텔레비전 인터뷰를 하고 있어 우리가 들어가기 더욱 어려웠다는 사실을 나중에야 알았다. 관람객은 아내와 나, 우리 둘뿐이었다.

첫 번째 전시실에 들어서면서 나는 내 눈을 의심했다. 새로 써 붙인 커다란 설명판에 고구려는 중국의 한 변방 국가였다는 설명이 있지 않은가. 놀라움과 안타까움은 그날 하루 종일 계속되었다. 고구려비를 보러 들어갈 때도 그랬고, 여러 고구려 무덤들을 보러 택시로 다닐 때도 그랬다. 우리를 경계하고 견제하는 태도가 보였기 때문이다. 고구려의 여러 무덤들, 무용총, 쌍용총 등은 보존 상태가 허술한 듯했고 들어갈 수도 없었다. 그래도 우리는 오회분 4호 무덤을 볼 수 있어 다행이었다. 안내하는 여직원이 손전등을 들고 우리 두 사람을 위해서 그림을 하나하나 비춰 주고 여유 있게 보라고 권해 주었다. 무덤의 그림은 숨이 막힐 듯한 감동을 우리에게 안겨 주었다.

7세기 고구려의 과학 기술과 미술가의 숨결을 만날 수 있었기 때문이다. 그것은 강렬한 역사의 현장이었다. 고구려의 장인들이 1,300년의 시간과 공간을 뛰어넘어 고구려 사람들의 학문과 사상, 과학 기술과 생활 과학의 생생한 모습을 오늘의 우리에게 가장 사실적인 기록으로 남겨주었다. 그것은 우리가 가지고 있는 그 어떤 사료보다도 정확할 것이다.

고구려의 천문학자들이 본 하늘. 태양과 달, 5행성과 28수(宿)의 주요한 별들이 있고, 불로장생의 영약을 안고 나는 선녀들이 있다. 대장간에서 쇠붙이를 다루는 장인들과 수레바퀴를 만드는 첨단 기술자들의 모습도 볼 수 있다. 고구려 하늘과 땅과 사람이 무덤이라는 한정된 공간에 기록되어 있는 것이다. 그것들은 결코 과장되지 않았고 미화되지도 않았으며, 비뚤어지게 나타내지도 않았다. 아마도 이보다 정확하고 자세한 과학 기술과 생활 과학의 자료는 더 찾아낼 수 없을 것이다. 그래서 고구려의 무덤 그림의 내용은, 고구려 과학 기술의 역사 기록과 유물 못지않은 우리 과학 문화재의 자료로서의 중요성을 가지고 있는 것이다. 고구려 과학 기술 기록으로서, 그리고 과학 기술 문화재로서의 고구려 무덤 그림 연구의 중요성이 제기되는 이유다.

고구려의 무덤 그림은 하나의 기록화다. 그 웅대한 스케일과 강한 개성 그리고 놀라운 예술성과 페인팅 기법 등에 주목한 나머지, 별자리 그림에 대한 연구를 빼고 나면 과학 기술과 그 사상, 산업 및 생활 과학의 여러 장면들은

지린 성 지안 현에 있는 장군총. 고구려 무덤들을 답사하는 오랜 소망을 이루기 위해 떠난 1998년 6월 여행에서 찍은 사진이다.

뜻밖에도 그 연구가 다양하게 이루어지고 있지 않다. 고구려 과학 기술의 빈약한 기록과 발굴 유물이 상대적으로 적다는 사실을 보완할 훌륭한 기록화와 같은 자료로서의 무덤 그림이 그 나름의 조명을 받아 오지 못한 것은 유감스러운 일이다. 그 그림들을 가지고 고구려 과학 기술의 역사를 재구성한다면, 삼국 시대의 우리 과학사는 훨씬 더 풍요로워질 것이다.

아! 고구려의 하늘 그림이여

고구려의 여러 무덤에는 그 천장에 해와 달 그리고 별들의 그림이 아름답게 그려져 있다. 씨름하는 사람의 그림으로 유명한 씨름 무덤(각저총)과 춤추는 여인의 아름다운 모습으로 널리 알려진 춤무덤(무용총)의 현실(玄室) 천장의 별자리 그림은 그 대표적인 보기이다. 4세기 말과 5세기 초 사이에 만들어진 이 무덤들은 고구려 천문학자들이 본 하늘의 모습이라는 점에서 일찍부터 학계의 주목을 끌었다. 특히 그 별자리들이 28수의 주된 별자리들을 잘 나타내고 있다는 사실에서 고구려 천문 관측의 학문적 수준을 보여 주는 자료로 평가되어 왔다.

지린(吉林) 성 지안에 있는 이 무덤들을 내가 답사했을 때, 보존상의 이유로 출입구는 잠겨 있었고 주변의 정리 상태도 좋지 않아서 무덤 그림을 볼 수 없었다. 별자리 그림은 두 무덤의 안쪽 칸 천장에 선명한 색채 그대로 남아 있다고 한다. 내가 들어가 볼 수 있었던 오회분 4호 무덤에도 해와 달과 별들이 있었다. 춤 무덤과 씨름 무덤만은 못한 것이었지만, 그 아름다운 색채는 1,500년의 시공을 뛰어넘은 듯 선명했다. 고구려의 우주가 거기 있었던 것이다. 숨 막힐 듯한 감동과 너무나도 큰 기쁨을 느꼈다. 이런 그림이 있는 무덤이 스물한 군데나 된다고 알려져 있다. 고구려인들은 그들의 천문학 지식을 이렇게 우리에게 전해 주고 있는 것이다. 고구려 천문학 유산 중 하나가 조선 초인 1396년에 만들어진 천문도인 「천상열차분야지도」이다. 이것을 통해 고구려 천문학은 보다 학문적인 모습으로 우리에게 남겨졌다. 1,467개의 별들이 새겨진 장대한 하늘의 세계다.

고구려의 천문도는 그 시기에 만들어진 어느 천문도와 비교해 보아도 천문학적으로 손색없는 별자리 그림이다. 권근(權近)의 『양촌집(陽村集)』과, 지금 고궁박물관에 보존되어 있는 1396년의 천문도는 그 사실을 우리에게 극명하게 전해 주고 있다. 668년에 신라와 당의 연합군에 의해서 고구려가 멸망할 때 대동강 물에 빠졌다는 고구려 천문도의 석각본(石刻本)의 조선 판에서 우리는 그 모습을 볼 수 있는 것이다. 권근은 「천상열차분야지도」는 고구려 천문도의 인본(印本)을 바탕으로 해서 만들어졌다고 밝히고 있다. 그렇게 거의 완벽한 별자리 그림이 있었기에 고구려 무덤들의 천장에 그토록 아름다운 하늘 세계가 그려질 수 있었다. 중국을 비롯한 동시대 어느 지역에서도 볼 수 없는 무한한 하늘의 세계의 그림이 고구려에서는 2개나 되는 무덤에서 확인되고 있다. (전호태, 『고구려 고분 벽화 연구』(2000년)를 참조하라.)

고구려 무덤의 하늘 그림들은 무덤 그림을 그린 화공들이 어림잡아 회화적으로 형상화한 것이 아니다. 천문 관측을 바탕으로 한 별자리 그림을 가지고 그려 낸 것이다. 일본 나라의 기토라 고분(キトラ古墳)의 천장 별자리 그림에서도 우리는 그것을 확인할 수 있다. 기토라 고분의 천문도의 바탕이 된 별자리 그림이 고구려 천문도라는 사실에 대해서 2004년 3월 현재까지 일본의 관련 학계는 분명한 답안을 내놓고 있지 않다. 내놓으려 하고 있지 않다고 말하는 게 옳을지도 모른다. 많은 일본 학자들이 기토라 고분의 천문도는 중국의 천문도가 그 바탕이 되었다고 말하고 싶은 것이다. 1998년 3월 6일, 기토라 고분에서 천문도가 발견되면서 일본의 매스컴은 이 사실을 대대적으로 보도했다. 7세기 말에서 8세기 초에 만들어진 고분의 연대를 말하면서 중국 별자리 그림의 영향을 주로 강조하는 경향의 보도를 했다. 그런데 2~3일 지나면서 일본의 매스컴은 조심스럽게 고구려와의 관련성을 보도하기 시작

고구려 천문도. 해와 달, 주요 별자리가 형상화되어 있다.

했다. 교토의 도시샤(同志社) 대학교 미야지마 가즈히코(宮島一彦) 교수, 간사이(關西) 대학교 하시모토 게이조(橋本敬造) 교수와 교토 대학교 야마다 게이지(山田慶兒) 명예 교수 등이 그들이다. 그리고 그들은 1981년부터 한국과학사학회와 교토의 야부우치 스쿨 멤버와 공동으로 추진해 온 한일 과학사 세미나의 주요 멤버이기도 했다. 그들은 조선 태조 4년(1396년)의 「천상열차분야지도」를 누구보다도 잘 알고 있던 학자들이었다.

3월 17일의 《요미우리신문》은 미야지마 교수의 글을 특집 기사로 내면서 5단 크기로 「천상열차분야지도」의 사진과 설명을 실었다. 그리고 마침내 1998년 5월 31일자 《요미우리신문》은 사회면에 "기토라 고분 천문도는 고구려의 하늘?"이라는 커다란 제목을 단 6단 기사를 내기에 이르렀다. 또 《아사히신문》은 7월 2일자 신문 전면에 기토라 고분의 별자리 그림은 고구려의 수도 평양에서 관측된 별 하늘(星空)의 가능성이 높다는 글로 시작되는, 미야지마 교수를 다룬 인터뷰 기사를 냈다. 그가 기토라 고분 앞에서 찍은 사진의 설명에는 "기토라 고분은 지금, 초록빛의 작은 산. 1,300년 전의 무덤 한가운데 조선 반도의 별 하늘이 잠자고 있다. 로맨스예요."라는 그의 말이 인용되고 있다.

기토라 고분은 그 천장 한가운데 내규(內規)와 적도 및 외규(外規)라고 불리는, 하늘의 북극을 중심으로 하는 3개의 동심원(지름이 각각 18, 42.5, 64센티미터)과, 적도와 교차되는 황도로 불리는 원(적도와 같은 크기의 원으로 나타내고 있다.)에 중국식의 별자리들이 구체적으로 그려져 있다고 미야지마는 보고하고 있다. 초소형 카메라를 고분에 삽입해서 촬영한, 제한된 앵글로 잡은 영상을 일본 도카이(東海) 대학교에서 화상 처리한 자료를 가지고 분석한 것이다. 원과, 별과 별을 이은 선은 붉은색으로 처리했다. 고구려 무덤들의 별자리 그림에서 보는 붉은 선을 생각하게 하는 그림 수법이다. 그러나 고구려 무덤 천장의 별자리 그림은 주로 28수의 별들과 남두육성과 북두칠성으로 이루어진 상징적인 것이다. 기토라 고분의 별자리 그림은 그보다는 1247년 남송 때 중국에서 만들어진 「순우천문도(淳祐天文圖)」나 조선 태조 때 만들어진 「천상열차분야지도」의 수법과 비슷하다. 그러나 별자리의 모양이나 선으로 이은 별자리가 완전히 일치하지는 않는다고 미야지마는 보고하고 있다.

그리고 그는 매우 중요한 사실을 밝혔다. 기토라 고분의 내규와 적도의 직경비(直徑比)로 위도를 계산해 보니까 북위 38도 정도였다. 이것은 427년 이후 고구려의 수도가 된 평양의 위도와 거의 일치한다. 일본의 아스카와 나라 그리고 중국의 장안이나 낙양이나 개봉(開封) 등의 위도는 34~35도이므로 맞지 않는다. (현재의 시안, 뤄양, 카이펑) 별의 위치가 세차 운동으로 인해서 변화하는 것을 바탕으로 해서 관측 연대를 추산해 보니까 기원전 3세기에서 기원후 3세기라는 결과가 나왔다. 이렇게 관측 지점의 위도와 관측 시기를 추산해서 기토라 고분 천문도의 원본 천문도가 만들어진 지역이 고구려일 가능성이 제일 높은 것이 아닌가 생각된다고 결론지은 것이다. (기토라 고분의 별자리 그림 발견 이후 몇 년 동안에 미야지마는 수많은 강연, 인터뷰, 계몽적인 글들을 썼다. 그것들을 종합해서 정리한 내용이다.)

그러나 몇 차례에 걸친 나와의 개인적인 의견 교환에서 미야지마 교수는 아직도 연구가 진행 중이어서 기토라 고분의 천문도의 원본이 된 별자리 그림이 고구려의 천문도라는 사실이 확정된 최종 결론이라고 단정하는 데는 조심스러워 하고 있다. 그와 견해를 달리하는 일본 학자들이 적지 않다는 사실 때문일지도 모른다는 것이 야부우치 스쿨의 동료의 한 사람으로서의 내 솔직한 인상이다.

미야지마는 기토라 천문도의 정밀도와 정확도에 대해서도 몇 가지 지적하고 있다. 그는 기토라 천문도가 중국의 전통적인 별자리 체계에서 별자리 중에서 몇 개를 빠뜨린 것 같다고 지적하고 있다. 또 28수 중에서 2개가 바뀐 것 같다고 했다. 게다가 외규(外規)의 지름이 너무 작다고 한다. 더 중대한 잘못은 황도의 위치다. 별자리의 별들과 황도의 위치 관계는 거의 다르지 않지만, 적도는 천구상에서 황도에 대해 거의 일정한 경사각을 유지하면서 조금씩 위치를 바꿔 가면서 약 25,900년에 한 번 하늘(天)을 일주하는데, 이것을 세차라고 한다. 하늘의 북극을 중심으로 하는 천문도의 경우, 제작 연대에 따라 적도와 황도의 상대 위치가 시간이 흐르면서 바뀌게 된다. 그때, 별자리도 황도와 함께 위치가 바뀌어야 한다.

그런데 기토라 천문도에서는 별자리와 적도에 대한 황도의 위치가 남북선에 관해서 원래 있어야 할 위치와 꼭 대칭의 위치에 그려지고 있다. 몇 년 전이든 후이든 이런 위치 관계는 일어날 수 없다. 이것은 바탕 그림에서 별들만을 먼저 천장에 옮겨 베끼고 나서 컴퍼스로 각원을 그릴 때, 바탕 그림을 머리 위에 얹어 놓은 상태에서 황도의 엇갈림의 방향을 정해야 하는데, 땅 위에 놓은 상태에서 방향을 정했기 때문이라고 생각된다. 그러니까 기토라 고

분의 천장 천문도는 천문학을 하는 사람이 아닌, 그림을 그리는 화공이 그린
것이다. 그렇다고는 하더라도 기토라 천문도는 600개나 되는 별들로 이루어
진 별자리들의 모양이나 위치가 그런 대로 정확하고 또한 적도와 황도가 그
려진, 8세기 전후의 제대로 된 천문도로서 매우 귀중한 자료임에 틀림없다.

기토라 천문도와 고구려 천문도

1998년 6월 2일자 《조선일보》에 나는 이런 글을 기고했다. 그 전문을 옮
겨 쓰겠다. 그때 내 생각을 요약한 것이기 때문이다.

중국 집안과 평양 일대 고구려 고분들에는 아직도 선명하고 기막히게
아름다운 그림들이 남아 있다. 옛 고구려 사람들이 그들의 모습과 생전에
보고 그리던 세계에 대한 많은 생각을 찬란한 색채로 생생하게 그려 놓은
것이다.

거기, 그 그림들 속에는 고구려인들의 과학과 기술 그리고 세계관과 우
주관을 담고 있는 살아 있는 자료가 들어 있다. 1600년이라는, 오랜 시간
의 흐름을 멈춰 놓은 별자리 그림들과 생활 과학의 사실적 자료들은 세계
과학 기술사 학자들의 주목을 끌기에 충분하다.

특히 무덤 천장에 그려 놓은 별자리 그림은 오래전부터 천문학자들과
과학사 학자들의 큰 관심을 끌어 왔다. 해와 달과 함께 하늘을 상징적으로
그린 것이어서 많은 별들을 나타내지는 않았지만, 28수의 주요한 별자리들
을 제대로 그려 놓았기 때문이다. 고구려 천문학자들을 벽들의 상대적 위
치를 한정된 평면 공간에 정확하게 옮겨 놓았다. 이 별자리 그림들은 서기
114년 3월과 559년 12월 사이에 남겨놓은 11회의 일식 기록, 10회에 이르
는 행성의 관측 기록들과 함께 고구려 천문학의 높은 수준을 나타내는 것

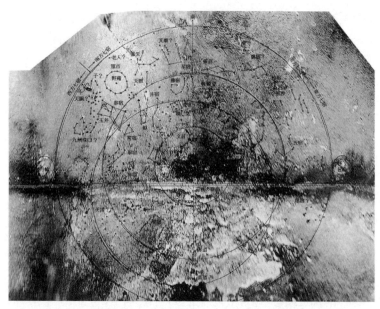

기토라 고분의 천문도. 미야지마 교수는 인터뷰에서 "1,300년 전의 무덤 한가운데 조선 반도의 별 하늘이 잠자고 있다."라고 했다. 지금은 기토라 고분의 천문도가 고구려 천문도를 바탕으로 그려졌다는 주장을 하는 데 있어 신중해졌지만 고분이 발굴되고 본격적인 조사가 이뤄진다면 고구려 천문도와의 관계가 명확해지리라는 게 내 생각이다.

이다.

　고구려 천문학자들은 그들의 높은 천문학 지식과 그들이 관측한 천체들에 관한 지식을 결집하여 규격화한 별자리 그림(천문도)을 만들어 큰 돌판에 새겼었다. 지금 덕수궁 궁중 유물 전시관에 보존되어 있는 1396년(태조 4년)의 「천상열차분야지도」 각석(天象列次分野之圖刻石, 국보 228호)에는 그 사실이 권근의 글로 새겨져 있다.

　조선 왕조를 건국한 태조가 하늘이 내린 새 왕조라는 권위의 표상으로 천문도를 갖고 싶어 했는데, 고구려가 망할 때 대동강 물에 빠져 버린 고구려 천문도의 탁본을 바탕으로 새 천문도를 제작했다는 것이다. 그러니까 지금 남아 있는 14세기 조선 천문도는 7세기 이전의 고구려 천문도의 별 그림을 거의 그대로 옮겨 그렸다고 볼 수 있다. 거기에는 1,467개의 별들이 그 밝기에 따라 크고 작게 새겨져 있다.

이 고구려 별자리 그림이 제작 연대가 언제인가에 대해서 그동안 서울과 평양의 과학사 학자들과 천문학자들이 별자리의 위치에 따른 관측 연대의 계산을 근거로 추정해 왔다. 그것은 대체로 3세기에서 5세기경으로 압축된다. 그러나 이보다 훨씬 앞선 기원전 1세기에서 기원후 1세기라는 주장도 있다.

지난 3월 일본 나라 현의 기토라 고분에서 확인된 별자리 그림은 「천상열차분야지도」의 별자리 그림과 너무도 비슷하다. 나는 컴퓨터 처리로 바로잡은 기토라 고분 별자리 그림을 보는 순간 직감적으로 고구려 천문도를 옮긴 것이라는 생각이 들었다. 고구려 천문도의 탁본 하나가 7세기 일본에 건너갔다고 해서 이상할 게 없다. 5월 31일자 일본의 주요 신문들이 그 시기 최고로 앞선 고구려의 천문학이 일본에 건너온 것이라고 보도하기 시작한 사실을 나는 지켜보고 싶다.

이제 기토라 고분의 천문도에 대해서 그 연구의 1인자인 미야지마의 견해를 그의 글을 통해서 다시 한번 요약해 보자. (계간지《아스카카제(明日香風)》80호 (2001년)에 실린 글이다.)

첫째, 천문도의 양식과 그려 있는 별자리.

어느 때에 보이는 별 하늘은 지평선보다 위의 부분뿐이며, 별 하늘의 회전의 중심인 하늘의 북극은 진북(眞北)을 향하고 있어서 그 땅의 위도와 같은 각도만큼 올려다본 방향에 있다. 그러나 기토라의 천문도는 하늘의 북극을 중심으로 해서 1년 동안에 한 번은 보이는 별 하늘의 범위 전체를 나타낸 원형(圓形) 별 그림(내규 · 적도 · 외규의 3개가 동심원으로 그려진다.)이다.

거기 그려진 별자리 체계는 중국식 별자리이다. 중국의 별자리 체계는

진(晉)나라 태사령(太史令, 국립 천문대장) 진탁(陳卓, 200년대 후반~300년대 초)이 283자리 1464개의 별로 정리 통합해서 거의 완성되었다고 알려지고 있다.

중국의 별자리 체계를 그린 현존하는 가장 오래된 원형 별 그림은 송나라 때 소주 순우의 석각 천문도(1247년)와 조선 초의 석각 「천상열차분야지도」(1396년)가 있고 네모난 별 그림(내규·적도·외규가 평행 직선으로 그려진다.)으로는 송나라 때 그려진 『신의상법요(新儀象法要)』에 수록된 별 그림이 있다. 기토라 천문도는 지금부터 말하는 것과 같은 특징 때문에 지금까지 알려진 어느 고분 천문도보다도 본격적 별 그림에 가깝다고 말할 수 있지만, 앞에서 말한 3개와 비교할 때 많이 생략되고 과장되어 있어 이들 세 가지와는 전혀 비슷하지 않다.

둘째, 28수.

중국의 별자리 중에서도 28수는 그 기원이 오래고, 늦어도 기원전 5세기 말에는 그 체계가 완성되어 있었다. 처음에는 계절을 알기 위한 표적으로 쓰이고 그리고 해와 달, 5행성과 다른 항성의 하늘에서의 위치를 나타내는 기준을 삼게 되었다. 그리고 이것들에 의한 하늘의 구분과 땅위의 지방 구분이 대응해 있다고 하는 분야설에 따라서 별 점(占)에도 사용되었다.

이것들은 7수씩 4개의 무리로 나뉘어져 각각 동·북·서·남의 방위 이름을 붙여 불렸다. 이 네 무리에 청룡·현무·백호·주작의 4개의 방위 신을 배치했다. 별자리는 날과 때에 따라 보이는 방위 방향이 다르니까, 네 무리의 방위명은 형식적으로 배당한 것이 불과하다.

다카마쓰쓰카(高松塚) 고분의 네모난 천장에는 둘레에 따라서 네 무리의 방위명과 실제의 방향각(角)이 대응하도록 28수가 배치되어 있다. 그래서 동방 7수가 있는 방향인 동쪽 벽에 청룡이, 북방 7수가 있는 방향인 북쪽 벽에 현무가, 서방 7수가 있는 방향인 서쪽 벽에 백호가 그려져 있다. 남방 7수의 별의 거의 다와 주작의 상(像)은 도굴에 의해서 탈락하고 파괴되었다.

셋째, 기토라 천문도의 28수.

기토라 천문도에서는 28수 중 18~20개가 검출되었다. 기토라 고분은 장식성이 강하기는 하지만, 어느 정도 사실적인 둥근 별 그림이기 때문에 양식적인 다카마쓰쓰카 천문도와 같이 고르게 7수씩 사방에 배치되고 있지는 않지만, 남방 7수는 천문도의 남쪽 부분, 즉 이번에 새로 확인된 주작에 가까운 쪽에 분포되어 동방 7수와 서방 7수는 각각 동쪽 벽의 청룡과 서쪽 벽의 백호에 가까운 부분에 분포되어 있다. 현무에 가까운 북방 7수는 거의 모두 탈락되어 있다.

28수에서 주목할 만한 몇 가지를 든다면, 먼저 기토라 천문도의 익수(翼宿)와 장수(張宿)의 위치가 잘못되어 거꾸로 그려져 있을 가능성이 있다는 것이다. 이것은 이미 지적한 일이 있지만, 이번에 다시 얻은 영상에 의해서 그 의문이 더 깊어졌다.

성수(星宿)는 북두칠성을 상징한 별자리이지만, 대게는 남방의 4별을 사각형으로 잇는다. 그런데 기토라에서는 그것이 느슨한 1줄의 꺾인 선이라는 것과 삼수(參宿)가 벌(伐)의 위쪽 끝과 아래쪽 끝으로 직선으로 이어지고 있다는 것 그리고 시수(觜宿)의 3개의 별이 삼각형으로 이어지고 있는 것 등이 이미 알려져 있었다. 묘수(昴宿)를 잇는 방법은 전에 생각했던 것같이 지그재그가 아닌 ㄷ자형이다. 정수(井宿)의 두 줄의 별 중에서 한쪽이 꺾여져 휘어 있는 것은 「천상열차분야지도」와 비슷한데, 새로이 두 줄이 떨어져 있다는 사실을 알게 되었다. 이것은 단순히 지워져 버렸다고 할 수 있을지도 모르지만, 이 특징은 「천상열차분야지도」나 소주(蘇州) 석각 천문도와도 달라서 다른 천문도에서는 볼 수 없는 것이다.

넷째, 일반적인 별자리.

28수 이외의 별자리는 주로 땅 위의 사회와 하늘의 별자리가 대응되어 있다는 천인대응(天人對應)의 생각에 바탕을 두고 설정된 것이다.

다카마쓰쓰카 고분에서는 28수 이외의 별자리는 천장 중앙에 북극 5성(星)과 사보(四輔)가 그려져 있을 뿐이었지만, 기토라의 경우는 더 많이 그려져 있다. 여기에도 몇 갠가 추가 삭제 수정 등이 있었지만, 확실히 동정(同定)될 수 있는 것은 전에 알아낸 것을 포함해서 10여 개가 된다.

별들이 월형으로 줄지은 군시(軍市)와 그 중앙의 야계(野雞, 별 1개가 하나의 별자리)는 가장 뚜렷하여, 전에 삼수 등과 함께 제일 먼저 확인된 것이다. 호시(弧矢)는 전에 빠져 있던 부분에 이음선이 연장되었다. 곡선으로 이어진 부분도 있다는 것이 판명되었다. 호시의 시는 1줄이어서 소주 석각 천문도와 같은데 「천상열차분야지도」가 2줄인 것과는 다르다.

북도의 별들의 위치는 내규에서 상당히 안쪽으로 그려져 있다. 이것은 이 그림의 원도(原圖)가 조금 높은 위도의 땅(예컨대 평양)에서 사용되기 위하여 만들어진 것이라는 추정과 모순되지 않는다. 기토라의 북두는 별로 정돈된 깨끗한 모양이 아니다.

다섯째, 북극 5성과 사보(四輔).

3개의 동심원의 중심에는 별보다 조금 작은, 윤곽이 뚜렷한 크레이터 상태의 홈이 존재하지만 이 구멍은 단독으로 존재하는 것으로, 북극 5성과 사보라고 생각되는 별자리는 확인되지 않는다. 중국과 고구려의 고분의 천문도는 거의 북극 5성을 그리지 않고 있다. 기토라의 천문도, 사신상(四神像)과 인물상은 생전의 피장자(被葬者)를 둘러싼 세계의 상징으로 그려진 것이 아닌가 생각된다.

여섯째, 원과 이음선.

3개의 동심원 중에서 내규는 언제나 지평선 아래로 가라앉지 않는 범위를 나타낸다. 또, 제일 바깥쪽의 외규는 동아시아에서 보이는 천역(天域)의 한계를 나타낸다. 적도는 꼭 그 중간이다.

내규와 적도(두 번째 원)의 반경 비는 별 그림의 사용되는 땅의 위도와 90도의 비와 같게 그려지는 것이 일반적이다. 기토라도 그렇다고 한다면, 기토라 천문도의 원도가 사용된 땅의 위도가 추정된다. 지난번의 측정에서는 38~39도가 되고, 고구려의 서울인 환도성(국내성, 지안)이 여기 해당된다. 이번에는 아직 정확한 정면에서 잡은 그림 영상을 얻지 못하고 있지만, 결과는 거의 다르지 않을 것이라고 생각된다.

황도는 하늘에 있어서의 태양의 연주 운동의 경로이다. 동아시아에서의 원형 별 그림의 작도 형식으로는 원리상으로는 원이 되지 않지만, 실제로는 원으로 그려져 있다. 고분 천문도에 황도가 그려져 있는 것은 기토라뿐이다. 그러나 그 황도의 위치가 잘못되어 있는 것은 처음 조사에서 이미 지적했다. 황도 원의 중심에 컴퍼스 구멍이 남아 있는지는 아직 확실치 않다.

내규·적도·외규와 황도원 그리고 별과 별을 잇는 직선이 새긴 선의 홈에 주칠(朱漆)을 넣은 것은 처음 영상에서도 밝혀졌지만, 그 선명한 색채의 뚜렷한 그림 영상으로 확실해졌다. 그렇지만, 별을 이은 선 중에는 주칠이 분명치 않은 부분도 있고, 줄을 주칠로 홈을 파지 않고 그렸는데 지워진 것 같은 부분도 있다.

일곱째, 하늘의 내(川).

중국의 고분에 그려진 천문도에는 하늘의 내가 그려져 있는 것이 있는데, 기토라 천문도에는 그려지지 않은 것으로 밝혀졌다.

여덟째, 별의 모양(形狀).

다카마쓰쓰카의 경우에는 별에 금박이 발라져 있었는데, 기토라 고분에서는 지금의 상태는, 홈이 조금 파인 상태로 몇 가지 모양이 있는 것으로 보이고, 평평한 것 같은 상태로 보이는 것들도 있다. 금박이나 은박을 칠한 것은 지금은 보이지 않는다. 같은 별자리의 별인데 그 모양이 다른 것도 있는데, 혹시 금박이나 은박이 벗겨져 버리면서 풍화의 정도가 달라져 그렇게 다르게 보이는지는 알 수가 없다. 해와 달에는 금박과 은박이 발라져 있었던 것 같은데 그 둘레는 표면이 벗겨져 있지 않은 대로 윤곽의 안쪽은 벗겨져 있는 상태다.

아홉째, 결론적으로 말해서,

기토라 천문도는 전체의 형태뿐만 아니라 개개의 별자리의 모양이나 별들을 잇는 방법을 포함해서 「천상열차분야지도」와 소주 석각 천문도를 비롯해서 알려져 있는 모든 천문도와도 닮지 않는다. 비록 뚜렷한 일부의 별자리의 형상이 닮았다 하더라도, 그 정도로는 서로 관계가 있다고 말할 수 없다. 별자리의 수는 적고 동정(同定)된 것이 40개가량이고, 탈락된 부분을 고려한다 하더라도 100개 이하밖에는 그려져 있지 않았다고 생각되고, 완성된 중국의 별자리 체계에 있어서의 별자리 수의 절반 이하이고, 형상은 별자리끼리의 차이에 비해서 크다.

원 바탕 그림의 별의 위치의 관측 연대에 대해서는, 전에 세차로 생기는 그림 상의 2차적 변화를 가지고 추정했는데, 이것은 극히 작은데다가 그림이 부정확하고, 게다가 탈락돼서 없어진 별자리와 동정하기 어려운 별자리가 있기 때문에 얻어진 결과는 거의 확실하지 않다. 이론을 적용하면 이렇다고 할 수 있는 데 불과하다.

다만, 계산으로 얻어진 기원전 65년을 끼는 수백 년이라는 숫자 자체는 비현실적이지는 않다. 『석씨성경(石氏星經)』의 성표(星表)의 별의 위치 데이터는 기원전 70년경의 관측에 의한다고 추정되고 있다

28수의 거성(距星, 위치의 기준이 되는 별)의 위치 관측은 개력할 때에 이루어지는 일이 때때로 있었지만, 이외의 것들을 포함한 많은 별의 위치 관측은 중국에서도 그렇게 몇 번이나 이루어지지는 못했다. 명 말 이후 예수회 신부들에 의한 관측 이전에는 원나라 때의 곽수경의 관측이 있었지만 데이터가 남아 있지 않다. 그 이전에는 『석씨성경』 것밖에는 알려져 있지 않다.

조선 왕조에서 「천상열차분야지도」를 제작할 때도 28수의 거성밖에는 관측되지 않았는데, 하물며 고구려에서 관측이 이루어졌다고는 생각되지 않는다.

그렇다고 한다면, 기토라 천문도의 원도(原圖)의, 그 또 원도는 중국 것으로 뜻밖에 오래된 중국의 관측에 바탕을 둔 것일지도 모른다.

그림 영상이 훨씬 선명해졌다고는 하지만, 충분히 접근하여 확대하거나 조명 상태를 바꿔서 촬영한 영상이 없기 때문에, 별의 형상을 비롯해서 아직 확실하지 않은 점이 있다. 발굴 조사가 있어야 밝혀질 수 있을 것이다.

미야지마의 이 글을 꼼꼼히 읽어 보면, 그는 그가 처음에 주장했던 고구려의 천문도, 즉 1396년 태조 때의 「천상열차분야지도」의 바탕이 된 천문도가 바탕이 되어 기토라 천문도가 만들어졌다는 입장에서 상당히 조심스러운 입장으로 바뀌고 있는 것 같은 인상을 강하게 받는다. 그가 내게 보낸 편지에서도 그가 많은 고민을 하고 있음을 느낄 수 있다. 그의 말처럼 이 문제들은 결국 기토라 고분의 발굴 조사가 이루어져야 결말이 나겠지만, 많은 일본 학자들이 고구려 천문도에 바탕을 두었다기보다는 중국 천문도에 바탕을 둔 것이라고 말하고 싶어 하는 이유를 과학사의 교토 학파 야부우치 스쿨의 멤버의 한사람이면서 한국인인 나는 충분히 짐작할 수 있다. 한국과 일본의 학문과 학자의 거리와 곬은 아직도 멀고도 깊다. 그렇지만 그 거리를 좁히고 그 골을 메우려는 노력이 두 나라 학자들 사이에서 전개되고 있다. 벌써 수십 개의 나이테가 싸인 거목으로 자라서 우리에게 아늑한 대화의 마당을 만들어 주고 있는 것이다.

미야지마의 이러한 조심스러움과 우려에도 불구하고 나는 기토라 고분의 별자리 그림이 고구려의 별자리 그림을 바탕으로 해서 그려진 것이라는 생각을 바꿀 수가 없다. 별자리를 이은 모양에서 다른 것이 발견된다든가, 그려져 있는 별들이 13세기 중국 천문도나 14세기 조선 천문도에 비해서 많이 생략되어 있다든가, 별자리의 위치가 다르다든가 하는 문제는 고구려 천문도와의 관계를 부정할 만큼 결정적인 것이라 할 수가 없다.

기토라 천문도는 그것이 천문도로서 작성된 것이 아니고, 고분의 그림을 그리는 화가에 의해서 그려진 상징적 그림이기 때문이다. 그리고 미야지마의 소심스러움은 시간이 흐를수록 더해 가고 있는 게 사실이다. 일본 학계의 큰 흐름과 경향이 미야지마의 고구려 관련설에 부정적인 입장에 서 있다는 사실에도 유의할 필요가 있다. 그러한 흐름이 미야지마로 하여금 지금처럼 삽입된 캡슐 촬영 영상에 의한 '불완전한' 자료를 가지고 판단할 것이 아니라, 기토라 고분이 발굴되어 그 안에 직접 들어가서 제대로 볼 수 있을 때, 보다 정확한 판단을 할 수 있을 것이라는 신중론으로 돌아서게 한 것이라고 나는 생각하고 있다.

기토라 고분은 그 그림 수법에서도 고구려의 무덤 그림들과 이어지고 있는 것이다. 별자리 그림만 가지고 볼 때, 거기서 발견되는 중국 천문학의 요소는 동아시아 과학 기술의 역사에서 오히려 당연한 것이라고 할 수 있다.

고구려인이 본 우주

「천상열차분야지도」의 기원

1396년(태조 4년)에 조선 서운관(書雲觀)에서 돌에 새겨 만든 천문도인 「천상열차분야지도」에는 양촌 권근이 쓴 글이 있다. 그 첫머리는 이렇다.

> 천문도 석본(石本)이 옛날에 평양성에 있었는데, 병란으로 인해서 강물에 가라앉아 없어졌다. 세월이 오래되어 그 인본이 존재하는지조차 알 수가 없었다. 그런데 우리 전하께서 (하늘의) 명을 받은 지 얼마 안 되어 그 인본 하나를 바치는 사람이 있어서 전하께서는 이것을 매우 보배롭게 여겨, 서운관에 명하여 돌에 새기게 했다.

짧은 글이지만, 고구려 천문도의 존재를 분명하게 전하는 중요한 내용을 담고 있다. 고구려의 천문도가 「천상열차분야지도」로 어떻게 이어졌는지를 말하고, 권근은 계속해서 그 별자리 그림이 고구려 천문도의 그것을 바탕으로 하고 있다고 기록하고 있다.

서운관에서 아뢰기를, 이 그림은 세월이 오래되어 성도(星度)가 (세차에 의하여) 차이가 생겼으므로 현재의 사계절의 혼요(昏曉)의 중성(中星)을 계산해서 새 그림을 새겨서 후세에 전하기를 청했더니, 왕이 옳다고 했다. 그래서 다음 해 을해년(乙亥年, 1395년) 여름 6월에 새로이 중성기(中星記)를 편찬하여 바쳤다. 옛 그림에는 입춘 때에 묘수(昴宿)가 저녁에 남중하는데 지금은 위수(胃宿)가 남중한다. 그리고 24절기가 그에 따라 차례차례 차이가 난다. 이에 옛 그림을 써서 중성을 개정하여 돌에 새기는 일이 비로소 끝났다.

이 문장만으로는 고구려의 별자리 그림을 고쳐서 그렸다는 깃인지, 24절기의 중성만을 고쳐서 새겼다는 것인지가 확실하지 않다. 이에 대해서 유경로는 관련 문헌들과 기록들을 면밀히 분석 검토한 끝에, 별자리는 옛 그림을 그대로 옮기고 24절기의 중성은 새로 계산하여 개정한 「신법중성기」에 따라 새겼다고 보아야 한다고 결론지었다. 고구려의 별자리 그림이 14세기 조선의 「천상열차분야지도」에 그대로 남아 있는 것이다. (유경로의 자세한 논의는 그의 저서 『한국 천문학사 연구』(1999년), 283~291쪽에서 살펴볼 수 있다.)

그렇다면 고구려의 천문도 석각본은 언제쯤의 관측 자료를 가지고 만들어진 것일까. 유경로는 만년의 그의 논고 「서사쇄록」에서 고구려 석각 천문도에 대해 쓰면서 그 연대를 분명하게 추정하지 않았다. 신중을 기한 것이다. 다만 그는 지금까지 관련된 연구 자료에서 제시된 여러 학자들의 추정 연대를 비판 없이 소개하고 있다. 이은성, 박성환, 박명순, 이용범, 박창범, 안상현 등의 논고를 인용한 것이다. 박성환이 제시한 기원후 500년을 몇 차례 언급하고 있는 사실은 그가 가진 생각을 간접적으로 나타낸 것일지도 모른다는 생각이 든다. 나는 천문학자들이 계산하는 춘분점과 추분점을 근거로 하는 방식이 아니고, 이용범이 하는 방식, 즉 역사적 사실에 의한 가능성을 바탕으로 해서 4세기 후반에서 5세기 전반으로 추정했었다. 일본의 기토라 고분의 성립 연대도 우리가 고구려 천문도의 제작 연대를 추정하는 역사적 자료가 될 것이다. (1998년 3월에 확인된 기토라 고분 천문도는 고분의 축조 연대가 7~8세기경으로 알려져 있다.) 그 천장에 그려진 장대한 별자리 그림은 그것이 고구려계이고 「천상열차분야지도」와 이어진다는 미야지마의 고증으로 큰 관심을 끌었다. 이런 사실들을 종합해 볼 때, 또 역사적으로도 고구려 천문도 석각본의 제작 연대는 7세기에서 내려갈 수는 없다.

평양 근교에 조선 시대 중기까지도 있었던 것으로 기록과 자료에 남아 있는 고구려 천문대의 존재도 별자리 그림의 제작과 연결된다고 볼 수 있을 것이다. 세종 시대의 『지리지』와, 『동국여지승람』의 기사 그리고 조선 시대 중기(16~17세기경)의 평양성 지도에 나타나 있는 고구려 첨성대는 고구려 천문 관측의 중심이었을 것이기 때문이다.

"성안에는 9개의 묘(廟)와 9개의 연못이 있는데, 9묘는 곧 9개의 별이 날아 들어온 곳이다. 그 연못가에 첨성대가 있다."라고 『지리지』 권 154의 평양부의 항에 기록되어 있고, 『동국여지승람』 권51에는 "첨성대의 유적이 평양부의 남쪽 3리에 있다."라고 기록하고 있다. 조선 시대 중기의 것으로 보이는 평양 전도에는, 성 밖 서문과 남문 중간쯤에 "첨성대(瞻星坮)"란 세 글자가 보인다. (이찬의 명저 『한국의 고지도』(1999년)에서 확인할 수 있다.) 평양에 천문대를 세운 것은 고구려가 도성을 평양에 옮긴 이후의 일이라고 생각되므로, 5세기쯤이었을 것이다.

천문도의 제작과 관련된 또 하나의 자료는 고구려 무덤 그림에 나타난 별자리들의 그림이다. 고구려의 유적에는 수많은 옛 무덤들이 있다. 그리고 그 무덤들에는 고구려 천문학의 별자리에 대한 확실한 지식을 말해 주는 매우 훌륭한 하늘과 우주의 그림들이 그려져 있다. 3세기에서 6세기에 이르는 동안에 축조된 무덤 그림에는 해와 달 그리고 별들을 사실적으로 그리고 청룡·현무·백호·주작을 네 방위에 정확하게 그려 놓은 이른바 사신도(四神圖)들과 그 밖의 여러 신들과 선녀들의 그림은 고구려 사람들의 하늘과 우주의 모습을 상징하는 것이다. 별들은 태양·달과 함께 원으로 나타내면서 그 위치는 28수의 자리에 정확하게 배치하고 있다. 천체 관측에 의한 정확하게 그려진 별자리 그림을 바탕으로 하고 있음을 확신하게 한다.

14세기 「천상열차분야지도」가 282자리 1,467개의 별 그림이라는 사실은, 고구려의 별자리 그림이 육안으로 관측된 거의 모든 별들의 상대적 위치를 정확하게 표시하고 있었을 것이라고 생각해도 좋을 것이다. 고구려 천문도를 작성하는 데는 중국 삼국 시대(222~238년)의 「삼가성도(三家星圖)」가 관련이 있을 것으로 생각된다. 거기 나타난 283자리 1,465개의 별과 거의 일치한다는 사실이 그런 생각을 갖게 한다. 중국에서 진탁이 「삼가성도」에 의해서 처음으로 천문도를 만든 것이 310년이므로, 시기적으로도 진탁의 천문도가 고구려에 전해졌을 가능성이 있기 때문이다.

고구려 무덤에 새겨진 1,500년 전의 천문학

1930년대까지 지안 지역의 고구려 무덤들을 조사한 일본 학자들은 그 아름다운 무덤의 그림들과 거기 담겨 있는 고구려인의 웅대한 기상에 놀라움을 감추지 못했다. 그들이 낸 보고서들에는 그 감동이 진하게 배어 있다. 그 시기의 사진 기술과 그림 인쇄 기술의 수준으로도 그 그림들이 주는 감동은 오늘을 사는 우리에게도 생생히 전달될 정도다.

고구려의 무덤 그림을 그린 화가들은 천문학자들이 관측한 하늘과 그들이 본 우주의 그림도 훌륭하게 남겼다. 유려한 솜씨로 우주와 하늘의 모습을 그들은 혼으로 그려 냈다. 그것은 천문학자들이 관측한 하늘을 대담하게 그리고 역동적으로 형상화했다. 잔가지들을 쳐내고 굵은 줄기만을 담아 다른 그림들과 조화시켰다. 그래서 고구려의 무덤 그림에 나타난 천문도는 일본의 기토라 천문도와 다른 틀에서 짜였고 다른 솜씨를 나타내고 있다. 고구려

고구려 무용총의 천문도. 29개의 운으로 그려진 별들이 3줄로 이어지고 7개의 별자리가 배치되어 있고, 해를 상징하는 세발까마귀와 달을 나타내는 옥토끼를 둥근 원 안에 그려 넣은 이 그림은 고구려 천문학의 별자리에 대한 확실한 지식을 보여 주는 귀중한 자료로 평가되고 있다.

의 화가들이 그린 별자리 그림은 그래서 천문도라기보다는 그 바탕을 이루는 혼이고 마음이고, 사상을 표출한 것이었다.

별들의 모양과 색깔, 그것들을 이은 붉은 줄들과 그려진 별들의 대상은 고구려의 것 그 자체였다. 다른 민족이 그린 하늘과 우주의 모습과는 한눈으로 다르다는 사실을 우리에게 강렬한 색체로 어필하고 있다. 그 그림 앞에서 우리는 그것이 폭풍처럼 다가옴을 온몸으로 느낀다. 그러면서도 고구려의 화가들은 별자리의 위치를 정확하게 옮겨냈다. 이것이 고구려 무덤 그림의 하늘이다.

해를 동쪽에 그리고 달은 서쪽에 그렸다. 그리고 동·서·남·북의 4방위에 청룡·현무·백호·주작의 사신이 화려하고 웅장한 필치로 묘사되었다. 이 생동하는 그림은, 28수 중의 주된 별자리를 충실하게 그린 별의 그림과 함께 고구려 천문학의 별자리에 대한 확실한 지식을 보여 주는 귀중한 자료로 평가되고 있다. 춤추는 여인들의 그림으로 유명한 춤 무덤(무용총) 널방의 천장에는 29개의 운으로 그려진 별들이 3줄로 이어지고 7개의 별자리가 배치되어 있다. 또 해를 상징하는 세발까마귀와 달을 나타내는 옥토끼를 둥근 원안에 그려 넣었다. 4~6세기 고구려 사람들이 본 우주의 모습과 고구려의 밤하늘이 거기 있는 것이다. 그들은 해와 달과 별들을 모두 둥근 원으로 그렸다. 고구려 사람들의 눈에는 이 천체들이 다 같은 원형이었다.

1960년대 초, 나는 1937년에 나온 나카무라 기요에(中村清兄)의 논문과 『조선 고적 도보(朝鮮古蹟圖譜)』의 그림과 글을 읽고 고구려 사람들이 본 밤하늘의 별들과 우주의 모습에 황홀했던 기억을 잊을 수 없다. 그것은 정말 아름다운 우주였기 때문이다. 그 감동은 1998년 지안의 오회분 4호 무덤에 직접 들어가 널방의 천장에 그려진 해의 신과 달의 신의 웅비하는 모습을 보았을 때, 다시 살아났다. 두 손을 머리 위로 올려 해와 달을 받쳐 들고 하늘을 나는 용의 몸을 지닌 남자와 여인의 모습은 1,500년의 시공을 뛰어넘어 살아 숨 쉬고 있는 듯했기 때문이다. 그 세련되고 힘찬 모습, 온화한 얼굴과 날렵

오회분 4호 무덤에 그려진 고구려의 해의 신과 달의 신. 그 세련되고 힘찬 모습, 온화한 얼굴과 날렵한 몸매를 보니 고구려인의 기상이 살아 숨 쉬는 듯했다.

한 몸매는 고구려인의 기상이었다.

그들이 머리에 이고 있는 해와 달은 둥근 천체다. 40여 년 전 고구려 무덤의 별자리 그림을 사진으로 보았을 때의 신비로운 놀라움이 되살아났다. 고구려의 화가는 왜 별을 원으로 나타냈을까. 해와 달은 육안으로 볼 때에 분명히 둥글다. 그러나 육안으로 보이는 별은 둥글지 않다. 흔히 우리가 그리듯 별 모양이다. 모든 천체를 원으로 나타낸 고구려인의 천체에 대한 지식은 어떻게 얻어진 것일까. 그것은 분명히 고구려 학자들의 천문 사상과 이어질 것이다. 오회분 4호 무덤에서 내가 본 고구려의 우주는 나에게 큰 감동을 주었다. 중국의 옛 무덤에서 볼 수 없는 하늘의 그림을 그린 고구려인의 천문학은 고구려 천문학자들의 자기들 스스로가 관측한 별들의 지식을 바탕으로 해서 체계화한 학문이었을까. 고구려 천문학자들과 중국 천문학자들의 학문적 교류는 어느 정도였을까. 우리는 아직 그 대강도 아는 것이 없다. 지난 날 일본 학자들이 고구려 무덤을 처음 발굴 조사했을 때 내놓은 보고서들에서 우리가 읽은 글들이 전보다. 물론 그 글의 내용은 중국의 앞선 천문학 지식이 고구려에 도입되고 영향을 미쳤을 것이라는 생각이 주류를 이루고 있다.

그런 생각을 갖는 것은 어쩌면 당연할지도 모른다. 중국에는 비교적 여러 가지 자료들이 전해진다. 그러나 고구려에는 천체 관측의 몇 가지 기록밖에는 남아 있는 게 없다. 있는 것은 무덤에 그려 놓은 별들과 태양 및 달의 그림뿐이라 해도 지나치지 않는다. 중국 고대의 과학 문명은 인류 역사에서 최고의 수준에 있었다. 천문학도 최고의 수준에 있었다는 사실은 자료와 유물 유적에 의해서 확인된다. 그런 중국 고대 천문학의 영향이 고구려 무덤의 별자리 그림을 그리는 데 중요한 역할을 했다고 말한 일본 학자들의 생각을 자연스럽게 받아들이는 일은 당연한 논리다. 그런데 나는 왜 거기에 고구려 천문학자들 스스로의 학문적 전개를 생각하는가. 고구려 무덤들의 많은 별자리 그림들이 내게 그것을 말하고 있는 것 같아서 나는 그런 생각에서 벗어날 수가 없다. 앞으로 많은 세월이 걸릴지도 모를 일이지만, 누군가에 의해서 그런 내 생각이 증명될 수 있으리란 희망을 나는 떨쳐 버리지 못하고 있다. 「천상열차분야지도」는 그 가장 중요한 자료다.

그림이 그려져 있는 고구려의 무덤은 지금까지 100개 가까이가 조사되었다. 그 대부분은 고구려의 수도 국내성이 있던 중국의 지린 성 지안 지역과, 평양성이 있던 대동강 유역에 퍼져 있다. 그중 대동강 유역에 59기, 재령강 유역에 9기, 합해서 68기가 알려져 있고, 나머지는 중국 지안 지역에 있다. (가장 중요한 자료는 전호태의 학위 논문 「고구려 고분 벽화 연구」(1997년)가 있고, 그것을 개정한 단행본 『고구려 고분 벽화 연구』(2000년)가 있다.) 별자리 그림이 그려진 무덤은 그중 22개로 알려져 있다. (『조선 기술 발전사』 2권, 261쪽에는 21기로 기록되어 있다.) 지안 지역에 7개, 대동강 유역에 15개다. 가장 이른 시기의 것은 황해도 안악에 있는 357년의 무덤인 안악 3호분이다. 지안의 통구 사신총이 6세기 후반의 것이다. 그러니까 고구려 무덤의 별자리 그림은 4세기 중엽에서 6세기 후반의 그려진 것이다.

이렇게 많은 별자리 그림이 그려진 옛 무덤을 축조한 나라가 고구려이고, 그 고구려에 천문 관측의 결과를 결집하여 큰 돌판에 새긴 천문도가 있었다는 것은 주목할 만한 사실이다. 기원전부터 기원후 8세기까지 높은 수준의 문화를 창조하며 번영했던 동아시아의 강국 고구려의 문화 유산 중에서 별자리 그림은 고구려 문화의 강한 개성을 나타내는 중요한 과학 문화재다.

고구려 무덤의 별자리 그림에서 우리는 흔히 북쪽 하늘에서 북두칠성과 북극 3성을, 그리고 남쪽 하늘에서 남두육성을 볼 수 있다. 또 동쪽과 서쪽 하늘에는 세발 까마귀가 그려진 해가 있고 서쪽 하늘에는 두꺼비가 그려진 달이 있다. 동서의 하늘에는 또 쌍3성이 선명하게 보인다. 이런 별자리 그림은 중국의 무덤들에서 보이는 것과는 다르다. 중국의 무덤 그림에는 북두칠성이 흔히 나타나지만 남두육성은 그려져 있지 않다. 그런데 고구려의 무덤들에서는 춤추는 여인들의 그림으로 유명한 무용총과 씨름하는 남자들의 늠름한 모습을 그린 각저총을 포함하는 10기의 무덤 그림에서 북두칠성과

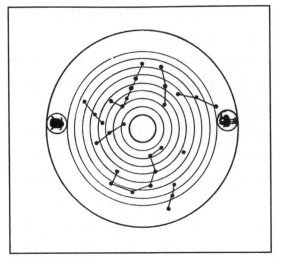

무용총의 별자리 그림

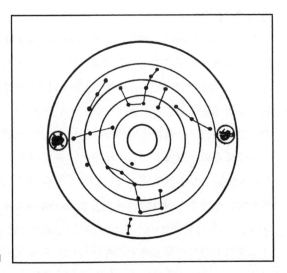

각저총의 별자리 그림

춤추는 여인들의 그림으로 유명한 무용총과 씨름하는 남자들의 늠름한 모습을 그린 각저총을 포함하는 10기의 무덤 그림에서 북두칠성과 짝을 이루어 그려진 남두육성을 볼 수 있다. 이 남두육성은 중국식 28수 중에서 북방 7수의 하나인 '두수'와는 완전히 다른 것이다. 그것은 북방의 북두칠성에 대응하는 남방의 지표로서 고구려의 독특한 남쪽 하늘을 나타내고 있다. 고구려의 하늘인 것이다.

160

짝을 이루어 그려진 남두육성을 볼 수 있다. 이 남두육성은 중국식 28수 중에서 북방 7수의 하나인 '두수'와는 완전히 다른 것이다. 그것은 북방의 북두칠성에 대응하는 남방의 지표로서 고구려의 독특한 남쪽 하늘을 나타내고 있다. 고구려의 하늘인 것이다.

북쪽 하늘의 별자리도 중국 것과 같지 않다. 고구려의 북쪽 하늘은 북두칠성과 북극 3성이 자리하고 있다. 그런데 중국 것은 북극 주변에 있는 별자리가 제성을 포함하는 이른바 북극 5성좌와 사보 4성으로 표현된다. 이 고구려의 북쪽 하늘의 별자리는 고구려 무덤들의 천장 중앙 하늘을 표현하려는 것처럼 보인다. 고구려의 북쪽 하늘은 북두칠성이 대표하고 있고, 그것은 마치 고구려 하늘의 한가운데를 표현하고 있는 것 같다. 북두칠성은 고구려인에게는 특별한 별이었다. 고구려인은 하늘의 좌표에서 북두칠성을 기준으로 삼고 있었던 것 같다. 하늘의 한가운데 자리 잡은 제왕의 별자리로 보는 천문 사상을 나타낸 것이다. 지안의 통구 사신총의 별 그림이 그 대표적 보기의 하나이고, 오회분 4호묘와 5호묘에서도, 약수리 고분에서도 고구려의 뚜렷한 북쪽 하늘을 볼 수 있다. 이것은 고구려 하늘의 독특한 표현 방식이라 할 수 있다.

고구려 무덤들의 이 독특한 북쪽 하늘의 그림들은 우리에게, 고구려 천문학자들이 그들 나름의 천체 관측을 하고 있었다는 사실을 말해 주는 것으로 해석해도 좋을 것 같다. 14세기 말의 「전상열차분야지도」가 13세기 중국 송나라 「순우천문도」와 그 이름부터 다르고, 천문도의 전체적인 구성도 다르다는 사실을 내가 두 차례에 걸쳐 현장에서 확인할 수 있었을 때, 나에게 거대한 두 천문도 석판이 말해 준 강렬한 메시지가 동아시아에서 개성이 뚜렷한 두 줄기의 과학 기술의 흐름을 보라는 것이었다. 그것들은 언제나 서로 교류하고 수용하고, 그러면서도 스스로의 모습을 갖추고 제 발로 서 있는 그런 존재였다고 생각된다. 고구려의 무덤에 그려진, 지금도 살아 있는 고구려의 과학과 기술의 기록을 우리는 그렇게 읽어 내야 할 것이다.

박창범은 고구려 천문도가 14세기 「천상열차분야지도」의 원본이라는 사실을 근거로, "천문도의 별 그림이 나타내고 있는 시점을 측정한 결과, 천문도 중앙부인 북극 주변은 조선 시대 초 근처로, 그 바깥에 있는 대부분의 별들은 서기 1세기경인 고구려 시대 초로 그 시기가 밝혀졌다."라고 했다. 관측자의 위치도 그림 설명과 어긋나지 않았다 한다. "연구 결과, 관측 시점이 조선 초인 천문도 중앙부의 관측 지점은 한양의 위도 38도로 측정되었다. 또 관측 시점인 고구려 시대 초인 바깥쪽의 관측 지점은 고구려 강역의 위도인 39~40도임이 확인되었다."라고 하고, 그것은 관측 연대가 세계에서 가장 오래된 전천 성도라고 밝히고 있다. (자세한 것은 박창범, 『하늘에 새긴 우리 역사』, 115쪽을 참조하라.)

고구려 무덤의 별자리 그림은 그 고구려 천문도를 바탕으로 해서 그린 밤하늘인지는 아직 더 연구가 필요하다. 우리가 지금 분명히 알 수 있는 사실은 고구려 무덤의 별자리 그림은 천문학적인 천문도와는 구별된다는 것이다. 28수의 별자리들 중에서 주된 별들을 그린 것은 확실하지만, 그 별자리 그림은 죽은 자의 무덤의 밤하늘을 상징적으로 표현한 것이기에 수많은 별들을 다 그릴 필요가 없었다. 진파리 4호분(6세기 전반에 축조)에, 크기가 다른 여섯 종류의 별이 무려 136개나 그려진 것을 보면, 다른 고구려 무덤들에 그려진 별자리들이 고구려의 밤하늘을 상징적으로 단순화해서 나타내고 있음을 짐작할 수 있다. 일본에서 600여 개의 별을 그려 30여 개의 별자리를 표시한 기토라 고분의 벽화가 다카마쓰쓰카 고분의 별자리 그림에 비해 세계 최초의 전천 천문도로 평가되고 있는 것과 비슷한 양상이다.

고구려 무덤의 별자리 그림은 세계 과학사적 유산

『조선 기술 발전사』 2권을 편찬하면서 평양 학자들은 「천상열차분야지도」의 원본이 되었던 고구려 천문도가 4세기 중엽(355년경)에 만들어졌다고 계산했다. 1979년 출간된 『조선 전사』 3권에서 그리고 1982년 리준걸의 논문에서 학계의 의견으로 제시된 "5세기 말 또는 6세기 초"보다 100여 년 끌어올린 연대이다. 6세기의 것으로 편년된 덕화리 2호 무덤과 진파리 4호 무덤의 28수 그림이 「천상열차분야지도」의 그것과 같고, 1495년 태조 때의 석각 천문도와 1687년 숙종 때의 석각 천문도의 위수와 묘수의 거성들 사이의 각도를 엄밀히 측정하여 계산한 결과를 근거로 한 것이다. 이 천문도를 바탕으로 해서 무덤의 별자리 그림을 그렸다는 것이다. 별 그림이 그려진 21기의 무덤들이 대체로 4세기에서 7세기 초에 건설된 것이라는 사실도 그 추정 근거가 되고 있다. 사실, 13기의 무덤들이 4세기와 5세기 사이에 축조된 것들이다.

고구려 무덤의 별 그림에서 제일 많은 별을 그려 놓은 무덤은 잘 알려진 것처럼 6세기 초의 진파리 4호 무덤이다. 천장 뚜껑돌에 그려진 별들은 모두 112개이다. 크기에 따라 여섯 가지로 나누어져 있고 모두 금박을 칠했다고 알려지고 있다. 북쪽에 치우쳐 큰 별 7개가 그려져 있는데, 국자 모양의 북두칠성을 그렸고, 그 주변에 크고 작은 9개의 별들이 있다. 이들을 둘러싸고 사방에 별들이 있다. 동쪽에 29개, 북쪽에 27개 남쪽에 40개다. 이 밖에 동북쪽에 6개의 별로 묶어진 국자 모양의 별자리가 또 있다. 이러한 별의 배치는 복사리, 씨름, 춤, 우산리 1호 무덤들의 그림에서도 볼 수 있다. (『조선 기술 발전사』 2권, 262-263쪽을 참조하라.)

또 하나 많은 별들 그린 무덤이 덕화리 2호 무덤이다. 72개의 별이 팔각 고임돌에 둥근 원과 동그라미 원 안에 시옷(ㅅ) 자 무늬로 표현하고 있다. 북두칠성 밑에 첨성대라고 먹으로 씌어 있는 것이 눈길을 끌고 있는데, 그 뜻에 대한 정리된 견해가 아직 없다. 남쪽에는 벽성, 서남쪽에는 위성, 동남쪽에는 실성 등의 글이 보이고, 서북쪽에 2개의 별자리가 있는데, 북쪽과의 경계에 "유성"이라는 글이 보인다. 남쪽 6개의 별은 국자 모양으로 모아 놓았다. 팔각 고임돌의 3, 4단에 걸쳐 있는 별들은 크기가 대체로 지름 3센티미터 정도이고, 붉은색, 검은색 테두리, 갈색, 검은색 테두리 안에 희색을 칠한 것 등, 크기와 색깔로 별들을 구별해 놓았다. (『조선 기술 발전사』 2권, 363쪽 참조.)

고구려 무덤의 별 그림들은 무덤의 축조 시기에 따라 별자리의 수가 많아지거나 적어지거나 한 것 같지는 않다. 그러나 전체적으로 북두칠성과 남두육성을 충실하게 그려 놓고 있고, 「천상열차분야지도」의 별자리의 위치와 각도 등과 거의 같게 그려 놓았다는 공통점이 나타나 있다는 것이 평양 학자들의 일반적인 생각인 것 같다. 우리는 지금 100기가 조금 넘는 고구려의 무덤들을 알고 있다. (신영훈의 『고구려: 기마 민족의 삶과 문화』(2004년), 216~217쪽에 따르면 93기다.) 그중에서 평양 학자들은 21기의 무덤들에 별 그림이 있는 것으로 분류하고 있다. 4세기에서 7세기 초에 이르는 그 많은 무덤들에 별자리 그림들이 그려져 있다는 사실은, 「천상열차분야지도」의 기록과 별자리 그림과 함께 우리나라 천문 관측의 역사뿐만 아니라, 세계사의 눈으로 볼 때에도 가장 귀중한 과학 문화 유산이라고 평가하기에 부족함이 없다.

나는 개인적으로, 고구려 무덤에 그려진 고구려 사람들의 하늘에서, 가장 인상 깊은 장대한 우주를 그려 낸 것으로 4세기 말에 축조된 춤무덤(무용총)을 꼽는다. 신비로운 우주의 모습을, 그 생각을 그렇게 멋있는 필치로 표현한 하늘의 세계가 또 있을까. 고구려 무덤의 벽화에 그려진 별들에 대한 최근의 연구를 참고하는 일은 중요하다. 나는 그중에서 평양 학자로 리준걸이 《력사 과학》에 발표한 일련의 논문(리준걸, 「「천상열차분야지도」에 대한 약간의 고찰」, 《력사 과학》 1982년 1호, 45~49쪽)과, 서울 학자들 중에서 김일권, 전호태, 박창범 등의 단행본들이 이 글을 쓰는 데 크게 도움이 되었다.

고구려 무덤 그림으로 읽는
과학과 기술의 역사

지안 다섯 무덤(오회분) 4호 무덤과 5호 무덤에
그려진 기술자들

지안 유적에서 지안 다섯 무덤(오회분) 4호 무덤은 해와 달을 이고 날아가는 남녀 두 신(神)의 그림으로 잘 알려져 있다. 중국인 여성 안내 요원이 플래시로 가리키는 해의 신을 보았을 때의 그 숨 막히는 감동은 6년이란 모진 세월의 흐름에서도 바라지 않은 채 그 강렬한 색채의 빛과 함께 내 머릿속에 아로새겨진 채로 남아 있다. 그녀는 먼저 해를, 그다음에는 달의 여신을 가리켰다. 해의 신과 마찬가지로 불로장생의 영지(靈芝) 위를 날고 있다. 그 세련되고 힘찬 기상은 고구려의 기백 그것인 듯했다. 그리고 거기에는 수레바퀴를 만들고 있는 대장신(大匠神)이 커다란 수레를 다루는 그림이 있었고, 망치로 힘차게 쇠를 부리는 또 한 사람의 대장신이 그려져 있었다. 그들은 첨단 기술을 가진 기술의 신이다. 다른 무덤에서는 볼 수 없는 기술의 신. 고구려 사람들이 첨단 기술을 가진 기술자를 얼마나 존경했는지를 짐작하게 하는 생동감 넘치는 기록이다.

무덤의 네 벽은 그 네 방위에 따라 4신을 그렸다. 장대한 필치다. 동쪽과 서쪽에는 세발까마귀로 그려진 태양과 두꺼비를 그린 달이 떠 있다. 그리고 북쪽에는 북두 별자리를, 남쪽에는 남두육성을 그렸다. 별자리가 천장에 그려진 다른 무덤들에 비해서 오회분의 하늘 그림은 매우 상징적으로 간략하게 처리되어 있다. 하늘을 나는 천인(天人)도 색다른 표현이다. 6세기 고구려인의 또 다른 우주 세계를 그린 것 같다. 그리고 오회분에는 하늘을 나는 선인(仙人)도 등장한다. 용을 탄 피리 부는 신선과, 퉁소는 부는 공작을 탄 신선이 있는가 하면, 용을 타고 호각을 부는 선인과 백학을 탄 선인도 있다. 그들은 구름 사이를 날고 있다. 그림에는 보리수도 있고 영지도 있다. 불로장생의 신선 사상이 표현되고 있는 것이다.

이렇게 오회분에서는 대장 일과 수레바퀴를 만드는 일을 하는 기술 신들과, 소머리로 상징된 국가의 기간 산업인 농사의 신과 함께 고구려인의 우주 세계관과 신선 사상을 높은 예술적 감각을 가지고 장대하게 담아냈다. 거기서 나는 그림으로 표현한 6세기 고구려의 과학과 기술의 압축된 기록을 읽을 수 있었다. 그것은 지금까지 내가 읽은 고구려의 어느 기록보다도 섬세한 사실적 자료였고, 임장감 넘치는 1,500년 전의 시공이었다.

그것은 역사서에서는 찾아보기 어려운 기록들이다. 더욱이 그것들은 살아 있는 컬러 그림으로 묘사된 가장 믿을 만한 기록들이다. 그래서 나는 그 그림들을 과학 기술 문화재로 다루고 있는 것이다. 그것들은 땅 속에서 또는 물속에서 출토된 어느 유물 못지않은 중요한 자료이다. 그것들은 또 그 유물이나 그릇들의 쓰임새를 확실하게 보여 주는 자료라는 점에서 생활 과학 문화재의 연구 영역을 크게 넓혀 주고 있다.

지안의 다섯 무덤(오회분) 4호와 5호에는 특이하게 대장신 두 사람과 소머리를 한 농사신이 그려져 있어 우리의 눈길을 끈다. 천장 받침돌 남쪽 모서리 왼쪽에 쇠를 부리는 대장신이 있다. 그는 머리를 묶었고, 노란색 깃에 초록색 옷깃의 고동색의 도포를 입고, 검은 신을 신고 바위 위에 앉아 있다. 왼손에

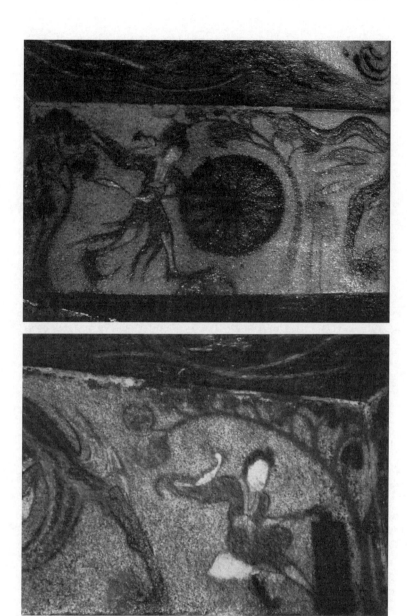

고구려의 대장장이 신과 수레장이 신. 오회분의 그림이다. 철강 기술과 수레 제작 기술을 가진 기술자들의 지위를
말해 주는 그 어떤 역사서보다 섬세하고 압축적인 기록이다.

쇠 집개를 들고 붉은 쇳덩이를 모루 위에 놓고, 오른손에 든 쇠망치로 두드리는 모습을 사실적으로 그렸다. 오른손에 든 쇠망치로 쇳덩이를 두드리려고 팔은 치켜든 동작이 역동적으로 표현되어 있다. 6세기 고구려 제철 산업의 중요성과 첨단 기술을 가진 철강 기술자의 사회적 지위를 말해 주는 역사적 자료다.

지안 다섯 무덤 4호와 5호 무덤에서 우리의 눈길을 끄는 또 하나의 그림이 있다. 그중 5호 무덤 널방 고임 그림에 보이는 불의 신은 과학 기술의 역사에서 가장 오래전에 인간이 발명한 가장 중요한 불에 대한 고구려인의 생각을 보여 주는 또 하나의 귀중한 자료이다. 우리는 고대인들이 불을 일으켜 그 불씨를 보존하기 위해서 얼마나 많은 노력을 기울였는지 잘 알고 있다. 불을 만들고 그것을 보존하는 일은 인간과 동물을 전혀 다른 생활 환경에서 살게 하는 출발점이 되었다. 인간의 공동체는 언제나 그 불씨를 온 신경을 써서 조심스럽게 모셨다. 불은 인간의 풍요로운 삶을 누리게 하는 데 없어서는 안 될 존재였기 때문이다. 불의 위대한 능력과 신비로운 모습은 인간에게 그것이 신앙의 대상으로 여겨졌고, 신이 자신의 능력을 나타내는 도구로서 인간에게 준 엄청난 선물이고 특권이라고 생각하게 했다. 그 불에 대한 그림이 5호 무덤에 불의 신으로 아름다운 필치로 표현되어 있는 것이다. 빨갛게 달아 있는 쇠를 부리는 대장신은 불로 쇠를 다스리는 최고의 기술을 가진 기술자다. 그의 기술에서 가장 중요한 것의 하나는 불을 다스려 쇠를 녹이는 불의 재주인 것이다. 전호태는 이렇게 쓰고 있다. (전호태,『벽화여, 고구려를 말하라』(2004년), 94~95쪽 참조.)

지안의 오회분 5호묘에는 고구려 사람들이 믿고 받아들였던 불의 기원에 대한 신화가 그림으로 남아 있다. 오회분 5호묘 널방 천장고인 벽화의 한 장면은 고구려 사람들이 '불'을 신으로부터 받은 선물로 여겼음을 생생한 증언이라고 할 수 있다. …… 오른손에 쥔 막대 끝에 꼬리를 뒤로 흘리며 타오르는 불꽃, …… 불꽃의 꼬리, 옷깃과 띠의 끝. 자연스럽게 나부끼는 검은 머리카락들의 끝이 모두 한 방향으로 흐른다. 말할 수 없이 자연스럽고 아름다운 자태로 자신을 드러내고 있는 불의 신, 고구려 신화 속의 화신(火神)이다.

과학 기술사 학자가 본 이 그림에 대한 내 생각을 덧붙이겠다. 고구려 사람들이 불을 아름다운 신의 모습으로 묘사한 것은 불의 기술 분야에서의 중요성을 승화시킨 것이라 할 수 있다. 그 시기, 최첨단 기술인 옹기그릇과 기와의 제조와 같은 요업 기술이 흙과 불의 기술이었고, 금속 기술에서 불이 어떻게 다루어져야 하는지를 대장신으로 묘사한 것과 연계시켜 볼 때, 보기 드물게도 불의 신의 등장은 그 기술사 자료로서의 가치가 크다. 고구려 사람은 난방과 조리에서 불이 가지는 역할을 알고, 그것이 풍요로움을 더해 준다는 아름다움으로 묘사하고 있는 것이다. 또 하나 불의 신이 대롱을 들고 불고 있는 모습에서 우리는 고대인이 불을 일으키는 방법을 확인할 수 있어 불의 기술의 한 장면을 생생히 보게 된다.

수레바퀴를 만드는 신을 그린 것도 같은 뜻을 가지고 있다. 커다란 수레바퀴는 바퀴의 테가 얇고 16개의 바퀴살이 있는 제작 솜씨가 훌륭한 첨단 기술 제품임을 보여 주고 있다. 왼손으로 수레바퀴를 잡고, 오른손은 망치를 들고 못을 박는 동작을 잘 그렸다. 수레는 6세기 고구려의 가장 중요한 교통 수송 수단이고, 그 핵심 기술은 수레바퀴임을 상징적으로 그린 것이다. 비슷한 복장을 한 두 기술 신 사이에 두 그루의 보리수를 그려 놓은 것도 그들의 격을 높이는 상징적 표현이라는 생각이 든다. 첨단 산업 기술 제품의 제작 현장을 상징하는 이 사실적 그림은 두 무덤이 축조된 시기의 고구려 기술 수준을 보여 주는 기록화와도 같은 보기 드문 귀중한 자료로 평가된다. 동아시아 동북 지역의 넓은 강토를 가진 군사 대국 고구려에서 철강의 생산과 성능 좋은 수레의 제작이 가지는 첨단 기술의 의의가 한 손에 곡식 이삭을 들고 앞으로 달리는 모습의 소머리 신으로 상징되는 농업 생산 기술과 함께 압축되어 있다는 사실에 우리는 주목해야 할 것이다. 이렇게 오회분에서 6세기 고구려의 과학과 기술의 생생한 모습을 만날 수 있다.

안악 3호 무덤의 생활 과학 그림들

4세기 중엽의 고구려 무덤인 안악 3호 무덤에는 고구려 사람들의 생활 과학의 모습을 보여 주는 훌륭한 그림들이 있다. 이 무덤은 그 주인공 부부의 초상화와도 같은 매우 사실적인 그림과 화려한 행렬이 그려져 있어 이목을 끌고 있다. 그런데 그에 못지않게 중요한 그림들이 우리를 놀라게 하고 있다. 동쪽 측실에 그려진 생활 공간과 풍습을 보여 주는 여러 주거 시설들의 스케치다.

거기에는 주인공의 실내 생활의 모습과 주거 공간의 여러 시설들, 부엌·방앗간·외양간·차고·마구간·푸줏간·우물 등의 모습이 생생하게 그려져 있다. 이 그림은 물론 그 무덤에 묻힌 최상류층 인물의 생활 수준을 보여 주는 것이어서 일반 서민들의 주거 시설과 생활 모습과는 다를 수 있다고 하겠으나, 4세기 고구려 사람의 생활 주변의 생생한 모습을 담고 있다는 점에서, 그 어떤 기록에 못지않은 훌륭한 고구려 생활 과학의 자료로서 매우 중요하다.

부엌에서는 아궁에 불을 때는 여인의 모습이 보이고 아궁이에서는 불이 벌겋게 타고 있고 부뚜막에 놓인 커다란 솥과 서서 음식을 끓이는 여인의 모습과, 상차림을 하는 여인의 모습이 그려져 있다. 부엌 앞마당에는 개와 닭이 놀고 있다. 푸줏간에는 잡은 고기를 매달아 숙성 보존하고 있고, 차고에는 사람을 태우는 우차가 놓여 있다. 방앗간에서는 여인들이 곡식을 찧고 있는 모습이 보인다. 그리고 마구간과 외양간에는 여러 마리의 가축들이 매여 있다. 우물가의 정경에서는 우물의 모양과 옆에 놓인 물 항아리들이 보인다.

그리고 특히 우리의 주목을 끄는 것은 우물에서 물을 길어 올리는 지레 장치이다. 이 장치는 지렛대의 한쪽 끝에 두레박을 달고 다른 끝에는 추를 매달아서 두레박에 물이 찼을 때 추의 무게로 힘을 적게 들이고 쉽게 길어 올리게 되어 있는 것이다. 평균대의 원리를 이용한 장치인 것이다. 이런 우물의 시설은, 푸줏간의 모습도 그렇지만, 주인공의 집이 많은 식솔을 거느리는 부유하고 지체 높은 집안임을 보여 주는 것이다.

이 그림을 보고 있으면, 그 살림집의 모습이 전혀 낯설지 않다. 1950년대의 우리나라 농촌의 어느 부농 대갓집에 들어선 것과도 같은 착각에 빠질 정도다. 19세기 말에서 20세기 초의 조선 시대 대갓집과 다를 게 없다. 서유구(徐有榘)의 『임원십육지(林園十六志)』의 그림과 거의 같다. 우물의 장치는 너무 비슷하다. 우리는 안악 제3호 무덤이 발견되기 전에는 4세기의 고구려 사람들이 이미 그런 장치를 쓰고 있었다는 사실을 알지 못했다. 이 그림의 출현으로 그 시기 고구려 사람들의 생활의 지혜가 우리가 생각했던 것보다 과학적이었다는 사실을 알게 되었다. 이것은 극히 간단한 장치이지만, 매우 중요한 역학적 원리를 실제로 응용하고 있었다는 데 의의가 있다.

똑같은 지레 장치는 곡식을 찧는 데 쓰인 디딜방아에서도 찾아볼 수 있다. 대(碓)라고 씌어 있는 그림에서 두 사람이 디딜방아로 작업을 하고 있는 장면은 조선 시대에는 물론 최근까지도 우리 농촌에서 볼 수 있었던 디딜방아의 모습 그대로이다. 디딜방아 장치뿐 아니라, 작업 방법도 똑같다. 이 두 그림은 지레의 원리를 이용한 장치로서의 드레와 디딜방아의 가장 오래된 그림이다.

외양간의 모습과 푸줏간의 모습도 전혀 낯설지 않다. 여물을 먹고 있는 가축의 모습은 지금도 우리가 쉽게 볼 수 있고, 푸줏간에 매달린 고기는 우리나라 중국은 물론, 중앙아시아에서도 찾아보기 어렵지 않다. 그 그림에서 우리는 4세기에서 20세기라는 오랜 시공을 완전히 뛰어넘고 있다. 고구려는 그런 문명을 가진 나라이고 안악 3호 무덤은 그렇게 사실적이다. 그것이 기

고구려인의 일상을 그린 그림들. 무덤 주인의 일상 생활과 그가 살던 공간이 생생하게 그려져 있다. 그 살림집의 모습이 전혀 낯설지 않다. 어떤 기록 못지않게 중요한 자료들이다.

술사에서 너무나 귀중한 자료라는 사실을 이제 더 설명할 필요가 없겠다. 살아 있는 역사적 자료가 바로 고구려 무덤 그림들인 것이다.

무덤 그림 중에서 생활 과학 관련 자료는 비교적 많다. 부뚜막 그림만도 14곳이 알려져 있는데, 그중에서 비교적 잘 남아 있는 것이, 안악 3호 무덤과 약수리 벽화 무덤을 비롯해서 마선구 31호 무덤, 만보청 1368호 무덤, 세 칸 무덤, 용호동 1호 무덤, 장천 2호 무덤 등이다. 이 부뚜막 그림들도 우리 농촌에서 지금도 볼 수 있는 재래식 부엌에 있는 것과 너무나 같다. 우리나라 생활 과학의 전통이 얼마나 오랜 역사를 가지고 이어진 것인가를 실증적으로 보여 주는 자료인 것이다. (최무장, 『고구려 고고학 Ⅱ』(1995년), 844~845쪽 참조.)

성시 그림

고구려 무덤 그림에서 또 하나 과학 기술사의 중요한 자료로 성시(城市) 그림을 들 수 있다. 4세기 말~5세기 초의 요동성 무덤(요동성총)과 약수리 벽화 무덤 그리고 5세기 중엽의 용강 큰 무덤(용강대묘)의 성시 성곽도가 그것이다. 이 도시 그림에서 우리는 고구려의 도시 건설과 그 계획, 건축 그리고 고구려 지도의 한 자락을 볼 수 있다. 100기에 가까운 그림이 있는 고구려의 무덤들 중에서 3기의 성시 그림은 우리에게 너무도 반가운 귀중한 자료다. 4세기에서 5세기에 이르는 동안의 고구려 도시의 모습을 그린 지도들이다. 그중에서 요동성 무덤의 그림은 그 고을의 도시 스케치를 색채로 그려, 도시 지도의 초기 모습을 알게 해 주어, 과학 기술사의 사료 가치를 더해 주고 있다. 고구려 사람들은 이런 식으로 그들의 후손에게 지도 자료까지 남겨 주었다. 물론 그것은 지금 우리가 보는 것 같은 지도는 아니다. 도시 지도의 원형인 것이다. 그게 지리 지도학의 자료가 되는 것이다. 오히려 4세기에 고구려 사람들은 도시의 지도를 어떤 식으로 그렸는지, 그 한 측면을 볼 수 있기 때문이다.

나는 처음에 고구려 무덤의 성시 그림 벽화를 보고 그것들이 모두 반듯한 도시 계획에 의해서 이루어진 도시임을 나타내고 있는데 놀랐다. 그래서 그 그림들이 조금 지나치게 직선으로 묘사된 도로와 성곽으로 둘러싸여 있는 것으로 묘사했을 것이라고 생각했다. 그러나 최근에 알려진 평양성과 몇 개의 고구려의 성시 그림 자료들은 고구려 시대에 조성된 도시들이 매우 정연하게 구획된 계획 도시 구조를 가지고 있는 것으로 확인되고 있다. (자세한 것은 『조선 기술 발전사』 2권을 참조하라.)

그렇다면 요동성 무덤을 비롯한 약수리 벽화 무덤과 용강 큰 무덤의 성시 그림은 그 성시들의 모습을 간략하게나마 제대로 묘사하고 있다고 보아도 좋을 것이라는 생각이 든다. 거기 나타난 지도 그림으로서의 몇 가지 요소들, 도로, 하천, 건물, 성곽과 집들이 도시 그림으로서의 관점을 가지고 간추려진 것이 틀림없다. 같은 시기에 고구려의 지도 제작자들이 그려서 실제로 쓰고 있던 지도를 바탕으로 그려진 것이다.

지도로서의 중요한 내용을 잘 나타내고, 지도 제작 기술에서 가장 중요한 요소가 되는 방위와 측량의 개념을 확실하게 보여 주고 있는 것이다. 무덤들의 별자리 그림들과 사신도는 고구려 과학자들이 천문 관측에 의해서 정확하게 결정한 천문학적 방위가 지도 제작에 활용될 수 있었음을 말해 주고 있다. 측량에 의한 도로의 구획 기술은 고구려의 여러 유적에서 볼 수 있는 축조물들에서도 확인된다.

『삼국사기』에 기록된 고구려의 지도, 봉역도(封城圖)의 존재와 고구려 척으로 널리 알려져 있는 자의 사용은 척도에 의한 땅의 정확한 측량이 이루어지고 있었음을 보여 주는 것으로 해석해서 전혀 무리가 없을 것이다.

성곽과 길이 반듯하게 계획됐다는 사실도 훌륭하다. 길의 폭도 알 수 있고 중요 건물 존재 여부도 파악할 수 있게 해 주는 중요한 자료다. 고구려 때 건물을 스케치로 묘사된 것만도 얼마나 좋은 자료인가. 일본 나라 시대의 건물들과 같이 놓고 보면 너무 닮았다는 것을 쉽게 알 수 있다. 마선구 1호 무덤

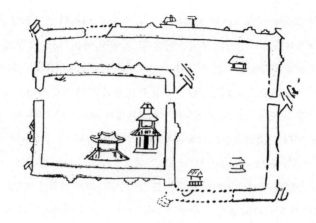

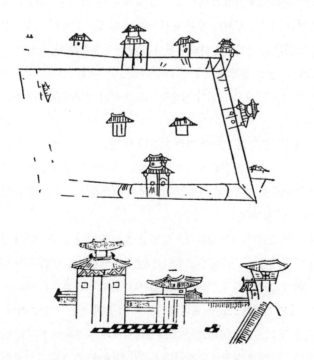

고구려 무덤에 그려진 당시 성시의 모습. 위에서부터 요동성 무덤, 약수리 벽화 무덤, 용강 큰 무덤의 성시 성곽도이다. 4~5세기의 고구려 도시들을 확인할 수 있는 너무도 반갑고 귀중한 자료다.

의 그림에 나타나는 부경(桴京)의 모습은 일본 나라의 쇼소인(正倉院), 즉 도다이지(東大寺) 경내의 부경과 똑같다. 『삼국지』에는 "나라에 큰 창고가 없는 대신에 집집마다 작은 곳간이 있는데 이름을 부경이라 한다."라고 기록되어 있다. 그리고 요동성도 그림에서 성 밖 오른쪽 옆에 따로 떨어져 있는 건물은 다층 목조탑으로 보고 있는데, 이를 통해서 아육왕탑의 형상을 추정해 볼 수 있다는 것이다. (이 문제와 관련된 자세한 논의는 앞에서 소개한 신영훈의 논문 「기마 민족의 삶과 문화」를 참조하라.)

무덤의 성시 그림에서 우리는 또, 곧고 반듯하게 계획된 도로와 성곽, 2층 3층의 화려하고 웅장한 누각과 성문, 기와집들과 초가집들이 하천과 개울, 산에 따라 적절히 계획되어 들어서 있음을 보게 된다. 지금까지 단편적으로 알려지고 있는 고구려 성시의 계획 도시 모습이 이 성시 그림에서 상징적으로 그려지고 있다는 근거를 발견하게 된다. 고구려의 도시 계획, 도로와 성곽의 건설 그리고 공공 건물의 건축 양식 등이 고구려 무덤 그림은 말해 주고 있는 것이다. 고구려 무덤 그림의 기술사 자료로서의 신빙성을 인정해도 좋을 듯하다.

그리고 이 성시도들은 고구려 건축 기술의 산 자료로서도 평가되고 있다. 이 그림들은 물론 작고 간결하게 그려진 것이긴 하지만, 고구려 건물의 양식을 보여 주는 귀중한 자료임에 틀림없다. 고구려 건물들의 모습을 볼 수 있는 중요한 그림들인 것이다.

고구려 무덤 그림의 과학 문화재로서 중요성이 또 하나 있다. 불로장생의 연단술과 신선 사상이 훌륭하게 표현되어 있다는 사실이다. 우현리 큰 무덤의 현실(널방)에 그려진 그 화려하고 숙달된 색체 감각과 아름다운 선을 구사한 벽화는, 나는 선녀의 모습을 현대의 시공 속에 옮겨 놓은 듯 황홀하다. 선녀는 왼손에 약 그릇을 들고 오른손으로 불로장생의 영지를 채취하고 있다. 연단술과 신선 사상을 상징하는 것이다. 6세기 말에서 7세기 초에 만들어진 우현리 큰 무덤이 보여 주는 이 그림은 그 시기 고구려의 신선 사상 또는 선도(仙道) 등으로 표현되는 불로장생의 술(術), 즉 연단술이 있었음을 기록하고 있다. 높은 수준의 화학 기술과 자연에 대한 사상의 상징적이면서도 사실적인 기록이라고 이해해도 좋을 것이다. 고구려의 과학자들은 그들이 체계화하고 이론으로 전개한 연단술과 신선 사상을 문헌으로 남겨놓지 못한 대신, 시공을 뛰어넘는 예술적 솜씨를 가지고 벽화 그림으로 우리에게 남겨주었다.

고구려의 연단술은 도교의 전래와 그 사상의 전개와 관련지어 생각할 수 있다. 그러면서 한편으로는 그 전에 이미 존재하던 민중 신앙이나 전통 사상에도 유의해야 한다. 『삼국유사』나 『삼국사기』에 나타난 몇 가지 설화는 우리 민족의 예부터 내려오는 신선 사상과도 관련된 것이라는 견해가 있다. 신선이 산다는 삼신산은 태백산이라는 설도 있다. 단군 설화에는 우리 상고의 산악 신앙과 신선 사상이 얽혀 있다는 견해도 유의할 만하다.

중국 고대 신선술에서 늘 제기되는 선경(仙境)이 세 선산, 즉 봉래산·방장산·염주산에 있었는데, 방사(方士)들이 그 산이 랴오둥 반도나 그 동쪽의 어느 지역에 있었다고 믿고 있었다는 이야기는 고구려 무덤들에 그려진 여러 선인(仙人)들이 하늘을 나는 모습과 선경을 상징하는 특이한 자연의 정경들은 고구려인의 신선 사상과 불로장생의 술과 관련지어 생각할 수 있을 것이다. 벽화 속에 그려진 달을 상징한 두꺼비의 그림은 달에 대한 불사(不死)의 관념을 나타낸 것으로서 죽은 자의 영생을 축원하는 불로장생적인 사상이 함축되어 있다. 또 태양 속에는 세발 달린 까마귀가 있다. 생명과 영원을 상징하는 고구려인의 새다. 이 모든 그림의 조화된 세계는 죽은 자와 살아 있는 사람들, 이 세상과 저 세상을 이어 주는 하나의 우주로 묘사되어 있다. (이런 논의와 관련된 연구는 예컨대 전호태의 학위 논문(1997년)과 그것을 개정한 최근의 단행본(2000년) 등을 참고할 만하다. 1985년에 리준걸은 해와 달이 그려진 무덤 24개의 일람표를 그의 논문에 만들어 놓았다.)

고구려 무덤들의 벽화에 대해서 더 많은 구체적인 정보를 얻고 싶은 독자들이 많이 있을 줄 안다. 평양에서 출판된 몇 가지 단행본들은 그 정보들을 일괄해서 찾아 볼 수 있는 좋은 자료이다. 그중에서 리용태의 『우리나라 중세 과학 기술사』(1990년), 박진석과 강맹산의 『고구려 유적과 유물 연구』(1994년) 등을 들 수 있다. 서울에서 출판된 것으로는, 전호태, 박창범, 신영훈 등이 쓴 책들을 권하고 싶다. 거기 자세하게 종합하고 있어서 나는 여기서 그것을 다시 옮겨 쓰는 일을 하지 않았다.

비단길에서 만난 고구려 사람들

꿈의 도시 사마르칸트의 고구려인

사마르칸트(Samarkand)는 내게 있어 꿈의 도시다. 오랫동안 가 보고 싶었던 실크로드의 중간 도시. 옛 아프라시아브(Afrosijob) 왕국의 궁전이 있던 도시. 중앙아시아의 한복판, 톈산 산맥의 서쪽이다. 2004년 3월 하순에 마침내 나는 사마르칸트에 도착했다. 대우 자동차가 온통 거리를 꽉 채운 낯선 땅이었다. 가난하지만 사람들의 눈빛이 우호적이고 양고기 구이 냄새가 구수하고 새삼스러웠지만, 수천 년의 역사를 간직한 도시는 아름다웠다.

그 궁전에 7세기 후반의 어느 날 먼 동쪽의 강한 왕국 고구려에서 사신이 온 것이다. 1220년 몽고군의 침공으로 폐허로 변했던 그 거대한 왕국이 1965년에 쏘련 고고학자들의 발굴로 세상에 알려진 환상의 궁전이다. 그 자리에 우즈베키스탄 국립 고고학 박물관이 세워지고 궁전의 커다란 벽화가 보존되면서 고구려 사신들의 모습이 햇빛을 본 것이다. 우리에게 그건 큰 고고학적 사건이었다. 두 사람의 고구려 사신은 중앙 벽면 오른쪽에 큰 칼을 허리에 찬 예복을 갖춘 모습으로 그려져 있다. 고구려 사람이 쓴 깃털 모자의 윤곽이 뚜렷하다. 색깔은 모두 퇴락하고 진흙색깔 윤곽만 남아 있지만, 벽화의 그림은 우리를 반기는 듯했다.

고구려의 사신이 여기까지 왔다. 어떤 길로 뭘 타고 얼마나 걸려서 이 먼 중아아시아의 사막 왕국까지 왔을까. 아랍과 위구르 낙타 대상들과 함께 초원과 사막과 오아시스의 길로 왔을까, 아니면 바닷길로 왔을까. 고구려 사신의 오른쪽에 그려져 있는 커다란 배를 탄 8명(사공 2명 더하면 10명)의 또 다른 나라 사신들의 모습에서 우리는 바닷길을 먼저 떠올려 봤다. 일본의 학자 요시미즈 쓰네오(由水常雄)는 그들이 신라 사신이라 했다. 신라의 특산물인 금과 서역의 유리그릇(로만 글라스)을 무역하는 일과 연결해서 본 것이다. 나는 배에 타고 있는 사람들을 중국 사람들로 생각했었다. 그런데 악기를 들고 있는 두 여인, 하나는 가야금(신라금)을 들고 있고 다른 한 사람은 비파를 들고 있다. 그리고 다른 남자 사신들의 옷 모습은 신라 사람에 가깝기도 하다. 머리 모양이 조금 특이한 점이 문제로 남긴 하지만.

고구려 사신과 배를 타고 있는 사절단 사이에는 평화를 상징하는 기기의 그림이 있다. 평화의 군주에게 평화와 화평을 청하는 여러 나라 사람들이 동방에서 왔다는 사실을 말하는 장면이라고 시니어 큐레이터(중년 여성)가 영어로 설명해 주었다. 벽화의 남쪽(왼쪽)에는 코끼리와 낙타와 말을 탄 여러 나라 사신들의 모습이 보인다. 그 그림의 상태는 너무 좋다. 색깔이 선명하게 남아 있고 새들의 그림도 생동적이다. 동남아시아 지역과 아랍 지역의 사신들도 보인다. 그런데 요시미즈는 신라의 왕릉들에서 발견되는 많은 귀중한 유리 제품과 관련지어 아프라시아브 궁전의 벽화에서 신라의 사절을 특히 주목하여 자기의 견해를 전개하고 있다. (요시미즈 쓰네오(由水常雄)의 『유리 이야기(ガラスの話)』(1983년), 101쪽을 참조하라.)

신라 사절단에 대한 묘사가 가장 자세하고 훌륭하다는 것이다. 그런데 우리가 그림을 아무리 자세히 보아도 배에 탄 사람들의 모습이 동아시아의 귀부인 모습으로는 보여도 신라 사람 같지는 않았다. 그리고 박물관 발행의 책

사마르칸트에 있는 우즈베키스탄 국립 고고학 박물관에 전시되어 있는 아프라시아브 궁전 벽화의 개요도. 오른쪽 아래에서 우리 조상들의 옛 모습을 확인할 수 있다.

자에는 중국인에 대해서 언급하고 있었다. 나로서는 조금 아쉬웠다.

　사마르칸트는 사람이 만나는 곳과 도시라는 뜻에서 유래된 지명이 말해주듯, 오랜 옛날부터 동서 교역의 요충이었고, 사막과 오아시스를 거치는 육로와 바다 그리고 초원의 길로 이어지는 몇 개의 실크로드로 동방과 서방이 만나는 아시아의 중심 도시의 하나였다. 아프라시아브 궁전의 벽화는 7세기 후반의 사마르칸트 왕 왈프만의 궁전에서 동서 여러 나라의 사절들이 왕을 알현하기 위해서 모여드는 모습을 그린 장대한 채색 그림이다. 고구려에서 그 먼 곳까지 사절단을 파견했다는 사실은 그 시기 동서 문화 교류가 실제로 이루어지고 있었음을 입증하는 결정적인 자료다. 지금까지는 주로 그들이 바닷길로 갔거나 중국 대륙을 횡단하는 사막과 오아시스의 길로 갔는지를 놓고 논의되었다.

　그러던 것이 이 벽화의 발견으로 우리에게는 그 밖의 다른 또 하나의 길,

즉 초원의 길이 떠오르게 되었다. 고구려의 땅은 북서쪽으로 가로질러 내몽고와 다싱안링 산맥(大興安嶺)을 넘어 그 서쪽 중국과 몽고 국경 도시 둥우침을 지나 지두우를 통해 서역으로 가는 초원의 무역로다. 6세기 말 고구려가 차지했던 국제 시장의 도시 조양도 거쳐 갔을 것이다. 그것은 어쩌면 고구려 인들이 개척한 서역으로 가는 길이었을 가능성이 크다.

사마르칸트 아프라시아브를 답사하면서 생각된 또 하나 중요한 것은, 고구려가 동아시아의 강대한 왕국으로서 중국·백제·신라·일본의 한자 문화권을 벗어나서 서역으로까지 교류의 폭을 넓게 가지고 있었다는 사실이 우리 앞에 전개되고 있다는 사실이었다. 고구려 사람들의 서역과의 교류 폭과 과학 기술 문명의 넓은 폭이, 우리가 아직 알지 못하는 깊이가 그 한 폭의 벽화 속에 담겨 있는 것이다. 고구려 무덤 그림에 등장하는 서역인으로 생각되는 사람들의 모습에 대한 한 가닥의 의문도 이 초원을 거치는 중앙아시아와의 교역의 길을 열고 보면, 자연스럽게 풀리는 것 같다. 둔황에서 끝없는 사막과 오아시스를 지나면서 보이던 신기루의 저편, 톈산 산맥에 덮인 만년설을 바라보면서 그 너머 서쪽에 있는 거대한 교역의 중심지로 수많은 동성 상인들이 모이고 머무르던 도시 사마르칸트는 승용차로 달려도 정말 먼 곳이었다. 거기까지 7세기에 고구려 사람들이 다녀왔다. 큰 사건이다.

고구려의 과학 기술 문명 속에 담겨 있는 서역의 여러 요소들은 중국을 거치거나 중국인이 가져온 문화의 영향에 의해서만 이루어진 것은 아니라고들 한다. 고구려 사람들이 직접 현지에서 보고 배워 가져온 문화를 고구려의 기술자들이 소화해서 창조해 낸 것들이라는 사실을 이 그림은 말해 주고 있는 것이다. 우리 둘이 세계를 그린 이 그림 앞에 섰을 때 박물관에는 우리를 안내하는 큐레이터 이외에는 아무도 없이 그야말로 조용한 분위기였다.

신라 사람들은 사마르칸트를 중간 교역 도시로 삼아 육로와 바닷길로 많은 로만 글라스 제품들을 수입하고 그들의 특산품들을 수출했는데, 고구려는 왜 유리 제품의 수입이 극히 적었는지 알 수가 없다. 우리에게 남겨 놓은 고구려의 유산만 가지고 보면, 그 시기 세 나라 중에서 신라만이 유리 제품을 많이 들여오거나 만들어 냈고, 고구려는 별로 유리 제품을 쓴 것 같지 않다. 어떤 자료도 그 사실을 알려주는 기록이 없고, 출토품이나 전해져 내려온 유물도 없다. 이상한 일이다. 새로운 자료가 나오기를 기대하고, 더 깊이 있는 연구가 있어야 할 과제다.

울루그베그 천문대

사마르칸트의 아름다운 옛 궁전들과 아프라시아브 궁전 벽화의 고구려 사신 그림을 보면서, 나는 여기서 고구려 문화의 조그마한 흔적이라도 찾아볼 수 있을까, 잠시 생각에 빠졌다. 그 실낱같은 기대는 이루어지지 않았다. 다만, 시내 중심의 큰 시장에서 고려인의 후예를 만날 수 있었을 뿐이었다. 그 아주머니들이 파는 김치, 나물, 회무침 등은 함경도 색이 짙은 음식들이었다. 강한 함경도 사투리의 우리말이 유창했다. 어찌 보면 그들은 고구려 사람의 후예일 것이다.

고구려가 중앙아시아와 교류하고, 그 문화와 접했을 때, 그들은 그곳의 터키-이슬람 과학 기술들을 알았을 것이다. 울루그베그(Ulughbek)의 천문대를 그래서 가 보았다. 그것은 아프라시아브 궁전의 벽화와 나란히 고대 이슬람 문화의 위대한 유산이다. 울루그베그는 사마르칸트의 '위대한 왕자(王子)'로, 천문학자이기도 했다. 1420년에 그가 세운 천문대와 그가 지은 『천문학(Ziji, Astrology)』이 남아 있다. 그 천문표(天文表)는 프톨레마이오스의 천문표 이후 가장 훌륭한 것이라고 평가되고 있다.

천문대는 지금, 15세기에 세운 거대한 규표(圭表)의 일부가 보존되어 있고, 울루그베그의 연구 업적과 자료들이 전시된 건물이 있었다. 땅 속에 묻혔다 발굴된 이 거대한 규표 시설은 발굴 당시 그대로 지하실에 보존되어 있는데,

울루그베그 천문대 규표 유적. '위대한 왕자' 울루그베그가 건설한 위대한 과학 문화재다. 다양한 관측 기기와 함께 15세기에 세워진 거대한 규표 일부도 보존되어 있다.

그 안에 들어가 구경하는 관광객은 별로 없었다. 우리가 들어갔을 때는 규표의 다른 쪽 출구에서 들어오는 저녁 햇빛이 옛 규표의 역할을 상상할 수 있게 했다. 우즈베키스탄에서는 이 위대한 천문학자를 자랑하는 커다란 게시물을 걸어놓고 외국 관광객을 유치하고 있다. 우리가 갔을 때, 일본인 관광객이 전세 버스로 수십 명이 와서 구경하고 있었다. 아프라시아브 궁전 박물관의 한산한 모습과 대조적이었다.

고구려와의 교류 흔적은 찾아볼 수 없었다. 울루그베그가 공부한 이슬람 천문학과 관측 기기의 원류가 고구려에 어떤 영향을 미쳤는지 알 수 있는 자료는 아직 찾을 수 없다. 동서 교류의 한복판이었던 사마르칸트의 한 모퉁이에서 그 옛 영화를 널리 알리려는 우즈베키스탄 정부의 노력이 보일 뿐이었다.

덩이쇠, 고대 한국인이 만들어 낸 철 기술

가야 철 기술의 증거, 덩이쇠

서력 기원을 전후한 시기, 한국인이 활동하던 지역에서는 색다른 철기가 나타난다. 우리가 흔히 덩이쇠 또는 철정(鐵鋌)이라고 부르는 철판과도 같은 덩어리 철이다. 그것은, 이른 시기, 기원전 7~5세기에서 기원전 4~3세기 무렵의 유적들에서는 조금 납작한 도끼 비슷한 모양의 것으로 출토되고 있다. 쇠도끼의 경우, 1996년에 평양에서 출간된 『조선 기술 발전사』 1권 46~48쪽에 따르면, 함경북도 무산 범의 구석(호곡) 유적과 황해북도 갈현리 유적 등에서 출토된 것들이 시기적으로 제일 오랜 것으로 알려지고 있다. 평양 학자들은 한국의 철기 기술이 기원전 1세기 무렵에 형성되었다고 주장하고 있다.

철광석의 생산지들이다. 덩이쇠의 초기 형태는, 그러니까 철판과도 같은 도끼 모양이었다. 덩이쇠는 그 후 3~4세기 무렵부터 아주 멋있는 형태를 갖춘 것들이 생산되기 시작했다. 고대 한국인의 기술 문화가 전개되던 지역에서 출토된 것만도 수천 개에 달한다.

이것은 분명히 주목할 만한 과학 기술 유물이다. 그 형태의 독특함과 출토되고 있는 양(量)은 한국인의 고대 기술의 흐름을 깊이 생각하게 한다. 앞에서 거듭 말한, 고인돌과 비파형 청동 검 그리고 잔줄무늬 청동 거울과 같은 고대 기술의 흐름과 맥을 같이 하는 것이다. 서울 학자들은 최근까지도 함경도 무산군 무산읍의 범의구석 철기 유적을 그렇게 이른 시기 것으로 보고 있지 않다. 기원후 1~3세기 무렵이라는 것이다. 다만, 이남규가 구정리의 판상 철부(板狀鐵斧)를 기원전 1세기의 유물로 인용해서 적어 넣고 있을 뿐이다. (예컨대, 『한국 고고학 사전』(2001년), 286쪽을 참조하라.) 그러나 이남규는 평양 학자들의 논문을 인용하면서 기원전 3~2세기라고 적고 있다. (『한국사』 3권 (1997년), 451~452쪽을 참조하라.)

평양 학자들과 서울 학자들의 이러한 견해 차이는 하루 빨리 조정되고 고쳐져야 할 중요한 기술사의 과제이다. 서울 학자들의 글은, 범의구석이나 영변 세죽리, 구정리 철기 유적에서 몇 개나 되는 이른바 판상 철부가 출토되었는지를 확인하고 있지 않다. 『조선 기술 발전사』 1권에 기술되어 있는 그 쇠도끼 모양 덩이쇠의 화학 조성을 인용 소개하고 있지도 않다. 그 데이터들은 분명히 기술사 학자들뿐만 아니라 고고학자, 한국사 학자들에게도 매우 중요하다. 동아시아 철의 기술과 흐름을 구명하고, 한국인의 고대 기술이 전개되고 있던 역사의 무대가 어디였는지를 밝히는 데 결정적인 자료의 하나가 되기 때문이다.

동아시아 과학 기술사 학자로서의 나의 지식으로는 서울 학자들의 일반적인 견해라고 볼 수 있는 초기 철기 시대의 시작 연대를 기원전 300년으로 하고 있는 납득할 만한 수준에 있지 못하다. 유감스러운 일이다. 평양 학자들의 기원전 17세기 설에 대해서도 나는 아직 납득할 만한 문헌과 자료에 접하지 못하고 있다. 다만, 내 생각(지금까지 스스로 정리한 것이다.)으로는 서울 학자들의 견해는 일제 시대부터 이어지고 있는 우리 고고학계의 뿌리 깊은 한국사 해석에서 완전히 벗어나고 있지 못한 것 같다는 아쉬움이 앞선다. 평양 학자들의 기술 고고학적 연구에서 결정적인 문제점이 발견되지 않는 한 서울

부산 복천동에서 발굴된 덩이쇠들. 일본 나라 시에서도 거의 같은 덩이쇠들이 출토되었는데 교토 대학교 중국 과학 기술사 교수였던 요시다 미쓰쿠니(吉田光邦)는 한국의 고대 제철 기술 문제가 해명되지 않고는 일본의 고대 철 기술 문제가 제대로 정리될 수 없다고 나에게 늘 아쉬워했다. 아래 사진은 경주 사라리 130호 고분에서 덩이쇠가 발굴되었음을 보도한 당시 기사다.

학자들의 일반적인 견해는 재검증되어도 좋을 것으로 나는 생각하고 있다. 매우 느리기는 하지만 나의 동아시아 고대 기술사 연구는 그와 관련된 일을 계속하고 있다.

1980년대에 교토 대학교 중국 과학 기술사 교수였던 요시다 미쓰쿠니(吉田光邦)는 한국의 고대 제철 기술 문제가 해명되지 않고는 일본의 고대 철 기술 문제가 제대로 정리될 수 없다고 나에게 늘 아쉬워했다. 평양 학자들의 연구와, 윤동석, 이남규의 선구적인 연구가 없었더라면, 고대 한국의 철 기술에 대한 기술사적 서술은 지금과 같은 초보적인 단계에까지도 이르고 있지 못할 것이다.

최몽룡은 1997년 『한국사』 3권의 첫머리 개요에서 "우리나라의 청동기 문화상은 비파형 단검, 거친무늬 거울, 고인돌과 미송리식 토기로 대표되는데, 이들은 한반도뿐만 아니라 랴오둥, 지린 지방에까지 널리 분포되어 있어 우리나라 청동기 문화의 기원에 대한 여러 가지 시사를 준다. 이후 비파형 동검 문화는 세형 동검 문화로 이어지게 되면서 철기의 사용이 시작되었다."라고 썼다.

그 철기 시대의 문화, 철기 기술에서 주목할 만한 기술 유물, 다시 말해서 과학 기술 문화재가 덩이쇠다. 덩이쇠는 그 초기 형식, 서울의 국사학자와 고고학자들이 말하는 판상 철부(도끼 모양의 덩이쇠)를 포함해서 중국의 기술 문화권에서는 보고된 일이 없어서 고대 한국인의 기술 문화권에서 자생한 철기라고 보아야 할 것이다. 영남 지역의 토광묘 유적에서 대량 출토된다는 사실(『한국사』 3권(1997년), 467~468쪽 이성주의 글을 참조하라.)은 후대에 가야의 철 기술 문화권에서 규격화된 덩이쇠와 이어진다고 생각할 때, 그 중요성이 크게 부각될 것이다. 도끼 모양의 덩이쇠, 즉 판상 철부는, 2세기 후반으로 편년되는 김해 양동리 무덤들에서 80여 개, 경주 사라리 무덤에서 70개가 출토되었고, 3세기 후반 무렵으로 보이는 김해 대성동 무덤에는 100여 개가 묻혀 있었을 것이라고 한다. (앞의 책 468쪽의 이성주의 글을 참조하라.) 2세기에서 3

세기의 김해 지역의 두 무덤에 이렇게 많은 도끼 모양의 덩이쇠가 묻혀 있었다는 사실은 가야의 철 기술 문화권에서 규격화된 덩이쇠로 발전했음을 강하게 시사하고 있는 것이다.

덩이쇠는 3세기 무렵부터 가야 철 기술을 상징하는 제품이라 해도 좋을 만치 질과 양에서 커다란 발전을 이루었다. 중국의 기술 문화권에서 보고된 일이 없는 막대 모양 쇳덩어리의 대량 생산 기술이 어떻게 형성되고 전개되었을까. 그 납득할 만한 회답을 찾을 수 있는 자료는 아직 발견되지 않았다. 이 사실은 고대 한국인의 철 기술이 중국에서 들어온 기술에 의해서 형성되었다는 우리 역사 해석에 강한 의문을 제기하는 자료로 주목되어야 한다. 1920년대에서 1930년대에 일본 학자들은 명도전이 출토되는 철기 유적을 근거로 해서 중국의 철기 문화가 한국인의 기술 문화가 전개되고 있던 청천강 이북인 북 부지역에 유입되어 한국인의 철기술이 형성되었다고 했다. (『한국사』 3권 325~342쪽의 최몽룡의 글을 참조하라.) 이 학설은 기본적으로 식민 사관에 입각한 그릇된 우리 역사 해석과 이어진다. 그리고 그것은 우리나라의 독립적인 금속 기술 문화의 성립과 발전에 부정적인 우리 역사 해석이 자리 잡게 했다.

4세기 무렵에 김해 지역에서는 도끼 모양 덩이쇠의 형태가 완전히 바뀌게 된다. 도끼로도 쓸 수 있는 날 부분이 무뎌져서 공구(工具)로는 쓸 수 없는, 너비가 넓은 덩이쇠가 나타나고 있다. 경주, 김해, 부산 지역의 무덤들에 묻혀 있는 덩이쇠들이다. 도끼 모양 덩이쇠에서 전형적인 덩이쇠로 넘어가는 중간 형태인 것이다. 이것들이 4세기 후반이 되면서 가운데가 좁고 양쪽 끝이 넓은 길쭉한 철판의 형태로 바뀌어 갔다. 우리가 말하는 전형적인 덩이쇠 그것이다.

가야의 철 기술 문화는 덩이쇠의 제작으로 상징된다고 할 정도로 덩이쇠는 4세기에서 5세기에 수많이 제조되었다. 남아 있는, 출토된 덩이쇠의 양이 그것을 밑받침한다. 덩이쇠는, 철광석에서 한두 차례 제련과 정련을 해서 철기 제작의 소재로 만들어 낸 철 기술의 산물이다. 그 시기의 첨단 제철 기술의 산물인 그 덩이쇠는, 따라서 철의 원재료뿐 아니라, 그것을 주면 무엇이든 손에 넣을 수 있는 귀한 물건이었다. 그래서 덩이쇠가 화폐와 같이 쓰였을 것이라 해도 이상할 게 없다. 덩이쇠는 부(富) 그 자체였다. 시우쇠와 강철의 중간 쯤 되는 탄소 함량이 그 용도를 얼마든지 넓혀 갈 수 있음을 말해 준다. 공구로, 농기구로, 갑주와 무기로 그리고 칼과 검을 만들어 내는 첨단 제품의 공방(工房)에서 쓰는 원료 쇠였다.

그러니까 덩이쇠는, 지배자의 무덤에서 출토되고 공방의 유적에서도 출토된다. 또 고대인들의 주거지에서 하나 또는 둘이 출토되기도 한다. 일본에서도 출토되고 있다. 일본 나라 지역의 5세기 중엽의 한 무덤에서는 크고 작은 덩이쇠 872개가 출토되었다. 모두 합해서 140킬로그램이나 되는 무게의 강쇠가 나온 것이다. 가야 지방의 전형적인 덩이쇠와 똑같은 모양이고, 0.1~0.2퍼센트가량의 탄소를 함유하는 강쇠(鋼)다. 틀림없이 가야나 경주 지역에서 일본으로 수출된 덩이쇠가 나라의 한 지배층의 인물의 무덤에 묻힌 것이다.

가야나 경주 지역의 덩이쇠 제조 기술은, 풍부한 철의 생산과 철 기술의 발달, 중국의 앞선 회도 토기 기술의 도입으로 전개된 가야와 신라의 경질 토기 기술의 발전 그리고 명도전과 함께 들어온 중국의 수준 높은 철 기술의 수용으로 이루어진 철의 기술 혁신의 결과였을 것이다. 가야와 신라 그리고 백제는 그 시기의 첨단 기술인 철의 기술과 요업 기술이 동아시아에서 가장 앞선 수준에 도달하고 있었다. 그 기술은 농업 생산력의 혁신적 발달과 상승하여 부강한 국력의 성장을 이룩했다. 특히 일본으로의 기술 수출은 매우 활발했다.

『삼국지』「위지(魏志)」의 「동이전(東夷傳)」 변진(弁辰)의 항에 "(덩이쇠)는 시장에서 중국의 돈과 같이 사용되고 낙랑군과 대방군에 공급했다."라고 기록되어 있다. 진한의 철은 일본에도 수출되었다. 또 『일본서기(日本書紀)』에 따르면, 백제의 근초고왕이 일본 사신에게 덩이쇠(鐵鋌) 40장을 주었다고 한다. 백제에서는 일본에 철을 계속 수출했다.

일본의 역사 기록에 등장하는 노반박사(鑪盤博士)는 첨단 철(금속) 기술의 권위자로, 철 공장(鐵工匠)을 교육하고 금속 기술을 지도 감독하는 교수였다. 그들은 백제에서 일본에 정기적으로 파견되어 거대한 사원(寺院)의 탑을 축조할 때 가장 중요한 노반을 세우는 최고 기술자였다. 5~7세기 일본의 아스카와 나라에 세워진 거대한 궁궐과 불교 사원의 건축에서 철의 기술은, 망치, 톱, 대패, 끌, 못과 같은 건축용 공구(工具) 제작으로 거대 건축물의 건조를 가능케 했다.

이래서 덩이쇠와 그 제작 기술은 주목을 받기에 충분하다. 마땅히 재조명되고 재평가되어야 하겠다. 고대 첨단 기술의 산물로서 그리고 한국의 과학 기술 문화재로서 그 중요성을 강조하는 것이다.

덩이쇠, 첨단 철제품의 재료

덩이쇠는 앞에서 말한 것처럼 고대 한국인의 철 기술을 실증하는 중요한 문화재이다. 동아시아에서 유달리 한국인의 기술 문화권에서만 만들어진 특이한 쇠붙이라는 점에서, 그 모양이 세련되고 실용성이 큰 디자인에서 과학 기술 문화재로서의 격을 높여 주는 유물이다. 덩이쇠 하면 우리는 바로 가야를 떠올린다. 대표적인 덩이쇠들이 5세기 무렵의 가야의 옛 무덤들에서 출토되기 때문이다. 그리고 수많은 훌륭한 철제품들과, 그것들을 만드는 데 쓰인 많은 대장간의 공구들이 가야의 유적에서 출토되었다. 중국의 사서(史書)를 봐도, 가야가 풍부한 철광석을 바탕으로 많은 철제품을 생산하고 주변의 여러 지역과 교역하고 있었음을 확인할 수 있다.

많은 철과 첨단 철제품의 생산을 배경으로 해서 발전한 가야는 철의 왕국이라 할 만하다. 가야의 덩이쇠 중에서 대표적인 것은, 부산 복천동 무덤들과 김해 대성동 무덤들에서 출토된 것들이다. 5세기 무렵의 유물로 고증되고 있는 이 덩이쇠들은, 그 세련된 모양과 알맞은 크기 그리고 철제품의 1차적인 재료로 적합한 시우쇠와 강쇠의 중간 정도가 되는 탄소의 함량을 갖도록 제련한 제조 기술 등으로 훌륭한 철제품이다. 특히 부산대학교 박물관 소장의 동래 복천동 21호 무덤과 22호 무덤에서 출토된 10개의 덩이쇠는 철제품의 과학 기술 문화재로서도 손색이 없는 유물이다. 길이 43.0~49.0센티미터, 너비 10.0~14.0센티미터의 고른 규격(規格)은 그 제작 솜씨의 수준과 훌륭한 기술을 보여 주는 제품이다. 작은 것들도 있다. 6세기경으로 연대가 내려가면서 길이 4.5센티미터, 너비 1.5센티미터, 또 길이 5.1센티미터 정도의 작은 것들이 나타난다. 고고학자들은 그렇게 크기가 작아지는 것은, 5세기 이후 화폐로서의 기능이 커진 것이라고 해석하고 있다. (예컨대, 『한국 고고학 사전』 286-287쪽 참조.) 경상대학교 박물관에도 5세기 삼국 시대의 김해 대성동 1호 무덤에서 출토된, 길이 25.0센티미터의 덩이쇠가 소장되어 있다. 4세기 후반부터 나타나는 전형적인 덩이쇠들은 가운데가 좁고 양쪽이 넓은 철판의 모양으로 만들어진다. 그런 형태를 가지면서 크기나 두께가 다양해지는 것 또한 덩이쇠를 만든 기술자들의 기술과 제작 의도를 말하는 것으로 해석할 수 있다.

가야에서 제작된 것인지, 신라나 백제에서 제작된 것인지는 고증되지 않고 있지만, 한반도에서 건너간 것이 확실한 덩이쇠들이 일본 나라의 우와나베 고분(ウワナベ古墳)에서 크고 작은 것 872장이 출토되었다. 그것은 전형적인 가야 덩이쇠와 같은 것이다. 그 덩이쇠들은 큰 것이 길이 30~40센티미터, 가운데의 너비가 5~8센티미터, 무게 200~700그램이고, 작은 것이 길이 16센티미터 전후에 가운데 너비가 2센티미터 남짓이고 무게 20그램 남짓의 것들이다. 큰 것은 모두 282개이고 작은 것은 590개인데, 수백 개의 각종 농공구(農工具)들과 함께 묻혀 있었다. 일본 고고학자들은 이것이 5세기의 것이라고 한다. 일본에서는 1918년, 경상북도 창녕 교동의 옛 무덤들에서 철판이

출토되면서 그 유물의 연구가 진행되었다. 그들은 기본적으로 그것들은 철제품의 재료(소재, 素材)라고 생각되지만, 교환 가치를 가지는 화폐로서의 성격도 함께 갖게 하기 위해서 매지권(買地券)과도 같은 의미로 무덤에 집중적으로 묻어 넣었다고도 생각했다 한다. (1992년에 도쿄, 교토, 후쿠오카에서 열린 "가야 문화전"의 도록 139쪽을 참조하라.) 그런데 이렇게 많은 덩이쇠들과 농공구가 함께 묻혀 있는 무덤은 현재로서는 이것뿐이다. 5세기 일본의 농업 혁명과 철기의 관계 그리고 백제 가야와의 기술 교류를 극명하게 보여 주는 유물들이라고 생각된다. 덩이쇠는 그 시기 첨단 철제품의 원재료로서 부와 첨단 기술의 상징이었다.

나라의 우와나베 고분에서 출토된 덩이쇠들 중에서 많은 것들이 금속학적으로 조사되었다. 분석된 것 8개 중에서 5개가 무게 30그램 내외이고 3개가 300그램에서 500그램 정도의 것이었다. 또 2개는 탄소의 함량이 0.1~0.2퍼센트의 무른 강쇠(軟鋼)이고, 2개는 0.4퍼센트 이상의 굳은 강쇠(硬鋼)이다. 무른 강쇠는 갑주의 갑편(甲片)을 제작하기에 편리한 재료이고, 탄소 함량이 0.4퍼센트 이상의 강쇠는 칼이나 검을 제작할 수 있는 재료이다. 그러니까 덩이쇠는 공구나 갑옷, 도검도 제작할 수 있는 강쇠 재료인 것이다. (사사키 미노루(佐佐木稔) 편저, 『철과 구리 생산의 역사(鐵と銅の生産の歷史)』(2002년), 42~43쪽을 참조하라.)

또 한 가지, 나라의 옛 무덤에서 나온 덩이쇠의 화학 조성에서 우리가 유의해야 할 점이 있다. 8개의 덩이쇠 분석값에서 구리(Cu)의 함량이 0.1퍼센트 이상 많이 섞여 있는 3개의 경우이다. 그것은 덩이쇠의 제작지를 추적하는 실마리가 되기 때문이다. 강쇠에 함유된 구리는 원료로 쓴 광석이 자철광과 섞여 나오는 황동광 때문인 것으로 생각되고 있다. 사사키 미노루가 엮은 『철과 구리 생산의 역사』에 따르면, 그런 광석은 중국 산둥 반도에서 양쯔 강 하류 지역에 걸친 곳에서 산출되었다고 알려져 있다.

그러면 한반도 남쪽 지역의 어느 곳에서 그 시기에 그런 철광석이 산출되었는지를 조사해 볼 필요가 있을 것이다. 일본 나라 지방으로 수출된 덩이쇠의 제조지를 추적할 때, 그 조사 없이 중국 산둥 반도 쪽에서 수입된 철제품 또는 철의 재료(바탕쇠, 地金)로 가야나 신라, 백제 등지에서 만든 덩이쇠일 것이라고 해 버리기에는 철의 기술사 해석으로 자연스럽지 못하다. 더욱이 백제의 덩이쇠는 기록으로만 알려져 있을 뿐, 유물이 알려져 있지 않다. 그런데 백제의 덩이쇠와 철 재료가 일본에 수입되었다는 일본 사료의 기록뿐만 아니고, 백제의 철제 농기구와 농업 기술이 일본에 도입되어 5세기의 농업 혁명을 일으켰다는 사실은 널리 알려지고 있다. (예컨대, 오쿠노 마사오(娛野正男), 『철의 고대사(鐵の古代史)』 2권(1994년), 150~151쪽 참조.) 일본의 사료는 또, "백제의 서쪽에 곡나철산(谷那鐵山)이 있다. 매우 먼 곳이긴 하지만 그 철산의 철을 캐서 계속 보내겠다."라고 했다고 전하고 있다. (전상운, 『한국 과학 기술사』(1976년), 261쪽 참조.)

그 많은 철제품과 백제의 덩이쇠들에 관한 고고학의 자료나 유물에 대한 연구 보고가 별로 남아 있지 않은 이유가 무엇일까. 고대 철제품이 땅 속에서 심하게 산화되기 때문에 온전한 상태로 출토되기 쉽지 않다고 하더라도, 신라나 가야의 철제품보다 알려진 게 너무 적다. 혹시 5세기 때의 거대한 나라 우와나베 고분에서 출토된 870여 장의 덩이쇠는 백제에서 무역해 간 것은 아닐지. 그 고분에 묻힌 인물은 백제계의 권력자는 아닌지. 길이 256미터나 되는 이 거대한 무덤에서는 덩이쇠뿐만 아니라, 수많은 철제 농공구가 출토되었다. 농기구는 낫이 134개, 괭이가 139개, 도끼 102개, 축 9개, 칼 284개나 묻혀 있었던 것이다. (오쿠노 마사오의 앞의 책, 156~157쪽 참조.) 덩이쇠까지 1,580개의 엄청나게 많은 철기가 부장품으로 묻은 것도 드문 일이며 놀라운 사실이다. 금, 은과 같은 귀금속이나 지배자의 힘과 권위를 상징하는 큰 칼, 또는 갑주나 마구가 아니고, 이런 철제품을 함께 묻었다는 것은 철 재료와 농공구의 중요성을 보여 주는 주목할 만한 유물이다. 5세기 일본의 농업 혁명이 가지는 산업 기술사적, 사회사적 의의를 실증하는 자료로 해석되는 것이다. (이이누마 지로(飯沼二郎), 『일본 농업 재발견(日本農業再發見)』(1975년)에서 자세한 논의를 살펴볼 수 있다.)

5세기 무렵의 다른 무덤에서도 농공구나 화살촉 등이 출토되었지만, 그 수량은 그렇게 많지 않다. 우와나베 고분이 백제계의 지배자와 이어지는지와 관련되어 산업 기술사적인, 역사 해석에서 그리고 한국의 과학 기술 문화재와 관련지어 새롭게 조명되어야 한다는 내 생각의 바탕이 여기에 있다. 여기에 묻혔던 인물은 5세기 일본 농업 혁명을 주도했던 권력자였을 것이다.

가야의 덩이쇠에 관한 금속학적 연구 한 가지가 있다. 1989년에 발표된 윤동석의 연구가 그것이다. (『삼국 시대 철기 유물의 금속학적 연구』(1989년) 참조.) 이 연구는 한국 학자로서는 가야의 덩이쇠에 대한 유일한 분석으로 매우 중요한 자료로 평가된다. 그는 동래 복천동 1호분에서 출토된 가야의 덩이쇠 2개를 분석하고 이렇게 발표했다. 그 내용을 요약하면 이렇다.

복천동 출토 덩이쇠는 사강(沙鋼) 제조법으로 만들어졌다. 그중 하나는 C-0.85퍼센트, Si-0.49퍼센트의 고탄소 강쇠였다. 그것은 시우쇠(銑鐵)를 용융시킨 후 사련(사련, parching)하여 C, Si, Mn 등을 산화 감소시켜 강(鋼)을 만들었고, 그 바탕은 ferrite와 pearlite로 되어 있다. 또한 이것은 몇 개의 사강을 겹쳐서 단타(鍛打)를 했기 때문에 pearlite가 층을 지어 나타나고 있고, 아래 부분과 겹쳐지는 곳에서 온도가 비교적 높고 개재물(介在物)이 압출(壓出, squeeze out)될 수 없어서 개재물도 층을 지어 석출되어 있는 것을 볼 수 있다.

다른 하나는 부식이 극히 심해서 C의 정확한 분석값을 낼 수 없었으나, 바탕 조직이 ferrite로 되어 있고, 탄소 함량이 훨씬 적어 거의 순철에 가까운 것이다. 큰 개재물이 없고 바늘 모양의 작은 개재물이 넓게 분포되어 있는 것으로 보아서 사련을 할 때 녹은 쇳물의 온도가 비교적 높아서 슬래그와의 분리가 쉬웠고, 단타를 심하게 받아 결정 입도(結晶粒度)가 작다.

이렇게 탄소의 함유량이 적은 사강이 출토되었다는 것은 그 당시 사련 온도를 섭씨 1,260도 이상까지 올릴 수 있었다는 사실을 말해 준다. 이것은 덩이쇠를 만들 때, 철 덩어리를 여러 번 연타하여 철기의 재료를 직접 만드는 소규모의 대장간의 수작업 방식에서 벗어나서, 더 많은 철기를 한꺼번에 제조하기 편하게 미리 중간 철기 재료로서의 덩이쇠를 만든 것이라고 윤동석은 생각했다. 그러니까 덩이쇠는 필요할 때, 만들려는 철제품을 쉽게 다량으로 제작하는, 기술적으로 한 단계 앞선 철의 재료인 것이다. 4~5세기 첨단 기술로 제조된 철제품의 수요가 폭발적으로 늘어났을 때 덩이쇠가 얼마나 귀하게 여겨졌는지 더 강조할 필요가 없을 것이다.

덩이쇠의 성분 분석 자료는 몇 개밖에 알려진 게 없다. 그중에서 일본 자료에 의해서 알려진, 창녕 교동리 출토의 덩이소 분석값이 있다. (시오미 히로시(潮見浩), 『동아시아의 초기 철기 문화(東アジアの初期鐵器文化)』(1982년), 314~316쪽 참조.) 그 자료에 따르면, 미량 성분의 분석값으로 P 0.104퍼센트, S 0.90퍼센트, Cu 0.00퍼센트, Ti 0.61퍼센트고 C, Si, Mn의 값은 나타나 있지 않다. 정성 분석으로는 Ni와 Co가 조금 두드러져 보이고, 슬래그 성분인 Al, Ca, Mg, Si의 네 가지 원소는 모두 낮아서 협잡물이 적은 질 좋은 철의 소재라고 볼 수 있다는 것이다. 이 분석 연구를 수행한 시오미 히로시는 일본에서 출토된 덩이쇠들이 "모두 조선에서 건너온 것이라고 하기에는 많은 의문이 남는다."라고 했다.

그리고 일본에서 출토된 많은 덩이쇠들의 원산지가 한국인가 아니면 일본인가 하는 문제도 매우 복잡하고, 몇 가지 안 되는 분석값으로는 판단하기 어렵다. 5세기 중엽 무렵에 한반도에서 초빙되어 건너간 기술자들에 의한 철 기술 혁신이 크게 작용했을 것이라는 생각도 중요한 판단 자료이지만, 관련된 연구는 아직 미흡하다. 덩이쇠의 기술 고고학적 분석과 그 자료의 연구가 더 있어야 할 것이다.

칠지도에 담긴 백제의 제련 기술

일본 나라 현 덴리(天理) 시의 이소노가미(石上) 신궁에는 칠지도(七支刀)라는 특이한 철도(鐵刀)가 보존되어 있다. 369년에 백제에서 왜왕에게 선물한 길이 75센티미터의 7개의 가지가 달린 철제 칼이다. 칼 몸에 61자의 새김무늬 기법으로 금으로 새겨 넣은 명문에는, 이 훌륭한 칼이 백제에서 왜왕에게 하사하여 후세에 오래도록 전해지게 하기 위해서 만들어졌다는 뜻이 적혀 있다. 명문에는 또 하나 중요한 사실이 새겨 있다. 이 칼이 "백련(百鍊)"의 철로 만들어졌다는 것이다. 칠지도에 백련의 철이라는 기술 용어가 쓰이고 있다는 것이 우리의 주목을 끈다.

연(鍊)이라는 글자는 도검(刀劍)의 제작 공정에서 쇠를 가열하는 것을 뜻한다. 철은 가열과 단타(鍛打), 즉 담금질을 거듭함으로써 탈재(脫滓)와 탈탄(脫炭)이 이루어져서 좋은 강쇠가 된다. 그래서 과거에는 담금질의 횟수를 가지고 강쇠의 품질을 나타냈다. 옛 문헌에 보이는 삼십련(三十鍊), 팔십련(八十鍊) 등이 그것이다. '백련'은 최고의 품질을 뜻하는 것으로, 최고로 앞선 강쇠 제조법이었다. 철 가공의 첨단 기술이었던 것이다. 칠지도를 만든 장인은 그 기술 용어를 금으로 새겨 넣음으로써 자신의 기술을 당당히 과시하고 있는 것이다. 칠지도는 분명히 최고의 첨단 기술 제품이었음을 자랑하기에 손색이 없는 훌륭한 검이다.

또 명문에 따르면 백련철, 즉 최고의 강쇠로 만든 7개의 가지 달린 검(七支刀)을 5월 16일, 즉 병오(丙吾) 날 정양(正陽) 시, 그러니까 5월 단오의 달, 화(火)가 겹치는 날, 한낮(日中)에 만들었다고 되어 있다. 검을 만드는 데 가장 좋은 날과 때를 택한 것이다. 화(火)와 양(陽)과 금(金), 거기에 7개의 가지(枝). 이 검이 가지는 깊은 상징성이 잘 들어 있는 것이다. 상징성을 드러내는 용어가 또 하나 있다. 제작 연대의 글 문제이다. 일본 학계는 "태화(泰和)"가 어느 연호를 뜻하는 것인가에 대해서 오랫동안 많은 논쟁을 거듭했다. 결국 중국 동

백제의 제련 기술을 보여 주는 칠지도. 이 칼에는 새김 무늬 기법으로 금으로 된 명문이 새겨져 있는데 "백련"의 철로 만들어졌다는 명문이 있다. 당시 최고의 철로 만들어진 당시 첨단 기술의 산물인 것이다.

진(東晉)의 태화(太和) 4년(369년)이라고 결론지었다. 그런데 그 태화(太和)를 왜 칠지도에서는 태화(泰和)로 썼을까. 그렇게 씀으로써 백제의 연호로 해 버린 것이라고 나는 생각하고 있다. 근초고왕 때 충분히 그렇게 글자를 바꿔 썼을 가능성이 있다. 크다, 넉넉하다, 편안하다, 너그럽다는 뜻의 태(泰)로 바꿔 화평하다는 뜻의 화(和)와 연결시켜 그런 좋은 칼을 하사하면서 왜와 우호적인 관계를 구축하려 했던 근초고왕의 뜻을 상징적으로 표현하고 전하려 했던 것으로 해석된다. 그리고 왜왕을 위해서 지금까지 볼 수 없었던 훌륭한 검을 만들어 보내니 오래도록 간직하여 전하라는 뜻을 금 글씨로 새겼다.

칠지도의 제조 기술은 4세기 중엽의 첨단 기술 수준이라는 것은 앞에서 말했다. 금의 새김무늬 기법도 훌륭하고 7개의 가지를 만든 솜씨 또한 훌륭하다. 이 칼을 날을 예리하게 세워 뭔가를 자르기 위해서 만든 것이 아니다. 7개의 가지는 음양 오행, 해와 달과 5행성의 수인 칠(일곱)을 상징한다. 백제의 철 기술자들은 이 모든 상징성을 하나로 아우르는 디자인을 그들의 앞선 기술로 훌륭하게 소화해 냈다. 그래서 칠지도는 4세기 중엽 동아시아에서 가장 잘 만들어 낸 칼로 평가되는 것이다.

윤동석은 1989년에 낸 그의 저서에서 칠지도에 대해서 이렇게 썼다. (윤동석, 『삼국 시대 철 유물의 금속학적 연구』(1989년), 6쪽 참조.)

사실 4세기경의 금속 기술로 이만큼 복잡하고 큰 칼을 쇠로 만든다는 것은 결코 쉬운 일이 아니었을 것이다. 왜냐하면 거기에는 철의 정련과 주조, 열처리와 단접(鍛接) 그리고 상감 등의 어려운 기술적 과정이 따라야 하기 때문이다. 그러므로 칠지도는 백제 금속 공장(工匠)들의 기술적 수준을 가늠할 수 있는 귀중한 유물이다. 이런 점에서 볼 때 칠지도의 제조 기술은 특히 우수하여 낙랑 장인의 기술을 능가하는 것이다. 그들이 가진 이러한 새로운 기술을 일본에 유감없이 전하여 그들을 금속 기술 발전에 크게 기여했다.

금속 공학 교수로서 한국의 고대 철기 유물의 금속학적 연구에 10여 년 동안 정성을 다한 윤동석의 칠지도에 대한 주목할 만한 평가다.

칠지도의 금 새김무늬 기술은 4세기에는 가장 높은 수준에 도달해 있었던 것으로 평가되고 있다. 일본의 사서들에 "이마기(今來)의 기술"이라는 표현으로 씌어 있는 최첨단 기술의 산물이었다. 그것은 명문에 새겨져 있는 것처럼 "백련(百錬)"의 칼이다. 중국에서 후한 때에 발명된 것으로 알려지고 있는 이 첨단 기술, 쇠는 불려서 만든 시우쇠(熟鐵, 錬鐵)를 원료로 해서 노(爐) 안에서 달구고 숯으로 여러 차례 가열과 단련을 거듭해서 탄소의 함유량을 최하로 줄여 나가는 작업을 해서 할 수 있는 데까지 분자의 배열을 고르게 하는 제강법(製鋼法)이다. 글자 그대로 100번의 단련 과정을 거쳐서 만들어 낸 훌륭한 강쇠인 것이다. 이 강쇠의 표면에 1밀리미터 정도의 홈을 파서 금선(金線)을 두드려 새겨놓는 기법으로 명문을 새겼다. 금선이 빠지지 않게 새겨놓는 기술 또한 가장 어려운 재주(技)였다. 명문에 칠지도가 백제에서도 드물게 보는 훌륭한 칼이라는 사실을 자랑스럽게 새겨 넣은 뜻을 이해할 만하다.

앞에서 말한 것처럼, 근초고왕은 372년에 일본 사신에게 덩이쇠 40장을 주었다고 한다. 덩이쇠와 칠지도는 4세기 백제의 첨단 철 기술 제품이고 그 시기 철 기술을 말하는 실증 자료로 귀중한 과학 기술 문화재로 평가된다.

제철 왕국 가야의 철 기술

후나야마 고분의 큰 칼

칠지도와 함께 일본 고고학계에 널리 알려진 유명한 큰 칼이 또 하나 있다. 규슈 후나야마(船山) 고분의 대도(大刀)가 그것이다. 칼자루의 일부가 없어졌지만 칼의 길이가 105센티미터나 되는 큰 쇠칼이다. 칼에는 은 새김무늬의 장식이 일부 남아 있고, 칼 등에는 75자로 된 문장이 역시 은 새김무늬 기법으로 씌어 있다. 그 글이 아주 중요한 자료인 것이다. 거기 몇 사람의 이름이 있는데, 그중 2명의 이름에 나는 주목하고 있다. "작도자명 이태가(作刀者 名 伊太加)" 그리고 "서자 장안야(書者 張安也)"라는 맨 끝 부분의 글이다. 5세기의 제작 연대로 알려져 있는 이 칼의 제작자들이 누구인가에 대해서 지금까지 일본의 고고학계는 중국계의 공인(工人)이라고 보고 있다. 일본의 고고학자 고바야시 유키오(小林行雄)는 장안이라는 사람은 "단순히 문안의 작자가 아니고, 상감공(象嵌工)인가 생각된다고도 했다. 그러면서도 고바야시는 "도공(刀工)의 이태가란 반도(半島) 사람 같은 이름이다."라고 하면서, "따라서 이 대도(大刀)도 칠지도와 마찬가지로 백제나 그 밖의 지역에서 만들어진 것일지도 모른다."라고 쓰고 있다. 그리고 그는 일본 국내에서 귀화인(歸化人) 에 의해서 만들어졌을 가능성도 있다고 했다.(고바야시 유키오(小林行雄), 『고대 의 기술(古代の技術)』(1962년), 187~188쪽 참조.)

아무튼 고바야시는, 이 큰 칼이 백제 등지에서의 제작 가능성을 강하게 시사하고 있다. 여기서 나는 백제가 아니면, 가야라고 생각하는 쪽이 더 자 연스럽다고 생각한다. 5세기와 6세기 사이의 가야의 무덤들에서는 지금까 지 스무 자루 가까운 쇠칼들이 출토되었는데, 그중에서 합천 옥전의 무덤들 과 산청의 중촌리 3호 무덤에서 출토된, 모두 6자루의 고리 자루 달린 큰 칼 (환두대도, 環頭大刀)들은 아름다운 은장식이 우리의 눈길을 끈다. 용 무늬와 봉황 무늬의 장식은 그 디자인의 섬세함과 멋스러움으로 그 시기 가야 공예 기술의 높은 수준을 보여 주는 것이다.

경상대학교 박물관에 소장되어 있는 가야의 고리자루 큰 칼들은, 후나야 마 고분 출토의 큰 칼이 그 제조 기술에서 맥을 같이 하고 있을 것이라는 생 각을 갖게 한다. 은 새김무늬 기법으로 쓴 문장은 칼 제작의 내력과 제작자 들을 새긴 것은 증정하기 위해서 만든 것임을 나타낸다. 후나야마 고분에서 는 여러 가지 부장품들이 많이 출토되었다. 그중에는 청동 거울 6개, 곱은옥 7개, 관옥14개, 유리구슬 90여 개, 방울 1개도 들어 있다. 거울, 곱은옥과 구 슬, 방울은 일본에서 존중되는 세 가지 신성한 신기(神器)인 것이다.

가야의 철판 갑옷

가야 철 기술 문화재에서 빼놓을 수 없는 것이 또 하나 있다. 5세기에 제작 된, 철판으로 만든 갑옷이다. 김해 퇴래리(退來里)에서 출토된 것으로 전해지 는, 높이 66.0센티미터, 너비 47.3센티미터의 이 갑옷은 그 세련된 곡선과 아 름다운 장식으로 가야 철제품의 걸작이다. 그것은 철판으로 만든 갑옷이라

가야의 철판 갑옷. 5세기의 유물로 경남 김해에서 출토되었다. 그 세련된 곡선과 아름다운 장식은 철판 갑옷이라고 믿기 어려울 정도로 멋있는 디자인이다.

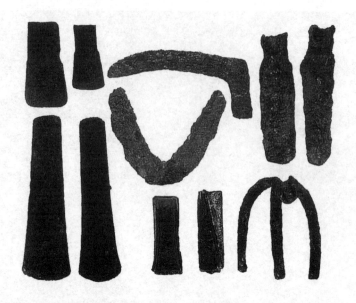

무쇠도끼와 농기구. 기원전 1세기와 기원후 3세기 사이의 것으로 추정된다.

고 믿기 어려울 정도로 멋있는 디자인이다. 철의 마름질 솜씨와 가야 장인들의 이음새 처리 솜씨는, 철을 다루는 뛰어난 기술을 말해 준다.

가야의 철 기술을 말할 때, 우리는 지금까지 고리 자루 큰 칼이나 철갑옷과 무구(武具)들의 유물을 중심으로 논하는 것이 일반적이었다. 그러나 우리나라에 남아 있는 그 유물들은 가야의 첨단 철 기술을 기술사로서 밀도 있게 전개하기에는 부족하다. 그리고 문화재학적인 또는 기술 고고학적인 연구도 거의 없었다. 오히려 일본에서의 연구에도 미치지 못했다. 대상으로 하는 유물은 한국에서 출토된 것을 위주로 해 온 것도 문제였다.

한국의 과학 문화재 연구의 대상과 범위를 우리나라에서 출토된 것과 우리나라에 남아 있는 것들에 한정할 수는 없다는 것이 내 생각이다. 우리는 그 폭을 크게 넓혀야 한다. 특히 일본에 있거나 일본에서 출토된 것들에 대

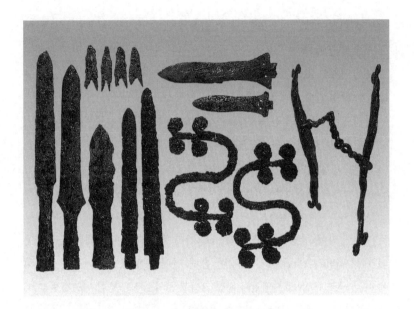

영남 지방에서 출토된 기원전 1세기와 기원후 3세기 사이의 철제 무기.

해서는 말할 것도 없고, 중국에 남아 있는 우리나라 고대 기술 유물들의 조사 연구에도 힘을 기울여야 한다.

끝으로 꼭 적어 놓아야 할 말이 있다. 고리자루 큰칼이나 철제 갑옷과 무기류에 대해서 더 이상 쓰지 않은 이유이다. 그것들을 과학 문화재로 볼 수 있다는 것은 더 말하지 않아도 좋을 것이다.

덩이쇠와 백제의 철 기술과 관련하여 백제의 중요한 제철 유적 하나에 대해서 꼭 쓰고 싶다. 충청북도 진천군 덕산면 석장리(石帳里) 제철 유적이다. 3~4세기 유적으로, 알려진 것만도 7개나 되는 곳에서 제철과 관련된 유물과 유구들이 확인되고 있다. 이 지역 일대에서 그 시기에 철 생산이 널리 이루어지고 있었다는 사실을 말해 주는 것이다. 1994년과 1995년에 걸쳐 발굴 조사된 결과, 이 유적들에서 철의 제련과 정련, 제품 생산 가공들이 조직적으로 이루어지고 있었음을 알 수 있게 되었다. 이것들은 백제의 제철 및 철 기술 연구에 매우 중요한 자료들인 것이다. 지금까지 우리가 알지 못하고 있었던 백제의 고대 철 생산과 기술에 관한 많은 사실들이 이 발굴 조사를 통해서 밝혀질 수 있게 되었다.

첫째로 중요한 유적은 용광로의 가마터가 밀집되어 있다는 사실이다. 고 고학계에서는 이것을 두고 일정 기간 동안 여기서 제철 산업이 집중적으로 이루어지고 있었다는 것으로 받아들이고 있다. (예컨대, 『한국 고고학 사전』, 641 ~642쪽; 이영훈, 「진천 석장리 철생산 유적」, 『철의 역사』(1997년); 신종환, 「진천 석장리 철 생산 유적의 조사 성과」, 『신라 고고학의 제문제』(한국고고학회, 1996년)를 참조하라.) 용광 로는 원형 가마, 장방형 가마, 상형(相形) 가마 등 여러 가지 형태의 것이 확인 되었다. 그리고 그것들은 제련, 정련, 용해, 단야 등에 쓰인 가마들이 쓰임새 에 따라 구조가 달랐다. 제철과 정련 그리고 철의 2차 가공이 집중적으로 이 루어지고 있던 제철 산업 단지였던 것이다.

상형 가마는 특히 관심을 끈다. 그것은 고대 일본의 독특한 제철 기술과 관련이 있는 것으로만 알려져 왔다. 그러데 그것이 석장리 유적에서 발견된 것이다. 백제의 기술이 고대 일본에 건너가서 이루어진 것으로 볼 수 있는 중 요한 자료다. 그 상형 가마는 길이 6.4미터, 너비 6.0미터의 ㄷ자 모양의 구덩 이다. 바닥에는 진흙과 숯을 번갈아 깔고 그 위에 2개의 가마를 설치한 것으 로 확인되었다. 그중 큰 것은 대형 제철로가 분명하고, 작은 것은 2차 철제품 을 만드는 데 쓴 가마일 것이라고 보고되어 있다. 원형 가마는 아래로 원추형 의 구덩이를 파고 그 안에 진흙으로 가마벽을 발라 만들었고 경사면 아래쪽 으로 쇠똥을 빼내게 해 놓았다. 원형 구덩이(爐)는 지름이 1미터 정도의 비교 적 큰 것이다.

석장리 제철 유적에서는 철광석과 사철이 모두 출토되었다. 사철이 철제 품을 만드는 원료로 사용된 것이다. 이것은 사철이 쓰였다는 사실을 말해 주는 중요한 자료이다. 이 유적에서는 이 밖에 석회석으로 보이는 물질과 조개껍데기, 짐승 뼈 등도 출토되었다. 철의 제련에 쓰인 부재라고 생각된다. 그리고 여기서 발견된 가마 중에 제련 가마뿐만 아니고 용해로나 단야로 보이는 것들이 있다. 제철 기술의 중요한 자료인 쇠도끼 거푸집의 부분, 지름 24센티미터나 되는 송풍관 단조 작업을 할 때 떨어져 나오는 조각 등도 출토되었다. 석장리가 백제 철 기술의 중요한 과학 기술 유적이며 그 유물들이 중요한 연구 자료임을 보여 주고 있다.

철 기술에 대한 평양 학자들의 견해

우리나라 고대 철 기술 문화재의 글을 이렇게 내가 정리해 놓고 다시 읽어 봐도 너무 한정되어 있다. 아는 게 없다는 생각이 들 정도이다. 그래서 철 기술 문화재를 마무리하면서, 다시 한번 철 기술 시작 단계와 전개 과정에 대한 평양 학자들의 견해를 되돌아보려고 한다. 서울 학자들과 일본 학자들, 일부 중국 학자들의 일반적인 견해가 매우 보수적이라는 사실에 유의할 필요가 있기 때문이다.

한마디로, 중국의 철 기술에서 우리나라의 철 기술이 시작되었다는 생각과 우리나라 철 기술은 우리나라(고조선의 영역까지 포함된) 고대인에 의해서 형성되고 발전했다는 대립되는 생각을 어떻게 정리해야 하는가 하는 문제다. 중국 학자들은 최근에 와서 중국 과학 기술 우위론을 강하게 내세우고 있다. 그리고 서울 학자들은, 고고학 역사학 미술사 공예사학자들의 대부분이, 내가 보기에는, 1960년 이전의 보수적인 국사 해석에 뿌리를 둔 견해에서 아직 완전히 벗어나지 못하고 있다. (예컨대, 『한국사 3: 청동기 문화와 철기 문화』(1997년)에서 철기 문화를 다룬 325~570쪽의 서술이다.) 우리나라 고대 철 기술의 형성 전개 과정에서 중국 철 기술의 영향과 교류를 우선 생각하는 것은 어쩌면 당연하다. 그러나 그것이 반드시 자연스러운 기술의 역사 해석은 아니라는 생각을 나는 강하게 가지고 주장하고 있다.

서울 학자들이 평양 학자들의 우리나라 고대 철 기술의 형성 연대에 대한 주장을 받아들일 수 없는 이유가 도무지 자연스럽지 못하다. 평양 학자들은 1996년에 펴낸 『조선 기술 발전사』에서 우리나라 철 기술의 형성 시기를 기원전 12세기 고조선 시대라고 했다. 리태영이 1991년에 기원전 1000년기 전반기라고 그의 저서 『조선 광업사』(1991년)에서 쓴 것보다 그 시기가 분명해졌다. 그리고 무산군 범의구석을 기원전 7~5세기 유적으로, 영변국 세죽리를 기원전 4~3세기 유적으로 보고 있다. 그리고 그 철의 기술은 중국 기술의 영향을 받아서, 또는 그 기술이 들어와서 형성되었다기보다는 고조선의 금속 기술자들에 의해서 개발된 것이라고 보고 있다. 청동 기술이 단군으로 상징되는 고조선에서 개발되고 발전했다고 보는 견해와 맥을 같이 하는 것이다.

고인돌의 문화와 기술, 비파형 청동 검의 기술, 꼭지가 2개 달린 잔줄무늬 청동 거울의 기술들은 중국 기술과 이어져서 형성 전개된 것이 아니고, 고조선에서 개발된 창조적 기술에 의해서 이루어졌다고 본다면, 철의 기술 또한 중국에서는 찾아볼 수 없는 덩이쇠의 기술과 칠지도의 기술은 독자적으로 개발되었다고 보아서 이상할 것이 없다. 비파형 청동 검의 기술이 요동에서 형성되었다는 중국 학자들의 견해는, 이와 관련해서 우리에게 중요한 사실을 시사하고 있다. 여기서 『한국사』 4권(1997년) 67쪽에서 고조선의 국가 형성을 논하면서 김정배가 쓴 글을 옮겨 보겠다.

국내 학계에서는 고조선의 영역 및 중심지 문제와 관련된 각자의 입장에 따라 북한 학계의 주장을 받아들이거나 중국학계의 견해를 수용하는 등으로 여러 의견이 엇갈려 있다. 그러나 비파형 동검 문화는 중국의 청동기 문화와 구별되는 독특한 문화로서 요하를 중심으로 한 주변 지역에 분포하며 가장 초기적 형식이 요동 지역에서 나타나 있고, 또 그 기반이 되는

문화로서 지석묘 문화의 범위가 이 지역과 일치하고 있다는 사실을 주목
할 필요가 있다.

김정배는 이어서 청동 유물에 대한 성분 분석과 비파형 청동 검과 동모 및
한국형 청동 검 등에 대한 납의 동위 원소 비에 의한 최주의 분석 연구 자료
를 가지고 청동 원료의 원산지로서 랴오닝 지방과의 연계성이 확인되었다고
하고, 뿐만 아니라 비파형 청동 검이 한반도에서 자체적으로 제작 생산되었
음을 알 수 있게 되었다고도 했다.

청동 기술 형성에 대한 이런 생각은, 철 기술 형성이 고조선의 한국인 기
술자들에 의해서 이루어졌다는 생각으로 이어질 수 있다. 덩이쇠는 그런 역
사 해석을 끌어내는 대표적인 유물이다. 그럴 때 철 기술의 형성 시기는 올려
보는 것이 자연스러워진다. 평양 학자들의 견해와 같이 기원전 12세기까지
올라가는지는, 지금까지 내가 조사한 자료로는, 한계가 있다고 말하는 것이
솔직한 생각이다. 그러나 중국 철 기술의 영향에 의해서 형성된 것이 아니고,
고조선의 강역 안에서 청동 기술에 이어 중국에서처럼 독자적으로 그 기술
이 시작되었다고 본다면, 서울 학자들이 생각하는 것같이 기원전 4~5세기
는 너무 늦다. 우리나라의 중부 이남 지역에서라면 그렇게 볼 수 있을지도 모
른다. 철 기술 형성에 대한 1997년의 이남규의 글은 서울 학자들의 일반적인
견해를 말하는 것으로 생각해도 좋을 것 같다. (『한국사』 3권 448쪽 참조.) 그는
국사학자로 금속학자 윤동석과 함께 우리나라 고대 철 유물에 대한 기술 고
고학적 연구도 한, 우리나라 고대 철기 문화 연구에 중요한 업적을 쌓고 있는
중견 학자이다. 『한국사』 3권 「철기 시대 유물」에서 그는 이렇게 쓰고 있다.

> 이제까지의 자료들을 볼 때 한반도 최초의 철기들이 출현하는 기원전 3
> 세기경에 이미 자체적으로 철 소재를 생산했다고 보기는 어렵고, 기원전
> 2세기의 분묘 유적에서 다수의 청동기와 함께 출토된 일부의 주조철기(쾡

이)들은 서 북한 지역(평남 증산군 및 대동군 부산면)에서 주형이 발견된 바 있어 자체적인 철 소재에 의한 산품이었을 가능성을 보이고 있다. 이것들은 이미 상당히 향상되어 있던 청동기 주조 기술을 기반으로 하여 제작된 것이라고 할 수 있겠는데, 아직 출토 유물의 수가 극히 적은 점으로 보아 제철은 소규모로 이루어지고 있었던 것 같다. 그렇다 하더라도 초기부터 주조철기 제조를 위한 용선(鎔銑)의 생각이 가능했다는 점에 일단 주목할 필요가 있으며, 그에 관련된 기술은 자체적으로 개발된 것이라기보다는 당시 세계 최첨단의 수준에 있던 중국으로부터 도입된 것으로 보인다.

5부

백제, 잊혀진 과학 왕국

무령왕릉에 살아 있는 백제의 과학 기술

고대사의 블랙박스, 무령왕릉이 열리다

백제의 과학 문화재는 1980년대까지만 해도 그 모습을 우리에게 거의 드러내지 않았다. 백제 문화권의 우리 박물관에서 과학 문화재라고 꼽을 만한 유물은 찾아볼 수 없었다. 일본 나라 지방에서 볼 수 있는 창조적 유물들은 일본 것이지, 백제 것으로 대접받지 못했고, 우리나라 학자들은 우리 문화재와 연결해서 다루려 하지 않았다. 백제에서 건너갔거나 백제인이 그곳에서 만들어 놓았다고 말할 뿐이었다. 과학 문화재에 관한 한 우리에게는 백제의 역사는 없다고 해도 지나친 표현은 아니다. 나는 백제의 과학 기술 유산을 찾으려고 거의 매년 나라를 찾아갔다. 갈 때마다 느끼는 것은 그곳은 백제의 일부와도 같은, 강한 백제 문화의 향기가 지금도 스며 있다는 사실이다. 우리에게는 없는, 남아 있지 않은 그런 분위기다.

신영훈이 쓴 몇 가지 책에서 백제가 나라에 있고, 그 문화를 우리의 역사 기술에서 마땅히 다루어야 한다는 주장에 나는 공감한다. 나 말고도 그런 생각을 가지고 있는 학자가 있다는 사실이 기뻤다. 백제 과학 기술의 잃어버린 고리를 찾아서 나라 지역을 헤매고 다니는 일은 많은 시간과 노력과 경비가 드는 고된 작업이었지만, 내게는 큰 즐거움이었다.

무령왕릉이 세상에 그 장대한 모습을 드러내고, 백제 대향로가 우리 앞에 그 신비로운 자태를 고이 간직한 채 나타났을 때, 나는 열광했다. 1960년대 말, 서울신문사의 기획 사업으로 김원용과 익산에 가서 백제의 상수도 토기관을 발견했을 때의 놀라움과 이어진 백제 과학 기술의 새 지평을 여는 충격이었기 때문이다. 백제의 과학 기술은 우리가 모르는 너무나 많은 것을 남겨 놓았음에 틀림없다. 익산 왕궁리 야산에서 백제의 상수도 토기관을 발견했을 때, 백제 요업 기술의 한 측면을 보았다. 그리고 놀라운 일은 그 토기 수도관을 근처 농가에서 굴뚝으로 쓰고 있는 것이다. 중국의 수도관과 구조가 다른 백제의 수도관은 그 설치 기술상의 문제를, 한쪽이 홀쭉해서 지름이 큰 쪽에 작은 쪽을 끼어 이어 나가는 수법으로 간단히 해결해 냈다. 그렇게 하면 이음새에 특별히 신경을 쓰지 않아도 되는 것이다. 요업 기술의 기막힌 아이디어에서 나온 발명이다. 제작할 때 관을 단단하게 다질 때 쓴, 삼베 천을 방망이에 감아 두드린 자국이 선명하다.

이런 백제 요업 기술은 무령왕릉이 열렸을 때, 현실로 드러났다. 그 벽돌무덤은 한마디로 요업 기술이 도달할 수 있는 아름다움과 축조의 견고성이라는 기술상의 한계가 무엇인가를 보여 준 백제 기술의 결정체였다. 와박사(瓦博士)가 왜 일본에 파견되었는지, 그들이 일본에서 해 낸 것이 어떤 기술적인 지도를 한 것인지를 기록이 아닌 유물로 확인할 수 있다는 사실이 나에게는 너무도 큰 감동이었다. 벽돌과 기와를 굽는 기술, 그것은 5세기 무렵, 최첨단 기술이었다. 그 기술이 없으면 제대로 된 대규모의 사찰 건물이나 궁궐 건물을 지을 수가 없다. 일본에서 나라 시대에 많은 백제의 와박사들이 초빙되어 건너간 기록이 남아 있는 것은, 그 시기에 나라에 지은 거대한 궁궐들과 사원들 그리고 탑들에서 그들의 역할이 얼마나 컸는지를 말해 주는 것이다.

백제의 무령왕릉이 열렸을 때, 고고학자들과 미술사학자들이 놀란 것은

216

무령왕릉의 전실. 이 벽돌 무덤은 한마디로 요업 기술이 도달할 수 있는 아름다움과 축조의 견고성이라는 기술상의 한계가 무엇인가를 보여 준 백제 기술의 결정체였다.

한두 가지가 아니다. 나에게 제일 큰 충격은 과학 기술의 역사를 전공하는 학자로서 그때까지 보지 못한 벽돌 쌓기 기술이었다. 그 아름다움은 그리고 그 단아함은 벽돌 제조 기술과 축조 기술의 최고 수준의 모습이었다. 전체의 구성 디자인을 수만 개의 벽돌 하나하나에 새긴 무늬로 짜 맞추어 조화되고 통일된 아름다움을 창출해 낸 디자인 기술은, 그것이 그저 예사로운 무덤이 아니었다. 무령왕과 그 왕비의 또 다른 세계, 영원한 안식처로서의 공간을 백제의 최고 기술로 이루어 놓은 예술적 축조물이다. 와박사라는 고급 기술 지도자가 백제에서 우대받는 자리에 있었던 이유를 무령왕릉에서 우리가 직접 확인할 수 있다는 사실로 백제의 기술은 평가되고도 남는다.

무령왕릉이 중언하는 5세기 백제의 기술은 여기서 끝나지 않는다. 오직 무령왕릉에서만 볼 수 있는, 능을 지키는 듯 버티고 서 있는 네 발의 돌짐승은 코뿔소와 너무나 닮았다. 뿔이 하나인 이 코뿔소는 백제에는 없는 동물이다. 이런 상상의 동물의 원형을 어디서 보았을까. 왜 동아시아의 많은 상징적 상상의 동물이 아닌 뿔이 하나이고 다리가 짧은 이런 돌짐승을 놓았을까. 그 것은 분명히 이국적이다. 바다를 건너 먼 나라까지 교역의 폭을 넓혔던 백제인의 기상이 담겨 있다. 599년 9월 1일의 『일본서기(日本書紀)』의 기사에는 백제에서 낙타 1마리, 노새 1마리, 양 2마리, 흰 꿩 1마리를 보냈다고 적혀 있다. 낙타가 바다 건너 백제에 들어와 있었던 것이다. 코뿔소도 백제에 들어온 일이 있었던가, 아니면 백제 사람이 코뿔소가 살고 있던 지역에 가 보았을 가능성이 있을 것 같다. 그리고 또 묘지석의 간지는 백제가 자기 나름의 역서를 가지고 있었다는 사실과 이어진다. 중국의 그것이 아니다.

2004년 11월 6일, 나는 일본 교토에 있었다. 그 날, 교토 부(府) 교토 문화 박물관에서는 조금 색다른 특별전이 시작되는 간략한 행사가 있었다. 초청받은 사람의 자격으로 나와 내 아내는 생각보다 많은 인사들이 테이프 끊는 행사에 와 있는 것이 조금은 놀라웠다. "숨겨진 황금의 세기 전(展)"이라는 주제의 아름다운 커다란 포스터가 걸려 있었다. 그 전시의 부제는 "백제 무

무령왕릉 묘지석. 무령왕릉에서 가장 중요한 유물은 이 묘지석일지도 모른다. 여기 써 있는 월삭간지의 역일을 가지고 백제 시대의 역법을 알 수 있기 때문이다.

령왕과 왜의 왕들"이다. 모두 350 점의 전시품 중에서 일본 국보가 50점(그중 2점은 복제품), 주요 문화재 46점, 한국에서 대여해 와 전시한 문화재가 45점, 지방 지정 문화재가 29점이나 된다. 굉장한 특별전이다. 7월에서 8월에는 규슈의 후쿠오카에서 열렸고, 9월에서 10월에는 가가와에서 열렸다. 그리고는 교토에서 한 달 10일간의 예정으로 열린 것이다. 무령왕의 시대를 그들은 "숨겨진 황금의 세기"라고 부르고 있었다.

무령왕은, 이 전시회에서도 쓰시마 해협의 한 작은 섬인 가가라도(加唐島)에서 태어난 것으로 전하고 있어 우리의 눈길을 끈다. 이 전설은 거의 진실인 것 같다. 특별전 도록의 첫머리에 실린 규슈 대학교 명예 교수인 니시타니 다

다시 박사의 글, 「동아시아 속의 무령왕릉」에서도 그런 가능성을 충분히 생각할 수 있다고 쓰고 있다. 『일본서기』 461년 6월의 기사에 그가 일본의 쓰쿠지(筑紫)에서 태어났다고 씌어 있는 것도 그 근거의 하나라고들 한다. 또, 무령왕릉의 왕과 왕비의 나무 관(棺)은 일본 남부에서만 자라는 고우야마기(金松, 금송)로 만들어진 것이고, 그런 목재는 한반도에는 없는 나무라는 것도 신기한 일이다. 무령왕릉에서 출토된 2,561점의 유물들은 6세기 초 최고의 기술 수준을 보여 주는 문화 유산으로, 지금까지 우리가 생각하던 백제의 과학 기술보다 한 단계 높게 평가하게 하고 있다는 점에서도 무령왕 시대의 국제 교류를 새롭게 조명하게 한다.

무령왕릉은 조유진의 말처럼 동아시아 고대사의 블랙박스다. 이 무덤의 첫 발굴에 참여했던 고고학자들은 하나같이 심장이 멎는 듯한, 가슴이 터지는 듯한 쇼크와 흥분에 몸을 떨었다고 한다. 백제사뿐만 아니라, 동아시아의 역사를 고쳐 써야 할 큰 사건이었다. 감실마다 타다 남은 심지가 그대로 붙어 있는 백자 등잔이 있었다. 그 등잔들은 무덤 안의 공기가 다할 때까지 백제 최고의 기술로 제작된 유물들을 비추고 있었을 것이다. 중국에서 가져온 백자 등잔. 그것은 나에게 삼국 시대 우리나라 등잔의 모양에 대한 해답을 찾는 실마리를 주었다. 그 백자 등잔과 같은 토기 그릇을 찾으면 백제 등잔의 한 가지와 만날 수 있을 것이다. 우리 생활 과학에서 조명 기구와 장치는 매우 중요한 부분이다. 초와 촛대 그리고 등잔과 등의 사용은 문명한 나라의 문화 수준을 나타내는 하나의 잣대이기 때문이다. 무령왕릉에서 쏟아져 나온 수많은 귀중한 유물들에 대한 자세한 그림들과 설명이 보고되기 전에 제일 먼저 나를 기쁘게 한 유물이 백자 등잔이었다. 타다 남은 심지까지 그대로 남아 있으니, 얼마나 좋은가. 거기서 우리는 어떤 기름을 썼는지도 확인할 수 있을 것이다.

또 하나 우리를 놀라게 한 게 있다. 무령왕릉을 축조한 벽돌과 전돌의 아름다움이다. 이것은 우리의 상상을 초월하는 것이다. 그 디자인의 기막힌 감각과 조화 그리고 그러한 디자인을 찍어 내고 구워 내는 기술이다. 아무리 세련된 감각으로 아름다운 밑그림을 그렸다 해도 그것은 틀로 찍어 내서 구워 내는 벽돌 제조 기술이 따르지 못하면 의미가 없다. 일본으로 건너가서 역사의 무대에 등장하고 기록으로 남아 있는 백제의 와박사의 존재가 이래서 빛을 내고 있는 것이다. 하나하나의 아름다움과 그것을 전체적으로 조화시켰을 때에 상승적으로 나타나는 뛰어난 아름다움을 와박사의 존재로 실현할 수 있었다. 첨단 기술의 실현이었다. 그 기술의 현장을 우리는 무령왕릉에서 발견할 수 있었다.

김원룡은 안휘준과 함께 쓴 책, 『한국 미술사』(신판, 1993년)에서 이렇게 쓰고 있다.

> 전(塼)은 그 무늬가 (1) 두 개가 합쳐서 완화(完花)가 되는 반쪽 연화문, (2) 두 개의 소형 연화문을 병치한 것, (3) 두 개의 소형 연화문 사이에 줄무늬를 둔 것의 세 가지를 썼으며, 그것들은 점토나 석회는 틈틈이 끼면서 길이 모 또는 작은 모 쌓기를 했고 바닥은 무문전을 삿자리 모양으로 두 겹으로 깔았는데. …… 그러니까 연꽃무늬 벽돌과 줄무늬 벽돌을 가로 세로 쌓아올리는 기법을 바탕으로 하고 있다는 것이다. 무령왕릉의 벽돌과 전돌의 기술은 6세기 최고의 요업 기술로 평가해도 지나치지 않는다.

무령왕릉은 또, 우리에게 백제의 역법이 원가력(元嘉曆)이었음을 말해 주는 결정적인 유물을 내놓았다. 무령왕의 지석이 그것이다. 무령왕이 523년 5월 7일에 죽었고 약 27개월 후인 525년 8월 12일에 대묘에 안장되었다는 뜻의 글이다.

癸卯年五月丙戌朔七日 壬辰崩到 乙巳年八月癸酉朔十二日甲申……

이은성은 그의 저서『한국의 책력』(1978년) 169쪽에서 앞의 글에 쓰인 월삭간지(月朔干支)에 의한 역일(曆日)을 근거로 백제의 역(曆)이 원가력이라고 했다. 이것은 중요한 사실이다.『수서(隋書)』「동이백제전(東夷百濟傳)」 말고는, 우리나라의 어느 사료에도 백제에서 원가력을 썼다는 기록이 없었기 때문이다. 우리는 그때까지, 일본에 554년에 백제에서 파견된 역박사 고덕(固德) 왕보손(王保孫)이 가져가서 가르친 역서가 원가력이었을 것이고, 604년에 처음으로 원가력을 썼다는 널리 알려진 사실에 근거하여 백제에서 그 시기 원가력을 쓰고 있었다고 생각해 왔다. 원가력은 중국 남북조 시대 송의 하승천(何承天)이 원가(元嘉) 20년(443년)에 만든 역법이다. 이제 역박사 고덕 왕보선이 554년에 일본에 가져가서 가르친 역서가, 523년과 525년 사이 당시 백제에서 쓰이고 있던 원가력이라는 사실을 확인하고 자연스럽게 설명할 수 있게 되었다.

고고학자나 한국 사학자들에게 무령왕릉의 묘지석은 그 능의 주인공이 무령왕이라는 사실을 확인하게 해 주는 결정적인 자료로서 백제 최고의 유물이라고 평가된다. 그런데 과학사 학자들에게 묘지석은 거기 씌어진 월삭간지의 역일에서도 둘도 없는 귀중한 자료가 되는 것이다. 그래서 천문학자의 눈으로 볼 때 무령왕릉의 유물 중에서 가장 중요한 자료는 무령왕의 묘지석이라고 할 수 있다.

다음으로 논해야 할 백제의 기술은 무령왕릉에서 오랜 세월 잘 보존된 금속 제품들이다. 이난영은 그의 저서『한국 고대의 금속 공예』(2000년)에서 백제의 금속 공예를 쓰면서 3분의 2 이상의 분량을 무령왕릉에서 출토된 유물을 중심으로 말하고 있다. 그 양이나 기술의 질에서 최고의 작품으로 보기 때문일 것이다. 나는 여기서 금은 제품보다도 청동 제품, 그중에서 일상 생활에서 쓰인 그릇들을 들어서 말하려 한다. 여기서 이난영이 말하는, 또는 고고학자들과 미술사학자들이 말하는 청동 제품들은 내가 보기에는 놋그릇이다. 아직 분석 작업과 고증이 끝나지 않은 단계이긴 하지만, 그것들은 분명히 놋그릇이다. 7세기에서 8세기에 일본으로 수출되어 쇼소인에 보존되어 있는 신라의 청동 그릇들이 거의 놋그릇이고, 우리나라에서 출토되어 보존되고 있는 삼국 시대의 많은 그릇들이 놋그릇이기 때문이다.

무령왕릉에서 출토된 청동 그릇은 잔 받침, 접시, 발, 수저, 잔과 대접, 다리미 등과 청동 거울이다. (자세한 것은 이난영의 『한국 고대의 금속 공예』을 참조하라.) 이 유물들은 보존 상태가 매우 훌륭해서 일본 쇼소인의 신라 놋그릇과 맞먹는 제작 솜씨다. 그때까지 백제의 청동 그릇과 청동 거울이 온전하게 남아 있는 것이 거의 없었다. 놋그릇은 신라에서 많이 만들어졌고, 그 기술이 고려에서 대량 생산이 가능한 수준으로까지 발전하여, 조선으로 이어져 도자기와 함께 널리 쓰일 수 있게 되었다고 우리는 알고 있었다. 그러나 무령왕릉에서 출토된 놋그릇들을 보면서 그러한 생각을 다시 정리해야 할 것 같다는 새로운 과제를 앞에 두게 되었다. 놋그릇의 제작 기술이 6세기 백제에서 상당한 수준에 도달하고 있었다는 사실을 알게 되었기 때문이다.

백제의 청동 기술은 무령왕릉에서 출토된 3점의 청동 거울에서도 새로운 조명을 받기에 충분하다. 그것들은 연대가 확실한 유물로서 매우 중요한 자료라고 이난영은 평가하고 있다. 그것들은 백제에서 제작되었다는 데 이의를 다는 사람은 없다. 그 제작 솜씨가 그 시기 중국의 청동 거울들에 뒤지지 않는다. 국보 161호로 지정된 지름 23.2센티미터의 신수무늬 청동 거울(宜子孫獸帶鏡)은 일본 군마 현에 있는 간논산 고분(觀音山古墳)에서 1면, 사가 현 미가미산 고분(三上山古墳)에서 2면이 출토되었다. 이난영의 설명에 따르면, 이 4면의 청동 거울은 같은 거푸집이거나 같은 틀로 부어 만들어진 것들이라고 한다. 이중 간논산 고분 출토 청동 거울은 일본의 중요 문화재로 지정되어 있다. 그리고 같이 출토되어 국보로 지정된 지름 17.8센티미터의 방격규구 신수문경(方格規矩 神獸文鏡)도 훌륭한 작품이다. 이만한 청동 거울이 중국에서 만들어진 것이 아닌 백제의 기술로 만들어졌다는 사실도 무령왕릉의 유물들이 발견되기 전까지는 아무도 확실하게 말하지 못했다.

그러나 그것들이 훌륭한 솜씨의 청동 거울이기는 하지만, 중국의 한나라 와 당나라 때의 뛰어난 작품들, 평균 수준 이상의 작품들에 비하면 아무래 도 조금은 처지는 듯한 느낌을 받는다는 것이 솔직한 의견이다. 그렇다고 백 제의 청동 거울 제작 기술이 중국 기술에 미치지 못했다고 평가해서는 안 될 것이라는 것 또한 내 생각이다. 기술이 미치지 못한 것이 아니고 그렇게까지 섬세하고 완벽하게 끝막음하는 일을 하지 않았다고 보는 것이 옳은 평가일 것 같다. 공장(工匠) 기술의 이러한 흐름을 조선 시대의 기술 공예 작품에서 도 일반적이라고 할 수 있을 정도로 흔히 찾아볼 수 있다. 중국의 기술 공예 와 우리의 전통 기술 공예의 특징적 차이라고까지 말할 수 있는 현상의 하나 이다. 이런 현상을 가지고 우리의 전통 기술과 공예의 본질을 그릇 평가하는 태도는 경계해야 할 일이다.

과학 기술의 선진국, 백제

일본으로 파견된 백제의 박사들

1965년, 교토 대학교 조선사 교수 우에다 마사아키(上田正昭) 박사는 작은 책 하나를 썼다. 『귀화인(歸化人)』이라는 색다른 제목이다. 이른바 신서판의 작은 책이었지만, 그 반향은 컸다. 우에다 교수는 6세기에서 7세기에 일본에 건너온 많은 백제의 학자들과 기술자들을 일본에서 "귀화인"이라고 부르고 있는 사실을 비판했다. 그들은 일본의 요청을 받아 백제에서 파견되어 건너간(도래한) 지도적 인물들이지 귀화를 목적으로 온 사람들이 아니라는 것이다. 그래서 그는 "도래인(渡來人)"이란 용어를 썼다.

일본사의 일급 사료인 『일본서기』와 『고사기(古事記)』에는 고구려, 백제, 신라에 관한 많은 기록들이 나온다. 그 기록들 중에는 우리의 사서에는 없는 중요한 기록들이 적지 않다. 553년 6월에 의박사(医博士), 역박사(曆博士) 등이, 그리고 587년 8월에는 사공(寺工), 노반박사(鑪盤博士), 와박사(瓦博士), 화공(畵工) 등이 파견되어 왔다는 기록들이 그중의 하나다. 박사란 지금의 대학 교수와도 같은 관직이다. 그 시기의 선진 과학과 첨단 기술을 갖춘 집단이 파견되어 일본에서 활동하고 있었던 것이다.

『일본서기』에 따르면 이 첨단 기술 집단이 이미 464년에 백제에서 일본으로 건너간 것이 기록으로 남아 있다. 일본 고분 시대의 유명한 경질 토기인 스에기(須惠器)는 백제의 도공들에 의해서 제작되었다는 사실은 널리 알려져 있다. 백제의 "재기(才技)", 새로 온 스에기를 만드는 "공인(工人) 고귀(高貴)"라는 이름이 기록되어 있는 것이다. 587년의 기사에 나오는 와박사는 옹기 또는 도기 제작의 최고 전문가다. 나는 이 와박사라는 도기 제작 기술을 가르치는 교수직명을 처음 보았을 때, 적지 않게 놀랐다. 의박사나 역박사와 같은 과학자의 직명은 당연하다고 생각했고, 성덕대왕신종의 명문에 나타나 있는 주종(鑄鐘) 대박사(大博士), 차박사(次博士)와 같은, 큰 종을 만드는 최고의 기술 전문가도 멋있다고 생각했다. 그러나 '기와 박사'는 조금 이상하다는 생각이 들었다. 기와를 만드는 기술이 그렇게 어려운 것일까 하고 생각한 것이다. 그러나 그 생각은 국립경주박물관의 거대한 망새를 보았을 때 그리고 나라의 도다이지(東大寺)의 거대한 기와를 보고 나서는 금세 바뀌어 버렸다. 그 시기, 그러한 기술은 최고로 해 내기 어려운 하이테크 기술임이 틀림없으리라. 스에기 토기는 물레로 성형하고 오름 가마에서 섭씨 1,000도 이상의 환원불로 구워 낸 회색 또는 검은 회색의 경질 토기다. 쇳소리가 나는 토기 또는 쇠처럼 단단한 토기라서 '쇠그릇'이 전화되어 일본어로 스에기(그릇)가 되었다고 말하는 학자도 있다.

나라 지방의 큰 불교 사원의 기와는 크기가 가로 1미터에 가깝고 두께가 15~20센티미터나 되는 것들이다. 익산 미륵사 같은 백제의 큰 절이나 신라의 황룡사와 같은 큰 절의 대웅전 기와도 그랬을 것이다. 높이 182센티미터, 넓이 105센티미터나 되는 거대한 망새가 그런 생각을 갖게 한다. 가야 토기의 기술은 그 시기 중국 토기의 기술 수준과 맞먹는 것이다. 기와지붕을 이은 일본 나라 지방의 대사찰은 백제의 도공들, 나중에 와박사 같은 관직을 받은 전문 기술자들에 의해서 비로소 세워질 수 있었다. 일본의 정사인 『일본서기』에 나올 만큼 무게가 있는 역사적 사건이었다는 사실에 유의할 필요가 있다. 그것은 한국의 고대 과학 기술의 중요 기록이기도 하다는 사실을 간과해서는 안 된다. 노반박사가 파견된 것도 마찬가지다. 사찰의 탑을 세울 때 노반을 세우는 일도 고도의 기술을 필요로 하는 작업이다. 탑의 상륜을 바로 세우는 기술은 그것을 부어 만들어 조립하는 일과 함께 매우 어려웠다. 그것을 노반이라 부른 것도 탑의 기초를 다지고 수평을 잡고 거대한 건조물을 수직으로 세우는 기술과 관련이 있다. 그것은 그 시기 최첨단의 고난도 기술이었다. 일본에서 대사찰을 짓고 탑을 세우는 거창한 역사(役事)에서 백제의 기술 전문가들의 역할은 절대적이었다.

588년에 파견된 백제의 고급 기술자들인 박사들은 나라, 아스카 지방의 여러 사찰들과 궁전을 건설했다. 606년에는 아스카사의 금당에 안치된 청동 불상을 완성했다. 크기가 6장에 달하는 커다란 장육(丈六) 불상을 부어 만든 것이다. 일본에서 유명한 쇼도쿠 태자(聖德太子)의 20여 년에 걸친 대건설 프로젝트였다. 일본은 그러한 기술 집단을 파견해 달라고 요청했고, 백제는 일정한 기간을 두고 다른 기술 전문가들을 교대시켰다. 그들 중에는 일본에서 좋은 대우를 받으며 눌러 앉은 사람들도 있었다. 그들을 귀화인이라 일본 사서에 기록한 것은 후세의 위작이다. 그런 표현을 그대로 오랫동안 써 온 일본 학자들에 대한 반성을 촉구하는 우에다 교수의 "도래인"이라는 새 용어는 조선사를 제대로 쓰려는 그의 학자적 자세에서 비롯된 것으로 평가해도 좋을 것이다.

나의 은사이자 교토 대학교 교수로 중국 과학사의 세계적인 권위자였던 야부우치 기요시(藪內淸)는 생전에 나와 동아시아 과학사를 논하는 자리에서 늘 일본은 지난날 중국에 말할 수 없이 큰 은혜를 입었으며 그 고마움을 잊어서는 안 된다고 했다. 그리고 한국과 관련해서는 나라 시대 나라에 살던 일본인은 백제식으로 살고, 백제식으로 입고, 백제식으로 먹고, 백제의 선진 문명을 배우며 사는 것을 가장 훌륭한 삶으로 여겼다고 말했다. 그가 나

나의 교토 대학교 은사이신 야부우치 기요시 교수 내외. 당신은 생전에 나라 시대 나라에 살던 일본인은 백제식으로 살고, 백제식으로 입고, 백제식으로 먹고, 백제의 선진 문명을 배우며 사는 것이 가장 훌륭하게 사는 방식으로 여겼다고 말했다.

와 교토 대학교에서 만난 지 얼마 안 된 1970년대에 그는 나에게 나라에 가까운 곳에 고우리야마(群山)라는 마을이 있는데, 그 박물관에 가 보자고 했다. 거기서 일본 수학사의 대가 오야 신이치(大矢眞一) 선생을 만나서 같이 박물관을 구경하자고 했다. 오야 선생은 나와 인사를 나눈 후 제일 먼저 '고우리야마'는 한국어에서 온 지명이라고 설명했다. 고우리(郡)는 한국어의 고을에서 온 말이라는 것이다. 나라(奈良)는 한국어의 나라(國)이고 그 한 고을로 고우리야마가 형성됐단다. 그분들이 나를 그곳 박물관으로 데리고 간 이유를 알 수 있었다. 『일본서기』의 기사를 읽어 보면, 기원전 667년부터 기원전 1년까지의 신화와도 같은 기사들을 빼고, 기원후 200년 무렵부터 700년 무렵까지의 500년 동안에 얼마나 많은 고구려, 백제, 신라 관련 기사가 기록되어 있는지, 놀라울 정도다. 한국의 삼국 시대의 역사와 문화가 일본에 커다란 영향을 미쳤다는 사실을 우리에게 보여 주고 있는 것이다. 백제의 과학과 기술이 일본에 어떻게 공헌했는지를 쉽게 알 수 있다.

지금 일본 나라 지방에 있는 일본이 자랑하는 세계적인 대사원, 도다이지와 호류지(法隆寺)는 백제의 건축 기술을 보여 주는 훌륭한 건조물이다. 백제의 과학 기술을 말할 때 이 아름다운 역사적 건축을 비켜갈 이유가 없다. 우리나라에는 남아 있지 않는 백제의 목조 건축과 탑, 청동 불상을 나는 일본의 나라에서 본다. 그걸 보기 위해서 거의 매년 나라로 간다. 그리고 2005년, 나는 도쿄 국립 박물관 구내에 새로 지은 호류지 보물관에 특별 전시된 백제 계열의 수많은 불상들을 보고 숨이 막힐 듯한 감동을 느꼈다. 일본의 국보와 중요 문화재로 지정되어 있는, 금도금 청동 불상들, 거기서 나는 백제의 아름다운 불상을 온몸으로 느낄 수 있었다. 그 자리를 떠나 나는 그 벅찬 감동이 가슴 아프고 저린 마음으로 멍해지는 나를 발견하게 됐다. 우리 과학 문화재를 사랑하는 한국인의 아쉬움인가.

553년에 백제에서 파견된 역박사는 일본에서 천문학을 가르치는 교수로 커다란 공헌을 했다. 일본 천문학사에서 언제나 그 첫 장을 장식하는 글은 백제의 역박사에 관한 기록이다. 『일본서기』의 그 기사는 그 사실의 역사적 무게를 말하는 것이다. 우리의 사서들, 『삼국사기』와 『삼국유사』에도 없는 그 기록을 일본의 사서에서 확인할 수 있다는 사실이 얼마나 우리의 전통 과학 연구에서 중요한 의의가 있는지 헤아릴 수 없을 정도다. 그 기록은 분명히 『일본서기』를 편찬할 때 인용해서 쓴 백제의 사서들, 『백제기(百濟記)』, 『백제본기(百濟本記)』, 『백제신찬(百濟新撰)』에 있었을 것이다. 백제는 의박사 역(易)박사, 역(曆)박사 등을 "교체(交替)해서 근사(勤仕)하도록" 했다는 기사는 그들이 귀화를 목적으로 일본에 건너간 것이 아니고, 일정 기간 동안 파견되고 있었다는 사실을 말한다. 역박사는 일본에서 역서를 편찬하고 가르쳐서 달력을 쓰게 했고, 물시계를 만들어 시간을 측정하고 알리는 일을 했다. 일본이 문명 국가로 발전하는 데 크게 기여한 것이다.

백제 천문학자들이 일본으로 파견되어 해 낸 일 중에서 가장 중요한 일 중의 하나로 기록되어 있는 것이 있다. 660년 5월 8일에 물시계를 완성한 큰 프로젝트다. 『일본서기』에는 이렇게 씌어 있다. "이달에 황태자가 처음으로 누극(漏剋)을 만들어서 백성에게 시각을 알렸다." 일본에서 흔히 덴지 천황(天智天皇)의 물시계로 알려진 장치다. 이때 그는 황태자였는데, 그가 즉위하고 나서 10년째 되던 해인 671년 4월 25일의 기사에는, "누각을 새 대에 놓고, 시각을 알리고 종과 북을 쳤다."라고 기록되어 있다. 같은 물시계인데 10년이 지나서, 수리하고 새로 대를 만들어 올려놓고 시각에 따라 종과 북을 쳤다는 것이다.

602년 10월에 "백제의 중 관륵(觀勒)이 건너와서 달력(曆) 책과 천문 지리서, 둔갑(점성술), 방술(점술) 책을 바쳤다. 그래서 서생(書生) 3, 4명을 뽑아 관륵에게 학습하게 했다."라고 하니까, 660년에 만들어진 물시계 제작 프로젝트는 이때부터 시작된 천문 역산학의 교육 학습에서 쌓인 새로운 지식을 바탕으로 한 것이라고 생각할 수 있다.

백제에는 전혀 남아 있지 않은 물시계의 기록, 그래서 우리는 사실 백제가 언제부터 물시계를 만들어 시간을 측정했는지를 정확히 알지 못한다. 그런데 일본의 덴지 천황의 물시계를 백제 천문학자들이 만들었다는 것이 확실하므로 백제는 늦어도 660년 이전에 물시계를 만들어 국가 표준 시계로 썼을 것이다. 지금까지 일본 학자들의 일본 과학사나 일본 천문학사에는 덴지 천황의 물시계가 백제 천문학의 영향을 받아 만들어졌다는 정도의 기술에 그치고 있다. 그리고 한국의 학자들은 아무도 백제의 물시계 제작을 660년 덴지 천황의 물시계 제작과 연관해서 적극적으로 기술하는 시도를 하지 않았다. 우리의 사서, 『삼국사기』나 『삼국유사』에는 기록이 없기 때문이다. 그러나 나는 일본의 역사 기록으로 분명히 알 수 있는 백제 물시계의 존재를 오래전부터 주장해 왔다. 물시계의 제작은 단순히 물시계라는 기기로만 파악할 일이 아니다. 국가의 표준 시간의 측정과 그 제도의 시행이라는 중요한 사건으로도 파악할 수 있는 것이다. 문명 국가의 과학과 기술에서 물시계가 가지는 의의가 크기 때문이다.

『일본서기』에 따르면 675년 1월 5일, 일본에는 "처음으로 점성대(占星臺)가 세워졌다. 백제 천문학자들의 지도로 이루어진 것이다." 백제에는 천문대에 관한 기록이나 유적이 전혀 없다. 그러나 고구려와 신라에 있는 천문대가 백제에 세워지지 않았으리라고는 생각할 수 없다. 일본에 천문대를 세우면서 백제에 천문대를 세우지 않았을 리가 없다. 백제에는 675년 이전에 아마도 '점성대'라는 이름의 천문 관측대가 세워졌을 것이다. 『일본서기』의 기록은 백제 천문대의 존재를 확인해 주는 사료다.

노반박사와 관련된 사실 또한 기술 발전의 중요한 테두리에서 파악해야 한다. 우리에게는 백제 시대의 큰 사찰의 기와가 제대로 남아 있는 것이 없다. 수막새 기와의 앞부분의 아름다운 무늬가 미술사학자들과 고고학자들의 관심 속에서 보존 연구되고 있을 뿐이다. 그런데 기술사로서의 기와의 제조는 요업의 중요한 발전으로 전개되는 것이다. 그리고 큰 사찰들의 기와는 일본 나라 지방의 큰 사찰들에서 보는 바와 같이 엄청나게 크다. 그러나 그런 큰 기와는 그것을 고정시키는 쇠못이 제작될 수 있다는 기술의 문제가 해결되어 있는 바탕에서만이 가능하다. 기와에 뚫려 있는 못 구멍의 지름과 기와 두께는 거기 쓰인 못의 크기를 가늠할 수 있는 단서다. 실제로 기와지붕을 수리하면서 뽑아낸 쇠못은 길이 30센티미터, 지름 1센티미터의 초대형 못이다. 그것들을 수천 개에서 수만 개를 만들어 내는 제철 기술은 그 시기의 최첨단 기술이다. 그 뛰어난 기술의 바탕이 없이 큰 사찰의 건축은 불가능하다. 노반박사는 금속 기술의 최고 기술 전문가이다.

『일본서기』에는 고구려 백제 신라에서 건너간 수많은 전문가들에 대한 기사가 그 기록의 큰 비중을 차지하고 있다. 세 나라에서 건너간 전문 인력, 특히 백제에서 파견되어 건너간 학자들과 전문직 관료들과 전문 기술 인력을 중요 기사로 다룬 사실을 우리는 새로운 조명으로 제대로 파악하고 평가

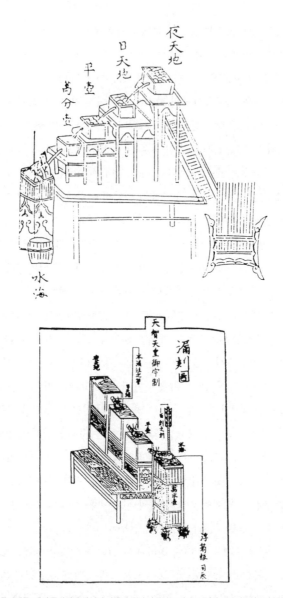

일본 고대의 물시계들. 백제 물시계와 관련된 기록이 우리 사서에는 없다. 그러나 660년 5월 8일 백제 천문학자들의 도움으로 일본인들은 물시계를 만들었다. 이것은 백제가 660년 이전에 물시계를 써 국가 표준 시계로 삼았다는 뜻이다.

해야 한다. 일본에 전해진 학문이나 과학 기술 차원에 머물러서는 안 된다. 그것은 백제의 과학이고 기술이다. 백제의 과학과 기술이 어떻게 전개되고 있었는지, 그 역사의 현장이 그 과학 기술 문화재가 우리의 시각에서, 우리 것으로 다루어지고 정리되어야 할 것이다. 그게 우리가 할 일이다.

아스카의 물시계와 점성대

660년에 백제의 박사들이 일본에서 물시계를 만들었다는 사실은 앞에서 말했다. "덴지 천황의 물시계"라고 일본 사람이 부르는, 일본 최초의 표준 시계다. 1982년 교토의 야부우치 스쿨의 동아시아 천문학사 학자들이 공동 연구로 고증 복원한, 종루도 갖춘 규모가 상당히 큰 건조물이다. 고고학자들과 공동으로 물시계가 설치되었던 유적도 발굴하여 그 자료를 가지고 추정, 설계 복원한 것이다.

4단의 물통(漏壺)과 1개의 물받이 통(受水壺)으로 이루어진, 이른바 부루(浮漏)였다. 물을 담은 항아리 통(夜天池)의 한쪽에 구멍을 내서 관을 끼어 그 아래 물통들에 연결하거나, 사이폰 형식의 관으로 그 아래 물통들에 물이 흘러내리도록 한 장치다. 물받이 통(水海)에는 잣대(箭)가 끼어 있어서 물이 차는 높이로 시각을 측정했다. 아스카에 복원한 물시계는 4시간마다 72리터의 물을 공급한 것으로 고증되었다.

660년에 덴지 천황이 황태자로 있을 때 처음 제작된 이 물시계는 그가 천황으로 즉위한 지 10년째인 671년 4월 25일에 새로 종루를 만들어 설치하고, 종과 북을 쳐서 표준 시계로서의 기능이 시작되었다. 이 물시계는 7세기 전반, 당나라에서 보편적 형식이었던 여재(呂才)의 누각(漏刻)과 같은 형식이다. 이것은 백제의 표준 물시계도 같은 형식이었다는 사실을 말해 준다. 그리고 백제에서는 660년 이전에 표준 물시계가 종루와 함께 설치 운영되고 있었음을 알 수 있다.

또 하나, 전하는 바로는, 덴지 천황이 백제계의 인물이라는 사실도 그가 국가 표준 시계의 설치를 추진해서 실현케 했다는 것과 자연스럽게 이어진다. 일본에 그때까지 없었던 표준 시계에 의한 시간 측정과, 시간을 백성들에게 알리는 일의 중요성을 인식하게 되었다는 것 또한 획기적인 일이다. 국가 표준 물시계에 의한 시간 측정은 천문대의 건설로 이어진다. 675년에 세워진 점성대가 그것이다. 천문대 설치에 대한 기록이나 유적이 백제에 없지만, 일본에 백제 천문학자들이 세운 점성대에 대한 일본 사서의 기록은, 백제에 점성대가 있었다는 사실을 말해 주는 것이다. 그 규모를 알 수 있는 기록이나 유적은 없지만, 경주 첨성대는 백제 천문대의 규모를 짐작할 수 있는 단서가 되기에 충분하다.

일본의 고대사를 뒤흔든 백제의
하이테크 산업 기술

도다이지의 청동 대불과 백제 관음

나라를 여행하는 사람들에게 아름다운 사원들과 멋있는 탑들 그리고 평화롭게 쉬고 있는 잘생긴 사슴들은 그것들이 인류 문화의 위대한 유산임을 온몸으로 느끼게 한다. 그래서 나는 나라에 간다. 그리고 나는 늘 백제의 문화 유산에 새삼스럽게 감동한다. 또 버릇처럼 사들고 오는 나라즈케(奈良漬)를 먹으면서 전라도 담양의 울외 장아찌를 생각한다. 거기에 교토 번화가 뒷길의 전통 시장 니시키노고지(錦小路)에서만 먹어 볼 수 있는 찰떡(우리의 인절미와 꼭 같다.) 맛이 주는 즐거움도 한몫한다. 나라와 교토에서 맛볼 수 있는 일본의 전통 음료 아마자케(甘酒)도 우리나라의 전통 음료 감주와 너무 같다. 한국에는 그것을 차게 한 식혜도 어려서부터 명절이나 제삿날에 잘 만들어 마셨다고 했더니, 교토의 유명한 사찰인 기요미즈데라(淸水寺)에서 그걸 내게 권한 과학사 학자 도쿄 대학교 나카야마 시게루 교수는 깜짝 놀랐다. 역시 그렇구나 하며 감탄하는 그의 즐거워하는 표정이 몇 십 년이 지난 지금도 눈에 선하다.

또 한 가지가 있다. 일본 된장 '미소' 이야기다. 고추가 들어오기 전의 우리 김치의 원형을 나라즈케와 다쿠안에서 생각해 본 것같이, 고추장이 만들어지기 전의 우리 된장을 생각한 일이 있었다. 도량형 자료를 찾던 중 어느 날, 『고려사』에서 말장곡(末醬斛)이라는 되에 관한 글을 읽은 적이 있다. 말장의 부피를 재는 되라는 뜻이니까, 고려 시대 우리가 먹던 장에 말장이란 것이 있었다는 말이 된다. 말장. 그게 어떤 것인가. 우리 자료에서 찾아지지 않았다. 그러다가 일본 자료에서 된장을 뜻하는 미소(みそ)라는 말을 한자로 미장(未醬)이라고 쓰고 있다는 사실을 알게 되었다. 미장과 말장. 글자 하나의 획이 잘못된 것이다. 말자와 미자는 거의 같으니까 『고려사』를 인쇄할 때 생긴 오자다. 이렇게 해석하는 데도 상당한 시간이 걸렸다. 일본의 미소는 고려 시대에 미장이라고 부르던, 지금 우리가 즐겨먹는 된장이 건너간 것이다. 백제 사람들이 일본에 건너가서 먹던 된장의 원형을 거기서 찾을 수 있을 것 같다.

나라 시대의 일본 문화는 이렇게 백제 문화와 비슷했을 것이다. 비슷하다기보다는 같다고 하는 게 더 정확한 표현일지도 모른다. 도다이지의 청동 대불, 백제 관음상 그리고 2005년 1월에 도쿄 국립 박물관에서 1999년에 문을 연 호류지 보물관을 보고 나서 다시 한번 백제의 과학 기술 문화의 놀라운 성과가 가슴에 와 닿았다. 이것들은 모두 7~8세기의 보물들이다. 그중에서 크기 70센티미터 정도 되는 금도금 청동 불상들은 우리를 놀라게 한다. 이런 첨단 금속 기술이 도다이지의 거대한 청동 대불을 부어 만들어 내는 고도의 기술과 연결되는 것이다. 같은 시기에 제작된 40여 기의 청동 불상이 호류지에 모셔져 있었다는 매우 드문 사실 앞에서, 백제에서 건너간 최고의 금속 공학자의 손자가 8세기 중엽에 세계 최대의 청동 불상을 부어 만들어 낸 일본 청동 기술의 전개가 자연스럽게 생각되었다. 백제의 금속 기술은 여건이 갖추어지기만 하면 그런 놀라운 작품을 만들어 낼 수 있을 정도로 성숙되어 있었던 것이다.

나라의 대불(大佛)은 세계 최대의 주조불(鑄造佛)이고 상상을 뛰어넘는 거

나라 대불. 할아버지 대에 백제로 건너온 것으로 알려진 구니노기미마로가 만들었다고 한다. 그러니까 그 청동 대불은 백제 금속 기술의 유산인 것이다. 백제에는 하나도 남아 있지 않은 청동 대불을 우리는 '나라의 대불'에서 그 모습을 찾아볼 수 있다.

대한 청동 불상이다. 그것을 만든 최고 공학자는 도다이지의 고문서 「대불전 비문(大佛殿碑文)」에 "구니노기미마로(國君麻呂)"라고 적혀 있다. 할아버지 대에 아버지와 함께 백제에서 건너온 것으로 알려진 인물이다. 그러니까 그 청동 대불은 백제 금속 기술의 유산인 것이다. 백제에는 하나도 남아 있지 않은 청동 대불의 모습을 우리는 '나라의 대불'에서 찾아볼 수 있다. 백제인의 금속 기술이 얼마나 대단했는지를 나라의 청동 대불에서 확인하게 된다. 그리고 성덕대왕신종의 놀라운 기술 앞에서 신라인의 위대한 청동 기술을 확인하면, 백제와 신라의 금속 기술의 맥이 이어지고 있음을 깨닫게 된다. 무령왕릉에서 출토된 백제의 놋그릇이 안압지에서 나온 신라의 놋그릇과 이어진다. 그것들이 바로 나라 쇼소인의 수많은 신라 놋그릇들과 같고, 실제로 수출할 때 신라에서 부친 물표가 그대로 달려 있는 것으로 확인됐을 때, 우리의 놀라움은 더 컸다. 2004년 쇼소인 특별전에 그 신라 놋그릇들 중에서 뚜껑만 남은 것이 독립된 전시장에 놓여 있는 것을 보고 나는 숨이 막히는 듯한 감동을 느꼈다. 우리나라에서 지금 놋그릇이 받고 있는 문화재로서의 대접과 너무 대조적이라는 사실을 짚고 넘어가지 않을 수 없다.

이제 백제의 금속 기술 유산으로서의 나라의 청동 대불의 주조 기술에 대해 간략하게나마 써야 하겠다. 먼저 그 크기의 거대함에 우리는 주목한다. 1975년 내가 교토 대학교에서 연구하고 있을 때, 한 신문에 청동 대불의 먼지를 쓸어내리는 작업(의식)을 하는 모습을 담은 기사가 실린 일이 있었다. 스님 두 사람이 부처님 손바닥 위에 서서 비로 먼지를 쓸어내리는 사진과 함께. 그 전에 한일 과학사 세미나가 교토에서 열렸을 때, 나라의 도다이지 답사에서 주지 스님의 특별 허가로 그 불상을 만져 볼 수 있는 기회를 가진 일이 있었다. 부처님 엉덩이가 우리 키보다 크다는 사실을 만져 보면서 확인했을 때의 놀라움이 아직도 생생하던 때였다. 8세기 중엽에 그 거대한 불상을 청동으로 부어 만드는 프로젝트를 나라의 국가 권력 집단이 계획하고 나섰다는 사실이 어쩌면 더 엄청날지도 모른다. 여기서 나는, 백제의 기술을 바탕으로 해서 이루어졌다는 사실을 다시 강조해야 하겠다.

그것은 크기 16미터, 청동의 무게 380톤의 엄청난 불상이다. 동원된 인원만도 260만 명이나 되니까 그때 일본 인구의 절반에 가까운 거대한 프로젝트였다. 그런 프로젝트를 계획했다는 사실이 나는 더 놀랍다. 백제 기술자들이 그걸 해 내겠다고 나섰다. 그 시기 백제 기술의 저력은 우리의 상상을 초월한다. 백제의 기술을 다시 보고 재평가해야 한다는 내 주장을 민족주의적 애국심에서 나온 것이라고 좋지 않은 눈으로 바라볼 필요가 없을 것이다. 나라의 대불과 나라의 도다이지 그리고 쇼소인의 보물들은 백제 무령왕릉과 함께 백제의 과학과 기술을 왜 재조명하고 재평가해야 하는지를 우리에게 큰소리로 강조하고 있다. 지금까지 우리가 모르던 사실과 제쳐 놓고 있던 사실 그리고 그것은 일본에 있는 유물이지 우리 것이 아니지 않은가 하는 좁고 극히 상식적인 생각에서 벗어나야 한다는 게 내 주장이다. 그래야 백제의 과학 기술이 정당하게 평가될 수 있다.

백제에는 존재하지 않는 그처럼 거대한 청동 불상이 어떻게 일본에서 백제의 기술로 만들어졌을까. 무령왕릉에서 출토된 화려한 금장식을 한 곱은 옥이라던가 중국제로 알려진 백자 감실 등잔과 왕과 왕비의 일본산 금송으로 만든 관의 존재는, 거기서 우리가 그런 유물과 만나지 못했을 때는 생각하지도 못했던 사실들이다. 백제의 기술과 기술 교류의 깊이와 폭을 우리는 무령왕릉에서 확인할 수 있었다. 우리에게 알려진 우리나라의 기록과 유물만으로는 알 수 없는 사실이 너무 많은 것이다. 일본으로 건너간 백제의 과학 기술과, 으레 중국과의 교류로 이루어진 것으로 우리가 여기고 있는 여러 사실들에 대한 재조명과 재검토가 있어야 한다. 특히 일본 사료들에 기록되어 전해지는 백제의 과학 기술은, 그것이 그 시기 일본에서 얼마나 비중이 큰 문제였는가를 말해 주고 있기 때문이다.

백제 관음은 일본 국보 1호로 지정되어 있다. 그런데 그 소재가 한반도에서 자라는 홍송으로 알려지면서, 일본에서 백제에서 가지고 왔거나 백제 조각가가 홍송을 가지고 일본에서 조각했을 것이라는 게 일반적으로 인정되고 있다. 그리고 최근에 첨단 장비로 그것이 제작되던 때 칠한 색채를 분석 재현한 모습이 알려지면서 그 솜씨의 놀라움은 더욱 커지고 있다. 비길 데 없는 아름다운 색채는 조선 시대까지의 불화의 전통 기법의 원류를 보여 주고 있다. 물감은 광물성 안료다. 그러니까 그 오묘한 아름다움을 창조해 낸 예술성은 고도의 난료 제조 기술과 이어진다는 점에서 기술사의 영역과 겹치게 된다. 미술사에서만 다루어 온 백제 관음까지도 과학 문화재로 언급하는 이유가 여기에 있다. (최근에는 미술사 학계에서 백제 관음이 고구려의 표정이라고 인정되기 시작하고 있다. 그것이 고구려 관음일 수 있다는 설의 근거다.)

나라 시대의 기와와 탑

『일본서기』에서 백제의 와박사에 관한 기록을 처음 읽었을 때에는 요업 기술에 대한 이해가 깊지 못해 기와 박사라니, 그런 박사도 다 있나 하고 넘어갔다. 기와를 만드는 기술, 벽돌을 만드는 기술의 역사에 대해서 내가 아는 것이 없었기 때문이다. 우리나라 삼국 시대의 망새들과 나라의 도다이지에 얹은 기와를 보고 그 거대함과 정교한 제작 솜씨에 놀라, 옛 기술 속에 다시 한번 들어가 보면서 많은 것을 알게 되었다. 황룡사나 불국사의 웅대하고 빼어난 건축에 대해서는 그 기술의 뛰어남을 쉽게 떠올리고 이해하고 경탄하지만, 거기 쓰인 기와나 망새는 으레 그렇게 만든 것이라고 대수롭지 않게 넘어가는 게 우리의 일반적인 경향이다. 기와는 기와장이가 찍어내서 지붕 위에 얹는 것이다. 그게 우리 머릿속에 박혀 있는 상식이다. 그 과정에 필요한 기술이나 어려움 같은 것은 우리 머릿속에 떠오르지 않는다. 그러나 그런 내 모자란 생각은 무령왕릉의 벽돌을 보고 일시에 날아가 버렸다. 그때 느낀 황홀함과 감동은 지금도 생생하다.

6~7세기에 기와를 만드는 일은 그 시기의 첨단 기술이었다. 나라 도다이지의 큰 기와를 보면 21세기에 사는 우리가 봐도 놀랄 정도로 대단하다. 19세기 말에 서울에 명동성당을 지을 때, 중국에서 벽돌 기술자를 데려다가 벽돌을 만들었다. 붉은색 서양식 벽돌을 만드는 기술이 조선에는 없었고, 짙은 회색의 전통적 벽돌을 만드는 기술도 제대로 이어지지 못했기 때문이다. 한옥의 조선 기와를 만드는 기술이 있었는데, 벽돌을 만드는 기술이 이어지지 못하고 있었다는 것은 쉽게 이해가 되지 않는다. 조선 기와를 만드는 기술 수준이 겨우 이어지고 있었을 정도였던 것 같다. 그래서 서양식 붉은 벽돌을 스스로 배워서 만들어 내는 기술 수준이 되지 못했다는 것인지.

그나마 조선 기와 제조 기술은 일제 시대에 거의 쇠퇴해 버렸다. 1950년대에 조선 시대의 우리 건축을 복원하면서, 기와를 만드는 전통 기술의 수준이 19세기 우리 기술에 미치지 못한다는 사실을 알게 된 것이다. 참담한 일이었다. 그런데 일본에는 그 전통 기술이 이어지고 있었다. 몇 사람이 일본에 가서 그 기술을 배워 왔다. 그러나 그것은 우리의 기후와 우리의 전통 건축에는 맞지 않는 기와라는 사실을 깨닫는 데는 시간이 별로 걸리지 않았다. 조선의 전통 기와는 숨 쉬는 기와라는 사실을 알게 된 것이다. 일본의 전통 건축이 많은 나라와 교토 지역은 겨울에도 기온이 영하로 내려가는 일이 많지 않고, 여름에는 고온 다습하다. 그 기후에 맞게 만들어진 일본의 전통 기와는, 우리나라의 추운 겨울에 동파되기 일쑤였다. 가을에는 매우 건조하고 여름 장마철의 빗줄기는 무섭게 세차다. 이 모든 기후 조건에 견디는 기와 그리고 너무 무겁지 않아야 진흙을 얹는 지붕에 올릴 수 있다.

우리 전통 기와의 맥을 이어 그 기술을 되살리려던 1960~1970년대 우리나라 기와 기술자들은 어쩔 수 없이 우리 전통 기와 기술을 새로이 연구해서 해답을 찾을 수밖에 없었다. 질그릇과 옹기를 만드는 기술이 그런 대로 명맥을 유지하고 있어서 초보적 단계에 도달하기는 크게 어렵지 않았다. 그러나 잿물을 바르지 않아도 물이 스며들지 않는 기와를 만들려고 했더니 그 두께를 절묘하게 맞추는 경험과 경륜이 없었기에 기와는 자연히 두꺼워지게 마련이었다. 그래서 일어나는 문제는 기와가 무거워진다는 것이었다. 얇으면서 단단하고 숨을 쉬는 기와. 그러면서 제작비가 알맞은 제품을 만드는 기술을 개발하는 데는 상당한 시간과 노력과 비용이 들었다.

현대 기술로도 이러한데, 고대에는 어땠을까. 고대에 기와 제조 기술은 보통 기술이 아니었던 것이다. 게다가 일본 현지의 기후 환경과 건축 구조에 알맞은 기와를 만드는 일은 백제에서 기와를 만드는 일은 같을 수가 없었다. 그런 기술 개발은 아무나 할 수 있는 게 아니었다. 와박사라는 하이테크 기술을 가진 최고의 기술자는 그래서 필요했다. 그들은 평범한 기와장이가 아니었다. 기와 제조 기술을 가르치고 현장에서 그 생산을 지도 감독하는 교수였다. 내가 우리 전통 과학 기술을 연구하기 시작한 1960년대 초만 해도 신라와 백제의 유적에서 찾아낸 막새기와들과 전돌을 보고, 정말 아름답다고는 생각했지만 하이테크 기술이라고 생각하지는 못했다. 그런 생각을 일시에 바꿔 준 것이 전돌로 만들어진 무령왕릉이었다. 그것은 규격화된 대량 생산 기술과 그 기술을 바탕으로 창조된 아름다움과 견고함을 생생하게 보여 주는 하이테크 기술 그 자체였다. 거기에 부분을 조화롭게 이어 맞추어 균형 잡힌 전체를 창조하는 기막힌 디자인 솜씨도 숨어 있었다. 무령왕릉의 벽돌은 그 고도로 세련된 디자인 감각과 기술을 가진 장인의 재주가 부린 조화였다. 머리에서 나온 재주와 솜씨가 손으로 빚어 만들어 내는 재주로 승화되고 완성된 것이다.

이것이 노반박사의 또 다른 하이테크 기술과 만나 일본 나라, 아스카, 교토 지방의 아름다운 여러 목탑을 낳았다. 그 거대한 건축들은 백제에서 건너간 토목 건축 기술자들, 목수와 미장과 석공 그리고 금속 장인들의 협동 작업이 이룩한 것이다. 백제나 신라의 탑들은 남아 있는 것이 대부분 석탑이다. 그런데 아스카, 나라, 교토 지역의 일본의 고대 탑들은 거의가 목탑이다. 와박사들과 노반박사들이 이룩한 하이테크 기술의 산물임에 틀림없다. 그 우아하고 거대한 목조탑들을 세운 기술은 관련된 모든 과학 기술의 종합적인 산물이다. 기와와 노반의 기술은 요업 기술과 금속 기술 그리고 물리 기술이 고도로 성숙되어 있을 때 전개될 수 있다. 그리고 그 거대하고 높은 목조 건축은 나무를 다루는 기술을 필요로 한다. 목재를 다듬는 데 쓰이는 도구들, 톱, 대패, 끌과 같은 예리하고 강한 철제 도구를 만드는 대장 기술과 쇠붙이 공장이 최고의 수준에 있었음을 그 건축물들이 실증하고 있다.

우리는 그 건축물들을 통해서 백제의 뛰어난 건축 설계 기술을 엿볼 수 있다. 그것은 그 시기의 소프트웨어와 하드웨어 기술의 결정체와도 같은 유물이다. 우리나라에서 지금 볼 수 없다고 해서, 실제 유물이 없다고 해서 그동안 우리는 백제의 과학 기술을 공백으로 놓아둔 채로 지냈다. 하지만 지금도 우리는 백제의 과학 기술을 일본에서 찾아볼 수 있고 연구할 수 있다. 교토, 나라, 아스카의 유물들을 보라. 거기에 백제의 수준 높은 과학과 기술들이 남아 있지 않은가. 그것들은 지금 일본에 남아 있지만, 분명히 백제의 과학과 기술이다. 문서와 사료가 없다고 좌절하지 말자. 과학 문화재에 대한 구체적인 연구가 우리는 역사의 진실로 좀 더 가까이 가게 해 줄 것이다.

백제의 잃어버린 과학 기술들

잃어버린 백제의 지리지와 지도

백제도 지리지와 지도가 있었을 것이지만, 지금까지 전해지는 것은 아무 것도 없다. 다만 『일본서기』를 보면 602년에 중 관륵이 천문서와 지리서를 가지고 일본에 건너와서 서생 24명을 선발하여 역산, 지리, 방술 등을 가르쳤다는 기사가 나온다. 관륵이 가지고 간 지리서 중에는 당시 중국의 유명한 지리 관련 서적들이 포함되어 있었을 것이다. 그 책들은 백제와 일본에서 지리학 이론이 형성되는 데 큰 영향을 주었을 것이다. 지리학 이론은 지도의 제작과, 도시의 조성 계획 설계, 토지 측량 및 정비 등과도 연결된다. 7~8세기 일본의 도성 경영에서 나타나는 정연한 도시 계획은 백제에서 건너간 기술자들과 학자들의 지도로 이루어졌다. 일본 고대의 도성 경영과 도시 계획은 백제 지리학과 지도 제작의 수준을 보여 주는 중요한 자료가 되는 셈이다. 그리고 이러한 도시 조성 계획과 설계를 밑받침하는 실제적인 지리 이론이 백제의 지리학자에 의해서 체계적으로 정리되었을 가능성이 인정된다. 그러나 그러한 백제 학자들의 지리서는 어떤 형태로도 전해지는 것이 없다.

일본 규슈에 다자이후(大宰府)라는 옛 고을의 유적이 있다. 이 고을은 백제 사람들이 풍수 지리 사상을 바탕으로 계획하고 건설한 도읍이었다고 전해진다. 일본 땅에 우리에게는 남아 있지 않은 백제 지리학이 새겨졌음을 말해 주는 역사 기록이다.

백제의 의학과 약학

백제의 의약학 수준은 일찍부터 중국의 여러 사서에서 높이 평가되고 있었다. 6세기의 중국 사서에 의하면 백제에는 약부(藥部)라는 의료 기관이 있었고, 『일본서기』에 따르면 554년에 백제의 의박사(醫博士)와 채약사(採藥師)가 일본으로 건너왔다고 했다. 백제의 약부에는 의박사, 채약사와 같은 관직을 가진 의약 전문 관료가 소속되어 있었다고 생각된다. 10세기 일본의 유명한 의학서인 『의심방(醫心方)』에는 『백제신집방(百濟新集方)』에서 인용한 두 가지 처방이 수록되어 있다. 백제에 『백제신집방』이라는 의약서가 존재하고 있었음을 말해 주는 기록이다. 알려진 것은 불과 두 처방뿐이고 민간 요법 같은 것이지만, 그 처방과 관련된 세 가지 병 이름과 몇 가지 약초를 복합하는 처방법이 나오는 것으로 보아 동시대 백제의 의약학이 일본보다 더 낫고 더 풍부했음을 알 수 있다. 백제의 의사들이 6~7세기 일본에 파견되어 건너가 일본 의약학을 주도하고 의료 제도를 세우는 데 결정적인 역할을 했다는 증거이기도 하다. 일본에 전해진 백제 의약학은 아스카 시대 일본 의약학의 형성과 발전에 커다란 영향을 미쳤다.

중국과 일본의 여러 의약서들과 문헌들은 백제산 약과 약재를 높게 평가하고 있고, 그 효능이 좋다는 사실을 전하고 있다. 중국의 의사들과 의약학자들이 백제 약과 약재의 효능을 잘 알고 있었다는 사실은 백제 의약학의 수준을 나름 평가하고 있었음을 뜻한다. 일본에서는 백제의 처방들을 중심으로 한 처방전과 약재가 일본 의약학의 바탕이 되었다. 백제의 의약학은 중국 의약학의 영향을 받아 전개되었으나, 백제산 약재를 충분히 활용하여 그들 나름의 경험적 의약 처방들을 모아 체계화한 의약학을 발전시키고 있었던 것이다. 그때부터 인삼과 우황은 최고의 약재로 중국과 일본에서 존중되었다. 8세기 일본 본초학(本草學)의 주류를 이룬 학자들은 대부분 백제에서 건너간 과학 기술자들의 후손이었다는 사실에도 유의할 필요가 있다.

벽골지와 백제의 수리 시설

나는 호남 지방을 여행할 때면 곧잘 김제에서 차를 내렸다. 벽골지(碧骨池)를 둘러보고 싶어서다. 벽골지 앞에 서면 늘 서늘한 바람이 을씨년스러웠다. 근래에는 그 앞에 공원과 휴게 시설도 만들었는데 이상하게도 내가 그곳을 둘러볼 때마다 사람의 그림자는 거의 찾아볼 수 없었다. 그래서 더 을씨년스럽게 느껴졌는지도 모른다. 사실, 안내 해설판에 씌어 있는 것과 같이 벽골지는 백제의 자랑스러운 농업 시설임에 틀림없다. 김제 평야의 드넓은 논에 물을 언제나 댈 수 있다는 것은 놀라운 일이다.

백제 사람들은 물을 다루는 데 비상한 재주를 가지고 있었다. 일찍부터 논농사가 발달한 백제는 물을 다스리는 사업을 전개했다. 수리(水利) 시설과 상수도 시설의 유물 유적에서 우리는 그 수준을 어렵지 않게 알아볼 수 있다. 일본에 남아 있는 백제의 수리 시설의 유적들과 기록들 그리고 몇 개 안 되는 호남 지방의 유적들과 유물들은 주목할 만하다. 벽골지와 그 제방인 벽골제(堤)는 너무도 유명하다. 지금도 글을 쓰면서 과학 기술 문화재의 범주에 그러한 토목 사업의 유적 유물도 포함해야 할지 많이 망설였다. 그런데 벽골제는 일본의 백제 수리 사업 시설과도 직접 연결되는 기술의 산물이고, 백제와 일본의 농업 혁명을 가능하게 한 매우 중요한 시설이기 때문에 간략하게

나마 설명해 놓을 필요가 있다고 생각되었다.

4세기에서 5세기에 이르는 동안에 백제의 농업 기술은 고대의 농업 혁명이라고 할 수 있을 정도로 획기적으로 발달했다. 백제 사람들은 그들 나름의 벼농사 기술을 전개한 것이다. 그들은 중국 화난(華南) 지방의 앞선 벼 농사법에서 머무르지 않고, 화베이(華北) 지방의 발달된 밭농사의 농업 기술을 화난 지방의 벼 농사법에 도입하여 한반도 서남부의 논(水田) 농사를 발전시켰다. 벼농사의 전천후화를 위해서 백제 기술자들은 저수 수리 시설을 개발하고, 철제 농기구를 개량 보급했다.

백제의 기술자들은 벼농사의 전천후화와 경작지를 확대하기 위하여 둑을 쌓아 물을 가두고 도랑을 파서 그 물을 필요할 때 논에 대는 공사를 벌였다. 『삼국사기』에 따르면 330년에 김제 땅에 벽골지가 만들어졌는데 그 둘레가 1,800보라고 했다. 그러니까 둑의 둘레가 2.2킬로미터나 되는 큰 인공 호수를 만든 것이다. 이러한 저수지나 수리 시설은 습지를 이용해서 논을 만들어 벼농사를 짓게 했다는 다루왕 6년(33년)의 기사와 제방을 수리하게 했다는 구수왕 9년(222년)의 『삼국사기』 기사로 보아 상당히 오랜 역사를 가지고 있는 것으로 생각된다.

이렇게 해서 백제의 농업은 밭농사에서 쌀을 위주로 하는 벼농사 중심으로 혁신적으로 전환되었다. 쌀 경작을 확대하기 위해서는 여름 3개월에 편중되어 있는 강수량 문제를 극복하는 것이 중요했는데, 가장 현실적이고 효율적인 방법은 저수 시설과 관개 수리 시설을 갖추는 것이다. 백제인들은 이 가장 중요한 기술적 문제를 정확하게 해결해 낸 것이다.

그리고 백제의 기술자들은 또 하나의 혁신적인 농업 기술의 개발에 성공했다. 뛰어난 금속 기술을 바탕으로 큰 철제 농기구를 만든 것이다. 호미와 괭이를 주로 쓰던 농업에서 소가 끄는 쟁기를 써서 논밭을 가는 기술로의 획기적인 전환을 이루어 냈다. 백제의 기술자들은 쇠로 만든 쟁기의 보습 모양을 백제 땅에 알맞은 보다 효율적인 모양으로 만들어 낸 것이다. 호미와 낫

벽골제의 수문 유적.

그리고 쇠스랑도 자기네 것을 쇠로 대량 생산하게 되었다. 이렇게 새로운 개량 철제 농기구들이 개발되고 대량으로 보급되면서 백제의 농업 생산량은 크게 늘어나게 되었다. 그것은 백제의 농업 기술 혁신이었다.

벼농사를 위한 저수지와 관개 수리 시설 기술의 발달은 백제의 토목 기술과 맞물려 있다. 땅을 파고 높은 둑을 쌓아 많은 물을 가두고 그 물을 물길을 만들어 유수량을 조절하면서 흘러나가게 하여 논에 물을 대는 시설을 설계하고 영조하는 일은 고도의 기술적 문제들이 따르는 사업이었다. 벽골지의 대공사는 그래서 백제의 토목 기술을 보여 주는 대표적인 사례로 꼽힌다.

벽골제는 땅을 파고 높은 둑을 쌓아 많은 물을 가두어 저수지를 만드는 토목 공사였다. 남아 있는 유적에는 가두어 놓은 물을 물길을 만들어 흘러나가게 하기 위해서 만든 수문 시설들이 있다. 두꺼운 나무판을 여러 개 끼어 만든 수문 시설은 그 나무판을 필요에 따라 하나씩 들어 올려 유수량을 조절할 수 있게 설계되어 있었음을 보여 주고 있다. 벽골지(池)는 그 거대한 인공호수를 설계하고 영조하는 토목 공사가 그 시기의 하이테크 기술로 이루어졌음을 보여 주는 중요한 과학 기술 유적이다.

백제 기술자들에 의하여 일본에 건설된 저수지들과 제방들도 빼놓을 수 없다. 백제의 토목 기술자들은 수리 시설과 연결하여 논의 면적을 크게 확대하는 공사를 벌였다. 최근에 있었던 부여 궁남지 도수로(導水路) 발굴 조사에서 그 기술 수준이 확인되었다. 백제 산성의 성벽 축조와 교량 가설, 대규모의 궁궐과 사찰 조영을 위한 토목 공사 그리고 거대한 미륵사탑과 황룡사 9층탑으로 대표되는 축조 토목 공사에서 그 기술 수준이 당시 동아시아 최고의 수준이었음을 보여 주고 있다. 특히 6세기 일본에 파견된 백제 기술자들에 의하여 나라 지역에 건설된 대규모의 불교 사원들과 정연한 구획과 계획을 바탕으로 건설된 고대 일본의 도시들은 높이 평가되고 있다. 후지와라쿄(藤原京, 현재 나라 현 가시하라 시) 이후 백제 기술자의 후예들에 의하여 708년과서 710년 사이에 조영된 헤이조쿄(平城京, 현재의 나라 시)는 도시 계획의 완성을 보여 주는 것으로, 그 정연한 구획과 계획성은 당시 세계 최강대국 당나라의 도읍이었던 장안이나 낙양에서도 볼 수 없었던 최고의 기술이었다.

벽골지 같은 수리 시술의 확충과 새로운 농기구와 농기술의 발명을 통한 농업 생산량의 획기적인 증대는 백제인의 삶을 풍요롭게 했고 백제의 문화 예술의 발전으로 이어졌다. 백제의 옛 유적들에서 단편적이지만 출토되고 있는 철제 농기구의 유물들과, 거대한 벽골제의 유적을 과학 기술 문화재로 굳이 다루는 뜻이 여기에 있는 것이다.

백제의 그 많던 유리는 어디로 갔을까

근래에 나는 국립공주박물관과 국립부여박물관을 둘러보고 거기에 전시된 많은 훌륭한 백제 토기들에 새삼 놀랐다. 상수도관도 있었고 등잔들도 있었다. 무령왕릉을 만든 전돌과 벽돌의 꽃무늬 디자인은 정말 아름다웠다. 백제 요업 기술의 꽃들이었다.

백제의 요업 기술은 금속 기술과 함께 높은 수준에 있었다. 장인들이 흙과 불을 써서 빚어낸 기술의 솜씨가 거기 있었다. 청동과 철의 생산을 바탕으로 한 장인들의 금속 기술과 고구려의 경질 토기의 기술이, 한반도 서남 지역에서 산출되는 질이 좋은 흙으로 빚어 구워 낸 토기의 기술을 조화시켜서 백제의 장인들은 좋은 토기를 만들어 냈다. 백제 토기다. 백제 토기는, 그 단단함과 그릇의 질감이 토기의 단계를 벗어나 굳은 질그릇(陶器)으로 발전하고 있었다. 백제 토기가 일본에 건너가서 스에기(須惠器)가 되었는데 그 그릇이 쇠기(쇠그릇)처럼 단단하다 해서 나온 말이다. 4~5세기에 높은 온도에서 그릇을 구워 낼 수 있는 터널식 언덕 가마(登窯)를 짓는 기술이 개발되면서 백제의 질그릇은 한 단계 높은 수준에 도달하게 된 것이다.

백제의 질그릇 제조 기술은 기술 그 자체에서는 고구려와 신라의 그것과 별로 다른 것이 없다. 다만 무령왕릉으로 대표되는 벽돌과 전돌이 보여 주는 요업 기술은 그것이 6세기 초의 제품이라고 생각하기 어려울 정도로 높은 기술 수준에 도달하고 있기 때문이다. 또 백제의 유적에서 수없이 출토되는 기와의 제조 기술도 훌륭하다. 수막새 기와들의 아름다운 연꽃무늬의 디자인을 멋지게 살려낸 기와 제조 장인들의 솜씨와 기술은 일품이다. 588년에 일본에 건너간 와박사가 그 시기 일본의 궁전과 사원들의 장대한 건물 기와 지붕을 영조할 수 있게 한 기술 이전의 파급은 획기적인 것이었다. 아스카와 나라의 궁전과 사원에 이전된 백제의 기술은 우리나라에는 남아 있지 않는 우수한 백제 건축 기술을 실증하는 자료이다. 거기서 볼 수 있는 거대한 기와들은 백제 요업 기술의 유산으로 주목되는 것이다. 전돌 중에서 또 하나, 속이 비어 있는 블록과 같은 직사각형의 두꺼운 전(塼)이 만들어졌다. 아마도 벽체를 쌓기 위해서 제조되었을 것으로 생각되는 이 블록형 전은 뛰어난

진천 석장리에서 출토된 유리구슬 거푸집을 소개하는 신문 기사. 현재 남아 있지 않는 백제의 훌륭한 요업 기술을 실증하는 자료이다.

기술적 아이디어가 매우 돋보이는 기술 개발의 산물이다.

제철 기술과 요업 기술이 이어진 흙과 불의 과학을 전개하면서 백제의 기술자들은 유리를 만드는 기술도 개발했다. 백제 고분에서 많이 발견된 여러 가지 유리구슬은 백제의 기술자들이 만든 것이다. 최근에 진천 석장리에서 유리구슬과 함께 출토된 유리구슬 거푸집의 발견은 여러 가지 유리구슬이 백제에서 만들어졌다는 사실을 입증하는 것이다. 35×27밀리미터 크기에 두께가 5~8밀리미터의 이 진흙 거푸집 조각에는 지름 7밀리미터 정도의 녹은 유리구슬을 성형할 수 있는 9개의 구멍이 있다. 유리구슬(관옥)은 서남지역의 초기 철기 시대 유적인 부여 합송리, 당진 소소리, 공주 봉안리 등에서 주조된 쇠도끼와 함께 출토되어, 기원전 2~3세기에는 유리가 만들어지고 있었다고 생각되고 있다.

그런데 1995년에 보령 평라리 청동기 시대 유적에서 출토된 유리구슬이 기원전 5세기에 한반도에서 만들어진 납유리임이 밝혀지면서, 백제 유리 기술의 원류는 상당히 이른 시기부터 찾아볼 수 있게 되었다. 그리고 그 기술

이 토착 기술로 한반도에서 자생했을 가능성이 크다는 생각을 가질 수 있게
했다. 그러나 그 후, 유리 기술의 전개 과정을 알 수 있는 유적이나 유물이 매
우 단편적으로 나타나고 있을 뿐이다. 그리고 기원전 2~3세기로 건너뛰고,
또 그다음, 백제 시대에 그 기술이 어떻게 이어지고 발전했는지 정리할 수 있
는 자료도 아직 없다.

백제 유리 기술의 걸작은 6세기 중엽에 이르러 무령왕릉에서 홀쩍 나타
난다. 왕비의 허리 부분에서 한 쌍의 유리 동자상(童子像)이 발견된 것이다.
높이 2.5센티미터의 이 동자상은 초록색의 알칼리 유리로, 비슷한 시기의
유물로 한국에서만 발견되는 유리곡옥과 아주 비슷한 재질이다. 이 동자상
은 한 눈에 그것이 한국인의 모습을 연상하게 한다. 선을 그어 소박하게 조각
한 얼굴 모습, 다소곳한 손과 발의 자세와 몸체의 전체적인 인상이 매우 부드
럽다. 백제 유리 공장(工匠)의 따뜻한 조각 솜씨를 보여 주는 오직 하나밖에
없는 귀중한 작품이다. 6세기의 백제 유리 공장들은 이런 유리 제품을 만들
어 낼 수 있는 기술을 가지고 있었던 것이다.

백제 고분에서 발견되는 주옥(珠玉)의 재료로는 유리가 많이 쓰이고 있
고, 그 질도 우수하지만, 백제의 유적에서는 유리그릇이 거의 발견되지 않는
다. 백제 사람들이 유리그릇을 만드는 일을 별로 하지 않았는지, 잘 알 수가
없다. 다양한 색깔의 아름다운 구슬 유의 유리 제품은 주로 목걸이와 같은
장신구로 쓰였다. 천연석과 함께 유리구슬은 보석의 일종으로 생각되었고,
금 장식품에 박아 넣어 장식 효과를 더하는 데도 쓰였다. 무령왕릉에서 출토
된 여러 가지 색깔의 유리구슬들은 알칼리 소다유리 계통의 유리로 만들어
진 것으로 보고되어 있다. 유리 곡옥들은 특히 주목할 만한 것이다. 그것은
진흙 거푸집으로 만든 것이고, 곡옥은 우리나라에서 만들어진 것을 확인해
주는 유물이기 때문이다.

일본의 역사 자료에는 또 666년에 왜지남거(倭指南車)를 헌상했다는 기록
이 있다. 그리고 670년 9월 1일에는 수대(水碓)를 만들어 야철(冶鐵)을 했다

는 기록도 있다. 이런 기록은 우리의 역사 자료는 없는 것들이다. 이들의 신기술은 백제에서 건너갔을 것이 분명하다. 그렇다면 이 무렵, 백제에서는 이런 앞선 기술이 전개되고 있었고 그런 기술을 가진 공학자와 지도적 기술자들이 일본에 파견되고 있었을 것이다.

6부

신라와 통일 신라의 과학 기술

첨성대의 과학

서라벌 들판에 꽃 핀 국제 도시 경주

경주는 삼국 시대의 작은 왕국 신라의 서울이다. 그리고 또 경주는 거대한 중국 동북쪽의 반도를 강토로 한 첫 통일 국가 신라의 심장이었다. 거기서 신라 사람들은 북쪽과 서쪽의 거대한 대륙과, 남쪽과 동쪽의 한없이 넓은 바다와 그 건너의 땅들과 교류하는 강한 왕국을 건설했다. 그리고 그들은 그 문화와 기술을 받아들이고 아우르는 높고 개성 있는 과학 문화를 발전시켰다.

또 신라는 불교를 나라의 종교로 삼은 불교 국가였다. 그래서 그들의 과학 기술에는 북방 민족의 과학 문화의 기술, 서역과 남방과 중국 대륙의 과학 문화와 기술이 복합적으로 스며들어 있고 나타나고 있다. 우리 과학 문화에서는 전에는 보기 힘든 뚜렷한 국제성이다. 경주 지역의 여러 왕릉들에서 출토된 유물들과 일본 쇼소인 보물로 남아 있는 신라의 유물들은 우리의 주목을 끌기에 충분하다.

그러면서 거기에는 뚜렷하고 강렬한 신라의 색깔이 있다. 첨성대와 성덕

257

대왕신종 그리고 토기들과 놋그릇은 '신라 것'이 어떤 것인지를 부각시켜 놓았다.

신라의 기록과, 아랍어의 기록에 나타난 신라라는 나라에 대한 기록과 아랍 상인들의 무역품에 관한 기록은 신라가 이슬람 세계에 알려지고 있었음을 말해 준다. 신라의 여러 왕릉에서 출토된 유리 제품 중에 유난히도 로만 글라스가 많다는 사실도 신라와 외부 세계와의 교류의 폭이 우리가 알고 있는 것보다 훨씬 넓었을 것이라는 생각을 갖게 한다. 삼국 중에서 신라가 유일하게 아랍 어로 씌어진 지리책에 나타나고 있다는 사실도 우리의 눈길을 끈다.

845년, 티그리스 강가의 사마라라는 도시의 우체국장이던 이븐 쿠르다지바(Ibn Khurdadhibah)가 편찬한, 『여러 도로와 여러 왕국에 관한 책』이라고 불리는 일종의 지리책에는 신라에 대한 글이 소개되어 있다. 그는 이 지리책에서 주로 이라크를 중심으로 한 이슬람 세계의 행정 구역과 도시들, 각 지역과 도시들을 연결하는 길과 주요 무역항 및 무역로 등을 기술하고 있다. 특히 이 책은 멀리 중국까지 이어지는 통로와 여정을 밝히고 있는데, 지구의 그 길 동쪽 끝에 있는 신라의 위치와 경관, 물산 등 인문 지리 정보와 신라까지의 항해 노정도 기록해 놓아 우리의 주목을 끈다. (자세한 것은 정수일의 『씰크로드학』 (2001년)을 참조하라.) 편찬된 연대는 9세기 전반기이지만, 여기 묘사되어 있는 신라 왕국은 삼국 시대의 신라라는 생각이 든다.

이 글은 신라를 소개하는 지리적 기록으로, 중국과 일본 이외의 서역 세계에 소개된 우리나라에 대한 첫 기록이라는 데서 매우 중요한 자료다. 7세기에 그려진 사마르칸트 아프라시아브 궁전의 고구려 사신과, 여인과도 같은 화려한 차림의 배를 탄 신라 사람들로 보이는 벽화와 함께 그 시기 우리나라 사람들의 넓은 국제 교류 활동 무대를 말해 준다. 이 지리책에 소개된 신라에 관한 글은 대강 이런 내용이다. (요시미즈 쓰네오가 쓰고 오근영이 옮긴 『로마 문화와 왕국 신라(ロマ文化王國新羅)』(2002년), 54쪽에서 인용했다.)

중국의 맞은편에 신라라는, 산이 많고 여러 왕들이 지배하는 섬나라가 있다. 그곳에는 금이 많이 생산되며 기후와 환경이 좋아 많은 이슬람교도가 정착했다. 특산물로는 금, 인삼, 옷감, 말안장, 톡, 검 등이 있다. 신라로 수출된 물건은 향료 양털로 짠 페르샨 카페트와 맷트, 사냥용 매, 유리, 보석류 등이다.

이 내용은 『삼국사기』에 기록되어 있는 아랍 상인들의 무역품인 에메랄드, 공작 깃털, 페르시아 카펫과 매트, 각종 향약 등과 같아서 우리에게 믿을 만한 기록으로 받아들여진다. 신라에 온 아랍 인들이 적지 않았다는 것은, 경주 괘릉에 서 있는 아랍인 석상으로도 미루어 짐작할 수가 있다.

신라 왕국은 중국과 일본, 고조선의 강토였던 동북 지방과 그 북방의 초원 지대, 중앙아시아와 아랍 세계에 이르는 지구의 광대한 문명 세계와 교류했다. 그 길은 육로와 바다의 여러 갈래가 있었다. 텐산 산맥과 쿤룬 산맥이 우리나라의 지리적 강토를 말할 때 자주 등장하는 것도 옛 우리나라 사람들의 활동 무대와 교류 지역과 관련이 깊다고 생각된다.

경주 지방의 여러 신라 왕릉의 출토 유물 중에서 특히 천마총의 천마 그림과 백화나무, 금관의 디자인, 놋그릇, 로만 글라스 그릇들도 그것을 말해 주는 실증적 자료이다. 나라의 쇼소인 보물들 중에서 신라에서 수출된 서역산 양털로 짠 양탄자와 매트, 보석과 조개껍데기로 장식된 아름다운 청동 거울들, 놋그릇들과 청동 그릇에서도 그 교류의 넓은 폭과 자국을 찾아볼 수 있다. 우리는 지금까지 우리 역사에서 우리나라 사람들의 활동 무대를 상당히 제한된 지역 안에서 다루어 온 것이 사실이다. 그것은 나는 일제가 심어 놓은 뿌리 깊은 식민지 사관의 영향이 크다고 생각하고 있다. 물론 우리 학계의 연구가 아직 충분하지 못하기 때문이기도 하다.

청동기 시대의 북방계 기술과, 스키타이 기술, 중국 기술, 소아시아와 중앙아시아 기술의 자취 그리고 삼국 시대 고구려와 백제의 기술의 영향들이

사마르칸트 아프리시아 궁전에 그려진, 신라 사신으로 추정되는 인물들. 배를 타고 왔다고 하는데, 신라인의 국제 교역에 대한 단서가 된다.

복합적으로 나타나고 있는 신라의 과학 문화를 폭 넓게 이해하려는 앞선 태도가 필요하다. 2003년 나는 삼국 시대 고구려와 신라 사람들이 소아시아 중앙아시아에 간, 살아 있는 기록을 보기 위해서 우즈베키스탄으로 갔다. 사마르칸트의 아프라시아브 궁전의 벽화를 보면서 거기 그려져 있는 고구려의 사신들의 모습은 나에게 그런 생각을 더 깊게 새기게 했다.

7세기 전반기에 고구려와 중앙아시아의 교류의 중요한 자료가 되는 그 벽화 앞에서, 고구려 사람들이 어떻게 얼마나 자주 그쪽까지 교류를 넓히고 있었는지를 알 수 있는 자료는 우리에게는 너무 없다. 그러나 그들은 분명히 그쪽까지 갔다. 낙타와 말과 코끼리와 배를 탄 다른 민족들과 한 무대에 올라 있는 것이다.

여기서 또 하나 나를 오히려 혼란에 빠뜨리게 한 그림은 배를 타고 있는 신라의 사신들처럼 보이는 모습이다. 그런데 그들의 모습은 남자라기보다는 여자와 같다. 10명 정도의 사람이 배에 타고 있는데, 두 사람은 가야금(또는 신라금)과 비파를 들고 있다. 그중 6명의 의상이 돋보인다. 칼을 차지 않았고 눈썹이 가늘고 눈도 가늘고 코는 동양인같이 낮은 편이며 얼굴은 희게 화장을 했다. 머리에 금빛 장식을 꽂고 짧은 저고리와 소매가 긴 덧옷을 입고 있다. 가운데 서 있고 제일 크게 그려진 인물은 목걸이와 귀걸이 장식을 하고 있다. 로마 문화와 신라 고분의 유물의 교류 연구로 국제적으로 인정받고 있는 고대 유리 전문가이며 고대 미술사학자인 요시미즈 쓰네오는 앞에서 소개한 책이기도 한 『유리 이야기』 101~103쪽에서 "동방의 풍요로운 극락 세계에서 배를 타고 건너온 사절이라는 모습이 있다. 아마도 이것은 신라의 사절을 표현한 것으로 생각된다. 신라에 대한 친근감, 또는 충분한 정보를 바탕으로 해서 그린 것으로 생각되는 장면이다."라고 말하고 있다.

배를 타고 온 것으로 묘사된 신라 사절의 그림은 나에게 그 가능성을 강하게 암시해 주고 있는 듯했다. 신라 사람이 중앙아시아로 진출하는 가장 좋은 길은 사막과 초원을 가로지르는 육로가 아니라 바닷길이라고 나는 늘 생각해 왔기 때문이다. 신라 고분에서 유난히 많이 나타나는 로만 글라스 그릇들을 안전하게 운반해 오는 운송 수단은 달구지보다는 배다. 실제로 중국의 역사서들, 예를 들어 『송사(宋史)』에 따르면 중국의 여러 남조(南朝)는 남해 무역에 힘을 쏟았다. 육로보다는 안전했다는 게 그 이유다. 그래서 배들이 연이어 바닷길로 나섰고, 상인들과 사절들이 번갈아 계속 바다로 움직였다는 것이다. 4세기에서 6세기의 일이다. 배들은 계절풍을 타고 항해했다. 큰 배에는 200여 명이나 타고 있었다고 한다.

7~8세기에 이르면서 남해 무역은 점점 번성했다. 그러나 원양 항해는 인도나 이란 페르시아의 배들이 그 주역이었다. 중국 배들은 아직 독자적인 항해보다는 서역의 무역선들과 선단을 이루어 나섰던 것 같다. 727년에 오천축국들을 순방하고 안서(安西)로 돌아온 신라의 고승 혜초가 가는 길은 배로 인도까지 갔다. 그가 그 길에서 페르시아 상인들의 해상 무역에 대해서

쓴 내용에서 우리는 신라와 아랍 상인들의 교류의 흔적을 생각할 수 있다. 동남아시아의 바다에는 그 지역의 나라들과 페르시아 이란과 이슬람 여러 나라들의 무역상들이 활발하게 교역에 나서고 있었다. 그들에게 있어 중국에 오는 바닷길은 이제 별로 어려움이 없는 무역로였다. 중앙아시아에서 톈산 산맥을 넘어 투루판이나 둔황을 거쳐 시안에 이르는 이른바 실크로드라는 육로로 오는 무역로와 바닷길은 모두 열려 있었던 것이다.

이 바닷길과 이어져서 더 동쪽으로 가는 무역로가, 인도를 중계로 해서 중국 연안을 따라 북상하여 황해를 가로지르는, 신라로 가는 길이었다. 그 동쪽에는 일본이라는, 결코 작지 않은 무역 대상국이 있다는 것도 알게 되었다. 그들은 신라를 거쳐 신라 배들과 더불어 일본까지 가는 길을 열려고 노력했다. 이븐 쿠르다지바의 책은 아랍과 페르시아 상인들이 서역에서 동쪽으로, 동쪽에서 서역으로, 넓은 지역을 활발하게 오가며 교역을 했다는 사실을 말해 주고 있다. 그것들은 중국이나 신라 관련 사료에도 없는 내용을 포함하고 있다. 거기다가 고구려와 백제와는 다른, 신라의 유물에 나타나는 유달리 짙은 서역적인 재질과 디자인은 우리의 주목을 끌기에 충분하다. 신라 토기에서 백제나 고구려와 다른 분위기를 느낄 수 있는 것도 그렇다. 일본 쇼소인에 소장되어 있는 신라에서 보낸 보물들에서도 우리는 강하게 서역의 재질과 디자인을 발견할 수 있다.

최근에 비교적 새롭게 조명되고 있는 신라인의 해상 활동 자료들도 우리가 깊이 있게 파고들어야 할 과제다. 당나라와의 해상 교류와 교역이 활발해지면서, 신라의 공산품들이 배에 실려 가게 되면서 육로로 갈 때와는 비교가 안 될 만치 많은 물량이 오가게 되었을 것이다. 신라의 공산품과 첨단 기술 제품 그리고 특산품들이 당나라에서 높이 평가되어 귀한 물건으로 사랑을 받았다. 신라의 공예품과 약재가 대량으로 중국에 수입되었는데, 신라에서 "수입된 특산물은 여러 민족 중에서도 최고의 부름에 속한다."라고 평판이 좋았다는 사실이 『당회요(唐會要)』의 신라에 대한 기사에 나타난다. 개원

(開元) 연간(年間)에는 신라의 사신이 우황, 인삼, 조하수(朝霞紬), 어아수(魚牙紬), 납수(納紬), 누응령(鏤鷹鈴, 매사냥을 할 때 매에 매다는 아름다운 무늬를 새긴 청동 방울)과 해구 가죽 등을 바쳤다. 또 두시란 등이 엮은 『중국 과학 기술사고』에 따르면, 천보(天寶) 연간에도 이런 물품들이 계속 수입되었다고 한다.

그리고 9세기 중엽에는 신라에서 많은 사람들이 중국 산둥 반도 서북 연안 일대에 옮겨 살면서, 해운업을 경영하고 농업에도 종사하면서 중국 동부 연해의 경제와 문화 발전에 공헌했다고 중국 과학사 학자들은 쓰고 있다. 이런 과정에서 당나라의 과학 기술 문화는 신라에 큰 영향을 주었다. 많은 서적들이 신라에 수입되었고 신라에서는 유학생들을 계속해서 당나라에 파견했다. 840년에는 당나라에서 신라로 돌아오는 사람들이 유학생을 포함해서 105명이 되었다는 것이 기록으로 확인되고 있을 정도였다. 이 시기에 신라에는 많은 천문 역산학 서적과 산학(算學) 서적, 의학 서적 들이 수입되었다.

신라인들은 지구상의 모든 지역을 그 활동 무대로 하고 있었다. 신라는 이제 국제적으로 열린 국가로서 과학 기술의 선진국으로 발돋움하고 있었던 것이다. 국제 도시 경주는 당나라의 장안과 함께 동아시아의 과학 기술 문화의 중심으로 발전하고 있었다.

천문대를 세우다

신라의 천문학자들은 천문대를 세웠다. 『삼국유사』에 "별기(別記)에 말하기를 이 왕대에 돌을 다듬어 첨성대를 쌓았다."라는 기록이 있다. 천문 관측의 중심이고, 정확한 동지점의 측정을 위한 시설이었다. 그것이 첨성대다. 고구려와 백제에 세워졌던 천문대에 자극되었고 그 영향도 있었을 것이다. 『세종 실록』에 따르면 선덕여왕 때인 633년에 경주에 축조된 것이다. 『증보문헌비고』를 비롯한 조선 시대의 문헌들에는 647년(선덕여왕 16년)으로 기록되어 있기도 하다. 선덕여왕대의 마지막 해로 잡은 것이라고 생각된다.

어느 쪽이든 이 시기는 7세기 전반기다. 그것은 우리에게 중요한 사실을 말해 주고 있어 주목된다. 우리가 알고 있는, 당나라와의 과학 기술 교류가 활발하게 전개되기 이전일 것이다. 중국보다는 고구려와 백제의 영향과 자극 그리고 교류를 생각할 수 있다. 고구려와 백제의 천문 역산학의 수준이 그 시기 중국의 그것과 견줄 만큼 도달해 있었기 때문이다. 그리고 신라는 그 시기 『국사(國史)』를 편찬하고(진흥왕 6년인 545년) 제도를 정치 경제 사회적 정비와 함께 국가적 프로젝트로 전개하고 있었다. 또 불교의 수용과 함께 호국의 중심 사찰로서 거대한 규모의 황룡사(黃龍寺)가 건설되었다. 그 9층탑은 9개국을 정복하여 그 조공을 받을 상징으로 세운 신라인의 신념이었다고 하면, 천문 관측의 중심으로서의 첨성대의 건립은 자연스러운 발전일 것이다.

고구려와 백제의 천문대가 언제 세워졌는지는 기록으로 남아 있지 않다. 조선 시대의 지리지에 첨성대라는 명칭으로 그 유지가 전해지고 있지만, 세 나라의 첨성대들이, 경주 첨성대를 제외하고, 어떤 구조였고 어느 정도의 크기였는지도 알 수 있는 자료가 없다. 백제 천문학자들이 일본에 건너가서 점성대(占星臺)라는 천문대를 세운 것이 675년이다. 그러니까 분명히 고구려와 백제의 천문대가 신라 첨성대보다 훨씬 전에 세워졌을 것이다. 그래서 신라의 경주 첨성대는 다른 두 나라의 천문대의 경험을 바탕으로 해서 보다 기능적이고 세련된 구조물로 축조되었으리라고 생각할 수 있다. 그리고 또 하나, 불국사와 석굴 사원을 백제의 기술자들이 설계 건조했다는 전설과 관련해서 생각할 때, 첨성대의 건립 프로젝트에 백제의 천문학자들과 기술자들이 참여했을 가능성도 있을 것이다.

지금 남아 있는 천문 관측 시설의 유물은, 경주 첨성대보다 훨씬 전에 세워진 것으로 중국의 주공측경대(周公測景臺)이고, 뒤의 것으로는 개성 만월대 유적에 서 있는 고려 첨성대이다. 그 뒤에 세워진 조선 시대 천문대들은 고려 첨성대와 구조에서 공통점을 찾아볼 수 있다. 그래서 고구려와 백제의 천문대는 그 구조와 기능에서 고려 첨성대와 조선의 천문대(관천대)와 비슷했을 가능성이 있다는 것이 내 생각이다.

조선 시대의 문헌 중에서 경주 첨성대에 대해서 제일 자세하게 설명한 것은 세종 시대에 편찬된 『지리지』의 기사다. 세종 14년(1432년)에 편찬된 『지리지』일 것이다. 『세종 실록』에 그 『지리지』가 수록되어 있어서 흔히 『세종 실록 지리지』로 알려지고 있는 그 책이다. "첨성대" 항목에 거기에 이렇게 씌어 있다.

> 부성(府城)의 남쪽 모퉁이에 있다. 당나라 태종 정관(貞觀) 7년 계사(癸巳)에 신라 선덕 여왕이 쌓은 것이다. 돌을 쌓아 만들었는데, 위는 방형(方形)이고 아래는 원형(原形)으로, 높이가 19척 5촌, 위의 둘레가 21척 6촌, 아래의 둘레가 35척 7촌이다. 그 가운데를 통하게 하여, 사람이 가운데로 올라가게 되어 있다.

"정관 7년 계사"는 633년이다. 이 축조 연대는 조선 시대의 다른 문헌들과 다르다. 선덕여왕 때 또는 선덕여왕 대의 말년인 16년(647년)으로 기록되어 있는데, 세종 때 『지리지』의 이 기사만은 선덕여왕 대의 초년을 쓰고 있는 것이다. 그 후 이 연대가 왜 뒤로 고쳐졌는지 알 수 없다. 그다음에 『동국여지승람』 경상도 경주의 장에 첨성대 관련 기사가 있다.

> 부(府)의 동남 3리에 있다. 선덕여왕 때 돌을 다듬어 대를 쌓았는데, 위는 모나고 아래는 둥글고 높이가 19척이다. 그 안이 통해 있어 사람이 그 안으로 들어가 아래위로 오르내리면서 천문을 관측했다.

『동국여지승람』에는 첨성대를 읊은 조위(曺偉)의 시가 있다. 규(圭)를 세워 그

첨성대는 천문대인가, 아닌가? 한국 과학사에서 중요한 논쟁거리이다. 첨성대의 옛 모습들이다

림자를 재고 해와 달을 관찰한다. 대 위에 올라가 구름을 바라보며 별자리를
관측했다.

또 하나의 기사는『증보문헌비고』「상위고」에서 찾아볼 수 있다.

> 선덕왕 16년(647년)에 첨성대를 만들었다. 돌을 다듬어서 대를 쌓았는
> 데, 위는 네모지고 아래는 둥글고 높이가 19척이다. 그 속이 뚫려 있어 사
> 람이 그 안으로 들어가 아래위로 오르내리면서 천문을 관측했다. 경주부
> 동남 3리에 있다.

『동국여지승람』과 거의 같은 표현이고 같은 내용이다. 그리고 이와 거의 같
은 글이『동경잡기(東京雜記)』에도 있다. 이렇게 조선 시대까지의 문헌에는,
첨성대는 천문 관측을 하던 축조물이라는 글 외에는 다른 설명이 없다.

첨성대가 처음으로 학계에 알려진 것은 1910년, 구한말부터 우리나라에
와 있던 일본인 천문학자 와다 유지의 논문에 의해서였다. 현존하는 동양 최
고의 천문대 유물이라는 평가는 바로 그가 내린 것이었다. 그리고 1944년에
홍이섭이『조선 과학사』에서 와다의 견해를 대체로 수용하면서 천문대로서
의 첨성대를 높이 평가했다. 그도 첨성대 위에 천문 관측을 위한 기기가 설치
되어 있었을 것이라고 추측했다. 그 후 우리나라 사람은 그저 그 찬사를 되
풀이했을 뿐 아무도 그에 대한 학문적 조사나 연구를 하지 않았다. 그러다가
1962년 12월, 당시 국립경주박물관 관장으로 재직하던 홍사준(洪思俊)의 주
재로 첨성대는 비로소 실측되었다. 추위를 무릅쓰고 강행된 실측으로 그들
은 첨성대의 배치도와 입면도 2장, 단면도 2장, 평가면도 2장, 각단 평면도 7
장과 각종 상세도, 중간 레벨도, 전개도 각 1장이 작성 제도되었다.

첨성대는 천문대인가

1973년 말, 한국 과학사 학회는 첨성대에 관한 연구 성과를 총점검하는 토론회를 열었다. 역사학자 이용범(그 당시 동국대 교수)이 처음으로 첨성대에 대한 이설(異說)을 주장했다. 첨성대의 형태가 불교의 우주관인 수미산을 연상하게 한다고 하면서 그 꼭대기에는 어떤 종교적인 상징물이 안치되었으리라고 생각된다고 했다. 그리고 다음 해 수학사 학자 김용운 교수는 첨성대는 천문대가 아니라 기념비적 상징물이며 중국의 『주비산경(周髀算經)』에서 얻은 천문 지식을 나타내는 것이라는 글을 썼다. 그해 가을에 서울대에서 열린 역사학회 월례 발표회에서 두 학자는 격렬한 논쟁을 벌였다.

이 논쟁에 남천우 박사(당시 서울대 물리학 교수)가 뛰어들었다. 그는 그들의 가설을 단호히 부인하고 과학적 방법에 의한 조사 결과 첨성대는 그 정상에서 천문 관측 활동을 하기에 전혀 문제가 없는 훌륭한 작업장이 있었음을 직접 확인했다고 주장하고 나섰다. 그는 그 얼마 전(1972년 여름), 밤에 실제로 첨성대 정상까지 올라가서 그 위에 올라 앉아 별을 관찰한 일이 있다. (남천우, 『유물의 재발견』(1987년), 311~313쪽 참조.) 물론 국보인 첨성대 위에 문화재위원회의 승인 없이 올라가 조사 활동을 하는 일은 해서는 안 되는 것이다.

이제 몇 십 년이 지난 뒤이니까 내가 밝히지만, 그 작업을 도와준 사람은 정양모 당시 경주박물관장이었다. 누군가는 해야 할 체험적 조사를, 정열적인 물리학자 남 박사를 도와서 올라가 보게 한 것이다. 남 박사는 남쪽으로 열린 창문까지 사다리를 놓고 들어가 첨성대 안쪽의 석축 벽을 디디며 올라가는 데 그렇게 큰 어려움이 없었다고 나에게 분명한 어조로 말해 주었다. 그러니까 신라 때 천문 관측자들이 그렇게 오르내리는 데 문제될 것이 없었을 것이라고 그는 주장했다. 사실 비공식적으로 첨성대에 올라간 사람은 내가 알고 있는 한 또 한 사람이 있다. 그는 첨성대를 오르내리면서 기막힌 사진들을 찍는 데 성공했다. 1980년 10월 대낮이었다. (전상운, 『한국 과학사』(2000년),

268

72~75쪽도 함께 읽기 권한다.)

　두 사람이 문화재 관리 당국의 정식 허가 없이 한 사람은 밤중에, 다른 한 사람은 대낮에 첨성대 꼭대기까지 올라가 작업까지 했다는 사실은 분명히 놀라운 사건이다. 그러나 한편으로 그 용감한 실험 정신으로 말미암아 첨성대가 조선 시대 문헌에 기록된 것처럼, 사람이 그 안을 통해서 아래위로 오르내리며 천문을 관측했다는 사실은 확실하게 입증된 셈이다. 그리고 그들이 오르내리면서 돌 하나도 흔들리거나 부서지지도 않았다는 사실 또한 놀라운 일이다. 보통 사람은, 문화재 전문가는 더하지만, 축조물에 손상될까 봐 무서워서 올라가 볼 엄두도 못 낸다. 아무런 보조 구조물도 세우지 않고 암벽 등산하듯이 첨성대 안을 위로 올라간다고 생각해 보라. 이 글을 쓰면서도 나는 식은땀이 흐르는 것 같은 느낌이다.

　아무튼 그들은 해 냈고, 그 일로 중요한 몇 가지 사실을 밝혀낼 수 있었다. 남천우 교수가 정상에 올라가 앉아 있는 사진은 그래서 더 인상적이다. 그리고 김성수 작가의 사진은 정말 멋있다. 경주의 신라역사과학관 뜰에 석우일 관장이 첨성대 정상의 구조를 그대로 만들어 놓은 실험적 전시도 훌륭한 시도다. 땅 위에 정상의 구조물을 만들어 놓았기 때문에, 우리는 그 전시물을 통해서 첨성대 정상에서의 관측 활동을 간접 체험할 수 있다. 첨성대 정상은 그래서 우리가 생각했던 것보다 훨씬 널찍하고 관측 활동을 하는데 그렇게 불편하지는 않은 구조물임이 확인된다. 허리 높이로 난간을 두른, 3미터 넓이의 정자와도 같은 공간이다.

　그렇지만 나는 아무래도 첨성대는 그 꼭대기까지 천문 관측 전문가들이 매일 오르내리기에는 편한 시설은 아니라는 생각이다. 고구려와 백제의 천문대가 그런 구조물은 아닐 것 같다는 생각에서 벗어날 수가 없다. 중국에서 원나라 때 세운 곽수경의 관성대는 높이는 첨성대와 너무나 비슷하지만, 오르내리는 시설이 계단으로 쌓여져 있어서 규모가 커지고 자리도 엄청나게 차지하고 있다. 또 개성의 고려 첨성대 유물과 서울의 조선 시대 관천대들도 계단으로 오르내리는 구조다. 그래서 석우일 관장은 그의 첨성대 전시 모형을 사다리를 놓고 올라가는 것으로 만들어 놓았다. 남쪽으로 열린 창에 사다리를 놓고 올라가서 들어가, 그 안에서 정상으로 올라가는 또 하나의 조금 작은 사다리를 놓고 오르내리는 것이다. 그 방법이 현재로서는 가장 설득력이 있다.

첨성대에 대한 세 번째 토론회는 1981년에 서울에서 한일 과학사 세미나 제1회 모임이 끝나고 경주 답사를 하고 난 다음에 열렸다. 30여 명의 학자들이 밤을 새워 가며 이틀 동안 열띤 토론을 벌였다. 송상용 교수가 쓴 수필의 한 구절을 인용해 보자.

> 과학자들이 어떤 형태로든 천문대로 보려는 데 비해서 역사학자들은 빈약한 문헌과 당시의 시대적 배경에 비추어 주저하는 경향을 보였다. 관측대설에도 N 교수(남천우 교수-필자 주), N 교수(천문학자 나일성 교수-필자 주)처럼 본격적인 천문대라고 단정하는 강경파와 Y 교수(천문학, 유경로 교수-필자 주), L 교수(천문학, 이은성 교수-필자 주), J 교수(한국 과학사, 전상운-필자 주) 등 온건파가 나뉘어 있다. 회의파, 애국파 외에 돌의 수, 단수에도 의미를 붙이려는 수리파(數理派)도 있어 판도는 매우 복잡하다.
>
> 야부우치 교수는 토론회에는 참석하지 않았지만, 그때 함께 첨성대를 둘러본 자리에서 자기는 중립이라고 대답해서 모두가 웃음을 터뜨렸다. 나에게 개인적으로 한 의견은 역시 천문대로 보는 게 옳을 것 같은데, 그 기능에 대한 여러 가지 학설에 대해서는 언급하기가 조심스럽다고 했다.
>
> 이 토론회는 "KBS TV에서 첨성대를 다룬지 얼마 뒤여서 열기가 고조되어 있었고 대중의 비상한 관심을 끌었다."

첨성대의 논쟁과 학설에 대해서는 2000년에 사이언스북스에서 펴낸 나의 책, 『한국 과학사』 69쪽에서 82쪽까지에 「첨성대는 천문대인가」라는 글로 요약해 놓았기에 여기서 다시 쓰지는 않으려 한다. 그 글의 맨 끝에 나는 이렇게 썼다.

1996년 9월, 서울대학교에서 제9회 국제 동아시아 과학사 회의가 열렸다. 전 세계에서 현역의 동아시아 과학사 학자들이 모두 참가한 큰 학술 회의였다. 회의가 끝난 다음 공주, 부여, 경주의 유적 답사가 있었다. 경주에서 첨성대를 둘러싸고 벌어진 활발한 의견 교환은 매우 인상적이었다. 여기서 중국과 일본의 천문학사 전문가들은 첨성대가 훌륭한 고대 천문대였다는 데 대체로 의견이 모아졌다.

신라역사과학관의 첨성대 전시도 매우 인상적이라는 평가를 받았다. 그 실험적 전시 모델은 첨성대의 구조와 기능을 이해하고 재구성하는 데 크게 도움을 주기에 충분한 것이다. 고대 천문대로서의 첨성대의 기능에 대한 여러 학자들의 견해가 실험적으로 잘 전시되어 있다.

첨성대는 천문대이다. 그것이 천문 관측 시설이 아니라는 결정적 자료가 나타나지 않는 한 첨성대는 천문대가 아니라고 하기에는 더 많은 연구가 있어야 할 것이다.

첨성대는 1,500년이나 그 자리에 서 있다

첨성대는 7세기의 전반기, 신라의 천문학자들과 공학자들이 세워 놓은 천문대다. 그 아름다운 모습, 축조 기술의 뛰어남으로 오랜 세월과 거듭된 전란의 참화 속에서도 당당하게 서 있는, 세계에서 가장 오래된 천문대로 우리의 사랑을 받고 있다. 그만큼 그 모습에도 변화가 있었다. 세월에 따른 첨성대의 역사다. 그림이나 사진으로 그 보존의 자취를 찾아보자.

사진으로 남아 있는 제일 오래된 모습은 1910년에 와다가 펴낸 논문에 있

1960년대 첨성대 모습.

다. 와다가 첨성대를 처음 본 것은, 1909년 4월 23일이었다. "경주 성 밖의 밭 한가운데 우뚝 서 있고, 그 옆에는 한인 농가가 몇 집 있었다. 그리고 경주성 에서 반월 옛 성에 이르는 길이 있다."라고, 첨성대 주변의 모습을 쓰고 있다. 그때 찍은 첨성대 사진에도 그 주변이 온통 넓은 밭이었음을 잘 보여 주고 있 다. 첨성대 옆을 지나가는 도로는 토대 돌(土臺石)보다 약 3자(약 90센티미터) 낮 았다고 한다. (『한국 관측소 학술 보문(韓國觀測所 學術報文)』 1권(1910년), 33~34쪽.)

그리고 와다는 1910년에 간행한 보고서에 「경주 첨성대의 설」이라는 7쪽 짜리 논문을 썼다. 첨성대에 대한 과학자가 쓴 첫 학술 논문이다. 여기에는 2 쪽의 영문 이력과 사진 1장이 붙어 있다. 8.8×13.8센티미터 크기의 그 흑백 사진은 첨성대의 가장 오래된 그리고 첫 번째의 사진이다. 7세기의 천문대 유물인 첨성대의 존재는 이 사진으로 유럽 학계에 처음으로 널리 알려지게 되었다.

와다의 이 논문은 1917년에 간행된 『조선 고대 관측 기록 조사 보고(朝鮮 古代觀測記錄調査報告)』에도 그대로 실려 있다. 이 책자는 영어, 독어, 불어로 요약된 이력서나 소개의 글이 없지만, 한반도의 기상 관측 자료들이 정리된 논문들이 들어 있어서인지, 일본 학계에 널리 알려졌다. 첨성대와 자격루의 두 논문은 당시 조선의 민족주의 사학자들에게 깊은 감명을 주고 민족의 전 통 과학에 대한 긍지를 심어 주는 데 크게 작용했다. 거기 비하면 일본 학계 에는 별로 주목을 받은 것 같지 않다.

첨성대를 학문적으로 다시 거론한 것은 1936년에 간행된 루퍼스의 『한국 의 천문학』에서였다. 그는 첨성대를 647년 선덕여왕 때 세워진 신라의 천문 대로 논했고, 9.8×13.5센티미터 크기의 도판에 비교적 선명한 사진을 실었 다. 루퍼스가 첨성대를 찾아가 자기의 모습을 담은 기념 사진이다. 사진은 밭 한가운데 서 있는 첨성대와 세 채의 초가지붕의 농가와 몇 아이들의 모습이 보인다. 사진을 찍은 연대는 적어 놓지 않았으나, 1909년에 와다가 찾아갔을 때 몇 채의 농가가 있었다고 쓴 것과 같다. 초가지붕의 농가 한 채는 1956년에 내가 첨성대를 찾았을 때에도 그 자리에 있었고, 그 집은 1960년대 초까지 막걸리와 간단한 국밥을 파는 간이 음식점이었다.

학술 서적에 첨성대가 등장하는 것은 그다음, 1944년에 도쿄에서 출판된 홍이섭의 『조선 과학사』다. 누가 언제 찍은 사진인지는 알 수 없으나, 역시 밭 한가운데 있는 첨성대다. 5.5×8.4센티미터 크기로 위의 두 책에서보다는 훨씬 작은 그림이지만, 홍이섭은 그 『조선 과학사』에서 "경주 첨성대는 현존 동양 최고(最古)의 천문대"라고 높이 평가하고 있다. 해방 후 그가 정음사에서 1946년에 우리말로 써서 펴낸 『조선 과학사』에는 첨성대 그림이 없다. 그때의 출판 사정이 너무나 어려운 때였기 때문이다.

학문적 논의의 주제로 첨성대가 다시 등장한 것은 1950년대 후반에서 1960년대 초에 이르는 사이다. 20년의 시간의 공백이 있었던 것이다. 전상운이 한국 과학 기술사에 평생을 걸겠다고 결심하고 나서면서였다. 그때도 경주 첨성대는 반월성 밖 그 자리에 변함없이 우뚝 서 있었다. 한국 전쟁의 처절한 싸움터가 그곳을 휩쓸고 지나가지 않았던 것은 우리에게 그나마 커다란 행운이었다. 탱크들이 그 옆 도로를 지나가는 바람에 한두 군데 싸인 돌의 틈새가 벌어지고 조금 어긋나고 했지만. 첨성대는 그때에는 이미 넓은 밭 한가운데 서 있는 신세는 면하고 있었다. 그렇지만 초가집은 여전히 가까이 있었고, 언제부터 자랐는지 버드나무도 꽤 큰 것이 가까이에 있었다. 사진에 첨성대를 담을 때, 버드나무와 초가집은 멋을 더해 주는 들러리가 되어 주었다.

1960년대 초에 찍은 전상운의 첨성대 사진에는 수양버들과 왕대포집으로 바뀐 초가집의 모습이 남아 있다. 그러나 주변은 잘 정리되어 첨성대는 국보로서 손색이 없었다. 사람들의 관심도 크게 높아졌다. 봄가을 관광 철에는 수학 여행 온 학생들로 첨성대에는 늘 밀려드는 인파로 인산인해를 이루었다. 기념 촬영 장소가 된 것이다. 학생들이 몰려드는 것만큼 학계의 관심도 크게 달라졌다. 첨성대가 우리 전통 과학의 한가운데 서게 된 것이다. 1963년에 전상운의 논문이 나왔다. 그리고 1966년엔 『한국 과학 기술사』에서 신

1963년 내 논문 출판 이후 첨성대에 대한 학계의 관심도 크게 달라졌다. 첨성대가 우리 전통 과학의 한가운데 서게 된 것이다.

라 과학의 주요 대상으로 다루어졌다. 1965년 겨울에는 홍사준, 정영호 등의 주도로 첨성대의 실측이 문화재관리국 사업으로 시작되었다. 10여 장의 정밀 도면이 제작되었고, 그 개요가 1967년에 《고고 미술 자료》 제12집에 요약 보고되었다. 그런데 그 실측 작업은 추운 때 진행된 데다가, 나무로 된 보조대를 세워 놓고 자를 들고 고고학도들이 손으로 재 나가는 재래식 방법이었다. 측정 기기라는 게 거의 없는 현실이었던 것이다.

그러나 그 사업의 학술적 의의는 결코 흔히 있었던 실측 사업의 하나로 여기고 넘어갈 수 없는 중요함을 가지고 있다. 첨성대가 처음으로 고고학의 훈련을 받은 인력에 의해 실측된 것이다. 그때 우리는 첨성대의 정확한 높이, 둘레, 크기를 알게 되었다. 그리고 몇 개의 돌로 석재를 어떻게 다듬어 어떤 방식으로 쌓아 올렸는지 비로소 확실하게 알게 되었다. 이때 측정된 전체 높이는 9.5미터. 세종 때 『지리지』에 기록된 높이 19자(尺), 5치(寸), 『증보문헌비고』의 높이 19자라는 기록 이후에 처음으로 실측된 값이 나온 것이다. 홍사준 실측팀이 측정한 각 부분의 돌의 수와 크기는 내가 쓴 『한국 과학사』(2000년) 70~71쪽과 77~78쪽에 요약해 놓았다.

첨성대와 곽수경의 주공측경대

나는 1960년대부터 첨성대의 높이 9.5미터, 조선 시대 척도로 19.5자 또는 19자라는 데 마음을 써 왔다. 왜 9.5미터인가? 9.5미터와 19라는 숫자가 가지는 의미는 무엇인가? 몇 가지 의견을 정리해서 발표하기도 했다. 그 핵심은 규표로서 동지점을 정확히 측정하는 기능을 가질 때의 정확한 높이가 얼마가 되어야 할 것인가에 모아졌다. 그렇지만 솔직히 말해서 그것은 만족할 만큼 똑 떨어지는 숫자로 해석되지 못했다. 나카야마 교수도 일찍이 나와 첨성대를 답사하고 오랜 시간 토론했을 때, 동아시아에 세워진 역대의 규표들이 가지는 높이와 수치가 딱 맞아 떨어지지 않는 게 고민이라고 했다. 나도 첨성대의 지금 남아 있는, 돌로 쌓인 부분의 높이만으로는 해결되지 않는다고 판단하고 있다고 했다. 그러면서 맨 꼭대기에 해 그림자를 깨끗하게 측정할 수 있는 막대 모양의 보조 장치의 가능성을 말했다. 그것은 돌파구의 하나임에는 틀림없지만, 확증할 만한 자료가 없다. 태양 고도를 측정하는 첨성대의 기능은 주공측경대(周公測景臺)에서 그 아이디어가 나왔다. 중국 허난 성 뤄양 동남쪽에 있는 가오청진(告成鎭, 이전의 陽城)이라는 마을에 보존되고 있는 723년의 당나라 관측대이다. 높이 3.86미터의 이 석탑은 사다리꼴 석대 위에 각주를 세워 놓은 모양의 탑이다.

원래는 주나라 때 해 그림자를 재기 위하여 세워졌던 탑이지만, 당나라 때 다시 만들어 세운 것이다. 첨성대보다는 76년 뒤다. 이 관측 탑은 첨성대

중국 허난 성 뤄양에 있는 곽수경의 관성대.

의 곡선 모양의 탑의 형태를 직선으로 고쳐 그려 단순화하면 그런 모양이 된
다. 주공측경대를 사진으로 보았을 때 나는 얼른 그런 생각이 떠올랐다. 나
의 그런 생각에 대해서 비판적인 견해가 많았다. 나는 주공측경대를 현장에
서 보고 싶었다. 하지만 가오청진은 참으로 멀고 가기도 험한 곳이었다. 거기
까지 가서 관성대(觀星臺)의 유적 입구 뜰에 있는 주공측경대를 보았을 때,
이 8척 규표는 첨성대의 축소탑이라는 생각이 들었다. 곽수경의 거대한 관
성대는 우리를 압도하기에 충분했다. 9.5미터 높이에 한 변이 16미터가 넘는
엄청나게 큰 이 돌로 쌓은 관측대 앞에서 우리는 700년의 시공을 뛰어넘은
감격에 젖었다. 먼 길을 왔다.

　관성대가 서 있는 가오청진을 답사하기 위해서 1970년대 유럽이나 일본
천문학자들은 가이풍(開封)에서 머무르며 2~3일이 걸렸다. 그런 길을 2001
년에 우리는 고속화 도로를 승용차로 달려 뤄양에서 한나절 만에 올 수가 있

었다. 중국 천문학자들은 1279년에 세워진 이 관성대를 그 당시 세계에서 가장 규모가 크고 훌륭한 천문대라고 칭찬한다. 사실이다. 40자 크기의 구조물이 거대한 규표(圭表)로 사용될 수 있게 세워지고 돌로 놓은 지면의 규의 길이가 31.39미터나 되니, 경부(景符)를 써서 해 그림자의 길이를 가장 정밀하게 측정할 수 있는 시설이 지금도 제대로 남아 있으니 그럴 만도 하다. 곽수경은 이 관측 시설로 가장 정확한 동지점(冬至點)을 측정할 수 있었고, 그 관측을 바탕으로 수시력(授時曆)이라는 중국 역사상 가장 훌륭한 역법을 만들어 낼 수 있었다.

내가 놀란 것은 그 관성대의 높이가 9.5미터라는 사실이다. 첨성대의 높이와 너무도 같다. 관성대는 첨성대, 점성대 등 동아시아 천문대들이 모두 같은 뜻의 이름임을 말해 주고 있다. 그것이 그처럼 거대한 축조물로 건조된 것은 규표로서의 기능과 위에 올라가서 관측 활동을 하는 충분한 공간을 만들어 놓기 위해서였다. 거기에 양쪽에서 대 위로 올라가는 돌계단을 만들었기 때문에 더 거대한 축조물이 되었다. 대의 정상은 8.5×7.5미터로 첨성대보다 2.5배 가까이 넓다.

관성대를 보면서, 첨성대와 주공측경대 그리고 세종 때 경복궁에 세워졌던 간의대와 거대한 규표가 그 맥을 같이하는 천문 관측대라는 사실을 되새겨보게 되었다. 그리고 남천우가 첨성대에 대한 다른 모든 학설을 부정하고, 첨성대는 이름 그대로 그곳에서 별을 관측했을 것이라고 지극히 자연스럽게 단정하고자 한다는 글이 떠올랐다.

거대한 13세기의 천문대 앞에서 나는 또 하나의 생각에 젖었다. 거의 같은 높이의 돌로 쌓은 축조물인 천문대인데 첨성대와 관성대는 어떻게 이렇게 전혀 다른 축조 디자인 개념을 바탕으로 지어졌을까. 신라 사람들은, 남천우가 위험을 무릅쓰고 한밤중에 첨성대에 올라갔다 내려와서 말한 대로, 첨성대의 열린 창까지는 사다리를 쓰고 그 위는 안쪽으로 울퉁불퉁한 자연석을 디디고 오르내리는 데 별로 불편함이 없었을까. 신라 사람들은 왜 축조

물의 아름다운 겉모양에만 치중하고 오르내리는 데 불편함은 참아내려고
했을까. 고구려나 백제 그리고 일본의 천문대도 그랬을까. 쉽게 풀 수 없는
생각에 빠져들었다.

뤄양으로 돌아오는 길, 저 유명한 소림사 앞에서 우리는 차를 세우고 늦
은 점심을 먹었다. 맛있는 그곳 요리가 관성대 답사를 해 냈다는 성취감에 취
한 우리를 더욱 즐겁게 했다. 소림사. 누구나 한번쯤 관심을 가져 볼 만한 그
곳을 들여다보지도 않고 떠나 버린 것은 하루가 지나서야 내게 씁쓸한 아쉬
움으로 남게 되었다. 그러면서 내 마음은 다시 첨성대 쪽을 향해서 곽수경의
관성대로 이어진다. 첨성대 꼭대기에 혼천의와 같은 관측 기기를 설치했다
고 보아야 하는가. 그 시기에 과연 신라에서 그런 정밀한 관측 기기를 청동으
로 부어 만들 만큼 천문 기기 제작 기술이 앞서 있었을까. 신라에서 물시계
를 처음 만들었다는 기록이 718년이라고 전해지고 있는 문제의 해석과 더불
어 아직 분명하게 말하기는 이르다는 생각에까지 이른다. 첨성대는 역시 그
정상에서 육안에 의한 관측을 위주로 하면서, 규표로 해 그림자를 측정하는
기능을 가진 천문대로 보는 것이 자연스럽겠다. 우리나라나 중국이나 일본
의 어느 기록에도 고려 이전에 혼천의를 만들었다는 기록이 없다는 사실도
나를 망설이게 한다. 다음 세대의 학자들이 해결해야 할 숙제로 남겨두어야

곽수경 탄신 770주년 경축 대행사. 싱타이 사람들의 '과학 거성 곽수경'에 대한 자부를 볼 수 있었다.

할 것 같다.

관성대 답사를 끝내고 우리는 허베이 성 싱타이 현으로 갔다. 곽수경 탄신 770주년 경축 대행사가 열리는 시민 대회에 내가 초청되어 축사를 하게 되어 있었던 것이다. 싱타이는 곽수경의 고향이다. 그래 현(縣) 정부는 대규모의 기념관을 짓고 중국 과학원이 주관하는 기념 국제 학술 회의를 열었다. 우리는 최고의 영접을 받았고 지방 매스컴의 주요 취재 대상이 되었다. 경축 시민 대회로 가는 길에서는 경찰차들의 에스코트와 길에 나온 환영 인파에 당황해서 몸 둘 바를 몰랐다. 곽수경 기념관 앞뜰에는 관성대를 실물 크기 그대로 돌로 쌓은 거대한 관측대와 혼천의와 간의가 설치되어 있었다.

문득 첨성대와 신라 과학 그리고 15세기 세종 때의 경복궁 대간의대와 규표가 자꾸만 내 눈앞을 스쳐 지나간다. 싱타이 현 정부의 곽수경 재조명으로 도시를 되살리려는 노력이 얼마나 큰가를 체험하게 되었기 때문이다. 싱타이 사람들은 '과학 거성(科學巨星) 곽수경'을 사랑하고 자랑스러워하는 모습이 역력했다. 그래서 그들은 그 행사를 축하하러 온 한국의 늙은 학자 전상운의 사인을 받으려고 줄을 지어 기념 엽서를 내밀고 있었다. 한궈렌(韓國人)에 대한 그 따뜻한 눈빛을 지금도 잊을 수 없다.

첨성대 보존에 얽힌 이야기들

첨성대를 사랑하는 한국인의 관심은 또 하나 첨성대가 앞으로도 언제나 튼튼하게 그 자리에 잘 서 있을 것인가에 있다. 잘 보면, 첨성대는 동북쪽으로 약간 기울어져 있다. 그리고 중간에 몇 군데 돌이 튀어나오고 돌 사이가 벌어지기도 하고 해서 어떤 사람들은 세월이 갈수록 조금씩 어려운 문제가 생기지는 않을까 걱정하는 소리도 한다. 그런 걱정은 1960년대 후반에도 있었다. 문화재를 아끼는 과학자들 몇 사람이 첨성대를 더 이상 그대로 놓아둘

수는 없다. 해체해서 지반이 더 단단한 곳으로 자리를 옮겨 완전히 복원하는 게 좋겠다는 의견을 강하게 내세운 일이 있었다. 첨성대 보존에 대한 문제는, 1966년에 내가 쓴 『한국 과학 기술사』가 출판 문화상을 받으면서 과학계의 큰 관심의 대상으로 떠올랐다. 그래서 1968년 초에는 과학기술처에서 첨성대를 옮겨 제대로 세워서 보존하자는 계획까지 세우게 되었다. 《서울신문》의 1968년 3월 14일자 보도는 그 사실을 자세하게 다루고 있다. 그러나 문화재 전문가들은 매우 부정적인 반응을 나타냈다. 물론 나도 반대했다. 그 석축탑이 그대로 그 자리에 1,300년의 긴 세월 동안 서 있었기에 지금도 끄떡없이 자리를 지키고 있지, 건드리면 풍화된 화강석들이 어떻게 떨어져 나갈지 알 수 없기 때문이다.

사실 첨성대를 가까이에서 자세히 관찰해 보면 자신도 모르게 이게 조금씩 기울어 쓰러지지나 않을까 하는 불안한 마음이 생길 때가 있다. 나는 가까이에서 첨성대를 보면서 오랜 시간을 앉아 있은 적이 한두 번이 아니다. 한때는 윗부분의 돌들이 날이 갈수록 벌어져 가고 있는 듯한 느낌을 받기도 했고, 조금씩 기울어 가고 있는 듯한 느낌도 받아 몹시 불안했다. 그래서 같은 거리에서 사진을 찍어 비교해 보기도 했고, 현대 과학의 정밀 측정 기술을 가지고 시간을 두고 측정해서 비교하는 작업을 반드시 해야 한다고 주장하기도 했다.

우리는 첨성대의 정확한 높이도 아직 측정해 내지 않고 있다. 지금까지 그 측정값이, 아주 조금씩이라고는 하지만, 다른 것은 이 때문이다. 물론 그 건조물의 정확한 높이가 그렇게 중요하지 않을 수도 있다. 그러나 우리가 그렇게 자랑하는 고대 천문대의 정확한 높이를 알고 싶은 것이 현대인의 과학적 사고이다. 만일 첨성대가 규표로서의 기능도 했다면 더더욱 그렇다. 보존 문제와 관련해서 첨성대에 대한 천문학적 문제 이외의 문제를 가지고 토론과 연구 계획을 해 본 일이 거의 없다. 나는 이 글을 쓰면서 새삼스럽게 이 사실에 놀라고 있다. 지금 상태에서 뜻하지 않은 어떤 주변의 변화가 없는 한 첨성대의 보존 문제는 그렇게 절박해 보이지 않다는 의견이 있을 수 있다. 그러나 우리가 오래도록 첨성대를 훌륭하게 잘 보존하려면 아무래도 축조물로서의 첨성대에 대한 종합적인 조사가 있어야 한다.

그래서 5년 또는 10년 후에 다시 조사한 자료를 가지고 면밀하게 비교 검토해 보아야 할 것이다. 그러면 뭔가 보다 더 효율적인 보존을 위한 방안이 마련될 수 있으리라고 생각된다. 우리는 곧잘 어떤 문제가 생길 때 진단하는 일을 벌인다. 하지만 그것은 이미 때를 놓친 뒷수습이 된다. 별 문제가 없이 조용할 때 소리 내지 않고 조사하는, 앞을 내다보는 보존 정책이 필요하다.

첨성대에 대해선 여전히 색다른 생각들이 많다. 이 원고를 쓰고 있는 동안에 젊은 과학사 학자 문중양 서울대학교 국사학과 교수가 책을 내서 보내왔다. 『우리 역사 과학 기행』(동아시아, 2006년)이라는 제목이다. 352쪽 분량에 17쪽에 걸쳐 "첨성대에 쌓아올린 신라인들의 마음"을 썼다. 이 책의 첫째 마당, 01, "한국인의 하늘과 땅 그리고 세계"라는 큰 주제 속의 첫 번째 글이다. 문중양 교수는 여기서 첨성대가 천문을 관측하던 고대의 천문대라기보다는 "천문을 묻는" 행위를 주관하는 상징적 구조물이라는 데 무게를 두고 있다. "천문을 묻는 행위는 피상적으로 천문 현상을 관측하는 행위로 나타날 수도 있다. 이러한 행위를 하고 의식을 거행하는 구조물이 바로 고대의 천문대였다."라고 그는 쓰고 있는 것이다.

나는 이 글을 읽고 문 교수의 정연한 이론의 전개에도 불구하고 산뜻한 느낌을 받을 수가 없었다. 그가 이 책의 머리말,「우리 과학 문화, 어떻게 읽을까?」에서 여러 번 강조하고 있는 "현대 과학과 유사한 형태의 과학 기술"에만 주목하는 경향에 대한 경고나 고대인들의 건조물인 첨성대에 대한 그의 인식의 바탕에 있는 생각이 나를 시원스레 설득하지 못하고 있기 때문이다. 이건 간단한 문제가 아니다. 문중양 교수는 장래가 촉망되는 한국 과학사학계의 신예다. 그는 자연 과학 전공에서 출발하여 과학사의 훈련을 제대로 받고 우리 전통 과학 연구의 가시밭길에 뛰어든 지 몇 년 만에 주목할 만한 글들을 써 냈다. 그렇기 때문에 1990년까지 한국 과학사의 큰 쟁점의 하나였던 첨성대의 천문대 논쟁이 일단락된 듯한 시기에 나온 그의 글은 이 문제에 대한 커다란 반향을 일으키기에 충분하다.

그것은, 전북대학교 과학학과 교수인 이문규 박사가 2004년 6월에 《한국 과학사학회지》에 발표한 "첨성대를 어떻게 볼 것인가"에서 신중하게 내린 결론과 다른 견해이기 때문에 더 그렇다. 이문규 교수의 논문은 "그동안 진행되었던 첨성대에 관한 여러 해석을 체계적으로 정리하고 검토"하고, "첨성대를 동아시아 천문학의 전통 속에서 이해하려는 시도를 한" 것으로 주목할 만한 글이다. (이문규, 「첨성대를 어떻게 볼 것인가: 첨성대 해석의 역사와 신라 시대의 천문관」, 《한국과학사학회지》 26-1(2004년), 4쪽 참조.) 첨성대를 제대로 다룬 논문으로는 20여 년 만에 나온 연구 성과다. 중견 과학사 학자의 사려 깊게 전개한 이론과 분명한 자기 주장이 학문적인 깊이를 평가하게 해 준다. 그가 쓴 논문의 결론을 인용해 보자.

첨성대를 어떻게 이해할 것인가 하는 문제와 관련하여, 다음의 세 가지 측면을 검토함으로써 첨성대를 고대 동아시아 천문학의 전통 속에서 이해하고자 했다. 먼저 고대 중국에서 천문은 정치적이고 현실적인 필요성을 지녔으며 전문적인 지식을 필요로 하는 전문 분야로서 이런 모습은 신라에도 적용 가능하다. 다음으로 신라의 천문 기록을 살펴보면, 고대 중국의 기록과 일부 차이가 있기는 하지만 신라에서도 고대 중국에서와 같이 다양한 천문 현상을 관측했다는 사실을 확인할 수 있다. 마지막으로 첨성대는 천문 관측을 위한 신성한 공간이었으며, 그 특별한 목적에 적합하게 만들어진 첨성대에서 관측 기기를 사용하지 않고 육안으로 천문 현상을 관측했을 것이다.

신라 선덕여왕 때 만들어져 1,300년 이상 자리를 지키고 있는 첨성대. 그 첨성대가 20세기 이후 새삼스레 다시 논란거리가 된 까닭은 무엇일까.

나는 가장 근본적인 이유로 첨성대를 바라보는 우리의 시각을 꼽을 수 있다고 본다. …… 그러나 첨성대가 신라 시대에 만들어진 '별을 바라보는 대'라면, 시각을 달리할 필요가 있다. 신라인들의 입장에서 별과 그 별이 있는 하늘을 왜 바라보았을까, 어떻게 바라보았을까 그리고 그 하늘에서 무엇을 보았을까 하는 점을 이해해야 한다. 그 결과 첨성대는 하늘에 관한 일을 전문적으로 담당했던 신성한 공간인 '신라의 천문대'로 이해할 수 있는 것이다.

같은 대학원의 같은 학과에서 과학사로 학위를 받은 비슷한 나이의 중견 학자 두 사람의 생각이 이렇게 다르다는 사실에 나는 적지 않게 놀라고 있다. 첨성대가 천문대인가 하는 문제는 이제 고대 천문대라는 것으로 대체로 의견이 모아졌다고 나는 생각하고 있었기 때문이다. 나는 다시 강조하지만, 첨성대는 그것이 천문대가 아닌 다른 상징적 유물이라는 분명한 역사적 기록이 나타나지 않는 한, 고대에서 조선 시대에 이르는 여러 기록, 별을 관측하는 대로서의 '첨성대'를 인정하는 것이 자연스러운 생각이 아닐까.

첨성대는 천문대인가?

이것은 과학사를, 특히 동아시아 과학사를 전공하는 학자라면 누구라도 한 번은 던져 보고 넘어가야 할 물음이다. 2000년에 펴낸 『한국 과학사』에서 첨성대를 다루는 장에서 쓴 제목이 "첨성대는 천문대인가"라는 물음이었다. 1970년대에 들어서면서 한국 과학사 학계에 제기되어 활발한 논쟁을 벌였다. 학회가 세워진 이후, 가장 유익하고 학문적인 진전이 컸던 논쟁의 전개였다. 한국 과학사 학회가 이때처럼 역사학계와 고고학계 그리고 매스컴과 일반 교양인들의 주목을 받은 적은 일찍이 없었다. 학회의 기여가 컸다.

2006년 5월, 신동원 교수가 그가 가르치는 카이스트 학생들과 엮어 낸 책은 이 주제를 훌륭하게 정리해 냈다. 『카이스트 학생들과 함께 풀어 보는 우리과학의 수수께끼』다. 나는 이 책을 받고, 단숨에 읽어 내려갔다. 재미있다.

1970년대 후반 첨성대 쌓기를 실험적으로 재현해 보다. (주)옛기술과문화에서 윤명진 사장이 축조 실험 기술을 맡아서 해 냈다. 2박 3일의 첨성대 대토론회 영상 취재를 총지휘한 KBS 피디와 함께 그 현장에서 기념 촬영했다.

젊은이들의 학구열이 뜨겁고, 조심스럽게 자기 주장을 펴 나가고 있는 것이 마음에 들었다. 있는 자료들을 다 모아 놓고 객관적이고 아마추어적이면서도 예리하게 분석해서 논리적으로 전개한 글이 읽는 이를 편하게 빠져들게 한다. 24쪽에 전면 크기로 실은 사진은 나를 열광하게 했다. 1921년에 경주에 수학 여행을 하다가 첨성대에서 찍은 휘문고보 학생들. 이 그림은 한국 과학사의 생생한 자료이다. 그렇게 쉽게 첨성대에 오를 수 있다는 게 너무 신기하다.

신동원 교수는 이 책을 엮어 내면서, 「책을 펴내며」라는 6쪽 분량의 머리글을 쓰고 있다. 책상에 둘러앉아 토론하고 강의하면서 엮은 책이 아닌 게 분명하다. "발로 뛰어 찾아보고, 각 분야의 전문가를 만나고, 다시 참고 문헌을 보면서 아이디어를 떠올리고, 토론을 통해 글로 발전시켜" 나간, 노력의 결정체다.

신라 금속 기술의 꽃, 성덕대왕신종

에밀레종에 이렇게 많은 과학이

에밀레종. 가장 아름답고 가장 크고 가장 좋은, 심금을 울리는 소리. 어머니를 그리며 슬피 우는 아기 울음소리 같다 하여 지어진 전설이다.

성덕대왕신종, 종신의 최대 높이 2.831미터, 윗부분의 높이(용뉴까지) 0.827미터(N.S.E.W.) 종 아래의 최대 지름 2.236미터의 거대한 종이다. 그리고 그 무게는 18.908±2킬로그램이다. 주종대박사(鑄鐘大博士) 박종일(朴從鎰), 차박사(次博士) 박빈나(朴賓奈), 박한미(朴韓味), 박부악(朴負岳). 공장(工匠) 가문인 박 씨 일가의 최고 공학자 기술자들이 만든 종이다. 그 위대한 공로로 신라 과학 기술의 역사에서, 만든 사람의 이름이 새겨지는 영예를 가진 종이기도 하다.

1996년에 시작해서 1999년에 출간된 큰 분량의 종합 조사 보고서 『성덕대왕신종(聖德大王神鐘)』이 출간되기까지 이 종의 정확한 무게를 우리는 알지 못하고 있었다. 1970년대 후반에 정밀한 무게 측정을 시도했지만, 그 당시, 문화재위원회의 승인을 받지 못해, 전해오는 무게 25톤으로 만족할 수밖에 없었다. 갓 문화재 위원이 된 말석의 전상운이 30분에 걸친 설득 강의를 했지만, 결과는 아직은 안 된다는 것이었다. 보존상의 문제였다. 종의 무게를 측정하는 포항제철 기술팀의 새 장비와 안전한 측정 방법에 대해서 아직은 믿을 만하지 못하다고 원로 학자들이 생각하고 있었다. 그런 귀중한 유물을 10센티미터 정도라고는 하지만 들어 올려 무게를 재 본 경험이 없다는 것도 지적되었다. 그분들의 걱정이 단순한 걱정만은 아니라는 것도 이해할 수는 있다. 이태녕 교수까지도 안심할 수 없다고 했으니까. 그 시기는 아직 우리 기술에 대한 확신이 서지 않았던 것도 인정할 수밖에 없었다. 아쉬웠다. 저 훌륭한 유물의 정확한 무게조차 모르고 있어야 한다는 사실이 내게는 너무도 안타까웠다. 일을 추진했던 2분과 과장 정재훈 연구관도 맥이 빠지는 표정이었다. 그리고 보니 나는 바탕이 기초 과학 학부 출신에서 역사학으로 변신해서 과학사 기술사를 전공하게 되었으니까 생각의 출발점이 인문 과학(고고학, 미술사학)으로 평생을 바쳐 온 노장 학자들과 다른 것 같았다. 이태녕 교수는 화학자이지만 보수적인 엄격한 보존 과학자였으니까 포항제철의 신진 기기 기술을 아직 믿기 어렵다는 부정적 입장에서 물러서지 않았다. 화학과 대선배인 그의 말이 결판을 낸 것이다. "노"로. 나는 성덕대왕신종의 정확한 무게도 모르고 지낸다는 게 아무리 생각해도 납득이 되질 않았다. 한동안 속앓이를 했지만 소용없는 일이었다. 그러면서 인생과 학문의 또 한 면을 배운 것이다. 문화재를 다루고 보존하는 일은 정말 신중해야 한다는 것을.

1999년에 출판된 종합 보고서는 지나온 이런 배경을 알고 있는 나에게는 정말 감동적이었다. A4 크기 1,000쪽이 넘는 방대한 분량이다. 『성덕대왕신종』(전2권)이 그것이다. 『종합 조사 보고서』와 『종합 논고집』으로 나뉜 이 책은 성덕대왕신종에 대한 최초의 심층적인 공동 연구에 의한 학술적 결과로 주목받기에 충분하다. 돌아가신 염영하(廉永夏, 1919~1995년) 교수가 평생을 걸어 연구해서 써낸 『한국 종 연구(韓國鐘研究)』(초판 한국정신문화연구원, 1984년; 개정판 서울대출판부 1991년)에서 다하지 못한 연구 성과를 담고 있다. 국립 경주박물관(관장 강우방)과 관련자들이 많은 수고를 했다. 첫 권은, 조사 경위와 경과를 담고, 이어 실측 조사, 음향 조사, 중량 측정, 과학적 분석 조사와 보존 대책 등 479쪽이고, 둘째 권은, 역사, 미술사, 과학 기술 그리고 부록으로 염영하의 논문과 연구 논저 목록 등 537쪽에 달하는 방대한 분량의 책이다. 1998년까지 3년에 걸친 수십 명의 노력이 열매를 맺게 된 것이다. 그것은 우리 전통 과학 기술의 역사적 연구에 크게 기여한 중요한 연구 성과로 오래도록 기억될 것이다.

이 조사에서 성덕대왕신종에 대한 정밀 실측이 이루어진 것도 커다란 업적으로 평가된다. 그동안 우리는 사실 이 종의 무게와 크기를 정밀하게 알지 못하고 있었다. 크기는 그런 대로 1960년의 홍사준 당시 국립경주박물관장의 실측 사업과, 염영하의 실측 도면 작성, 석우일 신라과학관장의 지원으로 이루어진 1988년 곽동해 범종 연구가 종의 일부 실측 도면 완성으로 거의 정확하게 알고 있었을 뿐이다. 이 보고서의 실측 결과를 읽으면서 나는 지금까지 알지 못했던 몇 가지 사실을 놓고 성덕대왕신종의 제작 과정이 얼마나 어려운 기술 문제를 극복하고 이루어 낸 창조적인 성과였는지 다시 한번 놀랐다.

그 거대한 종을 둘레가 거의 완전한 원으로 부어 냈다는 사실이다. 그동안 우리가 상식적으로 그리고 눈어림으로 막연하게 그럴 것이라고 생각했던 것이 현실로 나타난 것이다. 종의 밑 둘레와 위쪽 둘레들이 그 엄청난 양의 청동 쇳물을 부어 넣을 수 있는 거대한 거푸집을 만들어 작업을 했는데, 완전한 평면 원을 거의 유지하고 있다.

종의 최대 지름은 2.2미터나 된다. 그런데 보고서에 의하면, 종의 하부 단면의 원의 평면 지름은 NS 방향으로 2.231미터, EW 방향으로 2.234미터로 측정됐다. 두 지름이 3밀리미터의 차이밖에 나지 않는다는 말이다. 그리고 상부 평면 원의 지름은 1.503미터와 1.497미터. 6밀리미터의 차이밖에 나지 않는다. 정밀 기계 장치로 거푸집을 만드는 기술이 개발되기 1,000여 년 이

국립경주박물관에 걸려 있는 성덕대왕신종. 정밀 기계 장치로 거푸집을 만드는 기술이 개발되기 1,000여 년 이전인 8세기에 그런 거대한 주조물 제작에서 생기는 오차라고는 믿어지지 않는, 거의 완전한 원을 이룬 청동 종이다.

전인 8세기에 그런 거대한 주조물 제작에서 생기는 오차라고는 믿어지지 않는, 오차라고 할 수 없는 오차밖에 없는 완전한 원을 이룬 청동 종이라는 사실을 확인한 것이다.

『삼국유사』 제4권에 다 기록하지 않은 이 종의 제작에 대한 명문도 훌륭하다. 성덕왕의 공덕(功德)을 기리는 내용이다. 그리고 이 종에는 상당히 긴 글이 표면에 돋을새김으로 새겨져 있다. 나와 같은 과학사 학자에게 명문은 전체적으로 조금 추상적이긴 하지만, 전 동국 대학교 총장을 지내고, 해인사 주지를 지낸, 우리나라 최고의 학승인 이지관(李智冠) 스님의 멋진 번역으로 읽은 이 글에서 역시 그 제작 기술자들과 제작 날짜가 제일 내 눈을 번쩍 뜨이게 한다. 그 이름은 위에서 이미 썼기에 다시 말할 필요가 없을 것 같다. 주종대박사와 차박사라는 학위명은 그들이 대내마, 내마와 같은 관직급을 가지고 있었다는 사실과 함께 이 종의 명문에서만 밝혀진 아주 중요한 기록이다. (국립경주박물관, 『성덕대왕신종: 종합 논고집』(1999년), 68~71쪽과 77~82쪽 참조.)

신동원 교수와 카이스트 학생들이 「에밀레종 신화의 과학적 고찰」라는 글을 엮어 내면서 『성덕대왕신종: 종합 조사 보고서』(1999년)를 읽고, 자료를 모으고 토론한 끝에 종을 부어 만드는 기술적 과정에 대한 나름대로의 추정을 했다. 프로의 과학 기술사 학자나 금속 공학, 주물 전문가가 쉽게 쓰기 어려운, 조심스러운 문제를 다룬 것이다. 아마추어니까 가능하다. 에밀레종 신화의 과학적 고찰, "신라 최대의 프로젝트"란 두 소제목으로 7쪽 반 분량의 기술이다. 그 글을 여기 다시 옮겨 놓을 필요가 없을 것 같다. 이 주제에 관심이 있는 사람이라면 그들이 쓴 책을 읽을 것이니까. 국립경주박물관이 엮어 낸 그 방대한 그리고 우리나라에서 처음 있었던 방대한 학술적 종합 조사 보고서와 종합 논고집을 열심히 읽고 토론한 끝에 쓴 알기 쉬운 간추린 문장이 너무나 예쁘다.

신동원 교수 연구팀 학생들은 중요 무형 문화재 112호 주종장 원광식 선생을 찾아가서 우리나라 종의 전통 주조 기술에 대한 그의 가르침을 받아 그 기술을 정리해서 쓰고 있다. 우리나라의 전통적인 청동 종 제작의 최고 장인의 경험적 기술을 쓴 이 문장은 중요한 연구 자료가 된다. 밀랍 주조 기술을 우리 전통 종 제작 방법이라고 한 원 선생의 말을 쓴 것이다. 그리고 신라 종을 만들 때 거푸집에 쓰인 흙이 감포 앞바다의 것이라는 사실을 실험적으로 알아냈다는 증언은 결정적인 자료다. 원 선생은 밀랍 거푸집을 만들 때, 밀랍 위에 업혀 거푸집을 만드는 흙이 감포 앞바다의 개흙이라는 것이다.

감포 앞바다의 흙이라는 말에서, 나는 얼른 조선 태종 때 청동 활자인 계미자의 거푸집이 해감 모래로 만들었다는 『양촌집』의 기록이 떠올랐다. 나는 늘, 고려 청동 활자가 밀랍 거푸집으로 부어 만들어졌다는 학자들의 생각에 부정적이었다. 조선 초의 청동 활자 주조 기술이 고려의 기술을 이어받았다면, 해감 모래가 아닌 밀랍이라는 생각이 자연스럽게 풀리지 않는다는 것이 내 생각이기 때문이다. 그렇다면 청동 종과 같이 거대한 주조물을 밀랍 거푸집으로 만들었다고 할 때, 그 막대한 양의 밀랍 조달도 문제이지만, 굳이 해감 모래와 같은 좋은 거푸집 제작 재료를 안 쓰고 밀랍을 썼을까 하는 의문이 풀리지 않는 것이다.

물론 내 생각이 틀릴 수 있다. 그래서 나는 우리의 전통 청동 활자 제작 기술 장인들에게 흔히 주물 기술자들이 쓰고 있는 이리사와 해감 모래를 그리고 밀랍을 비교, 실험하기를 권하고 있다. 해감 모래의 알맹이가 몇 매슈인지 정확히 측정하여 그 데이터를 가지고 실험을 거듭하기를 제안한 것이다. 고정 관념이나 선입관에 억매이지 말 것을 과학 기술사 학자의 입장에서 생각하는 견해를 솔직히 여기서 밝혀야 하겠다.

성덕대왕신종의 거푸집 제작 기술이 우수했다는 사실은 종의 몸체(종신) 단면의 두께를 매우 고르게 부어 낼 수 있었다는 것으로도 알 수 있다. 아래쪽(0.5미터 위치)의 두께는 SN 방향으로 0.148미터, 0.141미터이고, 위쪽(2.5미터 위치)의 두께는 WE 방향으로 0.093, 0.128미터이다. 그러니까 위로 올라가면서 아주 조금씩 두께가 얇아지고 있는데, 대칭되는 같은 위치에서의 두께의 차이는 최대 7밀리미터에서 25밀리미터 정도밖에 안 된다. 균형 잡힌 완만한 곡선의 아름다움을 나타내는 주조물의 제조에서 이 정도의 두께의 차이밖에 나타나지 않는다는 것은 그 주조 기술이 높은 수준에 있었음을 말해 준다. 종의 곡선은 당좌에서 제일 볼록하고 종의 입의 끝이 안으로 휘어 그 자연스러운 곡선이 더 멋지다.

성덕대왕신종의 아름다운 종의 몸체 곡선과 고른 두께는 이 종을 부어 만드는 기술이 높은 수준에 이르고 있었음을 말해 준다. 그런데도 이 거대한 종은 주조 기술의 어려움 때문에 30여 개의 기포 구멍과 표면의 균열 상태를 확인할 수 있다. 그리고 그 거대한 종의 몸체를 하나의 거푸집으로 부어 냈는지, 몇 토막의 단층으로 만든 거푸집으로 부어 냈는지도 알고 싶은 기술 문제이다. 염영하 교수는 그의 유명한 저서 『한국 종 연구』와 『한국의 종』에서 봉덕사 종에서 4개의 거푸집이 사용되었을 것이라고 했다. "상형(上型), 중형(中型), 하형(下型) 및 내형(內型, core)"이라고 그는 설명했다. 그리고 "용해된 쇳물은 여러 개의 작은 노(爐)에서 나온 것을 모아 쇳물은 아궁이로 인도하여 주입(鑄入)한 것으로 보인다."라고 그 주조 방법을 말하고, 종의 맨 꼭대기 천판(天板)에는 이 종을 부어낼 때 사용된 쇳물 아궁이의 주입구(注入口) 덧쇳물(riser), 공기 뽑기 구멍 등 합계 10개를 볼 수 있다고 하고, 이들 중에서 4~6개는 용해된 쇳물의 주입구로 사용되었을 것으로 추측되고 있다고 쓰고 있다.

거푸집의 재질에 대해서 염영하는 이렇게 썼다. "용두부를 구성하는 용뉴와 음통은 밀랍을 조각하여, 상형에는 밀랍을 사용한 왁스법(lost wax process)을 사용한 것으로 추정된다. 그러나 천상판의 음통 주변의 연변문(蓮瓣紋), 용뉴변의 연변문 및 천판상의 주연상(周緣上)의 연변 문양들과 상대(上帶)부터 아래쪽의 유곽(乳郭), 연좌, 비천상, 하대 등은 다같이 문양들은 어느 것이나 부분 모형에 속하는 지문판(地紋板)을 사용하여 만든 것으로 추정된다. 그 아름다운 비천상 때문에 밀랍 거푸집에 의한 주조 기술 쪽으로 힘이 더 실린 것으로 나는 생각하고 있다. 이 문제들은 앞으로 더 연구와 논의가 있어야 할 것 같다.

성덕대왕신종이 주조 기술과 관련해서 또 한 가지 매우 중요한 사실이 염영하의 연구와 『종합 조사 보고서』에서 밝혀진 것이 있다. 종의 합금 기술이다. 1998년 포항 산업 과학 연구원의 분석 결과는 나에겐 뜻밖이었다. 구리와 주석을 주성분으로 하는 청동이다. 동아시아 청동의 일반적인 성분인 구리, 주석, 납의 합금이 아닌 것이다. 얻은 시료에서 상(천판)에서 구리와 주석이 각각 84.39퍼센트, 11.21퍼센트, 중(벽체)에서 78.56퍼센트, 15.51퍼센트고 하(벽체)에서 83.13퍼센트, 12.98퍼센트이다. 정리하면, 천판 부위의 조성은 구리와 주석의 비율이 84 : 11, 중부 벽체는 79 : 16, 하부 벽체가 83 : 13이다. 그래서 전체적으로 80~84 : 11~16의 구리와 주석의 합금 비례로 볼수 있는 것이다. 그리고 인 성분의 존재는 확인되지 않았다. 결국 신형기 박사는 "신종의 조성은 구리와 주석의 혼합 비율이 대체로 85 : 15 정도인 청동 주물"이라고 결론지었다.

종은 그 주조 기술에 의해서 세 가지 아름다움이 갖추어져야 한다. 그 형태의 아름다움, 그 소리의 아름다움 그리고 그 여운의 아름다움이 더해져야 참된 진가가 드러나는 것이다. 신동원 교수의 지도로 카이스트 학생들이 낸보고는 아주 흥미롭다. 젊은 대학생들, 자연 과학과 공학 계열의 길로 나가려는 사람들이 우리 전통 과학과 범종 소리에 대한 감동의 정도를 가늠할 수있는 살아 있는 좋은 자료를 만든 것이다. 조사 대상 100명 중에서 에밀레종의 소리가 한국 최고의 종소리라고 답한 학생들이 89명이나 된다는 사실은 놀라운 일이다. 그 종소리를 듣고 있으면 마음이 편안해진다. 거친 소리가 없이 부드럽다. 마음이 맑아진다는 것이다. 서양 종소리와의 비교에서도 한국 대학생들은 100명 중 51명이 에밀레종 종소리에 손을 들어 주었다고 한다.

이 가슴을 울리는 종소리의 신비로움은 무엇으로 설명이 될까. 그것을 물리학적으로 공학적으로, 또는 이들 분야와 연결하여 예술적으로 해명할 수 있으면 좋겠다는 것이 나의 오랜 꿈이었다. 그래서 나는 염영하 선생에게 다가섰고, 그의 높은 학문적 연구와 우리 전통 기술에 대한 끝없는 사랑에 존경하는 마음을 가지게 됐다. 그도 나의 한국 과학 기술사 연구에 큰 관심을 기울였고 격려를 아끼지 않았다.

염영하 교수의 연구에서도 몇 가지 실마리가 찾아졌지만, 신동원 교수와 카이스트 학생들은 신통하게도 그들의 책에 "0.11헤르츠가 만들어 낸 신비한 떨림 음"을 발견했다. 그리고 "모든 것은 맥놀이의 극대화로 통한다."라고 했다. 다른 나라 종에는 없는 음통과 "현대 물리학 뺨치는 당좌의 위치의 발견" 또한 그들을 칭찬하고 싶은 창조적 설명 솜씨를 읽을 수 있다. 그런데 염영하만 해도 1991년 『한국의 종』을 출판하던 때까지 음통(音筒)의 음관(音管)으로서의 기능에 대해서 실험적인 연구에 의해서 거의 확신을 가지게 된 것 같다. "음관은 적당한 조건하에서는 통내의 음파를 공명하여 진폭의 증대와 여운의 맥놀이를 만들 수 있고, 한편 종 내의 소음과 잡음을 감소시키는 음향 필터(acoustic filter) 또는 음의 확산 효과에 대한 역할을 하고 있음을 알 수 있었다."라고 쓰고 있다. (염영하, 『한국의 종』, 84~87쪽 참조.)

이 소리의 변화는 상당히 미묘한 것이어서 김원용은 그의 생전에 내게 이 문제와 관련하여 나에게 이렇게 말한 일이 있다. 자기의 귀로 들어서는 음관을 막았을 때와 막지 않았을 때 아마추어적 방법으로 해 본 실험이기는 하지만, 소리의 변화를 거의 느낄 수 없었다고 했다. 신동원 교수의 카이스트 팀은 맥놀이 현상으로 에밀레종 종소리의 신비를 설명한다. 그들은 지금까지의 여러 전문적 연구 성과들을 종합 분석하여 이렇게 쓰고 있다. 168헤르츠의 음이 에밀레종 종소리의 대표음인데, 이 소리를 자세히 들어 보면 168.52헤르츠와 168.63헤르츠의 음으로 분리된다. 이 두 음이 간섭 현상을 일으켜 두 음의 차인 0.11헤르츠, 즉 9초에 한 번씩 맥놀이가 나타나는 것이라는 설명이다. "시간이 흐르면 168.52헤르츠와 168.63헤르츠의 소리만 남아서 아름다운 맥놀이 음이 발생한다." 산뜻한 결론이다.

성덕대왕신종에서 또 하나 우리를 놀라게 하는 기술 문제가 있다. 종을 달아 거는 고리의 크기다. 종을 거는 고리는 용으로 장식되어 있어 우리는 그 고리를 용뉴(龍鈕)라고 부른다. 그런데 그 고리의 지름이 8센티미터이다. 8센티미터 두께의 철 막대기를 끼어 종을 걸었다는 말이 된다. 정양모 선생이 관장으로 있을 때 신종을 경주 시내 옛 박물관에서 지금의 새 박물관 앞에 종각을 짓고 거기로 종을 옮기기로 작업이 계획되었을 때, 이런 일이 있었다.

경주박물관에서는 전부터 종을 다는 데 쓰이던 쇠막대 대신에 새로운 쇠막대를 철강 회사에 맞춤 제작하게 해서 새로 지은 종각에 종을 매달았다. 당시 박물관장 정양모 선생은 새로 만든 지름 8센티미터의 쇠막대로 종이 든든하게 걸려 있을지 불안했다. 그는 박물관 큐레이터들에게 혹시 종이 아래로 처지지는 않는지 매일 주의 깊게 관찰하고 측정하도록 했다. 얼마 동안 별 이상이 없어서 차츰 안심하게 되었는데, 그러던 어느 날 문제가 있는 것 같다는 보고가 들어왔다. 모두 긴장했다. 철저한 관찰과 측정이 계속되었다. 걱정했던 대로 종이 아래로 처지고 있었다. 경주박물관 학예 요원들과 관련 전문가들은 어쩔 수 없이 전에 쓰던 쇠막대를 용뉴에 끼어 다시 걸었다. 박물관 큐레이터들은 그 오래된 쇠막대는 잘 견뎌 내고 있다는 사실을 확인했다. 이유는 간단했다. 새로 만들었던 쇠막대는 통으로 된 것이었는데, 전부터 써 오던 쇠막대는 얇은 쇠판을 여러 겹 말아서 만든 것이었다. 지름 8센티미터의 쇠막대는 신라 기술자들의 놀라운 계산과 기술의 산물이었다. 무게가 20톤 가까운 거대한 종이니까 쇠막대는 종 칠 때를 고려해 적어도 40톤의 무게를 지탱할 수 있어야 한다. 그 쇠막대와 용뉴는 신라인들이 이룬 역학(力學) 계산과 아름다움의 조화를 웅변하고 있다.

성덕대왕신종은 원래 봉덕사(奉德寺)에 걸려 있던 큰 종이다. 『삼국유사』에 그 기록이 있다.

경덕왕(景德王)은 황동 12만 근을 내놓아 그의 아버지 성덕왕을 위하여

위 사진은 성덕대왕신종의 종 고리
부분이다. 아래 사진은 1975년까지
경주 종각에 걸려 있던 모습이다. 쇠
막대를 만드는 신라 때의 기술 전통
이 조선 시대까지 이어지고 있었다
는 것은 놀라운 일이다.

큰 종 하나를 만들려 하다가 완성하지 못하고 죽었다. 그 아들 혜공대왕(惠恭大王) 건운(乾運)이 대력(大曆) 경술(庚戌, 770년) 12월에 유사(有司)에게 명하여 공장(工匠)을 모아 종을 완성시켜 봉덕사에 안치했다. 이 봉덕사는 효성왕(孝成王)이 개원(開元) 26년 무인(戊寅,738년)에 성덕대왕의 복을 빌기 위해서 세운 절이다. 그래서 종의 명(銘)을 성덕대왕신종지명(聖德大王神鐘之銘)이라 했다.

조선 시대 초에 봉덕사가 불타면서 이 큰 종의 봉덕사와의 인연은 끊겼다고 전해진다. 중종 초에 이 종은 경주성 성문의 종이 되면서 시간을 알리는 종의 역할을 하게 됐다. 480년의 오랜 세월을 봉황대(鳳凰臺)의 종각에서 그 은은하면서도 웅장한 소리를 경주 사람들에게 들려주었다. 종소리는 경주 일원 10리까지 울려 퍼졌다고 전한다.

그러다가 1915년, 일제는 경주 시내에 세운 박물관으로 이 종을 종각과 함께 옮겨 걸었다. 그때의 사진 한 장이 있다. 1975년 4월 1일자《동아일보》에 실린, 종을 옮기는 작업 광경을 담은 사진이다. 기록에는 경주 고적 보존회가 주관해서 했다고 되어 있다. 그러나 사진에는 일제 관리들과 경찰이 지켜보는 모습이 담겨 있다. 이때 종을 거는 쇠막대는 틀림없이 조선 시대에 만들어서 종루에 걸었든 것이 그대로 쓰였을 것이다. 쇠막대를 만드는 신라 때의 기술 전통이 조선 시대까지 이어지고 있었다는 것은 놀라운 일이다.

청동 범종의 신비를 밝혀내다

신라의 거대한 청동 범종의 성분 조성은 어떠했을까 하는 것은 우리의 오랜 숙제다. 지금까지 알려진 신라의 큰 범종들의 분석 예가 몇 가지 알려져 있다. 725년에 주조된 상원사 동종과 804년에 주조된 선림사 동종의 성분들이 염영하가 지은 『한국의 종』에 실려 있다. 상원사 동종은 구리가 83.87 퍼센트, 주석이 13.26퍼센트, 납이 2.12퍼센트 아연이 0.32퍼센트이고, 선림 사 동종은 구리 80.2퍼센트, 주석 12.2퍼센트, 아연 2.2퍼센트이다. 이 데이 터에서 우리의 주목을 끄는 것은 납의 함량이다. 하나는 2.12퍼센트고 하나 는 분석되지 않았다. 동아시아 청동의 일반적인 합금 성분인 구리, 주석, 납 과 다르다. 이런 사실은 지금까지 알려진 다른 청동 범종의 분석값에서도 나 타나고 있다. 원주범종은 납이 2.12퍼센트, 실상사 종은 납이 0.34퍼센트, 낙수정 고려범종은 납이 1.4퍼센트, 조선종은 납이 분석되지 않았다. (자세한 것은 황진주, 한민수, 「낙산사 동종의 성분 분석 및 금속학적 고찰」, 『보존 과학 연구』 26(2005 년), 27~39쪽을 참조하라.)

청동 합금에서 납의 함량을 의도적으로 줄이고 있다는 사실은 지금까지 우리가 시원하게 해결하지 못해 온 의문점이었다. 그런데 국립문화재연구소 연구팀이 2004년 뜻하지 않은 산불로 녹아내린 커다란 낙산사 동종 (1469년 주조, 높이 158센티미터, 입 지름 98센티미터, 무게 약 1톤)을 분석한 결과로 그 문제의 해결의 실마리를 찾게 되었다. 분석 결과는 뜻밖에도 구리 81.8퍼센트, 주석 15.8퍼센트, 납 0.07퍼센트였다. 납이 거의 들어 있지 않은, 놋쇠와 비슷한 청 동이다. 이 분석값은 지금까지 분석된 우리나라의 대형 청동 범종의 납이 거 의 함유되어 있지 않다는 사실과 일치한다. 연구팀은 "종 특유의 맑고 은은 한 소리를 내고 적당한 강도 경도, 연성을 지니기 위해서는 12~18퍼센트의 주석 함량이 가장 적당한 것으로 생각된다."라고 했다. (황진주, 한민수의 앞의 논 문을 참조하라.)

지금까지의 분석 사례에서 우리가 알고 있기는 분석 시료의 채취에 어려 움이 있기는 하지만, 우리나라의 대형 범종이 납이 거의 합금되지 않거나 2 퍼센트 정도의 아주 적은 양밖에 섞여 있지 않다. 2005년에 낙산사 범종의 분석값은 녹은 범종 덩어리에서 채취한 10여 개의 시료의 평균값이므로, 그 합금 성분의 조성비가 범종의 전체적인 부위를 고루 나타낸다고 볼 수 있다.

이것은 우리가 알고 싶은, 우리나라 청동 범종의 합금 조성의 가장 신뢰도가 높은 데이터일 것이다.

신라의 큰 청동 범종 제작 이후, 조선 시대의 큰 범종 제작까지의 청동 합금 성분이 이제 확실히 밝혀졌다. 놋그릇의 합금 성분과 사실상 같게 제작되었다는 것은, 그 맑은 소리를 범종에서도 내도록 하려는 주종박사들의 노력의 결과이다. 신라종의 음관에서 나오는 신비로운 소리의 울림과, 종의 합금의 성분 조성에서 빚어지는 맑은 소리의 음향 과학을 알게 되었다. 이것을 알게 된 것이 나에게는 또 하나의 보람이다.

3
장

안압지와 쇼소인,
신라 생활 과학의 타임캡슐

안압지가 준 충격

1971년 7월에 발굴된 무령왕릉은 백제 과학 기술의 커다란 공백을 메우고 새롭게 조명하게 했다. 일본의 옛 기록으로 전해오는 백제의 박사들이 어떤 과학 기술을 가지고 일본으로 파견되었는지 우리는 그 실증적 자료들을 눈앞에서 본 것이다. 한마디로 그 유물들의 디자인의 뛰어남과 아름다움은 우리의 상상을 초월하는 것들이었다. 그리고 20여 년 뒤인 1993년 12월에 우리는 다시 한번 백제의 놀라운 기술의 결정체 앞에서 숨을 죽였다. 백제 금동 대향로가 출토된 것이다. 그것들은 해방 후 한국 고고학 최대의 성과들로 평가되었다. 파편처럼 떨어져 나가고 흩어져 찾아낼 수 없었던 백제 과학 기술의 실체가 커다란 덩어리로 그 모습을 드러냈다.

비슷한 대발굴이 1975년에도 있었다. 경주 안압지에서 쏟아져 나온 신라의 생활 과학 유물들을 앞에 놓고 우리는 또 한번 놀라움을 감출 수 없었다. 안압지 바닥에서 찾아낸 1만 5000점이나 되는 신라 궁중에서 쓰던 유물들은 우리가 알지 못했던 많은 사실을 한꺼번에 가르쳐 주었다. 그것은 신라 생활 과학의 타임캡슐이었다.

단번에 풀린 의문이 오히려 충격적이었다. 우리가 아는 게 너무 없었던 것이다. 안압지 연못에 빠져 1,000년 이상을 묻혀 있다가 바닥을 파헤치니까 모습을 드러낸 수많은 손때 묻은 물건들이 던져 준 해답은 명쾌했다. 무덤에서 나온 것들과는 또 다른, 실제로 쓰던 물건들이기에 그것들은 정말 중요한 유물이다. 일본 나라의 쇼소인(正倉院)에 신라에서 건너간 물건들이 어떤 것인가를 알아내는데도 중요한 실마리가 되었다. 두 곳의 유물들이 이어진 것들이라는 사실을 보여 주는 자료가 한두 가지가 아니다. 지금까지 일본 학자들이 인정하기를 싫어하던, 여러 가지, 신라에서 건너간 물건들이 분명해지게 되었다.

안압지에서는 기와 전돌 종류 5,798점, 금속 종류 843점, 동물의 뼈 434점, 그릇 종류 1,748점, 목간(木簡) 종류 86점, 석재 종류 62점, 목재 종류 1,132점, 철기류 694점, 기타 4,226점. 이 밖에 기와와 그릇 파편 1만 8000여 점이나 나왔다. 여기서 우리는 신라의 고분에서는 볼 수 없었던 많은 것들을 보게 된다. 그것은 무엇보다도 그 대부분이 일상 생활에서 늘 쓰이던 손때 묻은 물건들이라는 데 있다. 일본 쇼소인에서 볼 때마다 부럽기만 하던 우리나라 고대의 생활용품을 안압지가 그 수난의 긴 역사 속에서 아무도 손대지 못하도록 보존해 준 것이다. 안압지 유물은 1980년에 있었던 국립중앙박물관의 특별 전시회에서도 소개되었듯이 통일 신라 문화 연구를 위한 자료의 총본산임은 말할 것도 없고 우리 문화 유산의 보고인 것이다.

안압지 유물은 살아 있는 듯하고, 쓰던 사람의 체취가 그대로 묻어나는 듯하다. 이 살아 있는 자료, 숨 쉬는 자료라는 데서 그 유물들의 높은 자료로서의 가치가 있다. 그 유물들은 완벽하지 않아서 좋고 너무도 섬세하게 만들려 하지 않았던 옛사람들의 일상용품의 제작 수법이 남아 있어서 좋다. 그러면서도 안압지 유물은 그 어느 하나도 허술한 것이 없다. 역시 궁중에서 썼던 물건들이어서 그럴 것이다. 이것이 과학 기술사를 연구하는 우리에게는 오히려 아쉽다. 우리는 고대 서민들의 생활 과학의 면모를 잘 알지 못하고 있다. 지금까지 우리가 알고 있는 찬란한 유물들은 사실은 귀족적인 것들이 대부분이다. 그러나 우리는 그 수준에서 미루어 일반 대중들의 생활용품을 짐작할 수 있다.

안압지의 유물들은 이래서 그 한정된 종류와 수준인데도 가치를 더하게 되는 것이다. 먼저 토기를 보자. 지금까지도 우리는 그 많은 신라 토기들이 정말 일상 생활에서 쓰인 것인지 아니면 무덤에 함께 묻기 위해서 만들어진 것인지에 대해서 명확한 해답을 얻지 못하고 있는 게 사실이다. 안압지에서 나온 200여 종의 토기들은 그것들이 실제로 쓰였던 것임을 생각할 때 우리에게 중요한 사실을 가르쳐 주고 있다. 우리가 지금까지 알고 있는 삼국 및 통일 신라 시대의 토기들은 역시 많은 것들이 일상 생활에서 쓰던 그릇이다. 제사용이나 의식용도 많지만, 그것들은 이 유물들을 보면 더욱 뚜렷하게 그 특징이 드러난다. 안압지에서 나온 토기 접시와 토기 바리는 정말 멋있다. 그 투박한 듯하면서도 세련된 그릇 모양은 우리의 마음을 사로잡는다. 접시는 조선 시대 지방 가마에서 구운 사기 접시 같고, 토기 바리는 지금 우리가 쓰고 있는 국그릇이나 밥그릇과 다를 것이 없다.

그런데 이 토기들은 구워 낸 온도가 매우 낮아서 우리가 흔히 알고 있는 신라 토기처럼 거의 사기그릇과도 같은 단단함이 없는 질그릇에 가까운 것들이다. 이것들은 가정에서 흔히 쓰는 그릇으로서 대량으로 생산해 낸 것들이다. 그래서 최고급으로 구워 낸 토기들과는 다르다. 대량 생산하기 위해서는 그릇을 겹쳐 놓고 구워야 하니까 그릇들이 서로 엉겨 붙지 않게 하려면 그 당시의 기술로서는 그 정도로 만들 수밖에 없었을 것이다.

접시들은 크기가 지름 10센티미터에서 18센티미터 정도이고, 바리들은 높이가 4~5센티미터, 지름이 10~20센티미터 정도의 것들이며, 그 밖에 항아리나 병들도 우리에게 전혀 생소하지 않을 정도로 일상 생활 기구로서 조금도 어설프지 않다. 풍로를 보면 더 그런 생각이 든다. 풍로는 해방 전까지

안압지에서 발굴된 금도금 청동 초심지 가위. 8~9세기의 물건으로 똑같은 가위가 일본 쇼소인에도 보관되어 있다.

우리가 쓰던 것 그대로다. 나무나 숯을 때는 아궁이와 냄비나 솥을 올려놓는 자리나 무엇 하나 다를 바 없으며, 다만 밑이 없어 땅 위에 올려놓고 쓰게 되어 있는 점이 아직 덜 기능화되어 있다고나 할까.

이것을 보면 신라 사람들의 부엌의 부뚜막을 그려 볼 수 있다. 한마디로 그것은 장작을 땔감으로 쓰던 시절 우리의 부뚜막 그대로다. 고구려의 유적에서 나온 부뚜막 모양 토기나 중국의 것과도 비슷하면서 다르다. 그 모양이 부드러운 곡선을 이루고 있어 시각적으로 멋있는 디자인이다. 토기 장군도 그렇다. 어쩌면 조선 시대의 것과 이렇게 똑같을까 할 정도다. 여기서 우리는 우리나라 사람들의 생활의 지혜와 멋 그리고 면면히 이어진 전통의 당당함을 찾아보게 된다.

안압지가 발굴 조사되기 전, 우리는 신라인의 금속 기술에 대해서는 아는 것이 아주 한정되어 있었다. 여러 고분에서 나온 눈부시게 찬란한 금은 제품이나, 불교 사원의 터에서 나온 불상들과 범종들이 대부분이었다. 그런데 안압지에서 출토된 유물들은 한마디로 말해서 바로 집터에서 나온 것은 아니지만, 앞에서도 말한 바와 같이 일상 생활에 쓰던 물건들이라는 점이 우리에게는 더할 나위 없이 귀중한 것이다. 거기에는 벽걸이와 문고리 같은 건물의 장식품에서 바리와 접시들, 숟가락, 가위, 송곳 같은 생활용품 등, 비녀, 등곳, 뒤꽂이 등의 머리 장신구 그리고 여러 가지 철제 칼을 비롯한 이기(利器)와 몇 가지 농기구와 자물쇠에 이르기까지 비교적 다양하다.

몇 가지 청동 제품은 그 제조 솜씨가 특히 훌륭하다. 금은 장식품과 불상과 범종만으로 수준이 높다고 평가해 오던 신라 금속 공장의 기술은 그 밖의 실용적인 금속 제품의 제조에서도 뛰어난 기술을 가졌다는 것이 여기서 입증된 것이다. 또 청동으로 부어 만들어 금으로 도금한 용머리 장식과 봉황새 장식, 뒤꽂이, 귀면(鬼面), 문고리의 주조 솜씨는 정말 훌륭하다. 불상과 범종은 불교 신앙에 고무되어 필생의 작품으로 지성을 다했으니 그럴 수도 있으리라고 생각되지만, 이들 금도금한 청동제 건물 장식은 신라 금속 장인들

305

의 전체적인 수준이 최상급에 있었다는 것을 잘 말해 주는 것이다. 그 생동하는 입체감은 에밀레종에서 보는 비천상의 그것과도 같아서, 결코 우연이거나 몇 가지 뛰어난 것이 있을 수 있다거나 하는 것이 아니다. 그러니까 신라의 금속 공장들은 금은에서 청동과 철에 이르기까지 모든 종류의 금속들을 뛰어난 솜씨로 다루었다고 말할 수 있다.

안압지 출토 유물 중에서 특히 우리의 주목을 끄는 것이 또 한 가지 있다. 나무 제품이다. 우리나라의 고대 유물은 지질적인 요인 때문에 나무 제품이 남아 있는 예가 거의 없다. 그런데 안압지에서는 여러 종류의 나무로 만든 물건들이 나왔다. 분량으로는 그 대부분이 건축물의 파편들이지만 십사면체의 나무 주사위나 목상(木像), 남근(男根) 등은 재미있다. 더 중요한 것으로 목간(木簡)도 나왔다. 길쭉한 나무에 먹으로 일직자와 숙직자의 근무 상태를 기록하고 시(詩)등도 적어 놓은 것인데 이런 것은 우리나라에서 처음 있는 일이고, 고대사 연구에도 귀중한 자료가 된다. 또 아름다운 디자인의 무늬가 있는 칠기와 나무 빗 등은 생활 과학의 좋은 자료가 된다.

이 모든 나무 제품 중에서 과학 기술사에서 가장 귀중한 자료는 역시 나무 도장이다. 크기는 6.2×6.3센티미터, 두께가 3센티미터의 나무 도장은 신라의 목판 인쇄술 발명과 이어지는 유물이어서 특히 중요하다. 언제 만든 도장인지는 확실치 않지만, 안압지 유물들의 연대가 비슷한 점으로 보아 그 시대에서 크게 벗어나지 않을 것이다. 1966년, 불국사 석가탑에서 나온『다라니경』두루마리(6.5×700센티미터)가 706년쯤에 목판으로 찍은 것으로 추정되고 있으니까, 같은 시기의 이 나무 도장은『다라니경』목판의 한 모습을 보여 주는 가장 확실한 자료가 된다. 가로가 6.2센티미터 정도나 되는 나무 도장을 만든 사람들이 세로가 약 6.5센티미터, 가로가 약 52센티미터 정도의 목판을 만들어 글씨를 새겨 종이에 찍어내는 일을 못했을 리가 없다.

역사의 기록으로만 남아 있는 신라에서 사용한 청동 인장(印章) 그리고 추정으로만 그 존재를 인정했던 나무 도장이 안압지에서 우리 앞에 그 모습을 드러낸 것이다. 이 조그만 나무 도장 하나가 저 거대한 인쇄 문화의 시작을 보여 주는 살아 있는 자료가 된다는 데서 그 출현은 참으로 반가운 일이 아닐 수 없다. 과학 기술의 위대한 발명은 작은 아이디어에서 시작되기 때문에 더욱 그렇다.

쇼소인에 간직된 신라의 과학 문화재들

나는 10월 끝 주일에서 11월 중순까지 매년 열리는 일본 나라의 쇼소인 특별전에 거의 매년 끌리듯 간다. 우리나라에서는 볼 수 없는 신라의 과학 문화재들을 거기서 볼 수 있기 때문이다. 그것들은 우리 과학 문화재에 반해 버린 나를 감동시키기에 충분하다. 그중에서도 수많은 놋그릇들과 상아나 물소 뿔로 만든 아름다운 자(尺)들은, 그 앞에서 나를 움직일 수 없게 했었다. 1970년대에서 1980년대까지만 해도 전시 목록에서 그 신라의 유물들은 생산지가 분명하게 설명되어 있지 않은 일이 많았다. 내 눈에는 그것들이 신라에서 만들어진 것이 확실한 데도. 그러다가 1990년대 이후 일본의 중견 학자들은 앞장서서 백제나 신라에서 건너온 것이라고 분명하게 해설하기 시작했다. 커다란 변화의 물결이 일어난 것이다.

쇼소인의 보물은 대부분 8세기 나라 시대에 수집된 것이다. 나라의 도다이지의 거대한 청동 불상의 개안식과 그 축하 행사에 쓰려고 들여온 보물들이다. 그것들은 세계 여러 나라에서 탁월한 기술 장인들이 진귀한 재료로 만들어 낸 공예품들과 미술품들이다. 쇼소인은 그 보물들을 보존하는 수장고(收藏庫)이다. 8세기를 대표하는 최고의 기술로 만든 진귀한 물건들을 한 곳에 모아 보존하고 있는 곳은 세계에서 쇼소인뿐이다. 지구의 서쪽 중앙아시아와 인도, 동남아시아와 동북아시아의 넓은 지역에서 무역해 가져온, 그야말로 국제적인, 그 시기 최고의 기술 제품들이다. 그러니까 그것들은 여느 박물관의 전시물처럼 출토품이 아니다. 오랜 역사와 더불어 손에서 손으로 전해진 유물들이다. 그중에서 보물 중의 보물로 꼽히는 유물이 20여 가지가 있다. 그중 몇 가지가 신라에서 건너간 것이다. 신라 사람이 매단 꼬리표가 붙어 있거나, 신라 관청에서 쓰던 문서 종이로 포장되어 있으니 생산지를 감출 수도 없다. 매년 가을에 열리는 쇼소인 특별전에 끌리듯 가 보면, 나는 그런 전시물 앞에서 벅찬 감동을 느끼곤 한다. 고대의 최고 장인들이 만들어 낸 가장 아름답고 훌륭한 기술 제품이 거기서 살아 숨 쉬고 있기 때문이다.

벌써 오래전, 1980년대였던 것으로 기억된다. 사하리가반(佐波理加盤)이란 전시품을 보고 깜짝 놀랐다. 그해 특별 전시의 대표적인 보물이 신라 놋그릇이었다. 12개의 놋사발을 포개 넣고 뚜껑을 닫게 만든 그릇이다. 반짝거리는 아름다운 황금색이 아직 새 그릇 같았다. 지름 14.2센티미터, 높이 14.3센티미터, 난소(南倉)에 보존되고 있는 것이다. 쇼소인에서는 그릇을 사하리 또는 사바리(佐波理)라 한다. 구리와 주석의 합금으로 된 청동 그릇의 총칭이다. 사바리라니 한국어의 사발이 아닌가. 놋사발이다. 쇼소인의 학자들이 그것을 신라에서 만들어 가져온 것이라고 분명하게 말하는 데는 그럴 만한 이유가 있다. 엄청나게 많은 사하리 식기, 즉 놋그릇들 중에 신라 문서 종이로 싸 놓은 것이 있었던 것이다. 채 끈을 풀지 않고 묶어 놓은 수저들은 한 번도 쓰지 않은 채 신라에서 수입해 갔을 때의 상태대로 보존되어 있었다. 모양이 다른 두 가지 수저들은 둥근 것과 앞이 나뭇잎처럼 생겼는데, 그 두 종류 10개씩을 하나씩 엇갈리게 포개어 20개를 한 다발로 묶은 것이다. 전해지는 300여 개의 놋수저들 중에는 18벌이 쓰이지 않은 채 그대로 보존된 것들이어서 우리를 더 놀라게 한다.

쇼소인의 놋그릇들은, 사발이 400여 개, 수저가 300여 개, 접시가 약 700개가 전해지고 있다. 특별전의 해설서에는 "이들 사하리로 만든 식기들은 모두 고급품으로 우리나라(일본)에서는 나라 시대에 주로 궁정이나 사원에서 쓰였다."라고 설명되어 있다. 전시된 놋그릇들은 아직 놋의 아름다운 황금색

일본 나라 국립 박물관에서 여는 쇼소인전의 입장권. 입장권에 그려진 나전꽃무늬청동거울과 똑같은 디자인, 기법
의 청동거울이 호암미술관에 국보 140호로 소장되어 있다.

이 거의 그대로 변하지 않은 채로 보존되어 있는 것이 대부분이다. 이 놋그릇
들을 1988년, 1991년, 1993년, 2003년, 2004년, 내가 갈 때마다 볼 수 있었
으니 그 중요성을 짐작할 수 있다. 그 아름다운 신라의 놋그릇들은 지금도 우
리가 즐겨 쓰고 있는 놋그릇 그대로다. 그야말로 시간과 공간을 초월하여 이
어지는 유물인 셈이다. 조선 후기의 실학자 이규경(李圭景)은 그의 저서에서,
유(鍮, 놋)는 향동(響銅)이라고도 한다고 했다. 놋그릇에서 나는 맑은 소리 때
문이다. 일본 학자들도 이 신라의 놋그릇을 치면 아름다운 소리가 울린다고
했다.

　2004년에 전시된 놋사발 뚜껑 2개는 특히 훌륭했다. 특별전을 마련한 나
라 국립 박물관의 큐레이터들은 놀랍게도 그 2개의 놋사발 뚜껑을 하나씩
독립된 전시장에 전시했다. 놀라운 솜씨의 놋그릇이다. 그 디자인의 세련되
고 독특한 아름다움은 부어 만들어서 물레로 깎아 다듬은 고도의 기법을

쓴 솜씨가 주목을 끌기에 충분했다. 지름 18.4센티미터, 16.3센티미터 크기의 놋그릇 뚜껑을 딱 하나 독립된 전시장에 올려놓아 그 당당한 모습을 더 돋보이게 한 큐레이터들의 뜻을 알 만하다. 이 전시에는 2개의 놋사발 받침도 전시되었다. 지름 21.7센티미터와 15.5센티미터, 높이 2.0센티미터와 2.9센티미터 크기의 것이다. 4개의 놋그릇 모두 녹이 슬지 않은 부분은 전시물의 해설에도 설명되어 있는 것처럼 "본래의 사하리의 금속색인 황금색이 보인다."라고 할 정도로 깨끗한 놋의 색깔이 아직도 생생하다.

여러 번의 특별전 참관에서 나를 사로잡은 전시물이 또 한 가지가 있다. 신라에서 건너간 여러 개의 자(尺)다. 1993년의 특별전에서 나는 그림으로만 본 상아자 2개를 볼 수 있었다. 그때의 기쁨과 감동은 지금도 생생하다. 하나는 상아를 붉은색으로 물들여 그 표면을 깎아서 무늬를 새긴 것이고, 다른 하나는 감색으로 물들인 상아에 무늬를 새긴 자이다. 연꽃과 당초무늬, 봉황과 원앙, 나는 새와 천마(天馬), 나비들의 아름다운 디자인과 솜씨는 나를 황홀하게 했다. 나는 그 자리에서 이 자들은 틀림없이 신라 자라고 확신했다. 자의 길이는 2개가 다 29.8센티미터. 그런데 2000년의 특별전 해설에는 29.7센티미터로 고쳐져 있었다. 전시되지 않은 다른 2개의 같은 자들의 길이도 같다는 것이다. 놀라운 일이다. 신라에서 가져와서 나라 시대의 왕실 표준 자로 전해진 것들이다.

지금까지 일본 학자들과 한국 학자들이 흔히 당척(唐尺)이라고 하던 자들이다. 나는 늘 이렇게 생각해 왔다. 그 시대 세계 최고의 문명을 자랑하던 당나라의 선진 문화가 신라에 수용되었다. 당연한 일이다. 과학 기술도 그랬다. 그 문물 제도 중에는 도량형도 있었을 것이다. 그 제도를 신라에서 받아들여 신라의 도량형 제도가 확립되었다고 생각하는 것은 매우 자연스럽다. 그런데 그 제도를 수용해서 신라의 제도로 세웠으면 그것은 신라의 것이 된 것이다. 그래서 신라에서 만들어 썼으면 그것은 신라의 자이다. 불국사의 건축과 석굴 사원의 설계에서 쓰였다는 당척 1자(尺)의 길이 29.7센티미터가 여기 실물로 존재하는 것이다. (당척의 길이는 남천우, 『유물의 재발견』(1987년), 127~128쪽 에서 인용했다.) 그것도 쇼소인 보물로, 만들었을 때 그대로의 한 점의 흠도 없는 상태로. 새 것 그대로다. 쇼소인에는 이와 거의 같은 자들이 모두 8개가 있다. 다만 4개는 길이가 30.2, 30.5, 30.7센티미터로 조금씩 다르다. 그러나 그것은 오차 범위의 문제일 뿐이다. 왕실의 권위를 나타내는 의전용 자라고 생각하면 별 문제될 것이 없다.

이 자의 출현은, 그동안 학계에서 계속 논란이 있었던 당척의 실재가 확인 되었다는 데서 의의가 크다. 건조물과 건축물의 설계 복원 과정과 실지 측정 에서 나오는 29.7센티미터 길이의 자의 존재는 이제 설계 복원 과정에서 계산으로 나오는 환상의 자가 아니다. 신라척(新羅尺) 1자는 쇼소인에 소장된 자들에 의하면 29.5~30.7센티미터의 실제 길이를 가지고 있다. 이것은 베이징 역사 박물관, 상하이 박물관 등에 소장되어 있는 당대척(唐大尺)의 길이 29.3~31.2센티미터와 대비된다. (츄롱(丘隆), 츄광밍(丘光明)이 엮은 『중국 고대 도량 형 도집(中國古代度量衡圖集)』(1981년)을 참조하라.)

호쿠소(北倉)에 보존되어 있는 붉은색 상아자는 길이 29.7센티미터, 너비 2.3센티미터로 2개, 감색 상아자는 길이 29.7센티미터, 너비 2.22센티미터로 2개이고, 흰색 상아자는 길이 29.7센티미터, 너비 3.6센티미터 2개로 모두 6 개이다. 몇 가지 보존 문서에는 6개의 상아자에 대한 기록이 남아 있어서 그 유래를 확인하게 한다. 그리고 주소(中倉)에는 길이 30.7센티미터의 붉은 상아자가 또 하나 있다. 그것은 호쿠소의 것과 무늬가 조금 다르고 너비도 3.1 센티미터, 두께가 0.9센티미터로 조금 크다. 무늬에는 집과 사슴도 그려져 있다. 주소에는 또 하나, 물소 뿔자도 있다. 길이 29.5센티미터, 너비 2.8센티미터, 두께 0.8센티미터의 이 자는 앞면에 1치(寸)와 5푼(分), 1푼(分)의 3종류의 눈금을 새겨 놓은, 한눈에 실용성이 큰 자라는 것을 알 수 있다. 눈금은 붉은 색을 새겨 놓고 그 위에 금박을 입힌 기법을 썼다.

쇼소인에는 모두 14개의 자가 보존되어 있다. 장신구에 매달게 만든 작은

쇼소인에 소장된 놋그릇과 상아 자. 이 놋그릇들은 신라의 구리 합금 기술, 상아 자들은 신라의 척도 기술이 어떠했는지 명쾌하게 보여 준다.

자 5개를 합하면 19개가 되지만, 앞에서 본 물소뿔 자와 같이 눈금을 제대로 새겨 놓은 자는 9개다. 그중 주소에 보존되어 있는 7개의 자들은 가로, 세로 1자(尺, 30.3센티미터)가량의 칠피(漆皮) 상자에 들어 있다. 특별전 해설문에는 중창의 물소뿔 자를 포함하는 6개의 자들은 나라 시대의 표준 자라고 했다. 1자의 길이가 29.5~29.7센티미터이다. 신라에서 쓴 일반적인 자, 즉 신라 표준 자는 1자의 길이가 29.5센티미터에서 29.7센티미터로 환산된다.

수많은 신라 놋그릇은 신라의 동 합금 기술, 크게는 성덕대왕신종과 더불어 신라 금속 기술의 창조성을 보여 준다. 금속 기술은 그 시기의 첨단 기술이었다. 그리고 쇼소인의 자는 그동안 한일 학자들이 실제로 존재하는 자의 유물을 가지고 논하지 못했던 신라의 척도(尺度) 문제를 명쾌하게 해결하게 했다. (도노 하루유키(東野治之), 『견당사와 쇼소인(遺唐使と正倉院)』(1992년), 117~118 쪽 참조.) 최재석 교수는 여기서 신라의 자에 대한 훌륭한 고증을 해 냈다.

역사란 많은 경우 그 주역이 아닌 보조역이나 또는 그 시기엔 별로 역할을 할 수 없었던, 끝자락의 물건들이 나중에 큰 역할을 해 내는 때가 적지 않다. 나는 쇼소인에 가져간 신라의 첨단 제품에 포장지나, 꼬리표나 병풍 또는 문서의 배접 종이가 지금 우리에게 무엇을 증언하고 있는지 말했다. 그게 없었더라면 신라의 그 훌륭한 기술 제품들이 중국 것이거나 그 밖의 나라에서 만들어진 것으로 여겨지고 있을 것이다.

쇼소인에는 이 밖에 또 하나, 매우 중요한 신라 문서가 전해오고 있다. 이 문서도 신라에서 가져간 화엄경을 썼던 종이다. 8세기 신라의 한 촌락의 사회 경제와 호구에 관한 구체적인 기록이다. 이 문서에 대해서 전에 나는 백과사전에 설명되어 있는 정도밖에 아는 것이 없었다. 그러다가 1987년에 손보기 교수에게 연세대 박사 학위 논문 하나를 심사해 달라는 요청을 받았다. 「신라 '균전 정책'의 분석을 통해서 본 촌락 지배의 실태」라는 논문으로 가네와카 도시유키(兼若逸之)가 쓴 글이었다. 그때까지 이른바 신라의 촌락 문서가 가지는 과학 기술사 자료로서의 중요성에 대해서 알지 못했던 내가 그 논문을 읽고 얼마나 놀랐는지 내 글을 읽는 독자들은 상상하지 못할 것이다. 그러니까 그 문서로 박사 학위 논문이 될 만큼의 연구 자료가 되는지를 알지 못했다. 330쪽 분량의 이 논문에는 많은 새로운 사실(나에게 있어서는)이 담겨 있었다.

1933년 10월에 쇼소인에서 발견된 이 문서는 쇼소인에 보존되어 내려오던 수많은 문서들처럼 보존용 기록 문서 중의 하나가 아니었다. 신라에서는 용도 폐기된 '기록을 담은 종이'를 포장지로 재활용한 것이었다. 그러나 그것은 신라의 국가 문서다. 한국에는 물론 남아 있지 않고 그런 문서가 있었는지도 아무도 모르던 귀중한 통계 자료이다. 이 문서에는 마을의 크기, 호(戶) 수, 인구, 가축의 수, 논밭의 면적, 뽕나무 등의 그루 수 그리고 이들의 3년간의 변동이 기록되어 있다. 여기에는 1,600자 남짓의 글자가 씌어 있는데 그 3분의 1이 숫자다. 신라 왕조의 국세(國勢) 조사 기록인 것이다. 마을의 실태를 정확히 파악하기 위해서 여러 가지 정해진 항목을 조사 정리한 문서의 존재를 우리는 이 자료를 통해서 확인할 수 있다.

이런 자료가 문서로 정리되어서 보존용으로 책자로 묶여 보존되었는지는 알 수 없다. 여기 기록된 통계 자료의 항목들은 조선 왕조 세종 시대에 각도 군현의 지리지 편찬 시 사용한 조사 항목과 같은 내용이 많다. 가네와카의 논문은 이 문서의 분석을 통해서 신라 왕조 국가의 촌락 지배의 실태를 파악할 수 있다고 했다. 분명히 이 문서는 사회사적, 경제사적, 자연 인문 지리의 기초 자료로 활용되기에 부족함이 없다. 어쩌면 지방 관청의 공문서 정도가 아니라 한 발 더 나아가 세종 시대에 편찬했던 것 같은 지리지의 기초 자료였거나 지리지의 한 부분이었을 수도 있을 것이다.

「균전성책(均田成冊)」으로 불리는 이 촌락 문서는 755년에 작성되었고, 4개의 마을에 관한 자료가 들어 있다. "당시의 촌락(村落) 지배의 기본 구조와 함께 촌락의 실태를 잘 알 수 있는 갖춤새를 이루고 있다."라고 가네와카는 평가하고 있다. 그리고 이 문서는 전체의 3분의 1이 숫자라는 사실을 주목해야 한다. 통계적인 파악과 그 기록 문서이기 때문에 그것은 과학 기술 문화재로서의 가치를 가지고 있는 것이다.

과학 기술사의 자료라는 내가 보는 눈으로 읽을 때, 이 문서에서는 다음의 몇 가지를 눈여겨 볼 수 있다. 첫째는 사람에 관한 기록이다. 여기서 나는 그 당시 이 마을에 살던 사람들의 평균 수명이 20~25세였다는 사실에 주목한다. 둘째는 토지다. 마을의 면적을 땅의 둘레가 4,800보(步) 등으로 기록되어 있고, 논과 밭과 삼밭(麻田)의 면적은 결(結), 부(負), 속(束)으로 기록했다. 심어서 기르는 식물로 뽕나무, 잣나무, 호두나무의 수를 기록했고 가축 중에서 말과 소의 수를 기록하고 있다. 여기 나오는 보는 거리의 단위로 조선 시대까지 거리를 말할 때 늘 쓰던 6자(尺)가 1보 그것과 같다고 보면 된다. 결(結)은, 1결이 방(方) 33보라고 규정한 『고려사』 「식화지(食貨志)」의 기록과 크게 다르지 않을 것이다. 8세기에 실제로 쓰이고 있던 도량형 제도의 면면을 기록한 귀한 자료이다. 토지의 길이와 면적을 나타내는 이런 제도는 조선 시대까지 거의 그대로 이어지고 있었다.

쇼소인에는 신라에서 만들어져서 나라 도다이지의 건립 준공을 기념하기 위하여 무역해 간 많은 귀중한 유물들이 보존되어 있다. 일본 학자들은 그것들이 신라에서 제작되었다는 분명한 증거가 없는 한, 중국 당나라에서 가져온 것이라고 주장해 왔다. 그러다가 1980년대 후반부터 중견 소장 학자들이 앞장서서 신라에서 건너온 유물이라는 사실을 적극적으로 쓰기 시작했다. 그 계기가 무엇인지 나는 잘 알지 못하지만, 환영할 만한 학문적 발전이라고 높이 평가해야 할 것이다. 그렇지만 과학 문화재를 말하면서 그것들을 다 다룰 수는 없다. 신라 기술자들이 심혈을 기울여 만들어 낸 첨단 기술 제품이고 톱클래스의 생활용품들이 제작할 때의 상태 그대로 남아 있다는 사실은 정말 놀라운 일이다. 쇼소인의 신라 유물들은 8세기 신라의 과학 기술 수준을 그대로 우리에게 보여 주고 있다. 그것들은 우리가 알고 있던 신라 과학 기술에 대한 지식이 얼마나 보잘것없었는가를 말해 준다.

우리에게 일본의 쇼소인은 무엇인가. 나라의 큰 절 도다이지에 있는 그 보물 창고는 신라 기술과 공예의 아름다움을 고스란히 간직하고 있는 보기 드문 역사의 현장이다. 최재석 교수는 그의 저서에서 쇼소인의 많은 보물들이 신라에서 건너간 것이라고 했다. 사실, 일제 시대에서 1980년대까지만 해도 많은 일본 학자들이 신라에서 만든 것이라기보다는 당나라에서 만든 것과 신라를 거쳐서 들어온 것이 대부분인 것으로 해석했다. 그러나 소재가 중앙아시아나 중국 또는 동남아시아의 것을 신라에서 수입해서 그것들을 가지고 신라의 기술자와 공예 디자이너들이 만들어 낸 것들이 적지 않다는 사실이 1980년대 이후 일본의 중견 학자들과 큐레이터에 의해서 차츰 표면화되었다. 앞에서 말했지만, 쇼소인 특별전의 해설 책자를 보면 그 변화를 확연하게 알 수 있다.

평라전원경(平螺鈿圓鏡)과 화전(花氈) 등이 그 대표적인 보기이다. 야광 조개껍데기와 호박(琥珀), 터키석, 감색의 라피스라즈리와 같은 아시아 여러 나라의 보석들로 장식된 나전 청동 거울은 당나라에서 만든 것이라고 했다. 그렇게 아름답고 세련된 디자인과 뛰어난 제작 솜씨의 청동 거울이 당에서 만들어진 것이라는데 이의가 없었다. 그런데 중국에 그런 청동 거울이 남아 있는 게 없다. 신라에는 있었다. 1990년대 이후 신라에서 만들어진 것이라는 의견이 설득력을 얻고 있다.

쇼소인 연구의 권위자인 일본의 중견 학자 도노 하루유키(東野治之) 교수는 그의 저서 『쇼소인』에서 이 아름다운 나전 장식의 8각 청동 거울에 대해서 언급하고 있다. 쇼소인의 그 거울(지름 27.4센티미터, 무게 215그램)은 한국 남부, 경상남도에서 출토된 것으로 알려진 호암미술관 소장의 나전 장식 청동 거울(지름 18.6센티미터)과 문양의 구성이 아주 닮았다는 것이다. 당대의 중국 거울에서는 그러한 문양과 비슷한 것을 찾아볼 수 없고, 쇼소인의 거울과 제일 비슷한 것을 들라고 한다면 오히려 한국에 있는 거울이라 할 수 있다고 한다. 그는 조심스럽게 "이것이 신라제라고는 결정적으로 말할 수는 없지만,

쇼소인 나전 거울의 근원을 찾아보는 데 재미있는 자료라 해도 좋을 것이다. 증가하고 있는 한국에서의 발굴품과도 비교하면서 쇼소인 보물 중에서 신라 제품을 찾아내는 작업은 이제 시작되었을 뿐이다."라고 쓰고 있다. 나는 이 거울도 신라에서 만들어 일본으로 보낸 것이라고 생각한다.

양탄자 깔개도 그 아름다운 꽃무늬를 양털로 짜서 만들어서 화전이라고 이름을 붙였는데, 큰 꽃무늬 2개가 당나라에서 유행한 디자인이라 해서, 그냥 해외에서 수입한 것이라고 해 왔다. 그런데 이 양탄자 깔개에 붙어 있는 문서는 그것이 신라에서 수입된 것임을 말해 준다.

쇼소인의 가야금도 우리의 주목을 끄는 보물이다. 신라금(新羅琴)이라고 일본 학자들이 분명하게 신라의 악기라고 말하는 유일한 유물이기도 하다. 1998년 특별전에서 필자는 이 가야금을 보고 그 제작 솜씨의 훌륭함에 정말 놀랐다. 보존 형태도 완벽했다. 8세기의 우리 악기와의 만남은 참으로 감격적이었다. 가야금의 그 우아한 선율이 거기에 살아 있는 것 같았다. 틀림없이 1998년 특별전에 나온 나전 자단목 다섯줄 비파와, 붉은색과 감색의 29.8센티미터 상아자도 신라에서 만든 것이라고 생각되었다. 쇼소인의 보물에 필자가 각별한 관심을 가지게 된 까닭은 이렇게 우리에게는 지금 없는 정말 귀중한 신라의 유물이, 제작되었을 때 모습 그대로 보존되어 있다는 학술적 가치와 중요성 때문이다.

「매신라물해(買新羅物解)」라는 문서도 있다. 이 문서는 752년 6월에 신라의 사신이 일본에 왔을 때, 일본의 한 귀족 가문에서 구입할 예정으로 작성한 신라 교역품을 적어서 정부에 보고한 문서들이다. 이 문서들은 폐기된 후 조모립여(鳥毛立女) 병풍에 바른 바탕 종이로 쓰인 채로 전해졌다. 거기 신청된 구입 물품들은 신라에 의해서 중계전매(中繼轉賣)된 당나라 물품과 신라의 특산물들이라고 한다. (도노 하루유키의 앞의 책 119쪽 참조.) 병풍을 만드는 바탕종이로 틀에 바르지 않고, 폐기되었더라면 쇼소인의 많은 보물들은 그것이 신라에서 무역해 온 물건들이라는 사실이 알려지지 않았을지도 모른다.

당나라에서 신라의 무역선들에 의해서 신라에 가져왔다가 다시 일본에 들여온 물품들은 기술 공예 제품들보다는, 서역과 동남아시아 여러 나라에서 중국에 교역품으로 들어간, 약품, 향료 등의 사치품들이었다.

쇼소인 보물 중에는 신라에서 만들어진 많은 유물들이 제작 당시의 상태 거의 그대로 보존되어 있다. 그 제작 솜씨가 뛰어나서 일본 학자들 중에는 그 것들이 당나라에서 제작되었다고 여겨지는 경향이 짙었다. 근래에 와서 그 것들이 만들어진 나라가 신라였다는 사실이 널리 인정되면서, 신라의 공예, 기술을 새롭게 조명해야 한다는 움직임이 활발해지고 있다. 쇼소인 보물을 신라의 과학 문화재라는 시각으로 파악하고 평가하려는 내 생각이 여기서 출발하고 있는 것이다.

최재석 명예 교수는 그의 저서에서 쇼소인의 많은 공예품의 디자인이 신라의 유물들에서 보는 것과 똑같다고 하나하나 비교해서 분석하고 서술하고 있다. 그 시도는, 일본 학자들이 당나라에서 만들어진 것이라는 여러 가지 최고의 공예 기술 제품을, 그것을 제작한 곳이 신라고 신라의 장인들에 의해 디자인되고 제작되었다는 그의 주장에 공감하게 한다. 그 시기의 신라 기술이, 장인들의 솜씨가 최고의 수준에 있었다는 사실을 일깨워 주는 것이다. 그리고 신라의 공예 기술 제품의 제작 기술이 지구상의 여러 나라 기술을 어우르는, 범세계적이고 넓은 국제적 아름다움의 감각을 가지고 있었음을 인식하게 한다.

고구려나 백제와 달리, 유난히도 많은 유리 제품이 신라 무덤들에서 출토되었다는 사실도, 신라의 문화적 기술적 특성을 말해 주는 하나의 보기로 들어야 한다고 나는 생각한다. 로만 글라스가 알칼리 소다 글라스를 주성분으로 한다고 해서 신라에서 발견되는 무수히 많은 유리구슬들과 곱은 옥돌이 로마 계통의 지역에서 온 것일 수 없는 것처럼, 유리그릇들도 그 제작지가 신라일 수 있다는 생각에 긍정적인 접근을 할 필요가 있다. 물론 실크로드 (그것이 육로였건 바닷길이었건)를 통해서 중앙아시아의 좋은 유리 그릇들이 신라로 무역되어 왔을 것이다. 그렇다면 신라에서 그런 훌륭한 유리 그릇을 모 방해서 만들어 보려고 하지는 않았을까.

나는 신라에서 유리 제품이 만들어졌다는 사실을 1960년대부터 끈질기 게 주장해 왔다. 그런 사실을 밑받침하는 분석 결과가 1980년대에 나왔다. KBS가 월요 기획으로 「신라의 신비」 다큐멘터리 프로그램을 만들면서, 내 가 수집한 몇 가지 신라 유리 제품을 한국동력자원연구소에 의뢰해서 분석 한 것이다. 이태녕 교수가 그 분석에 참여했다. 분석 시료는 천마총 출토 유 리구슬 조각 3점, 유리 장식 파편 1점과 경주 월성군 성부산에서 출토된 유 리 조각 2점이었다.

천마총 출토 푸른색 유리구슬은 SiO_2 63.5퍼센트, Al_2O_3 3.99퍼센트, Na_2O_3 17.8퍼센트, CaO 6.25퍼센트였고, 회색 구슬은 SiO_2 24.6퍼센트, Al_2O_3 0.48퍼센트, PbO 73.9퍼센트, CaO 0.7퍼센트였다. 또한 성부산 가 마터에서 출토된 유리 조각은 검은색이 SiO_2 47.7퍼센트, Al_2O_3 15.5퍼센 트, Fe_2O_3 11.4퍼센트, CaO 22.0퍼센트였고, 회색 조각은 SiO_2 48.6퍼센트, Al_2O_3 14.5퍼센트, Fe_2O_3 4.07퍼센트, CaO 25.5퍼센트였다. 그래서 이태녕 교수는 신라에서 납유리와 알칼리 석회유리가 다 만들어지고 있었다고 했 다. 유리구슬, 유리 곱은옥 그리고 몇 개의 사리함 속에서 나온 플라스크 모 양의 푸른색 유리 그릇은 분명히 신라에서 만든 것이다.

이제 이 사실에 이의를 제기하는 사람은 없다. 신라의 유적에서는 아름다 운 유리 곱은옥이 많이 출토되었다. 그리고 신라의 큰 무덤에서 나온 유리그 릇에는 납유리의 커팅 기법이 서역의 그것들과 다른 것이 있다는 사실도 알 려지고 있다. 그 유리 제품의 기술적 완성도는 서역에서 만들어진 것보다 떨 어진다고 볼 수 있지만, 신라에서도 유리 제품이 많이 만들어졌다는 사실 또 한 인정될 수 있다. 사리를 봉안하는 그릇으로 유리 제품을 쓴 것도 신라 유 리 기술의 성격과 이어진다. 쇼소인에 보존되어 있는 유리 제품 중에는 신라 에서 만들어진 것도 섞여 있다는 주장이 설득력을 가지는 까닭이다.

석불사

아름다움과 장중함 속에 숨은 과학

오늘도 토함산은 푸른 하늘을 이고 맑은 동해 바다의 수평선을 바라보고 앉아 있다. 그 자락에 석굴이 있다. 천년이 넘은 신라 과학 기술의 신비를 간직한 순백의 아름다운 사원이다. 잘 설계된 작은 공간에 무한한 시간과 우주를 담고, 거기 자비로운 미소를 띠고 조용히 앉아 있는 석가 본존의 모습은 그 앞에 선 우리에게 잔잔한 감동을 가슴에 전해 준다. 흰 화강석으로 조성된 수려한 조각들이 절제된 공간에 놀라운 미(美)의 세계를 이루고 있다. 이토록 완벽한 설계를 한 사람이 누구일까. 신라 재상 김대성(金大城, 700~774년)이 현세의 부모를 위해서 불국사를 짓게 하고 전생의 부모를 위해서 석불사(石佛寺)를 지었다고 『삼국유사』는 전하고 있다. 석불사. 흔히 석굴암이라고 잘못 부르고 있는 그 절이다.

그런데 그 작은 공간에 연출된 무한한 세계, 그 신비로운 조화를 설계한 신라의 과학자는 누구일까? 석불사는 불국사의 다보탑과 석가탑과 함께 지금까지 남아 있는 신라 석조물 과학 기술의 최고 걸작이다. 거기에는 과학과 기술 그리고 예술과 조각 솜씨(기능)의 뛰어난 재주가 종합되어 있다. 그런 최고의 작품을 만들어 낸 과학자와 기술자들의 이름을 어디 남겨놓지 않았을 리가 없을 것 같다. 성덕대왕신종에 새겨진 박 씨 일가의 경우처럼. 어딘가 기록 문서로 남겼을 가능성도 있다. 포장지로 쓰인 쇼소인의 신라 문서들처럼 그 기록과 문서가 무슨 이유에선가 폐기되었을 가능성도 있다. 그렇지만 그들의 이름을 알고 싶다. 그만치 석불 사원의 창조성과 예술성은 신라 과학 기술의 놀라운 성과다.

석불 사원은 그래서 한국인의 큰 자랑스러운 문화재로 오랫동안 사랑받고 있다. 연구 논문이나 논저, 관련 도서도 많다. 1988년에 강순영 연구관이 엮은 『석굴암 관계 자료 목록집』에 따르면, 그때 이미 323편이나 된다. 그러니까 2008년 현재는 400편이 훨씬 넘을 것이다. 그중에서 1969년에 있었던, 월간지 《신동아》를 통해서 황수영과 남천우의 몇 차례에 걸친 열띤 공개 논쟁은 지금도 내 기억에 생생하다. 그해 나는 미국 뉴욕 주립 대학교와 하버드-옌칭 연구소에서 연구 중이었는데, 매달 아내가 항공편으로 보내 주는 《신동아》를 받아 보는 즐거움이 여간 크지 않았다. 이 밖에도 석굴암을 둘러싼 여러 차례의 학술 토론회가 있었는데, 늘 격렬한 논쟁이 벌어지곤 했다.

또 하나 내 기억에 깊이 새겨진 토론회는 1991년에 있었다. 문화재관리국 문화재연구소가 주관한 "석굴암의 과학적 보존을 위한 국내 전문가 회의" 가 그것이다. 2박 3일에 걸쳐 석굴암 현장과 경주 시내 호텔에서 숙식을 같이 하며 열린 이 회의에는 황수영, 김원룡, 이태녕 교수와 보존 과학자들과 장경호, 김동현, 신영훈 학예 연구관 등 건축사와 문화재 전문가들이 참여했다. 나는 전통 과학 기술을 전공하는 학자로서 석굴암 보존에 관한 의견을 제시했는데, 마지막 날 오전에 석굴암의 과학적 보존을 위한 종합적인 대책에 대한 종합 토론도 활발히 전개되었다. 그것은 매우 유익하고 인상적인 솔직한 토론의 광장이었다.

석굴암 문제는 20세기 초에 그 존재가 확인된 이후, 무엇보다도 그 과학적

석굴암이 아니라 석불사다. 산밑에 굴을 파고 지은 것도 아니고 암자도 아니기 때문이다.

인 보존과, 석굴암 원형과 현상 변경에 관련된 것이었다. 석굴암은 1913년에 조선총독부 관변 전문가들이 콘크리트를 마구 써 가면서 거칠게 복원 수리하고 나서 생긴 치명적인 문제를 안고 있었다. 그 문제들을 해결하기 위해서 1963년에 우리나라 각계 전문가들이 50년 만에 대대적인 수리에 나서게 되었다. 그런데 석굴 내부에 생기는 화강석 표면의 결로 현상을 해결하기 위해서 1966년에 항온 항습 기계 장치를 설치하고, 전실 앞에 공간을 만들어 석굴 내부를 외기와 차단하는 새로운 공사를 하면서 생긴 또 다른 문제들이 커다란 쟁점으로 떠오르게 된 것이다.

항온 항습 시설은 소음 진동 문제를 일으키게 되고, 전실을 지어 석굴암을 밀폐하고 인공 조명을 하면서 생기는 석굴암 보존의 역작용을 우려하는 학자들의 목소리가 적지 않았다. 그 기수의 한 사람이 당시 서울대학교 물리학 교수였던 남천우 박사다. 그는 몇 차례에 걸쳐 《신동아》에 실린 글에서 전실을 설치한 데 대해서 격렬히 비판하고 나섰다. 석굴암에 전실은 처음부터 있지도 않았고, 밀폐가 아닌 개방형 석굴에서 항온 항습 기계 설치는 필요하지 않다는 이론이다. 남천우 박사는 1987년에 써낸 『유물의 재발견』에 70쪽에 이르는 「토함산의 석굴」이라는 긴 글에서 그때까지 주장하고 발표한 석굴암에 대한 견해를 종합해서 발표했다. 그러고, 석굴암은 1963년부터 1966년까지 몇 년 동안의 큰 수리 작업에도 불구하고 그 보존상의 문제가 줄어들지 않은 채로 남아 있는 듯했다. 1991년의 보존 대책 회의는 이런 배경을 바탕으로 문화재연구소가 계획한 것이었다. 회의 결과 모은 의견을 요약한 글을 회의록에서 인용하겠다.

현재 석굴암의 보존 상태는 전반적으로 양호한 편이므로 근본적인 개선은 요구되지 않으나 화강암 시편을 석굴암 내부에 설치하여 장기적인 풍화 요인을 규명토록 하고, 전실 밀폐와 조명 문제에 있어서는 조도를 현재보다 낮추고 조명 방식은 하부에서 상부로 조사토록 한다. 무반사 유리의 시험 연구를 거쳐 석굴암 전면에 설치된 유리를 교체토록 한다. 석굴에 항온 항습을 위한 제습기의 소음 진동은 큰 문제가 없다고 판단되나 장기적인 면에서는 석굴암에 영향을 줄 수 있으므로 소음 진동이 적은 기기로 교체하거나 기계실을 다른 장소로 이전하는 것이 바람직하다. 또한 석굴암의 원형과 현상 변경에 대해서는 석굴암 보존 위원회를 창설하거나 전문 학회에 학술 용역으로 의뢰하여 연구토록 한다. 관람객의 교육적 편의 제공을 위해 모형 전시관의 건립을 추진한다. 석굴암의 과학적 보존을 위한 국제적 심포지엄의 개최보다는 국내 전문가를 외국에 파견 훈련시키는 것이 바람직하다는 의견에 합의를 보게 되었다.

이제 여기서 중요한 문제 하나를 짚고 넘어가야 하겠다. 그것은 한마디로, '석굴암'이란 잘못된 이름이라는 것이다. 석불사가 옳은 명칭이다. 이 꼭지의 제목을 '석불사'라 지은 이유이기도 하다. 『삼국유사』에 씌어 있는 대로다. 왜 석굴인가? 나도 2000년에 펴낸 『한국 과학사』에서 석굴 사원이라고 썼지만, 석굴이란 용어는 아무래도 이상하다. 화강석으로 다듬은 커다란 돌부처를 중앙에 모시고 아름다운 흰 화강석으로 불상을 조각해서 벽면으로 둘러세우고, 겹겹이 쌓아올린 화강석 돔을 쐐기돌로 받친 화강석 사원이 왜 석굴이라 불려야 할까. 석굴암은 더더욱 아니다. 그리고 그 절이 왜 암자인가, 당당한 사찰이지. 그러니까 마땅히 '석불사'라 불러야 옳다. 지금의 모습이 마치 산 밑에 굴을 파고 지은 것같이 보여서 이상하게 느껴지지 않지만, 그 원래 모습은 그렇지 않았다. 이제부터는 석불사라 쓰겠다. 그리고 내가 이 주제와 관련해서 쓰려고 하는 글은 석불사의 보수와 보존 문제가 아니다. 나는 석불사 설계와 축조의 과학적 창조성 문제에 종합적으로 접근하고 조명하고 평가하고 싶은 것이다.

석불사는 토함산 기슭에 화강석으로 지은 아름다운 '돌절(石寺)'이었다. 석불사는 아름답다. 그리고 장중하다. 나는 이 작은 공간에 연출된 우리 전통 과학의 창조성에 열광하여 경주 첨성대와 신라 과학 기술의 유적을 여러 번 답사했다. 그때까지만 해도 나에게 있어 석불사는 고고학자와 미술사학자들의 연구 대상이었다. 나는 그 내면에 숨어 있는 기하학적 설계와 과학적 축조 기술 그리고 우주를 상징하는 사상의 오묘함을 깨닫지 못하고 있었다. 석불사는 그저 아름답고 장중한 신라인의 위대한 유산일 뿐이었다. 그런데 어느 날 홍이섭의 『조선 과학사』는 석불사에 대한 나의 눈길을 새로운 각도로 돌려 주었다. 30대의 젊은 나이로 요절한 일본 학자 요네다 미요지(米田美代治)의 석불사 영조 계획 연구를 기술한 문장이었다. 그것은 나에게 커다란 감동이었고, 새로운 발견이었다. 신라인의 기막힌 조형 디자인의 아이디어와 기하학적 설계가 선명하게 그려져 있었기 때문이다. 홍이섭은 이렇게 쓰고 있다.

석굴암의 석굴 구조에 응용된 정육각형의 한 변과 외접원의 관계, 정팔각형과 내접원, 원과 구면, 타원형을 이용한 입구의 천장, 굴원(窟圓)과 돔 천장 구축 관계 등에서, 건축에 기하학적 계획이 실용화되었음을 이해할 수 있다. 이것은 확실히 신라인이 그들의 기초적 수학의 전면적 황용이라 하겠으며, 방형(方形), 삼각형의 대각선의 전개, 수직선의 문제, 또 석굴암 석탑 구조에 있어서 비례 중항(中項) $\sqrt{2} : 2 : 2\sqrt{2}$의 실용과, 특히 돔이 반구 면체의 부재구축(部材構築)임을 보면, 돔 천장이 반지름 10척 이상의 구면 원주를 10할(割)하여 원주율에서 곧 계산되도록 취급했음을 알 수 있다. 또 이것은 교묘한 방법으로 평면 기하학을 기조로 한 입체 기하학 지식의 발휘이다.

지금까지 서양의 수학사 학자들은 중국의 영향을 받은 동아시아 여러 나라 수학이 높은 수준에 이르기는 했지만, 기하학만은 그리 발전하지 못했다고 주장해 왔다. 기하학이 없었던 것이 동아시아 수학의 특성이라는 주장까지 나왔다. 그러한 상식에 젖어 있던 나에게 홍이섭의 이 글이 얼마나 강렬한 메시지를 주었는지 여러분은 상상할 수 있을 것이다. 나는 바로 인사동의 유명한 고서점 통문관(通文館)에 갔다. 요네다의 저서 『조선 상대 건축의 연구(朝鮮上代建築の研究)』(1944년)를 구하기 위해서였다. 주인 이겸로 선생은 어렵지 않게 찾아 주었다. 그 책 맨 뒷장에는 지금도 연필로 쓴 "500"이란 숫자가 선명하다.

요네다의 책은 나를 열광시켰다. 석불사와 불국사 그리고 다보탑과 석가탑을 비롯해서 백제의 석탑들에 이르기까지 그 수학적 조영(造營)과 의장(意匠) 계획을 탐구한 그의 논문들은 분명히 우리 건축사 연구에서 새로운 경지를 개척한 역작이다. 1976년에 우리 건축의 대가인 신영훈 선생의 번역으로 이 책의 우리말 판이 출판된 것은 의의 있는 일이라고 생각된다.

1966년에 내가 『한국 과학 기술사』를 쓰면서 석불사와 불국사의 과학에 대하여 쓸 수 있었던 것은 요네다의 연구가 있었기 때문이다. 그의 연구를 평가하고 재조명하려던 나의 시도는 많은 학자들의 공감을 받았다. 신라의 위대한 유산인 석불사의 놀라운 축조 기술에 대한 새로운 인식이 확산되어 갔다. 석불사가 신라 과학의 정화(精華)이고, 기하학의 실용적 전개를 입증하는 것이고 신라 축조 기술의 결정(結晶)이라는 과학적 창조성에 주목하게 된 것이다. 그리고 또 하나, 문화재 보존과 관련되어 나타나게 된 여러 가지 문제들 속에 숨어 있는 신라인의 대기 과학과 기술의 예지를 알게 된 것이다. 석불사는 예술과 과학 기술의 절묘한 조화로 이루어진 조형물이다. 그 깊이와 창조성은 우리가 알고 있는 것 이상으로 훌륭한 것이다. 예를 들어서, 석불사의 습기 문제를 신라인은 어떻게 해결했을까 하는 문제도 그중의 하나이다.

석불사에 대한 한국인의 인식이 새로워지게 된 계기는 앞에서 말한 것처럼 1969년에 있었던 물리학자 남천우 박사와 고고 미술사의 원로 학자 황수영 박사의 격렬한 논쟁이었다. 월간지 《신동아》 5월호부터 시작되어 여러 달 계속된 유명한 석불사 논쟁은 우리나라 많은 지성인들의 관심을 집중시킨 '사건'이었다.

그로부터 25년이 지난 1994년, 유홍준 교수의 『나의 문화 유산 답사기』 2권이 나오면서 석불사에 대한 우리나라 지성인의 관심은 그야말로 폭발했다. 유 교수의 책은 삽시간에 베스트셀러 1위로 우리나라 독서계를 휩쓴 1권에 이어, 2권을 내면서 157쪽에서 235쪽까지 거의 80쪽에 걸쳐 「토함산 석불사(상), 그 영광과 오욕의 이력서」, 「토함산 석불사(하), 무생물도 생명이 있건마는」이라는 제목으로 석불사에 관한 모든 것을 문화 유산 답사기의 수준을 뛰어넘은 내용을 담아 써 냈다. 그는 미술사학자로서 학문적 자료를 훌륭히 정리하고 요약했다. 조금 더 전문적인 수준의 글을 읽고 싶은 독자는 남천우 박사가 쓴 『유물의 재발견』(1987년)의 109쪽에서 184쪽에 나오는 「토함산의 석굴」 부분을 참고하기 바란다. 물리학자로서 우리 과학 문화재의 연구로 학계의 주목을 끈 남 교수의 탁월한 견해와 만날 수 있을 것이다.

또 화학자이며 보존 과학자로서 오랫동안 문화재 위원으로 공헌한 우리 학계의 원로인 이춘녕 서울대학교 명예 교수의 견해도 유홍준 교수의 책에서 눈여겨보아 주기를 권하고 싶다. 과학자들이 미술사학자와 고고학자들과 어떻게 다른 시각으로 석불사의 신비에 접근하고 있는지 알 수 있을 것이다. 서로 다른 분야의 학문적 훈련을 받은 학자들이 같은 사물 앞에서 무엇에, 어떤 것에 더 강하게 끌리는지를 잘 나타내는 사례이기도 하다.

그리고 경주 보문 단지에서 멀지 않은 민속 공예 단지 안에 신라역사과학관이 있다. 석우일 과장의 오랜 실험적 연구로 이루어진 석불사의 구조 모형들이 있고 그중 몇 가지가 『나의 문화 유산 답사기』 2권에 소개되어 있지만, 현장에서 그 훌륭한 전시물들을 직접 보면 훨씬 더 효과적으로 석불사의 구조를 알 수 있을 것이다. 석불사에 관한 여러 학자들의 학설이 그대로 잘 재현되어 있기 때문이다.

석불사의 수학

석불사는 기하학적으로 완벽한 조형 디자인과 설계로 이루어진 축조물이다. 그래서 그것은 신라 실용 수학의 한 결정이라고 할 수 있다. 석불사는 구성의 기본을 바닥 평면의 반지름을 12자로 하는 원으로 했다. 1년은 365

와 1/4일. 옛날에 원은 365와 1/4도로 계산되었고 하루는 12시로 나누었으니, 석불사의 바닥 원의 반지름은 하루의 길이이고, 석불사의 평면 원의 둘레는 1년의 길이가 된다. 인간 세상의 하루가 12시로 되어 있듯이 석불사 입구의 넓이 또한 12자로 되어 있으니, 영원으로 향한 인간의 신앙이 한 시와 하루로부터 시작되는 것을 상징하는 것이다.

석불사의 궁창, 즉 돔 또한 영원을 상징하듯 반지름을 12자로 시작했고, 그 중심에 태양을 상징하듯 커다란 원형 연꽃 돌을 새겨 박았다. 그 둘레에 여러 겹의 하늘(重天)이 둘려져 있고, 돔 구면 각 판의 돌 사이에 낀 쐐기돌은 하늘의 무수한 별들을 상징하는 것으로 생각된다. 인도와 중국의 천문 사상이 석불사 천장(天頂)에 담겨졌고, 신라인의 우주관이 거기에 나타나 있는 것이다. 그러고 보면 석불사의 조형 구성의 기본 아이디어는 고구려 옛 무덤의 그것과도 이어지는 것 같다. 고구려의 옛 무덤에는 해와 달과 별들이 그림으로 천장을 장식하고 있는데, 석불사는 그것을 더 상징적으로 조형화해서 입체감 있는 예술적 표현으로 발전시키고 있는 것이다. 고대 수학은 천문학과 그대로 통하고, 많은 경우 한 덩어리로 얽혀 있었다. 석불사의 기하학, 즉 수학은 그런데서 출발한 것일지도 모른다.

고구려의 옛 무덤은 정사각형을 기조로 하는 구축법을 써서 밑은 넓고 위로 감에 따라 차츰 좁게 돌을 쌓아 올려 마치 피라미드식 무덤을 만들었고, 백제도 그랬다. 말하자면 기하학적 기본 구성법을 삼국이 다 쓰고 있었던 셈이다. 삼국 시대의 이러한 정사각형 기본 구성법은 후기에 이르러서는 점점 원형과 구형으로 그리고 육각형과 팔각형으로 발전해 나갔다. 그 하나의 보기가 경주 첨성대이다. 직선을 부드러운 곡선으로 자연스럽게 했고, 직사각형을 원으로 그린 것이다.

자연스러움 속에서 완전함을 지향한 아름다움을 창조해 내는 일, 그것은 신라가 삼국을 통일한 후, 석불사에서 완성에의 영역에 이르고 있다. 신라인들은 백제의 축조 기술을 잘 이어받아서 그 모든 구성법을 자유롭고 자연스

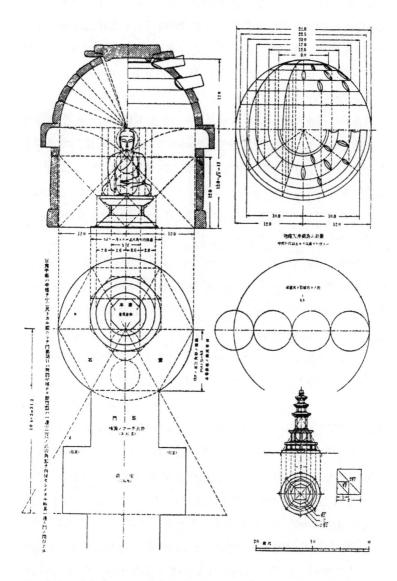

석굴 사원 영조 계획의 수학적 분석. 30대로 요절한 일본 학자 요네다 미요지의 분석이다. 신라인의 기막힌 조형 디자인의 아이디어와 기하학적 설계가 선명하게 그려져 있었기 때문이다.

럽게 조화시켜 하나의 아름다운 통일체를 이루는 데 성공했다. 삼국 시대의 세련된 축조 기술이 이렇게 통일 신라에 이르러 석불사에서 그 완성의 정점에까지 오른 것이다. 그리고 직사각형, 원과 구, 삼각형과 육각형과 팔각형의 조화와 통일, 그러한 기하학적 도형을 석불사에서 불교적 신앙심으로 아름답게 승화시켰다.

석불사의 아름다운 모습 속에 내재되어 있는 조형의 디자인을 좀 더 수학적으로 분석해 보자. 석불사의 평면은 앞에서 말한 것처럼 지름 24자의 완전한 원이고, 절 입구의 너비는 12자, 즉 평면 원의 반지름이며 또한 그 원에 내접하는 정육각형의 1변이 된다. 절의 중심은 그 정육각형의 1변, 즉 절 입구의 너비가 만드는 정삼각형의 정점이 되고, 본존 석불이 앉은 대좌(臺座) 팔각형의 앞면 중앙과 일치하고 있다.

석불사의 입체 구성도 12자를 기본으로 하고 있다. 바닥에서 관음상 등 여러 벽의 입상들 위까지의 높이는 꼭 같고, 또 그 높이는 석가좌상의 머리 끝에서 돔의 중심까지의 거리, 즉 평면의 반지름과 일치하고 있다. 이것을 종합하면 절 평면 원의 반지름으로 만든 정사각형의 대각선 길이를 원주 위에 수직으로 취하고 그 높이의 위치에서 평면 원의 중심을 기점으로 하여 같은 반지름으로 반구를 그리면 돔의 구성 형태가 결정된다.

석불사 평면 원의 반지름 12자를 기본으로 하는 갖가지 조화들이 이렇게 변화와 통일을 이루어 냈다. 거기에는 선과 원의 미묘하고 아름다운 교차가 있고, 기본수와 그것을 몇 갈래로 쪼갠 여러 수가 얽혀 기하학적 조형미를 창조해 내고 있다. 기묘한 조화미(調和美)는 또 다른 짜임새를 보여 주고 있다. 돔의 멋있는 짜임새가 바로 그것이다. 돔의 짜임새는 원둘레 띠 모양으로 연결된 다섯층의 짜임으로 이루어졌다. 맨 위 한복판에는 연꽃무늬를 조각한 원반형의 큰 돌이 끼여 천개(天蓋)를 상징하게 했고, 그것을 중심으로 원둘레 띠가 층을 이루고 있다. 각 원둘레 층은 원둘레를 10등분한 10장의 석판으로 짜여 있다. 그리고 아래로 내려가면서 원둘레가 커져서 맨 아래 원둘레

띠를 최대로 했다. 띠의 폭은 위로 올라갈수록 줄어든다. 석판들의 접합선을 연장하면 돔의 중심으로 집중되게 했고, 석판의 이음새에는 또 다른 쐐기 석재를 수평으로 끼워 밖으로 튀어나온 부분은 솜씨 있게 다듬어서 기술적으로는 석판이 떨어지지 않게 했고 예술적으로는 조화로운 입체감을 갖도록 했다. 그리고 그것은 중천(重天)에 별들을 상징하는 듯하다. 또 본존 석불의 형태미는 등비급수적 체감법을 써서 이루어 냈고, 절 입구의 좌우 두 기둥을 건네는 아치형 천장은 타원의 작도법을 자유롭게 할 수 있었음을 보여 주는 것이다.

여기에 쓰인 자(尺)가 어떤 것인가를 가지고 오랫동안 여러 가지 의견들이 제시되어 왔다. 당척(唐尺)이라는 것이다. 그 길이는 29.7센티미터로 계산되었다. 일본 나라 쇼소인에 있는 29.6센티미터와 29.8센티미터의 신라 자들의 길이이다. 이와 관련된 최근의 연구가 있다. 일본의 금속학자 아라이 히로시(新井宏) 박사는 4세기에서 8세기에 이르는 고대 한국과 일본의 고적 사원 궁전과 유적들에 대한 방대하고 정밀한 측량 결과를 수집하여 컴퓨터로 분석하여 26.8센티미터와 29.6센티미터의 자를 썼다고 결론짓고 있다. 고마척(高麗尺)은 없었다는 것을 밝히려고 쓴 『환상의 고대 자(まぼろしの古代尺)』(1992년)에서 그는 26.7센티미터의 고한척(古韓尺)이 존재했다고 주장한다. 그러니까 그는 고한척 26.8센티미터, 당척 29.7센티미터, 고마척 35.5센티미터로 정리한 것이다. 그런데 쇼소인에 있는 신라 자 중에 29.6센티미터의 자가 4개, 29.5센티미터의 자가 1개 있다.

이 한국의 고대 자들은 석불사의 과학 기술 문제와 함께 우리에게 중요한 과제로 남는다. 아라이 박사가 말하는 26.8센티미터의 고대 한국 자와 지금까지 당척으로 환산되어 온 29.7센티미터의 신라 자들 그리고 고마척으로 그 길이만이 전해 온 35.5센티미터의 고구려 자에 관한 연구가 더 필요할 것이다.

평양 학자들의 석굴암 평가

"경주 토함산의 석굴암은 우리나라의 고유한 석굴로서 8세기 중엽에 건설되었다. 그리고 이 시기에 이르러 비로소 특색 있는 석굴 건축을 창조했다." 1994년에 출판된 『조선 기술 발전사』 2권, 「삼국 시기·발해·후기 신라」 편에 총론적으로 쓴 글이다. 석불사의 건축 기술 2쪽 분량은 석불사의 구성 기술과 석불사의 구조 기술의 두 부분으로 서술되어 있다. "내부 공간은 수학적 비례, 즉 평면 및 입체 기하학 지식들이 능숙하게 적용되었다."라고 그 수학적 설계 디자인 계획을 평가하고, 비교적 간략하게 구조 기술을 논하고 있다. 그 전문을 인용하겠다.

석굴암은 땅 속 건축 구조물의 특성에 맞게 구조 역학적으로 잘 타산되었다. 특히 굴칸은 가장 깊이 묻혀 있기 때문에 흙압의 영향을 많이 받는다. 그러므로 굴칸의 천장을 매 층단을 10개의 2중 곡면 부재로 뭇개 다섯 돌기로 올려놓아 궁륭천장을 만들었다.

매 부재는 통이음줄이 없이 쌓았으며 그 이음줄의 방향은 천장 중심과 일치된다. 축조 부재는 웃부재일수록 작게 했으며 서로 엇바뀐 이음줄(우로부터 3단까지) 사이에는 쐐기돌을 박았다.

특히 쐐기형 돌을 삽입하여 반모멘트를 조성시켜 발대 없이 조립식으로 수형 방막을 건설한 사실은 우리 선조들의 독창적인 건축 기술을 보여 주는 것이다.

이러한 해결은 돌부재가 중심축 방향으로는 주로 누름만이 작용하게 하고 또 위로 올라갈수록 부재의 무게를 줄이게 하는 합리적인 구조이다. 이것은 누름에 잘 견디는 돌부재의 역학적 특성을 재치 있게 이용한 것이다.

깊숙이 수평으로 박은 쐐기돌은 돌부재들이 떨어지는 것을 막게 할 뿐 아니라 그것이 돌출됨으로써 굴의 세로 자름면상에서는 궁륭의 원중심에 집중되고 궁륭의 표면 위에서는 자오선에 일치시켜 시공되었다.

이 글에서 나는 평양 학자들이 석불사에 대해서 너무 간략하게 다루고 있다는 인상을 받았다. 287쪽 분량에서 2쪽밖에는 쓰지 않은 것이다.

『무구정광대다라니경』,
중국과의 끝없는 논쟁

『무구정광대다라니경』, 즉 『다라니경』에 대해서 나는 2000년판 『한국 과학사』에 비교적 길게 썼다. 그리고 그 글에서 나는 그것이 신라에서 목판 인쇄 기술이 발명되었다는 사실을 말하는 살아 있는 증거라고 강조했다. 『다라니경』에 대한 나의 주장은 1976년판 『한국 과학 기술사』에서도 과학사 학자로서 이론을 어떻게 전개했는지를 읽을 수 있다. 그래서 이 책에서는 같은 말을 되풀이 하지 않으려고 한다. 2000년판에 나는 이렇게 썼다.

『다라니경』은 1966년 10월 13일에 발견되었다. 30여 년 전의 일이다. 그것이 세계에서 가장 오래된 인쇄물임이 증명된 지 4반세기가 지났는데도 세상은 아직도 요지부동이다. 우리의 노력이 부족한 것이 가장 큰 이유라면 언짢아 할 사람들이 많을 것이다. 그러나 그것은 사실이다. 나는 아직도 그 충격이 생생하다. 너무나도 극적인 사건이었기 때문이다.

그런데 1980년대에 중국 학자들이 『다라니경』은 중국에서 인쇄된 것이라고 주장하기 시작했다. 위에서도 인용 소개한 『중국 과학 기술사고』에서,

중국 과학원 자연 과학사 연구소 연구팀은 이렇게 쓰고 있다.

　　한국에서 1966년에 발견된 목판의 『다라니경』은 704~751년에 인쇄되
　　어, 현존하는 세계 최고(最古)의 인쇄품인데, 전문가의 연구에 의하면 시안
　　(西安)에서 번역 각인된 가능성이 높다.

이와 맥락을 같이하는 이론의 전개를 나는 2004년에 찌엔쭈엔수인(錢存訓)
이 쓴 『중국 종이와 인쇄 문화사(中國紙和印刷文化史)』의 134~135쪽에서도
볼 수 있었다. 세계에서 가장 이른(最早) 목판 인쇄물인 『다라니경』은 당나라
때 중국에 유학 왔던 승려와 학생들이 신라에 돌아갈 때 가지고 간 것이라
는 이야기다. 한국과 일본에서 『다라니경』을 찍었다면 중국에서도 틀림없이
그 전에 인쇄된 불경이 있었을 것은 의심할 여지가 없다고 강조하고 있다.

　　2003년에 베이징에서 출판된 『중국 과학 기술사(中國科學技術史)』통사권
(通史卷)에서도 같은 내용의 글이 씌어 있다. 이 책은 중국 과학원 자연 과학
사 연구소가 주관해서 조직한 『중국 과학 기술사』 편찬 위원회에서 쓴 책이
다. 29권의 방대한 저술로 그동안 수십 년의 중국 과학 기술사 연구의 결산
이다. 두시란 주편(主編)의 이 책 459쪽에서 『다라니경』은 702년에 당의 동
도(東都)인 낙양에서 인쇄되었다고 쓰고 있다. 중국 학자들의 공식 견해로 굳
어진 것이다. 이 견해는 1997년 9월에 서울과 청주에서 열렸던 국제 학술 회
의와 1999년 연세대학교 국학연구원에서 열렸던 세계 인쇄 문화의 기원에
관한 국제 학술 심포지엄에서 중국 학자 판지싱(潘吉星) 교수의 발표의 주장
과 같다. 판지싱은 여기서 『다라니경』은 702년에 현재 중국의 뤄양 지역에
서 인쇄되어, 703년에 몇 개로 나뉘어, 그중 하나가 경주로 전해진 것이라고
분명하게 끊어 말했다. 한국 학자들이 말하는 705년에서 751년에 인쇄되었
다는 학설도 부정했다.

　　판지싱은 1997년과 1999년 서울에서 열린 두 차례의 국제 회의에 중국

정부에 의해서 파견되었다. 그는 중요한 사명을 띠고 왔다. 『다라니경』이 신라가 아닌 중국에서 당나라 때 인쇄된 것이 분명하다는 것이다. 1997년 회의에선 천혜봉 교수와 격돌했다. 언성까지 높여 가며 반박하고 나선 천혜봉의 논거는 서지학적 이론을 바탕으로 한 토론이었다. 이에 대한 판지싱의 발표와 토론의 출발은 기술사 학자로서의 입장이었다. 그는 세계 학계가 인정하는 중국 제지 기술사 학자다. 그런 그가 2년 뒤인 99년에 와서는 서지학적 이론을 가지고 한국 학자들의 주장을 비판하는, 새로운 각도에서 토론을 전개했다. 그 토론도 결론을 이끌어 내는 데 실패했다. 한국 학자들이 납득할 수 없었고 받아들이기를 거부했던 것이다.

나는 늘 이런 생각을 가지고 있다. 이제 남은 길은 산업 기술 고고학적 연구다. 종이가 신라 닥종이라는 것을 다시 한번 증명하는 것이다. 나는 몇 차례 『다라니경』 원본을 육안으로 자세히 볼 수 있는 기회를 가졌다. 가장 최근에는 2007년에 국립중앙박물관에서 문화재 전문가 몇 사람과 함께 석가탑 출토 유물의 보존 상태를 검증하는 자리였다. 그때에도 나는 직감적으로 이 종이는 신라 닥종이라고 확신했다. 국립중앙박물관에 와서 『다라니경』을 보수한 세계적인 종이 전문 보수 기술자들인 일본 교토의 사업팀도 이것이 세계에서 가장 훌륭한 닥종이라는 사실을 분석적으로 확인했다.

그리고 인쇄한 먹이 신라에서 만든 먹인지를 분석 확인하는 일이다. 그러

복원된 『무구정광대다라니경』의 일부. 이 문화재의 기원을 두고 한국과 중국 사이의 논쟁이 격화되고 있다.

나 이 프로젝트는 결코 쉬운 일이 아니다. 그리고 신기한 일은, 당나라에서 목판 인쇄 기술이 시작되었다는 기술사의 바탕을 말하는 이론의 전개가, 내가 1976년판 『한국 과학 기술사』에서, 신라에서 세계 최초로 목판 인쇄가 시작될 수 있는 기술사의 발전 양상을 말한 이론과 너무도 비슷하다.

『다라니경』이 인쇄된 8세기 초, 중국은 세계에서 가장 앞선 과학 기술 문명의 선진국이었다. 신라는 당에서 끊임없이 그 선진 문화를 수용하고 새로운 과학 기술 발전을 위한 노력을 아끼지 않았다. 멀리 서역과도 교류하고 문화를 받아들이는 데 적극적이었다.

신라의 기술은 당나라의 기술과 견줄 만큼 발전하고 있었다. 그런 신라의 장인들이 나무에 조각을 해서 진흙에 찍어서 아름다운 기와를 만들어 내듯이, 나무틀에 먹을 칠해서 종이에 찍으면 되는 목판 인쇄 기술을 발명했을 것이라는 생각은 아주 자연스러운 이론의 전개다.

끝으로, 『다라니경』에 대한 천혜봉 교수의 논문 한 편을 소개해야 하겠다. 1999년에 서지학회지 《서지학 연구》 18집에 발표한 「신라 목판권자본 『무구정광대다라니경』의 고증 문제」다. 그는 이 논문을, 앞에서 말한 연세대학교 국학연구원에서 열린 "세계 인쇄 문화의 기원에 관한 국제 학술 심포지엄"에서 제시한 문제들을 정리해서 썼다. 그는 머리말에서 "우리의 발표는 사실을 밝히고 도리를 따져 이치로 사람을 설복시키는 데 중점을 두어야 하

며 근거 없는 말이나 황당한 말 그리고 국수주의로 흐르는 비우호적인 언사는 쓰지 말자고 제의했다."라고 그의 심경을 말하고 있다. 우리 서지학계의 가장 권위 있는 원로 학자인 그가 왜 이렇게 말했는지 이해할 만하다.

중국 동북아 공정에 대응하는 우리의 현황을 보면서 나는 그저 답답해할 뿐이다.

6
장

한국의 옛 등잔들과 도량형기

왜 등잔인가

1973년, 내가 성신여대 박물관장을 맡고 있을 때였다. 평소에 내가 개인적으로 토기에 관심이 많다는 것을 알고 있는 대구의 한 골동품상이 아주 독특하고 멋진 토기 하나를 가지고 왔다. 그것을 본 순간, 이것은 등잔이다, 신라 시대의 샹들리에가 아닌가 하는 생각이 들었다. 그것이 왜 등잔인가를 고증할 수 있는 자료는 없었지만, 나는 직감적으로 그렇다고 믿게 되었다. 토기를 가져온 골동상도 상당한 경험에서 얻은 식견을 가진 사람이었는데, 등잔이란 내 의견에 서슴지 않고 그렇다고 말한다.

진홍섭 교수에게 봐 달라고 청했다. 그때 그는 이화여대 박물관 관장으로 있었다. 진 교수도 등잔이 아니겠는가 하는 내 말에 동의해 주었다. 그때부터 이 토기는 '토기 등잔'이란 이름이 붙었다. 6개의 잔에 불을 켰을 때, 그 화려한 빛은 환상적이면서 낭만적으로 방안을 환하게 밝혀 주었을 것이다.

백제나 가야나 신라는 그 시기, 선진 문화를 자랑하던 나라들이다. 그 많은 훌륭한 토기들을 보면서 나는 오랫동안 그 토기들 중에 등잔이라 불리는 생활 기구가 없다는 게 아쉽고 궁금했다. 조명 기구는 문화가 앞선 사람들에 겐 꼭 있었던 생활 필수품이었기 때문이다.

그런데 1975년 가을인가, 개관한 지 얼마 안 된 일본 오사카 도요 도자 미술관에 가 보고 나는 깜짝 놀랐다. 들어서서 첫 번째 방, 작은 로비와도 같은 구조의 방에 가야 토기 하나가 놓여 있었다. 벽에 우리 눈높이보다 조금 위, 작은 선반 위에 놓인 오리 모양 토기다. 그 방엔 그 토기 하나밖엔 다른 전시물이 없다. 등잔이다! 박물관의 큐레이터들이 한국 고대의 오리 모양 토기를 도자 미술 전문 전시관의 첫 방에 놓은 이유가 무엇일까. 설명이 더 필요하지 않을 것이다. 가야 사람들이 만든 아름다운 등잔. 그것은 그곳을 처음 찾아간 내게 마음의 빛을 밝혀 주는 것 같은 환상에 사로잡히게 했다. 같이 갔던 아내도 그런 마음이 들었다고 했다.

내가 아는 한, 우리나라 박물관들에서 1990년대까지도 토기 등잔은 없었다. 토기 등잔을 전시해 놓고도, 그것은 등잔이 아니었다. 무슨무슨 모양 토기다 할 뿐이다. 나는 그게 도무지 마음에 안 들었다. 그 토기들은 신기하게도 하나같이 조그마한 잔이 붙어 있다. 무엇에 쓰던 잔일까. 나는 늘 그게 알고 싶었다. 그런데 2005년, 나는 오랜만에 공주박물관에 가게 됐는데 그 전시장에 백제의 토기 등잔들이 있었다. 그건 내게 놀라운 발견이었다.

무령왕릉의 감실에 놓여 있던 백자 등잔들을 보았을 때, 백제 왕실에서도 저런 등잔을 썼을 것이라고 생각하게 된 이후, 내가 찾던 토기 등잔이 거기 있었다. 무령왕릉의 백자 등잔은 그 시기에 중국에서밖에 만들지 못했던 최첨단 도자 기술 제품이었다. 그러니까 백제에서 흔히 쓰이던 등잔은 토기로 만든 것이었으리라고 생각되었다. 그런 백제 토기 등잔을 보았으니 얼마나 기뻤겠는가. 아담한 크기의 멋진 토기 잔은 정말 백제의 도공들이 빚어 구워 낸 그릇다웠다.

그런 토기 등잔은 고구려에서도 가야에서도 그리고 신라에서도 만들어 썼을 것이다. 우리가 토기를 별것 아닌 옛 그릇으로 소홀히 여기고 있을 때,

오사카 동양 도자 미술관에 전시된 오리 모양 가야 토기. 보는 순간, 등잔이라는 생각이 들었다. 왜 백제, 가야, 신라의 토기 중에도 등잔이라 불리는 토기가 없는가?

아마도 그 자그마한 토기 그릇들은 소리도 못 내고 버림을 받았을 것이다. 그래서 지금 우리는 그런 토기 등잔을 찾아보기 쉽지 않다. 그런 것을 소중히 모아 정리해서 토기 등잔으로 분류해 전시장에 잘 보존한 박물관 큐레이터들의 정성이 고맙다. 백제의 생활 과학에 대한 이해의 깊이와 연구가 그만치 앞서가고 있다는 좋은 보기로 평가하고 싶다.

　이렇게 앞선 학구적인 태도로 지금까지 우리가 일제 시대의 박물관 큐레이터들이 이름 지었던 여러 가지 토기들을 다시 한번 검토해 보자. 오리 모양 토기는 그 좋은 보기가 된다. 가야와 신라의 도공들은 왜 그런 토기를 빚어 만들었을까. 수레바퀴 모양 토기, 집 모양 토기, 말 탄 사람의 모습 토기들을 주의 깊게 자세히 보면 그 구조에서 같은 특징을 찾아볼 수 있다. 잔 모양으로 생긴 그릇과 대롱 모양의 구조물이 공통적으로 달려 있다는 것이다. 등잔은 기름을 담는 그릇과 심지에 불을 켤 수 있는 기능을 가진 구조를 가지면 된다.

　삼국 시대에 높은 문화 수준에 있었던 우리나라 상류층 가정에서 밤에는 반드시 있어야 했던 조명 기구가 멋있는 디자인으로 만들어졌으리라는 것은 상상하기 어렵지 않다. 토기 제조 기술이 뛰어났던 삼국 시대 도공들이 궁궐이나 사찰, 귀족들과 고관의 주택에서 쓸 조명 기구를 다른 그릇들 못지않게 많이 만들었을 것이다. 그것은 수준 높은 주거 생활의 일부로서 중요한 기기이기 때문이다. 우리는 로마 시대의 유적에서 수많은 로마 등잔들을 보아 왔다. 그것을 볼 때, 그건 로마 문명의 높은 수준에서 볼 때 당연한 것이라고 생각하고 만다. 그렇다면 우리나라 삼국 시대에 질 좋은 토기를 그렇게 많이 만들면서 등잔은 만들지 않았는지 이상하게 생각하지 않는다는 것이 내게는 너무도 이상하다.

　삼국 통일 신라의 여러 가지 모양의 토기들의 기본 구조가 로마의 등잔들과 사실상 같다는 사실에 한 번 주목하면 우리 고대 등잔에 대한 이해의 폭이 금방 넓어지는 것을 쉽게 깨닫게 된다. 경복궁 지하철역에서 나는 늘 거기 훌륭한 조각품으로 설치해 놓은 이른바 기마 인물상을 보게 된다. 말을 타고 있는 신라 무사의 모습을 조각해 만든 토기를 크게 만든 작품이다. 처음에 내가 박물관에서 그 토기를 보았을 때, 나는 그것이 오리 모양 토기와 마찬가지로 등잔이라는 것을 직감했다. 2000년에 펴낸 『한국 과학사』에 "오리 모양 토기 등잔"이라고 설명을 달아서 사진을 큰 그림으로 한 쌍씩 두 장을 실었다. 그것을 보고 몇몇 중진 미술사학자들은 아주 조심스럽게 부정적인 반응을 보였다. 과연 그 오리 모양 토기들이 등잔이었을까, 선뜻 수긍이 가지 않는다고 했다.

그렇다면 일본 오사카의 동양 도자 미술관 입구 로비 벽에 선반을 매어 올려놓은 가야 오리 모양 토기 한 마리는 무엇을 뜻할까. 한국의 박물관에서 그걸 등잔이라고 하지 않으니까, 그곳 큐레이터들도 분명하게 이게 등잔이라고 설명하지는 않는다. 그런 것을 몇 십 년 동안의 한국 미술사와 고고학 연구의 지적(知的), 학문적 축적이 있다고 하더라도 누가 한 사람이라도 선뜻 나서서 등잔이다 하는 글을 쓰지 않는 한, 젊은 학자들이 앞장서서 등잔으로 규정하기는 정말 쉽지 않은 게 사실이다. 그렇게 벌써 1세기 가까운 세월이 흘렀다. 이제 2000년대에 들어서서 거칠게라도 써서 그렇게 설명하지 않으면, 더 오랜 세월이 지나가야 할지도 모른다.

우리나라에는 많은 고대 토기 등잔들이 있다. 지금이라도 늦지 않았다. 젊은 학자들이 고증해서 우리의 고대 조명 문화를 보다 넉넉하게 해야 하지 않을까. 성신여대 박물관의 토기 등잔과 공주박물관의 토기 등잔의 전시는 그것을 선도하는 용기 있는 첫발로 높이 평가하고 싶다.

도량형기

도량형은 국가 표준 제도로 어느 왕조나 중요하게 여긴 과학과 기술의 기본 율(律)이다. 도, 즉 길이와 량, 즉 부피와 형, 즉 저울(무게)은 국가의 산업 경제와 가장 밀접하게 연결되어 있었기 때문에, 우리나라 고대 왕조에서도 그것은 국가의 엄격한 관리로 통제되고 있었다. 그 기기들, 즉 길이를 재는 자, 부피를 재는 되와 말, 무게를 재는 저울을 제작하는 일 또한 국가의 중요한 과제였다. 그래서 도량형기는 그 나라의 과학 기술 수준과 산업 경제의 발전을 가늠하는 하나의 표본이 될 수 있는 것이다.

그런데 그것들은 공예 기술의 작품도 아니고 창조적 발명품도 아니다. 크기도 부피도 대체로 작다. 오랜 세월 문화재나 고미술품, 그리고 민속 자료로도 보호 보존되거나 수집되거나 하는 대상에서 중요하게 여겨지지 못한 이유다. 그러나 조금 더 주의 깊게 살펴보면, 도량형기는 그 나름대로의 중요성을 가지고 있는 중요한 유물이라는 사실을 곧 깨닫게 된다. 나는 지난 40여 년 동안의 우리 전통 과학 기술의 연구 생활에서 늘 관심을 가지고 지켜보아 왔다.

그러나 아쉽게도 궁중에서 쓰던 도량형기나, 주요 국가 관서에서 쓰던 기기들 이외에는 그렇게 귀하게 여겨지지 못했다. 그것들도 매우 찾아보기 힘들 정도로 제대로 보존되지 않았다. 그러니까 과학 문화재로 다루려 해도 다룰 만한 것이 아주 드물었다. 그래도 나는 이 책에서는 그것들을 반드시 다루어야 하겠다고 생각했다. 부족한 자료를 가지고 쓰는 것이 마음에 부담이 되지만, 그런 대로 써 놓는 일이 필요하다는 데 독자들은 동의해 줄 것으로 믿는다.

쇼소인의 신라 자에 대해서는 이미 썼다. 그것들을 보면서 나는 중국의 박물관들에서 본, 중국의 여러 고대 도량형기들과 그에 관한 연구 보고서에서 다루고 있는 어느 것들보다 훌륭한 신라 왕조의 표준 자들이 우리에게 제대로 알려지고 있지 않다는 사실이 너무 아쉽게 느껴졌다. 그러던 중 2003년 7월에 국립부여박물관에서 '백제의 도량형전'이 열렸다. 정말 반가운 일이었다. 솔직히 말해서, 이젠 박물관이 제대로 돌아가게 되고, 한 단계 앞서 가는구나 하는 생각이 들었다.

더 반가웠던 것은, 박물관 큐레이터들이 애써서 예쁘고 알찬 『도록』(12.5× 17.5센티미터, 111쪽)까지 낸 것이다. 여기에는 많은 자료와 정보를 담고 있고 사진도 좋다. 13개 박물관들의 협찬을 받은 전시품이지만, 백제의 도량형기와 관련된 유물이 이만치 있다는 것이 여간 반가운 일이 아닐 수 없다.

전시물 중에서 특별히 내 눈을 끌어당기는 유물이 있다. 부여 쌍북리 출토 나무 자(尺)(국립부여박물관, 길이 19.2센티미터 복원 길이 29.1센티미터)와 부여 화지산 출토 되(斤)(20.1×19.0×14.6센티미터) 그리고 충남대학교 박물관 소장 쌍북리 출토 말(斗)(29.3×29.6×8.2센티미터)의 한 부분과 서울대 박물관과 부여 박물관 소장의 돌 추(錘)들이다. 서울대 박물관의 돌 추(서울 석촌동 출토)는 높이 7.7센티미터, 무게 159.1그램이고, 부여 박물관 돌 추들은 8개 전시품 중에서 높이 9.0센티미터, 무게 528.8그램이 되는 큰 것과 무게 97.2그램, 51.8그램의 작은 것 2개 등의 도량형기들이다. 그리고 또 한 가지 놀라운 유물이 전시되었다. "1근" 새김 돌 거푸집 2개다. 국립부여박물관 소장의 이 거푸집들은 길이가 16.8센티미터와 12.8센티미터의 직사각형 계량용 은화를 부어 만드는데 쓰였으리라고 생각되는 매우 중요한 유물이다.

이 전시는 우리나라에서 백제의 도량형기에 대해서 알 수 있는 사실상 가장 많은 정보를 우리에게 알려주는 데 기여했다. 여기 전시된 백제 유물들을 통해서 우리는, 백제의 도량형기가 중국의 같은 시기의 것보다 더 정돈되게 제작되지는 않았지만, 다른 과학 기술과 산업 기술 수준에서 볼 수 있는 위치에 놓을 수는 있다는 실증적 자료를 확인하게 하는 데도 기여했다. 전시된 유물들은, 백제에서는 도량형 표준 제도가 확립되어 있었음을 보여 주는 과학 문화재들이다.

여기서 또 하나, 길이를 측정하는 자의 문제를 조금 더 말해야 하겠다. 신라의 표준자에 대해서, 나라의 쇼소인 보물로 보존되어 있는 10여 개의 아름다운 자를 다루면서 이미 말했지만, 우리는 그 길이가 29.5~29.8센티미터임을 확인했다. 그런데 백제의 무늬 벽돌 8개에서 1변의 크기가 28.0~29.8센티미터라는 것을 알게 되었다. (국립부여박물관, 『백제의 도량형: 국립부여박물관 특별전 도록』(2003년), 33~38쪽 참조.) 이 길이는 부여 쌍북리 출토 백제의 자의 복원 길이 29.1센티미터와 거의 같다.

그리고 그 길이는 쇼소인의 신라 자들의 길이와도 거의 같다는 중요한 사실을 보여 주고 있다. 앞에서 나는 신라의 자를 가지고 만들거나 지은 유물 유적들을 그 환산값을 계산해서 당척(唐尺)을 써서 만들었다고 일제 시대부터 일본 학자들이 말하는 것을 그대로 인용해 온 한국 학자들의 안일한 태도에 대해서 비판했다. 이제 백제의 자도 그 1자의 길이가 신라의 자와 사실상 같다는 사실을 알게 되었다. 물론 그것들이 당척의 제도를 받아들여서 그렇게 만들어졌을 가능성이 크다. 그러나 그 제도를 신라나 백제의 표준 제도로 확립하여, 그런 길이의 자를 만들었다면 그것들은 신라의 자, 백제의 자이지 계속해서 당척이라고 부르는 것은 적절하지 않다. 그럴 필요가 없다. 길이의 단위가 같다는 사실은, 백제와 신라의 건조물 그리고 나라 시대의 일본의 건조물에 볼 수 있는 교류의 자취를 확인하게 해 주는 실증적 자료가 된다.

요새 나는 최근에 국립문화재연구소 연구팀이 계속하고 있는 산업 기술 고고학 연구에 크게 고무되어 있다. 내가 50년 전에 꿈꾸던 우리 고대 전통 기술의 고고 화학적 연구를 우리나라의 훌륭한 젊은 연구자들이 우리나라에서 최고의 시설과 장비를 가지고 착실하게 해 내고 있기 때문이다. 신라의 청동 범종의 주조 기술 문제, 백제 신라의 기와와 벽돌의 기술, 경질 토기, 질그릇의 제조 기술의 분석 연구 등은 평가할 만한 수준에서 진행되고 있다. 그 연구는, 연구자의 자질과 끈기, 시간, 연구비, 업적 평가 제도의 이해 부족 등의 온갖 어려움을 헤쳐 나와야 비로소 가능한 일이다. 그런 연구 성과가 차곡차곡 쌓이고 다져져야 새로운 연구에 들어설 수 있다. 우리에겐 지금까지 그런 학문적 바탕이 없었다. 학술지《문화재》와《보존 과학 연구》에는 주옥 같은 땀의 결정들이 알알이 박혀 있다. 한국의 고대 과학 기술이, 산업 기술 고고학이라는 또 하나의 측면과 단면을 보는 평가로 이어지고 전개될 수 있을 것이다.

7부

고려 장인들의 기술 유산

고려 대장경의 과학과 기술

새로 밝혀진 사실들

1996년 봄, 해인사에서는 고려 대장경 경판 보존을 위한 연구 프로젝트를 매듭짓는 전문가들의 회의가 열리고 있었다. 화학자이며 보존 과학자인 이태녕 교수가 책임 연구원으로서의 연구를 결산하고 그 결과를 발표하는 자리였다. 해인사 대장경 연구소가 문화재관리국과 경상북도의 지원으로 몇 차례의 자문 회의를 열었는데, 나는 그 위원으로 초청되어 이태녕 교수의 연구 프로젝트를 잘 알고 있었다. 그는 대학 선배였고, 문화재 위원 시절 나의 옆자리에서 함께 토론하곤 했던 절친한 학자다. 그는 성품이 곧고 학문적 열정이 남다른 분이다. 적당히 일을 마무리 짓기를 싫어하는 학구적 태도를 지킨 분으로 정평이 나 있다. 그래서 그의 연구 결과 발표는 무게가 있었고 듣는 사람들을 긴장시키기에 충분했다. 나는 몇 가지 새로운 사실에 놀라움을 감출 수 없었다. 그의 발표는 고려 대장경 경판에 대한 몇 가지 우리의 고정 관념과 상식을 뒤집는 사실들을 담고 있었기 때문이다. 감동적이었다. 해인사에 들어갈 때마다 나는 그 황홀하게 아름다운 계곡과 아름드리 소나무의 세월을 이겨 낸 당당한 모습에 감동하곤 한다. 그런데 연구 결과는 그 감동을 뛰어넘는 것이었다. 새로운 사실들이 격동의 800년의 역사 속에서 거대한 바위를 깨고 나오는 듯했다. 순간 나는 고려의 과학 기술, 고려 장인들의 기술과 재주가 마침내 새롭게 조명되고 재평가되어야 할 출발점에 서 있음을 깨닫게 되었다.

회의에서 나를 제일 놀라게 한 사실은 경북대학교 박상진 교수의 경판 나무의 분석 결과였다. 대장경 경판을 만든 나무가 대부분(60퍼센트 이상) 산벚나무라는 것이다. 그리고 돌배나무가 수십 퍼센트 섞여 있다고 했다. 이건 새로운 사실이었다. 우리는 지금까지 고려 대장경 경판은 자작나무나 후박나무로 만들었다고 알고 있었다. 그런데 솔직히 말해서, 자작나무나 후박나무라는 것을 누가 언제 제일 먼저 말했는지 나는 기억해 낼 수가 없었다. 전설인 것 같다. 우리나라에는 지금도 산벚나무가 정말 많다. 봄에는 산을 온통 하얗게 물들이는 산벚나무 꽃을 볼 수 있다. 빨간 진달래꽃과 하얀 산벚나무 꽃은 우리나라 산에 피는 봄의 꽃이다. 우리 산에 자생하는 그 많은 산벚나무를 재료로 해서 목판을 만든다는 것은 아주 자연스러운 일이다.

경판은, 지름 40센티미터 정도의 산벚나무를 베어서 나무판을 떠서 만드는데, 나무 한 그루에서 판목 3~4장 정도를 얻을 수 있다고 한다. 그러니까 대장경을 만들 때 사용된 나무는 1만~1만 5000그루나 됐을 것으로 박상진 교수는 계산했다. 엄청난 양이다. 대장경 판목의 조사 연구 발표에서 놀라운 사실이 또 하나 있었다. 경판의 마구리 구리 장식판과 쇠못의 제조 기술에 대한 것이다. 대장경 경판은 경판 양쪽에 마구리를 하고, 마구리의 네 귀퉁이에 금속판을 대고 이음새를 고정시켰다. 이 마구리 금속 장식은 마구리와 경판을 단단하게 연결하는 데 중요한 역할을 한다. 그리고 못은 금속 장식을 고정시키는 데 쓴 것이다. 금속 장식판과 못은 화학 분석으로 그 금속의 성분과 제조 기술을 밝혀냈다. 마구리 금속 장식판의 재질은 구리였다. 놀라운 사실은 그 구리의 성분 분석 결과 구리 97.1~99.0퍼센트의 순도가 매우

문화재위원회 위원들과 함께 해인사 경판고를 찾았다.

높은 구리라는 사실이다. 고려의 장인들은 마구리 금속 장식판을 얇게 느리고 펴서 가공하기 매우 좋은 순도가 높은 구리판을 쓴 것이다. 그런데 그렇게 순도가 높은 구리를 만들어 내는 기술은 고려의 금속 기술자들이 개발했다는 것은 이 연구에서 처음 확인된 사실이다.

경판과 마구리를 연결하는 데 나무못을 박고, 아래 위를 구리판 띠를 두르고 쇠못으로 고정했다. 마구리 구리판을 고정하는 데 쓴 쇠못의 분석 결과 또한 훌륭했다. 시료로 쓴 못 4점 중에서 녹 쓸어 부식된 것을 뺀 나머지

351

3점은 철 94.5~96.8퍼센트의 저탄소강의 단조품이라는 견해가 제시되었다. 망간의 함량이 0.33~0.38퍼센트였다는 분석 결과도 주목된다. 쇠못의 강도를 높이기 위해서 망간을 섞어 넣은 가능성이 높기 때문이다. 그리고 마구리 하나의 아래위에 3~5센티미터 크기의 쇠못이 각각 10개에서 11개, 그러니까 양쪽 다 해서 40개에서 44개다. 그게 8만 장이니까 모두 320만 개 이상의 쇠못이 쓰인 것이 된다. 그리고 그 무게는 6~7톤에 이른다. 그만한 양의 쇠 제품을 제조하는 데 동원된 숙련된 장인들의 연인원과 제조하는 데 걸린 시간은 헤아리기도 벅찰 정도였을 것이다.

박 교수는 또 이렇게 말하고 있다. "더욱 우리를 놀라게 하는 것은 경판을 만드는 과정에서 나무를 다루는 기술의 정밀성이다. 경판 한 장 한 장의 크기의 편차는 길이 0.2~0.5센티미터, 너비는 0.1~0.6센티미터에 지나지 않는다. 두께 편차는 불과 0.3밀리미터에 불과하다. 또 경판 안에서 부위에 따른 두께의 편차는 1밀리미터도 되지 않는다." 그야말로 신기에 가까운 솜씨다. 그런데 실제로 대장경 경판에는 쇠못만이 쓰이지 않았다. 마구리 구리판을 고정하는 데는 2~3.5센티미터의 쇠못이 썼었지만 그 밖의 부위에는 나무못이 많이 쓰인 것이다. 나무로 만든 제품에 잘 쓰이던 전통 기술이다. 목판에는 나무못이 쇠못 못지않게 쓰임새가 좋다.

13세기 고려 장인들의 뛰어난 기술 유산

해인사에 보존되어 있는 고려 대장경 목판은 고려의 기술 발전을 대표하는 창조적 전통의 소산이다. 8만여 장의 목판이 하나같이 똑같게 제작되어 750년의 긴 세월을 견디고 살아남아 있다는 것은 참으로 놀라운 일이다. 합천 해인사에 가서 대장경 판고 안에 들어가 서 있으면 800년 전의 먼 옛날에 타임머신을 타고 가 있는 듯한 환상적인 자신을 발견하게 된다.

21세기의 첨단 기술 시대에 살고 있는 우리가 지금 보아도 대장경 경판은 경탄을 자아내게 한다. 더욱이 13세기 전반기, 처음 제작할 때의 기술적 노력은 상상을 초월하는 것이다. 나라를 외적의 침략으로부터 구하려는 간절한 마음을 불천(佛天)에 호소하는 종교적 열정이 없었더라면 그 일은 성취되기 어려웠으리라.

우리에게 해인사의 팔만대장경 경판으로 알려져 있는 재조 대장경(再雕大藏經)은 8만 6688장의 목판이다. 그 목판은 세로 26.4센티미터, 가로 72.6센티미터, 두께 2.8~3.7센티미터 무게 2.4~3.75킬로그램이다. 그리고 산벚나무와 돌배나무가 그 재료다. 전체의 무게가 자그마치 26만 킬로그램. 4톤 트럭으로 환산하면 65대의 분량이다.

물론 고려 시대의 운송 수단은 배와 수레가 전부였다. 이 엄청난 재료를 500대 이상의 우차로 운반했을 것이라고 상상하는 사람이 많을 것이다. 그러나 실제로는 그렇지 않았을 것으로 생각된다. 아마도 사람이 한 장씩 운반했을 것이다. 그것은 보통 화물이 아니고 불경(佛經)이었기 때문이다. 강화도에서 만들어 합천 해인사까지 바닷길과 산길을 통과, 마침내 '봉안(奉安)'할 때의 광경은 정말 장관이었을 것이다.

이런 얘기를 먼저 쓰는 데는 그럴 만한 이유가 있다. 역사가는 역사가대로, 민속학자는 민속학자라서, 과학자는 현대 과학을 대상으로 하기 때문에 아무도 이런 상황을 계량적으로 분석, 재구성해 보는 일을 하지 않을 것이다. 우리는 작업의 결과 못지않게 그 과정도 중요시해야 한다. 과학 기술사는 역사다. 역사는 과정의 기록에서 출발한다. 과학적인 분석과 실험적인 접근은 그래서 더욱 중요하다.

대장경 판목은 양쪽에 편목(片木)을 끼어 붙이고 네 귀에는 99.6퍼센트의 높은 순도를 가진 동판으로 된 직사각형의 띠를 둘러쳐서 판목이 뒤틀리지 않게 했다. 이런 제작 수법은 다른 목판에서는 볼 수 없는 기술이다. 이것은 목판을 온전하게 오래도록 보존하기 위한 방책이었다. 그 재료로 산벚나무

고려 대장경 목판. 고려 대장경 목판은 고려의 기술 발전을 대표하는 창조적 전통의 소산이다. 8만여 장의 목판이 하나같이 똑같게 제작되어 750년의 긴 세월을 견디고 살아남아 있다는 것은 참으로 놀라운 일이다. 합천 해인사에 가서 대장경 판고 안에 들어가 서 있으면 800년 전의 먼 옛날에 타임머신을 타고 가 있는 듯한 환상적인 자신을 발견하게 된다.

를 썼다는 사실도 그런 배려에서 나온 것이다.

전하는 바에 따르면, 이 산벚나무를 수년 동안 바닷물에 담갔다가 소금물에 쩌서 진을 뺀 뒤 다시 수년 동안 그늘에서 말렸다고 한다. 그리고 판목을 크기대로 다듬어서 글자를 새겼다는 것이다. 이러한 방법은 조선 시대까지 이어진 우리나라 가구용 목재의 전통적 처리 방법과 같다. 그래야만 목판이 단단해져 뒤틀리지 않고 갈라지지 않는다고 한다. 거기에다 또 전면에 얇게 옻칠을 했다. 이렇게 처리했기 때문에 800년 가까이 된 지금까지도 보존 상태가 매우 좋아서 뒤틀리거나 갈라진 판목이 거의 없다.

목판면의 둘레에는 세로 24.5센티미터, 가로 52센티미터의 테를 둘렀다. 그러나 괘선은 치지 않았다. 한 면은 23행이고 한 줄에 14자를 새겼다. 글자의 크기는 약 1.5제곱센티미터고 앞뒷면에 경문을 새겼다. 판의 한쪽 끝에는 작은 글자로 된 경명(經名), 권차(卷次), 장수 및 찬자문 순서로 된 함수(函數)의 번호가 새겨져 있다. 그러나 경판들 중에는 판본 및 판면의 가로, 세로 길이와 행수, 자수, 글자의 크기들이 꼭 같지 않은 것들도 있다. 또 윤곽과 괘선이 있는 것, 한 면만 조각한 것도 있다. 16년이라는 오랜 기간 제작하면서 때에 따라 제작 기법이 조금씩 달라졌기 때문이 아닌가 생각된다. 판목의 크기에서 나타나는 차이도 오랜 제작 기간에서 그 원인을 찾아볼 수 있을 것이다.

팔만대장경. 학자들은 그것을 고려 대장경 또는 재조 대장경이라 부른다. 11세기 초에 제작되었던 1만여 권에 달하는 대장경이 불행히도 1232년의 몽고 침략으로 모두 불타 버리고 말았다. 고려 정부는 강화도로 쫓겨 가고 적을 몰아낼 가망이 희박해지자 더욱 불심에 의존하게 되었다. 현종 때(11세기 초) 거란의 침략군을 몰아내기 위해 대장경을 각판했을 때와 같이 이번에도 대장경을 다시 조판했던 것이다. 그래서 재조 대장경이다. 현종 때의 대장경은 초조 대장경이라 부른다.

강화도로 피해 간 고려 정부는 대장도감(大藏都監)이라는 대장경 경판 제작을 위한 특별 기구를 설치했다. 곧이어 국력을 기울인 목판 제작 사업을 전개했다. 1236년(고종 23년)에 임시 수도인 강화도에 본부를 두고 분사(分司)를 전주 부근의 남해도(南海島)에 설치했다고 기록은 전하고 있다. 1237년에 이규보(李奎報)가 지은 『동국이상국집(東國李相國集)』에 나오는 「대장각판군신기고문(大藏刻板君臣祈告文)」은 대장경에 관한 가장 자세한 문헌이다.

착수한 지 16년 만에 완성된 8만 6000여 장의 대장경 판본은 강화도성 서문 밖의 대장경 판당(大藏經板堂)에 보존되었다. 이 당시 건물은 어떤 것이고 경판은 어떤 식으로 보존됐는지 짐작할 수 있는 자료는 없다. 그리고 언제 현재의 합천 해인사로 옮겨져 보존되기 시작했는지도 정설이 없다. 이는 김두종(金斗鍾)이 그의 저서 『한국 고인쇄 문화사(韓國古印刷文化史)』(서울, 1980년)에서 밝히고 있다.

그가 요약한 바에 따르면, 재조 대장경 경판들은 고려 말까지 강화도에 보관되었다. 조선 시대에 이르러 1398년(태조 7년) 5월에 강화 선원사(禪源寺)로부터 일단 서울 서대문 밖 태평관 근처인 지천사(支天寺)에 옮겨졌다고 한다. 그리고 그곳에서 여름 장마철을 보낸 다음 그해 가을에서 겨울에 이르는 사이에 해인사로 옮겨져 안치되었다는 것이다.

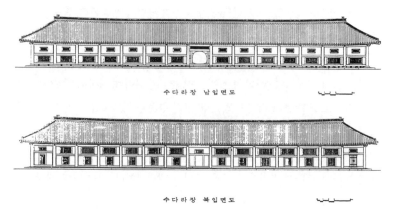

수 다 라 장 남 입 면 도

수 다 라 장 북 입 면 도

대장경을 보관하고 있는 해인사의 판전. 이태영 교수의 보고서에서 인용한 그림이다.

이것이 우리가 흔히 알고 있는 대장경 경판 제작 보존에 대한 사실이다. 나도 으레 그럴 것이라고 생각해 왔다. 그러면서도 때때로, 그 방대한 대장경 경판을 과연 그렇게 여러 번 옮겼을까. 운반 작업이 얼마나 어려운 일인가. 사람이 지어 나르던가, 수레에 실어 나른다 해도 하나하나 포장해서 운반할 수 있게 하는 일이 결코 만만치 않다. 해인사에서 가까운 곳에서 제작할 수 없었던 특별한 이유가 있었는지는 아직 내놓고 거론되고 있지 않다. 최근에 나는 경판의 목재가 산벚나무라는 사실을 밝혀낸 경북대학교 박상진 명예 교수와의 대화에서 그도 대장경 경판 제작 작업장이 해인사일 것이라는 생각을 가지고 있다는 것을 확인할 수 있었다.

대장경 경판전의 과학적 설계

고려 때 강화도의 경판 보존고가 어떤 건물이었는지, 그것이 현재의 해인사 보존고와 어떤 공통점이 있는지는 확실히 말하기 어렵다. 조선 시대의 보

356

존고는 8만 6000여 장의 방대한 목판을 보존하는 데 가장 이상적인 입지 조건을 갖추고 있다. 아울러 그 자연 환경에 잘 어울리는 설계로 건축되었다.

해인사의 대장경 판전(板殿)이라고 불리는 건물은 모두 두 동이다. 판전은 그 구조와 건물 위치가 통풍이 잘 되고 습기가 차지 않도록 설계되었다. 또 판전은 장방형의 일자 집인데 앞과 뒤에 통풍용 창이 나 있다. 경판고 앞쪽의 창은 아래쪽에 내고 뒤쪽은 위에 통풍용 창을 냈다.

판목은 옆으로 세워서 차곡차곡 끼워 넣게 만든 판가(板架)에 보존하게 해 놓았다. 경판전의 이런 구조와 판가의 배치 그리고 경판목을 끼워 넣는 방식 등은 실로 과학적인 것이었다. 통풍이 잘 되게 하고 습도의 큰 변화가 없게 하려는 잘 계획된 설계였다. 이런 생각을 일찍부터 가지고 있던 사람은 과학사 학자이며 과학 평론가인 박익수(朴益洙) 선생이었다. 그는 나에게 자기의 주장을 정연한 이론을 바탕으로 전개하곤 했다. 그의 분석적 아이디어는 나로 하여금 몇 번에 걸친 현지 답사를 강행하게 했다. 그럴 때마다 그의 이론이 과학적으로 무리가 없다는 사실을 발견하게 되었다.

이제 그런 생각을 실험적으로 정리해 보자. 통풍용 창문은 남북으로 트여 있다. 한국의 전통 한옥에서 흔히 볼 수 있는, 경험적으로 증명된 바람이 잘 통하는 구조다. 공기는 아래 통풍창으로 들어오는데 판가 사이에 목판이 평행하게 옆으로 세워져 있을 때 잘 통한다. 판목 양쪽에 끼워 붙인 편목 때문에 무수하게 뚫린 틈새로 골목바람을 일으켜 가면서 굴뚝의 연기처럼 위로 올라간다. 위로 올라간 공기는 뒤쪽 위에 나 있는 통풍창으로 흘러나갈 것이다.

해인사의 판전은 판목의 보존고로는 아주 이상적인 건물로 설계되고 지어졌음에 틀림없다. 판전에 들어서 보면 그 안의 공기가 상쾌함을 피부로도 느낄 수 있다. 이 느낌은 최근 이태녕 교수에 의하여 측정 기계를 활용, 정확한 데이터로 확인되었다. 계절의 변화에도 불구하고 경판전 안의 온도와 습도의 변화가 아주 고르다는 사실이 실험적으로 증명된 것이다. 기술 고고학적 연구가 여기서도 큰 성과를 거두었다.

이러한 경판전의 구조는 그 건물의 위치와 절묘하게 맞물려 있다. 경판전은 해인사 경내에서 제일 높은 위치에 있다. 표고 645미터다. 그리고 그 앞은 마치 골짜기와도 같은 자연 환경을 이루고 있다. 그것은 가야산 꼭대기 두리봉, 남산의 깃대봉, 단지봉, 오봉산 등으로 둘러싸여 있고, 바로 앞에는 비봉산을 마주 보고 있다. 이러한 산들은 두리봉을 바라보는 북쪽 방향의 계곡과 서쪽 계곡 두 골자기가 합류하는 점에서 동남쪽으로 커다란 계곡을 이루면서 지나가게 한다. 계곡들이 만나 커다란 골자기를 이루는 지점에서 1킬로미터 정도에 경판전이 있는 것이다.

경판전의 일조 시간은 7시간에서 12시간 정도로 오후 시간이 길고, 여름철에는 동남풍, 겨울에는 북동풍과 서풍이 계절풍으로 분다. 그런데 겨울에는 주변의 높은 산이 그 바람을 막아 주어 많이 부드러워진 상태로 불어온다. 실제로 한 겨울 폭풍 때에도 그렇게 거센 바람을 겪지 않았다는 스님들의 말이 그런 사실을 경험적으로 입증한다. 바람과 햇빛이 아주 잘 어울리는 위치에 자리 잡게 한 것이다. 바닥은 흙바닥이다. 그 흙바닥은 대기의 소통이 잘 될 것이다. 경판전의 온도와 습도를 계기를 가지고 계속 측정한 데이터를 분석한 이태녕 교수의 보고도 그렇다. 나는 경판전을 여러 번 들어가 보았다. 그 안의 공기는 내가 경험한 바로는 늘 산뜻했다.

2
장

송도 만월대의 천문대

『고려사』 「천문지」의 과학

천문은 고려 왕조에서도 제왕(帝王)의 학(學)이었다. 통일 신라의 천문 관리들은 새로운 왕조에서도, 변함없이 꾸준히 하늘의 움직임을 밤낮을 가리지 않고 관측했다. 그리고 성실하게 그것을 기록했다. 그 활동은 반즈믄 해에 이르는 오랜 세월 동안 계속되었다. 그 방대한 기록들이 조선 초에 『고려사』를 편찬하면서 「지(志)」로 묶어 간략하게 요약되었는데, 그것이 「천문지」다.

나는 40여 년 전, 한국 과학사를 혼자서 공부해 나갈 때, 천문학을 파고들면서 여러 차례 『고려사』의 「천문지」와 부딪히게 되었다. 그때마다 그것은 『증보문헌비고』 「상위고」에서 읽은 그 내용과 같은 자료에서 나온 관측 기록들이라는 정도의 이해에서 크게 벗어나지 않은 채로 넘어가곤 했다. 그러다가 어느 때인가 이슬람 천문학의 놀라운 성과에 감동하면서, 비슷한 시기의 고려 천문 관측 기록에 주목하게 되었다. 이슬람 천문 관측 기록이 대단한 천문학의 유산이라면, 『고려사』 「천문지」에 요약되어 있는 475년간의 관측 기록 또한 대단한 유산일 것이라는 생각에 도달한 것이다.

　그러나 그 무렵, 그러니까 1960년대 초까지 내가 가지고 있던 『고려사』 「천문지」에 관한 지식은 홍이섭의 『조선 과학사』에 기술된 내용이 전부라 해도 지나치지 않을 정도였다. 그때까지 나는 아직 『고려사』를 원문에서 읽은 적이 없었기 때문이다. 박동현의 논문 「고려사 천문지에 기록된 혜성에 관해서」는 하나의 충격이었다. (『한국문화연구원 논총』 2.1(1960년) 179~196쪽.) 고려 천문 관측자들은 그 시대의 이슬람 관측 기록과 중국 송원 시대의 관측 기록에 버금가는 놀라운 내용을 남겨놓고 있었다. 여러 일본 학자들이 『삼국사기』의 천문 관측 기록에 대해서는 일찍부터 주목해 왔는데, 『고려사』 「천문지」의 기록에 대해서는 왜 별로 말이 없었을까.

　나는 박동현을 그가 재직하던 이화여자대학교로 찾아갔다. 그는 소문대로 그의 부인이 경영하던 학교 앞 다방 한구석 담배 연기 자욱한 자리에서 원고를 쓰고 있었다. 나는 그가 정리하다가 만 「천문지」 원고를 내가 끝내서 공동으로 학술지에 내자고 제안했다. 그러나 아쉽게도 그의 원고는 그의 손을 떠나 있었다. 그리고 그 원고는 끝내 햇빛을 보지 못했다. 어쩔 수 없이 나는 『증보문헌비고』 「상위고」를 통해서 고려 시대 천문 관측 기록의 내용을 읽어 볼 수밖에 없었다. 『고려사』가 내 곁에 없었기 때문이다.

　「천문지」를 편찬한 당대의 대학자 정인지는 그 앞머리에 이렇게 썼다. "고려 왕조 475년간에 일식이 132회 있었고, 달과 다섯 행성이 다른 별에 접근한 현상과 여러 별들의 이상한 현상도 많았다. 이제 역사 기록에 나타난 이러한 사료들을 모아서 천문지를 만든다." 고려의 하늘에서 일어난 천문 현상, 태양과 달 그리고 5행성의 운행과 성변(星變)의 관측 기록이 여기 모두 담겨 있는 것이다. 정인지를 비롯한 편찬자들은, 관측된 자료들을 세 부분으로 나누어 묶었다. 「지」 1에서 「지」 3까지, 「천문」 1이 57쪽, 「천문」 2가 57쪽, 「천문」 3이 44쪽, 모두 158쪽 분량이다.

　「천문」 1, 2, 3은 일박식(日薄食), 즉 일박과 일식, 훈(暈), 즉 햇무리, 이(珥), 즉 해귀 그리고 일변(日變), 즉 해의 이상 현상의 관측 기록, 달과 5행성의 접근 현상과 월식 및 유성과 혜성 등 성변(星變)의 관측 기록이 집약되어 있다.

132회에 달하는 일식 기록과 53회나 되는 태양 흑점의 관측 기록은 우리의 주목을 끈다. 조선 시대의 자료에 의하면 태양 관측은 오수정(烏水晶)으로 이루어졌는데, 이 관측 기록은 고려 천문 관측자들의 뛰어난 관측 자료로 높이 평가된다.

「천문」4는 「역(曆)」1, 즉 고려에서 사용된 선명력(宣明曆)에 대한 기술이다. 정인지는 "고려 때에는 별도로 역서를 만들지 않고 당나라의 선명력을 사용했다."라고 했다. 당나라에서는 그 후 여러 번 역을 개정했으나 고려는 충선왕 때 수시력(授時曆)으로 개력할 때까지 선명력을 그대로 썼다고 설명하고 있다.

「천문」5와 6은 「역」2와 3, 「수시력경(授時曆經)」, 즉 수시력 역법에 대한 책이다. 여기에는 수시력법과 그 계산법에 대한 자세한 설명과, 수시력 입성(立成), 즉 계산을 편리하게 하는 데 필요한 수표다. 상하 135쪽이다. 이 내용을 보면 고려 천문학자들은 역대 중국의 역법 중에서 가장 훌륭한 역서로 평가되고 있는 수시력을 잘 소화해 내고 있었다는 것을 알 수 있다. 수시력 입성은 중국에도 없는 계산 수표로, 수시력의 빠르고 정확한 계산에 크게 도움이 되었을 것이다. 고려 역산학자들의 학문적 수준을 평가하는 자료가 된다.

「천문지」에 수록되어 있는 「수시력입성(授時曆立成)」은 충혜왕 4년(1343년)에 간행된 『수시력첩법입성(授時曆捷法立成)』을 옮겨 놓은 것이다. 정인지는 이 책에 주목하고, 「천문지」 「수시력경」에 이 조견 수표를 수록 편찬했다. 이 수표는 고려 천문학자 강보(姜保)가 자기 자신의 계산법에 의해서 만들어 냈다. 그 특징은 평정립삼차(平定立三差)라는 내산법(內算法)을 사용한 데 있다. 이 책은 고려와 중국 역산학의 이론과 그 계산법을 연구하는 데 매우 중요한 문헌으로 가치 있는 자료를 제공하고 있다.

『고려사』 「천문지」에 주목하고, 그것을 높이 평가하는 것은 그 속에 집약된 관측 기록이, 9세기에서 13세기에 관측 기록된 이슬람 천문학의 업적과 비교되기 때문이다. 내가 한국의 과학 문화재 이야기를 하면서 이 문헌을 다루는 주요한 뜻이 여기에 있다. 그리고 그것은 고려 과학 기술을 제대로 평가해야 하는 역사적 조명 작업의 필요성이 제기 되는 것이다.

『고려사』는 조선 왕조 문종 1년(1451년)에 간행되었다. 그리고『수시력첩법입성』은 고려 때 간본은 남아 있는 게 없고, 15세기에 간행된 것이 서울대학교 규장각 등에 보존되어 있다. 1960년대에 내가 규장각에서 처음으로 이 책을 보았을 때, 그 아름다운 인쇄 기술과 제책 기술에 크게 감동했다. 나도 모르게 기도하는 마음이 되었다. 500년의 시공을 뛰어넘어 내 앞에 전개된 고려 천문학의 성과를 담은 책을 내 손에 들고 있기 때문에 더 그랬다. 규장각에서 특별 열람을 허가해 주어서 받아든『수시력첩법입성』은 그야말로 새 책이었다. 500년 전에 만든 책이라고는 생각되지 않는, 막 인쇄 제본을 끝낸 새 책을 펼 때 나는 부드러운 종이 소리가 들렸다. 평생 잊을 수 없는 체험이었다.

고려에도 첨성대가 있었다

천문은 글자 그대로 하늘의 학(學)이다. 그래서 천문은 제왕의 학이었다. 하늘에서 일어나는 현상, 즉 천상(天象)은 나라의 안위와 군왕의 길흉과 이어지고 있다고 생각하는 동아시아의 고대 천문 사상은 고려 왕조 시대에도 그대로 받아들여지고 있었다. 고려는 그래서 천문 관측과 역(曆) 계산에 각별히 힘을 기울였다. 그리고 그것들을 착실하게 기록하고 정리했다. 태복감(太卜監)과 태사국(太史局), 사천대(司天臺) 그리고 1308년에 설치된 서운관(書雲觀)은 왕조의 주요 국가 기구였다. 이들 역대 천문 관서는 20명 내외의 전문직 관리를 두고, 천문 관측대를 가지고 있었다.

지금 개성, 옛 송도(松都)의 만월대(滿月臺) 서쪽에 남아 있는 고려 첨성대도 그중의 하나다. 나는 1960년대 초에 홍이섭의『조선 과학사』에 인용된 루퍼스의『한국의 천문학』를 구해서, 거기 실린 고려 첨성대의 사진을 처음 보았다. 넓은 밭 한가운데 있는 석조물이다. 사진은 언제 찍은 것인지 알 수 없지만 1936년 이전에 찍은 것은 틀림없다. 지평선 저편에 몇 채의 집들이 보인다. 루퍼스는『중경지』에 만월대 서쪽에 첨성대가 있다고 써 있다고 말하고 있었다. 그는 지금 남아 있는 천문대는 넓이 10제곱피트(약 3제곱미터)의 석대(石臺)를 약 3미터 높이의 5개의 돌기둥 위에 올려놓은 구조로 되어 있다. 원래는 석대 위 네 귀에 돌기둥을 세우고 돌난간을 둘렀던 것으로 보인다. 석대 위 네 귀에 지름 15센티미터가량의 홈 구멍이 패어 있는 것이 돌난간을 둘렀던 자국이다.

처음에 나는 이 관측 석대를 그림으로 보고, 그 멋없는 모습에 조금 실망했다. 경주의 신라 첨성대의 그 우아한 구조와 뛰어난 축조 기술 그리고 조선 시대 관상감 자리의 관천대, 창경궁 안의 조선 시대 관천대의 아담하고 멋있는 석축 구조물을 보아 왔기 때문이다. 5개의 네모난 돌기둥이 받치고 있는 석대는 다른 어디서도 볼 수 없는 특이한 구조물이다. 그러다가 1980년대에 잘 찍은 사진을 보았을 때였다. 그때 나는 새로운 느낌을 강하게 받았다. 그런 생각은 대덕 단지의 국립중앙과학관 뜰에 고려 첨성대 복원 복제 시설을 세우면서 더 굳어져 갔다. 하얀 화강석을 다듬어 세운 고려 첨성대의 그 단순하고 세련된 멋에 나는 새삼스럽게 놀랐다. 그것은 현대적 구조물에 익숙한 우리에게 강렬한 단순미를 뽐내고 있었다.

천문 관측대를 전혀 새로운 특이한 구조와 형식으로 만든 고려 사람들의 창의력과 아이디어가 돋보인다. 석축 쌓기를 하지 않고 5개의 기둥을 세워 석대 밑을 열린 공간으로 만든 이유가 무엇인지, 오랫동안 생각했었다. 아직 내 스스로 그럴듯한 해답을 얻지 못하고 있다.

이상하게도 고려 첨성대에 대해선『중경지』권 7, 고적에 관한 기록 중에, "첨성대가 만월대(滿月臺) 서쪽에 있다."라는 자료밖에 없다. 그리고 그것을

고려 도성 만월대의 첨성대 유적. 폭×나비 3×3미터의 세련되고 단순한 아름다움을 가진 천문 관측대이다. 『고려 사』「천문지」의 놀라운 기록들이 이곳에서 기원했을 것이다.

다룬 글이 거의 없다. 그런데 1994년에 평양에서 출판된 『조선 기술 발전사』 3, 「고려」편에 개성 첨성대 발굴 조사 결과를 요약한 글이 나온다. 그 유적을 가 볼 수 없었던 나에게 그 간략한 보고서는 말할 수 없이 반가운 자료였다. 또 그 글을 쓴 대표 저자가 최상준 교수라는 것도 나에게는 하나의 기쁨이었 다. 이제, 2쪽의 짧지 않은 문장이지만 전문을 인용하겠다. 아마도 평양 학자 들은 그들의 허락 없이 여기 옮겨 싣는, 그럴 수밖에 없는 사정을 이해할 줄 믿는다.

지금 남아 있는 개성 첨성대의 유물인 축대 부분이 만월대 서쪽 약 200 미터 지점에 보존되어 있다. 그곳에는 3×3미터 부지에 80×85센티미터 되

364

는 네모난 기초돌 5개가 사방 네모 부분과 그 한가운데 놓여 있고 그 우에 '만월대자'로 8자 정도인 기둥이 하나씩 세워져 있다. 그 우에 돌로 된 5대의 보와 그것들 사이에 6개의 돌판들이 있는데 그것이 2층 바닥을 이루고 있다.

기둥들은 기묘하게 사개를 짜서 견고하게 세워졌다. 기둥들 우에 올려놓은 보들의 련결 부위는 삽입도 사진 47에서 보는 바와 같이 현대 건축물 구조물에서 볼 수 있는 철제 련결판으로 련결함으로써 류동이 없게 했다. 그 련결 방법은 보 사이의 련결 부위에 'H' 모양의 홈을 파고 그것과 같은 모양의 철판을 끼워 넣은 것이다.

축대의 웃면(2층 바닥)의 네모 부분에는 직경 약 12센티미터인 원형으로 깊이 약 9센티미터 되는 구멍이 있는데 이것은 기둥을 박기 위한 것이다. 그러므로 이 첨성대는 여러 층으로 된 석조 구조물이었다고 인정할 수 있다.

축대 웃면의 서쪽에 직경 약 4센티미터인 원형으로 깊이 약 3.5센티미터 되게 판 두 구멍이 있는데 이 구멍들은 2층에 놓인 석조 건물의 문틀 기둥을 세우기 위한 것으로 보인다.

이상과 같이 개성 첨성대는 오늘 그 유물만 남아 있는데 그 건축 형식에 대해서는 알지 못하고 있었다. 이번에 우리는 이 유적에 대한 발굴 사업을 진행했다. (1994년 1월 말)

발굴에서 얻은 성과는 다음과 같다.

① 현재 남아 있는 5개의 기둥들은 그 자름면의 한 변의 길이가 약 38센티미터인 4각 기둥이고 그 높이는 약 2.45미터로서 '만월자'로 8자이다.

② 이곳의 근방 150미터 안에는 다른 건축물의 흔적이 없는데 여기서 축대의 돌기둥과 같은 화강석으로 만든 4각 기둥을 4개 얻었다.

그중 하나는 바로 앞의 땅속에 가로 묻혀 있었고 다른 하나는 서쪽 40미터 지점에 있는 개울가에 로출된 상태로 있었고 나머지 두 개는 그 자름면의 한 변의 길이가 약 38센티미터로서 축대의 기둥과 같고 다른 두 개는 그 자름면의 한 변의 길이가 약 28센티미터인 4각 기둥들이다. 이 돌기둥들은 각각 1.93미터, 1.5미터, 1.25미터, 0.92미터의 토막으로 남아 있다. 이 밖에 축대 기둥과 같은 규격의 4각 기둥의 잔해도 이 근방에 있다.

자름면이 작은 작은 돌기둥은 이 건축물의 3층에 쓰인 것으로 보아진다.

③ 현재 서 있는 돌기둥 우에 올려놓은 5대의 보들의 자름면이 'ㄴ' 모양인데 그림 10-1과 같은 형식으로 견고하게 조립되어 있다.

보의 생김새로 보아 축대의 바깥쪽에도 역시 돌판들이 놓여 있었을 것인데 그것은 2층 바깥 복도를 형성하기 위한 것이다.

④ 축대의 서북쪽 기둥 밑의 기초돌 바깥쪽에 직경 10센티미터, 깊이 5센티미터인 구멍이 있는데 이것은 물시계와 같은 관측 기구를 설치하기 위한 것으로 보아진다.

⑤ 지북침으로 이 축대의 방위를 측정해 본데 의하면 진북이 축대의 북쪽보다 동쪽으로 약 15도 편기되어 있다. 원래 첨성대는 그 건물의 북쪽방향이 정확히 진북을 향하게 건설되었을 것이다. 지구의 세차 운동으로 진북이 1년에 50.2초 편기되므로 이것을 고려하면 이 첨성대가 건축된 년도를 가늠할 수 있다.

$$15° = 54000″, 54000 ÷ 50.2 ≒ 1075$$

이므로 지금부터 1,075년 전에 건축된 것으로 된다. 방위를 측정한 날은 1994년이므로

$$1994 - 1075 = 919.$$

즉 개성 첨성대는 919년에 적어도 그 기초 공사를 했다고 말할 수 있다. 이 결과는 개성 첨성대가 919년에 축조되었으리라는 종전의 자료와 거의 일치한다.

이상의 발굴 결과들을 종합하여 개성 첨성대의 복원도를 그렸다. (그림

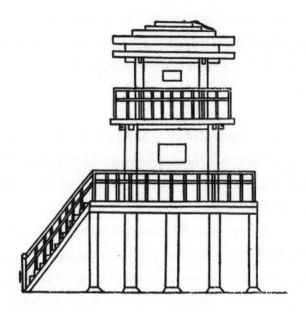

개성 첨성대의 복원도.

10-3)

이 그림을 통하여 첨성대가 그 건축 형식에서 고려 건축 형식의 정교하고 수려한 모습을 담고 있었다는 것을 알 수 있다.

이상과 같은 첨성대의 위치와 구조물 특성으로부터 당시의 천문 관측 사업의 높은 발전 수준을 짐작할 수 있다.

첨성대가 놓인 위치로 보아 천문 기상 관측이 국가적 관심과 통제 속에서 정상적으로 진행되면서 특이한 현상들에 의한 천문 기후 변동의 예언, 력서의 제정, 시간 흐름에 대한 통보를 맡아 했다는 것을 짐작할 수 있다.

첨성대의 구조의 견지에서 보아도 돌로써 사개를 기묘하게 짠 것(이와 같은 것은 고려 시기 14세기 중엽에 세운 공민왕릉의 석조 구조물에서도 볼 수 있다.)과 금속 련결판(고려 초기인 951년에 세운 불일사 5층 석탑들에서도 찾아볼 수 있다.)을 쓴 것은 당시 이 분야의 높은 발전 수준을 반영하여 준다.

개성 첨성대는 삼국 시기의 첨성대들과 더불어 우리나라에서 천문 기술 관측 사업이 오래전부터 높은 수준에서 끊임없이 진행되어 왔다는 것을 말해 주는 귀중한 유물이다.

고려 첨성대는 평양 학자들의 발굴 조사와 계산에 의해서 그 건립 연대가 919년으로 추정되고 있다. 그리고 평양 학자들은 그 원래 구조를 그림과 같이 2층 구조물로 복원해 놓고 있다. 내 생각은 그 복원 구조물이 아무래도 그럴듯하지 않다. 천문 관측 활동을 하기에는 더 트인 공간이 좋을 듯하기 때문이다. 지금 남아 있는 유물 석대 위에 난간이 둘러 있는 상태로 충분할 듯하다. 이런 생각은 내가 현지 답사를 해 보지 않은 지금, 그림과 조사 보고서만 가지고 하는 것이기 때문에, 매우 조심스럽긴 하다. 신중하지 못한 견해라는 비판을 받을 수도 있다. 오랫동안 고려 첨성대는 트인 석대라고 생각해 왔기 때문일지도 모르겠다. 앞으로 더 연구하고 토론해야 할 숙제일 것 같다.

고려 시대에 또 다른 천문대가 있었는지, 우리는 아직 알지 못하고 있다. 평양 학자들의 추정대로 만월대의 고려 첨성대가 10세기 초에 세워진 것이라면, 『고려사』 「천문지」의 관측 기록은 아마도 거의 여기서 관측된 것이라고 말할 수 있다. 고려 왕조가 이룩한 천문학에 대해서 우리는 모르는 것이 너무 많다. 그리고 우리는 고려 천문학의 유산에 대해서 제대로 평가하는 데 늘 인색했다. 이것도 앞으로 해야 할 과제다. 유물과 유적, 자료가 부족하다는 것은, 역사를 말할 때, 연구가 부족할 때, 쉽게 나오는 말이다.

고려청자와 새김 기술, 솜과 무명의 기술과 그 엄청난 사회 경제적 영향, 화약과 화포와 군사 기술의 혁신, 종이와 청동 활자의 발명과 인쇄 기술의 혁명적 발전, 고려의 농업 기술과 의약학의 연구, 배를 건조하는 기술, 지도 제작, 청동 거울의 보급과 놋그릇의 발전 그리고 제철 기술 등에서 보는 높은 과학 기술에 대해서 연구가 너무 부족하다. 자료가 없고 유적 유물이 적다는 현실이 극복해야 할 과제라고 나는 오히려 생각한다. 힘든 과제라고 모두가 파고들려 하지 않을 때 고려 과학 기술은 점점 더 우리 시야에서 멀어질 것이다.

나는 아직 개성에 가 보지 못했다. 평양에도 못 가 봤다. 이게 내가 고려의 과학 문화재를 쓰면서 늘 아쉬워하는 부분이다. 한국의 과학 문화재가 있는 곳이면 나는 어려움 속에서도 달려가 내 눈으로 직접 보고 조사하고 확인했다. 중국 동북 지방 고구려 유적과 지안의 고구려 무덤의 그림도 보았고, 실크로드의 여러 유적들도 답사했다. 우즈베키스탄의 사마르칸트 유적도 답사했다. 그런데 개성과 평양의 고려 유적과 유물을 현장에서 볼 수 있는 기회를 갖지 못했다. 이 사실이 고려 과학 문화재에 대한 내 글의 한계다.

평양 학자들은 개성 천문대 위에 어떤 구조물이 있었을 것이라고 한다. 그리고 박창범 교수는 축대 상판에는 관측 기구를 고정하는 데 쓰였다고 생각되는 크고 작은 구멍이 여럿 있다고 하고 관측 기기를 놓았을 것으로 보고 있다. (박창범, 『하늘에 새긴 우리 역사』(2003년), 151쪽; 『한국의 전통 과학, 천문학』(2007년), 95쪽 참조.) 최근에 출판된 작은 책이지만, 개성 있는 뚜렷한 글이 마음에 든다. 내가 이 원고를 거의 마무리하고 있을 때, 이 책이 나왔다.

곽수경의 거대한 관성대에 올라가 보고, 우리나라에 남아 있는 4개의 천문대 유물을 또 한번 생각했다. 관성대는 처음부터 그 거대한 규와 표의 시설을 하기 위해서 축조된 매우 실용적인 천문 시설이다. 개성 천문대도 난간을 둘러친 편편한 노대에서 관측 활동하도록 설계 축조된 실용적인 천문 시설이 아니었을까. 악천후에 대비해서 아주 간소한 정자와 같은 시설이 위에 있었을 것이라고 생각하는 것까지는 모르겠다. 그러나 처음부터 그 위에 세울 구조물이나 시설을 만들기 위한 바탕 축조물은 아니었을 것 같다.

청동 활자를 발명하다

되살아난 『직지심경』

1972년 5월, 프랑스 파리에서는 세계 도서의 해를 기념하기 위해서 세계의 책 전시회가 열렸다. 그때, 프랑스 국립 도서관에서 출품한 책 중에『직지심체요절(直指心體要節)』이란 불교 서적 한 권이 있었다. 1377년에 고려에서 간행된 39장짜리 책이다. 『직지심경』이라고 흔히들 말하는 이 책은 전문가들에 의해서 곧 14세기의 금속 활자본임이 확인되었다. 이 사실이 알려지면서 한국학계는 흥분의 도가니가 되었다.

우리 학계에서는 12세기경으로 추정되어 왔고, 기록을 근거로 하면 14세기 고려 말 서적원을 설치해서 활자를 부어 만든 것으로 알려져 왔었다. 그렇지만, 기술사에서 인쇄 기술의 시작을 논할 때, 인쇄물이나 활자나 분명한 역사적 기록이 갖춰져 있어야 인정을 받는다는 사실을 우리는 알고 있다. 서적원의 기록만으로 고려 금속 활자의 발명과 금속 활자에 의한 인쇄 기술의 시작을 주장하는 것은 국제적으로 학계의 공인을 받기에는 약점과 한계가 있었던 게 사실이다.

그러던 것이 프랑스 파리에서, 그것도 프랑스 국립 도서관 소장의 옛 귀중본 중에서 1377년의 간기가 있는 금속 활자 인쇄본이 발견되어 세계의 책 전시회에서 공개되었다는 사실은 놀라움이 아닐 수 없었다. 그 놀라움은 나를 열광하게 하기에 충분했다. 1962년에 일본 과학사 학회지《과학사 연구(科學史研究)》에 연구 노트로 보고한 나의 글, 「금속 활자 인쇄술 발명에 대한 이견 (金屬活字印刷術發明に對する異見)」으로 주장된 가설이 현실적으로 실증되고 있었기 때문이다.

사실, 고려의 금속 활자는 지금까지 2개밖에 알려지지 않고 있다. 해방 전에 개성에서 출토되었다고 전해지는, 서울 국립중앙박물관 소장의 산 이름 복 자 청동 활자와, 1958년에 고려의 왕궁터인 개성 만월대 근처에서 발견된 이마 전 자 청동 활자이다. 복 자 활자는 1989년에 세계 최초의 금속 활자 기념 우표로도 발행되어 널리 소개되었다. 1.1×1센티미터 크기의 이 청동 활자는 14세기 초에 유행하기 시작한 글씨체라고 알려져, 그 제작 연대를 가늠할 수 있다고 한다. 그리고 전 자는 높이 8밀리미터고 글자를 새긴 활자 면의 크기는 12×10밀리미터고 청동으로 부어 만든 것이다.

처음에 학계는 이 청동 활자들이 고려 때에 만들었다는 사실을 무엇으로 확증할 수 있는가 하고 비판적인 견해가 많았다. 그러다가 그것들이 조선 시대 청동 활자와는 확실히 구별된다는 사실이 차츰 인정되어 가면서 비판적인 의견이 수그러들기 시작했다. 그러나 내가 생각할 때, 그런 생각은 그 어떤 고고 화학적인, 또는 기술 고고학적인 연구 결과를 바탕으로 한 것 같지는 않다. 그것들이 고려 시대 청동 활자라는 평양 학자들의 주장을 꼭 집어 부정할 만한 실험적 문헌적 근거를 찾지 못하면서 그렇게 기우러지고 있었던 게 아닌가 생각된다.

개성에서 발견된 고려 청동 활자는 만월대의 권봉문 자리 서쪽 약 300미터쯤 되는 곳에서 나온 것이라고 평양 학자들은 보고하고 있다. 『조선 기술 발전사』에서는 이 사실을 말하면서 그 금속 활자가 청동으로 만들어진 것이라고 분명하게 밝히지는 않았다. 다만 "금속 활자의 성분에 대한 이해를 돕기 위하여 고려 화폐의 성분 분석 결과를 제시한다."라고 하면서 해동통보(발굴지 개성)와 고려 화폐의 분석표를 내놓고 있다. 분석자는 사회과학원 강승남 준박사다. 그 고려 청동 활자를 분석했는지에 대해서는 전혀 언급이 없다. 하나밖에 가지고 있지 않은 고려 청동 활자이기 때문에 분석을 유보하고 신중하게 검토하고 있지 않나 생각된다.

서울 국립중앙박물관의 고려 청동 활자와 개성에서 출토된 고려 청동 활자를 비파괴 분석법으로 분석해서 비교해 보면 고려 청동 활자의 주조 기술에 대한 중요한 정보를 얻을 수 있을 것 같다. 서울과 평양의 학자들이 공동으로, 또는 협동으로 이 일을 해 낼 수 있는 날이 오기를 기대한다.

얽힌 이야기 몇 토막

그러니까 고려의 청동 활자 인쇄 기술의 발명은 이제 기록으로만이 아니고 인쇄된 책이 나타났고, 거기에 활자까지 존재한다는 게 확인되었다. 기술사로서 확증할 수 있는 모든 증거가 존재하는 것이다. 금속 활자로 찍은 책은 모리스 쿠랑(Maurice Courant)이 1894~1896년에 내고 1901년에 증보, 별책 부록으로 간행된 『한국 서지(Bibliographie Corenne)』(3권, 파리)에 고려 활자본 책 이름이 나온다.

『직지심체요절(直指心體要節)』, 환상의 고려 금속 활자본이다. 그러나 그 책의 소재와 서지적 실체에 대해서는 알려지지 않고 있었다. 그러다가 1972년, 이름만 전해 오던 환상의 책이 마침내 모습이 들어났다. 프랑스 국립 도서관에서 사서로 동아시아 관련 서적을 정리하던 한국계 서지학자 박병선(朴炳 善) 박사가 서고에서 그 책을 찾아낸 것이다. 70년 만에 모습을 드러낸 고려 청동 활자본의 존재는 우리를 놀라게 하기에 충분했다.

고려 청동 활자와 다라니경을 기념하는 우표.

　고려는 이제 금속(청동) 활자 인쇄 기술을 발명한 첨단 기술의 나라가 되었다. 학자들은 책의 권말에 잇는 간기에 따라 1377년 7월, 청주 고을 밖 흥덕사(興德寺)에서 주자(鑄字), 즉 금속 활자로 인쇄된 사실을 확인했다. 저명한 서지학자 천혜봉(千惠鳳) 교수는 책의 인쇄 상태를 조사한 끝에 이 책이 금속 활자 인쇄본임을 고증했다.

　이때부터 나는 모리스 쿠랑의 책에 올라 있는데, 지금 우리에게는 없는 몇 가지 중요한 과학 기술 관련 서적이 프랑스 국립 도서관에 보존되고 있을 것 같다는 생각을 하게 되었다. 몇 년 전, 프랑스 국립 천문대 보존고에는 지금까지 공개되지 않은 몇 가지 조선 시대 과학 문화재가 있는 것이 확인되기도 했다. 우리에게는 없고 프랑스에는 있는 중요한 과학 기술 문화재와 서적에 대한 학술적인 조사가 보다 더 활발히 이루어져야 할 것이다.

『직지심경』의 놀라운 출현으로 청주 흥덕사가 학계의 주목을 끌게 됐다. 흥덕사는 1985년에 그 절터가 발굴 확인되면서, 청주에는 고인쇄 박물관이 설립되고, 『직지심경』 복원 인쇄로 이루어졌다. 나는 그 진행 과정을 지켜보고 그 사업에 자문 위원으로 참여하면서 과학 기술사 학자로서 몇 가지 더 알고 싶은 사실이 궁금해서 견딜 수 없게 되었다.

그 불경을 인쇄한 금속 활자는 의심할 여지없이 청동으로 부어 만든 청동 활자다. 14세기에 청동 활자를 부어 만들어 조판해서 먹을 발라서 닥종이에 인쇄하는 기술 작업은 결코 쉬운 일이 아니다. 그 사업을 지방의 한 사찰에서 해 낸 것이다. 흥덕사는 『동국여지승람』에도 실려 있지 않은 규모의 절이다. 금속 활자 인쇄는 그 기술적인 어려움 때문에 중국에서도 그만둔 기술이다. 그 기술을 국가 기관이 아니고 일개 지방 사찰에서 어려움 없이 써서 불경을 인쇄했다. 그냥 그렇겠다고 하고 넘어갈 일이 아니다.

흥덕사의 『직지심경』 인쇄는 14세기 청동 활자 인쇄물로는 비교적 잘 된 작품이다. 중앙 정부의 전문 인쇄 기관이 아닌, 지방 사찰에서 그만한 수준의 인쇄를 했다니, 오히려 놀라울 정도이다. 그렇다면 고려의 청동 활자 주조 기술과 조판 및 인쇄 기술은, 하려고만 하면 큰 사찰의 재정과 인력을 가지고 해 낼 수 있는 수준이었다고 볼 수 있다. 12세기에서 13세기 초에 고려는 청동 활자 인쇄 기술을 개발했다고 하는 우리 학계의 일반적인 생각은 정설로 받아들이기에 별로 무리가 없을 것 같다.

금속 활자 인쇄 기술의 개발은, 활자를 부어 만드는 기술과 알맞은 잉크의 제조가 그 핵심이다. 그 많은 작은 활자들을 거푸집을 써서 청동으로 부어 만드는 기술, 그 시기까지 개발하지 못했었다. 까다롭고 어려운 기술적 문제들이 얽혀 있었기 때문이다. 그걸 고려 기술자들이 해 냈다. 그들에게 축적된 전통 금속 기술이 있었던 것이다. 고려의 뛰어난 금속 장인들은 놋그릇과 청동 거울을 대량 생산해서 일반 백성들에게 보급할 수 있게 했다. 무쇠 불상을 부어 만드는 기술을 세계에서 가장 앞서 개발한 것도 신라와 고려의 금속 공장(工匠)들이었다.

청동 활자를 부어 만드는 일이 쉽지 않다는 사실을 나는 알고 있었다. 그런데도 최근에, 『직지심경』의 복제본을 만드는 작업을 자문하기 위해서 청주의 오국진(嗚國鎭) 명장(名匠) 공방을 몇 번 드나들면서 그 기술의 숙련도와 어려움을 눈으로 보고 피부로 느낄 수 있었다. 보통 일이 아니었다. 그들은 밀랍 거푸집으로 청동 활자를 부어내고 있었다. 왜 꼭 밀랍인가. 조선 태종 3년(1403년)에 계미자를 만들 때처럼 해감 모래 거푸집 공법으로 하면 안 되는가. 천혜봉 교수는 밀랍 거푸집 공법이 고려 때 사찰에서 쓰이던 기술이라고 주장한다. 그 기술을 실험적으로 연구해 온 조형진 교수가 도달한 결과도 그렇다.

그러나 나는 아직도 해감 모래 거푸집 공법에 대한 나의 생각을 버릴 수가 없다. 그렇다고 내가 그 기술을 실험적으로 연구한 일이 없다는 약점을 회피하는 것은 아니다. 실험적으로 해 봐야 한다는 게 내 주장이다. 오국진 공방에서도 아직 해감 모래 거푸집 공법을 제대로 실험하지 않았다. 그래서 아직 그 실험적 데이터의 축적이 없다. 비교 실험도 아직 미흡하다. 그걸 그들의 책임으로 미룰 수는 없다. 그들은 나름대로 오랜 세월 최선을 다해 왔다. 연구 시설도 연구비도, 연구 인력도 부족하다. 아직 제대로 지원을 어디서도 받지 못하고 있다. 지금 받고 있는 지원은 내가 보기에 너무도 미미하다.

오국진 명장은 사찰에서의 전통적 청동 활자 주조 기술을 재현했다. 그는 밀랍 거푸집과 파라핀 거푸집을 가지고 비교 실험도 하고 두 가지 재료를 다 써서 주조 작업을 했다. 작업에 참여하고 있는 전각가 임인호 씨는 그 어려움 중에 밀랍의 질 문제도 있다는 것을 내게 말해 주었다. 양봉 벌꿀 찌끼와 자연산 토종 벌꿀 찌끼의 질의 차이도 크다고 한다. 물론 값도 크게 다르다. 청주와 같이 바다에서 비교적 떨어진 고을에서 해감 모래를 실어 날라 오는 것보다는 오히려 꿀 찌끼를 쓰는 편이 손쉬웠을지도 모른다.

홍덕사에서는 불경을 목판으로 찍어내지 않고, 청동 활자로 부어내어 어려운 조판 공정을 거쳐, 금속 표면에도 고르게 칠할 수 있는 알맞은 먹을 조제해서 인쇄해 내는 일을 해 냈다. 그 기술은 책 하나를 만들 때 경제성이 목판에 비해서 훨씬 떨어진다. 그런데도 흥덕사에서는 왜 청동 활자로 인쇄하는 쪽을 택했을까. 적은 부수의 책을 여러 종류 인쇄해 펴내려면, 목판보다는 청동 활자를 쓰는 편이 훨씬 경제적이다. 빠른 시일 안에 책들을 인쇄해 낼 수 있는 것도 목판을 만들어 찍어내는 작업보다 효율성이 높다. 청동 활자는 조판한 것을 풀어 새로 조판하기만 하면 바로 인쇄할 수 있기 때문이다. 흥덕사 스님들은 그쪽을 택한 것이다. 그것이 1300년대 고려 지성 사회의 일반화된 경향이었을지도 모른다. 작은 규모로 여러 종류의 책을 짧은 시일 안에 책을 펴낼 수 있다는 기술 혁신의 효율성에 대한 인식이 그만큼 퍼져 있었던 것이다.

이 사실은 고려 귀족 사회의 과학과 기술에 대한 새로운 이해를 하게 하는 중요한 사례가 될 것 같다. 고도의 목판 인쇄 기술의 발전에 이어 새로운 인쇄 기술로의 이전은 고려 말에 국가 인쇄 기관으로 서적원이 설립되기에까지 이른다. 오랫동안 계속된 전국을 휩쓴 원나라와의 전쟁 속에서, 이런 고도의 문화와 기술이 맥을 이어 가고 있었다는 역사 앞에 나는 우리가 지금까지 고려의 과학 기술에 대해서 너무도 아는 것이 없었던 것 같아 부끄러운 생각마저 든다. 기막히게 아름다운 고려 불화들이 일본에는 수십 점이 전해지고 있는데, 우리에게는 불과 몇 점밖에 없다는 사실과 함께 나에게는 늘 속상한 현실이었다.

4
장

놋그릇과 청동 거울이 퍼지다

놋그릇은 특별한 기술로 만든 청동 그릇이다

일본 나라 쇼소인에 보존되어 있는 신라 놋그릇은, 그 뛰어난 예술적 제작 기법과 청동 합금 기술의 비범함으로 보는 이의 감동을 자아내게 한다. 그 기술은 고려로 이어졌다. 고려에서는 놋그릇을 대량 생산해 냈다. 이것은 한국 청동 기술의 놀라운 발전을 보여 주는 훌륭한 제품이다. 『고려사』에는 공민왕 6년 9월에 동(청동, 놋)으로 만든 식기류를 민간에서 많이 사용하기를 장려하는 데 왕이 동의한 기사가 보인다. 놋그릇이 대량 생산되어 크게 보급될 수 있었다는, 주목할 만한 역사 기록이다. 한국인이 놋그릇을 즐겨 쓰게 된 것은 이 무렵에 이미 시작되던 것으로 생각된다. 식기와 수저로 놋그릇을 많이 쓰는 민족은 동아시아에 한국뿐이다.

놋그릇의 황금색 아름다움과 실용성은, 1940년대에 태어난 한국인에게는 일상적인 생활에서 너무나 잘 알려져 왔다. 우리 어머니들은 명절이나 집안에 큰일이 있을 때, 놋그릇을 반짝반짝하게 닦는 일이 제일 힘든 작업이었던 것을 우리는 보아 왔다. 그래서 그런지 놋그릇은 조선 시대 후기의 막사발

같이, 고미술품으로 대접을 받지 못했다. 게다가 일제 시대 말기 놋그릇도 전쟁 무기 제작 물자로 강제 공출되는 비운을 겪어, 우리 생활에서 자취를 감추게 되었다. 수많은 명품들이 사라졌다. 신라 시대에서 고려 시대에 제작된 아름다운 놋그릇들이 그래서 우리 곁에 남아 있지 않다.

1990년대에 내가 찾아가 본 안성의 김근수, 이봉주 등 인간 문화재 놋그릇 공방은 힘겹게 꾸려 나가는 우리 놋그릇 산업의 현주소를 그대로 보여 주고 있었다. 나는 무거운 마음으로 김근수와 대화를 나누며 몇 가지 기술 문제를 확인하고 배웠다. 70 평생을 전통 유기 제작에 힘써 온 그의 착실한 후계자가 있어야 하겠다고 생각했다. 그때 공방을 지키고 있던 기술자 한 사람은 그 아들이었다. 김근수는 유철(鍮鐵)은 구리 70~72퍼센트에 주석(공방 토박이 말로 상납이라고도 한다.) 30~28퍼센트를 섞는다고 했다. 그의 표현은 구리 16량 1근에 주석 4량을 섞은 것을 방자쇠(方字-)라고 했다. 식기나 제기류는 구리와 주석을 80~85퍼센트 대 20~15퍼센트 비율로 합금하기도 한다고 들었는데, 김종태의 조사 보고서에 다르면 그것을 청철이라고 부른다고 한다. (김종태, 『한국 수공예 미술』(1991년), 333~335쪽; 김종태, 「유기장」, 『무형 문화재 조사 보고서』 148호(1982년) 참조.) 김종태의 조사는 5명의 재래식 놋그릇 장인 합금 비율을 확인하고 있다. 이봉주 공방에서는 구리 1근에 주석 4~5.5량, 오규봉 공방은 주석 4량, 김일웅 공방은 주석 4~4.5량, 오인주 공방은 주석 4~4.5량으로 조금씩 다르지만, 크게 보면 대체로 구리 80퍼센트에 주석 20퍼센트를 합금하고 있다. 놋그릇을 만드는 가장 중요한 공정은 널리 알려진 것처럼, 거푸집으로 성형하는 주물 유기 제작법과 방짜 기법으로 성형하는 방자 유기 제작법 두 가지다. 이 제작법에 대해서는 앞에서 소개한 김종태의 조사 연구에 자세히 기술되어 있다.

조선 시대의 놋그릇을 보면, 그것들은 사기그릇이나 유리그릇 못지않게 훌륭하다. 황금색의 아름다운 그릇 모양과 단단함으로 멋있는 한국인의 그릇이다. 나무채로 살짝 치면 그 맑은 소리도 좋다. 일본 쇼소인의 보물인 신라의 놋그릇은 최고의 작품이다. 그래서 나는 놋그릇의 제작 기술에 남다른 관심을 가지고 있다. 그런데 아쉽게도 우리나라에는 고려 놋그릇이 웬일인지 남아 있는 게 많지 않다. 고려청자에는 비교가 안 될 정도로 적다. 아주 드물게 가야와 백제의 지역에서 출토된 5~6세기의 놋그릇 중에는 지금도 황금빛 색깔이 생생해서 금도금 그릇이 아닌가 생각될 정도로 훌륭한 게 있다. 그러니까 고려 놋그릇 명품들도 꽤 있을 것 같은데, 알 수 없는 일이다. 내 조사가 아직 부족한 것인지. 청자기와는 달리 출토품은 녹이 슬고 상하기 쉽고, 그래서 골동품으로 수집 대상에서 귀하게 여겨지지 않았기 때문일지도 모른다.

문헌에 따르면, 조선 초에 놋그릇이 생산된다고 기록된 고장이 4곳이 있다. 경기도 안성, 황해도 서흥 그리고 평안도 의주와 초산이다. 세종 때의 『지리지』와 『동국여지승람』 편찬 때, 이 고장들에서는 놋그릇이 활발하게 제조되고 있었던 것이다. 이 고장들의 놋그릇 제조 공방들은 틀림없이 고려 때에도 놋그릇을 만들어 내고 있었으리라고 생각된다. 경기도 안성 놋그릇의 역사가 문헌 기록으로도 500년이 넘는다. 그 오랜 전통이 지금도 이어지고 있으니, 자랑할 만도 하다. "안성맞춤"이란 말이 나올 만도 하다. 이 네 고장의 놋그릇의 특산지는 일제가 우리나라를 지배하기 시작해서 곧 착수한 조사 사업을 정리한 자료의 하나인 『조선의 물산(朝鮮物産)』(1927년, 본문 732쪽 사진 67쪽 분량)에도 나온다.

나라의 쇼소인의 보물 중에서 신라의 놋그릇 명품들을 볼 때, 나는 언제나 감동과 아쉬움을 느낀다. 우리나라에서 문화재로서 문화재 속에 끼지 못하는 게 놋그릇이다. 그저 하나의 이른바 민속 문화재인 것이다. 실제로 우리에겐 놋그릇 명품이 남아 있지 않다. 가야 신라 토기들과 고려청자 그리고 조선 시대 사기그릇들과 어깨를 나란히 할 만한 놋그릇을 찾아볼 수 없다.

나는 조선 시대의 아름답고 튼튼한 놋그릇의 기술 전통은 멀리 신라에서 고려로 이어지고, 조선 시대에 최고의 수준으로 발전했다고 생각하고 있다.

고려 시대 몇 가지 청동 식기류를 분석해 보면, 그 합금 기술이 조선 시대의 그것과 같다는 것을 알게 된다. 구리와 주석만으로 된 동 합금이다. 그 합금의 비율은 구리와 주석이 75:25와 80:20의 비율로 나타나는 담황동이다. 이런 동 합금을 한국인은 흔히 놋 또는 놋쇠라고 불렀다. 유(鍮) 또는 유기(鍮器)의 토박이 우리말이다. 중국에서는 이런 동 합금을 '가우리퉁(高麗銅)'이라고 해서 질이 좋은 청동으로 높이 평가했다.

『고려사』에 따르면 1262년(원종 3년) 9월에 몽고에서 사신이 와서 호동(好銅), 즉 좋은 동을 구한 일이 있었다. 고려에서는 그게 적동(赤銅, 순도 높은 구리)을 뜻하는 것인지 물었더니, 유석(鍮石)이라고 대답했다 한다. 놋쇠를 말한 것이다. 그래 고려에서는 적동 600여 근을 주면서 유석은 고려에서 산출되지 않는다고 변명했다 한다. 원나라에서 고려의 놋그릇이 훌륭하다는 것을 알고 있었던 것이다.

청동 거울이 퍼지다

『고려사』에 보이는 공장(工匠) 기술직에 유기장, 적동장(赤銅匠), 동기장(銅器匠), 백동장(白銅匠) 등은 모두 동 합금 전문 기술 장인이다. 조선 초의『경국대전』「공전(工典)」에는 동 합금 기술직으로 유장(鍮匠), 두석장(豆錫匠), 동장(銅匠), 경장(鏡匠) 등이 있다. 고려 시대의 금속 기술 전문 장인들이 그대로 대를 이어 전통 기술직에 종사하고 있었음을 알 수 있다.

여기서 경장은『경국대전』에는 있지만, 고려의 문헌에는 보이지 않는다. 그런데 교토의 센오쿠 박고관(泉屋博古館)이 소장하고 있는 오리 한 쌍과 아름다운 꽃을 디자인 한 고려 청동 거울에 새겨 있는 "고려국 경장" 명문에서, 전문직 장인인 경장이 확인된다. 조선 초기의 경장 직종이 고려에서 이어진 것이다. 그렇다면 조선 초기의 경장들은 어떤 청동 거울 작품들을 만들

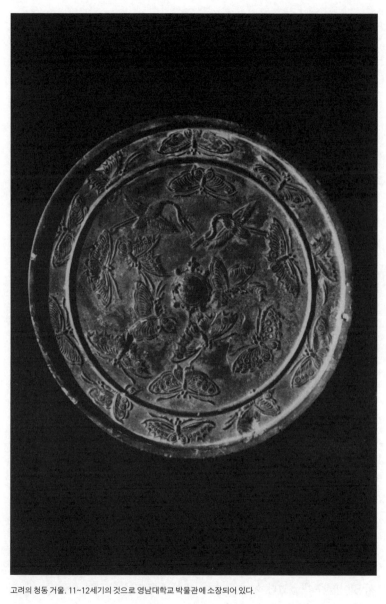

고려의 청동 거울. 11~12세기의 것으로 영남대학교 박물관에 소장되어 있다.

어 냈을까.

고려 놋그릇의 대량 생산 보급과 함께, 양산된 또 하나의 청동 제품이 있다. 청동 거울이다. 흔히 고려경(高麗鏡)이라고 하는 이 청동기는 고려 금속 기술의 뛰어남을 보여 주는 좋은 보기다. 나는 1970년대 초까지만 해도 고려 청동 거울을 별로 주목하지 않았다. 중국 한나라 때의 청동 거울이나 당나라 때 청동 거울의 아름답고도 빼어난 주조 솜씨에 비할 바가 못 됐기 때문이다. 그러다가 1970년대 중반, 교토 대학교에 외국인 초빙 교수로 있을 때, 야부우치 교수와 함께 간 센오쿠 박고관에서 기막히게 아름다운 고려 청동 거울과의 만남은 내 생각을 순식간에 뒤집어 버렸다. 그것은 감동적인 발견이었다.

센오쿠 박고관에서는 스미토모(住友) 컬렉션 청동 거울 210면을 소장 전시하고 있다. 일본 최대 최고의 청동기 박물관이다. 그 전시품 중에 정말 아름다운 고려 청동 거울 2개가 있었던 것이다. 선궁경(仙宮鏡, 지름 21.4센티미터)과 ○쌍압화지경(○双鴨花枝鏡, 지름 22.7센티미터)이다. 화려한 꽃가지 속에서 노니는 두 마리의 오리를 새겨 넣은 청동 거울이었다. 더욱 놀라운 것은 고리 아래쪽에 세로로 "고려국 경장 김협조(高麗國鏡匠金叶造)"라는 제작자 이름이 돋을새김되어 있다는 사실이었다. 아마도 그는 고려 최고의 청동 거울 제작 기술자였을 것이다. 혹시 고려국 경장이라는 칭호를 받은 경장이 아닐까. 고려 시대에 이름이 알려진 유일한 경장일 것 같다. 고려 청동 거울에서는 처음 보는 명문(銘文)이다. 고려 청동 거울에 대한 새로운 조명이 있어야 하겠다는 생각이 더욱 굳어졌다.

자료는 찾아보았다. 이난영 박사의 연구를 쭉 읽었다. 박물관에 갈 때마다 고려 청동 거울 전시란 것을 차근차근 뜯어보고, 사진들도 있는 대로 꼼꼼히 조사했다. 그래도 나는 조금 더 자세한 연구가 있었으면 좋겠다는 생각에서 벗어날 수가 없었다. 어쩔 수 없이 이 책에서 고려 청동 거울에 대한 글을 쓰지 않고 넘어갈까 했다. 2003년 가을, 교보문고에서 나는 이난영의 『고려

경 연구』라는 책을 찾아냈다. 411쪽이나 되는 큰 저서였다. 600개가 넘는 사
진들이 나를 놀라게 했다. 역시 이난영 교수가 해 냈구나 하는 기쁜 마음에
어린애처럼 좋아했다.

　이제 나는 고려 청동 거울에 대한 내 생각을 확신을 가지고 자신 있게 쓸
수 있게 되었다. 30여 년 전 그리고 그 후에도 몇 차례, 센오쿠 박고관에서 본
두 고려 청동 거울은 중국의 어느 청동 거울과 비교해도 제작 기술에서 못하
지 않다. 고려의 청동 거울 장인들은 디자인과 제작 솜씨와 기술에서, 뛰어
난 작품을 만들려고만 한다면 충분히 만들어 낼 수 있는 공예 기술을 가지
고 있었던 것이다. 우리가 흔히 볼 수 있는, 조잡하기까지 한 제품들 때문에
고려경의 질이 일반적으로 떨어진다고 평가하는 것은 잘못되었다고 나는 생
각한다. 대량 생산 과정에서 나타나는 기술의 한계보다도 생산 원가의 한계
가 더 큰 요인이었을 것이다. 고려 후기까지는, 귀족들이나 부유한 계층에서
만 쓸 수 있었던 청동 거울이 민간에서도 쓸 수 있을 만큼 보급되었다. 중요
한 생활의 변화가 일어난 것이다. 지금 남아 있는 수많은 고려 청동 거울은
그러한 변화를 잘 말해 주고 있다.

　나는 처음에 같은 디자인의 고려 청동 거울이 많다는 게 이상했다. 그것
은, 한 가지 거푸집으로 부어 만들어 내지 않았다는 사실을 확인하면서 이
해가 되었다. 돛단배가 파도를 가르며 항진하는 모습을 디자인 한 청동 거
울이 원형(圓形)과 8능(稜)의 두 가지가 있다는 것을 보고 놀랐고, 그 크기가
16.7센티미터에서 24.4센티미터까지 다른 게 10개 이상 있다는 데 놀랐다.
다른 거푸집으로 부어 만들었다는 것이 확실해졌다. 이난영은 이렇게 설명
한다. (이난영, 『한국 고대의 금속 공예』, 322~325쪽 참조.)

　이 형식의 동경은 가장 많이 보이는 것이다. 특히 돛이 뉴의 오른쪽으로 옮
　겨지고 명문 판의 직사각형의 테가 없어지고 둥근 원 안에 잇는 삼족오도
　없다. 무늬도 원형(圓形) 거울보다 그림 디자인이 간략해지고 무디어진다.

파도무늬에 떠서 항해하는 범선을 디자인한 거울이다. 대양을 항해하는 고려인의 기상이 거울에 담겼다고 상상해
본다.

그리고 이난영은 출토지가 다른 청동 거울 10여 개를 찾아내서 크기와 소장 처를 예시하고 있다. 거푸집과 제작자, 제작 시기가 다르다고 해석해도 좋을 것 같다. 이렇게 고려 청동 거울은 왕조가 번영하던 그 오랜 기간 동안 수많이 제작되어 보급되었다. 고려 시대에는 서민들까지 청동 거울을 그렇게 어렵지 않게 장만해서 대를 이어 가며 쓸 수 있었다고 생각된다. 보통 사람들이 쓸 수 있는 보급형 제품을 우리는 고려 청동 거울의 많은 유물 속에서 보고 있는 것이다. 그 보급형 제품을 가지고 고려 청동 거울의 제작 솜씨와 기술을 평가해서는 안 된다.

고려 청동 거울 중에서 특히 내가 관심을 가지고 있는 게 2개가 있다. 하나는 파도무늬에 떠서 항해하는 범선을 디자인한 거울이고, 다른 하나는 4신 12지 24절기를 그린 천문 사상을 나타내는 거울이다. 이런 디자인은 고려 청동 거울에서만 볼 수 있는 특이한 것이다. 대양을 항해하는 고려인의 기상과 우주를 바라보는 끝없는 넓은 마음을 거울에 담았다고 상상해 본다.

거대한 무쇠 불상을 부어 내다

1970년대, 나는 국립중앙박물관에서 거대한 불상을 보았다. 무쇠로 부어 만든 '철불'이었다. 높이가 2.9미터 가까운 정말 큰 좌불 앞에서 나는 숨이 막혔다. 고려 시대라니. 그 무쇠 부처님은 미소 짓고 있었다. 나는 그때까지 불상들이 있는 전시실에 들어가지 않았다. 그래서 모르고 있었던 것이다. 1.5미터에서 2.9미터의 거대한 무쇠 불상들. 전시실은 조용했다. 부처님의 자비로움만이 감돌고 있다. 이런 무쇠 불상이 50구가량 남아 있다는 것을 알게 되었을 때, 나는 고려의 금속 기술에 대해서 새삼스럽게 놀랐다. 그 아름다운 청동제 새김 향로들을 보았을 때도 감탄은 했지만, 그렇게 놀라지는 않았다.

1990년대, 나는 문화재 위원으로 몇 군데 작은 사찰의 무쇠 불상 복원 작업에 참여했다. 불교 미술사 학자 강우방, 보존 과학자 이오희 교수 등과 그 작업을 하면서 많은 사실을 알게 되었다. 그리고 나는 무쇠 불상의 아름다움과 장중한 모습에 빠져들었다. 충주로 들어가는 큰길가의 작은 절 대원사에서 만난 무쇠 불상(보물 98호)의 손은 너무도 아름다웠다. 무쇠 손이라고는 믿어지지 않을 정도로 자연스러운 자비로운 손의 모습이다. 나는 그 무쇠 불상의 손 하나만으로도 전시실 하나를 차릴 수 있다고 생각했다. 강우방 교수가 수십 장의 사진을 찍는 동안, 나는 살아 숨 쉬는 손인 것 같은 착각 속에서 그 모습을 지켜보았다. 저렇게 기품 있는 자연스러운 자세를 스케치한 장인은 누구였을까. 나는 그 후 이런 철불 주조를 해 낸 기술자가 대부분 스님이었다는 것을 알게 되었다. 기술 전문직 스님이다.

이제 무쇠 불상 제조의 공정과 기술 문제에 또 하나 중요한 문제에 생각이 미친다. 통일 신라 말에서 고려 초에 쇠로 불상들을 부어 만들었다고 고고미술사, 불교사 학자들은 말한다. 10세기에서 12, 13세기다. 그 시기에 그렇게 커다란 무쇠 불상을 부어 만드는 기술 작업이 결코 쉬운 일이 아닌데. 철기 시대부터 삼국·가야·통일 신라에 이르는 동안, 만들어진 철제품은 거의 크기가 별로 크지 않은 것들이었다. 농기구, 무기류, 가마솥 등이다. 가장 큰 무쇠제품은 법주사의 지름이 2미터나 되는 거대한 무쇠 큰 솥(8세기)이다. 그러던 것이 통일 신라 말에서 고려 시대에 이르면서 갑자기 거대한 무쇠 불상이 나타난다. 그것들은 비교적 활발히 주조되었다. 그래서 고고 미술사 학자들은 구리의 수요가 급격히 많아져서 구리가 부족하게 되면서 그 돌파구로 찾아낸 것이 무쇠로 불상을 부어 만들었다고 생각한다. 물론 그럴 수 있다. 그러나 청동 불상을 훌륭하게 부어 만들어 내는 기술을 가졌다고 해서 철로 커다란 불상을 부어 만들 수 있는 것은 아니다.

중국에서도 11세기에 이르면서 철의 대량 생산 기술로 발전하게 되었다.

당나라 후기, 9세기 무렵의 5배로 생산량이 크게 증가했다. 북송 초에는 철의 제련소(鐵冶)가 201군데가 있었고, 중기에는 70군데가 더 늘어났다. 연간 생산량이 150만 근을 훨씬 넘었고, 원나라 때에 이르러서는 유연(幽燕) 지구에 철 제련소 17군데에서만도 연간 생산량이 1600만 근이 넘었다. (두시란(杜石然), 천메이둥(陳美東) 외, 『중국 과학 기술사(中國科學技術史)』하책(下冊)(1982년), 78~79쪽.) 그런 중국에서도 무쇠 불상 같은 커다란 철제품은 만들지 못했다. (만들지 않았는지도 모른다.) 중국 과학 기술사 학자들은 이러한 철 생산의 비약적인 발전은 숯(木炭)에서 석탄으로 철 제련의 연료가 바뀐 것을 꼽는다. 석탄으로의 이행뿐만 아니라, 제련 기술 공정도 한 단계 높아져야 한다. 제련로와 송풍 장치도 기술 향상의 요인이다.

그렇다면 통일 신라 말에서 고려에 이르는 시기, 숯을 써서 쇳물을 녹이는 기술에서 석탄을 쓰는 것처럼 연료의 변혁이 있었는지를 확인할 수 있는 자료를 찾아야 한다. 아니면 숯과 석회석을 쓰는 전통적 방법을 그대로 쓰면서 다른 기술상의 발전이 있었는지를 찾아봐야 한다. 그런데 고려 시대에 석탄 또는 석탄이라고 생각되는 기록이 『고려사』에서 몇 군데 보인다. 그리고 철(무쇠, 시우쇠, 사철, 정철(政鐵), 석철(石鐵))이 산출된다는 기록은 조선 세종 때의 『지리지』와 『동국여지승람』에 전국적으로 많이 나타나 있다. 생철리(生鐵里), 야로리(冶爐里) 등의 지명도 철을 생산하는 곳에서 유래된 것이다. 조선 초에 철이 생산된 고장이면 고려 때에도 그곳은 철의 산지였다고 보아도 좋을 것이다.

8세기에 부어 만든 법주사의 무쇠 큰 솥을 나는 몇 번인가 답사하면서, 그런 축적된 철의 기술이 있었으니까 거대한 무쇠 불상이 만들어질 수 있었으리란 확신을 가지게 되었다. 덩이쇠와 철제 갑옷으로 상징되는 가야의 철 기술 전통이 이어지고 발전한 것이라고 생각하고 있다. 고려는 확실히 놀라운 철 기술을 가지고 있었다. 나는 그 높은 철 기술이 어떻게 전개되었는지, 그 공정을 알고 싶어 견딜 수 없다.

청자에 매료된 젊은 세월

흙의 과학의 산물, 고려청자

그것은 우리나라 가을 하늘처럼 맑고 우리 옥처럼 은은하다. 고려청자를 볼 때마다 내 마음에서 나오는 감동과 찬사다. 그리고 고려청자에 끌려 나는 한때 덕수궁 석조전 시절의 국립중앙박물관과 성북동 솔밭 동산 맑은 개울이 흐르던 곳에 조용히 자리 잡은 간송미술관을 찾았다. 1980년대 후반에는 일본 오사카 동양 도자 미술관에도 몇 번인가 드나들었다.

국립중앙박물관과 간송미술관에 전시된 고려청자의 명품들은 언제나 그 따뜻하고 자연스러운 아름다움에 빠져들게 한다. 송나라 청자의 비길 데 없는 아름다움에 매료된 고려의 도공들이 그런 훌륭한 사기그릇을 만들려고 무던히도 애를 썼을 것이다. 그것은 우리나라 미술사 학자들이 흔히 말하는 것처럼, 송나라의 청자를 '모방'해서 만들려고 한다고 해서 만들어지는 것이 아니다. 송나라 때까지 그 기술은 중국 도공들만이 가지고 있던, 아무나 해 낼 수 없는 '비법'이었다. 그래서 나는 오사카의 도자 미술 박물관에 갈 때마다 감동하곤 한다. 고려의 도공들이 저렇게 멋있는 청자기를 구워 낼 수 있었다니. 그런 기술을 어떻게 개발할 수 있었을까. 거기 전시된 사기그릇의 세계적 명품들 1,000여 점은 중국의 빼어난 도자기들보다 더 많은 고려와 조선의 도자기들이다. 일본의 국보로 지정된 중국 도자기들과 고려청자들은 본고장인 중국이나 한국에도 없는 최고의 걸작들이다. 아타카(安宅) 컬렉션의 품격을 말해 주는 그 전시물을 보면서 나는 간송 전형필의 나라 사랑을 생각하곤 한다.

이 글을 쓰면서 나는 여러 번 망설였다. 고려청자까지 과학 문화재로 다룰 것인가를. 미술사나 도자사에 나오는 얘기를 쓸 생각이 아니니까. 기술사와 그 속에 담긴 문제들을 다룰 것이니까 쓸 수 있다고 판단한 것이다. 기술의 결실은 단순한 모방으로 만들어 낼 수 없다. 개발하고 창조해야 이루어질 수 있다. 그러려면, 바탕이 있어야 하고 솜씨와 재주(技)가 있어야 한다. 그런데 그것은 하루아침에 이루어지는 것이 아니다. 전통이 있어야 하고 가르침이 있어야 하는 것이다. 고려 도공들의 전통은 중국 도공들의 그것과 다르다. 그래서 그들이 개발한 청자 기술은 송나라 도공들의 그것과 다를 수밖에 없다. 아타카 컬렉션은 우리에게 그것을 선명하게 보여 주고 있다. 내게는 그 점이 우리 국립중앙박물관과 호암미술관의 전시와 다르다. 같은 공간에서 비교할 수 있게 전시되어 있는 것이다.

내가 보기에는, 송청자의 빼어난 비색도 좋고 그 작품들의 완성도 최고라 할 만 하지만, 고려청자의 은은한 멋스러움과 그릇 모양의 자연스러움 또한 그 기품을 더해 주고 있었다. 게다가 새김무늬(상감) 청자의 아름다움은 송청자에는 없는 것이었다. 고려 도공들이 창조한 새로운 도자기 제조 기술이다. 고려 도공들은 목공예에서 쓰이고 있던 기법을 사기그릇에 쓴 것이다. 그렇다고 해서, 그 기법이 그리 쉽게 이루어지는 것이 아니다. 고려에서 새롭게 개발된 도자기 기술이다.

나는 늘, 그런 디자인을 누가 어떻게 해 냈는지 알고 싶었다. 밑그림을 그려 놓고 했는지, 화공들이 산수화 그림 그리듯 전통 옷 짓는 여성들이 저고리 소매의 자연스러운 곡선을 인두로 단번에 그어내듯, 사기그릇에 그대로 그려내는지, 그 재주가 정말 빼어났다. 고려청자의 미술사 도자사 전문가의 식견에 비하면 나는 아마추어의 눈에 불과하다. 그래도 나는 내 나름대로 송청자는 화려하고 사치스럽다고 보고 있다. 그리고 고려청자는 그 은은한 색조와 구수한 멋, 고려인의 자연스러운 미적 감각을 담고 있다는 생각이 든다. 그래서 나는 늘 그런 고려청자의 모습을 어떻게 글로 잘 표현해야 할지 내 글재주가 마음에 들지 않아 하고 있다. 그렇다고 최순우, 김원룡, 정양모와 같은 학자들의 글을 본뜨는 것도 미안하고.

그래서 이 글을 시작할 때, 고려청자는 빼야 하지 않나 생각했다. 그러나 고려청자의 기술은 우리 전통 과학 기술의 창조적 발전의 한 모습이어서 다루지 않는 것이 오히려 불편했다. 그리고 내 책에서 그 분야가 빠진 것을 아쉬워하는 사람들이 적지 않았고. 고민하던 끝에 과학사 학자로서의 그 어려움과 과제를 써놓는 일도 나름대로 뜻이 있을 것이라고 매듭을 지었다. 솔직히 말해서, 고려청자의 기술사를 정리한 학자는 별로 없다. 평양 학자들이 쓴 『조선 기술 발전사』(1994년)에서 다룬 32쪽은 지금까지 나온 어느 연구보다 그 양과 질에서 평가할 만하다. 이 글에는 17개나 되는 산업 기술 고고학적 분석표가 나온다. 많은 실험 연구를 했음에 틀림없다. 고려 시대 기술사 연구에 한 획을 그은 것이다.

서울 학자들 중에서 고려 자기에 대한 연구를 비교적 오랫동안 꾸준히 계속하고 있는 학자의 한 사람으로 나는 여류 화학자로 기술 고고학적 연구 성과를 내고 있는 고경신 교수를 꼽는다. 그는 1992년에 「한국 전통 도자기 문화의 과학 기술적 연구」를 시작으로 여러 편의 논문을 발표했다. 1993년에 끝내서 1995년에 영국의 학술지 《고고 측정학(Archeometry)》에 실린 고려청자의 분석 연구 논문에 61종의 청자 바탕흙(태토)의 분석과 잿물(유약)의 분석값을 발표하고 있다. 이 분석 연구는 그가 몇 년 동안 여러 가지 어려움을 무릅쓰고 해 낸 성과였다. 우리나라 학자로서는 처음 있는 연구로 훌륭한

청자상감도자기 타일. 12세기 작품이다. 오사카 시립 도자 미술관에 소장되어 있다. 고려 도공들이 가진 당대 최첨단의 요업 기술이 낳은 걸작이다.

평가를 받기에 충분하다. 그가 제시한 7개 가마의 청자 바탕흙 성분 분석의 평균 분석값 7개와 잿물의 평균 분석값 7개는 매우 중요한 자료다. 유약의 성분 분석 결과에서 성분들의 함량을 보자. SiO_2 63.0~54.1퍼센트, Al_2O_3 18.4~13.9퍼센트, CaO 21.8~12.9퍼센트, Fe_2O_3 7.8~1.6퍼센트, K_2O 4.7~2.1퍼센트, MgO 2.1~0.8퍼센트, 그 밖에 Na_2O, TiO_2, MnO_2, P_2O_5 등이 1퍼센트 미만이다. (C. K. Koh Choo, "A scientific study of Traditional Korean celadons and their Modern Developments," *Archeometry* 37, 1 (1995), 59-72 참조.)

그리고 강진요의 바탕흙 성분 분석값의 평균을 보기로 들어본다. SiO_2 69.2퍼센트, Al_2O_3 23.7퍼센트, Fe_2O_3 2.8퍼센트, MgO 0.6퍼센트, CaO 0.1퍼센트, K_2O 2.4퍼센트, TiO_2 1.2퍼센트이다. 강진 가마의 바탕흙에서 Al_2O_3가 특히 많이 함유되어 있다는 것이 눈에 띈다. (분석 자료들에 따라서

16~20퍼센트의 것들이 반 정도이긴 하지만), 이것이 청자의 색깔과 어떤 관련이 있는지 나는 아직 잘 알지 못한다. 강진 가마의 청자들에서는 CaO가 14.9퍼센트, K_2O 2.5퍼센트, Na_2O 0.2퍼센트가 함유되어 있어서 그 잿물이 알칼리 석회 계열의 유리질이라고 생각된다. 그리고 망간이 0.3퍼센트 들어 있는데(다른 가마의 청자들에도 0.3~0.5퍼센트 들어 있다.), 이것이 중국 청자에 비해서 고려청자의 색깔이 조금 더 회색빛 색조를 띠고 있는 이유라고 고경신은 해석한다. 평양 학자들의 유약 분석값은, SiO_2 66.0퍼센트, Al_2O_3 15.0퍼센트, Fe_2O_3 1.8퍼센트, CaO 6.8퍼센트, MgO 2.4퍼센트, K_2O 5.2퍼센트다. (자세한 수치와 인용 출처에 대해서는 고경신의 앞의 논문을 참조하라.)

고경신 교수의 분석과 비교해 보면 그 값이 비슷하다. 다만, SiO_2와 K_2O, MgO가 조금 많다는 것이 다를 뿐이다. 그리고 이 분석값이 몇 가지를 분석해서 얻은 성분 함량인지를 명시하지 않았다. 그런 연구가 축적되어야 고려자기의 기술사를 쓸 수 있다. 그래서 지금 나는 이 책을 쓰면서 고려청자의 기술에 대해서 이 연구 성과를 바탕으로 해서라도 더 파고드는 일을 유보하려고 한다.

새김무늬 청자의 과학 기술

이제 새김무늬 청자(상감청자)의 기술에 대해서 조금 쓰겠다. 고려청자는 앞에서 말한 것처럼, 비취색처럼 푸르고 부드럽고 은은해서 깊이가 있다. 거기에 더해서 고려 도공들은 새로운 새김무늬 기법을 창조했다. 12세기 전반에서 중엽 무렵이다. 새김무늬 기법을 김원룡, 안휘준의 『신판 한국 미술사』에는, "상감법은 자기(태토를 빚은-필자 주)가 아직 마르지 않았을 때 문양을 음각하고 그 부분에 백토를 메꾸고 일단 초벌 구이를 한 다음 다시 청자유를 바르고 구은 것"(1993년판, 232쪽)라고 쓰고 있다. 이 기법은 나전칠기나 목각

제품 무늬를 새겨 넣는 데 흔히 쓰던 것이다. 청동기에 금속 상감, 즉 입사법은 고려 장인들이 세련되게 쓴 시기와 대체로 같이 간다. 그러니까 고려 도공들은 이런 멋진 기술을 청자를 만들 때 쓰는, 창조적 아이디어를 실현했다. 평양 학자들은, "상감은 그림도 아니고 조각도 아닌 바로 조각적 수법을 빌어 회화적 장식 효과를 보게 한 데 그 장점이 있다."라고 쓰고 있다. (『조선 기술 발전사』 3권, 129쪽 참조.)

새김무늬를 넣기 위해서 그려 넣은 도안은 가마 속에서 구워 내는 과정에서 백토는 흰색으로 진사는 붉은색으로 나타난다. 그러니까 새김무늬 청자는 푸른색을 띄는 유약의 맑고 부드러운 색에 은은한 무늬가 돋보여, 나전칠기 목기나 청동 은입사 그릇들에서는 나타낼 수 없는 특이한 아름다움을 나타낸다. 새김무늬 청자의 기술 개발로 고려청자는 송나라 청자를 뛰어넘는 작품이라는 평가를 받게 되었다. 도자기 예술의 극치에 다다른 것이다.

또 하나 새김무늬 청자에서 빼놓을 수 없는 기법이 있다. 그 문양의 다양함과 디자인의 뛰어난 감각이다. 60여 가지의 장식 디자인은 정말 우리가 볼 수 있는 자연의 모든 사물을 다 그 소재로 삼고 있다. 그것들을 도안하여 디자인한 예술적 감각도 빼어나다. 고려 도공들은 어떤 교육을 어떻게 받고 훈련을 받았을까. 그 공방의 스승들은 어떤 사람들이었을까.

일본 사람들이 공장 세계의 전통 기술을 배울 때, 가르침을 받는 스승을 "사장(師匠)"이라고 부른다. "천하제일"이라는 호칭으로도 불러 준다. 스승인 장인에게서 최소한 10년을 배워야 한 사람 몫을 한다고 한다. 10년 공부다. 내가 1980년대 일본 도자기 산업의 중심지인 아리타(有田)의 도자 기술 대학을 방문한 일이 있다. 거기서 서유럽에서 온 유학생을 만났는데, 그들은 바탕 흙 반죽을 하는 실습만을 6개월 1학기는 해야 한다고 했다. 유럽에서 대학원 과정까지 마친 학생들이 대부분이라고도 하는데 나는 놀라움을 감출 수 없었다. 그 일을 견뎌 내지 못하면 퇴교해야 한다는 것이다. 그리고 자기에 문양을 그려 넣는 기술 작업을 하는 사람들은 작은 책상 앞에 무릎을 꿇고 하루 종일 그리고 있었다. 그 참을성과 끈기가 있기에, 아리타의 도자기 산업이 세계 일류의 위치를 유지할 수 있다는 생각이 들었다. 고려 도공들도 그런 교육을 받았을 것이다.

청자는 잿물(유약)의 기술이 결정적이다. 그리고 가마다. 오름 가마. 거기에 고려 도공들의 전통으로 이어진 장인의 자연미 감각과 재주가 배어 있다고 나는 생각한다. 나무를 태운 재를 원료로 만들기 때문에 잿물이라는 토박이 말로 불리는 유약의 기술은 근본이 유리 기술과 같다. 잿물이 유약의 토박이 말인 것은, 통일 신라 말의 토기들에서 이미 나타났다. 가마 속에서 날던 재가 토기 표면에 앉으면서 녹아, 자연유라고 부르는 유약이 입혀진 것이다.

여러 큰 능묘에서 나온 신라의 유리들이 페르시아 계열 수입품이라고 여러 학자들이 주장한다. 그러나 분명한 것은, 이미 썼지만, 유리 곱은옥, 유리 구슬, 여러 사리함에서 나온 플라스크 모양의 유리병들은 분명히 신라인이 만든 것이다. 그런 유리 제품들이 고려에서는 만들어지지 않았는가. 내 오랜 숙제였다.

6
장

고려의 유리 기술

왜 고려 장인들은 유리그릇을 만들지 않았을까

앞에서 말한 것같이 고려 도공들이 사기그릇을 만들 때 바르는 유약은 유리의 원료와 사실상 같은 성분이라는 게 분석 결과다. SiO_2 66.0퍼센트, Al_2O_3 15.0퍼센트, Fe_2O_3 1.8퍼센트, CaO 6.8퍼센트, MgO 2.4퍼센트, K_2O 5.2퍼센트(《력사 과학》, 2, 46(1983년) 참조.) 그리고 고려 유리구슬의 주요 원료는 SiO_2 70~88퍼센트, Na_2O 0.01~3.4퍼센트, K_2O 0.5~5.5퍼센트, CaO 0~5.5퍼센트, PbO 20~25퍼센트로 분석되었다. (『조선 기술 발전사』 3권, 157쪽 참조.) 고려 유리구슬이 납유리이기 때문에 20~25퍼센트의 PbO가 섞여 있다는 것이 고려청자 유약의 유리질과 다른 점이다.

그래서 나는 유약을 입힌 고려청자가 만들어지고 있었는데, 유리를 만들지 않았을 리 없다고 생각해 왔다. 고려의 유리구슬로 내가 생각한 제품은 갈색으로 비교적 알이 굵은 구슬들이었다. 그런데 『조선 기술 발전사』를 읽으면서 내가 놀란 것은 거기 분석표에 나와 있는 유리구슬의 색깔이 "젖색 구슬, 연한 누른색 구슬, 흰색 구슬, 진풀색 구슬"의 네 가지뿐이었기 때문이

395

다. 지금까지 내가 고려 시대에 염주로 쓰였으리라고 믿고 있는 갈색 구슬은 예시되어 있지 않는 것이다. 갈색 유리도 그 비중을 측정해 본 결과 납유리로 나는 판단하고 있으니까, 평양 학자들이 거기서 분석한 유리구슬들이 납유리가 수많이 나왔다고 보고하고 있는 사실과 이어진다.

납은 유리의 녹는 온도를 낮출 뿐만 아니라, 성형하기 쉽고 가공하기 좋아, 지금 우리가 크리스털이라고 부르는 유리를 만드는 가장 주요한 성분이다. 납유리다. 그런데 "20대 고려 왕릉에서 출토된 젖색 구슬은 칼륨이 5.5퍼센트, 칼슘이 5.5퍼센트 들어 있고 납은 전혀 들어 있지 않은 알칼리 소다 유리다. 개성에서 출토된 유리구슬은 그 가공 수준에 있어서도 매우 정교하다."라고 한다. 내가 본 갈색 유리구슬들도 아주 잘 만든 유리 제품이다. 그리고 고려 유리구슬 중에는 "아름다운 제품들이" 많다고 이인숙 박사는 말한다. (이인숙, 『한국의 고대 유리』(1993년), 95~99쪽 참조.)

유리구슬 이외의 고려 유리그릇은 알려진 것이 몇 개밖에 없다. 전북 익산의 왕궁리에서 나온 사리병(높이 5센티미터 정도)과 『조선 기술 발전사』에 소개되어 있는 보일사 5층 석탑에서 1960년에 나온 유리병이다. 높이 4.7센티미터. 사리병으로 보인다. 납유리 제품이라고 한다.

이 밖에 이인숙의 『한국의 고대 유리』에는 13개의 고려 유리그릇들이 소개되어 있다. 아주 작은 유리병들과 유리잔들 그리고 유리접시와 작은 유리항아리들이다. 이인숙은 오랜 사찰에서 "고려 시기로 추측되는 유리 기물들을 적지 않게 확인했다."라고 쓰고 있다. 그리고 일본 도쿄 국립 박물관 소장오구라 컬렉션 한국 문화재 900여 점에는 고려 유리그릇 9개가 있다. 보기드문 유리 주전자와 유리잔들도 있다. 이 고려 유리그릇들은 그 제작 기술이나 디자인이 수준급으로 평가된다. 2005년에 국립문화재연구소가 펴낸 『오구라 컬렉션 한국 문화재』에는 이송란이 쓴 이런 글이 있다.

고려 시대에는 탑에 봉안 되는 작은 소병 형태의 사리 장치를 제외하고는 확인하기 어려우며 이후 조선 시대의 유적에서는 유리 공예품이 발견되는 예가 드물었다. 이러한 상황에서 유리잔 등의 그릇 류를 비롯하여 표형 구슬 등의 구슬 류와 허리띠 장식과 같은 장신구류는 그동안 알려지지 않았던 고려 시대 유리 제품의 모습을 보여 준다. 이들 유리 제품 중에는 그 당시 동아시아에 영향을 준 이슬람과 관련된 것도 있는 반면, 그 영향을 찾아볼 수 없는 것들도 있어, 생산지와 수요 체계계가 본격적으로 연구되지 않으면 안 된다고 생각된다.

내가 알고 있는 것은 이것이 전부다. 고려 시대에는 왜 유리그릇을 별로 만들지 않았을까. 이것은 내 오랜 숙제다. 지금까지 나는 막연하게, 훌륭한 도자기를 많이 만들었기 때문에 깨지기 쉬워 다루기 힘든 유리그릇에 별로 매력을 느끼지 못했을 것이라고 생각했다. 이렇게 생각하면서 늘 산뜻하게 수긍이 안 가는 것은, 그렇다면 신라 시대에는 왜 사리병 이외의 유리그릇을 거의 만들지 않았을까. 모르는 게 너무 많다.

고려의 유리구슬에 대한 분석 사례가 있다. 1950년대 말부터 1980년대까지 교토 대학교 연구실에서 이슬람 몇 나라와 인도, 중국 등의 많은 유리들을 분석한 무로가 데루코(室賀照子) 연구원이 내가 부탁한 9개의 고려 유리구슬에 대한 보고(「고려 시대의 출토 유리구슬의 화학 분석 노트」, 1985년)가 그것이다. 그는 발광 분광 분석법에 의한 정성, 반정량 분석을 해서 그 결과를 냈다. 9개 시료 중의 6개가 비중이 1.47에서 2.38가지의 알칼리 소다 유리이고 3개가 납유리였다. 그래서 그는 고려 시대에도 납유리와 알칼리소다 유리가 다 만들어지고 있었다고 했다. 그리고 그는 코발트블루의 구슬에 주목하고 있다. 코발트가 분석되었기 때문이다. 고려 시대에 코발트가 착색료로 사용되고 있었다고 해도 좋을 것인지 지금으로서는 명확하게 답하지 못하겠다.

8부

조선의 과학과 기술

1
장

동아시아 속의 조선

조선 과학이 국제 학계의 관심을 끌다

2008년 7월, 제12회 국제 동아시아 과학사 컨퍼런스가 열렸다. 미국 메릴랜드 볼티모어. 존스 홉킨스 대학교 과학사 의학사 및 기술사 프로그램 사람들이 조직 위원회를 구성해서 닷새 동안의 큰 회의를 치러 냈다. 성공적이었다. 220여 명의 학자들이 열여덟 나라에서 모였다.

1990년에 영국 케임브리지에서 시작해서, 1996년에는 서울에서 제8회 대회가 열린, 전통과 권위를 자랑하는 국제 학회 모임이다. 동아시아, 중국, 한국, 일본 그리고 베트남을 그 영역으로 삼는다. 그 동아시아의 과학사, 기술사, 의학사를 연구하는 학자들이 다 모인다.

2008년에는 특별히 조지프 니덤과 야부우치 기요시 등, 우리의 스승이며 선구자들을 10명의 2세대 학자들과 기념 세션을 조직해서 늙은 학자들을 기쁘게 했다. 거기에 한국인으로 나도 끼었다. 45년의 보람 있는 세월을 칭찬해 줘서 가슴이 뭉클했다. 내 기념 세션에는 서울대 김영식 교수가 좌장을 맡아 칭찬의 말을 하고, 임종태, 이면우, 문중양, 송상용 교수들의 발표가 있었다. "전상운과 한국 과학사"를 주제로 한 것이다. 「천상열차분야지도」가 다루어졌고, 세종 시대의 과학 기술에 대한 자주적 전개를 중국 과학 기술의 흐름과 영향에서 어떻게 볼 것인가 하는 문제가 제기되었다. 조선 시대 과학 기술의 형성에서 가장 중요한 출발점이 부각된 것이다. 한국의 전통 과학의 이해와 평가에서 민족주의 사관과 관련된 쟁점을 해석하는 논의도 있었다. 이 주제들은 지난 45년 동안의 내 연구의 주요 주제의 핵심을 이루는 것들이다.

조선 시대의 과학 문화재에서 매우 중요한 그리고 가장 영향력이 컸던 몇 가지 유산들이 우리 역사의 비극적인 소용돌이 속에서도 용케도 살아남아 있다. 「천상열차분야지도」들과 「혼일강리역대국도지도」 그리고 세종 때의 여러 저술들과 그 전통을 이은 유물들이다. 그것들은 조선 왕조가 세워지고 반세기 남짓한 동안에 전개된 놀라운 업적들이다. 임진왜란과 병자호란, 왕조가 무너지고 일제의 식민지로 전락한 혹독한 시기를 넘기고, 끔찍했던 6.25 전쟁 속에서도 잘도 살아남은 과학 문화 유산이다. 폐기되고 불타 없어지고, 아직도 어딘가에 묻혀 있는데도 찾지 못하고 있는 것들이 많이 있다. 기록으로라도 다시 살리고 재구성하는 작업을 해야 하겠다고 생각했다. 벌써 여러 해 전에 시작했지만, 겨우 고려 때까지를 지난달에야 끝낼 수 있었다. 거기 이어서 조선 시대를 시작한 것이다. 고려 때까지보다는 유물과 자료가 많은 편이지만, 험난하고 어려운 길이긴 마찬가지다. 그동안 전국을 샅샅이 답사하고 자료를 찾고, 외국에도 여러 번 나가서 조사했다. 이 8부는 그 성과물이다.

「천상열차분야지도」에 구현된 조선의 뜻과 의지

14세기 말에 새 왕조를 새운 조선은 태조 이성계가 염원한 천문도를 만드

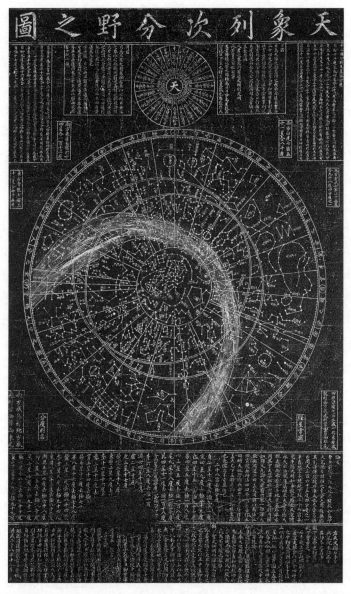

「천상열차분야지도」의 탁본. 조선 왕조의 개국자들은 나라를 세우자마자 하늘의 그림을 돌에 당당하게 새겼다.

는 프로젝트를 천문학자들이 모두 참여하여 이루어 냈다. 하늘의 뜻에 따라 건국한 조선 왕조와 그 첫 임금의 권위를 상징하는 표상으로 하늘의 그림을 돌에 새긴 것이다. 「천상열차분야지도(天象列次分野之圖)」라고 이름 지은 새 천문도다. 그 이름이 중국에서 남송 순우 연간에 만든 것과 다르다. 중국 것은 그저 천문도라 했다. 그런데 조선 천문학자들은, 하늘의 모습을 그 분야에 따라 차례로 갈라 새긴 그림이라고 했다. 천문도, 즉 천체의 현상을 그린 그림이라는 전통적인 이름으로 부르지 않았다. 천문이라 하지 않고 천상이라 했다. 아마도 고구려 천문도의 이름과 관련이 있는 것 같다. 3,500여 개의 글과 기호를 석판에 새겨 넣었다.

커다란 돌을 찾아내, 켜서 가로 123센티미터, 세로 210센티미터, 두께 20센티미터 정도의 돌판을 만드는 일도 결코 쉬운 일이 아니다. 그런 돌은 어디서 찾아 캐냈는지 알려지지 않는다. 나는 그 돌을 검은 대리석으로 보고 있다. 최근에 과학 문화재 복원 업체인 ㈜옛기술과문화에서 알맞은 석재를 찾아내서 4개의 석각 천문도를 만들었다. 충청남도 보령에서 산출되는 오석이다. 돌 속에 결이 없고 반듯하게 다듬어지는 돌이어야 하기 때문에 그런 돌을 찾기가 쉽지 않다.

태조 때 천문도를 만든 조선 왕조는 세 번째 임금인 태종 때 세계 지도를 만들었다. 「혼일강리역대국도지도(混一疆理歷代國都之圖)」가 그것이다. 1402년의 일이다. 이 세계 지도의 이름도 특이하다. 흔히 쓰던 천하도(天下圖)가 아니다. 다행히도 교토 류코쿠(龍谷) 대학교에 보존되어 있어 그 원본을 볼 수 있다. 15세기 초의 세계 지도로는 놀라울 정도로 잘 만든 것이다. 물론 중화적 세계관을 바탕으로 그린 세계지만, 조선 땅이 아프리카보다 크고, 일본은 조선 동남쪽에 일부러 조그맣게 그렸다. 당당한 자세라고 나는 말한다. 조선 사람(학자)들이 그런 기개를 가지고 있었다. 그러기에 그들은 나라를 세우자마자 하늘의 그림을 돌에 당당하게 새겼고, 천하(세계)의 그림을 커다란 명주천 바탕에 정밀하고 곱게 그렸다. 하늘과 땅, 우주를 양옆에 세워 놓은 것이다. 왕조의 권위와 표상(表象)으로 천문도와 세계 지도를 만들었다는 것은 조선 왕조의 지배자들과 학자들이 이루어낸 과학의 성과를 높이 평가해서 지나칠 게 없다. 그들은 비록 중국이라는 거대한 과학 문명을 보면서, 감히 그만큼은 자기들도 해 낼 수 있다고 생각한 것이다. 그러면서도 조선 왕조의 엘리트들은 조선이란 지리적 위치와 한계를 잘 알고, 그것을 함부로 넘는 일은 하려고 하지 않았다. 말하자면 분수를 지킨 것이다. 중국과의 관계에서 늘 슬기롭게 살았다. 학문적 선진국인 중국에 대한 바른 인식과 자세를 잃지 않으면서도 늘 당당했다.

「천상열차분야지도」를 만들 때 조선 왕조의 학자들이 남송의 「순우천문도」를 교본으로 하지 않고, 고구려 천문도를 교본으로 한 깊은 뜻을 우리는 알아야 한다고 나는 생각하고 있다. 「혼일강리역대국도지도」에서도 그런 깊은 뜻을 우리는 읽을 수 있다. 중국에 전해지는 세계 지도를 교본으로 하면서도, 조선 지리학자들은 중국의 세계 지도에는 없는 '동쪽'의 나라를 그려 넣었다. 조선 반도와 일본 열도다.

하늘의 그림과 땅의 그림을 맨 먼저 만들어 낸 조선 왕조. 하늘의 이치를 알고 땅의 이상을 구현하려는 조선 선비들의 넓은 뜻과 꿋꿋한 의지를 알 수 있다. 거기에 더해서 태종 초 1402년에는 온갖 어려움을 무릅쓰고 청동 활자 인쇄 기술을 다시 개발해 냈다. 역사서들과 불경들을 찍어 냈다. 고작 100부가 안 되는 부수에도 불구하고 10여 가지 책들을 펴낸 그 상징적 의의는 결코 과소 평가되어서는 안 될 일이다. 칼로 세운 왕조에서 힘으로 다스리는 통치를 밀고 나가는 게 아니고, 선비들과 학승들이 읽는 서책을 펴내서 선비의 나라임을 내세우려는 상징적인 사업을 앞세우는 데 태종이 나선 것이다. 세종은 뒷날 이 혁신적 사업을 가리켜 태종이 "강권"해서 신하들의 반대를 뿌리쳤다고 이천에게 말했다. 경자자를 만드는 기술 혁신을 이루는 거시적 프로젝트도 그런 의지와 신념으로 해 낸 것이다. 여기에는 고려의 기술이 이어지고 있다는 사실을 간과해서는 안 된다. 「천상열차분야지도」가 고구려의 천문학을 이었고, 「혼일강리역대국도지도」가 고려의 지리학과 지도 제작의 전통을 바탕으로 한 것과 맥을 같이 한다.

사실 이 거대한 성과를 이루어 낸 과학자들과 기술자들, 실무자들은 고려 왕조 정부에서 일하던 사람들이다. 왕조가 바뀌고 지배자들은 바뀌어도 과학자들과 기술자들은 바뀌지 않았다. 바뀐 것은 과학 기술의 시대 정신이고 새로운 창조 정신이었다.

그런데 뭐니 뭐니 해도 조선 왕조 건국초의 과학 기술 분야 최대 사건은 태조 이성계가 수도를 한양으로 정하고 거대한 도성 건설 사업을 해 낸 일이다. 이 국가적 프로젝트를 수행하기 위해서 조선의 과학과 기술이 모두 집약되었다. 천문학과 지리학, 풍수 지리, 도시 설계와 토목 기술, 건축 기술, 금속 기술이 총동원되었다. 한강, 조선 반도의 허리를 가로지르는 큰 강의 북쪽, 한양에 새 서울이 섰다. 동아시아의 새 왕조 조선의 중심이다.

조선 왕조의 심장부로서의 한양을 건설하는 대역사(大役事)는 세종 때에도 계속되었다. 특히 눈에 띄는 것이 천문 의기의 제작이었다. 경복궁에 세운 천문대는 동아시아 최대의 규모와 시설을 갖춘 것이다. 대간의대라 불린 이 천문 관측 시설은 그 시기 중국에도 없던 것이었다. 조선에서의 독자적인 관측을 하고, 자주적인 역법(曆法)을 계산해 냈다. 정밀한 자동 물시계를 제작하여 조선의 표준 시계도 설치했다. 조선 왕조에서의 이러한 과학 기술 프로젝트의 전개는 15세기의 역사에서 유례가 없는 성과로 평가된다.

그러나 우리는 지금 그 훌륭한 과학 기술이 전개된 현장에 서 있지만, 그 때의 한양의 모습을 찾아보기 힘들다. 경복궁은 임진왜란으로 불타고 대간의대와 표준 시계는 흔적도 없이 사라졌다. 태조에서 세종 때에 축조된 한양 성곽은 남아 있던 것마저 1960년대 도시 건설의 분별없는 공사로 아까운 줄 모르고 뜯겨 나갔다. 나는 그 기막힌 역사의 현장에서 아무것도 하지 못했다.

미술 문화재와 과학 문화재

내가 태조 때의 「천상열차분야지도」 석각본을 처음 본 것은 1960년 무렵이었다. 창경궁 명정전 뒤 추녀 밑이다. 거기에는 놀랍게도 내가 찾던 여러 개의 과학 문화재가 가지런히 놓여 있었다. 「천상열차분야지도」 태조 때의 석각본과 숙종 때의 석각본, 해시계대, 신법지평일구 두 개, 간평혼개일구, 자격루 물항아리 받침대들이다.

창경궁 안에는 일제 시대에 경성박물관이 있었다. 지금은 창경궁 정비 사업으로 헐려서 없어졌지만, 명정전 북쪽 조금 높은 언덕 위에 일제 조선총독부가 붉은색의 일본식 양관(洋館)을 지어 경성박물관을 만들었다. 그리고 그 아래쪽 남쪽 계단에 중종 때 자격루 유물과 측우기를 놓았다. 해방 후, 그 건물은 장서각으로 개조되어 궁중에 있던 조선 시대 고서들을 보존하고, 과학 문화재들은 지하 보관고에 보관했다. 그러니까 과학 문화재는 별로 중요하게 다루어지지 않은 것이다. 미술 문화재들은 실내 진열장에 전시됐다. 과학 문화재는 돌과 금속으로 만든 것이어서 건물 밖에 놓아도 별문제가 없다고 생각한 것 같다. 그리고 그 유물들은 불상이나 도자기, 여러 가지 아름다운 청동 제품들과 나전칠기와 고급 가구들과 같은 미술 문화재와는 비교가 안 된다고 생각한 것이다. 이른바 고미술품이 진중(珍重)되던 시대였다.

명정전 뒤 추녀 밑은 봄나들이나 가을 소풍을 온 어머니와 어린이들이 갑자기 내리는 비를 피하기 좋은 장소였다. 거기 놓인 넓은 두 개의 석판과 몇 개의 작은 석판들은 신문지를 깔고 앉아 쉬는 자리다. 햇볕이 따가울 땐, 추녀 밑 그늘진 곳이어서 좋았다. 도시락을 펴놓고 한 가족이 앉기에도 안성맞춤인 자리였다. 1960년대만 해도 쉽게 볼 수 있는 민망한 모습이었다. 처음에는 몹시 화가 났지만, 애들이 석판에 모래를 뿌리고 벽들을 밀면서 놀이를 하는 광경도 보았다는 홍이섭 선생의 말씀을 듣고 나서부터는 그저 허탈한 웃음을 지을 만큼 나도 변했다.

창경궁 사무소에서는 구두 신청만으로도 천문도와 평면 해식들의 탁본을 쉽게 허가해 주어 좋았다. 고려대학교 박물관의 윤세영 학예원과 나는 단짝이 되어 저녁 늦게까지 탁본을 떴다. 그 여러 장의 탁본들이 몇몇 박물관들에 지금도 잘 보존되어 있어서, 나는 땀 흘리며 애쓰던 그때를 회상하곤 한다. 작업을 끝내고 돈암동 골목 밥집에서 먹던 국밥의 맛은 지금도 잊을 수가 없다.

나는 처음 그 천문도 석각본을 보았을 때, 눕혀 놓은 커다란 석판에 그린 아름다운 별자리 그림과 거기 새긴 명문(銘文)의 내용과 글씨의 당당함에 적지 않게 놀랐다. 권근이 쓴 천문도 시와 제작자의 관직과 이름 그리고 1395년의 제작 날짜는 감동적이었다. 홍이섭의『조선 과학사』에서 그 천문도의 중요성에 대해 쓴 글을 여러 번 읽었고, 인용 소개된 루퍼스의『한국의 천문학』을 읽었다.

돌에 새긴 두 개의「천상열차분야지도」는 하나는 검은 대리석이었고, 다른 하나는 흰 대리석이었다. 그런데 권근의 글은 정말 귀중한 자료다. 권근은 당대 최고의 학자답게 그 글에서 고려 말 조선 초의 천문 사상을 훌륭하게 요약했다. 그리고 이 천문도의 제작자들에서 우리는 그 시기 조선 최고의 천문학자들을 알 수 있다. 고려 서운관의 천문학자들이었던 그들은 왕조의 변혁과는 상관없이 조선 서운관의 중심 인물로 활동했다. 고구려의 천문학이 통일 신라와 고려를 거쳐 조선으로 이어지고 있었다. 권근의 명문을 통해서 우리는 그 전통을 확인할 수 있다.

그런데 이 중요한 자료가『태조 실록』에 나타나지 않는다. 나는 사실 지금까지 이에 대한 적절한 해석을 하지 못하고 있다. 권근이 저서『양촌집(陽村集)』의 문장과 천문도에 새겨진 명문은 고구려의 천문학과 조선 천문학을 이어 주는 귀중한 자료다.『태조 실록』을 쓴 사관들이 조선 천문학 최대의 성과의 하나인 이 사실을 왜 공식 기록으로 쓰지 않았을까. 그리고 나는 또 한 가지, 이 천문도에 새겨진 서운관 학자들과 함께 글씨를 쓴 설경수(偰慶壽)의 이름이 있다는 사실이 놀라웠다.

그는 당대의 명필이다. 그런데 그는 이방인이다. 조선 초의 학자 설장수(偰
長壽)는 그의 형이다. 기록에 따르면 그들은 위구르 족 출신으로 고려 때 귀화
한 집안의 사람들이다. 나는 이 형제가 조선 초의 뛰어난 선비로 활동한 내력
이 늘 궁금했다. 자료들을 정리하면서 몇 가지 기록들을 찾아냈다. 『조선왕
조실록』에 그들의 이름과 집안의 기록들이 있었다. 그 기록들은, 그들의 아
버지는 위구르 사람으로 원나라 때 연경으로 와서 고위 관료로 있었다.

공민왕이 연경에 머물 때 그와 친분을 맺은 것이 고려로 와서 고려인으로
귀화하는 계기가 되었다. 중국 이름은 백료손(百遼遜)이고 고려 이름은 설손
(偰遜)이다. 계림 설 씨의 가계를 이루게 된 것이다. 그들은 한학과 중국어, 아
랍 어문에 능통했다. 고려 말 조선 초 이슬람 과학 문화의 교류에서 그들의
역할을 짐작할 수 있다. 특히 설경수는 태조 때 서예의 대가로 그의 아름다
운 필체는 「천상열차분야지도」에 훌륭히 남아 있어, 조선 선비들의 사랑을
받았다. 형 설장수는 『중성기(中星記)』를 짓고 천문도의 원고를 작성했다. (『정
종 실록』 정종 1년 10월 19일 기사. 『태조 실록』 태조 5년 11월 23일 기사이다.)

같은 「천상열차분야지도」인데 두 천문도의 제자(題字)의 위치가 다르다.
이상했다. 새겨져 있는 명문의 내용과 별자리 그림도 똑같다. 검은 대리석 것
은 글씨나 별 그림이 많이 마모되어 있지만, 흰 쪽은 아주 보존 상태가 좋았
다. 제작 연대와 제작자들이 같았지만, 아무래도 흰 대리석에 새긴 천문도가
나중에 만들어진 것이 틀림없었다.

검은 대리석의 「천상열차분야지도」는 제자가 중간에 새겨져 있는 것 이
외에도, 전체적인 제작 구성이 흰 쪽에 비해서 반듯하지가 못하다. 그렇지만,
일제 시대 경성박물관 때부터, 해방 후 1980년대 말까지 그 「천상열차분야
지도」의 석각본은 오래도록 제자가 중간에 새겨진 것이 윗면으로 진열되어
있었다. 나중에 새로 새긴 흰 대리석의 「천상열차분야지도」 제자를 위쪽에
새긴 것과 비교할 때 그리고 여러 탁본 족자들이 다 제자가 위쪽에 있고 별

자리 그림과 명문의 구성 배열의 균형이 반듯하게 잡혀 있다는 게 조금 이상하다는 생각이 들긴 했지만, 설마 검은 대리석에 새긴 천문도가 진열된 면 뒤에 또 하나의 천문도가 새겨 있으리라고는 전혀 생각하지도 못한 것이다.

1984년 한국과학사학회가 산학 협동 재단의 연구 조사 지원을 받아 학회의 주요 학자들이 수행한, 과학 문화재의 조사 사업에서도 태조 때의 석각 천문도와 숙종 때 석각 천문도에 대한 면밀한 실측과, 명문, 별자리 확인이 이루어졌다. 그때, 루퍼스의 논문 「이태조의 천문도」(1931년)를 우리가 읽었더라면, "양쪽 면에 새겨져 있다. 그러나 대칭과 비율이 다르다."라는 중요한 구절을 놓칠 수가 없었을 것이다. 그러면 아무리 무거운 석판이라도 그 뒷면을 조사했을 것이다.

그때까지 아무도 그 사실을 모르고 넘어갔다는 사실이 나는 도무지 알 수 없는 일이란 생각이 든다. 우리가 나일성 교수에게서 루퍼스의 논문 이야기를 들은 것은 그보다 여러 해 뒤의 일이다. 그때는 이미 「천상열차분야지도」 각석이 국보로 지정되고 난 다음이었다. 지정을 위한 조사 책임자는 문화재 위원이었던 나였는데, 뒷면이 있다는 사실은 모른 채였다.

이건 그다음 이야기다. 1985년 8월과 86년 3월에 과학 문화재가 국보 보물로 지정되었다. 창경궁 명정전 추녀 밑에 놓여 있던 문화재들은 모두 실내로 옮겨 전시하게 되었다. 그때 태조 때 「천상열차분야지도」 각석(국보 228호)만은 창덕궁 유물 보존고에 임시로 옮겨 놓았다. 이 작업 과정에서 놀라운 사실이 마침내 드러나게 되었다.

덕수궁 궁중 유물 전시관에 보존 전시하기 위해서였다. 지금까지 우리가 보아 오던 「천상열차분야지도」 석각본의 뒷면에 또 하나의 「천상열차분야지도」가 새겨져 있는 것이 아닌가. 그것은 비록 심하게 마모되고, 새긴 것을 긁어 지워 버린 것 같은 자국들이 있긴 했어도, 전체적인 구성이 반듯했다. 게다가 「천상열차분야지도」라는 제자가 맨 위에 새겨져 있었다. 숙종 때 새로 새긴 석각본과 똑같다. 그 사실을 확인하면서, 내게도 큰 고민거리가 생겼다. 수십 차례 「천상열차분야지도」 각석을 되풀이해서 살펴보았다. 궁중 유물 전시관에 옮겨 전시하게 되었을 때, 나는 이 국보 석각 천문도를 제1전시실 중앙에 놓기를 권고했다.

내 권고는 흔쾌히 받아들여졌다. 그것은 내게는 큰 기쁨이었다. 그런데 나는 또 다른 고민에 빠져들었다. 세워놓은 천문도 석각본 앞뒷면이 거꾸로 새겨져 있다. 나는 그 앞뒷면을 꼼꼼히 살펴보았다. 모든 선입견을 배제하고 초기 단계의 조사를 할 때처럼 자세히 뜯어보고 생각에 잠기기를 여러 번 거듭했다.

먼저 나는, 지금까지 우리가 보아 오던 앞면 오른쪽 위에 돌의 결이 있다는 사실에 주목했다. 그 결은 비교적 깊고 컸다. 그래서 내가 살피던 단계에서는 그 결이 갈라지고 있었다. 그러고 보니까, 앞면 천문도를 새긴 전체적인 구도가 그 결을 비켜, 왼쪽으로 그리고 아래로 처져 있다. 그러나 뒷면의 천문도는 아래 위가 같은 비례로 반듯하게 새겨져 있다. 제자와 명문과 별자리 그림도 알맞은 위치에 보기 좋은 구성으로 디자인되어 있다. 아무래도 이상하다. 「천상열차분야지도」 제자가 중간에 새겨진 면이 일제 시대 경성박물관 전시 때 윗면으로 놓여 있었기 때문에 그게 으레 태조 때 새긴 처음 석각본으로 보아 온 것이 아닌가 하는 생각이 들기 시작했다.

경성박물관 시절 이 천문도 석각본을 명정전 뒤에 눕혀 놓을 때, 「천상열차분야지도」 제자가 천문도 석판 위쪽에 새겨지고 명문과 별자리 그림의 구성이 반듯하게 석판에 새긴 면이 태조 때 만든 첫 천문도 석각본이라는 생각을 큐레이터들이 했던 것이라고 나는 생각한다. 그러나 앞에서 말한 것처럼, 그 면은 마모되고 심하게 훼손되어 있다. 새긴 표면을 일부러 굵어 지운 듯한 자국도 여러 곳에서 발견된다. 그래서 이 면은 천문도를 다 새기고 나서 뭔가 문제가 생겨 없앤 천문도라고 판단했던 게 아닌가 하는 생각이 든다.

거의 확실한 것은, 선조 때 만든 목판본과 숙종 때 새로 조각한 「천상열차분야지도」의 구성이 태조 때의 첫 천문도 석각본을 따랐을 것이라고 생각하

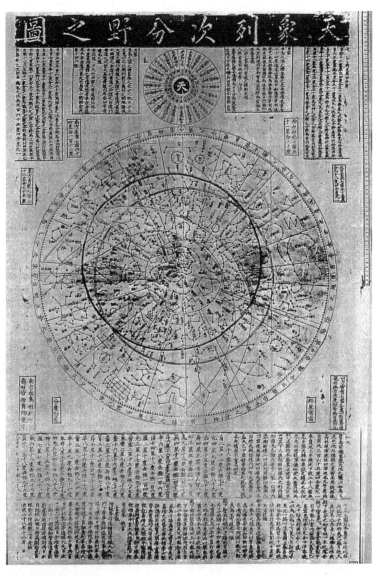

「천상열차분야지도」의 목판본.

는 것이 자연스럽다는 사실이다. 처음에 석재를 켜내서 규격에 맞게 석판을 만들어 천문도를 새길 때, 결이 없는 완벽한 면을 놔두고, 한쪽에 결이 있어 그 한쪽을 비껴 새겼다고 보는 것은 아무래도 자연스럽지 못하다.

결국, 2007년 1월 19일, 「천상열차분야지도」와 전통 천문도를 주제로 한 제1회 소남 천문학사 연구소 심포지엄에서 나는 "「천상열차분야지도」에 얽힌 사연"이란 기념 강연을 하면서 이 문제를 솔직하게 공개 제의했다. 국보 지정 보고서를 쓸 때 고증을 잘못했음을 시인하고 바로잡자는 것이다.

이 작업을 위해서 나는, 국내 전문가들과 동아시아 천문도 연구의 권위자인 일본 교토의 미야지마 교수와 함께 이제는 국립고궁박물관의 전시실에 훌륭하게 전시되어 있는 국보 228호, 「천상열차분야지도」 각석을 앞에 놓고 둘러앉아 솔직하고 진지한 워크숍을 해야 하겠다는 제안을 했다.

2007년 가을, 국립고궁박물관이 경복궁에 새 단장을 하고 개관했다. 과학 문화재 전시실이 생기고, 세종 때 자격루가 복원돼, 작동 모델이 전시되었다. 우리나라 박물관이 고고학 미술사 중심의 전시에서 과학과 기술 유물의 전시로 그 폭이 크게 확대된 것이다. 이것은 커다란 변화의 시작이었다.

600주년을 기념하다

1995년은 「천상열차분야지도」 각석이 만들어진 지 600년이 되는 해였다. 600년 전에 돌에 새긴 정밀한 천문도가 우리나라에 보존되어 있다는 건 큰 자랑거리다. 중국의 남송 「순우천문도」(1247년)가 있지만, 태조 때의 석각 천문도의 학술적, 문화재적 가치는 최고의 유물로 손색이 없다고 평가된다.

천문도 제작 600주년을 기념하는 두 가지 학술 행사가 있었다. 한국천문학회가 주최해서 서울대학교에서 11월 11일에 열린, "「천상열차분야지도」 600년 학술 대회"와 연세대학교 국학연구원 주최로 12월 8일에 열린 "「천상열차분야지도」 각석 600주년"기념 행사였다. 박창범 교수가 1년 넘게 준비한 이 행사에서는 막 출간된 『한국의 천문도』라는 도록과 「천상열차분야지도」 축소 인쇄본이 공개되었다. 나일성 교수가 주관한 연세대학교의 기념 행사는 태조 때의 「천상열차분야지도」 각석의 석각 복제본을 제중원 앞뜰에 세우고 총장과 교무위원을 비롯한 교수들이 참석해서 그 제막식을 가지면서 절정에 이르렀다. 그 기념비적인 천문도 각석은 정말 훌륭했다. 1395년 겨울, 조선 왕조가 「천상열차분야지도」 각석을 완성했을 때, 그것은 선비들을 감동시키기에 충분했을 것이란 생각이 들어, 나는 한동안 자리를 뜰 줄 몰랐다. 나일성 교수가 연구 고증하고 모든 경비를 부담해서 과학 문화재 복원 전문 업체, (주)옛기술과문화(사장 윤명진)가 제작했다. 돌도 좋은 것을 찾아냈고 조각 솜씨도 좋았다.

천문도는 조선 초의 명필 설경수의 당당한 글씨가 잘 살아나 있었다. 「천상열차분야지도」란 힘 있는 제자가 멋있고, 3,000자 가까운 글씨 하나하나가 깨끗이 조각되어 있다. 290개의 별자리와 1,467개의 별이 한 치의 오차도 없는 큰 원에 아름답게 살아 있는 예술 작품이라 해서 부족함이 없다. 전체를 한눈으로 볼 때, 조선 태조 때 만들어진 「천상열차분야지도」 각석은 중국의 1247년 남송 「순우천문도」 각석과 비교해서 그 격조가 다르다. 그것은 조선의 별자리 그림이고 고구려 이래 1,000년의 우리 천문 관측의 전통을 이은 '우리 천문도'란 생각을 강렬하게 각인시켜 준다. 그 구성과 천문도 제작 형식이 다르고 천문도의 이름도 다르다. 중국의 비림(碑林)에서 역대 서예 대가들의 대작들이 그야말로 숲을 이루고 서 있는 것을 보며 느끼던 감동을 우리는 「천상열차분야지도」 각석 하나에서도 느낄 수 있다면 과장일까.

「천상열차분야지도」 각석은 우리나라 과학 문화재 중의 과학 문화재로서 600년의 시공을 잘도 견뎌 낸 한국 천문학의 산 증인이다. 경주 첨성대와 개성의 고려 첨성대 그리고 고구려의 장대한 무덤 그림으로 남겨진 별자리 그림과는 또 다른 차원의 과학 문화재다. 거기에는 한국인이 축적한 오랜 천문

「천상열차분야지도」 복원 각석. 1995년 이 천문도의 제작 600년을 기념하여 나일성 교수가 복원 제작한 것이다. 「천상열차분야지도」란 힘 있는 제자가 멋있고, 3,000자 가까운 글씨 하나하나가 깨끗이 조각되어 있다. 290개의 별자리와 1,467개의 별이 한 치의 오차도 없는 큰 원에 아름답게 살아 있는 예술 작품이라 해서 부족함이 없다.

지식과 관측의 역사가 집약되어 있다. 그래서 14세기 조선 천문도 석각 600주년을 기념한 두 개의 행사는 자랑할 만했다. 내가 두 기념 행사에서 축사를 했다는 것은 큰 기쁨이 아닐 수 없었다.

「천상열차분야지도」 각석에 대한 연구가 이 기념할 만한 해를 계기로 다시 활발하게 전개되었다는 사실도 나에게도 또 하나의 기쁨이었다. 「천상열차분야지도」에 대한 지금까지의 연구 성과가 나일성 교수에 의해서 종합 정리되었고(1996년), 별자리의 관측자가 평양이거나 그 북서쪽 지금의 중국 땅일 것이라는 박창범 교수의 1998년 발표는 커다란 논란을 불러일으켰다(1998년). 그리고 박창범은 천문도의 별의 크기가 실제 밝기를 아주 정확하게 반영한 것이라는 점을 분명히 해서, 그것이 남송의 「순우천문도」와는 다르다는 사실을 부각시켰다.

「천상열차분야지도」 연구의 쟁점은 1995년의 석각 600주년 기념 학술 모임과, 2007년 유경로를 기리는 제1회 소남 천문학사 연구소 심포지엄에서 종합되고 마무리되는 단계에 이르렀다. 이면우 교수와 구만옥 교수의 논문은 이 문제를 잘 정리한 것이다.

이제 나는 1395년의 조선 천문도 석각본을 이렇게 정리해 보겠다. 태조 때 권근, 권중화 등이 중심이 되어 서운관에서 제작한 「천상열차분야지도」는 세종 15년(1433년)에 그 석판의 뒷면에 다시 조각되었다. 선조 4년(1571년)에 서운관은 태조 때 「천상열차분야지도」의 목판본을 제작했다. 120벌을 인쇄해 만들어 정2품 이상의 고위 관료들에게 나누어 주었는데, 이 귀한 인본은 임진왜란과 병자호란 등의 전란을 거치면서 거의 남아 있지 않게 되었다. 그 후, 숙종 때(1687년) 관상감은 이 천문도를 선조 때의 목판본을 바탕으로 새 돌에 새겨 다시 만들었다. 그 후 관상감에서는 이 천문도 각석을 탁본으로 만들었다. 지금 남아 있는 탁본은 내가 조사한 바로는 10벌이 채 안 된다. 바탕이 까맣고 글씨와 별들은 희다. 이 탁본들은 뛰어난 솜씨로 만들어져서, 우리는 최근까지도 목판 인쇄본으로 생각했다. 그러나 면밀한 조사 끝에 우리는 이것들이 탁본이라는 결론을 내렸다. 이용삼 교수와 미야지마 교수가 그러한 조사 의견을 앞장서서 내놓은 학자들이다.

이 탁본들은 나름대로의 아름다움을 간직하고 있다. 나는 그것을 바라볼 때 캄캄한 밤하늘에 반짝이는 별들을 상상한다. 『천자문』에는 "천지현황(天地玄黃)"이라고 씌어 있다. 하늘은 검다고 한 것이다. 그 파란 하늘은 왜 검다고 했을까. 내 오랜 의문이었다. 별이 보이는 밤하늘을 검다고 했다고 생각하기엔 무언가 산뜻하지 않다. 땅이 누렇다고 했는데, 밤에 보는 땅이 과연 누런가. 그 해답은 우주선을 타고 우주로 날아간 우주인의 말에서 찾을 수 있었다. 그들이 본 하늘은 까맣다고 했다. 그러면 옛날 선비들은 그걸 어떻게 알았을까. 1395년에 「천상열차분야지도」를 돌에 새길 때, 그 돌은 검은 돌로 한 뜻도 이런 사실과 이어지는 것이었을까.

1970년대 어느 날, 나는 정말 아름다운 천문도와 태극도 컬러 필사본을 만났다. 평소에 나에게 과학 문화재 자료들을 소개해 주던 은퇴 공무원 김 씨가 가져온 족자 두 벌이었다. 이 천문도는 「천상열차분야지도」 제자와, 맨 아래 단 권근의 천문도 시와 제작자들의 이름 부분만 없는, 「천상열차분야지도」의 채색 필사본이었다. 나는 숨이 막히도록 감동했다. 이렇게 공들여 그린 천문도와 우주 원리도(태극도)를 본 일이 없었기 때문이다.

나는 14세기 조선 천문도 제작 600주년 기념으로 박창범 교수가 편집한 천문도 책자에 내가 소장하게 된, 이 컬러 천문도를 공개했다. 그리고 1996년 서울에서 제8회 국제 동아시아 과학사학회가 열렸을 때, 이 천문도를 본 중국의 천문학자 학자들은 훌륭한 작품이라고 칭찬을 아끼지 않았다. 아마도 남아 있는 천문도 필사본 중에서 가장 아름다운 것이라고 할 수 있다고 했다.

조선 천문학자들은 천문도를 돌에 새기고, 목판으로 인쇄하고, 탁본으로 펴내고, 아름다운 채색으로 그려서 하늘의 이치를 깨닫는 교본으로 삼았다. 거기에는 1,500년 전의 고구려의 하늘이 있다. 고구려의 무덤들에 그려진 별 그림과 일본 나라 현의 기토라 고분의 천장에는 고구려의 하늘이 있다고 미야지마 교수는 말한다.

600년의 오랜 세월, 영욕의 역사를 말없이 견뎌 낸 「천상열차분야지도」 각석은 지금 서울 경복궁 안 국립고궁박물관의 과학 전시실 중앙에서 그 당당한 모습을 볼 수 있다. 국립고궁박물관은 지금 두 폭밖에 남아 있지 않는 「천상열차분야지도」 1571년 목판본의 전시도 준비 중에 있다. 일본 덴리(天理) 대학교 도서관 소장본밖에 남아 있지 않는 것으로 알려져 있던 귀중한 유물이다. 2000년대 초 일본에 또 한 벌이 있는 것이 알려져, 몇 사람의 노력 끝에 국내에 들어오게 되었다. 400여 년 만에 돌아온 것이다. 신한은행과 행원들은 해외 우리 문화재 환수를 위한 기금 모금 운동을 전개하여, 그 첫 번째 사업으로 이 귀중한 조선 천문도 목판본을 국립고궁박물관에 들여놓게 했다.

영국에서 만난 조선 천문도

조선 시대 천문도의 대표적인 작품인 「천상열차분야지도」에 얽힌 이야기는 또 있다. 1991년, 영국 박물관은 한국실을 열었다. 중국실과 일본실은 오래전부터 있었는데, 한국 문화재는 중국실 한쪽에 전시되고 있었다. 영국이 자랑하는 그 세계적인 박물관을 찾을 때마다 그래서 나는 감동과 함께 말할 수 없는 허전함을 느끼곤 했다. 그 아쉬움이 한국실이 생기면서 많이 가라앉았다. 전시된 유물들이 만족스럽지는 못했지만, 그래도 나를 기쁘게 한 전시물이 있었다. 8폭짜리 커다란 조선 천문도 병풍이었다. 그것은 중국실과 일본실 그리고 한국실의 입구에 새로 만들어 설치한 커다란 유리 전시장에서 우리의 발걸음을 멈추게 하듯 버티고 있었다. 동아시아 세 나라 전시실을 찾는 관람자들은 이 천문도를 보면서 들어가게 되어 있다. 1750년경 조선 왕조

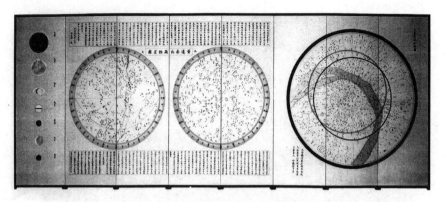

황도남북양총성도. 1750년경 조선의 관상감에서 동서양의 천문도를 하나로 모아 만든 것이다. 누구나 이 대형 천문도 병풍을 보고 놀란다. 컬러로 그린 정밀하고 아름다운 동서양의 별자리 그림을 18세기에 한국인이 그렸다는 사실에 감탄한다.

관상감이 만든 아름다운 대형 컬러 천문도 병풍이다. 그 맨 오른쪽에 천상열차분야도가 있다. 그리고 왼쪽 두 큰 원안에 서양 천문도가 그려져 있다. 17세기 중국에 선교사로 와 있던 서양 선교 신부 천문학자들이 만든 황도남북양총성도(黃道南北兩總星圖)다. 동서양의 천문도를 하나로 모아 만든 것이다.

영국 박물관을 찾는 관람자들은 거의 다 중국 전시실과 일본 전시실을 둘러본다. 그들은 누구나 이 대형 천문도 병풍을 보고 놀란다. 컬러로 그린 정밀하고 아름다운 동서양의 별자리 그림을 18세기에 한국인이 그렸다는 사실에 감탄한다. 이런 수준 높은 천문학 작품은 으레 중국인이나 일본인이 만든 것이라고 생각했기 때문이다. 그래서 나는 이 천문도 병풍을 여기 특별히 전시한 앤더슨(Anderson) 관장이 훌륭한 일을 해 냈다고 고맙게 생각한다. 그는 이 천문도 병풍을 케임브리지 대학교 휘플 과학사 박물관(Whipple Museum of the History of Science)에서 빌려왔다. 이 조선 천문도의 존재를 용케도 그는 알아냈다.

이 천문도 병풍은 워낙 커서 휘플 박물관이 늘 전시하지 않는 유물이기 때문이다. 앤더슨 박사가 동아시아 문화에 관심이 큰 과학사 큐레이터 출신

1991년 영국 박물관에서 만난 황도남북양총성도. 이 과학 문화재의 가치를 알아봐 준 영국 연구자들의 안목이 고 맙다.

이라는 경력은, 이 천문도와의 기막힌 인연이었다. 내가 1990년 케임브리지 니덤 연구소에 방문 교수로 있을 때, 그는 몇 번인가 전화를 걸어왔다. 그것도 하나의 인연이랄지.

　내가 이 천문도 병풍의 존재를 알게 된 것은 1967년, 내가 보낸 책에 대한 인사로 니덤이 그의 논문 별쇄본을 보내 줬을 때였다. (정확한 논문 제목은 다음과 같다. "A Korean astronomical screen of the mid-eighteenth century from the Royal Palace of the Yi Dynasty (Choson Kingdom, 1392 to 1910)" *Physics*, 1966, 8. 2: 137-62.) 놀랍게도 거기에는 이 천문도 병풍은 서울의 큰 기와집 잔디마당에서 찍은 사진이 실려 있었다. 그 댁의 손자가 케임브리지 트리니티 대학을 졸업한 할아버지 민규식을 기념해서 대학에 기증했다는 것이다. 여기 그려져 있는 「천상열차분야지도」는 그 왼쪽 아래에 태조 때 제작된 천문도를 바탕으로 한 것이라는 설명이 씌어 있다. 14세기 조선 초 필사본 컬러 「천상열차분야지도」 중에서 가장 크게 그린 것이고 보존 상태도 아주 훌륭하다.

나는 이 천문도 병풍 원본을 1990년 여름 케임브리지 휘플 과학사 박물관에서 볼 수 있었다. 제1회 국제 동아시아 과학사 회의가 케임브리지 로빈슨 칼리지에서 열렸을 때다. 국제 회의에 참석한 동아시아 과학사 전문가들을 위해서 휘플 과학사 박물관이 연 특별전에 이 병풍 천문도가 전시된 것이다. 조선의 대표적인 천문도인 「천상열차분야지도」와 중국에 와 있던 예수회 신부들이 만든 서양 천문도가 아름다운 컬러로 함께 그려진 천문도가 동서양을 아우르는 커다란 병풍 속에서 숨 쉬고 있는 듯했다.

니덤은 1966년에 그의 논문을 발표한 이후, 1986년에 조선 서운관의 역사를 쓴 그의 저서에서 이 천문도 병풍이 케임브리지에 보존된 역사를 "한 기이한 역사적인 우연한 동시 발생 사건"이라면서 우리가 서술한 이 병풍은 현재 케임브리지 대학교에 있는 휘플 과학사 박물관에 소장되어 있다. 이 병풍이 케임브리지 대학교의 것이어야 한다는 것은 병풍의 전 소유자 장충리 씨의 바람이었다. 그의 할아버지 민규식 씨는 거기서 공부한 최초의 한국인 중 한 사람이었다. 그는 트리니티 홀(Trinity Hall)의 학부 학생이었다. 그러나 이 병풍의 영국과의 인연은 멀리 거슬러 올라간다. 예수회 선교사 천문학자 안드레 페레이라(Andre Pereira)는 그의 이름이 의미하는 대로의 진짜 포르투갈 사람이 아니었다. 그의 본명은 안드레 잭슨(Andre Jackson)으로서, 그는 중국 주재 예수회 선교회의 고위직에서 봉사한 단 한 사람의 영국인이었다. 그는 아마도 포도주 무역과 관련 있는 가문에서 태어났으며 출생지는 오포르토(Oporto)였다. 그는 귀화와 함께 라틴 교회에 입교했고 포르투갈 이름을 가졌다. "그래서 우리는 한국 병풍 천문도의 영원한 안식처가 케임브리지인 것은 20세기의 개인적인 인연뿐 아니라, 18세기의 베이징에서의 안드레 잭슨의 우정도 기념하는 것이라고 나는 느끼고 있다." 니덤의 말이다.

이보다는 보존 상태가 조금 못하지만, 같은 천문도 병풍이 일본 오사카의 난반(南蠻) 문화관에도 있다. 그리고 몇 년 전 서울의 국립민속박물관에도

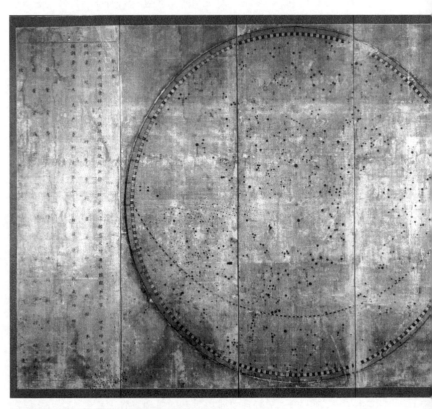

「신법천문도」(1742년), 채색 필사, 8폭 병풍, 속리산 법주사 소장.

한 점이 들어와 복원 작업을 거쳐 전시되고 있다. 이것은 다른 그림 병풍을 수리하는 과정에서 놀랍게도 거기 배접되어 있던 것이었다. 그래서 그 상태가 별로 좋지 않다. 이런 훌륭한 천문도 병풍이 그림의 밑틀로 사용되었다는 게 믿어지지 않았다.

복원 수리된 천문도 병풍은 2001년 보물 1318호로 지정되었다. 이 천문도의 복원 제작에서 나일성 교수의 노력이 컸다. 18세기 중엽에 조선 왕조 관상감은 최소한 3개의 커다란 천문도 병풍을 제작한 것이다. 아마도 그중 하나가 한국 전쟁 때까지 경기도 봉선사(奉先寺)에 있던 것이 아닐까 생각된다. 이 천문도 병풍은 니덤이 말한 것처럼, 동서양 천문도의 만남이다. (이성규의 번역으로 2010년에 출간된 『조선의 서운관(The Hall of Heavenly Records : Korean astronomical instruments and clocks, 1380-1780)』에서 이 말을 확인할 수 있다.) 그런데 여기서 우리는 조선 천문학자들의 천문도 인식의 주류는 「천상열차분야지도」였다는 사실을 뚜렷이 알게 된다.

「천상열차분야지도」 채색 사본은 연세대학교 도서관에 2폭이 보존되어 있다. 그런데 그것들은 그림과 보존 상태가 썩 훌륭하지는 않아서 우리의 주목을 끌지 못하고 있었다. 그런데 2008년에 나일성 교수가 그 천문도들에 대한 새로운 평가를 해서, 신문에 크게 보도되면서 우리에게 새로운 관심을 갖게 했다. 《동아일보》 2008년 5월 19일자 A21면 기사에서 나일성 교수는 그 천문도들이 14세기 태조 때 천문도를 석각할 때 밑그림으로 만든 것이라고 주장한다. 이 문제는 새로운 이슈로까지는 확산되지 못한 채 물 밑으로 가라앉은 상태다. 관련 전문가들이 워크숍을 가지고 충분히 논의해 볼 필요가 있을 것 같다.

이제, 지금까지 알려진 「천상열차분야지도」 채색 그림에 관한 이야기는 대강 마무리되었다. 그런데 2008년 이른 봄 KBS 한국방송의 인기 프로 「진품명품」에 아름다운 채색본 하나가 나타났다. 대전의 한 소장가가 공개한 것인데, 그것은 그 빼어난 그림 솜씨와 보존 상태로 나를 놀라게 했다. 그 강렬한 채색이 이색적이다. 좋은 물감을 써서 정교하게 그렸다. 나는 그 영상을 내 컴퓨터에 입력해서 확대해 보았다. 실물을 보고 싶었으나 아직 기회가 닿지 않고 있다. 실물을 보기 전에는 분명한 의견을 말하기가 조심스럽지만, 도화서 화원이 그린 것으로는 너무 파격적인 색조다. 그렇긴 하지만, 확실한 것은 보존 상태가 좋다는 사실이다. 전통 과학 전시관에 전시해서 우리에게 조선 시대 천문도 제작의 훌륭함을 볼 수 있게 했으면 좋겠다.

베른과 서울을 연결해 준 혼천시계

2008년 10월 초. 나는 스위스의 베른에 있었다. 아름다운 도시다. 전에 몇 번인가 지나치던 곳, 이번엔 큰마음 먹고 사흘이나 머물면서 마음을 쉬었고 새로운 지적 정열을 불태우며 지냈다. 세계에서 이름난 시계탑의 기계 장치가 움직이는 모습을 내 눈으로 확인하는 일이 목적이었다. 다리가 불편해진 내가 휠체어에 의지하면서 그 먼 나라까지 간 것이다.

쌀쌀한 날씨. 운 좋게 시계탑 안에 올라가는 투어 그룹을 만나, 안내하는 늙은 가이드의 호의로 입장료를 내고 가파른 계단을 올라가 거대한 기계 시계 장치의 움직임 앞에 섰다. 그 가슴 뭉클한 감동을 뭐라 표현할 수 있을까. 아내는 정신없이 카메라의 플래시를 터뜨리고 있다. 한 아름 가까운 크기의 무쇠 펜들럼이 굵은 밧줄을 감아 돌아가는 시계의 톱니바퀴 장치의 회전을 제어하고 있다.

설명판에는 1,500년대 중엽에 제작 설치한 것이라는 내용이 씌어 있다. 그때 펜들럼은 돌이었다. 바닥에 그 유물이 놓여 있다. 이미 알고 있던 대로, 서유럽의 시계 장인들은 학자들이 흔들이의 원리를 발견하기 훨씬 이전에 펜들럼의 움직임으로 통제하는 기계 시계를 만들어 내고 있었다. 그 작품의 하나가 내 앞에 커다란 몸짓으로 움직이고 있다.

송이영 혼천시계의 시계 장치 부분.

그것은 50년 가까운 세월, 내 가슴속에 살아 있는 감동이었다. 1960년대 초의 어느 봄날, 고려대학교 박물관에서 내가 느낀 터질 듯한 감동이 반세기의 시공을 뛰어넘어 내 마음을 뒤흔들고 있다. 서울에서 만든 17세기 조선의 혼천시계. 그 시계 장치를 움직이는 작은 펜들럼은 16세기 서유럽의 시계 장인들이 만든 혁신적인 장치다. 서유럽에서 동아시아까지 오는 데 100년의 세월이 걸린 것이다.

고려대학교 박물관에 소장되어 있는 혼천시계는 『현종 실록』에 씌어 있는 대로 서양식 자명종 원리를 써서 만든 기계식 장치다. 천문 교수 송이영 (宋以穎)이 1664년에서 1669년에 놋쇠를 깎은 톱니바퀴들과 철과 납으로 만든 추로 움직인다. 그런데 그 시계 장치의 구조는 동력 장치가 자명종 원리와 같지만, 타종 장치와 시각을 나타내는 장치는 자명종과 전혀 다르다. 세종 때에 만들기 시작해서 조선 말까지, 조선에서 제작된 물레바퀴를 움직이는 혼천시계와 자격루의 전통을 이어받았다. 그래서 그 구조는 다른 어디서도 볼 수 없는 새로운 기계 시계 장치다. 이 사실이 내게도 오랫동안 풀리지 않는 문제점이었다.

송이영은 금속으로 깎아 만든 톱니바퀴들과 추의 힘을 동력으로 하고, 펜들럼에 의해서 제어되는 시계 장치가 훌륭하다는 것을 알고 있었다. 그리고 그것이 정밀하고 내구성이 뛰어나다는 장점이 있다는 사실에 주목했을 것이다. 그래서 송이영은 물레바퀴의 회전을 동력으로 하는 전통적인 나무 톱니바퀴를 놋쇠로 개량했다. 그러나 자명종에서 시간을 알리는 다이얼은 혼천의를 연결한 천문 시계에서는 시계의 다이얼보다는, 전통적인 혼천시계나 자격루의 시패를 써서 시간을 알리는 장치가 더 좋다고 판단했을 것이다. 그는 그런 부분을 개량 개조했다.

그렇게 해서 완성한 기계 시계 장치는, 그 시기까지 만들어 낸 모든 시계 장치의 장점을 두루 갖춘 독특함을 갖춘 것이 됐다. 서유럽의 기계 시계의 전통과 중국과 조선의 자동 시계 장치의 정밀한 전통이 융합되었고, 거기에 이슬람 자동 시계 장치의 전통까지가 응용되었다. 한마디로 혁신적 고유 모델이 탄생한 것이다. 이 조선의 새로운 천문 시계 모델에 주목한 학자가 1930년대에 연희전문학교 천문학 교수 루퍼스였다. 그리고 그의 논문에 주목한 학자가 영국의 20세기 최고의 동아시아 과학사 학자 니덤과 그의 공동 연구자들이었다. 1950년대의 일이다. 그들은 이 혼천시계의 연구를 위한 프로젝트를 특별히 계획했다.

그들의 연구는 홍이섭의 『조선 과학사』(일본어판, 1944년)를 거쳐 1960년대 초, 한국 과학사 연구자인 나와 연결되었다. 기막힌 인연이었다. 니덤과 그의 공동 연구자들은 천문 기기와 시계의 전문가들이기도 했다. 그들은 몇 개월 동안의 나의 연구 결과에서 밝혀낸 중요한 사실들에 대해서 전혀 이의를 달지 않았다. 제작 연대와 혼천시계의 구조, 기계 장치의 특징에서 펜들럼으로 통제되고, 2개의 추를 동력으로 하는 구조에 이르기까지 송이영의 창조적 설계가 들어 있다는 기술상의 사실을 인정했다. 서유럽과 동아시아의 시계 장치의 전통을 조화시킨 새로운 모델의 천문 시계의 존재에 주목했다. 그런 천문 시계가 조선의 천문학자에 의해서 만들어졌다는 사실이 그들에게는 놀라움이었다. 루퍼스와 홍이섭의 책으로 알고 있던 조선의 과학 기술에 더 깊은 연구가 있어야 하겠다는, 또 하나의 프로젝트를 찾아낸 것이다.

세종 시대에 특히 부각된 한국인의 과학적 창조성과 한국 과학사의 본질에 접근하려던 나의 커다란 연구 프로젝트는, 기계 시계와 동아시아의 천문 시계 그리고 혼천의와 천문 기기 쪽으로 빠져들고 있었다. 거기서 나를 어렵게 만든 문제는 혼천의의 천문학적 기능이었다. 혼천의라는 천문 기기에 대해서 별로 알지도 못했던 나에게 혼천의와 거기 관련된 동아시아 천문학은 너무 엄청난 연구 분야였다. 그리고 송이영의 천문 시계를 조금 알게 되었을 때, 이 조선 시대의 혼천시계와 함께 '자명종 원리'에 의해서 제작된 기계 시계라는 조선 시대 기록뿐인 시계 장치에 붙어 있는 펜들럼은 내게 있어 별로 주목할 만한 문제가 아니었다. 솔직히 말하면 당연한 장치였다. 그게 우리나라 젊은 과학사 학자들에게 주요한 문제로 논의되고 있는 줄 나는 알지도 못했다. 1669년에 천문 교수 송이영이 만든 혼천시계가 과연 그것인가 하는 가장 기본적인 문제로 부각되고 있었던 것이다.

시계 장치, 펜들럼, 하위헌스, 1650년대라는 시계의 역사에서의 기본적 이론의 틀에서 송이영의 혼천시계에 대한 전상운의 고증은 맞지 않는다는 것이다. 그리고 또 하나 붙어 다니는 게 혼천의 안에 있는 지구의 문제다. 한마디로 이것은 과학 기술의 역사에서 이론과 기술, 특히 공장(工匠)의 기술과 관련된 중요한 문제로 이어진다. 우리 젊은 과학사 학자들이 송이영의 혼천시계에서 이 문제에 부딪치고 있다는 것을 나는 알고 있다.

유럽에서, 기계 시계는 성당이나 수도원의 종탑과 시계탑에 설치하기 위해서 만드는 경우가 많았다. 그때 시계를 만드는 기술자는 수도사들이었다.

동유럽에서 만난 16세기 기계 시계. 높이가 1미터 남짓한 철제 추동시계. 그것은 뜻밖에도 펜들럼으로 통제되는 장치다. 수도원 시계탑에서 쓰던, 틀림없이 수도사들이 만든 시계였다.

학식과 기술을 겸비한 훌륭한 시계 공장들의 경험적 기술 이론은 누구보다 도 뛰어난 수준에 도달해 있었다. 유럽의 솜씨 좋은 시계사(時計師)들 중에 는 수도원의 수사들이 많았다고 한다. 그들은 시계탑의 큰 기계 시계를 만 들고 조작하고, 수리했다. 내가 체코슬로바키아의 체스키 크룸로프(Cesky Krumlou)의 호텔 뤼체(Rüze)에서 본 16세기의 큰 기계 시계도 그런 것이다. 1586년에 지은 예수회 수도원과 학교 건물을 이용해서 1889년부터 호텔로 쓰기 시작한 유서 깊은 곳으로, 수도원의 오랜 유물들이 많이 남아 있었다. 시골에서 보기 드문 특급 호텔이어서, 2박 3일 편안하게 여행의 즐거움을 누 리며 아름다운 블타바(Vltava) 강을 바라본 기억이 새롭다.

여장을 푼 다음날 아침, 조반을 먹으려 호텔 식당에 가다가 복도 한 모퉁 이에서 우리는 놀라운 유물을 발견했다. 16세기 기계 시계다. 높이가 1미터 남짓한 철제 추동시계. 그것은 뜻밖에도 펜들럼으로 통제되는 장치다. 수도원 시계탑에서 쓰던, 틀림없이 수도사들이 만든 시계였다.

보존 상태도 훌륭하고, 만듦새도 정교했다. 호텔 숙박료가 비싸다는 생각을 확 날려 버리는 벅찬 기쁨과 감동의 순간이었다. 책에서 볼 수 없는 기술의 산물이 자기의 존재를 말하고 있다. 그런 때 느끼는 보람은 어려운 답사를 해야만 얻을 수 있는 학문의 즐거움이다. 학자는 그런 감동과 즐거움 때문에 산다. 책에 씌어 있지 않은 이론이 전개된 기계 시계 기술은 1990년대 초에도 확인된 적이 있다. 케임브리지 니덤 연구소에서 1년 동안의 연구 생활을 하던 때였다. 주말이면 우리 내외는 곧잘 그 아름다운 대학 도시를 벗어나 기차를 타고 하루 여행을 즐겼다. 가까운 작은 도시 일리이(Illy)도 우리에게 기쁨을 주었다. 일리이 대성당. 거기에도 시계탑에서 쓰던 16세기 큰 기계 시계의 유물이 놓여 있었다. 펜들럼으로 조정되는 추동 시계다.

그래도 남은 몇 가지 숙제들

베른과 체스키 크룸로프에 있는, 추의 무게를 동력으로 움직이는 커다란 기계 시계 기술을 보면서 나는 또 다른 숙제들이 기다리고 있다는 사실에 놀라고 있는 자신을 발견했다. 펜들럼의 기술에 대한 제작 연대의 문제는 풀렸지만, 송이영이 본 펜들럼 기계 시계 기술은 어떤 경로로 조선에까지 들어왔을까. 조선 시대 문헌들은 송이영이 "자명종 원리", "자명종의 톱니바퀴가 서로 물고 돌아가는 제도"를 가지고 혼천시계를 만들었다고 했다. 송이영이 본 딴 자명종은 어디서 만든 것인가. 내가 조사해서 알고 있는 한, 일본에서는 그런 자명종을 만들지 않았다. 일본의 시계 장인들은 그 시기, 막대 모양 템프로 조정되는 자명종을 주로 만들었다. 동아시아에서 그 시기에 쓰인 부정시법에 의한 시제에 맞게 조절되는 시계 장치여야 실용성이 있었다. 1872

년 서유럽 제도에 따라 태양력을 채용하고, 시각 제도를 정시법으로 바꾸면서 펜들럼 시계가 쓸모 있게 되었다.

송이영의 혼천시계는 펜들럼으로 조절되는 천문 시계이고 정시법 시제에 맞는 장치다. 그래서 시계의 움직임이 12시각에 따라 언제나 일정하게 오차 없이 정확하면 되는 것이었다. 그렇다면, 중국에서 활동하던 예수회 신부들이 만든, 펜들럼으로 조절되는 시계 장치를 본뜬 것일까. 소현세자가 청나라에서 돌아올 때 가지고 온 예수회 신부들의 선물 중에 자명종이 있었다. 혹시 그 무렵에 중국에서 가져온 시계 중에 펜들럼 기계 시계가 있었는지 모른다.

그 가능성이 큰 것 같다. 기록도 있고 유물도 몇 가지가 남아 있다. 내가 1960년대 초에 창경궁 장서각에서 조사한 문화재 중에 철재 기계 시계 유물이 있었다. 부품들이 다 떨어져 나가서, 펜들럼 장치였는지 막대 템프 장치였는지 알 수 없는 상태였지만.

송이영의 천문 시계가 자명종 원리로 만들어졌고, 또 그 기계 시계 장치가 펜들럼에 의해서 조정된다는 사실과 관련해서 제기된 문제는 두 가지다. 첫째로 그 시기에 펜들럼이 달린 기계 시계를 어떻게 만들 수 있었을까이고, 또 하나는 그 자명종이 일본에서 들어온 것을 본떴는가, 중국에서 들어온 것을 본떴는가를 확실하게 하려는 것이다. 사실 그 자명종이 어디서 들어온 것인지는 그렇게 중요한 문제가 되지 않을 수 있다. 그보다는 펜들럼 문제이다. 이 문제에 대해서 나는 오랫동안 생각하고 또 생각해 왔다. 이제 그 문제에 대한 내 생각을 정리해 보자.

기계 시계는 유럽에서 만들어졌다. 처음, 금속제 기계 시계를 발명한 사람들은 수도원의 수도사들이다. 추의 무게를 동력으로 해서 폴리오트(poliot)로 조절되는 기계 시계가 처음으로 만들어졌고, 그다음에 펜들럼으로 조절되는 기계 시계가 만들어졌다. 그것들을 가톨릭 신부들이 16세기 무렵부터 중국과 일본에 진귀한 선물로서 가지고 들어왔다. 어느 나라에 들여온 기계 시계, 즉 자명종이 조선에 먼저 들어왔는지를 확실하게 알 수 있는 자료가 없다. 그중 어느 하나를 송이영이 보게 되었다. 펜들럼 시계였다. 물론 송이영이 펜들럼으로 조절되는 기계 시계를 만들 수 있다는 생각을 하는 것이 전혀 황당하다고만 웃어넘길 일은 아니다. 그가 만든 시계 장치의 특이한 구조와 창조적 메커니즘은 우리의 고정 관념을 뛰어 넘는 것이기 때문이다. 사실, 조선 시대의 기계 기술과 그 재주(技)에 대해서 우리는 너무도 아는 것이 없다. 그리고 과소 평가해 왔다.

니덤과 그 공동 연구자들 중에는 몇 사람의 시계 제작의 역사 전문가들이 있다. 그런데도 그들은 송이영의 혼천시계인 1669년에 제작되었다는 나의 고증에 대해서 한 번도 이의를 제기한 일이 없다. 문제가 있다고 말하는 사람들은 우리나라 젊은 학자들이다. 하위헌스의 펜들럼 시계 제작이 1658년에 이루어졌다는 게 그 근거다. 그렇다면 니덤의 공동 연구자들은 그러한 사실을 생각하지 못했을까. 앞으로의 연구 과제다.

그런데 한 가지 더 풀어야 할 과제가 있다. 송이영은 혼천시계의 타종 장치를 만들 때, 쇠구슬이 굴러 떨어지는, 세종 때 자격루의 원리를 거기에도 썼다. 그것은 서양 자명종의 타종 장치와는 전혀 다르다. 그러면서도 그는 시간마다 종을 치는 회수는 일본에서 만든 자명종의 타종 시스템을 썼다. 서양 신부들이 서양에서 가져온 자명종과는 다른 것이다.

송이영과 이민철

조선 중기, 현종 때다. 1664년(현종 5년) 3월, 효종 때(1657년) 만든 수격식(水激式, 물레바퀴를 동력으로 하는 방식) 선기옥형이 정교하고 정확함이 확인되어, 같은 모델을 하나 더 복제하여 두기로 했다. 김제 군수 최유지(崔攸之)가 만든 것이었다. 그런데 그것을 만드는 과정에서 일부 개조하면 더 훌륭한 혼천시계가 된다는 사실을 알게 되었다. 개조하는 작업을 이민철과 송이영이 맡게 되었다. 두 사람은 다 같이 관상감의 천문학 교수라고『증보문헌비고』는 기록하고 있다. 5년 후 1669년(현종 10년) 10월, 이민철과 송이영은 각각 새로운 혼천시계를 만들었다. 조선 시대 혼천시계 제작의 대가, 이민철과 송이영의 시대가 열린 것이다.『현종 실록』과『증보문헌비고』「상위고」에는 그들이 어떤 혼천시계를 만들었는지 비교적 자세하게 기록하고 있다.

그들이 만든 선기옥형은 실내에 설치한 혼천시계이므로 그 혼천의는 야외의 천문대에서처럼 관측용 규형, 즉 사이팅 튜브가 필요 없었으므로 그 장치를 없앴다. 그 대신 산하도(山河圖), 즉 지구의를 혼천의의 중심에 설치했다. 그리고 시계 장치는, 이민철이 만든 것은 옛 구조와 같은 수격식이었다. 그러나 송이영의 시계 장치는 추의 무게로 움직이고 금속제 톱니바퀴들로 이루어진 자명종 원리를 바탕으로 한 것이다. 이것은 혼천시계의 제도와 구조를 혁신적으로 바꾼 것이다.

두 사람은 동아시아의 전통적 혼천의의 구조를 확 바꿔서 새 모델을 만들었다. 게다가 송이영은 새로운 구조의 시계 장치를 만들어 냈다. 그들은 그 시기 조선 정밀 기술의 새로운 지평을 열었다. 천문학자 이민철과 천문학 교수 송이영. 그들은 어떤 사람들인가. 천문학자가 되기까지 어떤 교육을 누구에게 받았을까. 그 사실을 알 수 있는 자료가 없다. 1960년대 초, 그것은 내 머릿속에 풀지 못한 숙제처럼 늘 남아 있었다. 관상감 과거 시험 잡과 합격자 명단에도 그들의 이름은 없다. 그러다가 1966년 8월, 나는 부여 박물관에서 자료 조사 답사를 하다가 홍사덕 선생과 자리를 같이하고 있는 부여의 한 중학교 교장 선생을 만났다. 향토 문화와 역사를 아끼는 분이었다. 이민철의 얘기가 나왔다. 그는 반색을 하면서 자기가 그 집안 후손이라는 것이다. 우리는 그 자리에서 부여읍 규암면 두무절에 있는 이민철의 무덤을 찾아 나섰다. 8월의 더운 햇살을 견뎌내면서 땀을 뻘뻘 흘리며 묘비도 없는 무덤을 발견했을 때의 성취감은 지금도 잊을 수 없다. 이 교장 선생과 나는 간단한 예를 올리고 종손 댁에 뭔가 자료가 있을지 찾아 나섰다. 부여읍 구교리(舊校里)에 10대 종손 이영수(李永洙) 씨 집이다. 이 씨는 우리를 반갑게 맞아 주었지만, 아쉽게도 이민철 관련 자료는「행장기」한 책이 전부였다.

맥이 쭉 빠졌다. 더위와 목마름 때문만은 아니다. 그래도 이민철의 행적을 읽으면서 나는 그가 당대의 대재상이며 학자인 이경여(李敬興)의 아들이라는 사실을 알게 되면서 피로에 지친 몸에는 활력이 돌았다. 8월 26일 저녁 때였다. 카메라 셔터가 그야말로 불을 뿜는 듯「행장기」한 장 한 장을 카메라로 찍어 나갔다. 복사기가 나오지 않았던 시절, 우리가 자료를 확보하는 방법은 다 그랬다.

이민철의 이 유일한 자료에서 나는 중요한 사실들을 알게 되었다. 그가 태어난 해와 세상을 떠난 해. 그의 부인이 여산 송 씨라는 것. 재상 이경여의 서자였던 그는 어려서부터 총명하고 학문도 뛰어났지만, 과거를 통해서 관직에 나가지는 못하고, 말단 관리로 시작해서 중인 계급도 나갈 수 있는 관상감의 천문학 교수직까지 임명될 수 있었다는 그의 인생 역정을 생생히 알 수 있었다.

이민철은 1631년(인조 9년) 12월 1일에 부여 땅에서 태어났다. 부제학 이경여가 그의 아버지다. 그는 아버지가 귀양살이 하던 진도에서 소년 시절의 한때를 보내며 교육을 받은 것 같다.『행장기』에는 10여 살 때 아버지가 구해다 놓은 자명종을 분해하여 그 원리를 스스로 터득했다는 이야기가 적혀 있다. 진도에서는 책상 위에 물이 흐르는 길을 만들어, 그 물이 책상 밑 그릇에 떨어지게 해서 초경에서 5경까지의 밤 시각을 나누어 측정함으로써 누각의 원리를 알아냈다고 한다. 이경여도 그에게『서경(書經)』에 있는 선기옥형과 혼천의 제도를 가르쳐 주었는데, 주해서를 보고 즉시 그 내용을 모두 깨달아 원리를 알아냈다.

그는 청동과 대나무로 물그릇과 목인(木人) 12개를 만들어 12시마다 시가 되면 목인이 패를 들고 나왔다가 시가 지나면 들어가고 시에 따라 종을 수대로 치는 기계 장치를 만들어 물의 힘으로 그것을 움직이게 했다. 혼천시계를 만든 것이다.

그는 어려서부터 총명해서 사물의 이치와 기계의 원리를 터득하는 데 뛰어난 재능을 가지고 있었다. 아버지 이경여는 그의 총명함을 잘 알고 특별한 교육에 힘을 기울였던 것 같다. 그 시기, 첨단 정밀 기술이었던 혼천시계를 자기 손으로 만들어 낸 사실은 학자들 사이에서 놀라움으로 소문이 나 있었다는 사실을 『행장기』는 전하고 있다. 그런 재능이 송이영과 함께 새 모델의 혼천의와 혼천시계 장치를 연결해서 거의 오차 없이 움직이게 했던 것이다. 1669년 이후, 그는 지방의 현감 군수를 역임하면서 혼천시계를 수리할 때마다 관상감에 올라와 그 일을 맡아 수행했다. 그 공로로 그는 만년에 동지중추부사(同知中樞府事)의 벼슬을 받았다. 1715년(숙종 41년) 85세로 세상을 떠났다.

혼천시계 제작 기술은 이민철에 이르러 나무랄 데 없는 발전을 이룩했다. 홍문관에서 최유지의 성공에 힘입어 "기술이 뛰어난 자로 하여금 그가 만든 구조에 의거하여 혼천의를 만들어 본관에 보관하도록 하기 바란다."라는 주청을 임금이 받아들였다. 이민철의 기술시대가 열리게 된다. 이민철의 이름이 처음 등장하는 것은 1664년(현종 5년), "송이영과 이민철에게 명하여 관측기기를 개조하여 여러 궁에 설치했다."라는 『증보문헌비고』「상위고」의 기사다. 이때 개조한 관측 기기가 어떤 것인지 분명하지 않다. 다만 "개조하여" 여러 궁에 설치했다고 하니까 그들이 개조한 관측 기기가 한 가지는 아니었을 것이다. 그때 이민철은 소속이 어느 관서이고 관직은 무엇이었는지도 기록에 없다.

이민철이 임금의 명을 받아 혼천시계를 만든 것은 1669년(현종 10년)이다. 혼천의는 채침(蔡沈)의 『서경(書經)』「순전주(舜典注)」에 나오는 모델이다. 1620년에 조선에서 간행된 『서전대전집주(書傳大典集注)』에는 신기옥형도의 목판 그림이 있다. 17세기 초 조선의 혼천의 그림이다. 북극 출지 36도라고

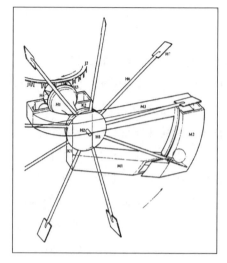

타종 장치와 연결된 쇠공의 작동 부분.

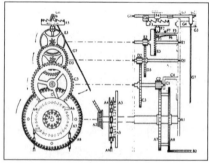

시계의 운행 장치 부분

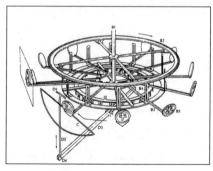

시패와 그 작동 장치 부분

송이영 혼천시계의 내부 장치들. 1960년대 초 내가 촬영하여 니덤에게 보낸 것을 곰브리치가 제도한 것이다.

씌어 있어 조선 전기 한양의 북극 출지도다. 중국의 몇 가지 문헌에 실려 있
는 혼천의의 그림과는 그 디자인이 조금 다르다. 조선의 혼천의를 보여 주는
중요한 자료다. 이민철은 이 혼천의를 개조했다. 가장 중요한 것은 새로 만든
혼천의는 사실상 쓸모가 없는 사유(四遊) 옥형(玉衡)을 설치하지 않고 "종이
를 써서 산해도(山海圖)", 즉 지구의를 만들어 연결했다는 것이다. 지금 고려
대학교 박물관에 보존되어 있는 송이영의 혼천시계에서 보는, 혼천의 한가
운데 설치된 지구의다. 그리고 이 혼천의는 물의 힘으로 돌아가는 시계 장치
와 연결되어 "삼신의의 환이 일제히 움직인다."라고 했다. 시계 장치는 물레
바퀴의 회전이 동력이 되어 움직이면서 시간에 따라 시패를 든 나무 인형이
시각은 알리고 그에 따라 종이 울리고, 그 시계 장치에 연결된 혼천의를 움
직여 그 시각의 천체의 위치를 확인할 수 있다. 천문 시계다. 혼천의 한가운
데에 지구의를 설치한 것도 큰 기술의 발전이다. 소현세자 일행이 북경에서
예수회 신부에게 받은 지구의의 영향이다. 이민철의 아버지 이경여가 중국
에 사신으로 가서 보고 듣고 배운 서양 문물과 과학 기술서의 새로운 지식이
이민철에게 교육되었다는 사실도 주목해야 한다. 이경여는 오랜 유배 생활
을 하는 동안 아들 이민철에게 많은 것은 가르치고, 이민철은 물시계와 혼천
의를 만들어 아버지를 기쁘게 했다. 「행장기」에 담은 문장은 그런 사실을 우
리에게 전해 준다. 이민철이 배운 과학과 기술의 바탕에는 아버지를 통한 예
수회 신부들의 한문으로 번역된 서양 과학 기술의 영향이 흐르고 있었다.

　예수회 신부들과 조선 실학자들의 교분은 매우 두터웠던 것 같다. 이민철
의 아버지 이경여는 북경에 사신으로 가서 예수회 신부들과 교류하고 그들
의 학문과 접했다. 이이명(李頤命)은 마테오 리치와 알테니의 박식함에 경탄
했다고 썼다. 또 이영준은 유럽 천문 지식이 훌륭하다는 것을 인정하고, 그
문물의 찬란함에 경탄했고 예수회 신부 로드리게스와 교류하여 그 고매한
인격에 매료되었다고 쓰고 있다. 이영준은 로드리게스 신부에게 천리경도
받아왔는데, 그 값은 은 300~400량이나 되는 것이다. 천리경, 자명종과 같

은 과학 기기는 그 당시 상당히 값이 비싼 귀한 물건이어서, 1744년 김태서 (金台瑞)는 큰돈을 들여 대천리경을 간신히 사왔다고 썼을 정도다. 그러한 귀한 유럽의 최신 문물을 소현세자가 아담 샬에게 선물도 받았다 소현세자가 가지고 온 책들과 천문 기기들은 값으로도 대단한 것이었지만, 조선 사회에 던진 잔잔한 파문 또한 결코 작지 않았다. 그리고 정두원도 로드리게스 신부에게 많은 책들과 천문 기기들을 선물로 받아왔다. 그 자세한 리스트는 이원순 교수가 『한국사』(국사편찬위원회, 1998년) 31권 311쪽에 잘 정리해 놓았다. 예수회 신부들이 조선 실학자들을 얼마나 따뜻하게 대했고, 얼마나 많은 새로운 학문 지식을 주고받았는지를 우리는 실학의 전개와 발전의 중요한 과제로 잘 인식할 필요가 있다.

정두원과 소현세자 일행의 서양 과학 기술 도입 과정에서 우리는 많은 사실을 배운다. 우리 전통 과학의 역사 속에 면면히 이어지며 흐르고 있는 당당함이다. 우리는 조선 말의 서양 과학 기술 도입에서 서양말을 배우는 데 동아시아의 다른 나라에 뒤떨어지면서 생긴 아픔을 기억해야 한다. 이민철은 아버지 이경여가 중국에 사신으로 가서 배운 앞선 과학 기술을 익힌 학문을 가지고 가르침을 받은 덕분에 그의 천재적 과학 기술이 있을 수 있었다. 그가 송이영과 함께 만든 혼천시계들과 혼천의에 지구의를 연결한 것은 높이 평가해야 할, 조선 과학 기술의 발전 모습이다.

나는 이 지구의와 혼천의 그리고 시계 장치가 어떻게 연결되고 작동되는지 조금 더 확실하게 알고 싶었다. 『증보문헌비고』「상위고」3, 2쪽의 설명문을 여러 번 읽고 또 읽었다. 그리고 김상혁 박사의 학위 논문과, ㈜옛기술과문화에서 복원 제작한 송이영 혼천시계의 작동 모델에서 혼천의가 시계의 작동에 따라 어떻게 움직이도록 설계되었는지를 면밀하게 조사하고 토론했다. 나는 그 혼천의가 시계 장치와 연결되어 훌륭하게 작동하도록 설계되었다고 결론지었다. 『증보문헌비고』에 씌어 있는 김석주의 글은 분명히 그 사실을 말하고 있다고 읽어 내야 한다. 이경여가 중국에서 예수회 신부들의 지구의를 그 아들 이민철에게 가르쳐 주었다고 보는 게 자연스러운 해석이다. 「행장기」에 그런 내용이 적혀 있으면 얼마나 확실한 자료가 되겠는가.

조선의 실학자들은 북경에 사신으로 갔을 때, 예수회 신부들을 천주당과 흠천감을 찾아가 만나고 서양의 새로운 과학 기술을 받아들이는 데 늘 적극적이고 진취적이었다. 그들은 그러기 위해서 많은 비용을 아끼지 않았다. 유리창의 책방에 들러 새로 출간된 책들을 사오는 일에도 정성을 다했다. 이민철과 송이영의 혼천시계가 홍문관과 관상감에서 조선 말까지 천문 시계로서 시간과 천체 운행의 관측과 교육에 꾸준히 사용되었다는 사실은, 동아시아의 다른 나라들과 다른 전통의 흐름이다. 그리고 그것은 또한 예수회 신부들의 서양식 지평일구 해시계와도 이어진다. 그런데 그 평면 해시계들의 설계와 디자인에 조선의 해시계 전통이 살아 있다는 사실에도 주목해야 한다. 수용과 어우름과, 하나의 도가니 속에서 용융하여 새로운 틀에 부어내는, 우리 전통 과학 기술의 훌륭한 모습을 여기서도 보게 되는 것이다.

이 원고를 쓰면서 나는 두 가지 사실을 재확인했다. 하나는 이민철이 천문학 교수직에도 있었다고 알고 있었는데 그게 아니었다는 사실이고, 또 하나는 송이영과의 인척 관계였다는 추측이다. 나는 처음에 그의 부인이 여산 송씨여서, 송이영과 인척인가 해서 여산 송 씨 족보를 조사했지만, 찾아내지 못했다. 송이영이 관상감 천문학 교수라는 관직 이외에 어떤 벼슬에 있었고 그의 행적과 생몰년을 알기 위해서 송 씨 문중의 자료를 더 조사했다. 김상혁 박사가 찾아온 자료로 우리는 송이영이 여산 송 씨가 아니고 연안(延安) 송씨라는 사실을 확인할 수 있었다.

이민철은『행장기』에 씌어 있는 대로 영원(寧遠) 군수로 계속 있게 하면서 수격식 혼천시계를 수리하거나 복제할 때 관상감에서 특별히 불러 올려 그 일을 맡겼다.『증보문헌비고』에 규정각(揆政閣) 혼천의라고 부른 조선 시대 대표적인 혼천시계다. "이민철이 기술 분야에 재능이 뛰어나다."라고 평가하고 있다. 그는 송이영보다 12세나 젊은데도 혼천시계의 제작을 주도한 것은 그의 기술 재능을 인정받았기 때문인 것으로 생각된다. 이민철의 혼천시계는 조선 말까지 몇 번의 수리 보수를 하면서 계속 사용되었다. 그중 하나는 경희궁에 일제가 경성중학교를 지을 때까지 보존되고 있었다. 시계 장치는 나무로 만들었으니까 규장각이 헐릴 때 치우면서 없어졌을 가능성이 있지만, 혼천의는 청동으로 만들었으니까 어딘가에 옮겨져서라도 보존되었을 것 같은데 혼적이 없다.

최근에 알려진 사실로, 일제가 조선 시대 궁궐들을 헐고 일부 없애 버리면서, 그것을 기록으로 상당히 자세하게 남겼다는 것을 내가 확인했지만, 그 자료가 너무 방대해서 경희궁 혼천시계에 대한 기록은 아직 알아내지 못했다. 몇 만 장이나 되는 그 자료들을 정리해서 내용을 밝히는 것은 어렵고도 지루한 작업이지만 누군가가 끈기 있게 해 내는 날이 오기를 기대한다.

다시 송이영의 자료를 정리해 보자. 그는 1619년(광해 11년)에 태어나, 관상감 천문학 교수로 혼천시계를 만들었고 1679년 옥과(玉果) 현감으로 통훈대부(通訓大夫, 정3품 당하관) 벼슬을 받았다. 1692년(숙종 18년)에 73세로 세상을 떠났다. 그가 1669년에 만든 혼천시계는 1985년에 국보 230호로 지정되고 2007년 한국은행이 발행한 새 1만 원권 지폐에 디자인되어 세상에 더 널리 알려지게 되었다.

고려대학교 박물관에 보존되어 있는 송이영의 혼천시계 이야기를 조금 더 쓰는 게 좋을 것 같다. 내가 쓴 몇 가지 글들과 책으로 이미 활자화된 내용이지만 조금 더 다듬어 정리해 보겠다. 1962년에 혼천시계에 대한, 그야말로 침식을 잊은 자료 조사의 연구 끝에 「선기옥형에 대하여」라는 제목으로 그 연구 결과를 문장으로 엮었다. 하지만 그것을 발표할 학술지가 과학사와 관련된 분야에는 없었다. 그래도 젊은 혈기에 한국역사학회지가 가장 권위 있는 학술지니까 거기 실을 수 있으면 좋겠다고 생각했다. 학회 회원의 논문도 쉽게 제재할 수 없다는 사실을 알지도 못했다. 편집 감사인 고병익 선생을 명륜동 댁으로 찾아갔다. 물론 전에 한번도 뵌 일이 없는 분이다. 그런데도

1981년 루마니아 부크레슈티 국제 과학사 회의에서 만난 네이선 시빈, 조지프 니덤. (왼쪽부터) 니덤과 그의 공동 연구자들은 1936년에 루퍼스가 찍은 사진과 간단한 설명만으로도 송이영의 혼천시계를 세계의 이름 있는 과학 박물관에 그 복제품을 전시하기를 바랐을 정도다. 한국 전쟁에서 그 유물이 없어지지 않기를 진심으로 바라는 글은 나에게 큰 감동과 자극을 주었다.

그 분은 나를 반갑게 맞아 주었다. 그리고 편집 회의에 올리겠다고 약속하셨다. 얼마 후 다시 찾아뵈었을 때, 고 선생은 아주 미안해하면서, 회원이 아니고 이 논문의 게재를 심사할 수 있는 마땅한 학자도 없어 보류(사실은 부결)되었다고 했다. 그러나 용기를 잃지 말라고 고 선생은 나를 위로하면서 다른 기회에 나를 도와줄 수 있을 거라고 하신다. 그 후 그분은 한국의 전통 과학을 지원해 줄 수 있는 기회를 찾아, 늘 나를 도우셨다.

나는 어떻게든 그 글을 활자화해서 발표하고 싶었다. 조선 중기의 과학 기술 유산으로 세계에서 주목되고 있는 천문 시계를 널리 알리고 싶었던 것이다. 프라이스 교수와 니덤에게 보낸 조사 결과를 쓴 글을 바탕으로 요약해서 일본어로 다시 썼다. 《과학사 연구(科學史研究)》에 발표해서 소개해야겠다는 생각이었다. 일본 과학사 학회 편집 위원회에서 곧 싣겠다고 알려왔다. 일본어로 쓴 그 글은 내가 만족스럽다고 생각할 만큼의 논문 형식을 갖추지 못한 채, 편집자에게 보내는 글로 활자화하기로 했다. 1962년의 일이다.

그리고 고려대학교 박물관과 나는 송이영의 혼천시계를 지정 문화재로 문화재위원회에서 지정해 주도록 신청하자는 데 의견을 같이했다. 그래 한국 대학 박물관 협회 학술지인《고문화(古文化)》에 내 글을 논문으로 내자고 관장 김정학 교수와 큐레이터 윤세영 선생이 전해 왔다. 글은 1963년 2호에 실리고, 고려대학교 박물관은 그 글과 니덤의 글을 자료로 혼천시계를 문화재위원회에 신청 상정했다.

그러나 문화재위원회는 지정을 보류했다. 송이영의 혼천시계가 서양식 자명종 원리에 따라 서양식 기계 기술을 모방해서 제작되었다는 것이 그 이유다. 우리의 실망은 너무도 컸다. 송이영의 그 창조적 기술이 만들어 낸 동서양의 기계 시계를 아우른 독특한 천문 시계를 문화재 위원들이 이해하지 못해서 평가해 주지 않은 게 안타까웠다. 기계 시계에 대한 조예가 있는 전문가가 없었기 때문이다.

송이영과 혼천시계의 진가를 문화재위원회가 인정하게 된 것은 그로부터 20년 이상의 세월이 흐른 뒤였다. 1985년, 문화재위원회는 우리 과학 문화재 19점을 그리고 다음해에 4점(총통류 제외)을 국가 지정 문화재로 지정했다. 과학 문화재로서의 국보와 보물이 탄생한 것이다. 우리나라 문화재 보존의 역사에서 큰 경사였다. 문화재 위원들이 모두 축하의 "지화자"를 부르고 축배를 들었다. 우리 전통 과학에 대한 이 나라 고고학 미술사학, 역사학계 최고의 권위자와 전문가들의 인식이 그만큼 앞서게 된 것이 나에게 평생 잊을 수 없는 감동과 기쁨을 안겨 주었다.

송이영의 혼천시계에서 지금도 나를 끌어당기는 호기심의 하나는, 이민철과 함께 그렇게 멋지고 아름다운 디자인의 혼천의를 만들었다는 것 말고, 그 시계 장치가 대형이라는 사실이다. 그런 큰 자명종 시계 장치는 일본에서는 거의 만들어지지 않았고, 중국에서도 몇 개밖에는 제작되지 않았다. 예수회 신부들이 흠천감에 설치하기 위해서 만든 몇 개 안 되는 대형 기계 시계다. 우리가 잘 아는 것처럼, 우리의 옛 과학자들과 기술자들은 우리의 자연과 생활 환경에 어울리는 아담한 제품을 만들어 썼다. 물론 필요에 따라, 나라의 융성함을 드러내기 위해서 상징적인 초대형 작품을 만들기도 했다. 송이영의 혼천시계에서의 기계 시계 장치는 그러한 우리의 고정 관념과 상식으로는 쉽게 정리되지 않는 특이하고도 창의성이 넘치는 작품이다. 1960년대 말, 미국 국립 스미스소니언 역사 기술 박물관에서 이것을 한미 우호의 상징으로 특별 전시하려고 했던 시도가 결코 우연한 일이 아니었다고 나는 생각한다. 조선 시대의 기계 기술과 정밀 기술의 수준에 놀라움을 감출 수 없었던 그곳 세계적 전문 권위자들의 획기적인 프로젝트로 추진된 계획이었다. 특별전을 계기로 복제품을 만들겠다고 나선 사실도 내가 여기 적어 놓아야 하겠다. 부관장 실비오 베디니(Silvio A Bedini) 박사는 송이영의 혼천시계가 계기가 되어 조선 시대 과학 기술의 수준을 제대로 평가하게 되었고, 나와의 오랜 교류가 이어졌다.

니덤과 그의 공동 연구자들은 1936년에 루퍼스가 찍은 사진과 간단한 설명만으로도 송이영의 혼천시계를 세계의 이름 있는 과학 박물관에 그 복제품을 전시하기를 바랐을 정도다. 한국 전쟁에서 그 유물이 없어지지 않기를 진심으로 바라는 글은 나에게 큰 감동과 자극을 주었다. 1960년대 초에 그의 요청을 받아 나와 레드야드(후에 미국 컬럼비아 대학교 한국학 교수)가 고려대학교 박물관에서 전문 사진 작가와 작업해서 만든 50여 장의 자세한 사진은 그 시계 장치의 완벽한 작동 원리를 밝혀내기에 이르렀다. 추의 무게를 동력으로 해서 움직이는 금속제 기계 시계와 청동 혼천의는 17세기 조선의 한 천문학 교수가 설계 제작했다고는 정말 믿어지지 않을 정도의 놀라움으로 나에게 다가왔다.

조선 시대의 과학 기술. 더 나아가서 우리나라의 과학 기술의 참모습이 무엇인지 더 알고 싶었다. 그리고 자료들을 공부하면서 우리나라 전통 과학 기술은 나를 열광시키기에 충분했다. 나는 이제 과학사의 길목에서 새로운 길로 접어들고 있었다. 어디로 가야 할지 생각하고 망설이기에는 이미 너무 멀리 걸어가고 있는 나를 발견하고 있었던 것이다. 그러면서 이 글을 쓰고 있는 지금까지 50여 년의 세월이 흘렀다. 그런데도 나는 아직 알고 싶은 자료와 유물을 못 찾아서 모르는 상태에서 해를 넘기고 있는 사실이 너무도 많다.

송이영의 혼천시계가 우리 지폐 1만 원권의 디자인으로 훌륭하게 그려져 우리의 사랑을 받고 있다. 그런데 내가 늘 안타깝게 생각하는 것은 송이영에 대해서 우리가 알고 있는 게 별로 없다는 사실이다. 그가 천문학 교수라는 사실도 『서운관지』로 나는 알았다. 족보에는 그런 기록이 없다. 최석정(崔錫鼎, 1646~1715년)의 『명곡집(明谷集)』, 「자명종명(自鳴鐘銘)」을 옮긴 글이다. 여기서 송이영의 혼천시계를 다른 문헌보다 비교적 자세히 다루고 있다. 「자명종명」에 나오는 글이라고 인용하고 있고, 여기서 "일본의 자명종 제작법을 사용했다."라고 한 부분이 색다르다. 이민철의 전통적 제도의 수격식 시계 장치와 대비해서 설명한 부분이지만, "일본 자명종의 법"이란 표현으로 쓴 최석정의 글은 또 송이영을 천문 교수로 호칭하고 있다. 송이영이 천문학 교수로 관상감에서 봉직하고 있었다는 사실을 알려주는 글은 이것밖에 없다. 그런데 『증보문헌비고』에는 송이영의 혼천시계는 "서양 자명종의 톱니바퀴가 서로 물고 돌아가는 제도"라고 설명하고 있다.

서양 자명종의 원리라는 표현과 일본 자명종의 법이라는 표현의 다름은 나에게 던진, 오랫동안 풀어야 할 숙제로 남아 있다. 송이영이 만든 기계 시계 장치가 중국에 와 있던 예수회 신부들이 조선에 보낸 자명종의 작동 원리를 응용한 것인지, 일본에 서양 신부들이 전한 서양 기계 시계를 일본 시계 기술자들이 일본의 부정시제에 맞게 고쳐 만든 일본식 자명종의 작동 원리를 응용한 것인지와 맞물린 과제와 이어지기 때문이다. 처음엔 "자명종 원리"라는 사실에만 주목했다. 전통적인 조선의 혼천시계 장치의 작동 원리인 수격식, 즉 물레바퀴의 회전을 동력으로 그 전달 장치인 톱니바퀴를 나무로 만들었던 것을 추의 무게를 동력으로 하고 톱니바퀴들은 금속으로 만들었다는 획기적인 변화가 엄청났다는 것이다. 그래서 그것이 서양 자명종 제도, 일본 자명종 제도인지는 문제로 삼지 않았다. 추를 동력으로 하고 톱니바퀴를 금속으로 만든 기계 장치는 같았기 때문이다.

그런데 천문학 교수 송이영이라는 관상감의 직책은 최석정은 어떤 자료를 근거로 알아냈을까. 그리고 왜 그는 "일본 자명종" 제도라고 했을까.『증보문헌비고』「상위고」를 쓴 성주덕 같은 당대 최고의 천문학자가 "서양 자명종" 제도라고 했는데. 아마도 그 기록을 남긴 학자들은 추의 무게를 동력으로 하고 금속 톱니바퀴로 만들어진 시계 그리고 시간을 저절로 종을 쳐서 알리는 기계 장치에 무게를 둔 것 같다. 하긴 일본 자명종도 그것은 처음에 서양에서 가져온 것을 본떠 만든 것이다. 그렇지만 서양 자명종과 일본 자명종은 한 가지 그 시보 시스템과 다이얼이 다르다. 또 하나 주목해야 하는 것은 송이영의 천문 시계는 그 타종 시스템이나 시보 시스템이 그 어느 쪽과도 같지 않다. 한마디로 송이영은 조선의 천문 시계로 조선의 타종 시보 시스템을 만든 것이다.

그리고 그 혼천시계는 옥당(玉堂), 즉 홍문관에 놓았다고 조선 시대 문헌들은 전하고 있다. 관상감이 아닌 학자들의 연구 기관인 홍문관이다. 실제로 내가 들은 증언들에 따르면 송이영의 혼천시계는 창덕궁 홍문관에 있었다고 한다.

송이영의 혼천시계와 관련해서 또 하나 학자들의 의견이 마무리되어 있지 않은 것이 있다. 과연 지금 고려대학교 박물관에 보존되고 있는 유물 그것이, 1669년에 제작되었다는『현종 실록』을 비롯한 1차 사료들이 말하는 바로 그 장치가 맞는가 하는 의문이 완전히 해명되지 않은 것이다. 이 논의에 앞서 우리가 확실하게 해야 할 사실이 있다.『증보문헌비고』「상위고」와『서운관지』등에 송이영 혼천시계에 대한 대대적인 수리 기록이 있다는 사실이다.『서운관지』는 송이영의 혼천의가 1687년(숙종 13년)에, 부서진 것을 고치도록 했다고 기록하고 있다. 그리고 그 기사는 그때 송이영은 이미 죽었기 때문에 그 혼천시계를 고쳐 만들 사람이 없어서 쉽게 일을 해 내지 못했던 내력을 적어 놓고 있다. 숙종은 송이영의 혼천시계를 홍문관에서 대내(大內)로 옮겨 가까이서 언제나 볼 수 있게 했는데, 얼마 지나지 않아 고장이 난 것 같다. 만든 지 20년 만에 새로 고치기를 명해서 "관상감에 설국(設局)하여" 최석정이 그 일을 주관했다. 개수 작업은 1년 가까이 걸려 끝나서 1688년 여름에 완성되었다. 서운관 이진(李縝)이 "정교하게 중수"했다고 한다. 송이영 혼천시계가 다시 움직이게 된 것이다.

이때 이진이 어느 정도 개수했는지에 대한 설명은 없다. 기계 장치의 몇 군데가 개보수됐을 것이다. 지금 보존되어 있는 혼천시계의 지구의도 그때 새로 그려져 만든 것이라고 생각된다. 1669년 당시의 세계 지도가 아니고 그 후의 세계 지도가 그려져 있다는 데서 그런 추측이 가능하다. 송이영 혼천시계에 관한 기록은 그 후에는 나타나지 않는다. 지금 고려대학교 박물관에 보존되어 있는 유물은 그후 조선 시대 말까지 몇 번 또는 여러 번의 수리나 개보수를 거쳤을 것으로 생각된다. 「송이영 혼천시계의 작동 메커니즘에 대한 연구」로 2007년에 학위를 받은 김상혁 박사는 1687~1688년의 개보수가 주로 시계 장치와 혼천의의 연결 부분이었을 것으로 생각된다고 했다. 그 부분과 혼천의 작동 부분의 정밀한 장치는 미세하게 고장 나기 쉬운 부분이다.

이렇게 생각하면 송이영 혼천시계의 제작 연대를 둘러싼 논의들과 견해의 차이는 자연스럽게 해결된다. 처음에 개보수가 이루어진 것이 20년 만이었으니까, 그 후에도 20~30년마다 고쳐 나갔을 것이라는 생각이 가능하다. 그런데 문제가 또 남는다. 그런 기록이 조선 말까지 적어도 한두 번은 있을 것 같은데, 없다. 이민철이 만든 물레바퀴 동력의 전통적 혼천시계의 수리 제작 기록은 몇 번 있다. 이 부분이 이상하다. 이해하기 어려운 숙제로 남아서 두고두고 내 머리를 개운치 않게 하고 있다.

송이영 혼천시계에 대한 국제 학계의 평가는, 20세기 역사학 연구에서 토

인비와 쌍벽을 이룬다고 일컬어지고 있는 조지프 니덤의 저술에서 산뜻하게
나타나 있다. 이제 그 글을 인용해 보자.

> 이 의기는 서유럽형의 시계 제작 기술을 아울러 묶어내는 데서 놀랍도
> 록 혁신적이지만, 그것은 동시에 고대 동아시아의 계시학(計時學)적인 의
> 기 제작의 전통에 주목할 만하게 충실하고 있다. …… 지구 모형은 주된 대
> 륙들로 표시된 구(球)인데, 곽수경이 참작한, 자말 알딘(Jamal al-Din)에 의
> 해 페르시아로부터 베이징(北京)에 들어온 것과 같은 구이다. …… 궤 안에
> 서 타격 장치는 구슬의 주기적 방출에 의해서 작동되는데, 그것은 세종 대
> 의 자격루에서와 같다. …… 송이영, 이민철의 시계는 동아시아 계시학의
> 역사에서 하나의 획기적인 사건으로서 널리 인식되어야 할 가치를 지니고
> 있다.

송이영의 혼천시계는 2006년에 우리나라 과학 문화재 복원 제작 업체인
㈜옛기술과문화에서 작동 모델로 완전 복원되어 그 정확함과 정밀함으로
우리를 놀라게 했다. 하루에 5분 이내의 오차로 시간을 알리고 혼천의로 천
체의 운행을 연동하는 데 성공했다. 솔직히 말해서 그 혼천시계가 그렇게 정
밀하게 움직이리라고는 기대하지 않았다. 나에게 자문을 의뢰했을 때, 내가
하루에 5분 이상 오차가 나면, 그 복원 제작이 별로 의미가 없다고 말하면서
도 나는 그것이 지나치게 무리한 요구가 아닐까 마음이 쓰였다. 그런데 그것
이 이루어진 것이다.

송이영 혼천시계의 복원 성공을 발표하는 모임에 초청된 사람들은 모두
놀라움을 감추지 못했다. 《동아일보》를 비롯한 주요 일간지는 하나같이 그
노력을 칭찬하고 높이 평가했다. 나는 이제 우리나라 젊은 세대가 조선 시대
정밀 기계 기술에 대한 올바른 이해와 평가가 있을 것이라는 소박한 기대를
가졌다. 하지만 그것은 기대로 끝날 것 같다. 아직 시간이 더 걸리겠다는 생

이민철의 혼천시계를 필자가 1961년에 복원 제작한 모형.

각이 든다.

그러면서도 송이영의 혼천시계를 생각할 때마다 나는 우리 과학 기술사를 보는 색다른, 조금은 기발한 상상을 하게 된다. 물론 그것은 황당한 상상일지도 모른다. 그러면서도 누군가를 한번쯤 이런 기발한 생각을 해 봐야만 한다고 믿고 있다. 우리는 왜 선진적인 기술의 성과와 만날 때, 늘 그건 중국이나 유럽에서 들어온 것이라고 먼저 전제하는가, 그런 기술을 우리나라 사람이 개발했다고 생각하는 것은 이상한 해석일까. 송이영의 혼천시계의 평가는 우리나라 학자들이 하기 훨씬 전에 외국의 권위 있는 전문가들이 먼저 주목했다.

그것은 분명히 일반적인 이해의 틀에서 볼 때, 쉽게 풀리지 않는, 전통적인 장치들이 잘 조화되어 있다. 오랜 세월 동안 발전한 시계의 여러 장치들이 송이영의 창조적인 기술로 잘 엮여 있다. 그러니까, 정밀 기계 장치인 시계와 혼천의를 이어서 자동으로 움직이게 한 기술은 그 시대에 아무나 할 수 있는 재주가 아니었다. 송이영은 이민철과 함께 그런 시계 장치를 개발하면서, 금속제 톱니바퀴와 시계의 조절 장치에서 전혀 새로운 모델을 개발했다. 그런 그에게 시계 장치의 새로운 기술 개발의 창조적 아이디어가 있었다고 인정하고 평가해도 좋지 않을까.

베른의 큰 시계탑 옆 커피숍에서 차를 마시면서 이런 상념에 잠시 젖어 보았다. 서유럽 한가운데서 느낀 한 나그네의 감상일까.

「혼일강리역대국도지도」

1402년(태종 2년), 조선 왕조는 세계 지도를 만들었다. 동쪽은 일본 열도에서 서쪽은 유럽과 아프리카에 이르는 광대한 세계를 그린 한 폭의 커다란 지도다. 온 세상의 강토와 여러 나라의 역대 수도를 하나로 합해서 그린 지도, 라는 통 큰 의지를 나타낸 것이다. 송나라 때 그린 중국 사람들의 세계 지도는 「혼일강리도(混一疆理圖)」였다. 조선 초의 조선 학자들은 거기에 「역대국도지도(歷代國都之圖)」를 더해서 제목을 달았다 동쪽은 조선과 일본을 더하고, 서쪽은 아랍과 유럽, 아프리카의 여러 큰 도시들을 그렸다. 그런데 중국은 원나라 때(1320년)의 지도를 그대로 그렸다.

중국은 역시 크다. 그리고 지도의 한가운데 있다. 그러나 조선은 작은 나라가 아니었다. 일본은 조선 남동쪽에 왜소한 섬나라로 그렸고 아랍과 아프리카도 조선보다 작다. 땅 덩어리의 크기가 조선보다 크다는 사실을 지도를 그린 조선 초의 학자들이 모르지 않았다. 그래도 그렇게 그렸다. 중국보다 땅은 분명히 작지만, 그 기개는 결코 작지 않았다. 이런 사실을 알고 이 지도, 즉 1402년 조선의 세계 지도를 봐야 그 시기의 지리학이 이해가 간다. 100여 개의 유럽 지명과 35개의 아프리카 지명이, 역대의 국도와 지도라는 의미를 담고 있다. 1402년, 조선의 지리학자들은 130여 개가 넘는 도시들이 있는 넓은 땅과 나라들이 중국 서쪽에 있다는 사실을 알고 있었다.

태조가「천상열차분야지도」를 그려 돌에 새기고, 그 아들 태종이「혼일강리역대국도지도」라는 세계 지도를 그려, 하늘과 땅을 그리고 거기 사는 사람을 말한 것이다. 천(天), 지(地), 인(人)의 삼재(三才), 즉 우주의 원리다. 조선 왕조라는 새로운 나라는, 하늘의 이치를 알고 땅의 이상을 실현하는 왕국이다. 그 표상이「천상열차분야지도」와「혼일강리역대국도지도」다.

양촌 권근은 이 세계 지도에도 명문을 썼다. 우리는『양촌집』에 실려 있는 그의 글에서 이 지도 제작의 자세한 내력을 읽을 수 있다. 권근은 조선 초의 두 가지 커다란 국가적 프로젝트로 이루어진, 하늘의 그림과 땅의 그림에 대한 훌륭한 글을 수려한 문장으로 남겼다. 권근의 글은 조선 초에 있었던 매우 중요한 두 가지 국가 과학 프로젝트로 이루어진 업적의 자세한 경위를 기록으로 남긴 유일한 자료다. 그 시대 최고의 학자인 그의 문장은 그래서 더 돋보인다.

1402년의 조선 세계 지도는 니덤이 평가한 것처럼 그 시기에 그려진 세계 지도 중에서 가장 훌륭한 것이다. 지금 교토의 류코쿠 대학교에 보존되어 있는 지도는 15세기 무렵의 사본으로 고증되어 있는데, 그 제작 솜씨도 뛰어나서 조선 초기 지도 제작의 높은 수준을 보여 주고 있다. 나는 1970년대에 야부우치 선생의 부탁으로 류코쿠 대학교 도서관장이 특별히 허가해서 볼 수 있었다. 귀중본으로, 거의 열람을 허가하지 않은 자료여서 보존 상태도 아주 훌륭했다. 고운 명주 바탕에 아름답고 조화롭게 채색한 지도였다. 극세필(極細筆)로 최고의 솜씨로 그린 한 폭의 우아한 미술 작품 그 자체였다. 류코쿠 대학교 도서관에서는 11×14인치 크기의 사진(흑백)까지 전속 사진 전문가를 시켜 만들어 주었다. 학술적인 목적에만 쓴다는 조건이 붙었다.

1980년대에 원로 지리학자 이찬 교수는 171×164센티미터 크기의 류코

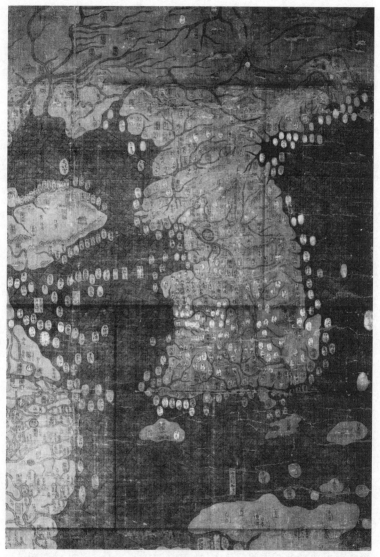

혼일강리역대국지도. 1402년에 제작된 원본의 채색 사본이다. 당시 그려진 세계 지도 중 가장 훌륭한 것이다. 고운
명주에 극세필로 그린 한 폭의 우아한 미술 작품 그 자체였다.

쿠 대학교 소장본의 절반쯤 되는 크기의 사진 복제본을 만들어 국내 지리학계에 소개했다. 그리고 1996년 12월, 호암미술관은 호암갤러리에 「혼일강리역대국도지도」를 특별 전시하는 데 성공했다. "조선 전기 국보전"을 열면서, 그 빼어난 유물들과 함께 이 세계적 과학 문화재를 소개한 것이다. 정말 이례적인 일이었다. 그런데 이 세계 지도는 안견의 「몽유도원도」(일본 덴리 대학교 소장)와 도쿄 국립 박물관의 화려한 나전칠기 작품들보다는 관람자의 눈길을 사로잡지는 못했다. 그러나 관람자는 한반도가 아프리카보다 크고 아라비아 반도의 2배나 되게 그려진 것에 놀라움을 감추지 못했다. 그리고 한반도의 지형(地形)이 정확하다는 사실에도 놀라고 있었다. 일본이 제주도 남쪽 먼 바다에 조그맣게, 그것도 남북이 거꾸로 떠 있다는 사실에 또 한번 놀란다. 그게 1402년의 조선 학자들의 세계관이었다. 그들이 몰라서 그렇게 그린 게 아니었다.

그렇다 하더라도, 이 1402년의 조선 세계 지도는 니덤이 평가한 대로 15세기 세계 지도 중에서 가장 훌륭한 것이다. 그 그림새 또한 정교하고 아름답다. 그러나 이 훌륭한 지도가 조선 전기의 화려한 다른 전시물에 눈이 쏠리고 마음을 사로잡힌 관람자들의 눈길을 그렇게 많이 끌지는 못했다. 그런 현실에 내 마음은 밝을 수가 없었다. 조금 더 홍보를 해야 하는 건데……. 그래도 나는 이 지도가 국사편찬위원회 소장의 조선 전도(「조선방역지도」, 1557년, 국보 248호)와 함께 전시됐다는 사실에 크게 고무되었다. 고산자 김정호의 「대동여지도」의 수준에서 한발 앞서 나가고 있었기 때문이다.

이미 "1402년의 한국 세계 지도"라는 이름으로 유럽 학계에서도 알려지게 된 「혼일강리역대국도지도」가 우리 청소년들과 교양인들에게 훌륭한 세계 지도라고 이해되기까지는 10년이란 세월이 더 필요했다. 그런데 이 세계 지도는 지금 남아 있는 유물로 볼 때, 조선 시대에 그 사본들이 별로 제작된 것 같지 않다. 일본 나라 현의 덴리 대학교에 한 폭이 보존되고 있는데, 그것은 「혼일강리역대국도지도」라는 제자와 권근의 글이 없다. 덴리 대학교에서는 "대명천하도(大明天下圖)"라는 제목으로 등록되어 있다. 나는 1980년대와 1990년대에 두 번 특별 허가를 받아 열람했는데, 명주 천 바탕에 정교하게 그린 훌륭한 솜씨의 작품이었고, 보존 상태도 거의 완벽했다. 그리고는 1666년에 김수홍(金壽弘)이 목판본을 만들었는데, 지도의 제목과 그림이 1402년의 세계 지도와는 다르다. 천하고금대총편람도(天下古今大總便覽圖)라는 이름의 이 중국 중심의 세계 지도는 142.8×89.5센티미터의 목판 인쇄본이다. 김수홍 개인의 이름을 제작자로 분명히 밝힌 이런 큰 지도를 조선 시대에 국가 기관이 아닌, 개인이 만들었다는 사실이 내게는 놀라운 일이었다. 김수홍은 안동 김 씨 문중의 넉넉한 명문 집안 출신의 학자다. 그렇다고는 하지만, 이렇게 큰 목판 지도를 간기(刊記)까지 넣어 인쇄해서 펴냈다는 사실은, 세계 지도로서의 내용은 새로운 것이 없지만, 높이 살 만하다고 생각이 든다. 그런데 김수홍은 1600년대 후반기에 그런 옛날식 세계 지도를 만들었을까. 그 보수적인 세계관 때문일까. 우리나라에서 보는 세계가 그 이상 확대해서 별 소용이 없어서였을까. 어쨌든 1602년의 마테오 리치 세계 지도가 조선 학자들에게 제대로 알려진 이후, 바뀌어 간 세계관으로 볼 때는 사실상 후퇴한 낡은 생각인 것이다. 왜 거기 집착했을까. 그리고 18세기 후반의 목판본인 여지전도(輿地全圖)가 1402년의 세계 지도와 같은 계열이라 할 수 있다. 여지전도는 혼천전도(渾天全圖)와 같이 제작되어 인쇄 배포되었다. 1970년대에 나는 인사동의 한 골동상점에서 여지전도와 혼천전도가 함께 말려 있는 자료를 입수했다. 조선 시대 후기의 한 양반 대갓집에 다락에 보존되어 있었던 것이라 했다. 목판 인쇄해서 바로 함께 말아서 보관해서 묵향이 채 가시지 않은 듯하고 닥종이는 티 한 점 없는 깨끗한 상태였다. 두 그림의 필체도 똑같다. 관상감에서 하늘과 땅의 두 가지 그림을 조선의 전통적인 형식으로 만든 작품이다.

중국에서 예수회 신부들이 만든 새로운 세계 지도와 남쪽과 북쪽 하늘은 두 개의 원에 넣어 그린 별자리 그림(「신법천문도」)은 조선에서도 수용한 지 2

세기나 돼서 이 전통적인 그림들이 목판으로 인쇄되어 보급됐다는 게 전통의 흐름의 질김을 보여 주는 것인지. 두 가지 세계관의 병립을 말하는 것인지. 지금 젊은 학자들이 활발히 연구하고 있으니까, 무언가 해답이 나올 것이다. 얼마간 더 기다려 봐야 할 것 같다.

예수회 신부들이 만든 세계 지도의 충격

1603년, 조선에는 지금까지 본 일이 없는 세계 지도가 들어왔다. 중국에서 돌아온 동지사 이광정(李光庭) 등이 마테오 리치의 「곤여만국전도」를 가지고 온 것이다. 천주교 선교사로 중국에서 활동하던 예수회 신부가 만든 새로운 세계 지도였다.

이 세계 지도의 도입은 조선 학자들에겐 커다란 놀라움이었다. 이수광은 그의 『지봉유설』에 세계 지도를 "구라파여지도(歐羅巴輿地圖)"라 적고 있다. 천하가 아니고 구라파다. 유럽과 아프리카 대륙이 중국만큼 큰 게 믿기 어려운 현실이었다. 거기에는 중국이 세계의 중심에 있지 않았다. 그 충격은 지금의 우리에겐 상상하기 어려운 사실이었을 것이다. 그러나 조선 학자들은 그러한 충격을 흡수하고 그들의 학문과 세계관에 담아서 수용한 것 같다. 그러면서도 무언가 혼란스러워한 흔적이 보인다. 이수광의 글을 보면,

1602년 마테오 리치의 세계 지도는, 도입되면서 바로 홍문관으로 보내졌다. 그가 홍문관 부제학으로 있을 때였다. 이 여섯 폭으로 된 목판본을 그는 "구라파국여지도 1건 6폭"이라고 했다. 이 부분이 아직도 나에게는 숙제로 남는다. 그의 글을 읽어 보면, 그 지도가 매우 정교하게 그려져 있다고 표현하면서, "특히 서역(西域)에 대하여 상세하게 묘사하고 있다."라고 했다. 그리고 그는 중국과 조선 일본에 대해서도 자세하지 않거나 잘못 그려졌다고 생각하지 않았다. "중국의 지방과, 우리나라의 팔도와, 일본의 60주(州)의 지리

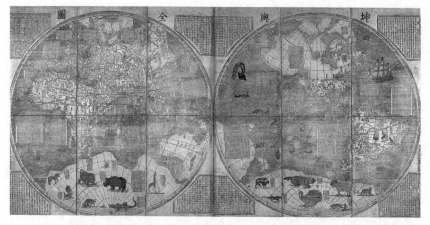

조선 시대 지식인들의 정신 세계를 뒤흔들었을 「곤여전도」.

에 이르기까지, 멀고 가까운 곳, 크고 작은 곳을 모두 기재해 빠뜨린 데가 없다.”라고 쓰고 있는 것이다. 오히려 유럽에 대해서는, “이른바 구라파국은 서역에서 가장 동떨어진 곳에 있는데, 그 거리가 8만 리나 된다.”라고 했다.

마테오 리치는 중국에 가톨릭 선교사로 파견된 예수회 신부답게 중국인의 세계관을 분명히 알고 의식하면서 이 세계 지도를 그렸다. 그 시기의 유럽세계 지도는 그림의 거의 중앙에 대서양이 위치하도록 그려져 있는데, 마테오 리치는 중국이 한가운데를 차지하도록 바꿔 놓았고, 그래서 태평양이 지도의 중앙에 놓여 있다.

또 이 지도에는 1,000여 개의 지명이 씌어 있는데, 아시아와 유럽이 많고신대륙인 남북아메리카는 적다. 아프리카도 큰 대륙이고 유럽과 합치면 중국보다 훨씬 크다. 그러니까 이수광이 볼 때, 이 세계 지도는 1402년 조선의세계 지도인 「혼일강리역대국도지도」에서 보는 중국 중심의, 중국이 가장 큰세계 지도와는 분명히 다른 전혀 새로운 세계 지도다. 그의 눈에는 중국 아닌 다른 대륙들이 너무 컸다. 그래서 그에게 이 지도는 구라파 지도로 보였다는 게 무리가 아니었다는 생각이 든다. 이수광이 그때까지 보아 온 세계

「지구전도」.

지도는 모두 중국이 중앙에 자리 잡은 가장 큰 대륙이었다. 그래서 그에게는 마테오 리치의 세계 지도는 '구라파여지도'였다. 또 하나, 그에게 낯선 것은 타원형 안에 모든 대륙과 나라들이 있고, 한쪽에는 지구, 즉 땅이 둥글다는 그림과 설명이 있는 것이었다. 틀림없이 이수광은 그 지도가 「곤여만국전도」라는 제자(題字)로 되어 있는 게 못마땅했을 것 같다.

홍문관에 들여놓았다는 이 세계 지도는 조선 왕조 정부 관련 기관에서 복제본을 만들었다는 기록도 자료도 없다. 유물도 남아 있지 않다. 2년 후 중국에서 그 증보판인 「양의현람도(兩儀玄覽圖)」가 출판되었는데, 1604년(선조 37년)에 이 지도도 조선에 들어왔다. 숭실대학교 박물관에 소장되어 있는 목판본 병풍이 그것이다. 이 지도는 보존 상태도 아주 좋고, 남아 있는 유물이 중국에도 없어서(최근에 1벌이 발견되었다고 알려졌다.), 세계적으로도 귀중한 유물로 평가되고 있다. 그런데 이 지도도 조선에서 복제했다는 기록도 유물도 없다. 중국에서는 1608년과 1610년 사이에 이 지도를 바탕으로 채색해서 그린 새 지도를 만들었다. 여러 가지 동물과 물고기와 선박을 그려 넣어 아름다운 병풍 그림 지도를 만든 것이다. 이름도 새로 지어 「곤여만국지도」라고 썼다.

이 세계 지도는 조선에서 복제본을 만들었다. 거의 100년 뒤인 1708년(숙종 34년)에 「곤여도(坤輿圖)」라는 이름으로 그려진 아름다운 병풍 세계 지도가 그것이다. 이때 관상감에서는 숙종의 명으로 천문도인 「건상도(乾象圖)」 병풍도 만들었다. 이국화(李國華)와 유우창(柳遇昌)과 함께 화가 김진여(金振汝)가 그린 것이다. 이 유물들은 지금 보존되어 있다. 「곤여도」는 서울대학교 박물관에, 「건상도」는 국립민속박물관에 일본 오사카의 난반 문화관에서 볼 수 있다. 전하는 바로는, 경기도 봉선사에 이때 만든 두 병풍이 한국 전쟁 전까지 보존되어 있었다고 한다. 전란으로 봉선사가 불타면서 없어졌다. 그 중 하나(천문도)가 일본으로 흘러나간 것 같고, 국립민속박물관의 천문도 병풍은 다른 그림 병풍을 수리하느라고 떼어내다가 그 뒤에 붙어 있는 것을 발견해서 수리 복원한 것이다.

관상감에서는 1860년에 「곤여전도(坤輿全圖)」라는 이름의 목판본 세계 지도를 만들었다. 이것은 그때까지 조선 왕조 정부가 지도 제작에서 해 낸 일이 없는 큰 프로젝트였다. 이 세계 지도는 1674년에 페르비스트(Verbiest, 南懷仁)가 제작한 「곤여전도」를 중간한 것이다. 마테오 리치 계열의 타원형 세계 지도를 완전히 개정하여 적도 표면 투영에 의하여 지구를 동반구와 서반구로 나누어 따로 두 원으로 그린 정밀하고 매우 정확하게 그렸다. 관상감에서는 그 지도를 8폭의 목판에 새겼다. 지도 부분을 6폭, 세계 지도에 대한 설명을 양쪽에 한 폭씩을 아주 훌륭하게 조각했다. 지금 서울대학교 도서관에는 지도가 그려진 6폭의 목판이 보존되어 있다. 이 목판들은 1986년에 보물 882호로 지정되었다.

페르비스트의 세계 지도는 1834년에 김정호가 「지구전도(地球前圖)」와 「지구후도(地球後圖)」라는 이름으로 2장의 목판본으로 간행했다. 그것은 페르비스트의 「곤여전도」와는 달리 동반구를 먼저 전도로 그렸고 서반구를 후도로 그렸다. 조선과 일본 중국이 있는 쪽을 앞면에 배치한 것이다. 지구, 즉 땅이 구(球)라는 개념이 확립되었고, 게다가 우리가 살고 있는 땅이 앞쪽이고 유럽이 있는 땅이 뒤라는 생각을 분명히 나타낸 것이다. 페르비스트의 세계 지도를 받아들이면서도 중화(中華)의 사상에서도 벗어나 있었던 김정호의 세계관을 나타내고 있다. 이런 보수적 세계 지도는 18세기 후반의 여지 전도 목판본 제작으로 이어진다. 그런가 하면 1708년 곤여전도의 대폭 병풍 지도의 공식 제작이 관상감에서 이루어지고 있다. 두 세계관의 공존인지. 그리고 1860년에는 조선 왕조 정부 차원에서 페르비스트의 곤여전도가 8폭의 목판본 큰 병풍의 제작으로 전개된다. 이 병풍 세계 지도는 채색해서 그 아름다움을 더한다. 김정호와 최한기의 지구전후도 목판본(1834년)이 이 세계 지도 제작과 어떻게 이어지는지에 대해서 알 수 있는 자료도 아직 찾아내지 못했다.

그리고 같은 해 1834년에 김정호가 「청구도(靑邱圖)」 2첩을 완성했다는 사실도 주목할 만하다. 김정호는 세계 지도와 정밀한 조선 지도를 함께 만든 것이다.

조선 과학의 정점, 세종 시대

경복궁에 간의대를 세우다

건국 초, 하늘과 땅의 지도, 천문도와 세계 지도를 새 왕조의 표상으로 만든 조선 학자들은 이제 하늘의 움직임과 이치를 보다 정밀하게 파악하는 커다란 프로젝트에 달려드는 큰 사업에 착수했다. 나라를 다스리는 심장부인 경복궁에 하늘을 관측하는 천문대를 세우는 대역사(大役事)다. 그 큰 뜻을 세우고 펴나간 임금이 세종이다. 『세종 실록』에는 그 거대한 역사적 사업의 시작과 과정이 선명하게 기술되어 있다. 세종 14년(1432년), 세종은 경연에서 천문학을 논하면서 이 사업을 발의했다. 당대의 대학자 정인지와 정초가 주역으로 등장한다. 고전을 연구하여 관측 기기를 만들고, 관측할 수 있는 천문대를 세우라는 왕명이 떨어진 것이다.

추진 위원회가 구성되었다. 학문적인 연구는 예문관 제학 정인지와 대제학 정초가 맡고, 기술적인 작업을 당대의 공학자 이천과 장영실에게 맡겨졌다. 세종이 이 대사업을 구상한 것은 그가 임금이 되면서부터였다. 세종 3년(1421년)에 관노 장영실과 천문학자 윤사웅을 중국에 파견하여 "각종 천문 기기의 모양을 모두 눈에 익혀 와서 빨리 모방하여 만들어라."라고 명했다고 『연려실기술』 같은 사료는 기록하고 있다. 파격적인 결단으로 큰 국가적 정책을 세운 것이다. 경복궁의 대천문대를 세우기 위해서 먼저 해야 할 천문 기기 제작 사업을 시작한 지 10여 년 만의 일이다.

이 사업에 대해서 나는 몇 가지 중요한 사실에 주목한다. 첫째는 이 대규모의 천문 관측 시설을 조선 왕조의 심장부인 경복궁 안에, 그것도 임금이 언제나 관측에 함께할 수 있는 위치에 세웠다는 사실이다. 경회루 서북쪽 관측하기 알맞은 입지다. 외국 사신들은 환영하는 모임을 가질 때에도 쉽게 눈에 띄지 않도록 할 수 있게 세심한 배려도 있었다. 중국이 종주국이라고 스스로 생각하고, 천문과 같은 하늘의 과학과 관측 사업은 자기들이 해서 '내려 보내는' 것인지 '사대(事大)'하는 나라에서는 그런 일을 할 필요가 없다는 뿌리 깊은 고정 관념을 가지고 있을 때였다. 외교적 마찰을 일으키지 않으려는 슬기를 가지고 세운 계획이었다. 그리고 중국은 천문 관측 기기의 정밀한 부분들과 그 제작 노하우를 가르쳐 주지 않는다.

장영실과 윤사웅 등이 중국에 파견되어 그 관측 기기의 원리와 제작 기법을 알아내는 일은 결코 쉬운 게 아니었다. 그래서 그들이 귀국해서 먼저 시작한 것이 관측 기기를 나무로 만드는 실험 제작 과정을 갖는 일이다. 그리고 그렇게 실험 제작한 기기들을 가지고 한양의 정확한 북극 고도를 측정했다. 그렇게 해서 만들기로 결정한 것이 대간의(大簡儀)다. 전통적으로 중국에서는 혼천의를 관측기의 기본 의기로 삼아 대혼천의를 역대로 만들어 관측에 임했다. 간의는 그것을 간략화한 것이다. 세종 시대의 천문학자들은 간의를 크게 만들어 간의 중심의 천문 관측으로 기본 관측을 충실히 하는 쪽으로 가닥을 잡았다. 그래서 경복궁의 천문대는 대간의 중심의 대간의대로 세웠다. 거기에 대규표(大圭表)를 옆에 세워 아주 정확한 동지점의 측정을 시도했다. 1년의 길이를 소수점 이하 다섯 자리까지 정확하게 측정하여 서울을 중심으로 한 역법(曆法)의 정확한 계산을 해 내려고 했다.

더 이상 중국에서의 관측과 계산에 의존하지 않으려는 것이다. 자국적 역법 계산의 구현이었다.

사실, 대간의의 청동으로 만든 환(環)들의 눈금을 분 단위까지 정확하게 읽어 내도록 긋는 기술은 생각처럼 쉽지 않다. 장영실과 이천은 그 초정밀 기술 작업을 해 냈다. 손으로 하는 작업이다. 돌로 간의대를 축조하는 작업까지 2년 걸려 경복궁의 대간의대 시설이 완공됐다. 15세기 전반기의 천문 관측 시설로는 세계 최대를 자랑하는 규모다. 간의대에는 방위의 표준을 결정하는 정방안(正方案), 즉 방위표도 설치됐다. 이래서 경복궁의 간의대가 조선 왕조 천문 관측의 기준점이 된 것이다.

간의대는 돌을 쌓아 축조했다. 높이 9.5미터, 길이 14.5미터, 너비 9.8미터의 큰 천문대다. 위에는 돌난간을 둘렀다. 그리고 그 서쪽에 높이가 8.3미터나 되는 큰 규표가 세워졌다. 규표는 보통 8자(2.16미터)인데, 간의대의 규표는 그 5배 크기의 40자(약 8.3미터)니까 굉장한 크기다. 1822년에 목판으로 인쇄된 「한양도」(24.5×35.0센티미터)에는 경복궁 안에 근정전과 경회루 그리고 간의대가 그려져 있다. 이 세 가지 건조물이 경복궁의 가장 중요한 시설로 표시되어 있다.

경복궁 안의 간의대를 보여 주는 고지도는 또 있다. 임진왜란으로 경복궁이 불타기 이전의 경복궁의 전각들을 그린 지도가 근년에 알려졌다. 영국 런던 소더비 고미술품 경매장에 출품된 「경복궁 지도」가 그것이다. 한국인이 구입하여 서울에 들여와 개인이 소장하게 된 것으로 알려지고 있는 이 그림은 고맙게도 학술적인 자료로 활용하도록 제한적으로 공개되었다. 『세종 실록』을 비롯하여 조선 시대 사료들에 글로만 우리에게 알려진 간의대가 그림으로 남아 있는 것이다. 나는, 우리 전통 과학을 연구하는 전문가들의 모임에서 사진으로 공개된 이 그림을 보았을 때의 기쁨을 잊을 수 없다. 경복궁 서북쪽에 돌로 쌓은 대, 중앙에 돌계단이 있고 "간의대"라는 글이 보인다. 그리고 그 왼쪽에 규표가 그려져 있다. 간의대는 돌난간과 그 위의 관측 기기는 그려져 있지 않지만, 경복궁 간의대의 모습을 보여 주는 유일한 그림이다. 남문현은 2008년에 쓴 「간의대(簡儀臺)의 어제와 오늘」이라는 문장(『고궁문화』 제2호, 95쪽)에 이 「경복궁 지도」를 실었다. 간의대의 위용을 말하는 그림이다. 그런데 이 간의대가 임진왜란 때 경복궁이 불타면서 그 시설이 다 파괴되었다. 그리고 19세기, 경복궁이 다시 지어졌지만, 간의대는 세워지지 못했다. 경회루의 서북쪽엔 그 유적조차도 남아 있지 않다.

그 어마어마하게 커다란 석조 천문대가 어떻게 흔적도 없이 사라지고 말았는지 나는 도무지 이해할 수가 없다. 오래전부터 나는 간의대가 있던 자리를 발굴 조사해 봐야 한다고 주장해 왔다. 뭔가 그 유구라도 땅 속에 묻혀 있을 것 같은 생각을 떨칠 수가 없다. 1910년 이전의 조선 시대 문헌과 자료를 다시 꼼꼼히 조사했다. 와다 유지의 대한제국 농상공부 『한국 관측소 학술 보문』(1910년, 융희 4년) 제1권에 이어, 1917년에 나온 『조선 고대 관측 기록 조사 보고』에서 『증보문헌비고』에서 인용한 간의대 기록을 찾았다. 그리고 『증보문헌비고』(권 38) 「여지고(輿地考)」의 궁실(宮室) 항에 간의대에 관한 기사 1줄이 있음을 발견했다. "간의대, 세종 16년에 세웠는데, 지금은 없다." 다른 기록에는 명종 때에 보수한 일이 있다고 하고, 임진왜란 때, 경복궁이 불타면서 간의대도 크게 손상되었다고 한다. 그러나 임진왜란 후 간의대는 재건되지 못한다. 여기까지는 기록에 나온다. 그런데 『증보문헌비고』가 편찬되던 18세기에는 "지금은 없다."라는 기록뿐 더 이상의 설명이 없다.

고종 때 경복궁이 재건될 때에도 간의대가 어떤 상태였는지 나는 아직 기록을 찾지 못했다. 15세기에 세계에서 가장 훌륭한 천문대로 그 위용을 자랑한 간의대가 이렇게 흔적도 없이 헐렸다는 게 믿어지지가 않는다. 그렇지만 다른 각도로 시선을 옮겨 보면, 19세기 후반기 경복궁이 재건될 때는 전란으로 크게 파괴된 그러한 옛 방식의 관측대는 사실상 쓸모가 없는 유물이었다. 그래서 경복궁을 재건할 때, 간의대는 아주 헐어 버린 게 아닌가 생각된다. 물론 간의대를 헐었다는 기록이나 자료가 없기 때문에, 지금 남아 있는

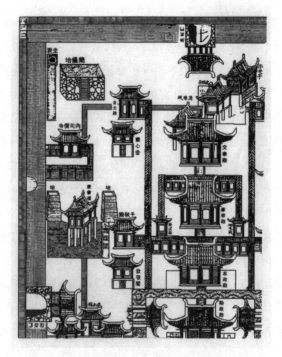

소더비 경매에 출품된 「경복궁 지도」에 그려진 간의대.

경복궁, 복원 재건된 경복궁에는 간의대 터였다고 볼 수 있는 자리가 없다. 1904~1905년 와다 유지는 경복궁 영추문 밖에 남아 있는 관상감 시설이 낡은 집으로 방치된 상태였다고 그의 보고서에 쓰고 있다.

그런데 나를 헷갈리게 하는 자료가 하나 있다. 1920년대 조선총독부에서 낸 『조선고적도보』에 실린 「경복궁 지도」다. 거기 경복궁 서북쪽, 태원전 북쪽에 "간의당(簡儀堂)"이 보인다. 간의당은 간의대를 잘못 쓴 것이라고 생각된다. 그렇다면 1920년 무렵까지 간의대의 유적이 있었던 게 아닌가. 와다 유지는 간의대의 유적에 대해서 왜 한 줄도 쓰지 않았을까. 나는 아무래도 국립중앙박물관이 용산으로 이사하기 전, 경복궁의 자료실에 있던 수만 장의 문서 자료에서 찾아낼 수 있을 것으로 생각한다. 그 문서 중에는 경복궁에 관한 매우 정성스럽게 쓴 많은 보고서들이 들어 있다. 정밀하게 촬영해서 보관해 놓았으니까. 오랜 시간과 인력이 필요하겠지만, 그 문서들을 다 정리하고 읽어 낼 때, 많은 사실들이 밝혀질 것이라는 희망을 가지고 있다.

그는 관상감의 관측 기록들이 "두 군데 창고 속에 산더미처럼 쌓여, 썩어 가는 종이, 쓰레기 들과 함께 버려져 있었다."라고 했다. 관상감의 본청이 이런 상태였으니까, 간의대는 헐리고 그 석재들은 경복궁 재건 때 토목 건축 자재로 활용되었다고 생각해도 무리가 없을 것이다. 1925년에 경희궁을 헐고 그 자리에 일제의 관립 학교인 경성중학교를 지을 때도, 거기 있던 관천대를 헐어 그 석재들을 토목 건축 공사 자재로 썼다. 간의대도 그런 식으로 역사의 뒤안길로 사라졌을 것이다. 경복궁의 서쪽 담장을 헐고 도로를 낼 때, 그때 밀려 나갔을 가능성도 있다. 그 공사 과정에 대한 기록이나 자료를 아직 찾아내지 못했으니까, 자료를 찾아내거나, 발굴 작업을 해서 유구를 찾아내는 일이 과제로 남는다. 최근에 광화문 복원 정비 공사를 하느라고 발굴 조사를 하는 과정에서 서십자각 유구와 궁궐의 서쪽 담장의 옛 유구가 발견되었다. 그러니까 아직도 땅 속에 묻힌 채로 있는 유구와 유물들이 발굴 조사를 하면 더 모습을 드러낼 것이라고 생각된다.

나는 1994년 중국 과학원 자금산(紫金山) 천문대 설립 60주년 기념 축하식에 초청된 우리나라 과학사 학자 몇 사람들과 천문 박물관에 간 일이 있다. 8월 한가위의 달빛이 앞뜰의 계수나무와 함께 토끼가 크고 둥근달에서 떡방아를 찧고 있는 게 보이는 듯한 감성에 잠시 젖었다. 계수나무 꽃향기와 거기 그 박물관 뜰에 명나라 때 만든 커다란 간의가 나의 마음을 사로잡았다. 커다란 네 마리의 용이 받치고 있는 간의는 달빛 아래 더 아름다웠다. 우리에게는 없는 옛 중국의 전통 천문 의기가 부러워 다음날 그 앞에서 기념 촬영을 했다.

세종 때 대간의를 복원하는 프로젝트를 추진하고 있던 터여서 그 구조와 제작 기법의 세세한 부분까지 자세히 관찰했다. 예를 들면 부품들의 이음 기법과 맞춤 기법, 고정 못의 모양과 고정 방법 그리고 눈금 긋는 기법 등이다. 머릿속에서는 알겠는데 실제 장인의 기법이 어떠했는지는 우리에게는 전하는 기법이 없기 때문이다. 망치로 두드려 모양을 잡고 줄칼로 깎고 다듬어 끼어 맞추는 기법이 우리의 전통 장인의 그것과 꼭 같은지 확인하는 일은 소홀히 할 수가 없다. 그래서 우리나라 과학 문화재 복원 업체인 (주)옛기술과문화에서 기술팀이 현장 답사를 해서 기술적인 문제를 자세히 조사했다. 그 일은 조선 시대 간의 복원 제작에 유익한 노하우를 얻게 했다.

지금 우리나라에는 제대로 복원된 세종 때의 간의가 몇 개 있다. 그 대표적인 것이 한국천문연구원 앞뜰에 설치한 것과, 국립민속박물관에 전시되어 있는 것이 있다. 2개가 다 청동으로 부어 만든 좋은 작품이다. 한국천문연구원 것은 내가 그 설치를 기념하는 글을 썼다. 대전의 국립천문연구원 앞뜰에 설치한 대간의를 기념하여 나는 그 대석에 새긴 글에 이렇게 썼다.

> 간의(簡儀) 복원에 부치는 글
>
> 간의는 1434년(세종 16년), 경복궁 내 천문대에 설치했던 천문 관측 기기이다. 그것은 조선 왕조의 중앙 천문 기상대인 서운관(書雲觀)의 기본 관측 기기로 세종 시대의 활발한 관측 활동에 사용되었다.
>
> 간의의 구조 설계는 원나라 천문학자 곽수경(郭守敬)의 제도를 바탕으로 했다. 그리고 세종 시대의 천문학자들은 조선의 간의 모델을 만들어 냈다. 간의는 15세기에 세워진 가장 훌륭한 천문 관측 시설의 중심 기기로서 기념비적인 의기(儀器)였다. 그러나 간의는 불행히도 임진왜란 때 불타고 파괴되었다.
>
> 그것이 거의 600년 만에 복원되어 이제 그 당당했던 옛 모습을 되찾았다. 잃어버린 우리의 천문 과학 유산을 찾아내서 다시 만드는 일은 의의가 큰 사업이다. 새로 만든 이 간의는 우리 천문학의 밝은 미래를 상징하는 살

아 있는 역사적 관측 기기가 될 것이다.

그리고 민속박물관 것은 대간의를 받치고 있는 용을 특별히 조각해서 멋있는 작품이 되었다. 조선 시대에 그린 용과 조각된 용들을 다 갖추어 놓고 디자인의 자료로 삼았다. 특히 우리나라 용은 순하고 아름다운 모습이 훌륭해야 한다는 내 고집스러운 주장이 반영되어 천문 관측 기기로서의 위용을 갖추고 있다.

간의와 함께 세운 또 하나의 중요한 천문 관측 기기가 있다. 규표다. 『세종실록』에는 간의대의 서쪽에 청동으로 만든 높이 40자(약 8.5미터)의 거대한 규표(圭表)가 세워졌다고 기록되어 있다. 그리고 지면(地面)에는 청석(靑石)으로 해 그림자를 측정하는 규면(圭面)이 설치되었다. (추정 길이 약 30미터) 거기에는 장(丈)·촌(寸)·푼(分)의 눈금을 새겨 일중(日中) 때 청동표의 그림자를 측정하여 24절기를 확정했다고 했다. 앞에서 말한 조선 초기의 경복궁 지도의 간의대 그림 서쪽에 규표가 그려져 있는 것을 확인할 수 있다.

규표는 1995년에 나일성 교수와 이용삼 교수가 설계하여 한국과학사물연구소(지금의 (주)옛기술과문화)에서 제작한 것이 여주 영릉 세종 대왕 유적 공원에 전시되어 있다. 그 복제 복원 규표는 세종 때 설치했던 것의 10분의 1로 줄여 만든 것이다. 규표는 전통적으로 8자(약 1.7미터) 크기였는데, 세종 때 것은 중국 원나라 때 곽수경의 거대한 규표와 같은 크기로 세웠다. 나는 2001년 후난 성 덩펑(登封) 곽수경의 관성대(觀星台)를 답사하면서 그 위용에 놀랐다. 가기도 쉽지 않은 곳이지만, 그래도 우리가 갈 때만 해도 도로도 비교적 잘 정비돼 있었고 찾아오는 사람들도 거의 없던 때여서 10미터나 되는 관성대 꼭대기까지 올라가서 규면(圭面)을 완전히 내려다 볼 수 있는 행운을 누렸다. 그 길이가 30미터가 넘었으니까, 세종 때 것은 청석을 잘 다듬어 만든 규의 길이가 상당했을 것이다. 이용삼 교수팀의 연구에 의하면, 세종 때 규표는 높이 8.28미터의 청동 기둥(표)에 길이 26.5미터나 되는 돌판(규)이었다고 계

복원된 규표. 세종 때 설치했던 것의 10분의 1로 줄여 만든 것이다. 원래 것은 약 8.5미터의 거대한 것으로 원대 곽수경이 만든 것과 크기가 같았다.

산했다. 『명종 실록』에 관련된 기사가 있다. 1550년 1월, 만월날 밤에 대규표에 드리운 달 그림자의 길이가 2장(丈) 1척 3푼(약 4미터)이었다고 기록되어 있다. (이용삼, 정장해, 김천휘, 김상혁, 「조선의 세종 시대 규표(圭表)의 원리와 구조」, 《한국우주과학회지》 23권 3호(2006년)를 참조하라.) 간의대는 명종 때에도, 그러니까 설립된 지 100년이 지난 시기에도 실제 관측 시설로서의 역할을 다하고 있었던 것이다.

조선 왕조의 정궁(正宮)인 경복궁 안에 이렇게 커다란 천문 관측 시설을 갖추고 활발히 관측 활동을 하고 있었다는 사실은, 조선 시대 전기 천문학의 수준과 위상을 평가하는 데 중요한 자료가 된다. 간의대 복원을 위해서 우리는 오랫동안 애써 왔고, 지금도 애쓰고 있다. 그래서 여러 사라들이 그 필요성에 공감하고 있다. 몇 년 안에 우리 앞에 현실로 다가설 것도 같다는 희망이 생겨나고 있다. 우리 동료 학자들이 자문하고 도와서 (주)옛기술과문화에서 간의대에 설치할 의기들을 다 만들었으니까.

2001년 나는 곽수경 탄생 770주년 기념 국제 학술 연토회(硏討會)에 초청받았다. 중국 싱타이에서의 개회식에서는 주석단에 앉았고, 축하 연설도 했다. 호텔에서 개회식장까지는 승용차 퍼레이드가 시민들의 환영을 받으며 경찰차의 호위를 받으며 이루어졌다. 처음 겪은 환대에 우리 내외는 그저 놀랄 뿐이었다. 개회식장은 곽수경을 기념하는 엄청난 크기의 광장과 시설에서 시민들이 자리를 꽉 메운 가운데서 열렸다. 거기 관성대가 실물 크기 그대로 복원되어 있고 곽수경의 동상이 서 있었다. 광장 둘레에는 화랑 모양의 전시실을 만들어 곽수경의 업적을 기념하는 전시물을 진열하고 있었다. 뜰에도 물론 실물 크기대로 복원한 대간의를 설치했다. 세종 때의 간의대를 우리도 복원하고 싶다는 생각이 간절했다.

세종의 전속 엔지니어, 장영실

『세종 실록』에는 천문 기기의 제작과 관련해서 유난히도 원나라의 곽수경 천문 기기에 대한 기사가 많다. 세종 때의 천문 기기가 그의 천문학의 영향을 많이 받았다는 사실을 강조하고 있는 것이다. 세종은 정인지를 비롯한 집현전의 학자들과 경연에서 원나라를 비롯한 중국 천문학에 대해서 자주 논의했다. 곽수경의 천문 기기에 대한 연구도 심도 있게 이루어졌을 것이다. 그때 세종의 머릿속에서 떠나지 않은 과제가 있었다. 조선에서도 곽수경의 천문 기기와 관성대와 같은 천문대가 있어야 한다는 생각이다. 하늘의 이치를 안다는 것이 왕조를 다스리기 위해서 얼마나 중요한 일인지를 그는 잘 알고 있었다.

곽수경 탄신 770주년 기념 국제 학술 대회를 끝내고 찾은 곽수경의 고향 마을.

집현전의 학자들과 서운관의 천문학자들이 동원되었다. 그리고 이순지가 발탁되었고 이천과 장영실이 왕명을 받았다. 장영실이 등장한 것이다. 그의 등장은 아무도 예측하지 못한 일이다. 『세종 실록』에 따르면, 그는 동래현의 관노 출신이다. 그리고 그는 상호군(종3품)의 자리까지 승진한 인물이다. 그건 이미 우리가 알고 있다. 1930년대 민족주의 사학자들이 장영실의 명성을 말했었다. 『세종 실록』에 장영실은 그 시대의 대공학자 이천과 함께 재조명해 냈다. 이천과 장영실의 '짝'이 함께 해 낸 프로젝트는 크다. 그러다가 장영실이 혼자 해 낸 프로젝트에 대한 기사들이 나온다. 자격루와 옥루다. 이것들은 15세기 전반기에 이룩한 정밀 기계 제작에서 기념비적인 발명들이다. 이슬람 과학자들과 중국 과학자들 이외에 이런 정밀 기계를 만들어 낼 수 있는 사람이 없었다. 그런데 장영실이 만든 자격루와 옥루는 그들이 만들었던 정밀 기계 장치를 모방해서 만든 것이 아니었다. 전혀 다른 새로운 장치다. 『세종 실록』의 기사를 읽어 보면 사관(史官)들이 무엇을 쓰려고 했는지 선명하게 드러난다. 그들은 그 시계들의 제작을 놀라움으로 받아들였다.

그 장영실은 누구인가. 1970년대에 나는 장영실을 알아내기 위해서 많은 자료들을 뒤졌다. 교토 대학교의 동료들은 논문을 하나 쓰라고 권했다. 그런데 아무리 정리해도 장영실에 대해서는 모르는 게 너무 많다. 그래, 결국은 논문 원고를 쓰다가 그만뒀다. 그런데 그만둔 이유 중에서 큰 게 하나 있다. 『세종 실록』에서 장영실에 대한 기사 중, 놀라운 사실을 읽게 된 것이다. 간단히 적어 보자.

기사에는 장영실의 아버지가 원나라 소주 항주 사람으로 고려 때 귀화한 사람이라고 했다. 그리고 어머니는 기녀다. 그러니까 원나라에서 귀화한, 아마도 뛰어난 기술을 가진 인물이 동래현의 기녀였던 여인과의 사이에서 낳은 아들이 장영실이다. 어머니 신분이 기녀니까, 그 아들은 관노의 신분이 됐다. 그가 관아에서 어떤 일에 종사했는지는 알 수가 없다. 내가 알 수 없었던 또 하나, 그러면 장영실은 어떤 교육을 받을 기회가 있었겠는가 하는 것이다.

장영실에 관한 이 기사는 내게 큰 충격을 주었다. 그렇다면 장영실은 조선 사람이 아니고 엄밀하게 말하면 중국 사람이란 말인가. 지금 같으면 그런 사실로 내가 장영실에 대한 논문을 중단하지는 않았을 것이다. 오히려 그의 극적인 출생 이야기가 더 멋있는 글을 쓸 수 있게 했을지 모른다. 논문을 쓰는 일은 중단했지만, 장영실의 인생과 업적의 극적인 전개 과정은, 내게는 사실 또 다른 탐구욕을 자극하는 학문적 소재가 되었다. 그러던 어느 날, 『신증 동국여지승람』을 뒤적이다 장영실의 이름을 찾아냈다. 충청도 아산의 명신으로 기록되어 있었다. 세종 24년(1442년), 그는 임금의 가마를 만드는 사업의 총책임자로 그 일을 감독했는데 가마가 부서지는 불상사가 일어났다. 형벌은 가혹했다. 곤장 100대. 그건 거의 죽을 수도 있는 중벌이었다. 세종이 워낙 그를 총애했던 덕분에 그는 곤장 80대로 감형되고 파면되는 비운을 맞았다. 그러고는 공식 기록에서 그의 이름은 찾아볼 수 없었다. 그 이름이 중종 25년(1530년)에 편찬된 조선 왕조의 공식 문서인 『동국여지승람』에 "아산의 명신"이라고 실려 있다. 나는 또 한번 놀랐다. 아산의 명신이라면 아산 출신이나 본관이 아산이거나, 아니면 파직된 후 아산에 낙향해서 삶을 거기서 마쳤을까.

아산 장 씨 족보에 그의 이름이 올라 있다는 사실을 알게 된 것은 근래에 와서다. 아산 장 씨 문중에서 그를 기념하는 행사를 한다는 것을 내게 알려 오고, 참여해 달라고 요청해 왔을 때였다. 그리고 더 놀란 것은 장영실의 매제가 김담(金淡)이라는 것이 족보로 확인됐다는 사실이다. 아산 장 씨 세보에 따르면, 김담은 장영실의 작은아버지인 장성미(蔣成美, 전법전서)의 둘째 사위다. 김담은 우리가 잘 아는 바와 같이 세종 때 집현전 학자이며, 천문 역산학의 대가이다. 세조 10년(1464년) 7월 10일의 『세조 실록』 기사에는 그가 세상을 떠난 기록에 이조판서까지 지냈다는 사실을 전한다. 김담은 세종 시대 최고의 천문학자로 『칠정산 내·외편』을 편찬한 이순지를 도와 천문 역산학 연구에 크게 기여한 학자니까, 천문 기기 제작 첨단 기술의 최고 권위자인 장영실과의 긴밀한 연구 제휴를 생각하기 어렵지 않다.

그리고 아산 장 씨 세보의 이 기록은 장영실의 교육적 배경에 대한 나의 커다란 의문을 시원하게 해결해 주는 아주 중요한 단서를 제공해 준다. 『연려실기술』을 읽다가 장영실을 중국에 파견하는 세종의 특명에 대한 기사를 보고, 너무 기쁜 나머지 잠을 제대로 잘 수 없었던 때를 잊을 수 없다. 천문 기기는 중국에서나 만들 수 있는 최첨단의 정밀 장치이고, 그 기술은 국가적 프로젝트로 집결되는 숙련된 인물들에 의해서 수행되는 '공학(工學)'이었다. 그런 기술을 장영실은 어디서 어떻게 배우고 익혔을까. 세보의 기록과 『세종

16세기 자격루 유물. 지금은 물항아리만 남아 있지만 세종 16년인 1434년 장영실이 처음 만든 것을 중종 31년인 1536년에 개량하여 새로 만든 것의 유구이다.

『실록』의 기사에 나타나는 미묘한 차이가 나를 답답하게 한다. 『조선왕조실록』에는 장영실의 아버지가 중국 소주 항주 사람이라고 했다. 1970년대부터 몇 차례 소주 항주 지방을 답사했다.

그 지방에는 장 씨들이 많이 살았다는 말도 들었다. 그 지역을 답사하면서 중국 사람들이 천하의 절경이라고 말하는 아름다운 자연과 위구르 사람들이 그들의 전통 문화를 간직한 중심 도시 우르무치와 연결되는 교통로의 하나라는 사실을 확인할 수 있었다. 조선 초의 대학자 설장수와 설경수 형제가 위구르 사람이고 설경수는 당대의 명필이고 천문학에도 조예가 깊어 「천상열차분야지도」 제작에 참여한 학자라는 사실도 그저 지나칠 수 없는 연결 고리로 생각되었다. 그리고 위구르 문화는 이슬람 문화와도 이어진다.

『연려실기술』의 글에는, "세종 3년(1421년) 남양 부사 윤사웅, 부평 부사 최천구, 동래 관노 장영실을 내감으로 불러서 선기옥형 제도를 논란 강구하니, 임금의 뜻에 합하지 않음이 없었다."라고 씌어 있다. 놀라운 일이다. 장영실이 당대의 최고 천문 역산 학자들과 함께 세종 앞에서 천문 기기의 원리와 제도에 대한 토론을 했다는 것이다. 그가 언제 어디서 천문 역산학과 천문 기기에 대한 교육을 받았을까. 『연려실기술』에는 이어, 임금이 크게 기뻐하여 이르기를 "영실은 비록 지위가 천하나 재주가 민첩한 것을 따를 자가 없다. 너희들이 중국에 들어가서 각종 천문 기기의 모양을 모두 눈에 익혀 와서 빨리 모방하여 만들어라."라고 특명을 내렸다고 했다. 그리고 세종은 "이들을 중국에 들여보낼 때에 예부에 공문을 보내서 역산학과 각종 천문 서책들을 무역하고, 모두가 흠천각 혼천의 그림들을 견양하여 가져오게 하라."라고 지시하면서 은량과 물산을 많이 주었다.

장영실이 이렇게 큰 프로젝트에 참여했다는 사실은 놀라운 일이다. 서운관의 천문 역사학 권위자 두 사람과 함께 장영실이 중국에 연구를 위해서 파견되었다. 그리고 그는 돌아와서 경복궁의 천문 기기를 만드는 데 결정적 역할을 했다. 장영실의 첨단 천문 기기들과 천문 역산학에 해박한 지식과 천재적 재능을 가졌다는 사실을 말하는 이 기록은, 나로서는 쉽게 이해가 되지 않는다. 그런데 2년 뒤, 그가 중국에서 돌아 왔을 때, 세종은 대신들의 끈질긴 반대와 어려움을 무릅쓰고 장영실을 상의원 별좌, 종6품 벼슬을 주어 등용했다. 종6품 벼슬은 천문학의 국가 기구인 서운관에서는 천문학 교수, 지방 행정관으로서는 현감과 같은 관직이다. 관노의 신분에서 전문직 관료로 임용된 것이다. 너무나 파격적인 인사였다.

그러고 보면, 그의 교육적 배경에 대한 나의 풀리지 않는 의문점이 또다시 고개를 들고 나에게 그 해명을 해 보라고 압박하고 들어온다. 그를 가르친 학자는 누구일까. 아버지의 지체가 높았다 해도 귀화인으로서의 한계가 있었을 거고 기녀를 어머니로 태어난 서자의 신분으로 가르침을 받은 선생도 한계가 있는 인물일 것이다. 풀리기는커녕 자꾸만 의문은 쌓여 간다. 이산 장씨 세보에 올라 있는 대로 김담 부인의 사촌 오라버니라고 한다 하더라도 교육을 받을 때 제약이 없을 수 없었을 것이라고 생각하면, 뭔가 극적인 상황이 있었을 것도 같고. 무엇보다 세보에 따른 장영실의 아버지의 관직이 전서(典書)인데, 『조선왕조실록』의 기사에서 읽은 내용이 주는 맥락과 산뜻하게 이어지지 않는다는 데서 자꾸 걸린다.

그런데 최근에 나는 이 글을 쓰면서 컴퓨터에 올라 있는 장영실에 관한 댓글들을 읽고 깜짝 놀랐다. 그것은 소설이었다. 무엇을 자료로 하고 어떤 생각에서 그런 픽션들이 나돌고 있는지 걱정이 되었다. 우리 전통 과학 기술 연구에 40여 년을 보낸 내 책임이 크다고 느꼈다. 더욱이 장영실에 관한 조선 시대의 주요 문헌들을 거의 찾아 읽었다고 스스로 생각하고 있는 나도 모르는 내용들이 너무 많아 걱정스럽다. 그래서 이 책에 지금 내가 알고 있는 분명한 사실들을 명료하게 써 놓기로 했다. 모르는 것은 모른다고 밝히는 것이다.

조선 초의 신분 제도와 관련된 장영실의 극적인 인생 역정은 갖가지 추측성 글들을 낳고 있다. 출생과 교육, 발탁에서 관직 등용 그리고 첨단 기술에 대한 탁월한 재능으로 이룩한 업적으로 주어진 고속 승진, 업무상의 문제로 일어난 책임 때문에 받게 된 처벌과 파직에 대한 『조선왕조실록』의 기사를 근거로 삼아야 한다는 사실을 나는 강조하고 싶다. 그리고 또 한 가지 주요 자료는 『연려실기술』의 글이다. 이 기록들을 바탕으로 하지 않은 픽션은 원칙적으로 배제돼야 한다. 그리고 가능성을 전제로 한 글을 쓰는 것도 조심성 있게 전개해야 한다. 이제 장영실의 드라마틱한 인생과 업적을 2009년까지의 내 연구를 바탕으로 구성해 보겠다. 먼저, 15세기 전반기 최고의 과학자 공학자 장영실. 이 평가는 인정받기에 충분하다.

이슬람 과학의 흔적을 담은 앙부일구

조선 시대를 대표하는 해시계는 앙부일구(仰釜日晷)다. 1437년(세종 19년) 4월 15일 『세종 실록』(권 77, 10쪽)의 기사는 세종 때 만든 일련의 천문 의기 제작 프로젝트의 종결을 말하면서, 그 천문 의기들을 종합적으로 정리하고 있다. 그중에 앙부일구라는 조금은 낯선 해시계가 있다. 『세종 실록』에는 앙부일구가 『원사(元史)』 「천문지」의 「앙의(仰儀)」 항에서 "곽수경의 제법(郭守敬法)"에 따라서 만들었다고 설명하고 있다. 이때 다섯 종류의 해시계를 설명하고, 장영실을 포함한 5명의 천문학자 과학자의 이름을 제작자로 꼽았다.

앙의(Scaphe)는 원나라 때(13세기 후반) 곽수경이 새롭게 설계 제작한 간의, 앙의, 정방안, 규표 등 천문 기기 중 하나다. 그리고 이 천문 기기들은 『원사』 「천문지」에 그 구조에 대한 자세한 설명이 씌어 있다. 곽수경이 세운 천문대에 설치한 13종 중에서 가장 중요한 천문 기기들이다. 이 기기들을 『세종 실록』에서 곽수경법에 따라 제작했다고 한 것이라고 특별히 강조한 것은, 동아시아 천문학의 역사에서 곽수경이 차지하는 위치를 잘 보여 준다. 그리고 그 천문 기기들은 이슬람 천문학의 영향을 받아 제작된 것이다. 특히 앙의는 중국의 전통적인 평면 해시계와는 계보를 달리하는 특이한 구조를 가졌다는 사실을 눈여겨 볼 필요가 있다.

2001년 나는 중국 후난 성 뎅횡의 곽수경 관성대를 답사면서 거기 복원해 놓은 앙의를 볼 수 있었다. 원나라 때 만든 앙의를 반으로 축소한 모델로 생각된다. 기록에 의하면 원나라 때 곽수경이 제작한 앙의는 지름이 12척이고 길이가 6척이었다고 하니까 지름이 2.5미터가 넘는 거대한 해시계였다. 복원 모델은, 첫인상은 조금 낯선 모양이었지만 『조선왕조실록』에 기록되어 있는 대로 조선의 앙부일구가 같은 원리로 제작된 것임을 곧 알 수 있게 닮은 꼴이었다. 반구형의 모양과 시각선, 계절선이 같았지만 영침의 모양은 전혀 다르다. 단순한 막대 모양이다. 그리고 전체적인 디자인도 달랐다. 반구형의 그릇이 위를 향해서 놓인 모양의 해시계이니까 앙의라고 불렀을 것이다. 그 이름이 세종 때 과학자들에 의해서 앙부일구(仰釜日晷)라는, 조금 더 구체적인 명칭으로 불렸다. 앙부라는 용어는 「앙의명(仰儀銘)」을 쓴 야오수이(姚燧)의 글에 나온다.

가마솥이 하늘을 바라보는 모양을 한 디자인의 해시계로 부른 것이다. 처음에 종묘 앞거리와 광교 앞거리에 놓았던 공중 해시계의 영침은 어떤 모양이었는지 확실치 않지만, 지금 남아 있는 앙부일구의 영침은 불꽃 모양을 디자인한, 보다 아름다운 것이다. 그리고 앙부일구는, 조선 시대의 대표적 해시계로 자리 잡아 조선 말까지 많이 제작되었지만, 곽수경의 앙의는 그후 별로 제작된 것 같지 않다. 앙부일구는 그 아름다운 디자인과 은실(銀絲)의 새김모양 기법으로 글씨와 선들을 그려 넣은 청동제 해시계로 만들어져 화강석 받침돌에 놓아 궁중용 해시계로서의 위풍을 자랑했다.

반구형의 아름다운 모양을 한 그릇은 용을 형상화한 디자인의 다리가 받치고 있다. 그리고 그 다리들은 수평으로 연결된 물홈을 만들어 정확하게 수평을 보기 쉽게 만들었다. 조선 후기에는 휴대용 앙부일구도 여럿 만들어졌다. 지금 남아 있는 것만도 10개가 넘는다. 이건 공예 기법과 관측 기기가 멋있게 결합된 훌륭한 작품이다. 지구상의 다른 곳에서 만들어진 일이 없는,

곽수경의 앙의 제작 원리에 따라 만들어진 앙부일구는 세종 이후 조선 해시계의 표준 형태가 되었다. 18세기에 제작된 이 청동 은 새김 앙구일구에서도 그것을 확인할 수 있다.

작고 간편하고 정확하고, 귀중품으로 손색이 없는 작품들이다.

앙의는 잘 알려진 것처럼, 서유럽의 고대 해시계를 그 기원으로 한다. 돌을 오목하게 파서 조각해서 영침을 끼어 태양 고도에 따른 시각을 측정하게 만든 간단하면서도 과학적인 장치다. 이스탄불의 터키 국립 고고학 박물관에서 유리 전시실로 가는 계단에서 고대 이슬람의 오목 해시계 유물을 보고 놀라던 때가 생각난다.

그게 이슬람 세계를 거쳐 중국으로 왔다. 곽수경과 이슬람 과학의 교류는, 원나라 관측 기기로 발전했고, 그게 세종 때 조선에 받아들여졌다. 2004년에 우리가 우즈베키스탄이 자랑하는 옛 천문 시설인 우르그베르그 천문대 유적을 답사했을 때, 이슬람 천문학의 흐름이 그곳에 있었음을 확인할 수 있었다. 이슬람 천문학은 중앙아시아의 넓은 사막을 건너 중국의 원나라와 조선 초의 세종 과학 속으로 흘러들어온 것이다. 우르그베르그 천문대 유적

현주일구. 현주일구란 수직기둥에 매단 작은 구슬로 휴대용 해시계의 수직 축을 정확히 조정하는 역할을 하는 장치로 해서 붙인 이름인데, 세종 때 것을 본떠 성종 때 만든 것으로 보인다.

에 지금도 남아 있는 거대한 규표의 유물을 보면서 나는 중국 양쳉의 곽수경 관성대의 거대한 규표가 금방 떠올랐다. 동서 문화 교류의 도도한 물결이 거기 있었다. 앙부일구는 조선 전기 유물이 남아 있지 않은 게 유감이다. 그러면서도 한편, 강윤 김건 집안에서 앙부일구를 제작해서 이룬 큰 기여에 대해서 높이 평가해야 한다는 생각이 든다. 내가 본 뛰어난 앙부일구들의 대부분이 그 집안에서 만들어졌다는 사실은 그저 넘기기엔 남긴 업적이 너무 크다. 그 집안의 막내인 강건은 한성부윤을 지낸 사람이다. 서울과의 인연이 깊은 해시계 제작의 공로자들이다. 궁중에 설치한 청동 은 새김으로 만들어 낸 아름다운 디자인을 누가 설계했을까. 그리고 휴대용으로 상아와 옥돌로 새겨 만든 정교한 공예 기술은 어떻게 개발했을까. 첨단 정밀 기술의 중심으로서의 강 씨 문중을 우리는 기억해야 할 조선 후기 해시계 제작 기술 공방으로 기릴 필요가 있다. 휴대용 앙부일구를 만든 사람 중에는 강윤의 동생 강홍(姜泓)이 있다. 그 유물은 지금 중국에 있다. 「자연 과학사 연구」(伊世同, 1986

년)에 보고되었다.

1992년 8월에 해인사 유물 자료관에서 성종 때 것이 확실한 해시계를 발견하면서 더 아쉬운 생각이 든다. 해인사에서는 고려 말 것이라고 하는데 몇 번의 공동 조사와 답사 토론 끝에 세종 때의 현주일구를 그대로 본떠 만든 성종 때의 현주일구로 결론지었다. 손보기 교수와 남문현 교수 그리고 내가 검토한 것이다. 현주일구란 수직기둥에 매단 작은 구슬로 휴대용 해시계의 수직 축을 정확히 조정하는 역할을 하는 장치로 해서 붙인 이름이다. 놋쇠로 정교하게 만들어져서 『세종 실록』에 나오는 현주일구를 보는 듯해서 감동적이었다. 얼마 후 남문현 교수가 논문을 썼다.

해시계 왕국, 조선

세종 때 만든 해시계 중에서 일성정시의의 유물이 남아 있다. 온전한 상태는 아니지만 백각환과 그 받침이 세종대왕기념관에 보존되어 있다. 받침에는 물홈이 파여 있고 그것과 이어진 원형의 또 다른 물홈이 있어 기기를 설치할 때 정확한 수평을 쉽게 맞출 수 있게 했다. 일성정시의가 남아 있다는 사실은 루퍼스의 『한국의 천문학』 도판에 실려 있는 것을 보고 알게 되었다. 그게 어디 보존되어 있는지 알 수 없었는데, 창경궁의 경성박물관 시절의 유물의 일부를 세종대왕기념관에서 양도 보관하면서 그리 옮겨졌다는 것을 확인했다. 백각환의 받침대가 부러져 있고, 하나는 백각환 다이얼이 없다. 언제 손상되었는지 확실하지 않지만, 아마도 한국 전쟁 때 그렇게 되지 않았나 생각된다. 루퍼스 책과 조선 시대 문헌의 그림에 있는 기기 몇 가지가 지금 남아 있지 않는 것으로 미루어 짐작하는 것이다.

일성정시의는 『원사』 천문지에 나오는 곽수경의 성구정시의(星晷定時儀)를 본떠 만든 관측기다. 일성정시의(日星定時儀). 그 이름이 다른 것처럼, 곽수경

일정성시의. 일정성시의는 백각환과 받침만 남은 것을 남문현 교수와 이용삼 교수가 복원 제작한 것이다.

기기를 개량해서 만들었다. 낮 시간과 밤 시간을 다 측정할 수 있는 두 가지 기기다. 성구정시의는 밤에 항성을 관측하여 시각을 결정하는 기기다. 일성 정시의는 그것을 낮 시각도 관측할 수 있도록 또 하나의 해시계 다이얼을 갖춘 것이다.

『세종 실록』에는 그때 만든 몇 가지 해시계의 이름이 더 나온다. 휴대용 해시계다. 그리고 휴대용 해시계는 여러 사대부들이 만들어 썼다. 내가 수집해서 지금은 서울역사박물관에 소장되어 있는 것만 해도 10여 개가 넘는다. 그 휴대용 해시계들 이외에, 내가, 조선 시대 선비들의 사랑을 받던 또 다른 해시계들이라고 밝히고 글로 써서 애정을 가지고 평가하는 휴대용 해시계가 있다. 선추(또는 선초라고도 한다.)다. 한글학회가 지은 『우리말 큰 사전』에는, 부채에 매어다는 장식품(나침반)이라고 설명하고 있다. 또 다른 국어 사전에는 부채고리에 매어 늘어뜨린 장식이라 했다. 어느 날 나는 왜 조선 시대 선비들이 부채에 나침반을 매어 달고 있는지, 궁금했다. 나침반이 그렇게 일상 생활에 꼭 필요한 기구일까. 여성들의 부채에 선추가 매달려 있지 않은 건 이해가 된다. 그들은 남성들처럼 자주 외출하지 않기 때문이다. 아마도 거의 모든 우리나라 지식인들이 그렇게 알고 있을 것이다. 아름다운 조각을 한 3제곱센티미터가량의 매듭 장식과도 같이 부채 끝에 예쁘게 꼰 줄에 매달려 있는 집(갑, 케이스)에 들어 있는 나침반이다.

그래도 뭔가 시원하게 미심쩍은 게 풀린 것 같지 않다. 자주 외출한다 해도 그렇게 동서남북의 방위를 알아야 할까. 선추 나침반을 갑에서 빼 보았다. 그러다가 또 하나의 의문이 생겼다. 나침반 한가운데를 가로질러 붙여 놓은 가는 쇠막대. 처음엔 그게 나침반을 집에 끼워 넣을 때 헐겁지 않게 잘 끼어놓게 하는 데 소용된다고 생각했다. 그런데 자세히 보니까, 한가운데를 접게 돼 있다. 접으면 막대가 수직으로 선다. 결국 선추로 나침반으로 쓰기보다, 중심에 세울 수 있게 해 놓은 막대의 역할이 더 중요한 것이라는 생각이

선추 해시계. 조선 선비들이 부채 끝에 매단 나침반은 실상 휴대용 해시계였다. 과학 기기를 멋스러운 디자인 위에 올려놓은 한국인의 창조적 재주가 돋보인다.

들었다. 막대를 나침반의 한가운데 세우고 남북을 맞춰 놓으면, 그것은 정오 해시계가 된다. 막대가 해시계의 영침(눈금)이었다. 그러니까 조선 시대 선비들은 부채고리에 휴대용 해시계를 달아 가지고 다닌 것이다. 이게 내가 내린 결론이다.

선추(선초)는 휴대용 해시계다. 가볍고 콤팩트하고 품위 있고 예쁘다. 한 가지 종류의 해시계가 이만큼 널리 보급되고 사랑을 받은 예는 내가 아는 한 다른 나라엔 없다. 합죽선이라고 선비들이 부르며 쓰던 접는 부채(쥘부채)는 동서양 어디서나 널리 쓰인, 더위를 식히는 휴대용 생활 기구였다. 멋진 그림을 그리거나 글씨를 써서 그 품격을 높였고 공예의 솜씨와 재주로 그 멋을 더해 사람들의 사랑받는 실용품이 됐었다. 그런데 거기에 선추라는 장식을 달아서 그 격조 높은 실용성을 극대화한 것은 조선 시대 사람들이다. 해시계가 널리 사용되기에 가장 알맞은 날씨를 가진 지역이 우리나라다. 그런 지역에서 그런 간편하고 실용적인 해시계를 만들어 낸 지혜는 칭찬받기에 충분하다. 세계 해시계의 중요한 유형을 창조했다고 평가할 만하다. 그 해시계 집의 너무도 수수하면서도 화려한 조각 솜씨도 돋보인다. 이것도 과학 기기를 멋스러운 디자인 위에 올려놓은 한국인의 창조적 재주로 꼽을 만하다.

간의대와 한글에 담긴 세종의 뜻

세종은 훈민정음을 펴내면서 이렇게 썼다. "우리나라의 말이 중국 말에 대하여 달라, 한자와는 서로 잘 통하지 아니한다. 이런 까닭으로 어리석은 백성이 말하고자 하는 바가 있어도 마침내 제 뜻을 글자로 표현해 내지 못하는 사람이 많은지라, 내가 이를 위하여 딱하게 여겨, 새로 스물여덟 글자를 만드노니, 사람마다 하여금 쉬이 익혀서 날마다 쓰기에 편하게 하고자 할 따름이니라." 우리 글을 만들어 냈으니 중국 글에 매달리지 않아도 된다는 말이다. 그리고 세종은 세종 12년(1420년) 3월에 궁 안에 서운관을 설치하고 천문대(관측대)를 세우라고 명했다. 천문학의 권위자들을 모아 천문 관측을 하게 했다. 세종 3년에 장영실과 윤사웅, 최천구 두 천문학자들을 중국에 파견했다. 천문학과 천문 기기를 연구하고 오라는 특명을 받아 연구한 사업이 잘 진행되고 있었던 것이다.

그 첫 성과가 세종 7년(1425년)에 이루어졌다. 조선 왕조는 새로운 시간 측정 기기를 만들어 국가의 표준시를 쓸 수 있게 됐다. 우리가 이미 알고 있는 것처럼, 경복궁에 세운 대간의대는 이러한 일련의 기초 작업을 해 낸 바탕 위에서 이룩해 낸 거대한 국가적 프로젝트였다. 천문 관측을 스스로 수행하고 그것을 바탕으로 자기의 역(曆) 계산을 해 낼 수 있게 한다는 야심찬 사업을 전개한다. 그것은 천문 관측과 역 계산에서 중국의 테두리를 벗어난다는 것을 뜻한다. 글(문자)과 천문에서의 중국 이탈. 그것은 엄청난 문제들이 깔려 있는, 경우에 따라서는 왕조의 명운이 걸려 있는 중대한 결심이다. 세종은 나라 안에서도 갖가지 도전과 어려움을 겪어야 했다. 하물며 이 일은 중국과 조선 두 나라의 관계에서 중국 쪽의 큰 압력을 이겨 내야 하는 국가 간의 문제를 겪어야 하는 도발인 것이다.

냉정하고 솔직한 마음가짐으로 우리 역사를 돌이켜보자. 역사적으로 우리는 왕의 나라이고 중국은 황제의 나라다. 사실 그것은 국가의 격이 다르다는 뜻이다. 그런데 세종은 이러한 일련의 국가적 프로젝트를 소리 없이 전개해 나가면서 그 테두리를 뛰어넘으려 하고 있었다. 황제의 나라의 전유물인 하늘의 과학과 문자 체계에 의존해서 따라가면 되는, 그런 위치와 관계를 깨고 있었던 것이다. 조금 특이한, 하나의 돌출된 예라고 말할지도 모르지만, 앙부일구가 조선에서 세종 때 만들어지면서 『세종 실록』을 비롯한 사료들에는 그것이 원의 곽수경 법에 의해서 만들어진 해시계라는 사실을 유난히도 강조하고 있다. 사실 중국에서는 원나라 때 곽수경 이후 앙의는 사실상 더 이상 쓰이지 않았다. 그것이 이슬람 계통의 기기이고, 중국의 전통적인 평면 해시계와는 계보를 달리하기 때문인 것으로 생각되기도 한다. 그런데 그로부터 150년이나 지난 세종 때에 중국계가 아닌 이슬람계 기기를 만들고, 그것이 조선 말까지 조선 해시계의 주류를 이루고 있었다. 분명히 그냥 지나칠 수만은 없는 눈여겨봐야 할 흐름이다.

세종 초부터 전개된 일련의 천문 기기 제작과 관측 사업에 대한 국가적 프로젝트로서의 추진은 『칠정산 내편』과 『칠정산 외편』의 완성으로 그 결실을 맺는다. 이 세종 대 역산학의 결실은 조선 왕조를 반석 위에 세우려는 세종의 거대한 뜻과, 하늘의 이치를 스스로의 노력으로 관측하고 계산하고 연구하기 위한 대간의대의 건설과 경영 그리고 한글의 발명과 맥을 같이하는 큰 흐름이 되는 것이다. 한글(훈민정음)도 중국의 음운학의 이론과는 다른 제자(制字) 원리이고 음운 이론의 기초 위에서 만들어졌다.

태조 때에 새겨진 「천상열차분야지도」 각석, 즉 하늘의 그림과 이론의 전개, 태종 때 그려진 「혼일강리역대국도지도」, 즉 온 세계를 그린 땅의 그림 그리고 세종 때 이룩한 하늘의 움직이는 체계의 이론적 계산, 『칠정산 내편』과 『칠정산 외편』의 편찬과 더불어 만들어 낸 자기 글자의 펴냄이다. 이러한 내 생각에 몇 가지 더 설명할 것이 있었다. 세종이 『칠정산』을 펴내고 나서 조선 선비들은 『칠정산』을 자국력(자기 나라 역법)이라 하고 대명력을 중국력이라 했다. 그리고 한글은 언문이라 해서 사대부는 쓰지 않고 아녀자나 쓰는 글이라고 깎아 내렸지만, 하나의 문자 체계로서의 훈민정음은 그 독창성과 과학성에서 15세기 최대의 언어 과학의 성과로 평가된다.

물론 조선 왕조의 선비들은 학문어로서의 한문을 계속 썼다. 훈민정음이 조선 시대 사대부들에게 학문어로서 인정받지 못했다고 해서 그 발명의 언어학적 업적이 손상될 수 없다. 그리고 한문은 임금을 비롯한 양반 사대부들이 일상 생활에서 퇴색되지 않고 씌었다. 서유럽에서 라틴 어가 오랫동안 학문어로서 쓰여 온 것과 다를 것이 없다. 20세기 한국에서 한문의 역할과 위상은 또 한번 바뀌었다. 고전어(古典語)가 된 것이다. 한글(훈민정음)은 학문어로서의 영역에까지 차츰 넓게 쓰이게 되었다.

조선과 명나라의 관계는, 그 전의 중국 왕조와도 그랬던 것처럼 외교적으로 늘 미묘한 관계에 있었다. 중국은 조선에 대해서 상국으로 군림하려 했고, 조선은 그것을 슬기롭게 극복하려고 다각적인 노력을 기울였다. 천문 관측과 역법의 채용도 그중 하나였다. 훈민정음을 언문이라 부르기도 한 것은 그럴 것이라고 나는 생각하고 있다. 세종과 측근 천문학자들은 『칠정산』을 조선력이라 하지 않았다. 역법 계산학의 연구서라 해서 필요 없는 마찰을 피했다. 명종 때는 경회루에서 중국 사절단의 연회를 베풀면서 그 서북쪽에 있는 거대한 천문대를 발을 쳐서 가려 잘 보이지 않게 했다.

조선에서는 왜 이슬람계 해시계인 앙부일구가 조선 해시계의 주류를 이루었을까. 여기서도 평면 해시계를 주류로 하는 중국과의 미묘한 차별화를 찾아볼 수 있는 것을 나만의 지나친 자기 주장일까. 선추 해시계가 조선 사대부의 사랑받는 필수품이었던 것은 같은 선상에서 해석할 수 있었다. 조선 선비들이 해시계를 선호하던 한 현상이라고 나는 생각하고 있다. 해시계를 쓰기에 알맞은 우리나라 자연과도 이어진 현실을 잘 이용한, 자연과 인간과 실용을 존중하는 생각이 나타난 것이다.

세종 때 관측 기기들의 그 후

『세종 실록』은 세종 때 국가의 프로젝트로 완성해 낸 여러 천문 기기들에 대해서 자세히 기록하고 있다. 대간의 규표, 여러 가지 해시계들과 혼천시계와 자격루가 그것이다. 그런데 이중에서 남아 있는 기기는 사실상 없다. 기록은, 임진왜란 때 대간의대가 경복궁의 화재로 없어질 때, 모두 파괴된 것으로 전하고 있다. 40여 년 동안 나는 그중 하나라도 어딘가에 있을지도 모른다는 희망을 가지고 조사와 답사를 거듭했다. 물론 공동 조사와 연구회도 할 만큼

했다. 찾아낸 것은 두 가지다. 작은 일성정시의와 성종 때의 현주일구다.

『증보문헌비고』「상위고」3, 의상 2에 이런 글이 있다. 선조 34년(1601년)에 영의정 이항복(李恒福)이 쓴 글이다. 그 내용은 대체로 이렇다.

> 기기 제작의 기록들은 임진왜란 때 모두 타 버렸다. 우연히 간의와 간의
> 의 다리(趺) 그리고 늙은 기술자 두 사람을 얻을 수 있었다. 사각(史角)의 기
> 록을 참고하여 옛 제도를 회복하려 했으나, 다 해 내지 못했다.

이항복의 이 글은 간의대의 그 부속 시설을 임란 후에도 복구하지 못하고 그 설계 자료들은 모두 불타 버려 앞으로 제대로 시설을 갖추기가 어렵다는 사실을 말하고 있는 것으로 생각된다. 그런데 "그래서 먼저 것 중에 가장 정밀해서 만들기 어려운 것부터 만들었다. 물시계(漏刻), 간의, 혼상 같은 것은 후세 사람들에게 그 법식(法式)이 되게(본받을 수 있게) 했다. 그 밖의 규표, 혼의, 앙부, 일성정시의 등의 기구는 모두 만들 겨를이 없었다."라고 쓰고 있다.

자격루가 아닌 보통 물시계와 간의, 혼상의 세 기기는, 가장 기본적으로 갖추어야 할 기기여서 만들어야 했던 것으로 생각된다. 그러면서도 나는 여기서, "가장 정밀해서 만들기 어려운 것부터 만들었다."라는 표현이 쉽게 이해가 가질 않는다. 규표, 혼의, 앙부일구, 일성정시의는 만들 겨를이 없어서 만들지 못했다는 표현과도 잘 이어지지 않는다. "만들 겨를이 없어서"가 아니라 설계 자료들이 모두 불타 없어진 상태에서 기술적으로 어려움이 컸던 사실을 완곡하게 표현했다고 나는 해석하고 있다.

세종 때 이후 임진왜란 전까지 몇 가지 관측 기기들이 제작되었다. 1494년 (성종 25년)에는 세종 때의 제도에 따라 소간의를 만들었다. 또 앞에서 쓴 세종 때의 현주일구도 이 무렵에 만들어졌다. 중종 때는 1525년에 목륜(目輪)이라는 관측 기기를 만들었다는 기록이 『증보문헌비고』에 설명되어 있다. 그리고 다음 해인 중종 21년(1526)에는 "옛 의상은 또다시 수리하고, 다시 여벌

㊺ 제26863호 **동아일보**

조선서 만든 '휴대용 별시계'
〈아스트롤라베·고대 아라비아에서 사용〉

77년만에 고국으로 돌아오다

18세기말 조선에서 만든 '휴대용 별시계' 아스트롤라베가 일본에서 발견돼 최근 국내로 돌아왔다.

과학사학자인 전상운 문화재위원은 "1787년에 제작된 뒤 일제강점기 일본인이 가져갔던 아스트롤라베를 구입해 얼마 전 한국으로 다시 가져왔다"고 6일 밝혔다.

아스트롤라베는 별의 위치와 시간, 경도와 위도를 관측하는 휴대용 천문기구를 말한다. 조선 전기 제작된 거대한 '혼천의(渾天儀)'가 고정용 천문관측기구라면 아스트롤라베는 휴대용 천문기구에 해당된다. 고대 이후 아라비아에서 주로 제작했으며 동아시아에서 제작한 것으로는 처음이라는 것이 전 위원의 설명이다.

전 위원이 되찾아온 아스트롤라베는 지난해 말 일

일제강점기 유출됐다가 최근 국내로

1787년 제작…"동아시아선 첫 발견"

본에서 발견돼 학계에 보고됐다. 이 유물을 조사한 일본 도시샤(同志社)대 미야지마 가즈히코 교수는 "1930년 대구에 살던 일본인이 일본으로 가져간 것으로 확인됐다"고 말했다.

이 아스트롤라베는 놋쇠로 만든 원판형(지름 17cm)으로 아라비아 것과 비슷하다. 전 위원은 "19세기 이전 동아시아에서 제작된 아스트롤라베는 지금까지 한 점도 발견되지 않았다"며 "이번에 찾아온 것은 동아시아의 유일한 아스트롤라베인 셈"이라고 말했다.

아스트롤라베의 앞면 위쪽 고리엔 筠菴尹先生製 (균암 윤선생 제)', 뒷면 위쪽 고리 부분엔 '北極出地三十八度(북극출지38도)' '乾隆丁未爲(건륭정미위)'라고 새겨져 있다. 윤 선생(또는 그의 제자가) 정미년(1787년)에 만들었다는 뜻이며 북극38도는 한반도 위도를 가리킨다.

원판 앞뒷면엔 다양한 동심원과 호(弧), 동서양의 별자리와 절기 이름을 새겼다. 앞면 가운데 갈고리 모양은 별의 방향을 표시해 놓았고 이 중 특정 별을

1930년 일본인이 가져갔다 77년 만에 국내로 되돌아온 '휴대용 별시계' 아스트롤라베(1787년)의 앞면 사진 제공 전상운 씨

아스트롤라베 앞면 가운데의 작은 원에는 11개의 뾰족한 돌기가 있고 여기에 별들의 이름이 새겨져 있다. 11개 중 어느 하나의 뾰족한 방향을 하늘에 떠 있는 별에 맞추면 그 순간의 시간, 다른 별들과 태양의 위치 등을 알 수 있다.

하늘에 있는 실제 별에 맞추면 그 시간과 다른 별의 위치, 태양의 위치를 알 수 있다.

아스트롤라베를 살펴본 이용복(천문학) 서울교대 교수는 "이렇게 정확한 휴대용 별시계를 만들었다는 사실에 놀라지 않을 수 없으며 그만큼 중요한 과학 문화재"라고 평가했다.

전 위원은 "이 아스트롤라베를 좀 더 연구한 뒤 박물관 전시를 통해 공개할 계획"이라고 밝혔다.

이광표 기자 kplee@donga.com

18세기조선의astrolabe, 유금(柳琴)제작, 놋쇠. 동아일보기사

을 만들었다." 세종 때 만든 모든 천문 기기들의 여벌을 만들었다고 설명하고 있다. 그리고 1548년(명종 3년)에는 관상감에서 혼천의를 만들어 홍문관에 설치했다. 이 혼천의를 만드는 데는 3개월이 걸렸다 한다. 그러니까 이 시기까지는 세종 때 만들었던 모든 관측 기기들을 큰 어려움 없이 만들 수 있었다고 생각해도 좋을 것 같다.

이제, 목륜이라는 관측 기기에 얽힌 이야기를 쓰고 넘어가야 하겠다. 1960년대 초에 궁궐의 유물들을 조사하면서 아스트롤라베로 보이는 기기를 창덕궁에서 발견했다. 지름 33.9센티미터의 놋쇠로 만든 기기는 그 만듦새의 정교함과 구조로 볼 때, 나는 이것이 『증보문헌비고』에 씌어 있는 목륜이 틀림없다고 생각했다. 그래 교토의 야부우치 스쿨의 학자들에게 사진과 함께 기록의 내용을 설명했다. 이순(李純)이 중국에서 구해 온 『혁상신서(革象新書)』를 참고해서 만들었는데 그 구조가 매우 정교했다고 『증보문헌비고』에 씌어 있다고 했다. 미야지마 교수를 비롯한 중국 천문학사 전문가들이 열심히 자료를 조사했다. 결론은 『혁상신서』에 목륜에 관한 설명이 나오지 않는다는 것이다. 그리고 창덕궁의 그 관측 기기는 아스트롤라베 같지가 않아서 미야지마 교수가 서울에 와서 직접 확인할 필요가 있을 것 같다고 한다. 와서 확인한 결과는 역시 아니었다. 간평의(簡平儀)라고 봐야 한다고 했다. 이것은 그 후, 유경로, 나일성, 이용삼 교수들에 의해서도 확인되었다.

이제 또 하나, 파고다 공원에 있는 세종 때 앙부일구대에 대하여 말해야 하겠다. 『경성부사(京城府史)』(제1권, 19)에는 1900년대 초에 종로에 전차 선로를 까는 공사를 하다가 파고다 공원 앞길에서 관측 기기의 대로 보이는 화강석 구조물이 발견되었다. 그것이 세종 때 종묘 앞에 설치된 앙부일구의 석대로 고증되어 공원 안에 옮겨 보존하고 있다는 기사가 씌어 있다.

나는 카메라를 메고 현장 조사에 나섰다. 공원에는 비교적 보존 상태가 좋은 화강석대가 있었다. 전체 높이 153.5센티미터, 맨 위 받침대 크기 78제곱센티미터의 계단처럼 쌓은 구조다. 맨 위 앙부일구를 놓았던 자리로 보이는, 반구형의 움푹 파인 자리로 미루어 보아, 세종 때 백성들이 시간을 볼 수 있도록 만든 앙부일구는 결코 작은 것이 아니었다. 어떤 디자인의 해시계였을까. 지금 보존되어 있는 조선 중기 이후의 앙부일구와 크게 다른 모양은 아니라고 생각하면서도 궁금증은 오랫동안 숙제로 남아 있다.

우리가 다시 살펴본 기록과 자료와 유물들을 조심스럽게 검토해 보면서, 나는 임란 후 이항복이 쓴 글을 어떻게 이해해야 할지 망설이지 않을 수 없게 됐다는 게 솔직한 지금의 내 심정이다. 사실, 놋쇠로 관측 기기를 복원하면서 우리가 겪는 어려움은 한두 가지가 아니다. 예를 들어, 혼천의나 간의의 환에 긋는 눈금 365와 1/4개를 정밀하고 정확하게 처리하는 일은 수작업으로 해 낸다는 것은 결코 쉽지 않다. 이런 작업은 조선 시대까지 장인들에게 전수된 기술로 처리했을 것으로 나는 생각하게 되었다. 그것은 분명히 그들만이 가졌던 정밀 기술이다.

탑골 공원에 있는 세종 때 앙부일구대.

『증보문헌비고』「상위고」는 혼의(혼천시계)를 제대로 만들어 내는 데 많은 어려움을 겪은 사실을 전하고 있다. 『서운관지』(권 4)「서기(書器)」에는 효종 8년인 1657년에 다시 혼천시계를 만들려는 노력이 시작되었고, 몇 번의 과정을 거쳐 현종 10년인 1669년에 이민철과 송이영이 거의 오차가 없는 혼천시계를 만드는 데 성공했다고 전하고 있다. 그리고 이 책에 의하면 관상감에 비치된 천문 기기로 혼천시계(선기옥형) 이외에 소간의, 숙종 때 다시 돌에 새긴 「천상열차분야지도」와 규관(葵官)과 적도경위의, 지평일구가 있었다. 세종 때 만든 천문 기기의 존재에 대해서는 언급이 없다. 남아 있는 것이 없었기 때문일 것이다.

새 자격루를 만들다

1536년(중종 31년)에는 세종 때 간의대와 보루각의 건설 이후, 조선 왕조에서 손꼽히는 큰 국가적 프로젝트가 완성되었다. 새로운 자격루가 국가 표준 물시계로 움직이기 시작한 것이다. 유부(柳溥)와 최세절(崔世節)이 만든 새 자격루다. 세종 때 장영실의 자격루가 1455년(단종 3년) 고장 나 자동 시보 장치를 쓸 수 없게 되면서 10여 년 동안 제 기능을 다하지 못하다가 1469년(예종 1년)에 수리해서 다시 쓰게 되었고, 1505년(연산군 11년)에 창덕궁에 옮겨 설치했었다. 그러니 장영실의 자격루는 이미 낡아서 그 정밀 장치들이 제 기능을 발휘하지 못하게 되었다. 새 궁궐인 창덕궁이 준공되면서 새로운 국가 표준 물시계를 제작 설치해야 한다는 논의는 당연히 제기되었을 것이다. 1534년(중종 29년)에 그 논의는 성숙되었고, 대역사(大役事)는 시작되었다. 장영실의 자격루 개조 공사와 새 자격루 제작이 착수되기에 이른 것이다. 조선 왕조에서 자격루가 만들어진 지 100년 만이다.

이때 새 자격루가 만들어졌다는 것은 세종 때 자격루 제작의 주역이었던 장영실이 죽고, 공동 설계자인 김빈(金鑌)도 죽은 다음, 제대로 운영 관리하지 못해서 제 기능을 다하지 못해 온 자격루를 만들 수 있는 기술의 연구가 이루어졌다는 사실을 말한다. 물론 설계 자료가 있어서 그것을 바탕으로 했을 것이다. 이 국가적 프로젝트를 수행하기 위해서 새 자격루 제작 기구인 보루각 조성 도감(都監)이 설치되었다. 영의정과 우의정이 도제조(都提調)가 되었고, 우찬성(右贊成) 유부와 공조참판 최세절이 제조가 되었다. 이 새 자격루의 2개의 청동제 물받이통(受水筒) 맨 위에는 조성 도감의 주요 인물 12명의 관직과 이름이 돋을새김으로 새겨져 있다. 그중에서 우리가 주목해야 할 두 사람의 최고 기술자가 있다. 그리고 여기 새겨진 인물에는 없지만, 큰 역할을 한 기술자 두 사람의 이름이 『중종 실록』에 올라 있다. 낭관(郎官) 김수성(金守性)과 자격장(自擊匠) 박세룡(朴世龍)이다. 아마도 하급 기술 관리여서 자격루에 이름이 새겨지는 영예는 누리지 못했을 거다. 이 두 사람은 "이 일을 시종 전장(專掌)했다."라고 했고 그래서 상급은 특히 후하게 주었다고 씌어 있다. 자격장이란 특수 전문직 장인이 있었다는 기록은 우리의 주목을 끈다.

　유부와 최세절은 기술 총책임자였다. 이들도 임금에게 특별히 상급을 받았다. 나는 오랫동안 이들의 이름을 잘못 알고 있었다. 유전(專)과 최세정(鄭)으로 알고 있었는데, 물받이통에 새겨 있는 이름이 그렇게 보이기 때문이었다. 유경로 교수가 최세정의 정자가 아무래도 이상하다고 했다. 이름 끝에 우리나라 성씨의 글자를 쓸 리가 없다는 것이다. 과연 그랬다. 거기에는 이런 사연이 있다. 1985년 가을, 청와대 비서실에서 내게 전화가 걸려왔다. 최규하 대통령이 나를 만나고 싶어 한다는 것이다. 자격루가 놓여 있는 덕수궁에서 만나기로 했다. 최 대통령은 비서관 한 사람만 데리고 반갑게 나를 만났다. 그는 자격루 앞에 서서 저기 이름이 새겨진 공조참판 최세절이 그의 선대 할아버지라고 하면서 이 자격루 앞에 서면 자랑스럽다고 했다. 그러면서 그는 집안에서 보존되어 온 이 자격루 관련 자료의 복사본을 나에게 전해 주었다.

중종 때 개량된 새 자격루를 제작한 기술 책임자들과 그 주역들의 정확한 이름을 찾게 된 것은 나에게는 감동적인 발견이었다. 그들은 장영실의 자격루를 개량해서 인경과 바라까지 자동으로 소리를 울릴 수 있게 만들었다. 설계도와 고장 난 유물이 있다고는 하지만, 오랫동안 수리하거나 새로 만들지 못한 채로 있던 물시계다. 복잡하고 정밀한 기계 장치기 때문이었다. 이 새 자격루로 임란 이후 여러 번 수리되면서 사용되었다. 그러다가 1653년에 시헌력으로 역법이 바뀌고 시제(時制)가 1일 100각제에서 96각제로 바뀌면서 또 사용이 중단되었다. 바뀐 시제에 따른 자격 장치(자동 시보 시스템)를 제대로 맞추어 고치는 기술이 없었던 것 같다. 그래 자동 시보 장치를 뜯어내고 물항아리와 물받이통 그리고 잣대(箭)들만 그대로 쓰면서 시각을 알리는 직책을 맡은 하급 관리가 교대로, 밤에는 숙직을 하면서 때가 되면 종과 징과 북을 쳐서 시간을 알렸다. 당직은 철저히 하지 못해서 정확한 시각을 치지 못하는 사고가 생길 수밖에 없었다. 담당 관리가 처벌을 받았다는 『조선왕조실록』의 기록이 몇 번 나올 정도였다.

결국 조선 말까지 중종 때 만든 유부와 최세절의 자격루는 자격루로서의 역할을 하지 못했다. 자동 시보 장치를 떼어내고 물시계의 기본형의 역할을 하는 장치로 시간을 재고, 사람이 늘 밤낮없이 지켜보고 있다가 시각을 알리는 방식을 쓸 수밖에 없었다. 지금 우리가 덕수궁에서 그 유물을 보는 물시계가 그것이다. 청동으로 만든 물받이통만도 높이 199센티미터, 지름 37센티미터의 거대한 장치다. 물받이통에는 훌륭한 조각 솜씨로 돋을새김을 한 승천하는 용이 이 물시계의 위용을 자랑하고 있다. 국가와 임금을 상징하는 표준 물시계다. 원래, 맨 위의 큰 물항아리와 중간 물항아리를 이어 주는 지름 약 2.5센티미터의 파이프가 있었다.

그리고 물받이통으로 이어지는 파이프로 물이 흘러내리면, 물이 고이면서 떠오르는 거북 형상의 부표(浮標) 장치에 세운 잣대(箭)에 새긴 시각 눈금을 재는 부품들이 갖추어져 있었다. 그런데 1985년에 국보 229호로 지정될

복원 제작되어 국립고궁박물관에 전시되어 있는 자격루.

때에는 이 부품들이 없어졌다. 1990년 무렵에 물받이통 안에서 거북 형상의 부표(bloat) 장치가 나왔을 때, 조사에 참여했던 학자들의 즐거움이 컸다. 1920년대와 1940년대 사이에 창경궁에 일제가 이 물시계를 갖다 놓았을 때 사진에는 지금 없어진 부품들이 다 있었다. 아마도 한국 전쟁 때나, 이 물시계를 옮겨 지금의 자리에 설치하는 사이에 없어진 것으로 생각된다.

지금 이 자격루 유물은 화강석으로 대를 쌓아 그 위에 올려놓고 있다. 그런데 이 대는 조선의 전통적 돌대 쌓기의 형식이 아니다. 그리고 믿을 만한 자료를 바탕으로 해서 제대로 고증한 것 같지 않다. 1500년대의 이렇게 큰 물시계 유물은 세계적으로도 보기 드문 것이다. 경복궁 고궁박물관에 복원 설치한 장영실의 자격루 작동 모델로 중종 때의 이 자격루 유물이 얼마나 훌륭하게 만들어졌었는지 상상하기 어렵지 않다. 그 아날로그-디지털 변환 장치와 쇠구슬들이 굴러 떨어지면서 생기는 지렛대 원리의 역학적 장치들의 정밀 기계 기술은 주목할 만한 창조성이 전개된 것이다. 거기에는 이슬람 자

493

동 장치 기술과 송대, 원대 중국의 자동 시계 장치 기술이 기묘하게 조화되어 있다. 그것은 문헌 자료와 설계 스케치만으로 이루어 내기 어려운 기술이다. 이 기술과 그 이론이 17세기 송이영, 이민철의 혼천시계로 계승되고 이어지고 있는 것이다.

나는 늘 장영실의 뛰어난 과학 기술의 재능을 생각하게 된다. 그리고 그가 결코 쉽지 않은 한문으로 된 과학 기술 문헌을 어떻게 읽어 냈을까, 이슬람 과학 기술의 문헌을 읽을 수 있는 능력이 있었을까. 그 교육을 어디서 누구에게 어떻게 배웠을까. 어려운 숙제가 아닐 수 없다.

자격루와 간의를 복원하다

1990년 8월, 조그마한 학술 연구 모임이 조직되었다. 자격루 연구회다. 50명이 채 안 되는 학자들이 덕수궁 안의 한국 문화 예술 진흥원 문화 발전 연구소 강당에 모였다. 그들은 세종 때 장영실이 만든 첨단 자동 물시계를 복원하자고 뜻을 같이한 사람들이다. 첫 회장으로 내가 뽑혔다. 천문학과 유경로 교수가 끝까지 사양하면서 나를 강력히 추천했기 때문이다. 그는 현대 천문학을 전공한 학자로 한문에 능통했다. 한국의 전통 천문학에 조예가 깊었고, 『칠정산 내편』과 『칠정산 외편』, 『증보문헌비고』 「상위고」를 역주해 낸, 우리 천문학 연구의 지도자였다. 우리는 그를 고문으로 모셨다. 거창한 학회가 아닌 작은 연구회. 그러나 큰 단일 프로젝트를 수행하기 위해서 출발한 자격루 연구회는 학계의 주목을 받았다. 남문현 교수는 이 모임을 조직하느라 자기 전공인 전기 공학을 제쳐놓고 이 일에 매달렸다.

이 사업은 처음, 경복궁에 간의대를 복원하자는 논의가 그 시작이었다. 1985년, 나와 박성래는 문화재관리국의 의뢰를 받아 우리나라 전통 과학 기술 유물의 문화재 지정을 위한 자료로 활용하기 위하여 전통 과학 기술 유물

20점을 조사하여 『보고서』를 냈다. 거기서 박성래는 「경회루 주변 과학 유물의 복원 고찰」이라는 글을 써, 세종 때 간의대와 그 부설 시설들의 복원을 제안했다. 간의대와 간의, 규표, 자격루와 옥루 등을 복원 전시하면 훌륭한 야외 과학 박물관이 된다. 15세기 전반기에 전개된 최고의 과학 기술 업적을 가지고도 과학 박물관 하나도 갖지 못한 우리나라에 경복궁의 시설은 값진 전시물이 될 것이 틀림없을 것이다.

간의대와 자격루를 복원하자. 이 제안은 많은 학자들과 문화재 애호가들의 호응을 받았다. 정재훈 문화재관리국장이 자격루 연구회 창립 모임에 와서 큰 관심을 보인 것이 좋았다. 창립 총회에서 손보기 교수는 "전통 사회에 있어서 과학의 바탕"이라는 주제를 가지고 기념 강연을 했고, 강홍렬 한국과학재단 이사장이 축사를 했다. 박영석 국사편찬위원회 위원장, 박종국 세종대왕기념관 관장, 함인영 미국 펜실베이니아 주립 대학교 교수, 김영호《월간 시계》발행인, 강신구《경향신문》과학 담당 편집 부국장, 부회장 나일성 교수 등이 발 벗고 나선 학자들이다. 1985년에 과학 문화재의 국보 보물 지정을 발판으로 한 도약에서 1990년 초에 발기인 모임으로 발전하여, 마침내, 세종 16년(1434년) 음력 7월 1일 자격루의 국가 표준 시각 시보 날짜를 기념하여 8월 20일에 창립 총회가 열린 것이다. 긴 여정이었다.

야부우치 스쿨 야마다 게이지 교수와 미야지마 교수가 소송(蘇頌)의 『신의상법요(新儀象法要)』를 완역하고 그 메커니즘을 철저히 분석해서 작동 원리를 기계 공학적으로 해명하는 작업을 해 냈다. 몇 년이 걸렸다. 그 연구를 바탕으로 1997년 스와코에 송나라 때의 거대한 혼천시계탑을 복원한 작업은 높이 평가할 만한 업적이다. 시계탑과 혼천의 혼상을 만드는 데는 일본의 이름 있는 시계 공학자와 인간 문화재급 장인들이 참여했다. 세계적인 시계 메이커로 성공한 일본의 세이코 사의 설립자 회장이 자신이 태어난 고향에 기념비적인 박물관을 세워서 시계 산업의 고향으로 발전하는 핵심 기관을 만들겠다는 커다란 뜻을 실현한 것이다. 인구 1,000명이 채 안 되는 벽촌이

1974년 일본 도쿄에서 개최된 국제 과학사 회의에서 만난 나카야마 시게루 교수와 호펭요크 교수. (왼쪽부터)

10년이 지나면서 신칸센이 서는 주요 도시로 발전했다. 작은 박물관이지만 세계적인 전시물이 있는 곳, 그게 스와코 시계 박물관이다.

야마다 게이지 교수와 쓰치야 히데오(土屋栄夫, 세이코 사 시계 사업 본부장)은 훌륭한 공동 연구 결과를 『복원 수운 의상대(復元水運儀象台)』(1997년)도 간행했다. 이에 앞서 1960년대에 니덤과 콤브리지의 연구가 있지만, 『신의상법요』의 완전한 해독과 설계 텍스트의 현대적 복원 설계도는 이 연구에서 완성됐다고 평가할 수 있다. 연구에서 의상대(시계탑)의 건설까지 정말 많은 예산이 투입되었다. 중국에서도 베이징과 타이베이에서 의상대가 복원되었지만, 그것들은 작동(움직이는) 모델이 아니다.

이제 우리나라에서 자격루가 왜 복원되어야 하는지 분명해졌다. 그 뛰어난 창조적 첨단 물시계를 『세종 실록』 속에 더 이상 묻어둘 수가 없다. 자격루 연구회의 연구 활동은 처음 몇 년 조직적으로 잘 전개되었다. 거의 1주일에 한 번씩 모여서 발표와 토론을 저녁 때까지 계속했다. 『세종 실록』 권 65에 기록된 6쪽 분량의 텍스트는 역주를 해 나갈수록 현대를 사는 우리의 기계 공학 상식과 지식만으로는 확실하게 해야 할 부분이 결코 적지 않았다. 나는 이런 생각이 들었다. 15세기 전반기 조선 학자들의 머리와 눈으로 보고 이해할 수 있었던 문장이 이른바 현대 과학 교육을 받은 우리에게 분명하게 해석되지 않는다는 사실이다. 전에도 여러 번 겪고 그럴 때마다 쩔쩔 맸으니까 그렇게 놀랍거나 당황스런 일은 아니었다. 교토 대학교 인문 과학 연구소 과학사 연구실에서 연구회를 할 때 늘 겪던 일이어서 그렇기도 했다. 1줄을 가지고 1시간이 걸릴 때, 그 진지하고 느긋이 생각에 잠기는 학자들의 표정이 떠오른다. 한가지, 그럴 땐 지그시 눈을 감고 앉아 제자들과 후배들의 분위기에 동참한 70대를 넘긴 늙은 학자들이 해결사가 되었다. 학문과 경륜이다. 답은 많은 경우 명쾌하다. 선생님, 하고 연구회 주임 교수가 질문할 때까지 그들은 입을 열지 않는다는 것도 연구회에서 배웠다.

자격루의 연구 방식은 거기에 실험적 작동을 연결시키는 것이었다. 『칠정산 내외편』을 연구할 때, 유경로, 이은성, 현정준 세 천문학자들이 현대 천문학의 계산 방식으로 거꾸로 계산해서 그것이 무슨 소린지 알아내는 방식과 닮은 해법이다. 현대 천문학이 무엇인가. 그게 어느 날 하늘에서 갑자기 떨어진 것을 받아낸 게 아니다. 조지 사튼은 말했다. 현대란, 예부터 수천 년 동안 언제나 있어 온 것이라고. 우리는 그들을 고대인이라고 부르지만 그들은 그들이 살던 때를 현대라고 생각했고, 17~18세기 과학자들에겐 그들이 활동하던 그때가 현대였다. 분명히 25세기 사람들에겐 21세기 우리 시대의 첨단 과학 성과가 옛 유물일 것이다. 그들은 21세기의 성과를 박물관에 어떻게 전시할지를 연구할 것이다.

1990년대 초, 마침내 자격루의 실험적 작동 모델이 조립되었다. 건국대학교 공과 대학의 한 교실에 그 모습을 드러낸 것이다. 남문현, 한영호 교수의 눈물겨운 노력의 결실이다. 그런데 그 모델(내가 남문현 모델이라고 이름지었다.)을 보면서 순간 내 머리에 박힌 생각이 있다. 공학자들이 만들어 낸 차가운 기계 장치다. 천문학자, 건축사 학자, 문화재 전문가, 과학사상사 학자. 과학 기술사 학자들의 모임이 창조해 낸 거대한 무기물. 이게 내 첫 인상이다. 아무튼 15세기의 난해한 문장 속에 담겨 있던 정밀 기계 장치가 움직이는 정밀 과학 기계 장치로 새롭게 태어난 것이다. 성공적이었다. 하지만 아직 갈 길이 멀다. 보루각 자격루를 복원 재현하려면 아직도 해결해야 할 문제들이 많다. 해결해야 할 민족학적인 그리고 건축사적인 고증들이 한두 가지가 아니다. 아주 작은 기계 공학적인 디자인의 문제도 있다. 톱니바퀴와 기계 장치를 잇는 나사는 어떤 모양을 했는가 하는 것까지 나에게는 궁금한 문제다. 그런데 많은 학자들이 그런 데까지는 아직 신경 쓸 단계가 아니라고 생각하는지 태평이다. 중국의 그것들과 조선의 것은 분명히 다르다고 나는 생각하는데. 우리에게 15세기의 유물이나 그림이 없는데 말이다.

자격루에 대한 『세종 실록』의 기록이 아무리 자세하고 정확하다 해도, 그것이 그림으로 남아 있을 때 우리에게 주는 이해도에는 큰 차이가 있다. 내가 겪은 경험은 그런 사실에 대한 좋은 사례의 하나가 될 것이다. 내가 처음 읽은 자격루에 대한 조선 시대 공식 기록은 『증보문헌비고』, 「상위고」에서였다. 1960년대 초였다. 그 문장이 해독이 되지 않았을 때의 충격은 너무도 컸다. 조선총독부의 과학자들이 번역한 일본어 번역본의 내용은 솔직히 말해서 번역이라 할 수 없었다. 두 가지 책을 들고 한문에 밝은 학자에게 읽어 봐 달라고 부탁했다. 그의 번역문은 상당히 쉽게 풀어낸 것이었는데도, 그것으로도 나는 자격루의 구조를 제대로 스케치해 낼 수가 없었다. 수십 번을 거듭 읽으면서 그리고 니덤의 『중국의 과학과 문명』에 설명된 중국의 자동 물시계와 천문 시계의 영문 번역문을 참고로 뜯어 맞춰 보면서 겨우 그 구조와 작동 원리가 머릿속에서 그려지기 시작했다.

어떻게 보면, 아주 단순하고 산뜻한 메커니즘이었다. 물시계의 물항아리에서 물받이통에 물이 흘러내려 고이면 거기 띄운 부표에 따라 시각이 표시

남문현, 한영호 교수가 만든 자격루 작동 모형. 실험적 작동 모형으로 「보루각기」의 기사를 기계 공학적으로 거의 정확하게 고증하였음을 보여 주었다.

된 잣대가 떠오른다. 보통 물시계는 그 잣대의 시각 눈금을 사람이 재서 시각을 안다. 그런데 자동 물시계는 그 시각을 자동 장치가 알려주는 구조다. 자격루는 바로 떠오르는 잣대의 예민한 부력에서 생기는 힘으로 잣대의 끝에 배열된 공들을 건드리면, 공이 차례로 굴러 떨어지면서 또 다른 단의 판 한쪽 끝을 쳐서 기울게 해서 공들을 떨어뜨려, 그것이 또 다른 판 한쪽 끝을 쳐서 종과 북과 징을 울리는 작동을 거듭하는 원리다. 지렛대의 원리로 공이 굴러 떨어지면서 생기는 힘을 이용한 것이다. 이런 구조와 작동 원리가 머릿속에서 그려졌다.

1985년, 20여 종에 이르는 과학 기술 문화재의 국보 보물 지정과 함께 큰 한발을 내디딘 과학 기술 문화재 복원 사업은 1989년 6월 그 첫 보고서를 내기에까지 이르게 되었다. 1988년도에 문화재관리국이 정부 차원의 공식 사업으로 시작한 연구의 결실이었다. 중요 과학 기술 문화재 복원 연구는 박성래, 유경로, 전상운, 나일성 교수가 맡고, 자격루 복원 연구는 남문현 교수, 보루각 복원연구는 주남철 교수가 맡아 수행한 것이다. 이용목, 윤명진, 임원순

자격루의 내부 구조.

사장들은 그들이 운영하는 회사에서 복원 계획도, 모형 실측도, 사진 촬영을 해 냈다.

그리고 자격루 연구회는 첫 회보를 1990년 12월에, 둘째 회보를 1991년에 출판했다. 여기까지 오는 데 30년 세월이 흘렀다. 자격루 속에 담은 장영실의 뛰어난 창조적 첨단 정밀 기술은 연구가 전개되는 짧지 않은 세월, 고비마다 우리에게 감동을 안겨 주었다. 공이 굴러 힘을 전달하는 역학(力學)은 이슬람의 물시계에서 수용되었고, 자동 시보 장치의 과학과 기술은 중국의 천문 시계탑에서 수동되었다는 사실도 알게 되었다. 거기에 장영실은 고대로부터의 전통 물시계의 작동 메커니즘을 연결 조화시켰다. 그것은 고유의 새로운 모델이었다.

누가 뭐라 해도 자격루 연구에서 첫 손으로 꼽힐 학자는 남문현 교수다. 그는 자기 전공인 전기 공학보다도 자격루 연구에 온 정열을 쏟은 학자다. 그는 1989년의 공동 연구에서 「자격루 복원 연구」 분야를 맡아 보고서를 썼다. 49쪽에서 66쪽까지의 문장에서 그는 장영실 자격루 복원 계획을 비교적 자세하게 제안했다. 연구 예산을 2년간에 걸친 실행 예산으로 3억 원이 필요하다고 했다. 그러나 나는 그가 잡은 예산 규모와 복원 연구와 제작 기간이 더 필요할 것으로 생각했다. 연구와 제작 예산은 30억 원은 잡아야 하고 제작 기간은 5년 이상이 걸릴 것으로 내다봤다.

남문현은 1995년에 그의 연구를 결산한 『한국의 물시계』를 간행했다. "자격루와 제어 계측 공학의 역사"라는 부제가 공학자로서의 그의 경륜을 나타낸다. 이 저서는 그해 한국 출판 문화상 제작상을 받은 영예를 안겨 주었다.

마침내 2007년, 경복궁 고궁박물관에서는 자격루 복원 준공식이 있었다. 늙은 학자로 문화재 위원에서도 은퇴한 나는 초청장은 받지 못했지만 경복궁으로의 발걸음은 상쾌했다. 40여 년 전에 『세종 실록』과 『증보문헌비고』에 적혀 있는 자격루의 기록을 해독하기 어려워 쩔쩔매던 기억이 되살아나서 감회가 새로웠다. 그 시절에 자격루의 구조와 작동 원리가 내 머릿속에서 산뜻하게 이해되기까지 걸린 몇 년의 세월이 오늘의 작동 모델로 이어지고 있다고 생각하니까 정말 보람이 큰 행사로 나에게는 받아들여졌다. 자격루 연구회와 그 연구 모임에서의 어렵고 답답하던 마음이 아련한 추억과 기쁨으로 나에게 다가온 것이다. 준공식은 대성황이었다. 많은 학자들과 문화재 전문가들, 외국에서 온 외교관들까지 한국 문화를 좋아하는 인사들은 다 모인 것 같았다. 과학 기술 문화재의 복원 사업에 쏠린 관심과 기대였다. 그리고 15세기 조선의 전통 과학에 대한 새로운 이해를 가지게 되는 현장의 한가운데 우리가 서 있게 되었다는 사실이 가슴 뿌듯했다.

그러면서도 한 가지 아쉬운 일이 남는다. 자격루 연구회에서 크게 자축할 만한 결실을 앞에 두고 연구회가 그 존립 기반을 잃었다는 사실이다. 활기찬 출발을 하고 나서 두 번의 회보를 냈다. 3차 연도에 들어서면서 모임은 차츰 그 열기가 식기 시작했다. 연구비를 지속적으로 따내지 못한 것을 가장 큰 원인으로 꼽아도 좋을 것 같다. 그리고 또 하나는 건국대학교 공과 대학에 기술사 연구소가 태어났다는 것을 들 수 있다. 남문현 교수가 연구소 소장 보직을 맡으면서 그 프로젝트 속에 자격루의 공학적 연구가 중복되기 시작했다. 거기에 기계 공학을 전공하는 한영호 교수가 조선 시대 천문 기기의 역사를 공동 연구자로 참여하면서 대학의 제도 속에 자리 잡기 시작한 기술사 연구소에 건국대학교 교수들이 연구의 중심에 자리하게 될 수밖에 없었기 때문이다. 자격루 연구회의 초기 멤버들은 차츰 아웃사이더가 되어 갔다.

자격루 복원 사업이 정부의 프로젝트로 발전하면서 남문현 교수는 그 연구책임자로 공동 연구자들을 다시 조직할 수밖에 없었다. 그러면서 자격루 연구회의 모임은 차츰 와해되었다. 이 무렵, 과학 문화재 복원을 사업으로 작은 규모로나마 일을 계속하던 윤명진 사장이 한국과학사물연구소라는 업체로 새로운 출발을 하면서 과학 문화재 복원 사업체로서의 규모를 갖추게 되었다. 관련 학자들이 자문 교수로 회사의 사무실에서 자유롭게 만나는 마당이 생겨났다. 나일성, 남문현, 이용삼, 이용복, 전상운 교수들이다.

한국과학사물연구소(나중에 (주)옛기술과문화가 된다.)는 문화재관리국 산하의 여주 영릉의 세종 대왕 유적 관리소에서 추진한 세종 시대 천문 기기의 복원 사업을 맡아서 규표와 간의의 복원을 해 냈다. 나일성, 이용삼 교수가 그 사업의 중심 역할을 한 학자였다. 규표는 1995년에 그리고 간의는 그보다 조금 뒤에 설치되었다. 2000년과 그 몇 년 뒤에 복원 설치된 각의는 첫 번째로 제작된 복원 간의의 제작 기술과 경험을 바탕으로 해서 더욱 정교하고 세련된 작품으로 거듭났다. 복원 제작 기술이 한 단계 업그레이드된 것이다. 나일성 교수는 규표 복원 제작 연구 보고서를 냈고, 이용삼 교수는 간의 복원 제작 연구 보고서를 내서 천문 기기 복원 연구의 학문적 기틀을 세웠다.

「축소 제작한 세종의 규표」라는 제목의 복원 제작 연구 보고서의 문장은 논문으로서의 격식을 갖추고 있다. 『제가역상집』의 세종 때의 규표에 대한 설명문에 따라 10분의 1 크기로 축소해서 복원 제작하면서 그 과정을 자세히 쓰고 있다. 그리고 그 복원 모델의 설치 작업에 관한 천문학적 데이터와 정보들을 담았다.

이에 앞서 1994년에 건국대학교 한국기술사연구소에서는 몇 년 동안의 공동 연구가 결실을 맺어 혼천의의 복원 설계 기초 자료를 문화재관리국 용역 보고서로서 제출했다. 그러나 이 연구 결과는 세종 때 혼천의의 복원 제작에까지는 이르지 못했다.

중국 베이징에 갈 때마다 고관상대에 들리곤 했다. 그 웅장한 모습과 설치된 옛 관측 기기들을 보면서 생각에 잠긴다. 우리에게도 세종 때 대간의대나 그 복원 시설이 있으면 얼마나 좋을까. 1960년대에 시작된 우리의 노력이 이젠 꽤 많이 이루어지긴 했다. 그러나 너무 오랜 세월이 흐르고 있다. 반세기를 넘기고 있으니까. 우리나라도 이젠 웬만큼 살 만해졌고, 그동안 끊어지지 않고 하나씩 둘씩 복원 연구 사업이 이루어지고 있는 것은 한 가닥 위안이 되고 있긴 하다. 그런데도 마음이 답답하고 허전한 건 몇 개의 거대한 국립 과학관과 여러 지방의 과학관들이 계획되고 있어도 아직 잘 짜이고 체계 있게 집약된 형태로 세워지지 못하고 있기 때문이다. 그래도 한국 천문 연구원에서 몇 년 전부터 그 연구 사업을 전개하고 있어 기대가 크다.

조선 초기 천문 기기들은 임진왜란 때 거의 모두 없어졌다. 그런데 내가 조사한 바로는 두 가지 기기가 살아남아 있다. 일성정시와 현주일구다. 1960년대 어느 날 나는 루퍼스의 『한국의 천문학』에서 일성정시의로 설명이 붙은 기기를 보고 그것이 어디 보존되어 있는지 찾아봤다. 사진은 틀림없이 창경궁의 옛 경성박물관에서 찍은 것이었다. 그것이 1973년에 불완전한 상태로 세종대왕기념관에 옮겨져 전시되고 있었다. 2개의 100각 환시반(다이얼) 중에서 하나만 남아 있었는데, 받침대에 붙어 있는 시반의 축이 부러져 있고 받침대만 2개가 남아 있다. 100각 환시반 하나는 지금 국립고궁박물관에 보존되어 있는데, 그것은 그 크기로 보아 세종대왕기념관의 것과 짝을 이루는 것과는 다른 시반이다. 아마도 일성정시의는 또 한 벌이 있었던 것으로 생각된다. 그리고 앞에서 말한 현주일구가 해인사 성보전시관에 보존되어 있다.

3
장

조선의 관측 기기들

측우기와 측우대

조선 시대 기상 관측의 뛰어난 성과에 대해서 학문적으로 제일 먼저 높이 평가한 학자는 일본인 기상학자 와다 유지다. 그는 융희 4년(1910년) 2월에 인천에서 쓴 『한국 관측소 학술 보문(韓國觀測所學術報文)』 제1권을 냈다. 그 서문에서 농상공부 관측소 소장으로 지낸 6년 동안의 연구 결과에 대해서 이런 글을 남겼다. "본소(本所)로 한반도에 있어서의 고대 측후학(測候学, Science of Observation)의 발달 연혁도 조사하여, 이것을 과학사상의 자료로 삼고자 한다." 대한제국의 마지막 해다. 그는 또 "권중(卷中)에 일·영·독·불어 등을 채용한 것도 역시 널리 이 분야의 학자들에게 편이를 주기 위해서다." 책은 일본 도쿄에서 인쇄되었다.

나는 홍이섭의 『조선 과학사』 참고 문헌에서 이런 책이 있다는 것을 알고 종로에 있던 국립중앙도서관에 달려가 열람을 신청했다. 1917년에 나온 『조선 고대 관측 기록 조사 보고』와 함께 이 책을 받아 폈을 때 나는 가슴이 벅차 올라 한동안 넋을 잃었을 정도였다. 복사기가 없던 시절이었다. 이 책들은

505

대출도 받을 수가 없었다. 1959년에서 1960년대 초에 내가 할 수 있었던 방법은, 필요한 부분을 베껴 쓰는 것이었다. 지금 생각하면 그 짜증스러운 시간들이 내게는 즐거움이었다.

와다 유지는 1910년까지 그가 조사한 조선 시대 측우기와 측우대 유물을 그의 『한국 관측소 학술 보문』에 발표했다. 1904년부터 전국적으로 조사한 것이다. 그러나 세종 때 만든 측우기나 측우대는 찾지 못했다고 했다. 그가 찾아낸 것은 영조 때 측우기가 3개, 측우대만 있는 것이 4개고, 정조 때 만든 대리석 측우대와 순조 때 만든, "측우대, 신미(辛未) 2월 일"의 명이 새겨진 대석(1811년 제작, 통영에 있었던 것) 그리고 공주 감영의 금영측우기(1837년 제작)가 전부였다.

1950년대 말에서 1960년대 초까지 나는 그 유물들을 확인하는 답사 조사를 했다. 결과는 뜻밖이었다. 측우기는 하나도 남아 있지 않았다. 측우대도 영조 때 것은 1기뿐이고, 정조 때 것과 순조 때 것이 남아 있었다. 중앙관상대(영조 때 측우대)와 창덕궁(정조 때 측우대), 인천측후소(순조 때 측우대)에서 측우대들을 찾아냈을 때, 나는 그나마 남아 있다는 게 고맙게 생각되었다. 금영측우기는 그후 일본 기상청에 보존되어 있다는 것을 확인했다. 1910년 현재 와다가 확인한 유물들은 다 어떻게 되었을까. 한국 전쟁 때 유실되었을 것이라는 관련 학자들의 공통된 의견이었다. 그래도 나는 아쉬웠다. 경복궁과 창덕궁, 창경궁, 경희궁 그리고 전국의 관아 터들을 답사했다. 문헌들도 찾을 수 있는 대로 조사했다.

어느 날, 『경성부사』 1권, 유물 유적의 장을 읽다가 내가 아직 답사하지 못한 유적의 기록을 찾아냈다. 사직 공원 옆에 있는 서울 매동국민학교에 전에 있던 학교를 옮겨올 때, 관상감의 유물로 보이는 어떤 "대석(臺石)"을 가지고 갔다는 것이다. 나는 서둘러 매동국민학교로 달려갔다. 학교 기록에서, 이사할 때 가지고 온 유물이 있는 사실을 확인할 수 있었다. 그리고 나는 학교 운동장 한구석에서 어렵지 않게 그 유물을 찾아냈다. 낡은 화강석 대석이었다.

1960년 매동국민학교에서 발견한 조선 초기 측우대. 북부 광화방 서운관에 설치되었던 세종 때의 측우대 유물일 것이다.

높이 61센티미터, 길이 92센티미터, 너비 58센티미터의 조선식 받침대다. 돌 대에는 지름 16.5센티미터, 깊이 4.7센티미터의 구멍이 있다. 그것은 측우대 였다. 와다 유지의 논문을 비롯해서 어떤 자료에도 없는 측우대석이다.

서울 매동국민학교와 이 관상감의 유물과의 인연을 조사했다. 이 학교는 1934년까지 경복궁의 예전 대루원(待漏院) 금부직방(禁府直房) 터(지금의 종로 구 통의동 7번지)가 그 교지였다. 그 후 이 학교는 지금의 사직동 자리로 이전했 는데, 그때 학교 교지 안에 있던 이 대석도 옮겨왔다고 한다. 그런데 옮겨오 기 전의 교지에는 고종 초기 경복궁을 재건할 때, 북부 광화방(옛 휘문학교 자 리, 지금의 현대빌딩 자리)으로 관상감을 옮겨놓았다. 내가 1960년대 초 휘문학 교 자리를 답사했을 때, 운동장 한쪽 끝에는 옛 북부 광화방 관상감의 관천 대가 그대로 있었다. 지금 현대 빌딩 앞에 보존되어 있는 관천대다. 이 관천 대는 조선 시대 초에 서운관의 관측대로 쓰였다. 그때에는 오르내리는 돌계단이 있었는데, 조선 시대 말에 관천대가 관측에 쓰이지 않게 되면서 헐려서 지금의 모습으로 남아 있다. 대원군의 저택인 운현궁은 운현(雲峴), 즉 구름재의 이름을 딴 것인데 구름재는 서운관 언덕에서 나온 지명이다. 그러니까, 매동국민학교 교지 한구석에 있는 측우대는 북부 광화방 서운관에 설치되었던 세종 때의 측우대 유물일 것이다.

세종 때 만들어서 경복궁 안의 서운관과 궁 밖의 국가 관측 중심 관서인 광화방 서운관에 설치됐던 측우대 중의 하나일 것이다. 나는 그 대석 한가운데 측우기의 지름과 꼭 맞는 구멍이 있는 것을 확인하고 놀라움으로 숨을 죽였다. 와다 유지가 6년의 세월 동안 전국적인 조사를 해서도 찾아내지 못한 세종 때의 측우대가 한 초등학교 운동장 한구석에 있다는 게 너무도 신기하고 반가웠다. 영조 때 이후의 측우대에는 측우대라는 글씨가 새겨져 있다. 이 대석에는 그 글씨가 새겨져 있지 않은 것이 그때까지 서운관에서 쓰던 "그 어떤 대석"으로 보존되고 있었던 것이다. 아직 눈이 다 녹지 않아 측우대에 덮여 있던 이른 봄날 세종 때의 측우대는 내 앞에 그 모습을 드러냈다. 나는 그 만남에 감사했다. 오랜 세월을 잘도 견뎌낸 우리의 위대한 유산이다.

그런데 어찌된 일인지 이 측우대는 조선 초기 세종 때 측우대로서 대접을 제대로 받지 못하고 있다. 측우대라는 글씨가 새겨져 있지 않기 때문인 것 같다. 그게 늘 마음에 걸렸다. 그러다가 「동궐도」 풍기대 그림(뒷글 참조)이 그려져 있는 창경궁 중희당(重熙堂) 마당의 천문 기기를 보면서 측우기가 놓인 대의 모양에 눈이 갔다. 그 측우대는 영락없는 세종 때 측우기 모양 그대로다. 도화서 화원이 잘못 그렸을 리는 없다. 영조 때 측우대나 정조, 순조 때 측우대를 그렇게 그릴 수는 없다. 세자의 정전이고 세자가 학자들에게 학문을 배우고 천문 지리를 논하던 곳에 놓인 관측 기기다. 풍기대에는 "상풍간(相風竿)"이라고 써놓은 화원이 영조 때 측우대에는 측우대라는 세 글자가 똑똑히 새겨져 있는데, 그것을 써놓지 않을 리가 없다. 세종 때 측우기 발명 이후, 영조 때 측우기를 다시 만들어 강우량 측정 제도를 재확립하기까지 측우기 제작에 대한, 『조선왕조실록』이나 그 밖의 공식 기록은 없다. 그러다가 영조 때, 측우기에 의한 강우량 측정 제도를 전국적으로 다시 시행하기도 하고 측우기와 측우대를 만들면서, 앞면에 "측우대(測雨臺), 뒷면에 "측우대, 건륭경인오월조(乾隆庚寅五月造)"라고 새겼다. 와다 유지가 1907~1908년 무렵 대구 감영 선화당에서 찍은 사진에서 그 완전한 모습을 확인할 수 있다. 그런데 와다는 제작 연대가 새겨진 면을 앞면으로 잘못 알고 사진을 찍었다. 문제는 와다가 앞면이라고 한쪽은 뒷면이다. 이 사진이 그것이다. 정말 다행스럽게도 영조 때 측우기와 측우대는 살아남아서, 인천측후소에 보존되었다가 중앙관상대가 설립되면서 그 건물 앞에 돌로 대를 만들어 모셔놓았다. 관상대장인 양인기 박사는 이때 측우대 세 글자가 새겨진 앞면을 제대로 설치했다. 영조 때 측우대 사진을 자료로 쓸 때, 사람들은 그것을 찍지 않고 와다 유지의 사진과 같은 포커스로 사진 영상 자료를 만들어 쓰고 있다. 답답한 일이다.

이러한 사실과 이야기는 1963년, 일본 과학사 학회지인 《과학사 연구》에 일본어로 발표했다. 와다 유지가 측우기에 관한 논문을 쓴 지 60여 년 만이다. 사진 자료들도 내가 1950년 말과 1960년대 초 사이에 조사 답사해서 새로 찍은 것들을 실었다. 조선 초 측우대의 발견에 대한 사실은 이때 처음으로 보고되었다. 일본어로 일본 과학사 학회지에 발표한 까닭은 간단하다. 그 논문을 우리나라 학술지에서는 어디서도 접수해 주지 않았다. 그리고 또 한 가지 이유는, 국제적인 학술지에 실어 세계 과학사 학계에 널리 알리고 싶었기 때문이다. 《과학사 연구》는 그 호의 머리 논문으로 내 논문을 실었다. 그 덕분으로 서울시사편찬위원회에서는 1963년 겨울에 《향토 서울》 20호에 한국어로 쓴 내 논문을 실어 주었다. 그러니까, 세종 때의 측우대로 내가 고증한 유물은 논문으로 두 가지 언어로 발표하고 미국에서 1974년, MIT 출판부에서 영문으로 낸 책으로 세상에 알린 귀중한 과학 문화재다. 이 고증에 대한 반론은 아직 없다. 세종 때의 측우대와 조선 시대 측우기에 대한 글은 2005년에 일본 도쿄에서 간행된 또 하나의 일본어판 『한국 과학사』에도 내

국립중앙관상대 앞마당에서 1961년에 찍은 사진이다.

가 찍은 사진들과 함께 실려 있다.

조선 초의 측우대의 존재는, 근년에 알고 있는 중국 과학원의 측우기 발명 시비와 관련해서도 우리가 분명한 입장을 다질 필요가 있다. 영조 때 측우기 뒷면의 제작 연호를 가지고 중국의 기상학사 집필진이 내세우는 중국 제작 품이라는 그릇된 주장의 근거가 되어 있기 때문이다. 일본의 저명한 중국 과학사 학자 야마다 게이지 교토 대학교 명예 교수는 2005년판 내 일어판『한국 과학사』의 권말 해설문에서 중국 학자들의 주장이 잘못되었다는 사실을 자세히 논하고 있다. 야마다 교수는 나와 박성래 교수가 1980년대에 겪은 안타까운 사연도 잘 알고 있기에 그의 글은 우리에게 더 힘을 실어 준다.

1980년대에 나와 박성래 교수는 영국 런던의 국립 과학 박물관 기상학 전시실에서 조선 시대 측우기 발명에 관한 해설문을 읽고 너무 기뻤던 기억이 새롭다. 기상학 전시장 중앙의 제일 높은 위치에 영조 때 측우기와 측우대의

510

복제품이 전시되고, 세종 시대의 "황금기"에 측우기가 처음으로 발명되었다고 설명하고 있어서다. 복제품 전시물은 1910년대에 와다 유지가 보낸 것이다. 그런데 이게 웬일인가. 1990년대에 내가 영국 방문 길에 사우스 켄싱턴 과학박물관에 들러 제일 먼저 찾아간 기상학 전시실에는 조선의 측우기 전시가 없었다. 사연은 이렇다. 중국 과학자들이 정식으로 항의하는 바람에 거기 말려들기 싫은 큐레이터들이 조선의 측우기 복제 유물을 치운 것이다. 나는 정말 섭섭했다. 국제 관계의 미묘함이 여기까지 미치다니, 과학 외교도 필요하고……. 과학 박물관을 더 보고 싶은 생각이 싹 없어졌다. 그리고 그 날은 나에게 힘들고 지루한 하루였다.

돌이켜보면, 1963년에 강우량 측정법의 과학적 측정 기기를 세종 때 발명했다는 나의 논문이 발표된 후, 야부우치 교수는 나에게 한 가지 중요한 질문을 던졌다. 송나라 때 중국의 수학책『수서구장(數書九章)』에 나오는 강우량 측정과 관련된 문제를 읽었는가를 물은 것이다. 야부우치 교수의『중국의 수학』에도 나오는 문답이다. 권 4에는 천지분(天地盆)에 고인 빗물의 양을 계산하는 문제가 나오는데, 이 천지분이 중국 최초의 우량계라는 것이다. 이 그릇에 빗물이 9촌 고였을 때, 평지에 온 것으로는 몇 촌의 비가 왔는가를 계산하는 문제다. 그 천지분이란 그릇은 위가 넓고 밑이 좁은 고깔 모양인데, 위쪽 지름이 2.8자, 아래쪽 지름이 1.2자, 높이 1.8자다.『수서구장』이 저술된 무렵, 중국의 주요한 지방 관청에는 천지분이라 불린 우량계가 설치되어 있었다 한다. 1247년 무렵 남송의 진구소(秦九韶)가 쓴 것으로 알려진 이 책의 문답 문제는 가령 지금 분의 크기가 "윗지름 2.8자, 아랫지름 1.2자, 높이 1.8자"라고 한다면 이라는 가정 형식으로 제시되고 있다. 야마다 교수는 이것이 이 기구에 관한 유일한 언급이고 명나라 때에도 고깔 모양의 기구가 쓰이고 있었는지도 모르지만, 중국의 문헌에는 측우기의 모양과 크기에 대해서 정해진 표준을 보여 주는 기술은 하나도 없다는 사실에 유의해야 한다고 지적하고 있다.

그리고 중국에서는 이런 그릇으로 우량을 재는 일(雨澤)이 명나라 초기에도 한때 임금의 명으로 시행되었지만, 계속되지 않고, 측정 보고서도 활용되지 않았다. 또 중국의 천지문은 조선 시대의 어떤 측우대와도 올려놓는 구멍이 맞지 않는다. 그래서 영조 때의 측우대에 "건륭"이라는 제작 연대가 새겨져 있으니까, 중국에서 만들어져 조선에 보낸 것이라는 중국 학자들의 주장은 순리에 맞지 않는다. 그리고 중국에는 측우기나 측우대의 유물이 하나도 남아 있는 게 없다. 중국 자연 과학 연구소의 학자들 중에도 측우기 발명에 대한 중국 학자들의 주장에는 무리한 이론의 전개가 있다는 것을 인정하는 사람들이 한두 사람이 아니다.

야마다 교수는 내 2000년판 『한국 과학사』의 일본어 번역판의 해설에서 4분의 1 분량을 측우기 문제를 다루었다. 그는 중국 과학사의 세계적 권위자의 한 사람으로 측우기 발명에 중국 학자들의 주장이, 조선 시대 측우기 발명과 강우량 측정의 역사적 사실의 기록과 유물, 측정의 긴 역사와는 비교할 수 없다는 사실을 역설했다. 측우기는 세종 때에 조선에서 독자적으로 발명된 강우량 측정 기기라고 결론지어, 이 논쟁에 종지부를 찍었다. 조선 시대의 강우량 측정은 세종 때 측우기를 발명해서 각 도·군·현에서 정해진 규격에 따라 만들어 전국적으로 시행되었다는 데 주목할 필요가 있다. 그리고 그 측정은 서운관에서 정한 규정에 따라 거의 500년 동안 계속되었다. 이런 예는 지구상의 다른 지역에서 찾아볼 수 없는 데이터의 축적된 자료를 우리에게 제공하고 있다. 그리고 조선 왕조 정부는 그 측정치를 실제로 활용했다. 관측에서 끝나거나 보고 자료를 만들어 올리는 형식적인 행정 처리로 흐지부지하지 않았다. 조선 왕조 정부가 축적해 놓은 15세기에서 19세기 말까지의 강우량 데이터는, 그 시기 동아시아의 기상과 기후의 연구에 더없이 귀중한 자료이다.

측우기를 쓰면서 가장 중요한 문제 한 가지를 끝으로 미루었다. 이 문제도 학자들의 의견이 엇갈리고 『세종 실록』에 분명한 기록은 없고 해서 속을 태우는 숙제다. 측우기는 누가 발명했는가 하는 것이다. 『세종 실록』의 기록은 있기는 한데 산뜻하게 밝히는 문장이 아니다. 나는 그렇게 생각한다. 세종 24년(1442년)의 기사가 너무 잘 쓴 기록이기 때문에 더 그런 생각이 든다. 이젠 잘 알려진 기사가 됐지만, 다시 인용해서 비교해 보자.

『세종 실록』 세종 23년 4월 29일의 기사다.

> 근년 이래로 세자가 가뭄을 조심하여 비가 올 때마다 젖어 들어간 푼수를 땅을 파고 보았다. 그러나 정확하게 비가 온 푼수를 알지 못했으므로, 구리를 부어 그릇을 만들고는 궁중에 두어 빗물이 그릇에 괴인 푼수를 실험했는데,……

문종이 청동으로 그릇을 만들어 강수량을 측정해 보았다는 것이다. 그런데 그해 8월 18일의 『세종 실록』의 기사에 이런 글이 나온다.

> 호조에서 아뢰기를, 우량(측정)에 대한 보고는 이미 정해진 법이 있으나, 땅이 말라 있을 때와 젖어 있을 때에 따라 땅 속에 (빗물이) 스며드는 깊이가 달라서 헤아리기 어렵습니다. 서운관에 청하여 대를 만들고 깊이 2자, 지름 8치의 철 그릇을 부어 만들어 대 위에 놓고 빗물을 받아 서운관의 관리에게 그 깊이를 재서 보고하도록 했습니다.

『세종 실록』의 이 두 기사는 4개월을 사이에 두고 나온다. 먼저 기사는 세자, 즉 문종이 가뭄을 근심하여 비가 오면 빗물이 땅 속에 스며 들어간 깊이를 쟀다는 사실을 말하고 있다. 그런데 『세종 실록』의 다음 기사는 이 강우량 측정 방법이 "이미 정해진 법"이라고 했다. 그러니까 문종이 세자 때, 가뭄이 심한 해에 근심이 되어 비가 오면 빗물의 양을 헤아리기 위해서 땅을 파서 빗물이 스며든 깊이를 재 보곤 했다. 그러나 그는 그 방법이 정확하지 않다는 사실을 알고, 그릇에 빗물을 받아 측정하는 아이디어를 냈다. 훌륭한 아이디어다. 그런데 이 아이디어만 가지고 측우기 발명을 문종의 창조적인 업적으로 칭송하기에는 논쟁의 여지가 있다. 중국에서『수서구장』에 나오는 빗물의 부피를 계산하는 문제에서 얻은 것이라고 할 수도 있기 때문이다.

8월 18일의 기사는 매우 구체적이고 산뜻하다. 각도 감사의 보고를 종합해서, 그때까지의 강우량 측정법의 문제점을 명쾌하게 지적하고 있다. 그래서 서운관에서 측정 기기를 그리고 제도를 확립하도록 했다고 주관 부서를 분명히 밝혔다. 서운관이 담당 부서다. 천문 기상을 관측하고 역법을 계산해서 역서를 만들어 펴내는 국가의 주요 부서다. 그러니까 문종의 아이디어를 가지고 원통형의 측우기를 발명한 것이다. 공동 연구의 결과다. 측우기 제작에서 장영실의 이름은『조선왕조실록』에 나오지 않는다. 공동 연구자와 제작자들의 한 사람으로 참여했을 가능성이 크다. 이천과 장영실은 당대의 금속 기술에 뛰어난 재주를 가진 과학자들이기 때문이다. 그리고 세종이 총애하는 과학자로, 정밀 금속 제품을 만드는 사업에 늘 참여했다. 표준화된 금속 제품을 제작하는 데 그들의 기술은 돋보인다. 8월에 처음으로 만든 규격화된 원통형 측우기는 철로 부어 만든 것이었다. 4월에 문종은 구리, 즉 청동을 부어 그릇을 만들었다고 사관은 기록했다. 이 두 문장에서 우리는 뚜렷한 차이점을 발견하게 된다. 강우량 측정 기기로 오늘날에도 쓰이고 있는 원통형 우량계의 발명이다. 왜 철을 썼는지, 나는 아직 이렇다 할 해답을 찾아내지 못하고 있다.『증보문헌비고』「상위고」의 저자인 서호수는 세종 24년(1442년) 5월에 만든 측우기는 청동으로 만들었다고 쓰고 있다. 그리고 영조 46년(1770년) 5월에 세종 때의 제도에 따라 만들었다는 측우기는 청동제였고, 지금 남아 있는 금영측우기(1837년 제작)도 청동제다.

그리고 분명한 것은 측우기의 발명자를 장영실이라고 말할 수 있는 확실한 자료는 아직 없다. 문종을 비롯한 서운관의 관료 과학자들과 궁정 과학자 장영실이 공동으로 이루어 낸 발명품이라고 하는 것이 설득력이 있을 것 같다.

수표를 둘러싼 논쟁

세종 시대에 만든 기상 관측 기기들 중에서 또 하나 중요한 것이 있다. 수표(水標)다. 세종 때 서운관 학자들은 측우기를 만들면서 수표도 발명했다. 하천 수위계이다. 『세종 실록』에는, 서울의 도심을 가로질러 흐르는 개천(開川)과 서울 남쪽을 흐르는 큰 강인 한강에 강물의 수위를 측정하는 수표를 강가의 바위에 새겼다고 기록하고 있다. 그리고 개천의 수위계는 그 구조를 비교적 자세하게 써 놓았다.

그런데 조선 시대 후기의 기록들은 세종 때에 만든 수표가 그대로 남아 있지 않다는 사실을 전하고 있다. 개천에 세운 수표는 그 후 개량되어 돌기둥으로 만들었고, 한강가의 바위에 새긴 수위계의 눈금은 마모되어 없어졌다. 그 바위는 지금 한강 철교가 있는 지역이 아닐 가능성이 크다. 『동국여지승람』은, 한강 가의 수표에 대한 기록은 없고, 개천의 수표는 돌기둥으로 만들어 세웠고, 그 동쪽의 다리는 수표교라고 분명하게 써 놓았다. 그리고 개천의 돌기둥 수표는 지금도 남아 있다. 논쟁은 여기서 시작되었다. 지금 남아 있는 돌기둥 수표가 언제 만들어 세운 것인가. 거기 새겨진 눈금이 『동국여지승람』의 기록과 다르다는 사실이 논쟁의 초점이 된 것이다.

새겨져 있는 눈금은 1자(尺) 간격이다. 치(寸)와 푼(分)의 눈금은 없다. 그리고 눈금도 22센티미터 내외로 산뜻하게 정확하지 않다. 가장 꼼꼼하게 파고든 이가 물리학자 박흥수 교수(당시 성균관대 교수)였다. 그는 수표와 조선 시대의 척도에 대해 여러 편의 논문을 발표했다. 그의 연구는 지나치다는 평을 들을 정도로 면밀하고 정확한 측정과 이론을 바탕으로 전개한 것이었다. 여러 차례의 모임에서 논쟁이 가열되었다. 결론은 나지 않았다. 내가 보기에는 처음부터 결론에 이를 수 없는 논쟁이었다. 남문현 교수가 내린, 주척 1자는 20.7센티미터라는 결론을 여러 학자들이 받아들이고 그렇게들 계산하고 있는 마당에 박흥수 교수의 주장은 논리 정연한 데도 고립무원이었다.

청계천의 수표와 수표교.

그래서 지금 보존되고 있는 보물 838호인 수표는 언제 만들어진 것이라는 제작 연대에 대한 설명이 분명치 않다. 논쟁 때도 나는 늘 말했다. 이 수표는 수표교라고 부르는 멋진 돌다리가 놓인 성종 때 무렵에서 중종 때 이전에 만들어 세운 것이다. 중종 25년, 1530년에 편찬된 『신증동국여지승람』에 "수표교"와 돌로 만들어 세운 "수표"라는 기록이 분명히 나오고, 그 기록은 성종 12년(1481년)에 『동국여지승람』을 편찬했을 때 기사를 그대로 옮겨 놓았을 가능성이 높다는 게 내 주장이었다. 더욱이 중종 때는 각종 천문 기기들을 보수하고 새로 만들고, 중국에서 천문 역법 서적을 정부 차원에서 구입해 오는 사업을 활발히 전개하던 시기였다. 그래서 수표를 새로 만들어 세웠을 가능성도 충분이 있었다고 생각하기에 무리가 없다.

세종 때 수표를 개천(지금의 청계천)에 세울 때, 그 동쪽 다리는 마전교(馬前橋)였다. 나무 다리다. 그게 성종 때는 아름다운 돌다리로 놓였다. 지금 장충단 공원으로 옮겨놓은 다리다. 그것은 청계천이 복개될 때 옮겨 갔다. 지금 수표동이라는 지명이 청계천에 수표교가 있을 때의 자취를 말해 준다. 수표교는 수표가 돌기둥으로 개량되어 세워지면서 그 바로 동쪽에 있는 다리여서 생긴 이름이다. 장충단 공원에 옮겨 세운 수표는, 겨울에 그 주변 개울물이 얼었을 때 스케이트와 썰매 타는 아이들이 기둥을 잡고 도는 놀이를 하기에 알맞은 역할을 했다. 몇 년인가 그걸 지켜보던 나는 수표의 보존이 위태로워 견딜 수가 없었다. 그 아슬아슬한 심경을 서울시에 호소하고 세종대왕기념관에 옮겨 보존하자고 간청하여 허락을 받아냈다. 1970년대의 일이다.

수표는 옮기는 작업을 하면서 뜻밖에도 중요한 사실을 발견했다. 수표 기둥 맨 아래 하천을 준설하고 나서 새긴 "기사년(己巳年)"(1749년)과 "계사년(癸巳年)"(1773년) 글씨가 선명하게 드러난 것이다. 그래서 나는 이 시기가 지금 남아 있는 수표석 제작의 하한 연대라기보다는, 이미 서 있는 수표석에 하천 준석을 한 연대와 강바닥의 높이를 새겨 넣은 것으로 보는 것이 합리적이라고 생각한다. 이러한 의견에 박흥수도 대체로 동의하면서도 그는 순조 때 개

축했다는 기록이 있으니까, 그럴 수도 있다고 주장한다. 『한경지략(漢京識略)』의 글을 근거로 하는 듯하다.

박흥수는 조선 시대 도량형 연구의 권위자다. 그는 1960년대에서 1980년도에 이르는 시기에 여러 편의 논문을 썼다. 그는 수표에 새겨진 주척 1자의 눈금의 평균 길이를 정밀하게 측정 계상하여 21.7884센티미터라고 했다. 그리고 이 값은 인조 갑술양전주척(甲戌量田周尺) 21.78879센티미터와 정확하게 일치한다고 했다. 그래서 그는 지금 보존되고 있는 수표의 제작 시기를 조선 후기에서 찾는 것이 옳을 것이라고 했다.

논쟁은 아직 끝나지 않았다. 나는 지금의 수표가 세워진 연대를 조선 전기로 보려고 하고, 박흥수는 조선 후기로 보려고 한다. 그 간격을 좁히는 결정적인 자료를 현재로서는 찾을 수 없다. 『동국여지승람』에 써 있는 대로 수표석에는 자(尺), 치(寸)가 새겨져 있다고 했고, 『한경지략』에도, 표석에는 척촌(尺寸)이 새겨져 있다고 했다. 그러나 지금 보존되고 있는 수표에는 1자 간격의 눈금밖에는 없다. 화강석 돌기둥에 치와 푼까지 새겨 넣는 일은 그 정확도에서 어려움이 있었고, 실제 측정에서도 그리 큰 의미가 없었을 것이다. 그리고 영조 때에는 이미 청계천에 서 있었던 게 분명하다.

또 수표교 교각의 밝은 기둥에 새겨놓은 "경신지평(庚辰地平)" 네 글자는 경신년 준설 공사의 바닥을 뜻하는 것으로 해석된다. 그러나 그 경신년이 수표교를 놓은 후의 어느 경신년인지, 나는 아직 그 자료를 찾아내지 못했다. 가능성이 크다는 생각되는 해가 몇 개 있다. 중종 경신년이면 1520년이고, 선조 경신년이면 1580년, 숙종 경신년이면 1700년이다. 영조 경신년이면 1760년인데 그때는 수표에 새긴 준설 연도로 미루어 볼 때 아닐 것 같다. (『경성부사』 제1권에는 1760년 경신년이라고 했다.) 이 문제도 앞으로 찾아내야 할 숙제로 남는다.

풍기 이야기

1960년대와 1980년대 초 사이에 나는 과학 문화재 조사 답사 활동을 계속했다. 내가 혼자 나설 때는 아내가 늘 함께해 줬고, 과학사학회 차원에서 조사팀을 짜서 나설 때는 핵심 회원 몇 사람이 열성을 다해 참여했다. 우리는 서울의 4대궁을 샅샅이 조사하는 작업을 몇 차례 거듭했다. 그 길잡이가 된 보고서와 책이 있다. 1910년과 1917년에 나온 와다의 보고서와 1936년에 출판된 홍이섭의 『조선 과학사』다.

창경궁 명정전 서북쪽 언덕에 장서각 건물이 있던 시절, 나는 그 앞뜰에서 높이 2미터가 조금 넘는 화강석 팔각 기둥 모양의 석조물을 발견했다. 상을 조각한 대에 구름무늬를 조각한 팔각 기둥을 올려놓은 멋있는 구조물이다. 해시계대가 그 옆에 있고 명정전 뒤 추녀 밑에는 돌에 새긴 천문도들과 해시계대, 해시계들이 놓여 있으니까, 이것은 틀림없이 그 어떤 관측 기기로 쓰던 유물이었을 것이라는 생각이 들었다. 자료들을 찾았다. 글과 그림이 있을 것 같았다. 창경원 안에 있던 옛 경성박물관 자료를 먼저 조사했다. 관측대 유물은 뜻밖에 와다의 『한국 관측소 학술 보문』 제1권(1910년, 융희 4년 2월 간행)의 영문 요약문 쪽 물시계 사진에 있었다. 1909년 대한제국 궁내부(宮內府) 박물관 시절의 전시물 사진이다. 중종 때의 자격루 유물의 용조각 물받이통 왼쪽에 전시된 것이다. 그러나 와다의 보고서에는 이에 대한 설명은 없었다.

해답은 1934년에 일제가 편찬한 『경성부사』에 씌어 있었다. 와다의 보고서 제1권에 실린 사진에 보이는 관측대 석조물은 풍신대(風信臺)란 이름의 관측 기기가 설치되어 있는 대였다. 1911년에 일제가 창경궁 제일 높은 자리에 경성박물관 건물을 지어 박물관을 열었다. 지하 1층, 지상 2층의 붉은 벽돌로 지은 일본 건물이다. 그 앞뜰에 풍기대를 옮겨 놓은 것이다. 그러니까 풍기대는 일제 시대가 막 시작되었을 때 세운 경성박물관 앞뜰 맨 끝 구석에 놓았던 것이다. 바람의 방향과 세기를 측정하는 깃대를 꽂아 세워 놓은 돌

풍기대 유물. 1960년대 초에 창경궁에서 찍은 사진이다.

「동궐도」의 상풍간. 경복궁 풍기대에 어떤 모양의 깃발이 꽂혀 있었을지 짐작하게 해 준다.

(石)의 대니까, 풍기대 또는 풍신대로 불렸을 것으로 판단했다.

그리고 나니까 이번에는 풍기, 즉 바람 깃발이 어떻게 생겼는지 알아야 했다. 그 어디에도 유물이나 그림이 없다. 숙제는 여전히 풀리지 않은 채 남아 있었다. 그러던 어느 날, 1960년 초다. 나는 그 해답을 고려대학교 박물관 벽에 전시된 그림에서 찾아냈다. 「동궐도(東闕圖)」였다. 중희당(重熙堂) 넓은 앞뜰에는 적도의와 측우기, 해시계가 있고, 그 남쪽 끝에 풍기대에 세운 풍기가 있는 것이 아닌가. 대에는 상풍간(相風竿)이라는 세 글자가 또렷하게 보인다. 바람 깃발은 동쪽으로 휘날리고 있다. 폭이 좁은 기다란 깃발이다. 중희당은 세자가 있는 동궁의 정전으로 알려져 있다. 그 앞마당에 천문 기상 관측 기기가 설치되어 있다. 깊은 뜻이 담긴 그림이고, 그 동남쪽에 그려 있는 관천대 그림과 함께 조선 시대 유일한 궁궐 관측 기기와 시설의 그림이다. 이 그림을 보았을 때의 벅찬 기쁨은 지금도 잊을 수가 없다.

「동궐도」는 1989년에 국보 249호로 지정되었다. 1828년과 1830년 사이에 창덕궁과 창경궁을 그린 궁궐도다. 여기 기여했던 화가는 도화서 화원 30명과 도화서에 소속되지 않은 방외화사 72명 등, 모두 102명의 화가다. 이 그림을 만드는 데 참여한 화가들 중에는 동식물 묘사에 뛰어난 인물들이 여럿 있다. 고려대학교 박물관에 소장된 이 그림은 16개의 화첩으로 구성되어 있다. 모두 펼쳐 놓으면 세로 273센티미터, 가로 584센티미터나 되는 엄청난 크기의 작품이다. 여기 그려진 과학 문화재만 해도 여덟 가지나 된다. 이 그림들은 해결하지 못한 채 미뤄 두었던 문제들을 밝히는 데 큰 도움이 됐다. 조선 시대 천문 기상 기기들의 그림이 아주 드문 우리 자료의 어려운 문제들이 이렇게 해서 풀려갈 때, 그 기쁨은 말로 표현할 수 없을 정도다.

경희궁에 있던 기기들도 「서궐도」에서 찾아지거나, 일제가 궁궐을 헐고 건물과 기기들을 치울 때의 보고서를 찾을 수 있기를 기대할 뿐이다. 국립중앙박물관이 용산으로 이사하면서 해방 전부터 보관해 오던 문서들과 자료들의 내용을 거의 촬영하여 보존한 것으로 알고 있다. 이것들을 정리해서 조사하고 읽어 내는 데 얼마나 많은 시간과 훈련받은 인적 자원이 필요한지는 아직 추산도 할 수 없을 정도다. 그 일이 진행되기를 기다리는 방법 이외에 아마도 더 좋은 해결책은 없을 것이다.

풍기로 바람을 측정하는 관측 방법에 대해서 나는 또 다른 그림을 본 일이 있다. 호암미술관에서 조선 시대 청화백자 항아리에 그린 바닷가의 풍경 속의 바람 깃대다. 거친 바다, 암벽 위의 건조물을 그린 그림 속에 힘차게 펄럭이는 바람 깃대가 선명하게 보인다. 바람의 방향과 바람의 세기를 알기 위해서 세웠을 것이다. 기상 현상의 제도적인 측정은 이런 생활 속의 아이디어가 결정적인 출발점이 되는 사례가 과학의 바탕이 된 것을 우리는 알고 있다.

관천대에 설치한 천문 기기

조선 시대 초에 서운관은 두 곳에 있었다. 본감(本監)이 경복궁 안에 있었고, 또 한곳이 북부 광화방에 있었다. 옛 휘문중고등학교 자리다. 지금은 현대 본사와 원서동 공원이 들어서 있다. 조선 말, 대원군의 운현궁(雲峴宮) 이름을 구름재에서 따온 것은 그 지역이 서운관 청사와 관측 시설이 있었던 데서 비롯된다.

이 관천대에서 어떤 기기로 관측했는지 분명한 기록을 아직 찾지 못했다. 다만 「동궐도」에 창경궁 안에 있는 같은 관천대 그림에 소간의라고 생각되는 기기가 놓여 있는 것을 볼 수 있을 뿐이다. 북부 광화방 서운관에는 규모를 갖춘 청사가 있었던 것 같다. 그 서운관 관측대는 1960년대 초 내가 답사했을 때는 휘문고등학교 벽돌담 사이에 끼어 담쟁이에 온통 휘감겨 있었다. 올라가는 계단이 없어서 사다리를 놓고 위에까지 올라갔다. 이 관측대는 조선 초에 축조된 것이라는 생각을 나는 직감적으로 느낄 수 있었다. 조선 왕조가 경복궁을 짓고 거기 주요 기관으로서 서운관을 설치하여 천문 관측을 시작

서운관 관천대. 1960년대 초의 모습. 처음 내가 답사했을 때는 휘문고등학교 벽돌담 사이에 끼어 담쟁이에 온통 휘 감겨 있었다.

할 때, 아직 궁 안에서의 관측 시설을 갖추기 전, 북부 광화방 서운관을 먼저 세우고 관측대를 축조했을 것이라고 생각한 것이다.

관천대는 북위 37도 34분 38초 69, 동경 126도 59분 16초 51에 위치하고, 대는 진북에서 6도 동쪽으로 쌓았다. 대위에 관측 기기를 올려놓게 되어 있는 작은 석대는 진북에서 7도 서쪽, 자북(磁北)과 일치하는 자리에 있다. 대위에는 돌난간을 둘러 세우도록 되어 있는 구조로 되어 있으나, 조사 당시에는 없었다. 임진왜란 때 서운관 시설이 불탈 때 함께 파손되었던 것으로 전해진다. 창경궁에 있는 관천대와 같이 여기에도 돌계단이 있었는데 없어졌다.

1984년에 휘문 학교 터에 현대건설 빌딩이 새로 세워졌을 때, 이 관천대는 해체되었다가 같은 위치 같은 높이에 복원 조립되었다. 그때, 이해할 수 없는 사실이 생겼다. 관천대가 해체된 자리의 기초에서 조선 후기 도자기 조각들이 발견된 것이다. 관천대가 조선 후기 이후 석축의 일부를 다시 쌓았다고 밖에 볼 수 없는데, 그러기에는 임진왜란 때 파손된 후 쓰이지 않던 관천대 석축의 현재 상태와 앞뒤가 맞지 않는다는 문제가 남는다. 해체 복원한 문화재 전문가들은 숙제를 남겨둘 수밖에 없다고 일단 결론지었다. 그게 나는 도무지 마음에 걸려 견딜 수 없었다. 그러다가 숙제는 우연한 기회에 저절로 풀렸다. 1913년의 관천대 사진이 발견된 것이다. 그 사진은 휘문학교가 옛 서운관 자리에 들어서기 전의 관천대를 찍은 것이다. 계단이 있다. 지면에서 관천대 위까지 오르내리는 높은 돌계단이 거기 있었다. 학교가 들어서면서 그 돌계단이 철거되었고 그 자리를 정지 작업할 때 관천대가 기울지 않도록 기초를 보강했을 터인데, 그때 기초를 다지는 자재로 조선 후기 도자기 파편들이 들어간 것이다.

현대건설의 신축 사옥이 들어설 때, 관천대가 빌딩 앞의 큰 면적을 가로막는다 하여, 뒤편 원서공원으로 옮겨놓자는 강한 의견이 있었다. 문화재위원회에서 나는 "이전 불가"를 주장했다. 광화방의 옛 서운관 15세기 관측대 유물이 제자리를 잃으면 그 가치가 크게 손상되기 때문이다. 그리고 나는 세계

휘문 학교 터와 창경궁의 관천대를 답사 조사한 멤버들.위의 사진은 왼쪽부터 나일성, 유경로, 송상용, 이은성, 김성삼, 전상운이다. 아래 사진은 왼쪽부터 주남철, 박성래, 송상용, 전상운, 이은성, 김성삼이다.

에서도 드문 15세기 관측대를 현대건설이 거저 갖게 되는 행운을 스스로 포기하는 게 너무 아깝지 않느냐고 회사의 CEO들을 설득했다. 건설 회사가 15세기 과학 문화재인 축조물을 앞마당에 갖는다는 게 얼마나 자랑스러운 일인가.

관천대 얘기를 쓰는 김에 창경궁과 경희궁 관천대에 대해서도 쓰기로 하겠다. 앞에서 말한 것처럼 「동궐도」에 창경궁 관천대 그림이 나온다. 경희궁 것은 조선 왕조와 운명을 같이했다. 어떻게 처리했는지 흔적도 없다. 성주덕의 『서운관지(書雲觀志)』에는 이런 글이 있다.

> 본감은 하나는 경복궁 영추문 안에, 하나는 북부 광화방에 있었으며, 관천대가 있었는데, 중간에 병화를 만나서 창경궁 금호문 밖과 경희궁 개양문 밖에 다시 세웠다. 모두 관천대가 있다.

그런데 창경궁 관천대는 지금도 남아 있는데, 경희궁 것은 흔적도 없다. 경희궁은 헐고 일제가 경성중학교를 지을 때 없앤 것이다. 창경궁 관천대는 숙종 때(1688년) 세웠고, 1818년에 수리했다고 『서운관지』는 쓰고 있다. 지금 남아 있는 2개의 풍기대(보물 846호, 847호)도 창경궁 관천대가 세워질 때, 1688년에 만든 것으로 『서운관지』는 설명한다. 「동궐도」에 그린 "상풍간"이란 글도 여기서 볼 수 있다. 숙종 때 「천상열차분야지도」를 새로 돌에 새기고 혼천시계를 만들었으며, 관천대를 세우고, 풍기대도 새로 돌로 만들어 세워 바람 깃대를 꽂아 풍속과 풍향도 관측했다. 하늘의 학문과 현상을 관측하는 일이 숙종 때에 새롭게 일어나는 기운을 보는 것 같다.

조선 초기 지리학의 성과들

일본 내각 문고에 보존된 조선국회도

1960년대 말, 나는 우리나라 옛 지도 한 장을 보기 위해서 도쿄에 들렀다. 내각 문고(內閣文庫)에 보존된 조선국회도(朝鮮國繪圖)다. 담당 사서는 서울에서 온 나를 친절하게 안내해 주었다. 도서관 특별 자료실에서 지도 한 장을 소중하게 꺼내들고 나와 열람대에 조심스럽게 펴놓았다. 1시간 남짓 나는 가슴 두근거리며 주요 사항들을 노트했다. 사진 촬영은 허락되지 않았다. 그 대신 전속 사진 작가가 지명을 읽을 수 있을 정도로 정밀하고 정확하게 촬영해 주는 서비스는 가능하다고 했다. 물론 유료다. 그것도 적지 않은 액수의 수수료를 지불해야 한다. 학술적 목적 이외에는 쓰지 않는다고 서명하고 사진 값은 서울에서 송금하는 조건으로 승낙을 받았다.

크기 91×152센티미터의 아름다운 컬러 지도가 정말 훌륭했다. 일본 지리학자 아오야마 사다오(靑山定雄)가 1939년에 《동방학보(東方學報)》에 쓴 논문을 보고, 꼭 한번 실물을 보고 싶었던 조선 초의 전도다. 또 하나 놀라운 사실은 그 후 이 지도를 대출 열람한 사람이 없었다는 것이다. 보존 상태가 깨끗하고 완벽하다. 나는 1972년에『세종 실록』을 세종 대왕 기념 사업회에서 번역 출판할 때,『지리지』에 이 지도를 끼워 넣기 위해서 해설을 쓰면서, "정척(鄭陟), 양성지(梁誠之)의 1463년 동국지도(東國地圖)"라고 썼다. 이찬 교수는 1991년에 펴낸『한국의 고지도』에서 이 지도에 대해서 자세히 논하면서 16세기 연산군 때 그려진 것으로 고증했다. 어쩌면 그때 바뀐 지명을 고쳐 써 넣었거나, 정척과 양성지가 그린 지도를 바탕으로 해서 새로 그린 것일지도 모른다.

나는 이 지도를 1980년대에 내각 문고에서 다시 열람했다. 여전히 깨끗하게 보존돼 있었다. 그것도 그럴 것이 그사이 10여 년 동안 아무도 이 지도를 열람한 사람이 없었다. 이 지도에 대해서 비교적 자세히 쓴 학자는 미국 컬럼비아 대학교의 한국학 교수 레드야드 박사다. 1994년에 시카고 대학교 출판부에서 간행된『지도의 역사(The History of Cartography)』2권 2책,『한국의 지도(Cartography in Korea)』에서다. 그런데 그도 이 지도를 직접 보았는지는 확실치 않다.

아오야마가 쓴 「이조(李朝)에 있어서의 2・3의 조선 전도에 대하여」는, 그가 이 지도를 보고 쓴 가장 자세한 논문이다. 1939년에 일본의 권위 있는 학술지《동방학보》에 30쪽이나 되는 글에서 그는 이 지도의 높은 수준의 제작 솜씨에 찬사를 아끼지 않았다. 지도에 그려진 산과 강, 각도의 도시들의 색조의 아름다움과 조화로운 붓놀림은 조선의 지도들이 지도 전문가와 도화서 화가들의 공동 작품으로 정밀하게 제작되고 있었다는 사실을 잘 보여 준다. 아오야마는, "각 도시들 상호 간의 교통로를 기입하고 각지로부터 수도(한양)까지의 이수(里數)를 자세하게 기입했다. 항구는 배를 그려 나타냈다."라고 쓰고 있다. 도시들은 각도(道)에 따라 색깔을 달리해서 칠하고 감영이 있는 고을은 원과 구별해서 붉은색 사각형으로 표시했다. 이런 지도 제작 기법은 1402년의 「혼일강리역대국도지도」에서도 볼 수 있지만, 그보다는 훨씬 선명하고 정밀하다. 함경도와 평안도의 북쪽 산악 지대와 압록강 두만강 일대는

「혼일강리도」와 비슷하지만, 훨씬 정확해졌다. 15세기 중엽에 이만한 지도가 제작되었다는 사실에서 조선 지도학의 높은 수준에 다시 한번 감동했다.

이런 훌륭한 지도 제작의 전통은 16세기에도 잘 이어지고 있다. 국보 248호로 지정된, 국사편찬위원회 소장의 1557년 「조선방역도」(63×138센티미터), 「동국지도」의 사본으로 생각되는, 91×137센티미터 크기의 조선 지도(국사편찬위원회 소장)와 또 다른 사본(91×137센티미터, 16세기 이전 제작, 국사편찬위원회 소장)들에서 찾아볼 수 있다. 이 지도들은 하나같이 그 아름다운 솜씨와 빼어난 정밀함에서 높이 평가된다. (이상태, 『한국 고지도 발달사』(1999년), 앞쪽 컬러 도판 참조.) 조선의 강역과 지형, 해안선 등 지도학 지식은 15세기에 완성의 단계에 이르고 있었다는 사실에 주목할 필요가 있다.

고려 말에서 조선 초에 있었던 우리나라 전도를 바탕으로 태종 2년(1402)에 이회(李薈)가 그린 「팔도도(八道圖)」는 「혼일강리역대국도지도」의 조선 지도에서 그 모습을 볼 수 있다. 그리고 이회의 「팔도도」를 바탕으로 세종 때(1424~1426년) 정척이 만든 실측 지도인 「팔도도」는 20여 년 동안에 조선의 지도 제작이 얼마나 발전했는지를 잘 보여 주고 있다. 그런데 1487년(성종 18년)에 출판된 『동국여지승람』의 맨 앞에 붙어 있는 「팔도총도」는 이회와 정척의 「팔도도」와는 너무 달라서 우리를 놀라게 한다. 뭔가 잘못된 것이 아닌가 하는 생각이 들 정도다. 사실 이 「팔도총도」는 많은 우리나라 사람들이 조선 초기 우리나라 지도에 대한 오해를 갖게 했다.

그런데 이 「팔도총도」를 주의 깊게 살펴보면, 이 지도가 담고 있는 중요한 사실을 알게 된다. 단순히 그 지형과 해안선의 밋밋함이 이회와 정척의 「팔도도」에 비해서 너무 균형이 잡혀 있지 않다고만 해서는 안 된다. 나는 이 문제를 가지고 많은 시간 동안 헤매고 고민했다. 해답은 『동국여지승람』에 들어 있는 9장의 지도들 속에서 찾을 수 있었다. 먼저 전도(全圖)에서 금방 눈에 들어오는 것은, 동쪽 바다에 우산도와 울릉도가 있고, 남동쪽 바다에 대마도가 있다. 그리고 서해 남쪽에는 군산도 흑산도와 진도가 있고, 남쪽 바

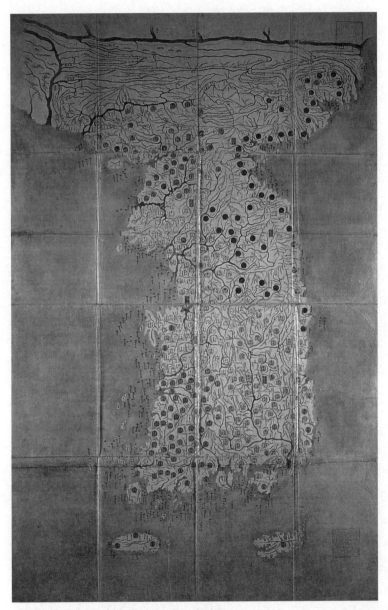

「동국지도」(15세기)의 채색 사본. 일본 내각 문고에 소장되어 있다.

다에는 제주도와 남해, 거제도가 있다. 육지에는 경도(京都, 서울)와 각도(道)의 위치를 제자리에 표시하고, 그러니까 「팔도총도」는 조선 반도의 가장 중요한 지리적 요소들을 한눈으로 볼 수 있게 그린 것이다. 각도의 지도를 보면, 그런 지도 제작의 의도가 더욱 뚜렷해진다. 각도 지도를 이어 붙여 보면 총도에 비해서 훨씬 정확한 조선 전도가 되고, 이회의 「팔도도」보다 더 정확해진다.

이 「팔도총도」가 남북의 길이가 동서의 폭에 비해서 짧고 동서의 폭이 지나치게 넓은 것은, 생각보다 쉽게 해결했다. 책을 폈을 때, 책 전체의 크기와 모양에 어울리게 조절한 멋과 서지의 아름다움에 눈이 머물렀다. 15세기 목판인쇄의 미학(美學)이다. 지도학이라는 과학에 대한 생각이 지금의 우리 개념과 다른 것이다. 이게 전통 과학이고 역사다. 우리 머릿속에 자리 잡은 현대 과학과 지도학으로 해석해서는 안 된다.

「팔도총도」를 비롯한 각도 지도가 목판본이라는 것 또한 놓칠 수 없는 중요한 사실이다. 목판본 지도의 가장 오래된 유물이고 조선 초기, 지도의 목판 인쇄본 제작 기술을 보여 주는 자료다. 그런데 이 「팔도총도」가 「동국지도」 대신에 조선 초기 우리나라 지도를 각종 교과서와 교육 자료에 실리면서 젊은 세대에게 우리 지도에 대한 잘못된 인식을 주고 있다. 안타까운 일이다.

나는 1402년에 만든 조선의 세계 지도에 그려진 조선전도와 『동국여지승람』에 들어 있는 조선 지도들을 보고, 그 정확함에 감탄했다. 그런데 20세기에 우리 젊은 세대가, 15세기 조선 초의 훌륭한 지도학자들이 제작한 조선 지도를 제대로 평가할 줄 모른다는 일은 뭔가 잘못돼 있다는 생각이 든다. 조선 초의 지도학자들에게 미안한 일이 아닐까. 16~17세기 이후의 서양 지도학자들이 만든 지도들을 가지고 교육받고, 그 지도학의 성과에 경탄하며 빠져 있게 한 우리의 교육이 균형을 잃고 있었다고 반성할 때가 된 것 같다. 사실 지난 20~30년간 많이 바로잡혀 가고 있다는 현실을 인정하면서도 나는 아직 마음 한구석에 아쉬움이 남아 있다. 이상태 박사의 책 표지 그림의

16세기 이전 우리 지도의 아름다운 모습이, 도쿄 내각 문고의 15세기 「동국지도」와 함께 더 널리 알려질 때까지 얼마나 더 기다려야 할지.

세종 때『지리지』와 양성지의『팔도지리지』

『세종 실록』148권부터 155권까지에는『지리지(地理誌)』가 들어 있다. 1432년, 즉 세종 14년에 윤회(尹淮)와 신장(申檣) 등이 세종의 명을 받아 편찬 완성한 책이다. 이『지리지』를 흔히『세종 실록 지리지』라 부른다. (이것은 148권에 지리지를 실으면서 권 머리에 쓴 글이다. 잘못된 책이름으로 불리고 있는 셈이다.) 윤회 등이 지은『지리지』를 왜 그렇게 부를까.『세종 실록』에는『지리지』이외에도『칠정산 내편』과『칠정산 외편』,『국조오례의』등 세종 때 주요 저서들이 들어 있다. 세종 때 편찬 간행된 여러 책들이 들어 있다. 그런데 다른 책들에는 책 제목 앞에『세종 실록』이란 책 이름을 붙여 부르지 않는데, 유독『지리지』만은 그렇게 부를까. 오랫동안 내 머리를 떠나지 않았던 숙제였다.

10년도 더 지나서 얻은 해답은 이렇다. 다른 책들은 다 간행된 단행본들이 남아 있다. 유독『지리지』만은 단행본으로 남아 있는 게 없다. 그 책을 편찬하기 위해서 예조에서 각도에 내려 보낸 지리지 편찬 지침 자료에 따라 편찬한『경상도 지리지』와『경상도 속찬 지리지』가 있을 뿐이다. 1425년(세종 7년) 12월에 경상도 감사 하연(河演)이 서문을 지어 붙여 춘추관에 올려 보낸 책이다. 장중하게 제본한 커다란 책이다. 나는 그때까지 이렇게 멋있게 장정한 책을 보지 못했다. 윤회의『지리지』8권 8책이 처음 완성되어 세종에게 바칠 때, 이렇게 장중하게 장정한 사본이었는지는 알 수 없다.『세종 실록』연대기에는 세종 14년(1432년)에 새로 편찬한(新撰)『팔도지리지』를 세종 임금에게 바쳤다고 적혀 있다.『신찬팔도지리지』가 책 이름이 아니라, 새로 편찬한『팔도지리지』라고 사관들이 쓴 것으로 나는 해석하고 있다. 그것이 언젠가 세종 때 편찬 간행된 여러 책들이 들어 있다. 그런데 다른 책들에는 책 제목 앞에 『세종 실록』이란 책 이름을 붙여 부르지 않는데, 유독 『지리지』만은 그렇게 부를까. 오랫동안 내 머리를 떠나지 않았던 숙제였다.

부터 『신찬팔도지리지』라는 책 이름으로 불리기 시작해서 그렇게 돼 버린 것이다.

윤회의 『지리지』가 독립된 책이라는 사실은 『세종 실록』 148권, 『지리지』의 첫 머리 글에 "이 글을 짓게 해서 임자년(1432년)에 이루어졌는데, 그 뒤 '주군의' 갈라지고 합쳐진 것이 한결 같지 아니하다. 특히 양계(兩界)에 새로 설치한 주(州) 진(鎭)을 들어 그 도(道)의 끝에 붙인다."라고 씌어 있다. 그리고 제155권 경원 도호부 맨 끝에 이것을 밑받침하는 글이 있다. "경원부의 지리는 이미 앞 지리지에 실려 있다. 지금 연혁을 더 붙이자니, 이미 만들어진 책에다 이이서 기록할 수가 없고, 또 그 중복되어 나오는 것을 꺼려서 쓰지 아니하자니, …… 그러므로, 두 가지를 그대로 두어서 후일에 참고가 되게 한다."

그러니까 윤회의 『지리지』가 완성되었을 때와 『세종 실록』에 이 책은 『칠정산 내·외편』 등, 세종 시대의 편찬된 주요 저술들과 함께 실을 때는 22년의 세월이 지나(단종 2년, 1454년), 행정 구역과 북방 강역의 확장에 의한 변화 등이 생겼지만, 그 사실을 원래 저술된 글을 고치면서 고쳐 쓰기가 쉽지 않아서 그대로 편집 간행했다는 경위를 분명히 밝히고 있다. 그렇다면 윤회의 『지리지』 원본은 어디 있을까. 다시 되짚게 되지만, 『세종 실록』에 실린 다른 주요 저술들은 따로 다 남아 있는데, 왜 『지리지』만 보이지 않을까. 그 해답을 나는 양성지의 『팔도지리지』에서 찾는다.

그리고 윤회의 『지리지』가 『세종 실록 지리지』로 흔히 부르게 된 이유가 또 하나 있다. 일제 식민지 치하 1937년에 조선 총독부 중추원 수사관(修史官)으로 있던 가쓰시로 스에지(萬城末治)는 이 『지리지』에 주목하고, 활자본으로 교정하여 간행했다. 그 제목이 『세종 실록 지리지』다. 책 이름을 잘못 붙인 것이다.

세종 때 편찬된 윤회의 『지리지』는 가쓰시로가 "당시에 이렇게 진보된 탁월한 지리서가 존재했다는 사실은 족히 조선의 자랑이라 해야 할 것"이라고 극찬한 훌륭한 책이다. 그런데도 조선 왕조는 『세종 실록』이 편찬된 다음 해인 1455년(세조 1년) 8월에 양성지에게 새 지리지를 편찬하게 했다. 윤회가 『지리지』를 편찬한 지 23년밖에 지나지 않았을 때였다. 그렇지만 윤회가 그 책을 편찬할 때는 세종 초기여서, 세종 때에 이루어진 문물과 제도의 새롭고 광범위한 정비 내용을 충분히 담아내지 못했기 때문이었다고 나는 생각하고 있다.

양성지의 새 지리지는 1478년(성종 9년)에 완성되었다. 『팔도지리지』 8권 8책, 시작한 지 23년 만이다. 기록들을 종합해 보면, 이 지리지는 대단한 역작이었던 것 같다. 윤회의 『지리지』에 없는 조선 전도와 각도 지도가 들어 있다. 「팔도주군도(八道州郡圖)」, 행정 지도다. 그리고 「팔도산천도(八道山川圖)」, 조선의 자연을 그린 지도도. 「팔도각일도(八道各一道)」, 도별 지도와 「양계도(兩界圖)」, 압록강과 두만강 일대의 국경 지역의 지도다. 지리지로서 완전한 체계를 갖춘, 한 단계 앞선 지리지다. 그런데 이 지리지도 남아 있는 것이 없다.

『경상도 속찬 지리지』는 틀림없이 이 지리지의 편찬을 위해서 각도에 지침을 내려 보내서 엮여진, '경상도에서 다시 편찬해서 만든 지리지'일 것이다. 각도에서 새로 조사해서 편찬한 지리지를 바탕으로 종합 서술한 것이니까 최신의 정보들을 담고 있을 것이 분명하다.

경상도의 지리지 책의 크기와 글씨체의 반듯함과 국가 문서로서의 권위를 보여 주는 제책 솜씨 등에서 그것들을 하나로 엮은 지리지의 당당함을 미루어 생각할 수 있다. 각도를 1권 1책으로 해서 8권 8책일 것이고 거기 지도들이 컬러로 정밀하게 그려져 붙였을 것이다. 세종 때『지리지』를 편찬한 윤회와 처음에는 같이 편찬했다고 사료는 말하고 있다. 그런데 공동 집필자인 윤회가 죽어서, 마무리 작업은 양성지가 혼자 맡아서 끝냈다. 성종 초다. 그 훌륭한『팔도지리지』가 남아 있지 않다. 풀리지 않는 과제다. 조선 후기의 백과전서인『대동운부군·옥』에 책 이름이 보인다. 그러나 그 글은 양성지의 책이 그때 있었는지에 대해서는 분명하게 써놓고 있지 않다. 양성지가 개인적으로 시작한 프로젝트가 아니고, 조선 왕조가 양성지에게 편찬을 명한 것이다. 완성되기까지 23년이란 긴 세월이 흘렀다. 그러한 역작을 소홀하게 다루었다고 생각할 수가 없다.

실마리는, 이 지리지가 출판되기 전에『동국여지승람』의 편찬이 추진되고 있었다는 데서 찾을 수 있을 것 같다.『팔도지리지』의 완성에 뒤이어 서거정(徐居正)의『동문선(東文選)』이 편찬되고, 중국에서『대명일통지(大明一統志)』가 들어왔다. 조선의 관료 문인들은『팔도지리지』와『동문선』을 편집하면『대명일통지』 못지않은 훌륭한 새로운 형식의 지리지를 어렵지 않게 만들 수 있다고 생각했다. 성종은 그러한 생각을 받아들여 시문(詩文)을 지지(地誌)에 삽입해서 새로운 내용의 책을 만들도록 명했다.『동국여지승람』의 출현이다. 조선 학자들은 책 이름을 지을 때 명나라 것을 따르지 않고 송나라의『방여승람(方輿勝覽)』을 본떠서 지었다. 15세기 조선 학문의 수준이 명나라보다 못하지 않다는 조선 선비들의 자부심과 관련이 있을 것 같다고 나는 생각하고 있다. 일단 완성된 원고는 홍문관 학자들의 교정과 수정을 거치기도 했다. 편찬 위원회가 설치되고, 편집 위원도 늘려 보강해서 전면적인 재교정과 수정 작업을 했다. 그래, 1481년(성종 12년)에 노사신 등에 의하여 일단 50권으로 완성된『동국여지승람』의 원고는 이러한 작업 과정을 거쳐, 1486년(성종 17년)에 예문관 김종직 등이 증보하여 55권으로 완성했다. 원고는 다음해 이른 봄인 2월에 인쇄에 들어가 마침내『신증동국여지승람(新增東國輿地勝覽)』이 10년 만에 간행되었다. 그때까지 조선 왕조에서 간행된 책 중에서 제일 방대한 인쇄본이었다. 그리고 우리나라에서 가장 오래된 목판본 지도가 여기 들어 있다.

정상기와 김정호 그리고 축적 지도

1960년대 초에 나는 연건동에 있는 이병도 박사 댁을 찾아 갔다. 몇 가지 좋은 우리나라 고지도를 가지고 계신다는 말을 들었기 때문이다. 이 박사는 나에게 친절하게도 가지고 계신 지도들을 보여 주었다. 그중에서 나를 놀라게 한 지도 한 폭이 있었다. 사진을 찍으라고 커다란 두루마리 지도 하나를 폈는데, 응접실로 쓰는 방 천장에서 방바닥까지 다 걸리지 않는 정말 큰 조선 전도였다. 나는 감동했다. 그때까지 본적이 없는 매우 정확하고 정밀한, 아름다운 솜씨로 그린 조선 지도였기 때문이다. 그리고 또 하나, 오른쪽에 백리척(百里尺)이라고 씌어진 잣대가 그려져 있었다. 정상기(鄭尙驥)의「동국대지도(東國大地圖)」다. 김정호의「대동여지도」에 매료되어 있던 나에게 이건 정말 큰 발견이었다. 그것은 나에게 조선 시대의 지도 제작에 새로운 관심을 더한 계기가 되었다.

정상기는 누구인가. 어떤 학문적 배경을 가진 학자인가. 그는 어떻게 혼자서 이런 큰 프로젝트를 해 낼 수 있었을까. 그의 지도학은 누구와 이어진 것인가. 혹시 조선 초의 위대한 지도 학자 정척과 이어진 학자는 아닐까. 이런 과제들이 한꺼번에 내 머리를 쏟아지듯 둘러쌌다. 버거운 문제들이다. 세종 때에 시작하여 세조 때에 완성된 정척과 양성지의 「동국지도」는, "그때까지 조사해서 그려 놓았던 초벌 그림과 모든 자료를 모아서 그린 지도"라고 『세조 실록』(권31, 25쪽)에 기록되어 있다. 그리는 데만 6개월이 걸린 큰 사업이었다. 이 지도의 사본 중 하나가 1939년에 아오야마 사다오가 일본 내각 문고에 소장되어 있는 「조선국회도」라고 소개한 정밀하고 아름다운 제작 솜씨로 높이 평가되는 조선 전도다. 그리고는 김정호의 「대동여지도」를 우리는 알고 있다. 그렇다면 15세기에서 19세기 전반기까지 너무 오랜 세월 새로운 조선 지도 제작 없이 있다가 갑자기 김정호의 지도가 나타났다는 것으로 우리는 이해해야 한다. 뭔가 부자연스럽다.

1713년에 북극 고도가 새로 측정되고, 실학자들의 학문 연구와 활동이 활발했던 시기, 영조, 정조 때가 끊어지고 있다는 사실이 매끄럽게 이어지지 않는다. 정상기의 「동국대지도」는 그러한 의문을 산뜻하게 해결해 주었다. 그는 여러 가지 저서도 남겼다. 그중 내게 가장 돋보인 저서는 『농포문답(農圃問答)』이다. 한학자 이익성(李翼成)은 그가 옮긴 이 책의 해제에서 실학자로서의 정상기의 업적을 열거하면서, 「동국대지도」에 대해서 간결하게 요약하고 있다.

그는 우선 「동국지도」가 정확하지 않다 하여 여러 해 동안 전국 각 지방을 두루 탐방한 끝에 우리나라 최초로 축척 지도(縮尺地圖)를 제작했다. 100리를 한 자(尺)로, 10리를 한 치(寸)로 표시하여 지역의 넓고 좁음과 도로의 멀고 가까움에 틀림이 없는 지도를 완성했던 것이다. 이 지도는 합치면 전도(全圖)로 되고, 나누면 여덟 폭으로 되었는데, 그 후 고산자(古山子) 김정호가 이 같은 축척 지도의 제작 방법에 따라 「대동여지도」를 만들었던 것이다.

정척과 양성지의 「동국지도」와 김정호의 「대동여지도」 사이의 다리가 무엇이었는지를 잘 설명하고 있다. 『농포문답』의 서문에서 정인보(鄭寅普)는 이례적으로 자기가 쓴 글을 소개하면서 정상기의 「동국대지도」의 뒷이야기를 써 놓았다. 1쪽 분량이나 되는 글이지만 그대로 인용하겠다.

정인보(鄭寅普)가 『성호사설』을 교정 간행하다가 선생이 "백리척(百里尺)을 만들어 팔도지리도(八道地理圖)를 그렸는데, 원근과 장단이 비로소 칭당(稱當)했다."라는 성호의 칭찬한 글을 보고서 그 분에게 깊은 학문이 있었음을 알았다. 그후에 여암(旅菴)이 지은 「동국지도 발문」을 보니 "나의 벗 정항령 현로(玄老)의 여도학(輿圖学)은 그의 선친 농포공(農圃公)으로부터 전해받았고, 현로는 또 그의 아들 원림(元霖)에게 전했는데, 3대를 이어 다듬어서 지도는 더욱 정밀하여졌다."라는 말이 있었다. 다산(茶山)에게도 또한 「정씨여도(鄭氏輿圖)」라는 말이 있은즉, 그의 학문은 그 가정에서 전수되었고, 또한 오래되었음을 알 수가 있었다. 그러나 선생에 대한 것은 사람에게 물어도 아는 자가 없었다. 지난해에 호서(湖西)에 가서 종질(宗侄)을 조문하고 옛 장서를 열람했는데, 좀이 먹은 여지도 두어 조각이 있었다. 한 편에 기록한 말에 '백리척'이라는 글자가 있으므로 자세하게 살피다가 선생에게서 나온 것에 의심 없음을 알았다. 이에 본말을 갖추어, 증명하고 신문에 발표하면서, "고산자가 지도를 그린 새로운 수법은 유래한 곳이 있었다." 했는 바, 지금 사람으로서 선생을 알게 된 것은 이로부터 시작되었다.

정인보는 또 이렇게 말했다. "그 지도를 내어 보니 전도(全圖)가 있고 분도(分圖)도 있었는데, 접때 호서에서 본 것은 그 분도였다. 그의 저서는 모두 없어졌고 홀로 이 글이 남아 있으므로 가지고 돌아왔고, 또 6, 7년을 지난 다음에 비로서 인판(印板)하게 되었다. 대개 선생의 평생 정력은 일찍이 축척으로써 지도를 그리는 데 쓰셨다."라고 정상기의 지도 제작 업적을 회고했다. 정상기는 성호 이익과도 학문적으로도 깊은 교류가 있었고, 개인적으로도 인척 간이어서 무척 친근한 사이였다. 『성호집』 권 47과 『성호사설』 권 1에도 정상기의 「동국지도」에 대해서 쓰고 있다.

정상기의 「동국지도」는 이병도 댁에서 내가 본 대지도를 비롯해서 총도와 팔도분도 지도첩으로 몇 가지가 남아 있다. 이병도의 「정상기와 동국지도」(『서지』 1960년), 이찬의 「한국 지리학사」와 『한국의 고지도』(1991년), 이상태 박사의 『한국 고지도 발달사』(1999년), 오상학 교수의 「정상기의 동국지도에 관한 연구」(1994년)와 전상운의 『한국 과학 기술사』(1976년) 등을 읽어 보면 그것들의 소장처를 알 수 있다.

특히 이상태 박사의 『한국 고지도 발달사』 101쪽에서 146쪽에는 대학과 공공도서관 별로 자세하게 소장 실태와 분류 분석 내용을 적어 놓아 크게 도움이 된다. 영조가 정상기의 지도를 보고 감탄한 사실은 『영조 실록』 권 90, 33년 8월, 8~9쪽에 사관들이 기록한 글도 이례적이다. 국가의 프로젝트가 아니고, 개인이 해 놓은 업적이 임금의 마음에 들어 실록의 기사로 남아 있다는 사실은 정상기의 지도에 대한 격을 한층 높여 주는 것이다. 한 개인이 이룩한 업적으로는 생각하기 어려울 정도로 훌륭하기 때문이다. 정상기가 "세종 때의 대학자이며 천문학자였던 정인지의 직계 후손이라는 사실을 생각할 때, 그가 그의 지도 제작의 자료로 삼았던 실측 지도들은 그의 집안에서 보존해 온 정척, 양성지의 「동국지도」의 한 사본이었을 가능성이 크다."라고 생각했던 1976년판 내 『한국 과학 기술사』의 글은 지금도 바꾸지 않아도 좋을 것 같다.

정상기의 「동국대지도」는 19세기 중반, 김정호로 이어져 새롭게 전개된다. 단절되지 않고 발전한 조선 지도 제작의 훌륭한 결실이 김정호에 의해서 이루어진 것이다. 정상기의 지도는 백리척과 관련되어 일찍부터 학자들의 주목을 받았다. 그리고 정상기가 어떤 인물인가에 대해서도 조금은 알려지고 있다. 사대부 집안 출신이기 때문일 것이다. 그러나 그의 지도 제작 업적에 비하면 조사 연구가 별로 많지 않았다.

김정호는 더 심하다. 우리가 그의 인생에 대해서 너무 아는 게 없다. 그래

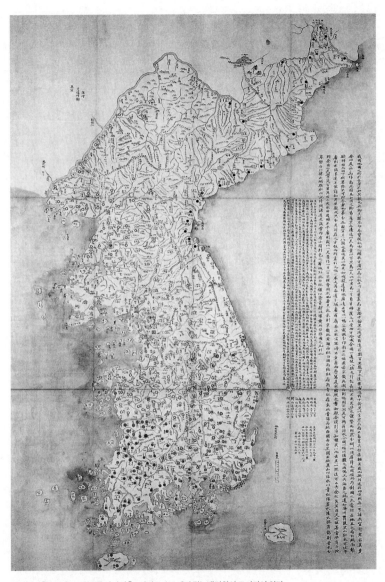

정상기의 「동국지도」 사본 중 하나인 「조선전도」(18세기 말). 백리척이 표시되어 있다.

서 그걸 정리해 보았다. 1966년 가을에 아침 《중앙일보》에서 몇 차례 칼럼을 써 달라기에 거기 썼다. 11월 5일자에 그 글이 나갔다. 「김정호라는 사람」. 짤막한 칼럼이었지만, 반향은 생각보다 컸다. 몇 사람에게서 연락을 받았다. 제일 반갑고 기뻤던 게 류홍렬 선생의 전화다. "잘 썼데. 그러고 보면 우리가 너무 몰랐어." 그 글이 김정호에 대해서 모르고 있는 것, 잘못 알고 있는 것만 추려서 쓴 것이 더 사람들의 눈길을 끌었나 보다. 오래전의 글인데, 지금 우리가 알고 있는 사실과 비교해 볼 수 있어서 여기 그 문장을 그대로 옮겨 보겠다.

우리나라의 과학자들 중에서 김정호만큼 알려진 인물도 그리 많지는 않다.

근데 조선의 지리학자로 「대동여지도」를 만든 사람이라는 것은 초등학교 학생들도 잘 알고 있다. 그러나 우리는 그가 어떤 사람인지 사실상 아무것도 모르고 있다. 그는 지금부터 불과 100여 년 전에 살던 사람이다.

사람들은 그가 황해도 출신이며 호는 고산자이고 30년이나 걸려 청구도 (靑邱圖)와 「대동여지도」를 만들었고 대동지지(大東地志)를 내었다는 사실과 고종 때 「대동여지도」를 판각하여 대원군에게 바쳤다가 오히려 나라의 기밀을 누설했다 해서 잡혀 옥사했다는 이야기를 알고 있을 정도이다. 물론 어떤 사람은 그것으로 다 되지 않았느냐고 반문할지도 모른다.

그렇지만 그렇게 유명한 지리학자이며 우리나라 사람으로 가장 정밀한 지도를 독자적으로 완성한 위대한 업적을 남긴 사람에 대해서 우리가 알고 있는 것이 고작해서 몇 줄밖에 안 된다면 좀 서운하지 않을까. 나는 때때로 이렇게 생각해 본다. 김정호는 어떤 집안에서 태어났을까? 어떤 교육을 받았을까? 왜 서울에 왔을까? 그는 정말 만리재에서 살았을까? 아내가 광주리 장수를 했다는데 그렇게 가난하면서 어떻게 30년에 걸쳐 전국을 몇 번씩이나 답사를 할 수 있었을까? 그러한 신분에 있던 사람이 어떻게 최한기와 같은 명문의 학자와 절친한 친구가 될 수 있었을까? 또 어떻게 태연재(泰然齋)라는 당호를 가질 수 있었을까? 대원군이 아무리 무식하고 무모한 위정자라 할지라도(사실은 그렇지 않지만) 그를 잡아 가두지는 않았을 텐데…….

나라의 기밀을 누설했다면 그가 만든 지도들은 왜 그대로 두었을까? (목판도 몇 장 남아 있다.) 혹시 그는 천주교인이었기에 박해에서 순교한 것이 아닐까. 그의 두 딸들은 어떻게 되었고, 그 후손이 하나도 없었을까? 생각하면 한이 없다.

그러나 꼭 알고 싶다. 아무래도 그는 가난하기는 했지만 결코 평범한 가문에서 태어났을 것 같지는 않다. 혹시 서계(庶系)에서 태어난 것은 아닐까?

김정호에 관한 연구가 없었던 것은 아니다. 국립지리원과 지리학회에 그 글들을 모아 펴낸 큰 자료집이 두 책이나 있다. 그리고 학위 논문도 몇 편 있다. 자료집에는 수십 편의 논문과 짤막한 글들이 수록되어 있다. 그것들은 학문적 업적을 위주로 모아 놓아서 그런지 김정호의 생애나 지도 제작의 배경이 되는 글들은 거의 없다. 그러니까 내가 쓴 글은 들어 있지 않다. 그런데 1995년 12월에 중앙일보사 발행 시사 월간지 《윈》에 김정호 특집이 실렸다. "한국 최초의 네티즌 김정호"라는 타이틀이다. 23×28.5센티미터 크기의 책 28쪽 분량의 대기획이다. 2편의 기획 기사와 1편의 정담(좌담) 그리고 4편의 논고로 이루어진 고산자 집중 탐구다. 한동안 말이 없던 "김정호 미스터리 연구"다.

김정호의 현대적 의미를 주제로 한 좌담에는 세 사람의 학자들이 참여했다. 이상희(과학기술자문위원회 위원장, 과기처장관), 전상운(과학사학회회장, 성신여대 총장), 이상태(국사편찬위원회 연구관, 『한국 고지도 발달사』의 저자) 박사들이다. 과학기술과 지도학, 미술과 판각의 뛰어난 재주를 결합한 조선 후기 최고의 지도학자로 조선 지리학을 집대성한 인물이다. 우리 지도 제작의 선각자라는 평가로 재조명된 전설 속에 갇혀 버린 인물에 대한 대탐험 기사다. 《중앙일보》

에 칼럼 기사를 쓴 지 30년 만에 그《중앙일보》가 내는 월간지에서 그때 내가 제기했던 "미스터리"를 다시 다룰 것이다. 끈질긴 인연이다. 하지만 30년 동안에 새로 밝혀진 자료는 아무것도 없다. 그것이 신선한 충격으로 우리에게 다시 다가왔다.

시사 월간지《윈》의 글에서 몇 가지 우리가 잘 알았으면 좋겠다고 생각되는 내용들이 있다. 이 책의 편집자는 고산자의 지도들을 좋은 사진으로 큼직하게 실어서「대동여지도」와 그 자료들을 훌륭하게 부각했다. 지도 연구 제작자 이우형의 지도 인생을 소개한 글도 눈여겨볼 만하다. 나는 1970년대 대학 박물관장으로 있을 때「대동여지도」를 하나로 이어 전시한 일이 있다. 교실 중앙을 다 차지한 큰 스페이스에 놀라며, 그 전시가 전시물로 적절하지 않다는 부정적인 시각과 반응이 있을 정도로 관심을 불러 일으켰다.「대동여지도」를 그렇게 가까이서 볼 수 있다는 데 많은 관람자들은 기뻐했다. 보람 있는 일이었다. 그리고 고산자의 지도는 1990년에 국립중앙과학관 전시실의 거대한 벽면에 전시되었다. 이우형 님의 노력이 컸다. 그는 영인본도 출판했다. 30여 년간 김정호에 매달린 그 정성을《윈(Win)》의 편집자가 담아낸 것이 내게는 또 하나의 즐거움이었다. 15년의 시공이 지나갔어도 편집자의 시도는 조금도 바라지 않은 것 같다.

여기 글을 쓴 두 사람의 지리학자가 있다. 이찬 교수와 양보경 교수다. 두 사람은 스승과 제자 사이다. 이찬은 한국 최고의 지리학자의 한 사람이었다. 1980년대부터 우리나라 고지도 수집에 남다른 열정을 가지고 한국 지리학사와 옛 지도 연구에 큰 업적을 남겼다. 양보경 교수는 한국 지리학사와 옛 지도 연구를 전공했다고 해도 지나치지 않을 정도로 훌륭한 논문을 많이 썼다. 이찬은 큰 저서『한국의 고지도』(1991년)를 내면서 한국 고지도를 집대성했다. 그는 37×26센티미터, 크기의 책 419쪽에 243개의 고지도 도판과 논문 해설을 직접 썼다.

양보경은 서울대 규장각 연구원 시절, 규장각 소장의 옛 지도들을 한지

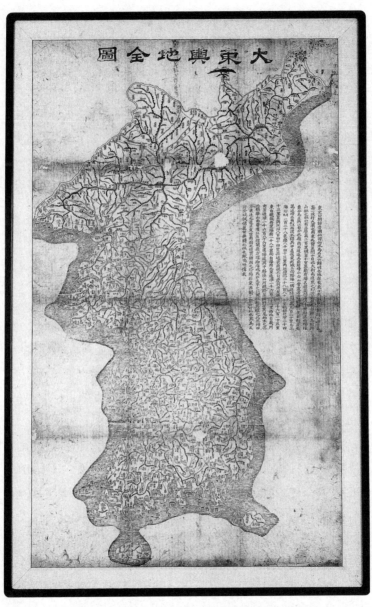

「대동여지도」 목판본(1880년대). 김정호가 제작한 것으로 성신여자대학교 박물관에 소장되어 있다.

에 복제하는 기술을 개발하여 많은 고지도들을 원본과 거의 같은 모습으로 전시해 학계의 자료로 폭넓게 활용하게 기여했다. 그리고 이찬이 세상을 떠난 뒤 서울역사박물관에 그 수집품들을 모두 기증하는 데 큰 역할을 해 냈고, 그 자료들을 모아 『우리의 옛 지도』(2006년, 37×26센티미터, 303쪽)를 펴냈다. 115장의 컬러 도판은 페이지 전체 또는 페이지 절반 정도 크기의 아름다운 인쇄이고 양 교수가 해설을 썼다. 그리고 「이찬 기증 한국 고지도의 유형과 의의」는 우리 지리학사의 개척자 이찬의 학문적 업적을 집대성하고 제대로 평가한 논고로 귀중한 글이다. 그는 스승의 학문을 이어받아 새롭게 전개한 학자로 제자로서의 역할과 의무를 다했다.

그들은 김정호를 이렇게 평가했다. 「대동여지도」는 근현대 지리학의 다리를 놓은 독창의 걸작품이다. 『청구도』와 「대동여지도」는 아무것도 없는 황무지에서 만들어진 지도가 아니다. 김정호는 그 이전의 여러 지리학자들의 업적을 바탕으로 중국을 거쳐 전해진 당시의 세계적인 지도 제작 기술을 이용해 한 단계 더 나아간 형태의 지도를 제작했다. 이찬의 글이다. 정상기가 세운, 우리 지도 제작의 축척과 방위의 개념을 바탕으로 해서 전통 지도 제작을 완성의 단계로 끌어올린 것이다. 이찬은 현대 한국의 지도와 1834년의 『청구도』 그리고 1861년 「대동여지도」를 겹쳐 놓고 비교했다. 놀라울 정도로 그 정확성이 떠오른다.

2010년이 「대동여지도」를 만든 지 150년 되는 해다. 서울의 성신여대 박물관이 이를 기념하여 1970년대에 전시했던 방식대로 그 지도 22첩 전체를 이어 전시하고 있다. 가로 4미터, 세로 7미터의 초대형 전시대에 올려 놓은 것이다. 이렇게 큰 우리나라 전도 그리고 거기서 자기와 인연이 있는 고을, 그리 가는 길, 산과 강을 볼 수 있는 즐거움은 본 사람이 아니고는 느끼지 못한다. 그것을 한 장 한 장의 목판에 조각한 김정호의 재주와 노력은 상상을 초월하는 것이다. 혼자서는 할 수 없는 작업이다. 딸이 도와서 함께했을 것이지만, 그것으로 설명이 안 된다. 몇 사람의 친분이 두터운 양반 집안의 학자와 부유한 후원자가 있었을 것이다. 조선 왕조 정부 관청에 있는 많은 지도들을 볼 수 있도록 도와준 관료 학자도 있었을 것이다. 그 뛰어난 목판 조각 솜씨와 재주는 그것이 아무나 할 수 있는 작업이 아니었음을 말해 준다.

역사학을 전공했으면서 우리나라 옛 지도와 지도학에 남다른 애정을 가지고 연구한 이상태 박사는 이렇게 말했다. "조선 최고 최후의 지리학자인 고산자 김정호는 자신에 대한 기록은 남기지 않아 수많은 의문과 억측을 남겼다 특히 지금까지 민간에 알려졌던 옥사설과 백두산 답사설 등은 일제 시대에 만들어진 '전설'이다."

김정호의 「대동여지도」를 말하는 글은 조선 후기의 실학자 이규경의 『오주연문장전산고(五洲衍文長箋散考)』에서 찾아볼 수 있다. 그 글이 아마도 김정호에 대한 첫 기록일 것이다. 그리고 조선 시대 말, 유재건이 쓴 책 『이향견문록(里鄕見聞錄)』에 김고산 정호의 전기 중에서 「대동여지도」를 말하고 있다. 해방 후, 김정호는 몇 사람의 역사학자의 주목을 받아, 우리에게 널리 알려졌다. 그중에서 이름 있는 두 학자가 특히 눈에 띈다. 한사람은 숭실대학교 기독교 박물관을 세우는 데 공이 큰 김양선이다. 그는 많은 과학 문화재를 수집했다. 그중에는 국가 지정 문화재로 지정된 것이 여러 점 있다. 그는 고산자의 지도에 주목했고, 여러 편의 글을 썼다. 고산자의 생존 시기가 1804년과 1866년 사이라는 고증을 하기도 했다. 그리고 또 한 사람은 이병도다. 그는 여러 종류의 우리나라 옛 지도를 가지고 있었는데, 1960년대 초에 나는 그의 자택에서 그 지도들을 볼 수 있는 기회를 가질 수 있었다. 그중에는 아주 훌륭한 옛 지도들이 몇 가지가 있어 나를 감동하게 했다. 그가 밝혀낸 김정호의 지도 제작 업적과 최한기와의 공동 작업은 주목할 만하다. 그는 김정호가 옥사했다는 전설과 백두산을 여러 차례 다녀왔다는 이야기를 자료의 고증을 통해서 부정했다. 그 당시로서는 그런 사실을 말하기가 쉽지 않을 만치 고산자에 대한 전설이 사람들의 머릿속에 굳게 박혀 있었던 때였기 때문이다.

2001년 12월에 국립지리원에서 펴낸 방대한 책은 내가 여기서 꼭 적어 놓아야 할 자료집이다. 773쪽(19×23센티미터)의 『고산자 김정호 기념 사업 자료 집』이라는 제목의 이 책은 그 방대함과 충실한 내용에서 김정호 연구의 가 장 주요한 자료로 꼽을 수 있다. 7명의 연구진이 모두 우리나라 전통 지리학 을 전공하는 학자들이고 그들은 관련 자료를 거의 빠짐없이 모아 엮었다. 114개의 문헌, 저서, 신문 기사, 자료 들이다. 이 책에 이어, 2차 사업으로 대 한 측량 협회는 2003년에 『고산자 김정호 관련 측량 및 지도 사료 연구』(19× 28센티미터, 743쪽)를 펴냈다. 2001년에 낸 책을 보완 증보한 것이다. 1차 사업 의 연구진 몇 사람이 지도 측량 전문가들로 바뀌고 그래서 측량 관련 자료들 이 보충되고, 몇 가지 1차 사료들의 원문이 들어 있다.

김양선과 이병도는 내가 우리나라 전통 과학 기술 연구를 한다는 것만으 로 적극적인 지원을 아끼지 않았다. 지도와 지도학의 역사뿐 아니라 과학 문 화재 전반에 걸쳐 그들이 가지고 있던 자료와 조사 연구한 지식을 알려주는 데 적극적이었다. 그때는 조선 시대 과학 기술 저술과 자료를 제대로 읽고 해 석할 수 있을 만치 한문에 능통한 학자들이 많지 않았다. 이 문제는 1970년 대 초 교토 대학교 인문 과학 연구소 과학사 연구반, 내가 야부우치 스쿨이 라 부르는 연구회에 참여하게 되면서 풀려 가게 됐다. 그들은 매주 한 번 모 여 중국의 과학 고전 역주 연구회를 연다. 그것은 지금도 계속하고 있다. 거 기 참여하면서 풀리지 않던 여러 가지 문제들이 풀리게 된 것이다. 중국의 과 학 고전 자료가 시원하게 읽히기에는 많은 노력과 연구가 있어야 한다. 그것 은 동아시아 과학사 연구에서 가장 기본이 되는 출발점이 된다.

조선 기술의 전개

갑인자, 조선의 명품 활자

13세기 초의 고려 청동 활자 발명은 커다란 기술사적 의의를 갖는 것이다. 그러나 그 기술은 초기 단계의 미숙함에서 벗어날 겨를 없이 고려 왕조가 망해서 발전의 기회를 놓치고 말았다. 조선 왕조가 서면서 1402년, 태종은 무모할 정도로 강압적인 명령으로, 계미자 청동 활자를 만들게 했다. 그렇긴 하지만, 그것은 재발명이라 할 수 있을 정도로 큰 발전임에는 틀림없다. 그 기술적 미숙함을, 세종은 즉위한 지 몇 년 안 된 때에 개량을 시도했다. 경자자의 출현이다. 이 청동 활자는 특별 기구를 조직하여 표준화의 단계를 실현하는 또 하나의 발전을 이룩한다. 그런데 경자자 청동 활자는 글씨꼴이 조선 선비들의 사랑을 받지 못했다.

갑인자 청동 활자는 이런 기술적 문제점을 극복하기 위해서 만들어졌다. 여기에도 세종의 강한 의지가 원동력이 됐다. 『세종 실록』을 쓴 사관(史官)들은 이렇게 표현하고 있다. 경자년의 청동 활자에 대한 기사를 먼저 읽어 보자. 세종3년(1421년) 3월 24일의 기사다. 세종은 계미자에 의한 인쇄 기술상의 결점을 지적하면서, "왕이 친히 연구하여 공조참판 이천과 전소윤 남급(南汲)에게 활자와 동판이 서로 맞아 틈이 안 생기도록 다시 부어 만들 것을 명했다." 핵심 문제가 무엇인지 잘 지적하고 있다. 활자의 규격과 식자판의 반듯함 등 인쇄기의 정교함이 부족했던 것이다. 그게 그 시기에 그렇게 쉬운 일이 아니었다. 계미자에서 경자자 청동 활자까지 20년 동안의 기술 발전이 컸다는 사실이다. 그 기술 발전을 발판으로 16년 후에는 갑인자 청동 활자를 부어 만드는 사업이 있었다. 이것은 국가적 프로젝트였다. 참여한 인물들의 이름은 우리를 놀라게 한다. 이천이 총감독이고 김돈, 김빈, 장영실, 이세형, 정척, 이순지 등을 열거하고 있다. 당대 최고의 학자들이다. 보다 아름다운 글씨꼴로 깨끗한 인쇄물을 만들자는 것이었다. 청동 활자 인쇄 기술의 기술상의 문제들은 다 해결했다 것을 뜻한다. 20여만 자의 크고 작은 활자들이 부어 만들어졌다.

갑인자로 인쇄한 책들은 15세기 전반기에 청동 활자로 찍어 냈다고는 믿어지지 않을 정도로 멋있고 깨끗하다. 인쇄술의 종주국이라고 서양 사람들이 칭찬을 아끼지 않는 중국 송나라 때의 목판본의 아름다움을 금속 활자로 인쇄해 낸 것이다. 최고로 질이 좋은 닥종이에 산뜻한 먹색으로 묵향이 배어 있는 듯 그림 같은 인쇄물이다. 남아 있는 갑인자 서책들은 금속 활자 인쇄물이라기보다 서예 작품을 보는 듯하다. 표준화와 대량 생산 그리고 조판을 풀었다가 다시 짜 맞추어 다른 내용의 인쇄물을 만들어 내는 정보 문화 기술 산업의 꿈이 이루어진 것이다. 이제 조선의 선비들은 1402년에 태종이 말한 대로 중국에서 서책을 구해 오는 어려움에서 크게 벗어날 수 있게 되었다. 여러 가지 책들을 적은 부수를 펴내야 하는 어려움을 극복하는 데 큰 도움이 되었다. 그것은 한 가지 책을 찍어 내면 그만인, 목판 인쇄본 제작과는 비교가 안 될 경제성 있는 기술의 산물이었다.

갑인자 청동 활자로 펴낸 책들은 조선 선비들의 많은 사랑을 받았다. 1434년부터 1777년까지 350년 가까운 세월 다섯 번의 갑인자 주조가 있었던 사실이 그것을 말해 준다. 15세기에 갑인자 청동 활자로 찍어 펴낸 책들은 보존 상태가 아주 좋은 과학 서적만 해도 상당히 많다. 서울대학교 규장각과 한국학 중앙 연구원 도서관에서 우리는 어렵지 않게 그 책들을 찾아볼 수가 있다. 모두 귀중한 과학 문화재다. 나는 때때로 그 멋있고 깨끗하게 만들어진 책을 가지고 학문에 정진하던 조선 시대 선비들의 품위 있는 모습을 상상하면서 학문하는 즐거움에 스스로 빠져들곤 한다. 요새 유행하는 말로 '명품' 도서들이다. 1960년대만 해도 어렵게 허락을 받아 열람한 15세기 천문학 책들 중엔 거의 몇 번 펴 보지 않았다고 여겨지는 새 책들이 있었다. 한쪽씩 펼 때마다 책장 펴는 뿌드득 하는 소리와 하얀 닥종이에 묻어 있는 묵향이 나를 황홀하게 했던 기억이 새롭다.

그때 나는 생각했다. 세종 때, 몇 십 년 동안에 청동 활자들을 부어 만드는 기술 발전. 1센티미터가 조금 넘는 청동 주조물을 부어 내서 줄칼로 글자와 몸체에 붙은 너더리를 하나하나 깎고 다듬어서 같은 규격의 반듯한 활자 20만여 자를 만들어 낸다는 작업은 결코 쉬운 일이 아니다. 활자 면을 글자가 편편하고 매끈하게 끝마감하는 기술도 만만치 않다. 수잡업의 어려움이다. 숙련된 장인만이 해 낼 수 있는 작업이다. 그런데 이 청동 활자들은 지금 남아 있는 게 없다. 임진왜란 전까지만 해도 9차례의 청동 활자를 부어 만드는 사업을 했는데, 그때마다 쓰던 활자들을 같이 녹여 썼다고 한다. 그래도 남아 있는 활자들은 임진왜란 때 약탈되었다. 그것들이 일본에서 청동 활자 인쇄 기술을 일으키게 했다. 1600년대 초기 일본의 인쇄물 중에는 조선에서 가져간 청동 활자로 찍은 책들이 보인다. 그리고 활자와 활자판도 보존되었었다고 한다. 나는 그것을 찾아보려고 일본 도쿄의 인쇄 박물관에도 몇 차례 답사했다. 찾을 수가 없다. 인쇄 박물관은 일본 굴지의 대형 인쇄 회사인 돗판 인쇄 주식 회사에서 지은 현대식 빌딩 안에 있다. 그 지하층과 1, 2층을 박물관으로 차려 무료로 개방하고 있다. 훌륭한 박물관이다. 일본의 권위 있는 서지학자인 후지모토 유키오(藤本幸夫) 교수는 자기가 아는 한 일본에

조선의 명품 서적들을 인쇄한 활자판. 오주 갑인자로 짠 활자판이다. 세종 때 갑인자 청동 활자와 활자 조판 기술을 보여 주는 귀중한 유물이다.

서 17세기에 인쇄한 조선 청동 활자본은 없다고 내게 말했다. 나하고는 다른 견해였다. 그렇다고 내게는 그의 견해를 반증할 만한 자료가 없었다. 지금 국립중앙박물관에 보존되어 있는 청동 활자들은 다 임진왜란 후의 것들이다. 그리고 고려대학교 박물관에 오주 갑인자(1777년)로 짠 『국조보감』 활자와 조판 한 벌이 보존되어 있다. 세종 때 갑인자 청동 활자와 활자 조판 기술을 보여 주는 귀중한 유물이다.

　나카야마 유키지로(中山之四郞)가 쓴 『세계 인쇄 통사(世界印刷通史)』(2책, 1930년)에는 17세기 일본 청동 활자 조판 한 벌의 사진이 실려 있다. 이것은 16세기 말 조선에서 가져간 활자와 활판이다.

분청사기, 15세기 사기 기술의 꽃

우리 기술사에서 분청사기그릇의 출현을 어떻게 볼 것인가. 내가 풀어 보려고 애쓴 오랜 숙제 중의 하나였다. 고려청자의 찬란한 창조적 기술의 쇠퇴로 이어진 것인가에 대한 평가로 좌우되는 문제다. 요업 기술의 쇠퇴로 보는 견해에 나는 늘 뭔가 뚜렷하지는 않지만, 산뜻하게 이해되지 않는 생각에 사로잡혀 있었기 때문이다. 분청사기그릇이 중국에서는 만들어지지 않은 요업 기술의 산물이라는 사실은 우리 미술사학자들이 일찍부터 주목하고 있었다. 그러나 그 기술은 고려청자의 기술에 비해 늘 조금은 낮은 평가를 받고 있었던 것도 부정할 수 없다.

김원용은 그의 명저 『한국 미술사』(1993년, 안휘준 교수가 개정 신판으로 공저해서 새로 출판했다.)에서 각별한 평가를 했다. 그 책의 표지 그림이 호암미술관 소장의 15세기 최고의 분청사기 걸작인 고기무늬 그림이 있는 납작한 병이다. 두 마리 고기가 크게 그려진 그 해학적인 모습은 보는 사람들에게 너무나 따뜻하고 평화로운 마음을 갖게 한다. 그 많은 우리 미술 작품 중에서 이 분청사기 병이 표지 그림으로 실린 깊은 뜻이 김원용이 담아낸 한국미술의 역사다. 그들은 이렇게 평가했다. 새김무늬 꽃 분청에서 "처음으로 조선적인 개혁과 신선미를 느낄 수 있다. …… 조금도 꾸밈없는 기형(器形, 그릇 모양), 유색 그리고 백토와 청자지(地)와의 비례 등 모두 형용할 수 없는 천연의 미를 내포하고 있다. …… 간결하면서 자신에 넘치는 선으로 된 것이 있어 주목된다. …… 어문(魚紋, 고기 문양) 중에는 현대적 감각으로 편화(便化)·도안화된 것이 많다." 1968년판, 1973년판에는 없던 내용이다. 훌륭한 안목이다. 그리고 새로운 평가다.

고려청자와 조선백자의 요업 기술 전통 사이에, 그것을 이어 주는 분청사기의 출현은 우리 기술 발전의 모습의 한 면을 보여 주는 주목할 만한 기술의 전개다. 한때 미술 애호가들은 조선 초기 분청사기는 고려청자의 기술이 쇠퇴하면서 생겨난 도자기라고까지, 그 창조성을 인정하려 하지 않았다.

나는 그게 늘 아쉬웠다. 나는 분청사기 기술이 청자 기술의 새로운 전개과 정에서 생겨난 조선적인 기술의 개혁이라고 생각했기 때문이다. 고유섭과 김 원용의 글 속에는 그런 평가가 깔려 있다. 우리는 고려청자와 조선백자에 너 무 매료되어 있어, 분청사기의 신선하고 소박한 아름다움이 잘 보이지 않았 던 것이다.

1970년대에서 1990년까지 내가 교토 대학교에서 연구 생활과 객원 교수 로 강의하는 동안, 오사카 도요 도자 미술관에 여러 번 들를 기회를 가졌다. 도자기의 아름다움과 그것을 창조해 낸 도공들의 기술은 언제나 나를 감동 하게 했다. 동양 도자 미술관이라고 하지만, 박물관을 소개하는 글에서 나 타나듯, 한국의 도자기들이 전시 공간의 반 이상을 차지하고 있다. 그중에는 물론 조선 초의 분청사기그릇들의 명품들이 적지 않다. 그 설명문이 1980년 대를 넘기면서 언젠가 큰 변화가 생겼다는 사실을 발견했다. 분청사기를 제대 로 평가하고 있는 것이다. 김원용의 『한국 미술사』에서 보는 변화와 함께 커다 란 새 흐름이다.

지금 동양 도자 미술관의 한국 도자실의 해설문도 그러한 새 흐름을 표현 하고 있다. 분장회청사기(粉粧灰靑沙器)라고 이름지은 사기그릇을 간략하게 분청사기라 한다고 했다. 조선 시대 전기(15~16세기)를 대표하는 도자기고, 철 분을 포함하는 회청색의 태토로 성형하여 청자유(釉)와 비슷한 유약을 입혀 구워 내는 점에서 고려청자의 기법을 그대로 전승하고 있다고 설명한다. 그 리고 또 설명문은, 분청의 대부분은 바탕흙에 백토로 화장을 입히고, 거기 에 여러 가지 수법으로 문양을 나타내는 것으로, 고려청자와는 한 획을 긋고 있다. 그래서 분청은 문양이나 그릇 모양이 전혀 새로운, 생기(生氣)에 가득 찬 의장(意匠)으로 변모를 이룩해서 조선 시대의 도자기에 매력을 더했다고 씌어 있다. 정확하고 제대로 분청사기를 평가한 글이다. 1930년대에 고유섭 이 처음으로 분청사기라고 부른 이후, 이만큼 그 기술사적 위치를 제대로 매

분청사기 항아리. 15세기 후반의 작품이다. 일본 이데미쓰 박물관에 소장되어 있다.

겨 쓴 글은 흔치 않다. 이 글은 2005년판 국립중앙박물관 도록 책자의 설명 문과도 흐름을 같이하고 있다.

일본에서, 그것도 동양 도자 미술관에서 이 글을 읽으면서 내 마음이 어떠 했는지 독자들은 충분히 이해할 것이라고 생각한다. 분청사기는 15세기 조선 초에 도공들이 이루어 낸 창조적 기술의 산물이다. 고려청자가 귀족들과 상류층을 위한 최고의 아름다운 기술 제품에서, 평민들도 쓸 수 있는 대량 생산 기술 제품으로 생산 체제가 전개되면서 생겨난 새로운 도자 기술이 분청인 것이다. 소박하면서 자유분방한 조선 도공들의 생기가 넘치면서도 따뜻한 서민적 작품 세계를 우리는 분청사기그릇에서 찾아볼 수 있다.

귀족적인 기품, 산뜻한 하늘색에 날아가는 학 그리고 맑은 물 위에 평화롭게 떠있는 오리의 모습은 중국 청자를 뛰어넘는 아름다움을 가지고 있다. 그러나 고려 도공의 그 뛰어난 재주와 솜씨는 시대의 흐름에 따라 변화를 요구받는다. 그리고 평민도 쓸 수 있도록 대량 생산과 규격 제품 생산이 전개된다. 거기서 이어지는 새로운 도자 기술이 분청사기다. 이건 기술의 쇠락이 아니다. 그렇게 보아야 할 이유가 없다. 송청자의 아름다움에 매료되어 그 기술을 수용하여 개발한 고려청자. 중국에서는 개발하지 못한 새김무늬 기술의 화려한 발전이 몇 세기 지속되었다. 그것을 이루어 낸 고려 도공들의 기술을 바탕으로 새 왕조의 성립과 그와 더불어 불어온 새로운 유교적 기풍 속에서 도자 기술에도 새바람이 일었다. 제작 기술의 개혁이다. 평민의 멋, 오랜 틀에서 벗어난 자유분방한 솜씨와 디자인이 대량 생산의 기술 발전과 조화되고 승화되었다. 분청사기 기술의 배경이고 바탕이다.

정양모 선생(전 국립중앙박물관 관장)은 널리 알려진 한국 도자 미술사의 권위자다. 그가 최근에 분청사기의 아름다움에 대해서 이런 글을 썼다. 우리나라 분청사기의 과학 기술사 측면에서 본, 한발 앞선 평가를 산뜻하게 정리해서 나를 기쁘게 했다.

우리 전통 미술을 깊이 들여다보면 우리의 산하와 같다. 그중에서도 15~16세기 중엽 번창한 분청사기는 더욱 그러하다. 대지가 품고 강물과 바람이 감싸 안아 태어나려는 것을 조상님 네가 받아 키워 낸 것 같다. 흥미로운 것은 같은 조선 시대 자기라고 해도 유교적 법도가 있고 단정한 전기의 백자와는 전혀 다르다.

분청사기의 조형은 불교적 고려청자를 이었지만, 꾸밈없이 소탈하여 인공의 흔적이 없다. 대범 활달하고 자유분방하며 익살이 담겨 있어, 바라보면 마음이 편안하고 즐겁다. 이러한 독특한 경지에 이른 아름다움은 세계 어느 곳에도 없다. 우리가 자부심을 품고 이 독창적인 아름다움을 세계에 널리 알릴 때이다.

우리나라 도자 미술사 도자 기술 전문가들의 분청사기 기술에 대한 해석과, 일본 오사카 동양 도자 미술관 전문가들의 새로운 안목이 거의 동시에 업그레이드됐다는 사실은 기묘하고 놀라운 일이다. 우리 전통 과학 기술사의 눈으로 본 요업 기술의 새로운 전개라는 해석과 너무 잘 맞아 떨어진다. 고려청자를 만들던 도공들의 기술과 그 내면에 흐르던 자유분방함과 생동하는 역동성과 해학이 분청사기 기술로 분출한 것이다. 신라 도공들의 인화 문양 기법의 대량 규격 생산의 흐름이 시대와 세월을 뛰어넘어 분청사기에서 나타나고 있다. 그리고 소박한 보통 사람들의 멋을 시원스럽고 자유분방하게 담아내고 있다. 게다가 일본 사람들이 너무 좋아한, 한 번의 붓놀림으로 그려 낸 귀얄무늬는 조선 도공들만의 기술이고 기법이다. 도자 기술의 세계적 대국 중국에도 없는 분청사기 기술을 15세기 사기 기술의 꽃으로 보려하고, 자리매김하는, 기술사 학자로서의 내 시도가 나만의 지나치게 앞서가는 평가는 아닐 것이다.

놓칠 수 없는 명저들

세종 때 저술된 천문학서 중에는 몇 가지 훌륭한 학문적 수준을 평가받기에 충분한 책들이 있다. 그중에서 『제가역상집(諸家曆象集)』은 특별히 주목할 만한 저술이다. 이름 그대로 여러 뛰어난 학자들의 천문 역산학 저술 모음이다. 1445년에 이순지(李純之, ?~1465)가 쓴 책이다. 중국의 역대 천문학의 대가들의 학설을 다 담고 있는 천문학사이자 역법(曆法)의 역사다.

이순지는 문과 급제한, 장래가 촉망되는 젊은 학자였다. 그를 세종이 천문 역산학을 연구하도록 특명을 내렸으니, 그로서는 기가 막혔을 거다. 천문역산학은 이른바 잡과(雜科)에 속하는 학문으로, 문과 급제한 유능한 문신(文臣) 학자의 출셋길에 도움이 되지 않는 분야였기 때문이다. 세종은 윤사웅과 장영실을 중국에 파견하여 천문 의기의 연구를 하고 자료를 조사해서 가지고 오도록 했고, 그 학문 이론을 이순지가 연구하도록 한 것이다. 그 결실의 하나가 『제가역상집』이다.

유경로는 성신여대 출판부에서 펴낸 영인본의 해제에서 1권에서 4권까지의 내용을 설명하고 이렇게 썼다.

이순지는 중국의 수많은 문헌을 섭렵하여 중국 역대의 천문 사상, 역법의 장단(長短), 의상의 진보, 구루(晷漏)의 변천을 추적 정리하여 간편하게 이들을 학습할 수 있게 4권의 책을 만들었다. 조선 500년 동안에 많은 천문학도가 이 책을 통해서 중국의 역상(曆象)의 개요를 파악했을 것이다. 현재에도 역시 중국 고대에서 송·원까지의 역상의 요강을 알아보는 데는 이 책을 읽는 것이 가장 첩경일 것이다.

그러한 의미에서 이 『제가역상집』은 조선 왕조에서 간행된 천문 서적에서는 매우 귀중한 저서로서 특기할 만한 것이라고 하겠다.

『제가역상집』을 읽어 보면, 이순지 자신의 문장은 없다. 딱 한 곳, 4권의 끝에 2쪽에 걸쳐 그의 발문을 쓰면서 세종 때의 천문의상과 역법의 제작에 대하여 말하고 있다. 세종의 경천근민(敬天勤民)하는 다스림이 그 누구도 따르지 못하는 지극한 뜻에 따라 이 책을 쓰게 되었다고 했다. 이순지 천문학 연구의 공(功)을 임금에게 돌리고 있는 것이다. 우리는 이 책을 통해서 조선 시대 천문학 연구의 사상적 배경과 학문의 바탕을 알 수 있다. 그리고 그것이 세종 시대에 세종과 집현전 학자들에 의해서 기틀이 잡혔음을 알게 된다. 이순지는 두 쪽의 발문에 사실을 간결하게 요약해서 쓰고 있다.

그러나『제가역상집』은 제목 그대로 제가의 역상집이다. 앞에서 말한 것처럼 이순지 자신의 글이나 천문 이론이 없다. 세종 때 집현전 학자들이나 서운관 학자들의 천문 이론도 없다. 처음에 나는 이 사실에 별로 주목하지 않았다. 유경로 선생과의 대화에서『제가역상집』의 평가를 하면서, 세종 시대에도 중국 천문 사상이나 천문 의상에 관한 이론의 전개와 같은 내용이 보이지 않는다는 사실을 확인했다. 그것을 어떻게 해석하고 평가해야 할 것인가는 내 오랫동안의 과제로 남게 되었다.

잠정적으로 내린 중간 결론은 세종 시대까지만 해도 조선의 천문학자들이 중국 천문학자들이 쌓아올린 오랜 이론 전통을 뛰어넘어 새로운 전개를 할 만큼의 수준에 이르고 있지 못했을 것이라는 생각이다. 그러니까 특별히 덧붙이거나 발전된 내용을 쓸 게 없었다. 그것을 조선의 천문학이 높은 수준에 이르지 못했다는 이론으로 정리할 것이 아니라, 중국 천문학이 세계 최고의 수준에서 전개되고 있었기 때문에, 그것을 뛰어넘을 수 없었다고 정리하는 것이 객관적인 평가라 할 수 있다는 것이다. 어쩌면 이순지를 비롯해서 집현전, 서운관의 학자들은 더 앞선 이론을 전개할 생각을 하지 않았을 것 같다. 확실한 것은『제가역상집』은 이순지가 중국의 천문 사상과 이론을 충분히 잘 이해하고 소화하고 있었다는 것을 보여 주고 있다는 사실이다. 이순지가 쓴『천문유초(天文類抄)』도 이론의 전개는 없지만, 학문으로서의 천문학

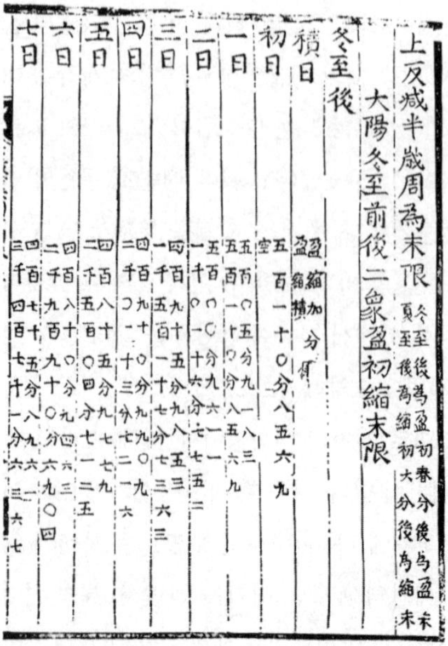

上反減半歲周為末限 其冬至後為盈初春分後為縮末大分後為縮末

大陽冬至前後二象盈初縮末限

冬至後

	盈縮積分	盈縮加分

積日　五百一十〇分八五六九

初日

一日

二日

三日

四日

五日

六日

七日

日行諸率

日周一萬

半日周五千

周應三百一十五萬一千〇七十五秒太

周天象限九十一度三十一分四十三秒半

半周天一百八十二度六十二分八十七秒

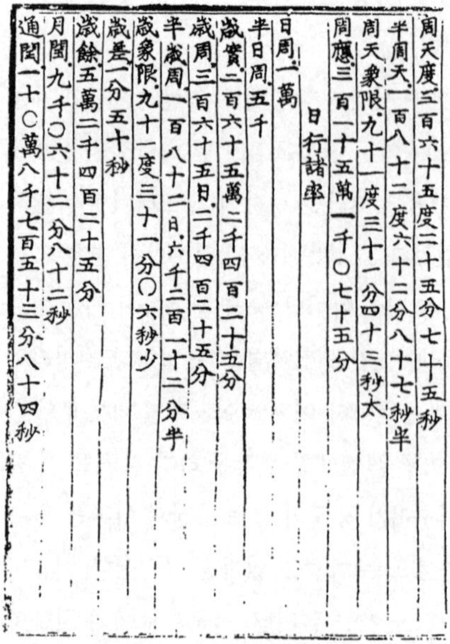

周天度三百六十五度二十五分七十五秒

歲周三百六十五萬二千四百二十五分

半歲周一百八十二日六千二百一十二分半

歲實三百六十五萬二千四百二十五分

歲象限九十一度三十一分〇六秒少

歲差一分五十秒

歲餘五萬二千四百二十五分

月閏九千〇六十二分八十二秒

通閏一十〇萬八千七百五十三分八十四秒

『칠정산 내편』.

과 관측 내용을 잘 이해하고 저술했다.

이순지는 이밖에도 여러 천문 역학서들을 저술 편찬했다. 『칠정산 내편』 과 『칠정산 외편』도 그중 하나이고 중요한 저작이지만, 이것들은 역산학서이 지 천문학의 이론을 다룬 책은 아니다. 그리고 내가 이 글을 쓰면서도 망설 이고 있는 것은, 서지학 영역으로서가 아니고 서책들을 과학 문화재로서 다 룰 것인가 하는 문제다. 이미 『팔도지리지』를 쓰긴 했지만, 지리지로서 『해 동제국기』 그리고 인쇄해서 펴낸 『의방유취』나 『향약집성방』과 같은 의약학 서적은 또 어떻게 해야 할지 마음에 드는 해답이 나오질 않는다. 『의방유취』, 『향약집성방』, 『동의보감』과 같은 의약학서들은 과학 문화재로서의 가치가 충분히 인정된다는 것이 동의학사(한의학사) 전문가들의 의견이기 때문이다.

이 의약학서들은 15세기에 저술 출판된 가장 훌륭한 의약학 저술이다. 이 의서들이 조선 초기의 청동 활자로, 방대한 분량에 알맞게 얇게 뜬 조선 닥 종이에 인쇄되었다는 것은 문화재로서의 격을 한층 높여 주는 기술의 산물 로 받아들여진다. 『의방유취』는 일본 궁내성(宮內省) 도서료(圖書寮)에 보존 된 1벌만이 남아 있을 뿐이다. 266권 264책으로 편찬 출간되었으나, 지금 남 아 있는 것은 250권 252책이다. 1477년(성종 8년) 간행 당시의 장정이 그대로 인, 미키 히로시(三木榮) 박사의 말과 같이 "정말 국보라고 해야 할"(『조선의서 지』, 39쪽) 훌륭한 자료다. 1995년 12월, 나는 일본 궁내성 도서관에서 한국의 문화재위원회 위원이라는 타이틀 덕분에 각별한 예우를 받으며 이 책들을 열람할 수 있었다. 책들의 보존 상태는 최상급이었다. 숨이 막힐 정도로 벅찬 가슴으로 기쁨을 삭였다. 일본 땅이지만 이 귀중한 문화재가 남아 잘 보존되 어 있다는 사실이 반가웠던 것이다.

『향약집성방』은 우리나라에는 몇 개의 낱권밖에 남아 있지 않다. 1995 년, 도쿄의 궁내성 도서관을 거쳐 나는 일본 오사카의 다케다(武田) 약품 회 사의 의학 전문 도서 자료관 교오쇼오쿠(杏雨書屋)에서 40책으로 깨끗하게 보존된 이 책들을 보았다. 그때의 감동도 잊을 수가 없다. 15세기의 청동 활자 인쇄본이라기에는 너무나 훌륭하게 제작된 예술품과도 같은 서적이었다. 김두종과 미키 히로시를 필두로 한국 의학사 최고의 권위자들이 찬사를 아끼지 않을 정도로 높이 평가되는 조선 의학의 대저(大著)다. 완질에 가까운 딱 한 벌만이 남아 있다는 것도 과학 문화재로 우리의 사랑을 받기에 충분하다. 이런 만남의 기쁨이 나를 과학사의 길목에서 우리 것에 매료된 삶을 이 글을 읽는 이들과 함께하고 있는 까닭인지도 모른다.

그래도 이 두 의약학서는 정말 다행스럽게도 1벌씩 남아 있어서 조선의 전통 의약학 연구에 큰 추진력이 되고 있다. 단 1벌도 남아 있지 않아서 아쉬운 저서가 또 하나 있다. 『총통등록(銃筒謄錄)』이다. 1448년(세종 30년)에 완성 간행된 총통 화기 제조 기술의 둘도 없는 훌륭한 기술서로 평가되는 이 책은 50년 동안의 자료 조사에도 불구하고 찾아내지 못했다. 세종 시대 기술의 손꼽히는 업적이기에 그 아쉬움은 너무도 크다. 세종 시대의 산업 기술 제품의 표준화, 조선 고유의 모델 개발, 정밀도가 뛰어난 주조 기술의 전개 등으로 15세기 최대의 금속 기술과 군사 기술의 업적을 담고 있는 책이다. 『총통등록』은 세종 때 개발한 조선식 총통 화기의 설계도가 그 수준 높은 인쇄 기술로 출간된 책이다. 단 한 벌도 남아 있지 않은 이유 한 가지를 우리는 『세종실록』의 기사에서 추정할 수는 있다. 국가 최고의 기밀 유출을 방지하기 위해서 출간 부수를 극도로 제한하고 지나칠 정도로 보관을 엄격히 했다는 것이다.

『총통등록』에 기록된 세종 시대 조선 화약 병기의 제도는 그나마 『세종실록』 권 133에 실려 있는 화포들의 그림과 1474년(성종5)에 편찬된 『국조오례서례(國朝五禮序例)』에 나오는 병기도설(兵器圖說)에서 그 일부를 짐작할 수 있다. 조선 초기의 화포에 대해서는 허선도의 『조선 시대 화약 병기사 연구(朝鮮時代火藥兵器史研究)』(일조각, 1994년)와 아리마 세이호(有馬成甫)의 『화포의 기원과 그 전류(火砲の起源とその伝流)』(1962년) 등 뛰어난 연구가 있다. 허선도의 연구는 그가 작고하기까지 20년 동안 오직 조선 시대 화약 병기에 바친

논저들을 모은 것이어서 나의 감회가 새롭다. 1960년대에 혜화동 그의 한 칸 반 크기의 서재에는 『세종실록』을 정성스레 읽어 한 자 한 자 카드에 옮겨 놓은 화포 관련 기록들이 몇 상자가 정리되어 있었다. 그는 그런 학자였다. 육군 사관학교 박물관장 시설, 비격진천뢰를 같이 고증하여, 과학 문화재 지정에 이르기까지, 그와의 유대는 내 우리 전통 과학 기술 연구에 큰 자극이었다.

세종 때 편찬 간행된 책 중에서 빼놓기 아까운 서적이 또 하나 있다. 『농사직설(農事直說)』이다. 1429년(세종 11년)에 편찬 간행된 이 농업 기술서는 우리나라에서 나온 첫 농업 지침서이고, 불과 17쪽밖에 안 되지만 『농가집성(農家集成)』 속에 합본되어 조선 시대 후기까지 오랫동안 읽힌 책이다. 우리 농법을 보급시켜 농업 생산량을 크게 향상시킨 기념할 만한 출판물이다. 그리고 조선 농업 기술사 연구에서 주요한 위치를 차지하는 책이다.

이 절을 끝내면서, 『동의보감』에 대해서 단 한 줄만이라도 쓰고 넘어가야 할 것 같다. 근래에 너무 잘 알려져서 긴 말이 필요 없을 것이다. 텔레비전 드라마로 「허준」이 방영되고, 홍문화와 김호, 신동원 교수의 좋은 해설서 연구서들이 잇따라 출판되었기 때문이다. 유네스코 기록 문화 유산으로 지정되면서 『동의보감』은 세계적인 각광을 받고 있다. 과학 문화재로서 귀중한 유산으로 여기는데 내 책을 읽는 독자들도 동의할 줄 믿는다.

박물학자 이규경

그런데 나는 아직 이규경의 『오주연문장전산고』에서 그의 문장이 시원하게 읽어지지 않아서 아쉬운 때가 많다. 그는 우리 전통 과학 기술에 대한 그의 고증을 비교적 잘 써놓았다. 서유구의 『임원십육지』와는 또 다른 시각(視角)과 고증 방법으로 이루어졌기 때문에 두 저서는 서로 보완하고 있다. 이규경의 저술에서 나는 우리 전통 기술이 잃어버릴 뻔한 여러 고리들을 찾아낼 수 있었다.『오주서종박물고변』 역시 이규경이 쓴 또 하나의 저서인데, 그게 『오주연문장전산고』와 함께 합본 영인되는 바람에 같은 책으로 여겨지던 것을 내가 떼어내서 독립된 저서로 다루기로 주장했다. 그게 학계의 인정을 받았다. 그것을 최주가 오랜 노력 끝에 역주하고 단행본으로 펴냈다. 최주는 그 책이 간행되는 것을 보지 못하고 애석하게도 세상을 떠났다. 그와의 오랜 교분을 생각하면 지금도 가슴이 아프다. 이규경의『장전산고』는 민족문화추진회(지금의 고전번역원)에서 여러 해 전부터 번역 출간하고 있는데, 아직도 진행 중이다. 거기서 기술 관계 글이 제일 어려움이 많아 자꾸 뒤로 밀려나고 있는 듯하다. 기술 관련 '변증설'은 내가 자료로 인용한 것만도 46 항목이나 된다.

『오주서종박물고변』은 1969년 현암사에서 간행된『한국의 명저』에『오주서종』이란 책 이름으로 과학 기술 명저로 포함되었다. 다행히도 내가 과학 분야의 기획 지도 위원으로 끼게 되어 과학 기술 고전으로 이 책이 독립된 저술로 빛을 본 것이다. 홍이섭 선생이 젊은 나를 편집 집필 위원으로 추천했기 때문에 가능했다고 생각된다. "경험과 숙련으로 이어 오던 서민층의 과학 기술을 체계화한 조선 시대 과학사"라는 해제의 머리글이 붙어 있고, "이치를 밝혀 적은 박물지"라는 소제목이 들어 있는 글이 내가 쓴 해설 문장이다. 그리고 오랜 기다림 끝에 중국 18세기 최고의 기술서인『천공개물』을 우리말로 역주해 낸 최주가 주를 달고 번역을 한『오주서종박물고변』이 학연문화사에서 간행되었다. 2008년, 최주가 10년 전에 원고를 마무리 짓고 세상을 떠난 지 7년 만에 햇빛을 본 것이다. 나는 이 책을 받아들고, 그의 남모르는 눈물과 노력의 자국이 배어 있는 것 같아서 가슴이 아팠다. 민속촌 안에 쇠부리 대장간을 재현해 놓았다고 가 보자고 권하던 텁텁한 그의 모습이 떠오른다.

오주 이규경은 조선 시대의 우리 기술에 대해 기록을 남긴 정조 때의 실학자다. 그의 아버지 이광규는 별로 알려지지 않은 인물이지만, 오랫동안 규장

『오주서종박물고변』. 『오주서종박물고변』 역시 이규경이 쓴 또 하나의 저서인데, 그게 『오주연문장전산고』와 함께 합본 영인되는 바람에 같은 책으로 여겨지던 것을 내가 떼어내서 독립된 저서로 다루기로 주장했다. 그게 학계의 인정을 받았다.

각에서 서적 편찬에 종사한 학자였고, 할아버지 이덕무는 박학다재하여 문명(文名)을 일세에 떨친 실학자였다. 그러나 이규경은 평생 벼슬을 하지 않고 초야에 묻힌 채 그가 좋아하던 박물학을 연구하고 조선 후기 실학을 집대성하는 데 바쳤다.

그가 이 책을 남기지 않았으면 우리는 조선 시대 장인의 기술에서 많은 것을 잃어 버리고 말았을 것이다. 그때는 어떤 학자도 주목하고 글로 써서 남기려 하지 않았던 것들이다. 다시 한번 말하지만, 그가 남긴 글들의 묶음이 군밤장수의 좌판에 포장 종이로 쓰려고 쌓인 걸 육당 최남선이 때마침 지나가다가 군밤과 포장지 값을 내고 몽땅 사주어 거두지 않았더라면 이규경의 학문은 세상에 알려지지 않은 채 사라지고 말았을 것이다. 그 글의 내용을 알아볼 수 있는 학자 최남선과 이규경의 만남이었다.

그리고 『오주연문장전산고』이 영인본으로 출간되어 둘째 권의 맨 끝에 붙어 있는 『오주서종』이 『장전산고』와는 다른 책으로, 이규경이 쓴 기술 박물학서라는 것을 알게 된 나와의 인연도 새로운 만남이었다는 생각이 든다. 대학에서 화학을 전공하고 우리 전통 과학 기술의 길에 들어선 나와의 인연이다. 최주도 물리학을 전공하고 금속 공학자로 전통 금속 기술의 길에서 만난 이규경과의 인연이 이규경을 더욱 돋보이게 한 이음 고리로 연결되었다. 이것이 역사의 연결 고리인가 보다.

임진왜란과 병자호란으로
구겨진 조선 과학

임진왜란, 세종 때 영화에 구김살이 가다

임진왜란이 끝나고 영의정 이항복이 이렇게 말했다. 『증보문헌비고』「상위고」에 씌어 있는 글이다.

> 서운관에 있던 천문 관측용 의상(儀象)은 모두 우리 세종 대왕께서 성지(聖智)를 신묘하게 쓰시어 친히 지도하시어서 만든 것이다. 기계의 운전하는 제도와 길고 짧은 치수는 신(臣) 정초, 신 김빈, 신 김돈 등의 서(序)와 명(銘)에 상세히 설명되어 있고, 새겨져 있다. 이 기기들의 여벌(부본, 副本)은 사각(史閣)에 보관하여 일대(一代)의 훌륭한 제도를 후세에 전하도록 했는데, 임진란 때 모두 타버렸다. 그후 10년이 지난 신축년(辛丑年, 1601년, 선조 34년)에, 신 이항복이 본국(本局)의 책임을 맡게 되었는데 오래도록 의상의 제도가 전해지지 못한 것을 걱정하던 차에 우연히 옛 간의 네모난 받침대와 늙은 공장(工匠) 두 사람을 얻게 되어, 사각의 기록을 참고하여 옛 제도를 수복하기를 아뢰었더니, 임금께서 특별히 이를 허락했다. 그러나 처음처

럼 새로 만들어야 하는 이 시점에서, 일은 크고 힘은 많이 든다. 그래서 먼저 것 중에서 가장 정밀하고 만들기 어려운 것부터 만들었다. 물시계, 간의, 혼상 같은 것인데, (이 기기들을 수복한 것은) 후세 사람들에게 본보기가 되게 하려는 것이다.

그 밖에 규표, 혼의, 앙부, 일성정시의 등의 기기를 모두 만들지는 못했다. 그러나 이를 계승하려는 것은, 우리 성조(聖祖, 세종)의 하늘을 본받고 때에 순응하던 뜻을 밝혀서 우리 전하가 선대 왕의 뜻과 사업을 계승하려고 노력하는 것을 크게 천명하려 함에 있다. 그것을 이 서문에서 보여 주려 하는 것이다.

임진왜란 때, 경복궁의 화재로 세종 때 세운 간의대가 불타 없어지고, 대간의대에서의 관측은 그 후 제대로 이루어지지 않았는지, 알 수 있는 자료를 아직 찾아내지 못했다. 분명한 것은, 1960년대 몇 차례에 걸친 경복궁 경회루 서북쪽 답사 때, 대간의대의 유적이라고 생각되는 유구는 없었다. 베이징의 고관상대에 서서 그리고 난징(南京)의 자금성 천문대에서 명나라 때의 거대한 간의를 볼 때마다 아쉬운 생각에 젖곤 한다. 대간의대 시설이 임진왜란 이후 제대로 복구되지 못한 것은 이항복의 글에서도 확인되지만, 그 전과 후의 관측 관련 기록으로도 이 사실을 추정할 수 있다. 『증보문헌비고』 「상위고」의 기사도 그것을 말해 준다.

『서운관지』 권 4, 서기(書器)에는 소간의(성종 25년, 1494년)와 적도경위의(赤道經緯儀, 정조 13년, 1789년)에 대한 기록은 보이는데, 대간의와 규표 등 대간의대의 천문 의기에 관한 기록은 없다. 그리고 『국조역상고』에도 씌어 있지 않다. 대간의대에서의 관측 활동은 임진왜란 이후 정지되었던 것으로 보는 것이 자연스러울 것 같다. 천상(天象)의 이변이 일어날 때 관천대에서의 관측으로 축소되었다는 생각이 든다. 지금 남아 있는 관상감의 「천변등록」, 「천변측후단자」 등의 자료는, 관측 활동은 계속되었지만, 그 범위는 한정되었다고 볼 수 있다. 『국조역상고(國朝曆象考)』에도 임진왜란 이후, 대간의와 같은 커다란 관측 의기를 만들었다는 기사는 없다. 17세기에 제작된 천문 기기들은 신기하게도 혼천의에 집중되어 있다. 그것들은 혼천시계다. 그러니까 관측대 위에서 천체의 움직임을 관측하는 관측용 혼천의가 아니다. 1650년에 간행된 『서전대전집주(書傳大全集注)』에 나오는 선기옥형도에서 보는, 그런 혼천의와 시계 장치를 연결한 천문 시계다. 그 그림에 그려진 혼천의는 받침다리가 짧다.

이렇게, 임진왜란을 전후해서 조선 왕조의 천문 기기의 제작이 확연하게 구별된다는 사실을 앞에 놓고 이항복의 글을 다시 한번 꼼꼼히 분석해 보면, 몇 가지 해결해야 할 문제점이 떠오른다. 첫 번째 문제는 "우연히 얻은" "旧簡儀方趺"이라는 구절을 "옛 간의와 네모난 받침"인지 "옛 간의의 네모난 받침"인지를 분명히 해야 한다는 것이다. 간의와 받침이라고 해석한다면, 간의에는 받침이 으레 붙어 있으니까, 그것들을 따로 떼어 해석한다는 것이 조금은 부자연스럽다. 그리고 그것들을 수복해서 온전한 관측용 간의를 만들었다면, 그것을 설치할 대간의대가 있어야 한다. 그런데 임진왜란 이후의 기록이나 자료에서 대간의로 관측 활동을 해서 남긴 자료를 찾기 힘들다. 그런데 1580년(선조 13년) 5월에 간의대 수개도감(簡儀臺修改都監) 도제조(都提調) 박순(朴淳)과 기술자들에게 상을 주었다는 『선조 실록』의 기사가 있다. 임진왜란이 일어나기 13년 전이다. 대간의대가 완전히 수복되어 관측이 이루어질 수 있게 되었다고 생각된다. 그러나 이 간의대는 1593년 임진왜란으로 경복궁이 불타 버릴 때 그 기능을 잃어버릴 정도로 파괴되었을 것으로 생각된다. 고종 때 경복궁이 재건될 때, 간의대를 재건했다는 자료를 찾을 수 없고, 1915년 일제가 경복궁 안에서 박람회를 열었을 때의 건물 시설 배치도에서도 간의대는 보이지 않는다. 그리고 1822년 목판본 「한양도」에는 경복궁 안에 근정전과 경회루 그리고 간의대가 표시되어 있으나, 그것은 그 당시 간의대가 실제로 존재해서가 아니고, 조선 초기부터 있었던 경복궁의 주요 시

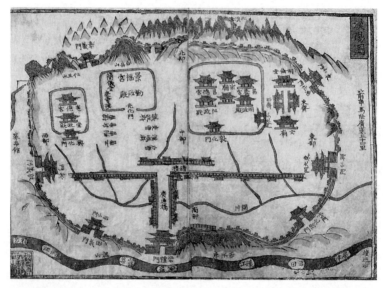

파괴된 경복궁을 보여 주는 옛지도. 경복궁 권역은 건물 없이 이름만 적혀 있는데, '간의대' 글자가 분명하게 보인다. 정전(正殿)인 근정전만큼이나 중요한 건물이었던 것이다.

설을 그 위치에 그려 넣은 것으로 보아야 할 것 같다.

그러니까 1601년에 이항복이 글에서 말하는 간의는 대간의가 아니고 소간의일 수 있다. 소간의는 1656년(효종 7년) 현재 관상감에 성종 때 만든 것이 있다고 『증보문헌비고』 제3권 의상2에 기록되어 있다. 혼상은 남아 있는 것이 없다. 물시계는 이항복이 쓴 대로, 1601년에 수리 복원되었다고 『선조 실록』에 기록되어 있다. 누기(漏器)라고 씌어 있는데, 그것이 자격루인지 보통 물시계인지는 확실치 않다. 지금 덕수궁에 보존되어 있는 물시계 유물은 중종 때 만든 자격루 유물이다. 나중에 만들어야 하겠다던 규표, 혼의, 앙부일구, 일성정시의, 혼천의 등의 천문 기기들은 만들지 못했다. 앙부일구는 관상감이 아닌, 조선 후기 해시계 제작의 명문인 강 씨 문중 사람들(강이오, 강이중, 강윤, 강건 등)이 훌륭한 작품들을 만들어 냈다.

그리고 혼천의는 1659년(효종 8년)에 왕명으로 만든 것을 시작으로, 현종 숙종 대에 정밀도가 높은 혼천시계들을 여러 벌 만들어 냈다. 이 혼천시계들은 관상감과 홍문관에 설치해서 천문 시계로 조선 왕조 말까지 사용되었다. 임진왜란 이후의 천문 기기가 적도의와 몇 가지 해시계들을 빼고는 왜 혼천시계를 위주로 제작 사용되었는지를 해명하는 일도 앞으로의 과제다. 실학자의 시대, 중국에서의 예수회 신부들과의 교류, 청나라를 통한 서양 과학 기술과 문물의 수용이 활발해지면서 일어나는 커다란 변화와 새로운 학문의 전개로 이어지는 일도 중요한 과제다. 전용훈 박사와 임종래 교수가 하고 있는 연구 성과가 기대되는 것도 이 때문이다.

임진왜란은 세종 때 전개된 높은 수준의 천문 관측 시설과 연구 성과에 막대한 손실을 입게 했다. 그리고 그 손실이 회복되는 데 2세기 이상의 오랜 세월이 필요했다. 우리 전통 과학의 역사에 남은 구김살이다.

실학자들과 소현세자 그리고 예수회 신부들

1603년, 임진왜란이 끝나고 조선 왕조에서 명나라에 파견했던 사신들이 돌아온 해였다. 이광정(李光庭)이 이때 가지고 온 1602년의 마테오 리치 세계 지도는 조선의 양반학자들을 적지 않게 놀라게 했다. 1402년에 조선에서 만든 최신의 세계 지도인「혼일강리역대국도지도」와 다른 세계들이 구라파(歐羅巴, 유럽의 한자어)라는 큰 대륙으로 그려져 있다. 그 대륙은 중국과 맞먹는 크기였다. 중국은 더 이상 세계의 중심은 아니었다. 마테오 리치가 중국인에게 지나친 쇼크를 주지 않으려고 지도 전체의 중앙에 중국 대륙을 그려 놓았을 뿐이었다. 그래 이수광(李睟光)은 여섯 폭으로 된「구라파여지도(歐羅巴輿地圖)」라고 불렀다. 구라파(歐羅巴). 조선 학자들은 조선어 발음으로 그렇게 읽었지만, 중국어 발음으로는 Ou-luo-ba다. 이건 현지 발음에 아주 가깝다. 그러나 조선에서는 구라파였다. 서역의 지명이 다 그랬다.

홍문관에 보존된 마테오 리치의 세계 지도는 홍문관 부제학이던 이수광의 눈에는 구라파 지도로 보일 정도로 서역(西域)이 자세하고 컸다. 그때까지 알고 있던 1402년의 조선 세계 지도에 아랍 세계보다 더 작은 그리고 대수롭지 않은 유럽이 아니었다. 그것은 충격이었다. 그 광대한 지역에 사는 유럽 사람과 문화, 과학 기술은 그의 관심의 대상이 되기에 충분했다. 중국이 이제 세계의 중심일 수 없을 때, 유럽(구라파)의 존재는 이수광과 조선 학자들에게 더욱 뚜렷하게 부각될 수밖에 없었다. 이수광의 학문은 그가 세 번에 걸쳐 북경에 다녀오면서, 신흥 청나라와 예수회 신부들이 한문으로 번역한 서유럽(서구)의 학문에 접할 수 있는 기회를 가졌다. 한문으로 번역된 서구 과학 기술과 그가 가진 조선의 전통 과학 기술과의 만남과 갈등과 고민에서 이수광의 실사구시(實事求是)의 학문, 즉 실학은 그 영역과 깊이가 확대되었다. 이수광이 예수회 신부들과 만남이 있었는지는 확실하지 않지만, 그는 『천주실의(天主實義)』에 대한 자신의 생각을 쓸 정도로 가톨릭 교리에 대해서도 관심을 가졌다. 오랑캐로 얕보다가 홍역을 치루고 왕세자가 볼모로 잡혀가서 8년이나 잡혀 산 청나라의 학문인 북학(北學), 한문으로 번역된 서유럽의 학문인 서학(西學)에 대한 생각이 조금씩 바뀌어 가고 있었다.

이수광을 비롯한 조선 학자들의 이런 생각이 실학과 연결되지 않을 수 없었고, 발전적으로 전개될 수밖에 없었을 것이다. 그 바탕에 북경에서 활동하던 예수회 신부들의 학문이 있었다. 두 번째 쇼크는 정두원(鄭斗源)이 몰고 왔다. 1631년이다. 그 충격은 이광정이 가지고 온 세계 지도에서 받은 놀라움보다 훨씬 컸다. 명나라에 사신으로 갔다 돌아오면서 정두원 일행이 가지고 온 유럽의 새로운 문물과 한문으로 번역된 과학 기술 서적들은 조선 학자들의 상상을 초월하는 것들이었다. 과학 기기들은 모두 처음 보는 것들이고, 책들은 새로운 내용을 담고 있는 방대한 부피였다. 『조선왕조실록』을 비롯한 사료들은 그 내용을 자세히 기록하고 있다. 자명종과 천리경(千里鏡) 그리고 해시계와 서양 화포는 놀라운 기기들이었다. 『직방외기(職方外記)』는 이광정이 가져온 마테오 리치 천문도에서 알고 싶었던 유럽과 그 밖의 여러 나라에 대한 지적 욕구를 채워 주는 데 크게 기여했다. 알레니(Aleni, 艾儒略)가 써서 1623년에 펴낸 이 책은 5대주 여러 나라의 지리 기후 등을 서술하고 책머리에 세계 지도를 붙인 지리서이다. 유럽을 비롯한 5대주에 관한 지리적 지식을 이렇게 많이 알게 된 것은 실학자들의 새로운 세계관을 정립하게 했다. 세계 속에서 조선 왕조를 자리 매김하는 데 하나의 지표가 되었을 것이다.

자명종과 천리경은 참으로 진귀한 기기였다. 정두원은 자명종은 "12시마다 저절로 울린다."라고 했고, 천리경은 천문을 관측하고 또 능히 100리 밖에 있는 적진 속의 미세한 물건까지 볼 수 있어서 값이 은화로 300~400냥이나 된다고 설명하고 있다. 예수회 신부 요하네스 로드리게스(Johannes Rodriguez, 陸若漢)는 이 밖에 여러 가지 한역된 서양 과학 기술서들을 기증했다.

『치력연기(治曆緣起)』(17세기), 『천문략(天向略)』(1615년), 『천문도남북극(天文圖南北極)』(2폭, 17세기 초), 『만국전도(萬國全圖)』(1623년) 등 12종의 책들이다. 이 책들의 목록은 조선 서학사 연구의 훌륭한 저술인, 박성래, 「한국 근세의 서구 과학 수용」(《동방학지》 20. 1978년), 강래언, 『조선의 서학사』(1990년), 이용범, 『한국 과학 사상사 연구』(1993년), 이원순, 「서양 문물의 전래와 반응」(『한국사 31』, 1998년) 등에서 쉽게 찾아볼 수 있다. 이 서구 과학 기술 기기들과 서적들은 17세기 초 서유럽 과학 기술의 정상급 자료들이다. 그리고 서유럽 대학들에서 가르치던 수준의 저서들이다.

정두원이 로드리게스에게 받아 온 자료들은 조선 실학자들에게 새로운 학문의 주요 부분으로 수용되었다. 조선 실학의 새로운 형성과 전개가 시작된 것이다. 실학자들의 이러한 학문의 흐름과 전개에 더 커다란 충격파가 일어났다. 1644년, 청나라에서 소현세자가 돌아온 것이다. 그는 8년간의 오랜 볼모 생활 끝에 풀려나기 전 70일 동안 북경으로 가서 머무르게 되었다. 거기서 그는 예수회 신부들과 교류했다. 그는 특히 아담 샬(Adam Schall)과 각별히 교류하여 천주교도 접했다. 귀국할 때 아담 샬에게 천주상과 해시계, 천구의 그리고 천문, 산학서 등 많은 선물을 받았다. 그는 아담 샬에게 보낸 서한에서 "천구의와 서적들은 이 세상에 이와 같은 것이 있었음을 몰랐던 것이며, 이것이 제 손에 들어오게 된 것이 꿈이 아닌가 하고 기쁘게 생각하는 바입니다. 우리나라도 이와 비슷한 것이 없는 바는 아니나, 수백 년 이래로 천체 운행과 맞지 않으니 잘못된 것이 틀림없습니다."라고 쓰고 있다. 그는 한양에 돌아가면 그것들을 궁중에서 사용하고 출판하여 학자들에게 널리 알리겠다고 생각했다. 그러나 소현세자는 귀국 후 3개월 만에 사망하여 그 뜻을 이루지 못했다.

소현세자와 관련된 천문 기기 중에는 천구의와 지구의 외에 또 하나가 있다. 신법지평일구다. 『증보문헌비고』 권 3, 의상 2에 따르면, 숭정(崇禎) 9년(1636년) 아담 샬과 자코모 로(Giacomo Rho, 羅雅谷)가 고안 설계하고 이천경(李天經)이 감독 제작한 지평일구가 1644년(숭정 말년)에 우리나라에 전해졌다고 했다. 시헌력법에 의하여 만들어진 것이다. 지금 고궁박물관에 보존 전시되어 있는 신법지평일구(국보 839호)가 그것이다. 흰대리석으로 가로 120.3센티미터, 세로 51.5센티미터, 두께 16.5센티미터 크기로 만든 이 해시계는 무게가 310킬로그램이나 되는 거대함을 자랑한다. 아담 샬이 소현세자에게 각별한 마음을 담아 선물한 해시계라고 생각된다. 이렇게 큰 해시계는 중국에도 남아 있지 않다. 조선에서도 만든 일이 없다. "湯若望·羅雅谷"의 이름이 명문으로 새겨져 있다. 아담 샬은 자기의 이름이 새겨진 이 천문 기기를 소현세자가 귀국할 때 선물한 것이다. 그런데 어찌된 일인지 신법지평일구는, 그것이 조선에 들어온 시기의 기록에는 없다. 물론 소현세자가 가져온 문물의 기록에도 없다.

나는 1960년대 초에 창경궁 명정전 뒤 처마 밑에서 「천상열차분야지도」 각석들과 함께 놓여 있는 이 해시계를 보고 그 크기에 놀랐다. 그리고 거기 새겨진 시각선과 계절선이 앙부일구를 펴서 평면에 옮겨 놓은 것과 똑같아서 놀라고, 그것이 중국에서 제작된 것을 명문에서 읽고 또 한번 놀랐다. "탕약망(湯若望, 마테오 리치)", "라아곡(羅雅谷, 자코모 로)" 그리고 "이천경(李天經)"의 이름이 선명했다. 중국에서 제작되어 조선에 전래된 천문 기기 중에서 「곤여만국전도」(숭실대학교 박물관 소장)와 함께 세계적인 유물이다.

『증보문헌비고』에 따르면, 영조가 창덕궁 홍문관 앞에 지평일구가 있다는 말을 듣고 본관 남쪽 계단에서 이것을 보고 "창덕궁 밖의 서운관에 몇 층의 돌을 쌓아 방위를 바로잡고, 지평일구를 층석 위에 안치하라."라고 명을 내렸다고 한다. 그러나 이 지평일구는 북경의 위도에 맞게 제작된 해시계이기 때문에 창덕궁 밖 관상감에서 시간을 측정하기엔 문제가 있었을 것이다. 그래서 이 해시계가 실제로 쓰였는지는 확실하지 않다. 그래서 한양 북극 고도 37도 39분에 맞는 새 해시계가 만들어졌다. 크기는 58.9×38.2센티미터, 재료는 흑요석이다. 해시계의 원리와 제작 설계는 크기만 작아졌을 뿐 아담 샬이 만든 신법지평일구와 똑같다. 고궁박물관에 나란히 전시되어 있다. 그리고 휴대용 신법지평일구도 만들어졌다. 16.8×12.4센티미터의 황동제로 지남침이 달려 있다.

이광정이 1603년에 중국에서 가지고 온 마테오 리치의 세계 지도의 충격 이후, 소현세자가 아담 샬에게 받아 온 그 시기 서유럽 최신 문물의 수용은 조선 실학에 혁신적인 영향을 주었다. 그런데 나는 사실 소현세자와 그 일행이 가지고 온 과학 기술서들의 구체적인 목록이 더 알고 싶다. 적지 않았던 것으로 여겨지는데 그 자료가 생각보다 많지 않다. 다만 중요한 자료로 들 수 있는 책이 있다. 『천학초함(天學初函)』이다. 1630년에 중국에서 출판된 이 책은 서광계(徐光啓)가 한문으로 번역한 그리스도교 교양서다. 유럽의 학술서와 과학 기술서는 1630년에 이지조(李之藻)가 총서로 종합 정리했다. 이렇게 해서 『천학초함』이 나왔다. 『이편(理編)』과 『기편(器編)』의 2편으로 구성되어 있는데, 각 편은 10종의 책으로 이루어지고 모두 60권으로 된 비교적 방대한 책이다. 이 책들이 1630년대를 전후해서 낱권 또는 전질로 조선의 실학

중국에서 가져온 기계 시계(자명종 시계)의 유물.
1960년 창경궁에서 촬영한 것이다.

자들에 의하여 한양에 들어왔다. 필사본으로도 많이 읽혔다. 한 질 전체 가격이 대단해서 조선에 들어온 것은 몇 질 안 된 것으로 알고 있다.

그중에서 특히 많이 읽히고 인용된 책들을 들어 보겠다. 여기서『이편』의『직방외기(職方外紀)』,『기편』의『혼개통헌개설(渾盖通憲開設)』과『기하원본(幾何原本)』6권의 각 권의 권수(卷首) 1권을 제외하면,『사고총목제요(四庫總目提要)』에서 말하는 52권이 된다. 그런데 이 책들은『천학초함』의 전부가 아니다. 아마도 조선에 도입된 것이『천학초함』전질이 아니고, 그 일부인 것 같다. 관심이 큰 주요 저술들을 골라 들여온 것이라는 생각이 든다. 마찬가지로 17세기 조선 사신들이 중국에서 도입한 서양 문물들도 전부가 아니고 그 일부였다. 부분적 도입이었던 것이다. 실제로 모두 다 들여올 수도 없었다.

자명종도 그렇다. 그것은 조선에서 처음 보는 진귀한 기계 시계다. 시간마다 종을 제절로 치는(自鳴), 추의 힘으로 움직이는 시계이지만, 낮 시간과 밤 시간의 길이가 절기마다 달라서 그것을 작동하기가 결코 쉽지 않다는 문제

가 있다. 그래서 실용성이 오히려 떨어졌다. 조선의 사대부들에겐 낮에는 해
시계로, 밤에는 물시계로 시간을 측정하는 것이 오히려 편리하다고 생각했
을 것이다. 그리고 시간을 측정하고 관리하는 것은 국가의 전담 관서가 맡고
있어서 그러한 제도에 익숙해 있었다.

조선 시대에 화가가 그린 자명종의 그림 몇 가지를 보면 화가들이 자명종
의 작동법이나 그것으로 시간을 보는 법은 몰랐던 것 같다. 김홍도의 자화상
으로 알려진 그림도 그 한 보기다. 거기에 그려진 자명종은 선반 위에 놓인
자명종으로 시간을 보기 위한 게 아니고 진귀한 서양 기계를 마치 장식품처
럼 놓고 있다는 것을 알 수 있다. 또 책거리 그림에 놓인 자명종은 문자판 다
이얼의 시간을 나타내는 글자가 분간할 수 없는 상태로 그려져 있다. 자명종
의 문자판을 읽을 줄 몰랐던 것이다. 진귀하고 신기한 시계 장치였지만 사대
부 대가(大家)에서도 장만은 했어도 별로 편리하게 쓰이지 못했다.

그런가 하면 『증보문헌비고』에는 이런 글이 나온다. 경종 3년(1723년)에 문
신종(聞晨鐘)을 만들라고 명했다. 문신종은 서양에서 새로 만든 것으로서 낮
과 밤의 시각을 알 수 있고, 비가 올 때라도 추측(推測)하기가 쉽다. 이것은 청
나라에서 진하사(淶賀使) 편에 우리나라에 보내온 것인데, 관상감에 내려서
그 형식대로 만들게 한 것이다.

이 기계 시계는 지금 유물이 남아 있지 않다. 1936년에 루퍼스가 펴 낸
『한국의 천문학』에 이 유물로 보이는 시계 장치가 사진에 나와 있다. 그리고
이 시계 장치의 유물은 나도 1960년에 창경궁 옛 장서각 지하 유물 창고에서
보았다. 너비 45센티미터, 높이 60센티미터 정도 크기의 철제 기계 시계 장
치 유물이었다.

자명종과 관련된 이야기는 또 있다. 우리는 자명종이 처음 조선에 도입된
것은 1632년(인조 9년) 명나라에 사신으로 갔던 정두원이 귀국할 때, 한문으
로 번역된 서양 과학 기술서들과 함께 가지고 온 것으로 알고 있다. 『인조 실
록』과 『국조보감』에 그렇게 씌어 있다. 그런데 나는 일본의 사료에서 자명종

이 조선에 들어온 것이 그보다 더 이른 시기였다는 글을 읽었다. 그러니까 일본에서 자명종 제작은 도쿠가와(德川) 막부 시대 초기의 기공가(技工家) 쓰다(津田)에 의해서 처음으로 이루어졌다는 것이다. 그리고 그가 자명종을 만들게 된 것은, 그의 선대가 교토에 살 때 도쿠가와 이에야스(德川家康)가 조선국에서 선물로 받은 자명종이 망가져 그것을 고칠 자를 알아보게 했을 때, 나아가 고친 게 계기가 되었다고 한다. 조선이 도쿠가와에게 자명종을 선물한 때는 틀림없이 1607년(선조 40년) 1월 왜란이 끝나고 일본과 수교(修交)를 재개할 때였을 것이다. 조선 사신이 일본에 선물로 가지고 갔을 것이다. 그런데 조선의 사료에서는 그런 기록이 없다.

일본에서도 뛰어난 기술자가 자명종을 수리하는 데 성공했고, 그는 또 다른 자명종을 만들어 냈다. 이것이 일본 자명종 제작의 시작이다. 이 일을 시작으로 일본은 자명종을 자기들의 기술로 자명종을 훌륭하게 만들 수 있는 수준에까지 이르게 되었다. 조금 더 시간이 걸리지만, 일본 기계 시계 기술자들은 시계사(時計師)라고 그 특수 기술을 인정받는 사회적 위치에까지 오르게 되었다. 그리고 일본 시계라는 특색 있는 시계를 만들어 내서 화시계(和時計, わどけい)라는, 다른 나라에는 없는 장치를 보급했다. 화시계는 일본 사람들이 자명종과는 구별해서 불렀다. 17세기 후반, 일본의 시계 장인들은 전문 기술직종으로 시계 산업이라 할 수 있는 제작 기술에까지 발전시키기에 이르게 되었다.

효종 때(1650~1659년) "밀양 사람 유흥발(劉興發)이 일본 상인이 가지고 온 자명종을 고심 연구 끝에 그 구조를 스스로 터득했으니, 기계가 돌아가면 매시 종을 치는데, 자오시(子午時)에 9회, 축미시에 8회, 인신시에 7회, 묘유시에 6회, 진술시에 5회, 사해시에 4회를 치고 매시의 정중(正中)에 1회씩 쳤다."라고 김육이 그의 저서에 쓰고 있다. 일본 시계사가 만든 자명종이 상인의 무역 물품으로까지 거래될 정도로 발전한 것이다.

이제 조선에는 중국에서 들어온 자명종과 일본에서 들어온 자명종 두 가지가 받아들여지게 되었다. 조선의 부유한 양반 사대부집에서 어느 쪽을 더 선호했는지는 알 수 있는 자료가 없다. 일본 사람들이 전하는 자명종과 화시계 이야기들은, 그것들이 일본의 정밀 기계 산업에 적지 않은 영향을 준 것으로 알려지고 있다. 그렇지만 그 정밀함이 얼마나 어려운 기술이었는지를 말해 주는, 그냥 넘길 수만은 없는 이야기도 있다. 오사카 성이나 에도 성과 같은 장군들의 거처에는 여러 개의 자명종들이 있었는데, 그것들이 종을 치는 때가 조금씩 달라서 종치는 시간이 되면 시끄러워서 짜증을 냈다는 재미있는 이야기도 전해지고 있다.

조선에도 자명종이 손으로 꼽을 정도로 적었다. 지금 남아 있는 유물들은 그래서 몇 개 안 된다. 『조선왕조실록』의 기록들은 조선에서도 그리 어렵지 않게 기계 시계를 만들어 냈던 것을 전해진다. 그리고 조선에서의 시계 제작의 주류는 이른바 수격식(水激式) 기계 장치였다. 그리고 천문 시계인 혼천시계 장치였다. 17세기 이후의 기록과 자료들은 그 흐름을 뚜렷하게 보여 주고 있다. 시간 측정과 시보(時報) 제도의 차이를 제일 먼저 그 이유로 꼽을 수 있을 것이다. 또 하나는 시간 측정과 시간을 알리는 일을 엄격한 국가 관리 사업으로 삼고, 백성들은 그 일에 신경 쓰지 않아도 좋은, 어떤 의미에선 불편함이 없는 제도였다는 데서 찾을 수 있다. 그래서 18세기 이후에 나타나는 현상이지만, 정밀 기계 산업이 폭넓은 전개와 발전에서 중국과 일본에 비할 수 없이 뒤떨어지는 사태가 생기는 주요한 원인으로 이어지게 된다. 기술에서 뒤지지 않았는데도 그런 기반이 자리 잡을 수 없었다는 사실은 우리로서는 매우 아쉬운 일로 남는다.

자명종 유물 중에서 보존 상태가 제일 좋은 작품이 하나 있다. 서울대학교 박물관에 소장되어 있는 17세기 무렵에 제작된 것으로 보이는 자명종이다. 내가 1960년대 초에 우리나라 과학 문화재를 조사하려 답사하느라 애쓸 때, 그 자명종은 옥돌로 만든 아름다운 앙부일구와 함께 전시장 밑의 보관함에 들어 있었다. 친절한 학예사의 도움으로 그것들을 보았을 때, 나는 숨이 막힐 듯한 기쁨에 그날의 고생스러웠던 답사의 피로를 순식간에 날려 보낼 수 있었다. 다행히 내 카메라에 그때엔 아주 귀한 컬러 필름이 들어 있었다.

1960년대에서 1970년대까지 과학 문화재를 찾아 답사했을 때의 기쁨과 아쉬움을 회상해 보면, 남겨놓고 싶은 이야기가 적지 않다. 앞에서 창경궁 장서각 시절의 이야기를 한 가지 했지만, 제일 아쉬움으로 남아 있는 사실이 한 가지 있다. 루퍼스의 『한국의 천문학』에 실려 있는 그림 이야기다. 이 사진판 16쪽에 실려 있는 8개의 과학 문화재다. 그중, 아스트롤라베로 루퍼스가 설명한 간평의는 지금 고궁박물관에 보존되어 있지만, 나머지는 행방을 알 수 없다. 1935년 무렵에 루퍼스가 이원철과 함께 답사하면서 찍은 이 사진에는 혼천의와 앙부일구, 좋은 나무 케이스에 넣은 아스트롤라베, 휴대용 해시계 2개와 휴대용 앙부일구가 있다. 그중의 하나인지는 몰라도 같은 휴대용 앙부일구는 지금 몇 개가 알려져 있다. 이 천문 기기들은 1960년대 초에 내가 창경궁 장서각에서 철제 기계 시계 프레임과 간평의를 확인했을 때는 이미 볼 수가 없었다. 한국 전쟁의 격동기를 넘기지 못한 듯하다.

과학 문화재 보존 이야기가 나온 김에 몇 가지 중요한 서유럽 과학 기술의 도입과 이어지는 유물들에 대해서 써놓아야 하겠다. 먼저 법주사 소장 「신법천문도설(新法天文圖說)」이다. 이 천문도에 대해서 가장 선구적인 연구를 한 학자는 1988년에 세상을 떠난 이용범 교수다. 그는 《역사학보》31. 32집(1966년)에 130쪽이나 되는 논문을 썼다. 이 글은 그가 세상을 떠난 뒤, 제자들이 생전에 만들어 놓은 원고를 출판한 『한국 과학 사상사 연구』(1993년)에도 들어 있다. 「법주사 소장 「신법천문도설」에 대하여」가 그 논문이다. 그 서언에 이런 글이 있다.

> 1961년 11월 말 동국대학교 사학과 학생들을 인솔하고 국내 굴지의 대사찰인 충청북도 보은군 소재 법주사의 고적을 답사하다가 우연히 법당 깊숙한 곳에 방치되어 있던 진귀한 천문도를 발견했다. 이 천문도는 높이 168

센티미터, 한 면의 폭 56센티미터로 모두 8폭 448센티미터의 병풍식으로
되어 있으며…….

그 무렵 나도 이 천문도 소문을 들었다. 그리고 내가 법주사에 달려가서
담당 스님에게 간청하여 그 병풍을 보았을 때도 별로 귀하게 간수되지 않은
채, 이용범이 본 그대로의 보존 상태였다. 나는 이 천문도가 아주 귀한 문화
재이니 잘 보존해야 한다고 여러 번 강조하고 당부했다. 병풍 8폭에는 이 천
문도가 조선 왕조 관상감에서 국가 사업으로 만들어졌음을 말해 주는, 제작
자들의 관직과 이름이 적혀 있었다. 영조의 왕명으로 그려졌고 제작 실무 책
임자는 천문학자 안국빈(安國賓)이었다. 그때 그는 정2품 벼슬이었다. 1742년
(영조 18년)에 완성된 이 천문도 병풍이 어떤 경로로 언제부터 법주사에 보존
되었는지는 알려지지 않는다. 나는 1985년에 문화재위원회에 국가 지정 문
화재로 지정하기를 상정했고, 곧 보물 848호로 지정되었다. 그러고 나서야
법주사는 이 천문도 보존에 조금 더 관심을 기울였다. 그래도 전시장을 만들
어 소중하게 보존 전시하는 데까지는 이르지 못했다.

1980년대 초에 내가 법주사에 이 천문도를 보려고 답사했을 때, 한번은
책임 스님이 출타 중이어서 보지 못하고 다시 찾아 갔을 때는 1960년대에 처
음 보았을 때보다 손상이 더 진행되어 있었다. 제대로 보수 작업이 이루어진
것은 2002년 김표영 명장의 손으로 전면 해체 수복하면서였다. 문화재청이
국비로 지원했다. 나는 이 보수 작업을 현장에서 3회 자문했다. 잘못 표구되
어 일부 가려져 있던 부분도 바로잡았다. 보물로서의 격을 갖추게 된 것이다.

이 천문도는 1723년, 예수회 신부 이그나티우스 쾨글러(Ignatius Kögler, 戴
進賢)가 제작한 2폭으로 된 「황도남항성도(黃道南恒星圖)」와 「황도북항성도(黃
道北恒星圖)」를 관상감에서 큰 병풍 천문도로 그린 것이다. 1742년에 중국에
사신으로 갔던 김태서(金兌瑞)와 안국빈이 쾨글러 신부에게 직접 배워 그린
초안을 가지고 와서, 「신법천문도」라는 이름으로 그린 것이다. 「신법천문도」

동아시아 과학사에 지대한 영향을 끼친 예수회 신부들의 활동 거점이었던 북경의 남천주당. 이용삼 촬영.

라는 명칭은 우리에게 중요한 사실들을 가르치고 있다. 조선의 전통적인 천문도인 1396년의 「천상열차분야지도」에 대해서, 서양 천문도가 '신법(新法)'이란 개념으로 자리 잡게 되었다는 사실에 주목할 필요가 있다. 그리고 또 하나는 중국에 파견된, 조선 최고의 천문학자들이 예수회 신부에게 배운 천문도 제작법을 새로운 방법론으로 받아들였고, 관상감이 이것을 국가적 프로젝트로 발전시켜 새로운 천문도를 그렸다는 것이다. 이것은 조선 천문학의 새로운 전개로 받아들일 수 있다. 변화의 바람이 일고, 실학의 새로운 흐름이 커지고 있었음을 보여 준다.

그리고 얼마 후 조선 천문도는 또 하나의 모습을 우리에게 보여 준다. '신법구법천문도'라고 문화재위원회가 이름 지어 보물로 지정한 8폭 병풍 천문도다. 나는 1989년 여름에 영국 케임브리지의 로빈슨 칼리지에서 열린 제1회 국제 동아시아 과학사 학회 학술 대회에 참석했다가 휘플 과학사 박물관

에서 이 천문도 병풍을 보고 깜짝 놀랐다. 박성래 교수와 함께 본 그 천문도 병풍은 조선에서 만든 것이었다. 「천상열차분야지도」와 황도남북양총성도가 3개의 큰 원안에 그려져 있었다. 18세기 중엽의 대형 천문도로 최고의 보존 상태였다. 박물관 큐레이터는 한국 과학사 학자인 우리에게 보여 주려고 기다리고 있었던 듯 우리를 반겨 주었다. 우리나라에서 본 적이 없는 이 훌륭한 천문도가 어떻게 케임브리지에까지 와서 보존되어 있을까. 놀랍고 반갑고 아쉬웠다.

「천상열차분야지도」도 컬러로 훌륭한 작품으로 그렸고, 황도남북총성도 2개의 별자리 그림의 솜씨도 좋았다. 쾨글러의 천문도는 법주사에 있는 신법천문도의 그것과 거의 같아 보였다. 이 천문도 병풍이 언제 만들어졌을까. 법주사의 천문도와 거의 같은 시기에 그려졌으리라고 생각되는데, 그보다 앞서 만들어졌을까. 시간을 가지고 자료를 조사해 볼 필요가 있는 과제가 또 하나 생긴 것이다.

니덤은 이 천문도에 관한 논문을 발표한 일이 있다. 우선 그 글을 주의 깊게 검토해 볼 필요가 있다고 생각되었다. 그 논문의 별쇄본을 나에게 보내 준 일이 있다. 그는 이 천문도 끝에 씌어 있는 제작과 관련된 글 "옹정원년세차계묘(雍正元年歲次癸卯)"(옹정 원년은 1723년이다.)를 근거로 그 시기 이후라고 보았다. 쾨글러와 페르난도 보나벤트라 모기(Fernando Bonaventra Moggi, 利白明)의 원작이다. 두 예수회 신부들은 조선의 대천문학자 안국빈과 교류가 있었고, 1741년에 역관으로 북경에 갔던 안국린(安國麟)과 변중화(卞重和)와도 교류하여, 그들은 천주당을 왕래하면서 신부들과 깊이 사귀어 천문도와 여러 가지 천문학서를 받았다는 『증보문헌비고』「상위고」의 기록을 근거로 1741년에서 가까운 때에 만들어진 것으로 고증하고 있다.

이런 조사를 머리에 두고 있던 나에게 또 하나의 중요한 사실을 가르쳐 준 학자가 있었다. 교토 야부우치 스쿨의 핵심 멤버였던 미야지마 가즈히코 교수이다. 그는 오사카 난반 문화관에도 똑같은 천문도 병풍이 있다고 했다. 우린 교토에서 만나서 같이 찾아갔다. 2층 건물의 아담한 기독교 문화 박물관이었다. 80이 다 된, 설립자이며 관장을 맡고 있는 큐레이터는 우리를 2층 전시실로 안내하여 지하 수장고에 보관하고 있는 천문도 병풍을 가지고 올라와서 보여 줬다. 사진 촬영도 허락하고. 점심까지 먹으면서 우리는 천문도를 면밀하게 조사했다. 니덤의 논문에 씌어 있는 내용에 별다른 이의가 없었다. 관장은 이 천문도를 1950년대에 교토의 한 고미술 상점에서 구입했다고 했다. 솔직하게 나는, 이 천문도를 보았을 때, 한국 전쟁 때 불타 버린 경기도의 유명한 사찰인 봉선사가 떠올랐다. 거기 천문도와 세계 지도 병풍이 있었기 때문이다. 케임브리지 휘플 과학사 박물관의 천문도 병풍은 서울의 민 씨 문중에서 보존하고 있던 것인데 케임브리지 대학교에 기증한 것이 분명하기 때문에, 난반 문화관 것은 봉선사에 있던 것이 거의 틀림없을 것으로 나는 확신하고 있다. 그래도 나는 정말 다행한 일이라고 기뻐했다.

2000년에 들어서서 이 병풍 천문도가 또 하나 나타났다. 「천상열차분야지도」의 절에서 이미 썼지만, 국립민속박물관에서 그림 병풍을 수리하느라 겉장을 떼어 내다가 뜻밖에 원래 표구되어 있던 천문도가 나타난 것이다. 기막힌 뉴스였다. 민속박물관은 나일성 교수에게 고증과 보수를 맡겼다. 보존 상태는 좋지 않았다. 특히 아랫부분이 손상이 심했다. 나일성은 많은 노력을 아끼지 않았다. 여벌을 하나 더 만들고 원본은 수리가 그런 대로 잘되어 보물로 지정되기에까지 이르렀다. 나일성은 2000년 12월, 「혼합식 병풍 천문도 복원」라는 제목으로 복원 보고서를 냈다. 글자와 별자리 이름 약 2,900자를 잘 읽어 냈다. 「신구법천문도」 병풍 세 가지를 비교해서 고증하여 학문적 가치가 평가되는 보고서가 됐다.

이 천문도 병풍을 보면서 나는 이렇게 평가하고 있다. 이것은 1396년(태조 4년)의 조선 천문도와 18세기에 중국에서 만든 예수회 신부들의 서양 천문도가 하나의 병풍 안에 담겨진, 동서양 천문도의 집성(集成)이다. 조선 중기, 조선 왕조의 두뇌 집단 관서인 서운관(관상감)과 홍문관 그리고 실학자들이 천문학적으로 자랑할 만한 조선 천문도인 「천상열차분야지도」를 아름다운 솜씨로 그려 놓고, 거기에 최신 서양 천문도를 도입하고 수용해서 하나의 병풍으로 융합 제작한 창조적인 병풍 천문도를 만들어 냈다. 그 제작 경위와 제작자들을 분명히 기록해 놓은 것, 아름다운 컬러로 도화서에서 그리고 뛰어난 필체로 한자 한자 공을 들여 만들었다는 사실은 높이 평가해도 좋다. 이런 훌륭한 천문도는 조선에서밖엔 만들지 않았다. 과학 기술 문화의 융합체와 조선화의 모습이 여기에 담겨있다.

나일성은 보고서에서 3개의 병풍에 씌어 있는 2,900자에 달하는 글자를 하나하나 대조해서, 잘못 베낀 부분들을 찾아냈다. 천문학자다운 꼼꼼함이다. 솔직히 말해서 나와 같은 과학 기술자학자는 반쪽은 인문학에 걸쳐 있어서 그렇게 하지 못한다. 그리고 어쩌면 가장 중요하다고 할 수 있는 제작 연대와 관련된 문제도 그렇다. 거의 같은 시기다. 몇 년의 차이밖에 없다. 그래서 나는 그것도 그렇게 엄밀하게 꼼꼼히 따지지 않고 넘어가려 한다. 내가 중요하다고 생각하는 것은, 조선 왕조 정부와 실학자들이 그렇게 적극적으로 예수회 신부들을 통해서나마 서양 과학 기술을 받아들였다는 사실이다. 그것은 조선의 전통 과학 기술을 바탕으로 간직하면서다. 그리고 또 하나, 법주사 천문도 병풍에서는 「천상열차분야지도」를 아예 없애고 쾨글러의 천문도만을 그리고 신법천문도라는 또 하나의 제목을 달았다는 사실에 주목한다. 그렇다고 조선 왕조의 관상감과 실학자들이 조선 천문도에서 아주 벗어나려 했던 것은 아니다. 『혼천전도(渾天全圖)』목판본은 18세기 말~19세기에 아름다운 목판본으로 펴냈다는 사실이 그것을 보여 준다.

혼천, 온 하늘의 전도다. 그 형식은 「천상열차분야지도」와 같은 조선의 전통적 천문도 그대로다. 거기에 서양 천문학과 그 원리, 망원경 관측의 성과를 함께 그려 넣어 한 장의 천문도를 만든 것이다. 조선의 전통 천문학과 서양 천문학의 성과를 하나의 도가니에 넣어 융합해서 조선의 거푸집으로 찍어 냈다고 나는 표현한다. 그것은 목판으로 새겨 찍어 내서 규격화한 새로운 천문도를 만들었다. 어떻게 보면 당당하기까지 하다. 닥종이를 한 폭으로 떠서 너비 59.0센티미터, 길이 85.5센티미터 크기에 인쇄했다. 이에 대해서는 내가 펴낸 『한국 과학 기술사』(1976년) 1장과 나일성이 2000년에 발표한 「병풍 천문도 복원 보고서」를 참고하기를 권한다.

『황도총성도』가 법주사 「신법천문도」처럼 큰 병풍 천문도로 그려져 조선의 정부 관서에서 쓰인 그림 이외에 또 어떤 것이 있었는지도 써야 하겠다. 사대부의 학습 교육용으로 제작된 것이 있었다는 사실은 놓칠 수 없다. 1834년 김정호는 쾨글러의 천문도를 두 장의 목판본으로 찍어 냈다. 『황도북항성도(黃道北恒星圖)』와 『황도남항성도』가 그것이다. 썩 잘 인쇄된 별자리 그림으로 과학 문화재로서 손색이 없다. 그리고 이보다 앞서 1807년 서명준(徐命俊)의 목판본도 남아 있다. 이 판본들은 별자리 그림의 원의 지름이 50~60센티미터의 간수하기에 알맞은 학습용으로 만들어졌다.

이제 평면 해시계에 대해서 조금 더 써야 할 것 같다. 1960년대 초에 창경궁 명정전 뒤 추녀 밑에서 처음 본 정교하게 만든 평면 해시계를 빼놓을 수 없다. 간평일구혼개일구(簡平日晷渾蓋日晷)다. 길이 129.0센티미터, 너비 52.2센티미터, 두께 12.3센티미터 돌에 새겼고, 제작 연대를 1785년(정조 9년) 8월 15일로 정확하게 기록한 보기 드문 솜씨로 만든 훌륭한 해시계다. 예수회 신부 사바티노 데 우르시스(Sabatino de Ursis, 熊三拔)의 저서 『간평의설(簡平儀說)』과 예수회 신부들과의 공동 연구자인 중국인 이지조가 펴낸 『혼개통헌도설(渾蓋通憲圖說)』에 따라 만든 혼개통헌의를 하나의 돌에 새겨 만든 것이다.

조선 실학들이 연행사로 가서 천주당을 찾아 예수회 신부들을 만난 또 하나의 중요한 자료가 있다. 이기지(李器之, 1690~1722년)의 『일암연기(一菴燕記)』다. 이 연행록은 정두원, 소현세자, 홍대용의 자료와 함께 조선 학자들의 서학 연구에서 비중 있게 다뤄 온 자료였다. 그의 기록은 천주당 방문에 대한 자세하고 풍부한 내용으로 주목을 받고 있다. 임종태 교수의 최근의 연구는, 한 조선 실학자에 대한 중요한 시각과 생각을 담고 있어 중요한 연구로 평가된다.

이용범의 논문들과 강재언의 『조선의 서학사』 그리고 박성래 교수의 논문들을 보면, 조선 시대 실학자들이 연행사로 중국에 가서 새로 출간된 서양 과학 기술서들의 한역본들과 과학 기기들을 조사하고 조선에 들여오는 데 얼마나 적극적이었는지를 잘 알 수 있다. 임종태의 논문은 그중에서 이기지의 서양 신부들과의 만남과 학문 교류를 그 자신의 글에서 찾아, 그가 서양 학문과 과학 기술을 어떻게 이해하고 있었는지를 조명하고 평가하고 있다.

나는 이 논문들을 읽으면서, 거기에는 조선의 실학자들이 연행해서 열심히 찾아 사오거나 예수회 신부들에게 선물로 받아온 서적들에 대한 문화재적 논의는 별로 이루어지고 있지 않다는 사실에 자꾸만 마음이 쏠린다. 그 책들은 물론 중국에서 출간된 것들이다. 그러나 그 책들이 미친 조선 실학에의 영향은 매우 크다. 그 책들의 보존 실태를 조사해서 기록으로 남기고 싶다. 우리나라에 있는 과학 문화재의 틀을 더 넓히자는 생각이다. 중국에서 출간된 책들이고 예수회 신부들과 중국 학자들이 함께 번역한 과학 기술 서적들이지만, 거기에는 조선 시대 실학자들의 숨결이 배어 있다. 이기지의 글에서 우리는 그들이 새로 나온 책들을 찾아서 앞선 학문 지식과 정보들을 받아들이려고 얼마나 애썼는지 잘 알 수 있다. 그 과정과 노력을 말하는 자료들이 다른 과학 문화재 못지않게 중요하다.

1970년대 교토에서, 동아시아 문명사의 대가 요시다 미쓰쿠니 교수가『열하일기』에 대해 감동적인 말을 한 일이 생각난다. 그는 박지원의 연행록『열하일기』가 18세기 후반의 가장 뛰어난 여행기라고 했다. 요시다는 그 작품은 단순한 여행기나 문학 작품의 차원을 넘은, 철학과 사상, 과학과 음악, 실용과 논리를 담은 사상서라고 높이 평가했다. 청나라를 오가며 보고 겪은 문물과 천주학당에서 서양 신부들과의 교류로 가진 생각과 체험을 생생하게 썼다. 그것들이 짜임새 있게 전시돼야 과학 문화재의 격을 높이고 내용을 풍부하게 할 것이다. 이런 것들이 부족하다. 임종태의 논문에서 보듯이 꼼꼼하고 자세하게 담은 기록을 하나하나 확인해 나가는 일은 자료의 가치를 높여준다.『조선왕조실록』이나『문헌비고』,『서운관지』등의 공식 문서에 들어 있지 않은 자료의 중요성을 재인식하는 일이 중요하다.

임종태의 글을 읽으면서 내가 반가웠던 게 또 하나 있다. 이기지와 함께 천주당에서 예수회 신부들과 교류하면서 남긴 기록 중의 몇 가지다. 신부들은 조선 사신들에게 아주 우호적으로 예우했고 선물들을 주고받는 데 결코 인색하지 않았다. 받으면 꼭 갚았다. 혼천의, 해시계, 망원경, 자명종, 서학 서적들은 조선 실학자들에게 더없이 귀한 것들이었다. "마음이 불안하다."라고 말할 정도로 넉넉한 선물이다. 만난 신부 중에서 쾨글러와 수아레즈는 우리에게 아주 낯익은 이름이다. 이이명이 이기지와 함께 활동한 기록도 중요한 자료다. 이이명은 우리가 잘 알고 있는 조선 중기의 혼천시계 제작자 이민철의 조카이고, 그들은 숙종 때 부제학과 영의정을 지낸 학자 이경여(李敬興)

의 자손이다. 이기지와 이이명은 예수회 신부가 고장난 자명종을 그들이 보는 앞에서 분해하여 고쳐 준 것이 놀라웠다. 기계 시계와의 인연도 이이명과 이민철로 이어지고 있다는 것이 내게는 무척 흥미로운 사실이다.

이민철은 이경여의 서자이기 때문에 중인이어서 기계 시계와 혼천의를 제작하는 데 더 관심이 컸고 재주도 뛰어났다고 할 수 있다. 그런데 여기 이기지와 함께 예수회 신부들과 북경에서 깊은 교류를 했던 이이명은 당대 최고의 학문과 권력의 중심에 있던 이경여의 종손이고, 학문에도 뛰어난 인물이었다. 그런 그가 북경에서 서양 신부들의 과학과 기술에 남다른 관심을 가지고 적극적인 교류에 힘썼다는 사실은, 이경여가 유배 시절에 보인 과학과 기술의 학문적인 관찰과 실제로 해 보는 만듦의 정신과 행위와 이어지고 있다고 생각해도 좋을 것이다. 이이명이 실제로 과학 기기를 만들었다는 사실을 알 수 있는 자료는 아직 알려지고 있지 않다.

그런데 조선 후기, 시계 제작의 이론과 실제 기술에서 뛰어난 가문인 강이오, 강이중, 강윤(姜潤)과 강건(姜健) 그리고 강문수(姜文秀) 삼대는 한성 부윤을 지낸 높은 관직을 이은 집안이었다. 그들은 삼대에 걸쳐 앙부일구와 평면일구, 휴대용 해시계들을 만들었다. 정밀하고 빼어난 디자인으로 품격 높은 최고의 작품들이다. 실사구시의 학문을 표방하는 실학의 정신이 흐르고 있는 것이다. 이경여 집안의 학풍도 이런 바탕에서 형성되고 있었다고 보아도 좋다는 생각이 든다.

여기서 한 가지 적어놓고 넘어가야 할 이야기가 있다. 강이오와 강의중의 이름은 『오주연문장권산고』를 읽다가 우연히 알게 되었다. 자명종에 관한 이규경의 글에서다. 그들은 조선에 들어온 기계 시계가 신기하게 작동되는 것을 보고 그것을 모방해서 만든 것이다. 그 작업은 결코 쉬운 게 아니었다. 톱니바퀴들을 깎아 맞춰 조립은 되지만, 시간에 맞춰 작동하지 않기 때문이다. 고도의 정밀함 끈기 있는 측정이 필요했다. 그들은 그 일을 해 냈다. 그러나 그들이 만든 자명종은 이규경의 글에 남아 있을 뿐이다. 이규경이 아니었더라면, 그 글들이 군밤장수의 포장지로 없어져 버릴 뻔한 것을 최남선이 우연히 보고 몽땅 사 주지 않았더라면, 강이오의 재주는 세상에 알려지지 않았을 것이다.

세종 때 이후 조선 후기에 이르는 긴 세월 동안 전개된 과학과 기술의 발전은 이런 학풍과 가문의 전통 그리고 왕조 국가의 정책적 밑받침이 조화를 이루면서 상승되었다고 나는 생각하고 있다. 조선 왕조의 과학 기술 의학의 전통에서 우리는 그런 모습을 발견하게 된다. 조선 왕조 국가의 공식 기록이나 문서가 아닌, 선비들의 기록이나 그 집안의 유물들의 조사와 연구가 더 이루어져야 하겠다. 공동 연구가 반드시 필요하다. 조직적이고 꾸준한 자료 조사는 우리나라 안에서의 조사와 함께 외국의 도서관 박물관 연구소까지 폭을 넓혀야 한다는 것을 강조하고 싶다. 지금까지 고고 미술, 서지학 분야의 조사는 정부 차원에서 그런 대로 이루어지고 있다. 그런데 과학 문화재와 그 자료 쪽은 한두 차례, 아주 짧은 기간, 적은 인원이 단편적으로밖에는 이루어지지 않았기 때문이다.

나는 이기지와 이이명이 연행에서 예수회 신부들에게 받아온 천문 기기들과 자료들 그리고 그들이 애써 사가지고 온 책들을 본 일이 없다. 누가 어디에서 보관하고 있을까. 그들이 가지고 온 자료들에 관한 기록이 왜 조선의 공식 기록으로 남아 있지 않을까. 지난 수십 년 동안 학자들의 조사 연구도 거의 보이지 않는다. 이상한 일이다.

강윤과 강건, 조선 후기의 훌륭한 해시계 제작자

앙부일구는 조선 왕조를 대표하는 해시계다. 세종 때, 원나라의 곽수경의 앙의(仰儀) 원리를 본떠서 만들면서 정밀한 해시계로 낮 시간 측정에 잘 사용되었다. 종묘 앞 큰 거리와 광교 큰 거리에도 설치해서 시민들의 공중 해시계로 사랑을 받았다. 지금 서울의 사대궁에 10여 개 남아 있는, 아름답게 조각한 화강석 해시계대들은 모두 앙부일구대들이다. 세종 때 만든 기록 이외에 조선 중기의 기록들에 앙부일구를 제작한 사실이 남아 있지 않고, 유물도 없는 것이 나에게는 아직도 풀지 못한 과제로 마음을 쓰이게 하고 있다. 조선 시대의 앙부일구들은 내가 중국 가오청진에 있는 곽수경의 대관천대 유적을 답사했을 때 본, 앙의의 복원 유물과는 원리는 같지만, 그 디자인과 만듦새는 아주 다르다. 곽수경의 원리에 따라 제작했다는 세종 때의 기록들의 글 그대로 원리를 따랐지만, 디자인과 만듦새는 전혀 새로운 조선의 해시계라고 생각되었다.

그 앙부일구는 17세기 말에서 18세기에 들어와서 갑자기 여러 개가 나타난다. 강윤, 강건 형제 집안에서 만든 것이다. 그들은 형제가 한성 판윤을 지낸 사대부 대가의 문중 사람들이다. 그리고 조선 시대를 통해서 앙부일구와 평면 해시계를 제일 많이 만든 형제이고 가장 훌륭하고 정교한 해시계를 잘 만들어 낸 천문 의기 제작 기술자다.

고려대학교 박물관과 서울대 박물관에서 특이한 디자인의 3각 시표를 세운 평면 해시계를 보았을 때, 그 해시계들은 강윤과 강건이 만들었다는 명문이 새겨져 있는 것을 보고 적지 않게 놀랐던 기억이 생생하다. 그런데 얼마 후, 그 평면 해시계들이 18세기에 만든 신법지평일구와 이어지고 앙부일구도 그것과 이어진다는 사실을 알고 또 한번 감탄했다. 그들은 자신들이 만든 해시계들에 대부분 명문을 새기고 낙관까지 찍었다. 학문적으로 우리를 그리고 조선 시대의 해시계 전통을 크게 앞세워 이어 가게 해 주는 기술자의 태도다. 그게 좋았다. 역시 학자들로서의 바탕이 살아 있다는 생각이 들었다. 청동을 다룬 솜씨와 은실 새김 기법과, 정교한 조각과 정확한 천문학적 제작과 예술의 이어짐이 압권이다. 강윤 형제가 만든 해시계는, 우리가 지금까지 조사해서 알아낸 것이 거의 20개에 이른다. 청동에 은실 새김 기법으로 선과 글씨를 새긴, 궁궐에 설치한 조선 해시계의 대표작들과, 상아로 만든 휴대용, 옥돌에 만든 휴대용, 놋쇠로 만든 것 등이다.

오래전 일이지만, 조선 후기의 실학자 이규경의 방대한 저서『오주연문장전산고』를 읽다가 자명종을 만든 사람의 이름에 강이중(姜彛重)과 강이오(姜彛五)의 이름을 찾아냈다. 그들이 1809~1830년에 일본에서 들어온 자명종을 본떠서 자기의 자명종을 만들었다는 것이다. 나중에 강윤과 강건이 같은 강 씨여서 그와 혈연 관계가 있을지도 모른다고 상상해 본 일이 있었다. 그런데 그 이야기를 혼천시계 연구로 학위를 한 김상혁 박사가 그들이 아버지와 아들 사이라는 사실을 족보에서 찾아냈다. 조선 후기 시계 제작 기술에 뛰어난 선비 가문이라는 것을 알게 된 기쁨이 내 학문하는 즐거움을 하나 더 얹어 주었다. 더구나『오주연문장전산고』에 의하면, 1809년과 1830년 사이에 강의중과 강이오가 천문 시계도 제작했다. 그것은 송이영이 제작한 추로 움직이는 기계식 혼천시계의 전통을 이은 것인데, 혼천의를 위에 기계 시계를 아래쪽에 설치한 방식이었다고 한다. 강 씨 문중에서 대를 이어 기계 시계와 앙부일구, 평면 해시계를 만든 첨단 과학 기술을 이어 간 명문 사대부 집안이란 사실은, 우리가 그들의 행적을 연구해서 부각시켜 볼 만한 프로젝트가 아닌가 생각된다. 우리는 그동안 그러한 연구에 너무나 소극적이고 인색하기까지 했다. 자기가 좋아서 하는 일에 보람을 갖게 해 주니 얼마나 고마운 일인가. 조선 실학과 우리 전통 기술의 절묘한 조화와 이어짐 그리고 그 도도한 흐름을 여기서도 보게 된다.

1881년에 강윤이 제작한 명문이 새겨진 평면 해시계는 조선 전통과 이슬람 전통이 하나로 된 디자인이 좋다. 창덕궁과 고려대학교 박물관에 전시된 것이 보존 상태가 제일 좋다. 궁에서 쓰인 해시계라는 것을 한눈에 알아볼 수 있다. 41×34센티미터의 흑오석재, 북극고 37도 39분 15초가 그리고 반원의 시반이 그림처럼 멋을 더하고 있다. 삼각 시표의 멋스러운 디자인 또한 훌륭하다. 이 평면 해시계를 덕수궁 석조전 앞 정원의 분수대 한쪽에 서 있는 서양식 해시계와 같이 놓고 보고 있으면, 조선 해시계가 서양의 영향을 받아 어떻게 변화했는지 보게 된다. 청동판으로 원형의 다이얼 판의 산뜻한 투박함에 직선으로 정확하게 만들어 세운 시표 그리고 6시에서 6시까지 아라비아 숫자를 돋을새김 한 볼륨 있는 디자인이 돋보인다. 환구단에도 같은 해시계를 세웠다. 덕수궁 석조전의 서양식 건물에도 어울리고, 조선의 전통 건물 양식의 환구단 앞에 설치한 것도 어울린다. 그게 디자인의 재주다. 사대부 학자 강윤과 강건의 기예(技藝)다. 그런 재주가 있어서 그들은 그 많은 해시계들을 디자인하고 만들어 냈다. 휴대용 앙부일구는 조선의 전통이 녹아 있는 최고의 해시계다. 그들이 만들어 낙관까지 찍은 작품은 어느 한구석 흐트러짐이 없다. 명가, 명장의 훌륭한 솜씨로 칭찬할 만하다.

이 강 씨 문중의 가계(家系)를 더 올라가 추적하고 싶다. 나는 지금 이 일을 하기엔 힘과 시간이 없다. 누군가가 과제로 찾아보았으면 좋겠다. 이런 일이란 노력과 시간에 비해서 얻는 결과의 공은 언제나 별 것 아닌 것처럼 드러나지 않는다. 그래도 누군가 언젠가는 해야 할 일이다. 후배들에게 과제로 남기겠다.

서양 과학과의 만남 그리고 새로운 전통

서울대학교 박물관의 과학 문화재를 조사하면서 나는 또 하나의 뜻밖의 유물과 만나게 되었다. 8폭으로 된 대형 세계 지도 병풍이다. 보존 상태는 썩 좋은 편은 아니지만, 선명한 색채와 그림 솜씨가 뛰어난 작품이었다. 관상감에서 1708년(숙종 34년)에 그린 것이다. 1603년 마테오 리치가 북경에서 목판으로 만들어 펴낸『양의현람도(兩儀玄覽圖)』(199×144센티미터, 숭실대학교 박물관 소장)와 비슷하지만, 남극 대륙과 태평양의 여백에 동물과 탐험선 등을 그려 넣은 것은 페르비스트(南懷仁)가 펴낸『곤여전도』(1674년 초판)와 거의 같다. 「곤여만국전도」는 이 지도를 바탕으로 해서 그렸다. 관상감에서 전 관상감정 이국화(李國華)와 유우창(柳遇昌)이 지휘하고, 당대 최고의 명화가 김진여(金振汝)가 그린 것이다. 페르비스트의 세계 지도는 6폭인데, 1708년에 제작한 관상감의 세계 지도는 8폭이다. 제1폭과 8폭에 이 지도 제작과 관련된 문장이 씌어 있다. 8폭에는 최석정(崔錫鼎)의 「서양건상곤여도이병총서(西洋乾象坤輿二屛總序)」라는 제목의 글이 있고, 제1폭에는 8폭의 몇 줄까지 합해서 마테오 리치의 서문이 씌어 있다.

그런데 최석정의 총서문에는 서양건상곤여도의 두 병풍을 아우르는 내용이 적혀 있다. 그렇다면 1708년(숙종 34년)에 어명으로 「건상도」와 「곤여도」를 만들었다는 『조선왕조실록』의 기사와 함께 검토해야 할 문제가 생긴다. 「건상도」 즉 천문도다. 그러니까 1708년, 관상감은 천문도 병풍과 세계 지도 병풍 두 가지를 만들었다. 그러나 지금 전해지는 유물은 세계 지도뿐이다. 한때 나는, 학자들에 의해 전해오고 있는 대로, 경기도 양주군 광릉에 있는 봉선사에 두 가지 병풍이 있었는데, 한국 전쟁 때 봉선사가 불타면서 없어졌다고 생각했다. 그런데 뜻하지 않게 앞에서 길게 쓴 대로 「신법구법천문도」 병풍이 3개나 발견되었다. 이것들이 1708년에 관상감에서 만든 「건상도」가 아닐까, 자료를 찾고 검토하는 작업을 거듭했다. 지금까지의 결론은 아닌 쪽으로 굳어지고 있다. 앞으로의 과제다. 다른 천문도 병풍으로, 제작 연대가 확실한 명문이 있는 유물이 나와야 한다.

1708년에 만든 천문도 병풍에 대해서는 『증보문헌비고』에 상당히 자세한 설명이 있다. "숙종 34년(1708년) 관상감에서 탕약망의 적도남북총성도(赤道南北總星圖)를 바쳤다." 그리고는 "도설(圖說)에 이르기를"라면서 4쪽 4줄에 걸쳐 이 천문도와 서양의 별자리 그림에 대하여 설명하고 있다. 이 천문도는 1633년에 예수회 신부 자코모 로가 서계광 등 여덟 명의 천문학자들의 도움을 받아 만든 것이다. 별자리는 중국의 것이고 유럽의 것이 아닌데, 다만 남반구의 남쪽 부분의 별자리는 예외로서, 그것은 예수회 신부가 가져온 새로운 정보이다. 아마도 이 새로운 정보를 담은 이유 때문에 조선 왕조 정부는 새 천문도를 그렸을 것이다. 관상감에서는 늘 지도와 천문도를 같이 만들 었다. 나는 서울대 박물관에서 1708년에 제작된 「곤여만국전도」 병풍을 보았 을 때, 그것을 만들 때 같이 그린 천문도가 있을 것이라고 믿고 자료를 찾았다. 『증보문헌비고』 「상위고」 3, 의상 2에 기록이 있었다. 그런데 유물은 찾을 수 없었다. 「신법구법천문도」 병풍처럼 어딘가에서 언젠가 나왔으면 좋겠다.

「적도남북총성도」와 「곤여만국전도」가가 1708년에 한 쌍으로 만들어진 것처럼, 앞에서 조금 썼지만 「혼천전도」가 「여지전도」가 한 쌍으로 목판 인 쇄되었다. 18세기 말에서 19세기 초 무렵에 관상감에서 펴낸 것으로 보이는 데 기록에는 없다. 천문도와 세계 지도를 조선의 전통적 형식을 바탕으로 하 고, 서양의 천문도와 세계 지도를 담아낸, 나름대로 새로운 천문도와 세계 지 도다. 그리고 이 두 그림은 85.5×59.0센티미터의 같은 크기 같은 필체의 콤 팩트 사이즈로 제작하여 교육 자료로서의 효용성을 최대한 높였다.

1742년에 관상감에서 만든 서양 천문도, 즉 「신법천문도」는 1807년에 서 명준(徐命俊)이 150여 자의 해설을 붙여 목판본으로 펴냈고, 1834년에는 김 정호가 목판본으로 제작하기도 했다.

조선에서 제작된 대형 세계 지도로 1860년에 목판으로 찍어낸 곤여전도 를 빼놓을 수 없다. 1674년에 페르비스트가 제작한 세계 지도의 해동중간본 (海東重刊本)이다. 146.0×400.0센티미터의 8폭 병풍으로 정교하게 인쇄한 아 름다운 세계 지도다. 서울대학교 박물관에 6폭 목판이 남아 있고, 가장 훌륭 하고 완벽한 인본은 숭실대학교 박물관에 있다. 예수회 신부들의 지도와 천 문도들이 조선에서 공식으로 받아들여 제작되는 단계에 이른 것이다. 그만 큼 교류도 활발해지고 자연스럽게 이루어졌다.

그의 유물은 남아 있는 것이 없지만, 사설 천문대를 집안에 세운 홍대용 (洪大容)은 이 글에서 배놓을 수가 없다. 그리고 또 한 사람, 훌륭한 저서 『열 하일기』를 쓴 박지원(朴趾源)이 있다. 그들은 둘 다 서양 과학과의 만남에서 새로운 전통을 세운 조선 후기 최고의 실학자이며 과학자이다. 홍대용과 박지원은 같은 시대에 활동한 학자들이다. 홍대용이 세운 천문대인 농수각(籠水閣)은 18세기에 가장 훌륭한 천문 관측 시설이고, 박지원의 방대한 저서 『열하일기』는 그 시대에 가장 훌륭한 중국 여행기이며 과학 사상서이다. 평양에서 『열하일기』를 번역한 리상호는 "우리 역사에서 가장 빼어난 문집"이라고 평가했다.

박지원의 중국 여행은 거의 반년에 걸친 길고도 고단한 길이었다. 그는 북경에서 유리창을 둘러보았고, 관상대도 구경했다. 그러나 "숙직하는 자가 굳이 막으므로 올라가지 못하고 돌아왔다."라고 한다. "대 위에 있는 기기들은 혼천의와 선기옥형 종류 같아 보였다."라고 쓰고 있다. 그가 가지고 있는 천문 의기에 대한 지식을 알 수 있는 글이다. 북경 고관상대에 있는 기기 중에서 한두 개는 혼천의 같아 보였을 거다. 그러나 거의 혼천의는 없다. 그리고 선기옥형도 말했는데 두 가지가 같은 기기인데 그것도 두 가지로 쓴 것이 혹시 박지원의 천문 기기에 대한 지식의 한계와 관련이 있는 것은 아닌지 모르겠다. 그러나 올라가 보지 못했는데도 그만한 관찰력이 있다는 사실은 그의 관심이 남다르다는 생각은 하게 한다. 그는 지구설과 지구 회전의 원리를 확신하고 홍대용과 그 진리를 공유하고, 중국 학자들과 달리 우주의 질서를 거기까지 확대하고 있었다. 중국의 역대 우주론에 그저 따르고 있지 않은, 진취적인 천문 사상을 가졌다. 『연암집』에서, "둥근 것은 반드시 회전한다."라는 자연의 원리를 가지고 지구 회전을 확신하며 논하고 있어, 우주와 자연의 질서에 대한 높은 식견을 드러내고 있다.

그런데 박지원은 1780년에 북경을 방문했을 때, 홍대용의 지전설을 중국 학자들에게 소개했다. 홍대용의 저서 『담헌서(湛軒書)』에는 "지구가 하루 동안에 한 번씩 돌아가되 9만 리의 넓은 지원(地圓)에 짧은 시간이 배당되므로 지구의 달리는 것이 우뢰나 포환보다도 재빠른 것을 발견했다."라고 쓰고 있다. 박지원은 또 김석문(金錫文)의 자전설과, 태양과 지구와 달은 모두 둥글고 공중에 떠 있다. 따라서 지구도 달처럼 회전(공전)한다고 한 『역학도해(易學圖

解)』의 내용도 소개하고 있다. 이들은 동아시아 학자들로서는 처음으로 지구 회전설을 전개한 것이다. 우리는 처음에 이들의 지전설이 독창적인 것이라고 생각했다. 그러나 여러 가지 논의와 자료 조사를 거쳐 그들의 생각이 중국에서 활동하던 예수회 신부들의 저서에서 힌트를 얻은 것이라는 의견으로 모아졌다. 다만, 예수회 신부들은 지구 회전의 이론이 잘못된 것이라고 소개했는데, 조선의 세 실학자들은 지전설이 옳다고 확신하고 주장한 점이 크게 다르다. 예수회 신부들은 개인적으로는 지전설이 옳다고 생각했는지 모르지만, 종교적인 이유 때문에 그런 주장에 동의하고 나설 수 없었을 것이다.

그러나 중국 학자들은 지구가 회전한다거나 그렇지 않다거나 하는 문제는 그들의 천문 관측과 관련해서 별 문제가 되지 않았다. 그래서 그들은 그 문제에 별 관심이 없었던 것 같다. 그리고 조선 학자들에게는 그 이론이 대단히 쇼킹한 것이지만, 유교적 자연관에 젖어 있던 그들에게 지전설이 박해받아야 할 학설로 생각되지는 않았다. 그래서 홍대용은 상당히 과학적인 폭 넓은 우주관을 전개할 수 있었다. 그의 주장은 지전설에서 한 걸음 더 나아가, 우주 무한론까지 전개되었다. 전 도쿄 대학교 오가와 하루유키(小川晴之) 교수가 연세대학교 국학연구원에 객원으로 와서 연구하고 한국어로 발표한 논문이 홍대용이 전개한 우주 무한론이었다. 그의 이론은 우리에게 신선한 충격을 주었다. 그의 지전설에 주로 논의가 전개되곤 했던 우리의 홍대용 연구를 한 차원 높게 그리고 확대해서 그의 창의성 있는 이론을 평가한 것이다. 훌륭한 연구였다.

그 유명한 농수각 유물과 자료는 거의 남아 있지 않다. 그래서 처음에 박지원과 홍대용에 대해서 쓸 것인가를 가지고 고민했다. 그런데 숭실대학교 박물관에 홍대용이 만든 것으로 전하는 혼천의가 보존되어 있다. 농수각의 유물일지도 모른다는 생각이 들었다. 농수각은 확실히 우리가 기억해야 할 천문 시설이다. 나는 한때 그것이 홍대용이 북경에서 본 중국의 천문 시설을 보고 크게 매료되어 자기 집 땅에 막대한 예산을 투입해서 이루어진 것이라고 생각했다. 그런데 홍대용 연구로 도쿄 대학교에서 학위를 받은 김태준 교수가 그의 책 주석에 잘못된 것이라는 지적이 있어서 적지 않게 당황했다. 그의 지적이 옳을지도 모른다고 생각하면서도, 아직 확신을 갖지는 못하고 있다는 것이 내 솔직한 마음이다. 중국에 사신으로 다녀온 학자들에게 북경 고관상대의 웅장한 시설에 대해서 듣고, 그 자료를 입수해서 자기도 그러한 관측 시설을 만들기로 결심했을 수도 있다. 그가 사신으로 북경에 다녀온 해와 농수각 프로젝트를 시작한 시기를 맞춰서 확인해야 할 것이다. 몇 번 자료를 찾아 비교해 봤는데 확실하게 결론이 안 나왔다. 나경적이 홍대용의 청을 받고 기계 시계를 만든 해가 분명히 떠오르기는 하는데, 다른 천문 의기들은 언제부터 언제까지 계획해서 제작하고 설치했는지 더 찾아봐야 할 것 같다.

농수각은 홍대용의 시골집인 충청도 천원군 수촌에 지었다고 알려져 있다. 2층으로 된 다락과 누각이다. 다락을 담헌(湛軒)이라 하고 누각을 농수각이라고 불렀다. 그 담헌이 홍대용의 당호가 됐다. 농수각에는 천문 의기를 설치하여 천문을 관측했다고 한다. 거기에는 기계 시계와 혼천의가 있었다. 혼천의는 기계 시계 장치와 연결되어 움직였다고 한다. 송이영의 혼천시계와 비슷한 구조인 것 같다. 지금 숭실대학교 박물관에 보존되어 있는 혼천의는 기계 시계 장치와 연결된 구조가 붙어 있다. 홍대용이 직접 만든 것이라고 전해지고 있다. 김태준의 『홍대용』(1998년)은 그의 홍대용 연구 20년을 바탕으로 한 홍대용 평전으로, 그의 학문 세계와 실험 정신을 평가하고 자리매김한 훌륭한 저서다. 홍대용 집안에 여러 사람이 관상감 천문학 관리가 있었고, 북경에 갔을 때는 여러 번 천주당을 방문하여 예수회 신부들과 교류하여 실학자로서의 학문의 폭을 넓히고, 깊이를 더했다. 2,592쪽이나 되는 『연행록』이라는 한글 연행 일기는 박지원의 『열하일기』와 함께 높이 평가되는 18세기 조선 실학 최고의 자료라고 할 수 있다.

홍대용이 높이 평가하고 존경한 나주 출신의 명장(名匠) 나경적(羅景績)의 남다른 기계 시계 제작 기술은 높이 평가할 만한 것으로 생각된다. 그러나 유감스럽게도 그가 제작한 혼천의와 자명종, 기계 시계의 유물은 남아 있는 게 없다.

병자호란에서의 조선의 치욕적인 항복은, 임진왜란 이후 조선 왕조의 또 하나의 비극적 사건이었다. 그런데 두 전란의 끝은 조선 사회와 학문에 커다란 변혁을 일으켰다. 왜란은 과학 기술의 발전을 송두리째 약탈당했고, 호란은 왕세자를 비롯한 수많은 백성과 왕족이 볼모로 청나라에 잡혀가는 수모를 겪었다. 두 전란을 겪으면서 조선은 아주 다른 문화의 교류 모습을 보였다. 외래 문화의 유입이다. 이 주제와 관련해서 나는 주로 중국과의 교류에 초점을 두겠다. 명에서 청으로 왕조가 바뀌는 시기, 조선의 양반 지식인들은 야만적인 나라 청에게 무릎을 꿇은 치욕적인 사건을 슬기롭게 극복하지 못했다. 그러던 그들에게 연경에서 활동하고 있는 예수회 신부들과, 그들이 들여온 서양 문물은 놀라움의 대상이었다.

조선의 양반 지식인 학자들은 서학(西學)과 실학에 빠져들었고, 연경에 가서 예수회 신부들을 만나고, 그들이 쓰는 서양 기기들과 엮어서 펴낸 책들을 조선에 가져오려 애썼다. 오랜 시간과 어려운 객지 생활 그리고 고달픈 여행을 마다하지 않고 연경을 오갔다. 이 중요한 과제는 서학, 서교(西敎), 실학으로 많은 연구들이 있다. 10여 권이 넘는, 원로 중진 학자들의 책들이 나왔다. 그런데 나는 이 글을 쓰면서, 많은 실학자들과 조선 사신들이 북경에서 겪은 이야기와, 사가지고 온 서양 기기들과 책들(중국에서 출판된), 천문도와 지도들에 관한 자료를 더 많이 알아내 쓰고 싶었다.

그러나 내가 찾아낸 자료들은 생각보다 빈약하다. 아주 아무것도 쓰지 않을까 생각하기도 했다. 몇 번이나 망설이다가 그래도 한 조각이라도 써놓으면 도움이 될 것이란 기대를 가지고 적어 놓기로 한다. 먼저 서양 문화에 대한 놀라움을 솔직하게 쓴 이영준(李英俊)을 들 수 있다. 이영준은 이용범 교수와 강재언 교수의 책에 이영후로 씌어 있어, 나는 아직 준(俊)인지 후(後)인지 헷갈린다. 공교롭게도 글자가 너무 비슷해서 일어난 착오가 아닌가 싶다.

그는 로드리게스 신부와 만나고 나서 "서양 문물의 찬란함에 경탄하고", 그의 고매한 인격에 빠졌다고 전하고 있다. 또 이이명(李頤命, 혼천시계를 만든 이민철의 숙부)은 마테오 리치와 알레니 신부의 박식함에 경탄하고 있다. 천리경은 300~400냥가량 한다고 적어 놓고 있다. 또, 김태서(金兌瑞)는 1744년에 북경에 다녀오면서 "개인 돈을 크게 써서" 대천리경을 "간신히 사왔다."라고 적어놓았다. 그는 쾨글러 신부와의 교류가 활발한 학자였다.

『영조 실록』에는 중국에 사신으로 다녀온 관상감 학자들과 역관들에 관한 기사들이 그때그때 기록되어 있는 것을 찾아볼 수 있다. 서양 문물과의 교류 사실을 남겨놓은 귀중한 자료들이다.

인도에서 만난 앙부일구들

2000년 1월, 우리는 마침내 인도 여행길에 올랐다. 몇 개의 천문대를 답사하기 위해서다. 1960년대 초에 니덤의 『중국의 과학과 문명』 셋째 권 천문학 편에서 읽은, 델리와 자이푸르의 천문대와 그 기기들을 내 눈으로 확인하는 큰 바람을 이루게 된 것이다.

세종 때의 경복궁 천문대와 그 기기들이 인도의 천문 기기들 속에 연결고리를 가지고 있다. 내 눈으로 확인하고 싶었다. 원나라 때 천문학자 곽수경이 중국 뤄양 양청에 세운 거대한 천문 시설과 연결되기 때문이다. 두 천문대들은 예상했던 것보다 훨씬 거대한 시설들이었다. 델리의 천문대는 도착한 다음날 오전에 달려가듯 갔는데, 천문대 입구에서 뜻하지 않게도 구걸하는 사람들에 둘러싸여 쩔쩔맸다. 생각했던 것보다 훨씬 넓고 비교적 잘 관리되고 있는 옛 시설에 우리는 그만 감동하고 말았다. 잘 왔다. 고생한 보람이 있었다. 거대한 해 그림자 관측을 위한 삼각형의 노오몬 탑이 우리를 압도했다. 조선 후기 평면 해시계의 삼각 영침이 절벽처럼 서있다. 거대한 삼라트 얀트

인도 자이푸르 천문대에서 사진 촬영을 하는 모습.

라(Samrat yantra), 즉 평분(平分, equinoctial) 해시계다. 40년 동안 간직했던 꿈
이 이루어진 것이다. 구걸하는 사람들에게 잡혀 옷이 더러워진 일은 관측 시
설 앞에 선 감동으로 다 날아가 버렸다. 정신없이 카메라 셔터를 눌러댔다.
니덤의 책에 실린 사진이 1930년에 찍은 사진이니까. 내 사진은 그 70년 뒤
의 컬러 사진이다.

　다음날 우리는 더 큰 천문대를 답사하기 위하여 자이푸르로 이동했다. 고
속도로와 아직 건설 중에 있는 고속도로를 따라 300킬로미터를 달렸다. 5시
간이 걸렸다. 길은 험하고 복잡했다. 소떼가 몰려 있으면 어쩔 수 없이 서있거
나 피해가야 한다. 힘든 여행이었다. 지쳐 떨어져 호텔에서 쉬고 다음날 오전
에 코끼리 관광을 하고 자이푸르 천문대로 갔다. 엄청난 크기다. 내 답사 일
기에는 "자이푸르 천문대의 장관을 보았다."라고 적혀 있다. 정신없이 보고
사진찍고, 2시간. 완전히 지쳤다. 청심환을 먹을 정도로.

　1725년경에 마하라자 자이 신(Maharajah Jai Singh, 1687~1743)에 의해서 세

워졌다고 전해지는 이 천문대는 규모도 크고 시설도 많다. 한눈에 이 천문대가 이슬람 천문학, 원나라 곽수경의 천문학, 세종 시대의 조선 천문학 그리고 우즈베키스탄의 우르그베르그 천문학과 이어진다는 생각이 들었다. 그래 내가 여기까지 왔다는 감동적인 순간을 온몸으로 느끼고, 40년 동안 기다리던 기쁨이 한꺼번에 몰려왔다. 우르그베르그도 그래서 갔고, 중국 뤄양의 가오청진의 관성대에도 그래서 갔다. 긴 세월 동안의 어려운 답사 여행이었다.

델리에 있는 천문대 잔타르 만타르(Jantar Mantar)는 그 거대한 평분 해시계가 중심 관측 시설이지만, 자이푸르의 천문대는 니덤이 그의 책 천문학 편에서 열거한 천문 기기만도 10가지나 되는 엄청난 시설이었다. 니덤은 그 기기들 중에서 중국형과 비슷한 적도형 해시계를 말하고, 특별히 반구(半球, scape), 즉 대접 모양의 해시계 두 개에 대해서 쓰고 있다. 그리고 두 가지 차크라 얀트라(chakra yantra), 즉 적도식 가동 시각권(mobile hour-angle cirele)이 극축(極軸) 안에 설치되어 있다고 설명하면서 큰 사진을 싣고 있다. 그가 말하는 중국의 모델과 비슷한 반구형 해시계는, 세종 시대에 곽수경의 제도에 따라 만들었다고 『세종 실록』에 씌어 있는 앙부일구와 아주 비슷하다. 니덤은 이 그림 다음 면에 조선 후기의 청동 은 새김 앙부일구와 강윤의 1810년 제 휴대용 앙부일구의 사진을 한 면 전체에 싣고 있다. 그리고 그 이어짐을 쓰고 있다.

뤄양의 곽수경 유적에서 앙부일구의 커다란 복원 유물을 보았을 때의 잔잔한 감동을 인도의 자이푸르에서도 느끼게 된 것은 정말 뿌듯한 인연이었다. 고생스럽고 힘든 인도 답사 여행이 즐거운 추억으로 남게 된 것이 이 때문이 아닐까. 학문의 즐거움이다.

과학 문화재 복원 및 복제 사업에 뛰어든 사람들

1988년, 문화재관리국을 그때까지 국보 보물로 지정된 과학 문화재 복원 복제 사업에 착수했다. 문화재위원회는 정부가 발의한 1차 연도 사업 7건을 승인했다. 복원 사업으로, 창경궁 관천대, 창경궁 경복궁 풍기대, 덕수궁의 보루각 자격루를 그리고 복제품 제작 사업으로 창덕궁 앙부일구, 중앙기상 대 금영측우기, 중앙기상대 관상감 측우대, 중앙기상대 선화당 측우대 등이 착수되었다. 한국과학사학회와 과학 문화재를 사랑하는 여러 사람들이 20 여 년 동안 노력한 소중한 결실이다. 시대가 바뀐 것이다. 과학 기술의 시대, 산업 기술의 시대 그리고 아이티 기술 시대로 진입하고 있었다는 게 제일 큰 요인일 것이다.

이 사업을 위해서 기업체를 만든 사업가가 있다. 서유럽과 고대 중세의 선 진 과학 기술 발전의 중심지였던 나라들엔 이미 100년 가까운 세월, 대를 이 어 해오던 사업이다. 그게 우리나라에서 싹을 틔운 것이다. 윤명진 사장이다. ㈜옛기술과문화. 처음 사업을 시작할 땐 한국과학기술사물연구소였다. 나 일성 교수가 제안한 이름이다. 몇 사람의 과학사 학자들과 천문학자들이 자 문 교수로 참여해 잔소리를 해댔다. 전상운, 남문현, 이용삼, 이용복 교수들 이다. 여주 영릉 세종 대왕 유적 관리소들에 몇 가지 세종 때의 천문 기기들 이 실물 크기대로 고증 제작되어 설치하기에 이르렀다. 쉬운 일이 아니었다. 우리 문헌에 있는 자료는 모두 조선 시대에 쓴 설명문이다. 유물들은 거의가 임진왜란 이후에 제작된 것들이다.

한 가지 보기를 들어 설명하면 이 글을 읽는 이들이 쉽게 납득할 수 있다. 청동으로 만든 거대한 기기들을 스케치와 설계 과정을 거쳐 부품을 만들어 조립한다. 그때, 그 주요한 기능을 해 내는 부품들을 조립할 때 어떤 모양의, 어떤 크기의 못과 꺽쇠와 이음쇠를 쓰는지, 우리가 가진 그림이 없다. 중국과 일본의 전통 유물을 찾아 우리 눈으로 조사하고, 장인(匠人)들과 의견 교환하고 배워야 한다. 중국에는 그 전문가가 몇사람 있다. 발 벗고 나선 이가 이용삼 교수와 윤 사장이다. 말로 표현하기 어려운 고생 끝에 여주 영릉, 기상청, 국립민속박물관, 한국천문원, 안동한국학연구원, 연세대학교, 국립중앙과학관 등에 복원 복제 기기들이 설치되었다. 이용삼, 안영숙, 양홍진, 김상혁, 전영신 박사들이 무척 애를 많이 썼다.

이 원고가 다 끝날 무렵, 새로운 소식이 들려왔다. 국립중앙도서관에서 중요한 자료가 나온 것이다. 『철재진적(澈齋眞蹟)』이다. 전영신, 전태일, 임종태 교수들이 도서관 서고에서 찾아냈다. 이 귀중한 자료가 이렇게 햇빛을 보다니. 학자들은 하나같이 기뻐하고 축하했다.

그런데 이 책이 정조 때 대리석 측우대 옆면에 새겨 넣은 「측우기명」의 첫 탁본을 『철재진적』이라고 제자(題字)를 써서 책으로 엮은 것인가에 대한 고증이 있어야 하겠다고 생각했다. 13쪽을 한 장 한 장, 글씨 하나하나를 오랫동안 살펴보다가 나는 문득 이 책이 탁본을 묶은 것이 아니고, 측우기 명문을 새겨 넣기 위해서 글씨를 쓴 당대의 명필, 직제학 정지검(鄭志儉, 호 철재(澈齋))이 직접 쓴 명문을 엮어 한 책으로 만든 것이라는 생각에 이르렀다. 보존해서 후세에 남기려는 뜻이다. 그렇다고 다른 한편으론 대리석 측우기의 명문 탁본과 대조해 보면 신통할 정도로 글씨 크기와 글씨가 똑같다. 탁본 글씨를 깨끗하게 덧써서 완벽하게 한 것 같은 추정이 가능하다는 뜻이다. 문제는, 내가 아직 이른바 '건탁'이라는 기법을 직접 보고 배운 적이 없다는 데 있다. 숙제로 누군가 해결해 주기를 기대한다.

이제 이 장을 끝내면서 또 한 가지 적어 놓아야 하겠다. 우리나라 천문학자 1세대로 전통 천문학 연구에 수십 년을 바친 소남(召南) 유경로 교수를 기리기 위해서 세운 소남 천문학사 연구소. 그 제2회 심포지엄(2009년 11월 6일)의 보고서 『한국의 전통 천문 의기』 A4 109쪽짜리 책을 펴낸 일을 이 책에 꼭 담고 싶었다. 여기 담긴 8편의 논문들은 우리 전통 과학 문화재 연구의 귀중한 자료들이다.

또 한 가지 덧붙여야 할 사실이 있다. 이 일은 정말 말로 표현하기 어려울 정도로 섭섭한 사연이다. 정조 때에 강화도에 설치된 외규장각(外奎章閣, 정조 6년, 1782)의 수난이다. 1866년 병인양요 때 불타 없어진 귀중한 과학 문화 유산, 그중에는 『흠경각영건의궤(欽敬閣營建儀軌)』(1613년)와 『보루각보수의궤(報漏閣補修儀軌)』(1618년)가 있다. 그리고 「천상열차분야지도」는 프랑스에 약탈되었다.

이태진 교수에게 이 이야기를 들었을 때, 반가움과 아쉬움에 허탈했었다. 자격루와 옥루의 구체적인 제작 내용이나 구조의 도면 같은 자료가 있었을 것이라는 확신을 가지고 있었기 때문이다. 1990년대 후반이었던 것으로 기억한다. 이태진은 2002년과 2010년에 논문과 저서를 썼다. 그리고 안상현 박사가 2010년, 「외규장각에 소장되어 있었던 천문학 관련 도서」, 《규장각》 37(2010년), 289~320쪽)라는 글을 써서, 나는 아쉬움을 조금은 덜 수 있었다. 모리스 쿠랑의 『한국서지』에서 본 「천상열차분야지도」 그림은 1894년 인쇄여서 그 선명함에 한계가 있어서, 우리가 알고 있는 탁본들과 별로 다르지 않다. 그런데 관상감의 인장이 찍혀 있는 것으로 소개되어 있는 「천상열차분야지도」는 틀림없이 우리가 가지고 있는 어느 것보다도 상태가 좋은 자료라고 생각된다.

앞으로의 조사와 연구를 기대한다. 우리가 안고 있는 과제다. 최근에 내가 본 유물 중에 「천상열차분야지도」의 태조 때 각석의 탁본으로 우리가 고증한 자료가 있다. 뜻밖의 과학 문화재가 또 우리 앞에 모습을 드러낼 수 있다는 희망이 있는 것이다.

9부

한국 과학사를 향한 사랑

전상운 · 신동원 특별 대담

그의 인생의 모든 길은
한국 과학사 통사의 집필과 완성으로 향했다

2009년 2월 13일 ㈜사이언스북스의 노의성 주간으로부터 원로 한국과학사 학자 전상운 선생님의 인터뷰 책을 내려고 하는데, 진행자 구실을 해 달라는 요청이 있었다. 이를 승낙하고 나서 7월 10일까지 모두 다섯 차례에 걸쳐 인터뷰를 진행했다. 나는 이 인터뷰가 해방 이후 한국과학사 연구의 흐름을 파악하는 매우 소중한 기회라고 생각했다. 따라서 나는 보통 명사들이 자기 일생에 대한 나름대로 만들어 가지고 있는 스토리텔링을 깨야 하며, 상투적인 질문과 상투적인 답변을 얻어 내는 '자화자찬형' 회고를 피해야 한다는 것을 기본 입장으로 정했다.

첫 인터뷰 때 선생님께서 당황스러워하시는 모습이 지금도 선하다. 첫 질문은 다음과 같았다. "『한국 과학사』의 저자 소개는 물론이고 여러 자료들을 보면 함경남도 원산에서 1928년에 태어나신 것으로 되어 있는데, 이렇게 하면 몇 가지 연도가 잘 맞지 않습니다. 예를 들어 당시의 고등학교 과정을 마치시고 대학 진학하실 때까지 몇 년이 비더군요. 해방 전후와 한국 전쟁의 시기라는 것을 고려해도 시간적인 아귀가 잘 맞지 않는 것 같습니다." 그 때 질문자와 답변자 사이에는 팽팽한 긴장감이 흘렀다. 내가 준비한 꼼꼼한 질문에 답하기 위해서 선생님은 스스로 정리한 스토리텔링을 벗어나 그동안 완전히 끊겨 있던 기억도 되살려야 했고, 선생님보다 기억력이 더 비상한 사모님 박옥선 여사의 도움을 필요로 했고, 자료와 문헌을 일일이 다시 확인해야 했다.

이 인터뷰를 통해 내가 알고 싶었던 것은 다음 네 가지였다. 첫째, 한국 과학사 분야를 개척하여 교과서에 정설로 실릴 정도의 업적을 낸 학자의 탄생 배경과 과정이 어떠했는가? 둘째, 그것을 통해 읽어 낸 한국 과학사의 핵심은 무엇인가? 셋째, 전상운의 한국 과학사 연구를 있게 한 국내외 학술적인 배경은 무엇인가? 넷째, 그의 한국 과학사 연구 결과가 일반 대중들에게 어떻게 소통되었는가?

마지막 인터뷰를 마칠 때에는 연로한 선생님은 물론이거니와 나도 기진맥진할 정도가 되어 있었다. 그렇지만 나는 여러 차례 인터뷰를 통해 존경하는 원로 학자의 육성으로 한국 과학사 개척 스토리를 듣는 행운을 만끽했다. 전상운 선생님의 한국 과학사 연구에 관한 전반적인 나의 평가는 인터뷰 직후에 이미 쓴 글이 있다. (『동아시아 책의 사상 책의 힘: 동아시아 100권의 인문도서를 읽는다』, 한길사, 2010년) 그것을 이 책의 독자들과 함께 읽고자 한다.

"그의 인생의 모든 길은 한국 과학사 통사의 집필과 완성으로 향했다." 나는 전상운의 학문 역정을 이 한마디로 표현하고자 한다. 1960년 무렵 한국 과학사 연구 분야에 뛰어든 이후 그는 1966년에 첫 작업으로『한국 과학 기술사』를 세상에 선보였다. 이 책을 펴내면서 전상운은 공언한 바 있다. "내 첫 작업은 아직 많이 부족하다. 나는 10년마다 개정판을 낼 것을 약속한다.” 그리하여 꼭 10년 후인 1976년 첫 개정판이 나왔다. 그 후 10년이 지난 1986년에는 그가 약속을 지키지 못했다. 대학 총장과 이사장 일이라는 중요한 일을 맡아 바빴기 때문이기도 하지만, 암에 걸쳐 건강이 좋지 않았기 때문이다. 또다시 10여 년이 지난 2000년에는 그는 자신의 약속을 지켰다. 『한국 과학사』라는 멋진 개정판을 내놓은 것이다.

“이 책을 보니 이제 나는 과학사 연구를 접어도 되겠다.” 1966년, 전상운의 『한국 과학 기술사』를 출간 기념회에서 그의 선배 연구자이자 멘토였던 홍이섭은 이런 덕담을 꺼냈다. 홍이섭이 누구인가? 전상운보다 딱 20년 앞서 한국 과학사 연구를 시작하여, 역시 전상운처럼 젊은 나이에 한국 최초의 한국 과학사 통사를 써 낸 사람이 아니던가. 그의 연구 덕분에 사람들은 비로소 고대부터 근대 초반까지 이르는 시대별, 분야별 한국 과학 기술의 속살과 외연을 알게 되었다. 그런 홍이섭이 왜 이런 말을 했을까? 그는 전상운이 과학 기술의 과학적 측면을 탁월하게 분석해 낸 점을 높이 샀다. 사학과 출신인 홍이섭과 달리 전상운은 이과 출신이었기 때문에 과학 기술 본령의 영역을 잘 읽어 낼 수 있었다.

니덤의 『중국의 과학과 문명』이 없었다면, 과연 전상운의 『한국 과학사』가 나올 수 있었을까? 전상운은 행운아였다. 그가 한국 과학사 연구에 뛰어들 무렵 바로 니덤의 책 1권(총론), 2권(천문학)이 출간되었다. 전상운은 모 장학 재단에서 받은 돈 모두를 털어 그 책을 사서 읽고, 또 읽었다. 그 책의 넓고 깊음은, 전상운이 한국 과학사 연구의 주제를 정하고, 연구 수준을 결정짓는 가늠자가 되었다. “내 학문 역정에서 가장 큰 스승은 니덤이었다.” 전상운은 그렇게 회고했다.

“역사학은 엄밀하고 실증적이어야 한다네. 단지 민족 의식을 고취시키기 위해 허무맹랑한 연구 결과를 내놓아서는 안 된다네.” 홍이섭이 전상운에게 준 가르침의 핵심이다. 전상운은 “세계 최초니, 국내 최초니” 하는 허사가 아니라, 누구나 공감하는 자료의 확보, 적절한 분석, 그에 입각한 역사 해석이라는 스승의 견해에 공감했다. 이런 입장을 가지고 그는 한국의 천문학, 기상학, 지리학, 화학, 금속 기술, 인쇄술 역사를 밝혀냈다. 그가 밝혀낸 결과는 대체로 한국 과학 기술 전통의 "우수함"이었다.

이 때문에 전상운은 자신이 가장 싫어했던 (맹목적) 민족주의자로 오해를 받곤 한다. 그 "우수함"은 놀랍게도 니덤이 중국 과학사에서 찾아낸 그것과 맥락을 같이한다. "아! 중국의 과학 기술이 이 정도로 발달해 있었단 말이야!" 세계인이 니덤 책을 읽으며 내뱉은 탄성이었다. "아! 한국의 과학 기술도 수많은 분야에서 이 정도로 수준이 높았단 말이야!" 전상운은 여태까지 아무도 밝히지 못했던, 한국의 전통 과학 기술이 도달한 수준을 말하려 했던 것이다.

전상운의 연구는 계속 심화, 확장되어 왔다. 그가 미국에서 영어판을 준비할 때, 영어본 편집자였던, 동아시아 과학사의 대가 네이선 시빈은 냉정한 시각을 요구했다. 외국인인 그는 근거의 빈약이나 논리의 비약을 용납하지 않고 일일이 근거를 대라고 했다. 우리말로 『한국 과학 기술사』가 영어로는 *Science and Technology in Korea*(한국의 과학과 기술)로 바뀐 것도 이런 맥락이다. 엄밀히 말해 전상운의 책이 한국 과학 기술의 여러 분야를 다룬 것이지, 통사가 아니라는 지적에 따른 것이었다. 이후 전상운은 한국 과학사 전반을 헤아리는 거시적인 총론, "한국 과학 기술 창조성의 연원"을 더욱 깊이 파고들었고, 그것은 일본판부터 새로 추가되었다. 이와 함께 일본의 중국 천문학사, 수학사 연구의 1인자인 교토대학교의 야부우치 기요시는 그의 스승이 되어 과학사가 연구가 얼마만큼 꼼꼼해야 하는지를 몸소 보여 주었다.

특히 2000년판은 '기술'을 뺀 『한국 과학사』라는 이름으로 나왔다. 이전까지 매우 조심스러워했던, 책의 내용과 형식의 일치라는 자신이 세운 굳건한 벽을 깬 것이다. 그는 한국 과학에 관한 새로운 범주를 제시했다. 하늘의 과학, 흙과 불의 과학, 땅의 과학이란 독창적인 범주를 세웠다. 여기에 한국의 인쇄 기술, 고대 일본과 한국 과학, 조선 시대 과학자와 그들의 업적을 덧붙였다. 이 범주로 한국 과학사 일반을 정리하기는 이론이 많을 듯하다. 『한국 과학사』라고 하면서 왜 생명이나 의학 분야가 빠져 있느냐, 건축도 그렇고……. 어떤 이는 이런 비판을 할지도 모르겠다. 하나는 분명하다. 전상운은 이런 범주로 그가 일생 동안 해 온 자신의 작업을 일단 종합했다는 사실이 그것이다.

"나는 내가 연구하지 않은 분야는 내 책에 담지 않았다." 통사라는 작업을 위해 어설프게 2차 문헌을 리뷰하는 방식으로 포함시키지 않았다는 말이다. 나는 전상운의 책이 초판부터 최근 판까지 모두 생동감이 넘치는 이유가 여기에 있다고 본다. 모든 부분에서 자신이 깊게 파고든 연구의 현장감이 살아 있다. "나머지 부분은 후학이 채워야지요." 전상운의 말이다. 그는 한국 과학사 연구의 어젠다를 제시했다. 그의 학문 방식을 따르든 따르지 않든, 그를 계승하거나 넘어서는 것은 모두 이제 후학의 몫이다.

신동원(전북대학교 과학학과 교수)

나의 고향은 원산

신동원: 선생님의 유년 시절이 궁금합니다. 그런데 먼저 한 가지 확인했으면 하는 게 있습니다. 『한국 과학사』의 저자 소개는 물론이고 여러 자료들을 보면 함경남도 원산에서 1928년에 태어나신 것으로 되어 있는데, 이렇게 하면 몇 가지 연도가 잘 맞지 않습니다. 예를 들어 당시의 고등학교 과정을 마치시고 대학 진학하실 때까지 몇 년이 비더군요. 해방 전후와 한국 전쟁의 시기라는 것을 고려해도 시간적인 아귀가 잘 맞지 않는 것 같습니다. 그래서 그동안 김일성 대학 진학을 준비하고 계셨을 것이다 하는 소문도 있을 정도입니다.

전상운: 사실 1932년생입니다. 이 자리에서 처음 이야기하는 것이긴 한데 사실 저는 1932년생이라는 것을 오랫동안 얼버무려 왔습니다. 1987년 송상용 교수가 회갑 기념 논문집 만들어 준다고 했을 때에도 하지 말라고 했고, 일본의 후루카와 교수가 내가 1928년생인 나카야마 시게루 교수한테 연하

614

라고 했다며 몇 년생이냐고 집요하게 물어왔을 때에도 모른 척 넘겼지요.

제가 1928년생이 된 것은 사실 1950년에 월남해서 남쪽에서 호적 올릴 때 아버지가 1928년생으로 올렸기 때문입니다. 아버지께 직접 여쭈지는 못 했지만, 3대 독자가 군대 끌려갈까 봐 그리 올린 걸지도 모릅니다. 아니면 당시 이북에서는 서기(西紀)를 쓰고 남쪽에서는 단기(檀紀)를 썼는데, 서기를 단기로 환산하는 과정에서 착오를 범한 건지도 모르죠. 아니면 호적 신청 서류를 작성해 준 대서방에서 실수한 건지도 모르죠. 그 덕분에 저는 군대에 징집되지 않았죠.

사실 이 이야기는 우리 아이들에게도 하지 않은, 우리 부부만 아는 이야기입니다. 한번 제대로 말 못 하고 넘어가니까, 지금까지 온 거죠. 그래도 이제 나이 80을 넘기고 나니까, 이런 이야기도 할 수 있게 된 거죠.

신동원: 오랫동안 가져 왔던 의문이 해소되는 것 같습니다. 이렇게 선생님의 육성을 들을 수 있는 자리가 아니었다면 들을 수 없는 이야기인 것이죠. 일단 이렇게 되면 선생님의 약력상 문제들이 정리되는 것 같습니다. 해방되기 전 일제 시대 때 소학교와 중학교를 다니셨고, 중학교 1학년 때 8월에 해방을 맞이하신 셈이죠.

전상운: 그렇죠. 일제 시대의 학제는 전시 체제 때 또 바뀌어서 소학교 6년-중학교 5년-구제고등학교 또는 대학교 하는 식이었습니다. 중학교 1학년 때 해방이 되었죠. 소학교는 명석(明石)소학교를 나왔고, 중학교는 원산공립중학교를 나왔죠.

신동원: 원산공립중학교면 총독부에서 세우고 일본 학생들이 다니던 학교 아닙니까. 그곳에 가려면 소학교 때 공부 잘하셨겠는데요.

전상운: 한 반에 한국 사람이 서너 명밖에 없었으니까요. 소학교에서도 1, 2등은 해야 갈 수 있었죠. 뭐 운이 좋았어요. 공부도 공부지만 글쓰기에 좀 재능이 있었던 것 같습니다. 소학교 4, 5, 6학년 때 글짓기 대회 같은 것을 하면 상을 휩쓸곤 했죠. 글 잘 쓴다고 선생님들한테 귀여움을 받았습니다.

신동원: 선생님의 글은 유려하고 가독성이 좋고, 지금 읽어도 흥미진진합니다. 그래서 선생님께서 한국 과학사 연구를 하실 때나, 주장을 펼치실 때 이 글쓰기 실력이 큰 역할을 했으리라 봅니다. 아마 일본에서 연구하시고, 일본 학술지에 논문을 발표하실 때 이렇게 어린 시절에 쌓은 글쓰기 소양이 나름의 역할을 했겠지요. 이 글쓰기 소양과 연관 있는 것이겠지만 중학교 시절 소련의 작가 미하일 일린(Mikhail Il'in, 1896~1953년)의 『인간의 역사』를 읽고 감명을 받으셨다고 하는데 어떤 감명을 받으셨는지 구체적으로 말씀해 주실 수 있는지요? 정확하게 중학교 몇 학년 때 읽으셨는지요?

전상운: 중학교 1학년 때 읽었습니다. 소학교 6학년 때였나? 해방되기 전이었지요.

신동원: 일본어판으로 읽으셨겠군요. 그렇다면 1943년에 나온 판본 아니었나요. 사실 선생님께서 어떤 판본으로 읽으셨는지 궁금해서 도서관에서 찾아봤습니다. 게이오쇼보라는 일본 출판사에서 출간된 『인간은 어떻게 거인이 되었는가』라는 제목의 판본이 있더군요. 어떻게 보면 이와나미에서 1949년 일린 선집을 내면서 붙인 『인간의 역사』라는 제목보다도 상상력을 자극합니다. 여기 차례도 뽑아 왔습니다. 책은 지금 없으시겠지만 새록새록 기억이 나실 겁니다. 차례를 보면 3부는 없고 선사 시대에서부터 중세까지의 이야기를 다룬 1, 2부까지만 있는데, 이 책이 1940년에 러시아에서 1부가 처음 출간된 뒤 현미경과 시계의 발명을 다룬 3부가 나와 완간된 게 1946년

이니까, 1943년에 나온 이 일본어판에 3부가 없는 건 자연스럽겠죠.

전상운: 일본 사람들은 책을 참 빨리 번역해서 내요.

신동원: 맞습니다. 대단하기도 하고 부럽기도 하죠. 선생님은 이 일린의 책에 참 깊은 감명을 받으신 것 같습니다. 일린의 책을 여기저기 소개도 많이 하셨죠. 10여 년 전에 아이세움이라는 출판사에서 시계, 등불, 책의 역사를 다룬 『시간을 담는 그릇』, 『책상 위의 태양』, 『백지 위의 검은 것』 낼 때 추천사를 쓰시기도 했죠. 어찌 보면 선생님과 일린 사이에는 공통점이 좀 있는 것도 같습니다. 우크라이나 출신의 기술자로 문장 교육을 받은 적이 없지만, 문필가였던 부인의 도움을 받아 책을 써 온 일린의 모습에서 연구 현장에 항상 사모님을 동반하셨던 선생님의 모습이 겹쳐 보입니다. 또 정치색은 엷지만 유물 사관에 기초한 책이라 과학 기술의 발전을 중시하고 있지요. 이것이 과학사 연구에서 기술적인 측면을 집중적으로 부각한 선생님의 연구사에 어떤 영향을 미치지 않았는지 궁금해지더군요.

전상운: 일린의 책이 제 연구에 어디까지 영향을 끼쳤는지 정확하게는 알 수 없습니다. 하지만 일린의 책에서 흥미로웠던 것은 고고학적 상상력을 자극하는 부분이었어요. 원래 고고학을 좋아했지요. 하지만 우리나라에서는 고고학이 미술사와 결합되어 있어 가지고 제가 공부하기 어려웠지요. 아무튼 이건 나중에 따로 이야기하기로 하고. 그리고 크게 감명을 받았던 부분이, 인간의 역사를 자연에 대한 정복 역사가 아니라 인간 자신에 대한 개조의 역사라고 소개한 부분이었어요. 또 유물 사관에 근거하고 있지만 인류가 정신사적으로 고비고비, 구비구비에서 어떻게 한 걸음씩 내디뎌 왔는지 생생하게 보여 주는 게 무척 흥미로웠지요. 이런 부분은 어떻게 보면 동양적인 것과 통하는 부분이 있어요. 우리 산수화 같은 것을 보면 사람은 아주 작

게 그려지지요. 이런 세계관에서는 결코 산을 정복했다느니 하는 사고 방식이 발붙일 데가 없어요. 우리는 자연 속에서 살아남기 위해, 주어진 환경에서 조금 더 나은 생활을 누리기 위해 조금씩 노력해 왔고, 그만큼 거인으로 성장해 온 거죠. 20세기를 관통하는 문제 의식이 어린이용 책이긴 하지만 이 책 속에 녹아 있다고 생각해요. 물론 이 책을 읽을 때 제가 과학사, 그것도 한국 과학사를 하게 될 줄은 상상도 못 했죠.

해방 뒤에는 퀴리 부인 평전을 읽고 감명을 받았죠. 제가 대학 가서 화학을 공부하게 된 데에는 이 책과 이 책을 소개해 주신 당시 중학교 화학 선생님 영향이 클 겁니다. 정말 훌륭한 분이셨죠.

신동원: 그럼 해방 후 이야기를 해 보겠습니다. 그때 선생님은 중학교 1학년이었겠군요.

전상운: 그렇죠. 1학기 때까지는 일제 시대였지만 2학기는 해방된 후가 됐죠. 그런데 해방되고 나서 한 학년이 9월에 시작하는 학제로 바뀌었어요. 그래서 1학년이 9월부터 다시 시작됐죠. 학교 이름도 해방되어 원산중학교로 바뀌었는데, 1년쯤 있다가 원산공립중학교 대선배인 한글학자 김형규 선생님이 교장으로 오셔서 학교 이름을 다시 한길중학교로 바꿨죠. 학생들과 원산 시민들의 반대가 컸어요. 그래서 저는 '한길'이라는 단어에 왠지 모르게 정이 가요. 김형규 선생님은 얼마 후 월남해서 서울대 교수가 되어 사범대 학장도 하셨어요. 그리고 고등학교로 진학했죠.

신동원: 북한에서는 고등학교를 고급 중학교라고 했죠.

전상운: 그렇죠. 소학교 6년, 공립 중학교 5년, 대학 하는 식의 일본식 학제가 폐지된 후 소학교 6년, 중학교 3년, 고급 중학교 3년, 그리고 대학 하는 식

의 학제로 바뀌었죠.

신동원: 고급 중학교 3년을 어떻게 보내셨는지 궁금합니다. 선생님은 화학을 전공하셨지만, 정밀 기계의 메커니즘이나 정밀 계산 같은 것에 중점을 두는 과학사 연구를 하셨습니다. 한국 과학사 연구를 개척하신 홍이섭 선생님이 약했던 정량적 측정이나 분석 부분을 선생님의 연구가 메워 주었죠. 고급 중학교 때 배운 수학 같은 게 이러한 연구 인생에 어떤 형태로든 영향을 미치지 않았을까요?

전상운: 그럴까요? 사실 고급 중학교 다닐 때 수학 점수가 안 좋았습니다. 전체 성적이 그것 때문에 떨어졌죠. 특히 수학과 체육을 못했습니다. 그래서 중학교, 고급 중학교 다닐 때 이웃집에 살던 박승주라는 친구에게 도움을 받았죠. 혹시 아세요? 모스코바 대학교 물리학과로 유학을 갔는데, 당시 응용 과학이 아닌 순수 과학으로 소련 유학을 간 한국 사람은 이 친구가 유일했죠.

신동원: 리용태라는 분은 유명하니까 저도 압니다. 경성제대 이공학부 다니다 모스크바 대학교로 유학 간 걸로 알고 있습니다.

전상운: 리용태 박사의 경우, 나중에 미국 다녀올 때까지는 몰랐습니다. 그가 모스크바에서 단행본 낸 걸 보고 알았죠. 하지만 박승주는 고급 중학교 졸업하고 바로 모스크바로 유학 갔어요. 물리학으로 유학을 갈 정도였으니 수학을 얼마나 잘했겠어요. 전교에서 제일 잘했죠. 매일 우리 집 와서 제 옆에 붙어서 수학을 가르쳐 줬죠.

제가 기하학 문제 증명하는 것은 좋아했고 잘했어요. 그 친구 도움을 안받아도 됐죠. 당시 이북에서는 미적분을 가르치지 않았는데, 대수학은 많이 가르쳤죠. 그 친구가 대수학을 열심히 가르쳐 줬죠. 문제를 요령 있게 푸는 법, 물리학 문제를 수학적인 문제와 연결시켜서 푸는 법을 그 친구한테 많이 배웠어요.

신동원: 이북에서는 대수학과 기하학같이 기초적인 것을 많이 가르쳤군요. 그래서 그런지 1970년대까지 북한의 수학 실력이 뛰어났었습니다.

전상운: 기초적인 것을 강조했죠. 그리고 고급 중학교 졸업할 때 남쪽에서 보는 학력 고사 같은 것을 전국적으로 보는데, 필기 실험과 구술 시험이 있었어요. 필기 시험 과목이 국어, 러시아 어, 수학 세 가지였습니다. 소련의 영향을 많이 받은 거죠. 성적도 A, B, C, D 알파벳이 아니라 1, 2, 3, 4 아라비아 숫자로 매겼죠.

전쟁 전까지만 해도 이북은 체제가 그렇게 경직되지 않았고, 과학 교육도 활발하게 이뤄졌어요. 교토 대학교에서 박사 학위를 받은 화학자 세 명도 북송선을 타고 이북으로 왔죠. 교토에서는 그들을 "세 마리의 까마귀"라고 불렀대요. 조선 사람이라고.

신동원: 선생님의 수학이나 정량적 분석에 대한 소양이 어디서 기원했는지 궁금했는데, 당시 이북의 교육 제도나 개인적인 인연이 영향을 주었군요. 오랜 궁금증이 이해가 되는 것 같습니다. 그럼 고급 중학교를 졸업하시고 월남하신 다음에 대학에 진학하시게 되는데, 그 시기 이야기를 해 보면 좋을 것 같습니다.

이전에 선생님께서 1946년에 개교한 김일성대학 입학 준비를 하셨다고 들었고, 또 출신 성분과 종교 때문에 결국 입학하지 못했다고 들었습니다. 이 부분을 가족사와 관련해서 이야기를 들려주시면 좋겠습니다. 정치학 같은 인문 계열 공부가 아니라 화학 같은 자연 과학 계열 공부를 하시게 된 것도,

국립대에 자리 잡지 않고 사립대 쪽에 자리를 잡게 된 것도 월남 과정과 연관된 가족사와 관련이 있는 것 아닌가요? 이야기를 들려주실 수 있는지요?

전상운: 김일성대학 입학 준비는 실제로 했어요. 그러나 말씀하신 대로 출신 성분 때문에 그만뒀죠. 그리고 전쟁이 나면서 고급 중학교 과정은 다 마쳤지만, 졸업식은 못 했죠. 당시 이북 학제에 따르면 가을에 졸업식을 하니까요. 그리고 1950년 12월 8일 고향을 떠났죠. 다섯 식구, 모두. 아버지, 어머니, 나, 누이동생 둘, 그렇게요.

신동원: 남겨진 식구는 없었나요?

전상운: 고모 한 분이 남으셨죠. 사실 이 이야기는 여기서 처음 하는 거예요. 집사람만 알고 있죠. '남산'에서 신원 조회할 때 이북에서 뭐 하다 왔냐, 꼬치꼬치 캐묻고는 했는데, 솔직하게 말하지 않았죠. 제일 싫은 일이었죠. 그러나 이제 나이 먹을 대로 먹었고, 세상도 변했으니 이야기해도 되겠죠.

신동원: 출신 성분이 얼마나 좋으셨기에 월남하셔야 했나요?

전상운: 그리 대단할 건 없는 소시민이었죠. 아버지가 개화된 분이셨죠. 아버지가 다 데리고 나왔죠. 다른 집들은 언젠가 돌아오리라 생각하고 본인과 아들 정도만 데리고 내려왔는데, 아버지는 모두 다 데리고 내려왔죠. 이북에서 온 피난민을 실향민이라고 하죠. 우리 가족은 탈향민이었어요.

신동원: 아버님은 직업이 무엇이었는지요? 이건 자료가 거의 없더군요.

전상운: 장사를 하셨죠. 크게 보면 하나는 대일 무역이었고, 다른 하나는

면옥, 다시 말해 냉면 장사였죠. 젊을 때 일본에 가서 일본인 집에 살며 일본어, 일본 풍습 같은 것을 배웠고 일본과 소통하지 않으면 발전할 수 없다 생각하셨죠. 속으론 싫어하셨지만 일본인들을 상대하며 무역을 하셨죠. 그리고 1934년부터 해방될 때까지 면옥을 하면서 냉면 장사를 했고, 일본 사람이 하던 사진관을 인수해서 사진관도 했죠.

신동원: 선생님의 과학사 연구에서 사진들이 중요한 역할을 했는데, 여기에 연결 고리가 있었군요. 사진에 대한 소양이 어디서 왔는지 이해가 됩니다. 나비 연구로 유명한 석주명 박사도 요릿집의 자제로 어린 시절 과학자로서의 소양을 키웠죠. 선생님과 비슷한 면이 없지 않은 것 같습니다.

전쟁과 월남

신동원: 월남, 대학 입학 이전의 이야기는 이제 얼추 들은 것 같습니다. 그럼 이제 주제를 바꿔 선생님의 대학 시절 이야기, 그리고 더 나아가 한국 과학사를 인생의 공부로 선택하기 이전 상황에 대해 여쭤 보고 싶습니다. 당시의 공부 여건이나 전공 선택의 갈림길에서 어떤 고민을 하셨는지도 궁금합니다.

전상운: 부산에 떨어진 것이 12월 31일이었습니다. 1950년. 부산 자갈치 시장 근처에서 살았죠.

신동원: 서울대학교에 입학하신 것은 언제죠?

전상운: 1952년 5월이었죠. 그 1년 몇 개월은 부두 노동자로 일하며 입에

풀칠을 했고, 미군 부대 하우스 보이, 미8군 노무처 행정 사무관 일을 했죠.

신동원: 영어 공부를 이때 하셨군요.

전상운: 행정 사무관으로 일할 수 있을 정도의 의사 소통 능력을 이때 익혔습니다. 통역도 했죠. 직급 이름이 administrated associator였는데, 미국 해군 부대에서 일하는 한국 사람들 중에는 세 번째로 높은 사람이었죠. 하우스 보이 3개월쯤 하고, 행정 사무관 일을 6개월쯤 했습니다. 서울대에 입학한 것이 1952년 5월이었는데, 천막 교사에서 학생들 가르치는 전시 학교였죠.

신동원: 다른 인터뷰들을 보니까 입학 때 정치학과 화학 사이에서 고민하셨더군요. 그런데 왜 화학을 선택하셨나요?

전상운: 친척 아저씨, 그러니까 재당숙의 조언이 영향을 많이 줬습니다. 너는 월남했으니 정치학 하지 말고 과학 해라, 배경도 없고 동창도 없고, 정치는 연줄이 중요한데, 아무것도 없는 너로서는 과학을 하는 게 좋겠다 하셨죠. 재당숙이 오사카 대학교 화학과를 나오셨어요.

어릴 때에는 정치학을 하고 싶었어요. 이북에 있을 때 김일성대학에 가려고 고급 중학교에서 마르크스-레닌주의 학습도 열심히 했고, 학생 대표로 시민 군중 대회에서 연설도 했죠. 그래서 말과 연설을 잘하게 되었죠. 게다가 반장, 그러니까 이북식으로 하면 학교 민청 위원장까지 했어요.

당시에는 김일성대학을 가려면 학교 추천장을 받아야 했는데, 담임 선생님이 추천장을 써 주지 않는 겁니다. 어느날 저를 불러 출신 성분 때문에 추천장을 못 써 주니 대신 당에서 나온 지도 선생님한테 가서 의논해 보라고 하시는 거예요. 가 보니 그 선생님이 그러더군요. "내 너 잘 안다, 그래서 추천장 못 써 준다." 그러고 나서는 일언지하에 거절하더군요. 충격이 컸어요.

신동원: 홍이섭 선생님 글에서는 용어나 이름이 명시적으로 나오지는 않지만 마르크스-레닌주의적 관점이 진하게 느껴지는데, 선생님의 글에서는 그런 것이 철저하게 배제되어 있다는 느낌을 받습니다. 토대다 상부 구조다 하는 마르크스-레닌주의의 사회 경제사적 관점을 너무 잘 아셔서 일부러 배제하신 건가요?

전상운: 꼭 그런 건 아닐 겁니다. 저는 당시에도 사회 민주주의자였어요. 다 같이 잘살아야 한다고 생각했죠. 마르크스-레닌주의 공부를 열심히 한 건 실용적인 목적 때문이었을 겁니다. 이북 최고 학부인 김일성대학를 가겠다는 '출세'에 대한 욕심이 있었던 거죠.

신동원: 선생님 세대에는 그런 풍토가 있었던 것 같습니다. 공부를 출세(出世), 세상에 나가기 위한 디딤돌 중 하나로 여기는 경향 같은 것 말입니다. 그것이 당시에는 지극히 당연하고 상식적인 것이었겠죠.

전상운: 동시에 저는 화학 공부를 하고 싶었어요. 아까 모스크바 유학 갔다던 친구 박승주 이야기를 했죠. 그 친구처럼 저도 김일성 대학을 졸업하고 모스크바로 유학을 가 세계적인 화학자가 되고 싶었죠. 그런데 학교에서 흥남공대는 보내 주겠다는 거예요. 흥남공대 졸업하면 기사 자격을 받았죠. 학사인 동시에 기사인 겁니다. 또 흥남공대를 1등으로 졸업하면 제일 좋은 공장에 갈 수 있었죠. 그래도 그건 싫었습니다.

신동원: 선생님의 출신 성분은 요샛말로 1급수는 아니어도 2급수, 3급수는 되었군요. (웃음)

전상운: (웃음) 그렇죠. 하지만 당시 기준으로 '출세'는 아니었죠. 흥남공대 나와 1등을 해도 출세는 못 하는 거죠. 소시민이니까, 고향을 지키면서 사는 정도가 한계인 거죠.

신동원: 기사라면 중산층이고, 신분도 어느 정도 보장될 텐데, 야망이 크셨군요. 다른 인터뷰를 봐도 선생님의 야망은 굉장히 컸던 것 같습니다. 선생님께서 월남하기 전부터 화학을 전공하는 삶을 생각하셨다는 것은 오늘 처음 듣지만, 선생님께서 화학 분야에서 굉장한 성공을 꿈꾸셨다는 것은 알고 있었습니다.

전상운: 가능하다면, 새로운 화학 원소를 발견해 그것에 코리아늄이라는 이름을 붙이고 싶었죠. 우리나라 최고 대학에 가서 공부를 잘하고 국제적으로 잘 진출하면 최고의 화학자가 될 수 있겠다 하는 자신감과 욕심이 있었죠. 중학교, 고급 중학교 때 시험만 봤다 하면 화학은 무조건 백점이었어요. 또 어린 시절 읽은 퀴리 부인 이야기가 영향을 줬죠. 그녀는 자신이 발견한 새로운 원소에 자기 조국 이름을 따 폴로늄이라고 명명했죠. 사실 김일성 대학보다 모스크바 대학교를 더 가고 싶었어요. 만약 모스크바를 갈 수 있었다면 화학과를 갔을 겁니다.

신동원: 앞에서 말씀하신 박승주 선생의 영향이 컸겠죠. 그분과 1, 2등을 다퉜을 테니 말이죠.

전상운: 사실 그 친구 행방을 이후에 찾아봤어요. 1970년대에 일본에 있을 때 『북조선 인명 사전』을 열심히 뒤졌죠. 통일원에서 찾아보기도 했고, 사람들에게 부탁해 알아보기도 했죠. 그런데 없어요. 그렇게 일찍 모스크바에 갔으니 틀림없이 인명 사전에 오를 인물이 되었을 텐데, 없다는 것은……, 숙

청되었거나 전쟁 때 전사했거나 둘 중 하나였겠죠.

신동원: 정치학과 화학 사이의 고민은 남쪽으로 내려온 뒤에야 해결된 거군요.

전상운: 재당숙께서 결론을 내릴 수 있게 해 주신 거죠. 사실 아버지는 제가 정치학 같은 것을 하리라고는 생각조차 않으셨어요. 의사가 되기를 바라셨죠. 강하게. "3년 흉년 나도 무당과 의사는 안 굶는다. 대통령도 의사 앞에서는 선생님이라고 한다." 하시면서 의사가 되기를 바라셨죠. 굶지 않고 살기 바라신 거죠. 아버지의 강한 바람을 저버린 게 죄송스럽긴 하지만 의사 되기는 싫었어요. 의사 하면 문 열고 들어오는 사람마다 찡그리고 들어오고 아이고 아이고 죽겠다 소리 하잖아요. 하루 종일 그런 사람들을 만나는 게 좀 싫었죠.

신동원: 사실 보건 의료계에서는 의사들이 높은 대접을 받는 것이 그렇게 싫은 일을 하기 때문이라고도 하죠. 아무튼 큰 야망을 가지고 시작하신 대학 생활 이야기를 해 보지요. 입학은 1952년 5월이고 졸업은 1956년 3월 26일입니다. 꼬박 4년을 다니셨군요.

전상운: 1953년 1학기까지 부산에서 공부했고, 1953년 2학기부터는 서울 혜화동 문리대 캠퍼스에서 공부했죠.

신동원: 과학사와 관련된 진로 결정이 이 시기에 이뤄진 것 같습니다만, 실제는 어떤지요?

전상운: 3학년 때까지만 해도 제가 과학사를 하게 될 줄은 생각조차 못 했

죠. 3학년 후반기, 그리고 4학년 때 과학사 쪽으로 기울기 시작했죠. 그때에는 그 악조건 속에서도 선생님들이 정말 '하드'하게 공부 시켰죠. 교과서도 없고, 교부재도 없는데 말이죠. 예를 들면, "시장에 나갔더니 화학 교과서 있는 걸 봤다, 빨리 가서 사라." "미군 부대에서 흘러나온 영어 교과서가 아무 개한테 있으니 가서 사와라." 하면서 닦달하셨죠. 1학년 마칠 때까지 화학책을 영어로 읽을 수 있는 실력을 갖춰야 한다는 게 당시 화학과 선생님들의 교육 방침이었어요. 정말 감사하죠. 그 덕분에 이후 공부를 좀 더 잘할 수 있었으니까요.

신동원: 화학과는 당시 이과에서도 등급이 가장 높은 학과 아니었나요?

전상운: 그렇죠. 이학부를 지원하는 학생들의 1지망이 화학과, 그다음이 생물학과나 지질학과였죠. 물리학과는 그다음이었죠.

신동원: 지질학과는 광산하고 관련이 있고, 화학과는 경화학 공업이나 이후 국가적으로 중요하게 육성하게 되는 중공업 때문에 수요가 많았으니 당연한 일이었겠죠.

전상운: 그런데 4학년을 앞둔 3학년 2학기가 되니까, 다시 갈림길에 서게 되었어요. 우리가 10회 졸업생인데, 9회 졸업생까지는 100퍼센트 대학에 자리를 잡아 갔어요. 그런데 10회가 경계였죠. 해방되고 전쟁이 끝나고 큰 대학들이 설립되면서 학과들을 만드는데, 9회 졸업생까지는 사람이 모자라 학부 졸업하자마자 대학 교원 자리를 잡아 취직할 수 있었죠. 그런데 이게 막차였어요. 10회 졸업생부터는 대학 자리 잡아 간 사람이 별로 없었죠.

게다가 해외 유학도 쉽지 않았죠. 미국 대학에 유학 가려고 편지를 보냈는데 어디에서도 장학금을 주겠다는 이야기가 오지 않았죠. 선생님들이 추천서에 우리 과의 '톱 클래스' 학생이다, '톱 텐'에 든다 써 줘도, 성적표를 뽑아 보면 A+, B+가 하나도 없는 거예요. 이걸 보고 미국 선생들이 톱 텐에 드는 학생의 성적이라 생각하겠어요. 당시 서울대 화학과 선생님들이 성적을 정말 짜게 줬어요. 과정만 통과하면 됐지, A+, B+가 뭐 필요하냐며.

이렇게 입학할 때 생각했던 야망이 모두 산산조각 났죠. 이게 아마 과학사를 선택한 것과 무관치 않을 거예요. 4학년 2학기 때 대학원 갈 사람은 지도교수를 찾아 이야기하라 했는데, 저는 가지 않았죠. 대학원을 가 봐야 화학으로는 할 게 없다고 생각한 거죠.

신동원: 한 판 크게 벌인다는 생각을 버리시지 않았던 거군요. (웃음) 조교하고 뭐하고 하면서 좋은 자리가 나는 것을 기다리는 방법도 있었을 텐데요. 어찌 보면 지금 과학사 공부하는 저희와 비슷한 상황이었을 것 같습니다. 과학사를 공부하는 동료들의 학문 인생을 보면 학부 때 이과였던 이들이 많습니다. 물리학이든, 화학이든 자기 전공 분야에서 쓴맛을 보고 인문학 같은 것을 기웃거리다가 과학사를 전공하게 되는 이들이 많거든요. 다만 선생님이 다른 건 과학을 아주 잘했다는 것이죠.

다른 글을 보면 선생님께서 과학사를 선택하는 데 결정적인 역할을 한 게 조지 사턴(George Sarton, 1884~1956년)의 책 『과학사와 새 휴머니즘』이라고 하셨던데, 자세한 이야기는 나중에 하고, 이 책 말고도 과학사를 선택하는 데 영향을 준 다른 요소들은 없는지 한번 먼저 살펴보죠.

전상운: 화학과 선생님들 중에 과학사에 조예가 깊은 분들이 꽤 계셨어요. 화학사부터 해서 과학사 이야기를 강의 때 녹여 들려주시곤 했었죠. 분석 화학을 하셨던 최규원 교수님, 유기 화학을 전공하셨던 김태봉 교수님이 특히 잘하셨죠.

신동원: 화학이나 이학 말고 문과 쪽 과목도 수업을 들으셨을 텐데, 역사학 쪽 수업 같은 걸 들으신 적은 없는지요? 큰 지적 자극을 받은.

전상운: 사학과 강의를 도강하고는 했죠. 수강 신청 안 했으니 청강 아닌 도강이지요. 또 당시 선생님들은 청강한다고 하면 오히려 허락을 안 하셨어요. 우리나라 동양사학계 1세대인 고병익 교수님, 한국 천주교사 연구로 이름 높은 유홍렬 교수 강의를 인상 깊게 들었죠. 그리고 정식으로 수강 신청해 아동 심리학 같은 심리학과 강의를 들었어요.

고병익 선생님이나 유홍렬 선생님은 정말 통찰이 뛰어난 분들이셨죠. 지금 생각해도 따라갈 사람이 없을 정도예요. 고병익 선생님의 경우 동아시아 과학사에도 흥미가 깊으셨죠. 사실 『한국 과학 기술사』 1966년판이 나왔을 때 책을 처음 드린 분이 홍이섭 선생님과 고병익 선생님이었어요.

신동원: 이것 역시 처음 듣는 이야기입니다. 정말 쟁쟁한 분들의 강의를 들으셨군요. 선생님께서 평생 고민하신 중국 과학과 조선 과학의 관계나 동아시아적 문제 의식이 실상 고병익 선생님의 것과 연결되는 것 같고, 조선 시대 중인들에 깊은 관심을 가지셨던 유홍렬 선생님의 강의가 선생님의 과학사 연구에도 깊은 영향을 끼친 것 같습니다.

전상운: 용기를 북돋아 주셨죠. 학문적으로 알게 모르게 영향을 많이 받았어요. 두 분 다 과학사 강의를 하시지는 않았지만 말이죠.

신동원: 자, 그럼 사턴의 책 이야기를 본격적으로 해 볼까요. 조지 사턴은 과학사 연구를 개척해 낸 분이죠. 조지 사턴의 대표작 중 하나로 『과학사와 새 휴머니즘』이 있습니다. 선생님께서는 아마도 모리시마 쓰네오(森島恒雄)가 옮긴 책으로 보셨겠죠. 이와나미쇼텐에서 1930년에 초판을 내고 매년 판을 새로 찍어, 1940년대까지 냈죠. 아마 선생님께서는 1940년판을 읽지 않았을까요.

전상운: 사실 저는 그 책을 번역하면서 읽었습니다. 완역했죠. 이와나미 신서판이었어요. 250쪽 정도 됐죠. 그러나 출판이 되지는 않았어요.

신동원: 한국문화사라는 출판사에서 1964년에 출간됐죠. 임동직이라고 처음 보는 분의 이름으로 번역됐습니다.

전상운: 졸업하고 얼마 되지 않았을 때 완역을 했고, 이름은 기억 나지 않지만 번역 원고를 어느 출판사에 넘겼는데, 결국 출간이 안 되었어요. 원고료도 못 받고, 책도 안 나왔죠.

신동원: 선생님 번역으로 출간되지 않은 게 아쉽군요. 이 책 자체가 과학사 학계에서도 대단한 역할을 했습니다. 과학사가 하나의 학문으로서 정립되는 데 결정적 역할을 했죠. 역사의 거시적 흐름과 과학 문화라는 미시적 흐름의 관계, 동서양 과학의 비교, 과학사를 바탕으로 한 현대 과학에 대한 반성적 성찰 등 현재에도 유효한 문제 의식으로 가득하죠. 선생님께서는 항상 "과학은 발견한 것 자체가 아니라 발견하는 과정이 중요하다."라는 말씀을 인용하시고는 했죠. 그런데 그 대목 말고 혹시 깊은 감명을 준 대목이나 선생님의 과학사 연구 구상에 영감을, 또는 어떤 빛을 비춰 준 부분이 있었나요?

전상운: 하도 오래돼서 어떤 부분이 어떤 자극을 줬는지 말하기 뭐한데, 이런 글은 아직 기억이 나요. "과학사를 하는 사람은 페르시아적 호기심을 가져야 하며, 볼셰비키적 정열을 가져야 하고, 미국식 사무적 조직력을 가져야 한다." 하는 말이죠. 이 세 가지를 꼭 갖춰야 한다고 했어요.

신동원: 젊음을 자극하는 구절들이죠. 그전까지 과학사는 분야사였고, 연세 많은 과학자 분들이 자신이 평생 해 온 일들을 정리하며 자기 분야에 대해 기술하는 기록에 불과했죠. 사턴의 문제 의식은 역사와 현실의 정면 대결 요구했죠. 그래서 그의 글에는 과학사라는 새로운 학문 분야에 뛰어들라고 젊은 학자들을 '선동질'하는 요소가 많죠. 제목에 있는 "새 휴머니즘"이라는 말도 그렇죠. 1950년대 전후 피폐된 사회에 놓인 젊은이들에게 실존주의와 휴머니즘은 큰 화두였죠. 아마 이 책은 선생님께 과학사라는 게 좁은 학문이 아니다, 인류사의 핵심을 짚는 거대한 물음을 담은 분야다 하는 문제 의식을 던져 주었을 것 같습니다. 아마 이런 큰 문제 의식이 선생님에게 화학을 포기해도 좋다는 생각을 들게 하지 않았나 싶습니다.

전상운: 과학사를 가볍게 보는 세상 사람들의 생각은 아직도 완전히 없어

진 것 같지 않아요. 최근까지도 자연 과학부 교수들과 이야기하다 보면 정년 앞두고 과학사나 해 볼까 하는 이야기를 종종 듣죠. 그런 이야기를 들으면 사실 기분 나쁘죠. 거만하고 오만한 사고 방식입니다.

신동원: 저는 과학 혁명을 르네상스에 맞먹는 사건으로 격상시킨 버터필드의 책과 함께 사턴의 책이, 당시 젊은 학자들에게 과학사가 큰 학문이요, 과학사가 다루는 영역이 마이너한 영역이 아니라 미지의 영역이며 중요한 영역이며 젊음을 바쳐 추구할 만한 가치가 있는 것이라는 생각을 주었다고 생각합니다. 20대 중반이던 선생님도 그런 영향을 받았겠죠. 청소년 시절 읽으신 일린의 책과 비교한다면 어떤가요?

전상운: 일린의 책은 상상력과 호기심을 주었죠. 글로 남아 있지 않은 것을 가지고 역사를 재구성하는 즐거움 말이죠. 일린의 말인가요, "잃어버린 고리"를 찾아 가는 것의 즐거움을 가르쳐 줬다고 할 수 있겠죠. 사턴의 책은 역사의 재구성을 보다 더 학문적으로 할 수 있다는 것을 알려줬죠. 사턴이 벨기에 사람 아닌가요. 미국으로 건너가 하버드 교수로 자리 잡고, 하버드에 과학사학과를 만들 때까지 굉장히 고생했다고 들었어요. 하지만 그는 그 일을 해 냈고, 문명 전체를 과학사로 재해석했죠. 거시적인 동시에 치밀하고 논리적이었던 그의 글이 당시 제 마음을 울린 것 같습니다.

신동원: 사턴의 책을 4학년 때 졸업을 앞두고 읽으신 거죠. 그런데 한 가지 궁금한 게 있습니다. 이 인터뷰를 준비하면서 정말 궁금했던 건데요, 1956년에 서울대학교를 졸업하시고, 1959년에 성신여고에 부임하실 때까지 4년 정도 선생님의 학문 인생에서 공백기가 있습니다. 아마 앞에서 말씀하신 사턴 책 번역도 이때 하신 것 같고, 유학 길, 교수 임용 길 모두 막혔을 때 과학사 분야로 뚫고 들어갈 소양을 마련하신 것 같은데, 논문을 발표한다거나 연구

활동을 한다거나 하는 게 전혀 없는데, 갑자기 과학사 학계에서 놀라운 업적을 이루시게 됩니다. 이 밑천이라고 할까요, 소양이라고 할까요, 이것을 어떻게 마련하시게 되었는지 미스터리 같습니다.

전상운: 미스터리 같은 것 없어요. 그동안 시골 고등학교에서 학생들을 가르쳤죠. 앞에서 이야기한 것처럼 우리 동기 중에서 장학금 받아 미국 유학 간 이가 몇 명 없죠. 바로 위 기수인 9회 졸업생들과 다르죠. 김시중이라고 예전에 과학기술부 장관 했던 분이 있는데 저보다 반년 먼저 입학해 1년 먼저 졸업했죠. 9회 졸업생까지는 유학 갈 사람은 다 가고 교수 할 사람은 다 교수 했죠. 반대로 우리 때는 길이 다 막혔어요. 사실 제가 그때 기독교에 빠져가지고 성서 고고학을 해 볼까 하는 생각도 하고 있었어요. 이것 역시 직업적인 전망이 막히니까 그랬던 거죠.

신동원: 여기서도 고고학이군요.

전상운: 결국 시골 가서 고등학교 선생을 하면서 혼자 과학사를 공부했죠. 조지 사턴 책도 이때 번역했죠. 또 성서 고고학 한다고 성경 공부도 이때 열심히 했습니다. 아마 사턴 책을 본격적으로 읽은 게 이 시기일 겁니다. 그리고 이 시기에 프리드리히 단네만(Friedrich Dannemann, 1859~1936년)이라고 독일의 과학사가이자 교육자였던 이의 『대자연 과학사』를 열심히 읽었죠. 물론 일본어판 책이지요. 전10권으로 이뤄진 큰 시리즈였어요.

이 책은 일본 과학사학계에서는 필독서였는데, 교토대의 이과 학생들이 징병을 거부하고 산에 숨어들 때 싸 들고 들어가 공부하며 번역한 책이죠. 일본의 과학사학계는 징병 거부자, 그러니까 제국주의 시대에는 '비국민' 또는 '배신자'라고 불린 사람들이 기초를 닦았죠.

아무튼 그 4년 동안 인연이 닿지 않아 니덤 책을 읽지는 못했지만, 과학사 책을 정말 많이 읽었어요. 자랑은 아니지만, 당시 우리나라에서 과학사 관련 책을 가장 많이 읽은 사람 중 하나였을 겁니다.

신동원: 1950년대 우리나라에서 누가 사턴을 읽었겠습니까. 그런데 어디 고등학교에서 근무하셨나요?

전상운: (웃음) 아는 사람은 더러 아는데, 충주고등학교에 1학기 있었고, 제천고등학교에 3년 있었죠. 화학과 독일어를 가르쳤죠. 기록에 없다고 하시지만 이력서에는 잘 나옵니다. (웃음) 한번은 포항공대 간 적이 있는데 미국 유학 다녀온 쟁쟁한 화학과 교수 한 사람이 오더니 충주고 시절 제자라고 인사하더군요. 저한테 화학 배워 화학자가 되기로 했다니 제가 선생질을 잘못 한건 아닌가 봅니다.

제천고등학교는 동기 중 한 사람이 연결시켜 줬답니다. 그 친구는 위암으로 일찍 죽었는데 파카 크리스털 유리 제조 기술을 우리나라에 처음 도입한 사람이죠. 미국 코닝 글래스 사에 유학 가서 크리스털 유리 만드는 기술을 배워 왔죠. 그 친구는 서울고등학교를 졸업했는데 고향이 제천이었어요.

과학사에 미쳐

신동원: 자 그럼, 이야기를 바꿔 보죠. 조금 과장해서 말하자면, 지금까지는 인생의 쓴맛을 보는 와신상담(臥薪嘗膽)의 시대라면, 이제부터는 영광의 시대라고 할 수 있을 겁니다. 그리고 한국 과학사 연구도 본격적으로 시작되는 거죠. 1959년에 서울 성신여고에 부임하신 다음, 프라이스 교수의 편지를 받고 혼천시계를 연구하시게 된 전후 사정에 대해 여쭤 볼까 합니다. 사실 이 부분과 관련해서도 궁금한 게 정말 많습니다.

사실 선생님께서 프라이스 교수의 부탁을 받고 고려대 박물관에 있던 혼천시계를 찾아 연구하게 되었고, 이것이 한국 과학사 연구의 새로운 시작이었다는 이야기는 한국 과학사학계에서 유명한 전설입니다. 그런데 왜 프라이스 교수 같은 학계 거물이 하필이면 과학사학계도 제대로 형성되어 있지 않던 한국에, 그것도 고등학교 화학 교사에게 편지를 보냈냐는 겁니다.

프라이스 교수는 니덤 등과 함께 천문 시계에 대한 책을 쓰면서 루퍼스의 1934년 논문을 보게 되었고, 그 책에 나온 혼천시계에 주목하게 되었고, 그 정체를 파악하기 위해 선생님께 편지를 보냈다고 되어 있습니다. 이 오래 묵은 사연을 풀어 주시면 좋겠습니다. 혹시 선생님을 그들에게 추천해 준 분이 따로 있었던 건가요?

전상운: 제가 서울에 올라와 성신여고에 근무하기 시작한 게 1959년 5월 30일이었습니다. 6개월 뒤 고3 학생들 담임도 맡았지요. 학생들한테 한번은 나는 화학 선생이지만 전공은 과학사란다 하고 이야기를 했어요. 그리고 우리나라는 아직 과학사학회가 없어 국제적인 인정을 받지 못하고 있어 일본 과학사 학회에 가입을 하려고 하는데, 그 다리를 놔줄 사람이 없어 고민이다 하는 이야기를 했죠. 그러니까 학생 하나가 손을 들더니 자기 오빠가 도쿄에 있는 도요(東洋) 대학교에서 컴퓨터 과학 연구원으로 유학하고 있다, 자기가 오빠한테 이야기를 해 주겠다 하더군요. 그래서 그래라 했죠. 그런데 마침 그도 과학사에 취미가 있어 일본 과학사학회에 바로 연락을 해 주었습니다. 학회에서 저한테 회원 가입 원서를 보내왔어요. 그런데 가입 원서 제출하고 입회비를 내야 하는데, 돈을 보낼 수가 없었죠. 당시에는 해외 송금이 자유롭지 않았습니다. 그때도 그 학생 오빠가 대신 내줬습니다.

제가 가입했다는 소식과 제가 동양 과학사를 공부하려고 하니 교류를 하면 좋겠다 하는 이야기가 학회 소식지에 실렸어요. 학회에서 어떤 연구를 하고자 하는지 하나 써 봐라 하고 연락이 왔어요. 그래서 쓴 게 「금속 활자 인쇄술 발명에 대한 이견」이었죠. 200자 원고지로 열댓 장 되었을 겁니다.

당시 버널의 『과학의 역사(*Science in History*)』가 일본어로 번역되어 나왔는데, 거기에 버널이 니덤의 영향을 받아 조선에서 금속 활자가 발명되었고, 이것이 구텐베르크까지 이어져 서유럽에서 금속 활자가 발명되었다고 한 단락에 걸쳐 소개하고 있는 거예요.

제가 지금도 많이 쓰는 말인데, "이불 속에서 활개 치기"라는 말이 있어요. 우리가 아무리 청자, 석굴암, 거북선, 에밀레종, 청자 이야기해도 세계가 인정해 주지 않으면 모두 "이불 속에서 활개 치기"에 불과하죠. 그런데 이 금속 활자 문제는 좀 더 연구해서 밝혀낸다면 세계적으로 인정받을 수 있겠다 싶었죠.

그러나 홍이섭 선생님은 말렸어요. 민족주의 사학자들이 이야기하는 국수주의에 빠져들지 마라. 민족주의 사학자들이 말하는 금속 활자 발명론, 구텐베르크 영향론 역시 이불 속 활개 치기 중 하나에 불과하며, 구텐베르크의 발명은 프레스를 썼다는 측면에서 조선의 금속 활자와는 차원이 다르다. 그러니까 현혹되지 말라 하셨죠.

아무튼 그런 이야기를 모두 모아서 일본 과학사학회의 학회지에 「레터 투 디 에디터」 코너에 투고했죠. 일본어로는 「기서(寄書)」란이었는데, 거기에 바로 실렸죠. 그리고 이 학회지가 예일 대학교에 있던 야기 에리 선생에게 발송된 거예요. 야기 선생이 제 글을 읽고 한국에 과학사 공부하는 사람이 있다고 프라이스 교수에게 이야기했고 프라이스 교수가 제게 편지를 보내게 된 거죠.

신동원: 그렇군요. 오랜 궁금증이 풀립니다. 선생님의 과학사 공부는 혼천시계를 찾아보기 전에 시작된 셈이군요. 학회 가입도 하시고.

전상운: 그런 셈이죠. 『바빌론 이래의 과학(*Science since Babylon*)』 같은 대

작을 쓴 과학사학계의 거물이 고등학교 교사인 저와 연결되었다는 것은 인터넷이니 이메일이니 하는 것이 없던 당시로서는 정말 대단한 일이었죠. 봉투는 예일 대학교 거였는데, 글자는 한자로 써 있었어요. 편지 본문은 일본어로 되어 있었는데, 영어로 쓰면 오해가 생길 수도 있을 것 같아 야기 에리 교수에게 부탁해 일본어로 보낸다고 되어 있었어요. 프라이스 교수는 자신을 '아발론 프로페서'라고 소개했죠. 아발론 석좌 교수라는 뜻이었는데, 당시 우리나라에는 석좌 교수라는 개념도 없던 때라 이게 당최 뭔지 알 수가 있어야지. 사전을 찾아봐도 없고. 아무튼 그런 대단한 학자가 부탁을 했다는 사실 자체가 큰 자극이 됐죠.

신동원: 졸업 이후 독학으로 과학사 공부를 하시면서 연구의 잠재력으로 가득했을 때, 프라이스 교수의 편지가 방아쇠 역할을 한 셈이군요.

전상운: 그렇죠. 미쳐 버렸으니까요. 그때까지만 해도 한국 과학사를 하겠다는 생각을 그렇게 강하게 하지 않고 있었어요. 대학 입학할 때까지만 해도 새 원소를 발견해 노벨 화학상을 받겠다고 했으니, 한국 과학사 연구가 성에 찼겠어요? 한국 과학사 연구한다고 세계적인 과학사 학자가 되겠나 싶었죠. 금속 활자에 대한 관심도 어쩌면 좀 취미거리 비슷한 거였죠.

아무튼 프라이스 교수는 편지에 "루퍼스의 『한국의 천문학』이라는 책을 보니 김성수 선생 댁에 혼천시계라는 기계식 천문 시계가 하나 있다고 되어 있다. 6.25 전쟁 때 없어졌을지도 모르겠지만, 있다면 아주 중요한 연구 대상이다. 알아봐 줬으면 좋겠다."라고 썼죠.

루퍼스의 『한국의 천문학』. 그때 그런 옛날 책을 사려면 인사동의 통문관을 가든가, 창덕궁과 단성사 사이에 있던 화산서림을 가야 했어요. 두 군데밖에 없었죠. 화산서림에 갔더니 그 책이 있는 거예요. 그리고 그 책을 보니 혼천시계 사진이 있고, 김성수 선생 댁에서 찍었다고 써 있었죠.

바로 김성수 선생 댁에 전화를 했죠. 감히. 하룻강아지 범 무서운 줄 모르는 격이었죠. 새파란 젊은이가 전화를 했는데, 아마 사모님이 받으셨던 것 같아요. 『한국의 천문학』이라는 책에서 혼천시계를 소개하고 있는데, 혹시 사모님께서 아시느냐 여쭸죠. 그랬더니 김성수 선생이 1930년대 말에 고려대학교 박물관에 기증을 하셨고, 지금 고려대 박물관에 있는지 어떤지 모르겠다 하시는 거예요. 알겠습니다 하고 끊고 바로 고려대 박물관에 전화를 했어요. 그때 주임 직함으로 있던 큐레이터가 나중에 고려대 부총장도 하신 윤세영 선생이었어요. 그분이 지금 전시실에 있다고 했죠. 그 말을 듣고 학교에서 나와 바로 택시를 탔죠.

이건 정말 큰 투자였죠. 당시 제 형편에 택시는 사치였거든요. 아무튼 택시 타고 고려대 박물관에 들어가 보니까 혼천시계가 있는 거예요. 윤세영 선생이 "아, 그게 그렇게 중요한 것이냐?" 하시더군요. 그래서 제가 며칠 조사하겠다 하고 조사를 하면서 여러 가지 사실을 알게 되었죠. 거의 밤새워 가면서 사진 찍고 길이 재고 그랬어요. '혼천의'가 뭔지, '혼상'이 뭔지, '혼의'가 뭔지도 모를 때였는데도 미친 듯이 매달렸죠. 1962년에 사진 찍은 것과 눈으로 관찰한 것을 바탕으로 간단하게 보고서를 써서 일본 과학사학회 학회지에 처음 발표했습니다. 제작자가 송이영이라는 것, 그리고 선기옥형, 곧 혼천의가 포함되어 있다는 것도 이때 처음 발표했죠.

사실 처음 봤을 때에는 조선 사람이 만들었다는 게 믿어지지 않았어요. 그래서 서울대학교 사범대학에서 지구과학을 가르치면서 한국천문학사에 관심을 두고 계셨던 유경로 선생에게 물어봤죠. 유경로 선생은 당시 서울대 사범대에서 지구 과학을 가르치면서 한국 천문학 역사에 관심을 가지고 계셨거든요. 유경로 선생도 조선에서 만든 것 아니고, 중국에서 들여온 것이니까 괜히 고생하지 말고 더 연구하지 말라 하셨죠. 하지만 그때 니덤이 일본 과학사학회 학회지에 발표한 보고를 봤는지, 혼천시계 안의 기계 장치와 구조를 자기가 다 볼 수 있도록 사진을 찍어 보내라고 요청해 왔죠. 그때가

1963년 봄, 3월이었는데 평화 봉사단으로 서울에 와 있던 레디야드와 함께 갔죠. 나중에 컬럼비아 대학교의 한국학 교수가 된 그 레디야드 말이죠. 그때 눈이 왔어요. 계절 안 맞는다 이상하다 했던 기억이 나요.

신동원: 그때 찍은 사진들이 니덤의 1964년 책에 반영된 거군요. 문헌 연구는 어떻게 하셨나요? 1차 사료를 찾아 번역도 안 되어 있는 한문의 숲에서 물리학적, 기계학적 구절들을 뽑아 해석하고 분석해, 언제, 누가 만들었으며 그 역사적, 과학사적 가치가 뭔지 찾아내는 게 실질적인 연구 아닙니까. 30 대 초반, 대학 때 화학을 전공하다 고등학교 교사를 하면서 과학사를 독학하신 분에게 한문 해석은 어렵지 않았나요?

전상운: 일단 홍이섭 선생님의 『조선과학사』의 참고 문헌을 뒤졌죠. 그랬더니 『증보문헌비고』라는 책이 나오는 거예요. 『증보문헌비고』는 당시 영인본이 나온 지 얼마 안 됐을 때고, 다 도서관에만 있을 때였어요. 그때 성신여고에 국어 선생이 한 명 있었는데 고전 문학을 전공해 한문에 밝았어요. 국민대에서 교수 했었는데 싸우고 나온 사람이었죠. 그가 화산서림이나 통문관에 가면 그 책이 있다는 거예요. 화산서림 가니까 없고, 통문관에 가니까 일본어로 번역된 게 있었어요. 무조건 샀죠, 당장 돈 없으니 그냥 외상으로 가져왔죠. 보니까 『현종실록』 이야기가 나오는 거예요. 그래서 서울대 규장각 가서 그 부분을 보고 싶다 했죠.

그때 서울대 규장각에서 『현종실록』을 보려면 허락받는 데만 하루가 꼬박 걸렸어요. 총장 결재까지 받아야 했죠. 아무튼 책을 받아 봤는데 모두 한문인 거예요. 그때야 정말 한문에 까막눈이라 어쩔 줄 몰라 덮어 놓고 사진부터 찍었죠. 규장각 사서로 계셨던 백린 선생한테 야단 많이 맞았죠. 그때 제 옆에서는 서울대 김동욱 교수가 다른 책 하나를 통째로 찍고 있었어요. 그래서 저도 모른 척하고 계속 찍었죠. (웃음)

신동원: 이렇게 한 가지 의문이 더 해결이 되는군요. 선생님께서 직접 쓰신 글들을 보면 알음알음 옛 한문 문헌을 번역해 분석해 나갔다고 조금 모호하게 되어 있는데, 이로써 분명해지는 것 같습니다.

전상운: 앞에 이야기했던 성신여고 국어 선생님이 전부 다 번역해 줬죠. 자격루 이야기까지 전부.

신동원: 그런데 선생님께서 일본 과학사 학회 학회지에 발표하셨다는 혼천시계 보고서 건은 선생님의 발표 논문 목록에 보이지 않습니다.

전상운: 그건 「금속 활자에 대한 이견」과 마찬가지로 「레터 투 디 에디터」에 실렸기 때문에 그래요. 논문이 아니니까, 거기서는 뺐죠. 이 혼천시계와 선기옥형에 대한 논문은 우리말로 꼭 발표하고 싶었죠. 일본어로 발표해 버리면 논문으로 다시 발표할 수 없잖아요. 요새 어디 발표했던 논문을 다른 데 발표했다 자기 표절이라고 혼나는 사람이 얼마나 많아요. 게다가 「레터 투 디 에디터」면 영문 초록을 쓰지 않아도 돼요. 영문 초록 쓰는 게 은근히 부담됐다는 것도 하나의 이유였죠.

그런데 학회지 편집부에서 영문 초록을 빨리 써서 보내 달라는 거예요. 자신이 없었는데, 그래도 한번 문리대 영문과 나온 사람의 도움을 받아 영문 초록을 써 봤죠. 그런데 당시로서는 선기옥형이나 혼천시계의 공식적인 영문 용어도 모르던 때라 되는 대로 영어로 음역해 봤죠. 그랬더니 이건 아니다 하는 생각이 바로 들더군요. 그래도 첫 논문인데 이렇게 성이 안 차게 할 수는 없다 하고 결국 초록을 보내지 않았죠.

어이구, 이런 이야기까지 하게 됐네요. 우리 사위가 교토대에서 세미나 같은 걸 하면 일본 학자들이 말 그대로 "팬티까지 벗겨 버린다."라고 하던데, 신 선생께서 부끄러운 과거를 모두 파헤치는군요. (웃음)

신동원: 저도 비슷한 경험이 있습니다. 영어 쓰기가 귀찮아, 초록 쓰지 않고, 논문 인정 안 해 줘도 된다 하고 발표문으로만 끝낸 적도 있죠.

전상운: 아무튼 이 논문은 꼭 한국말로 발표하고 싶다 생각해서 《역사학보》라는 학술지의 편집 주간을 맡고 계신 명륜동 고병익 선생님 댁을 찾아가 가르침을 청했죠. 고병익 선생님이 역사학회 회원이 아니면 신기 어렵겠지만 당신이 한번 힘써 보겠다고 해 주셨죠. 그리고 한두 주 뒤에 오라 하셨죠. 하지만 결국 편집 회의에서 거절되었죠. 고 선생님께서는 신자고 강하게 주장하셨지만, 학회 회원이 아니다, 이 논문을 평가할 사람이 없다 해서 게재 거절당했죠. 그러나 마침 편집 위원으로 계시던 김정학 교수님이 《고문화》라는 잡지의 편집인이기도 하셨어요. 고려대 박물관장이셨죠. 이 분이 《고문화》에 신겠다 해서 1963년에 세상 빛을 보게 된 거죠.

고병익 선생님은 그 뒤에도 많은 도움을 주셨습니다. 논문이 거절된 뒤에도 편집 회의에서 통과 안 돼 참 미안하게 됐다, 그런데 앞으로 이런 거를 계속 공부하겠는가 하고 물으시는 거예요. 제가 "그러겠습니다." 했더니 당신이 어떤 방법으로든 도움을 좀 주겠다 말씀하시더군요. 제자도 아니고 대학 다닐 때 도강하던 후학인데 그렇게 친절하게 말씀해 주셔서 너무 고마웠죠. 그리고 실제로 선생님 덕분에 연구비를 많이 받았습니다. 여러 번 받았죠. 고 선생님께서 연구비 심사 위원으로 참여만 하면 전상운에게 연구비 줘야 된다 하셔서 연구비를 많이 받을 수 있었습니다. 학문도 인간 관계와 인연이 소중하죠.

신동원: 선생님의 연구는 혼천시계가 동서양 과학 교류의 산물임을 증명하는 소중한 성과였습니다. 그리고 그것이 프라이스 교수의 의뢰와 선생님의 성실한 조사라는 동서 학계의 첫 교류를 통해 이뤄졌다는 것도 심상치 않은 인연인 것 같습니다. 우연인지 필연인지 선생님께 연구 의뢰가 들어갔고,

결국 큰 연구 성과로 이어졌죠. 혼천시계는 결국 1만 원권 지폐에까지 들어가지 않았습니까.

다음 이야기로 넘어가기 전에 한 가지 체크하고 싶은 인연이 하나 더 있습니다. 선생님과 니덤의 관계입니다. 선생님께서 1962년 프라이스 교수의 의뢰를 받아 혼천시계의 사진을 찍고, 이때 연구를 바탕으로 1963년 논문이 나오고, 이것이 니덤의 1964년 책에 인용되고 하는 부분은 문헌적으로 명확한데, 선생님께서 다른 글에서 니덤과의 인연이 1959년부터 시작되었다고 언급하신 부분이 있습니다.

이렇게 쓰신 적이 있죠. "당신과의 인연은 1959년에 맺어졌습니다. 한국 과학사에 평생을 걸기로 마음을 굳혀 가는 중 당신의 위대한 책은 큰 충격이었습니다. 사턴의 책보다 더 큰 것이었습니다." 그런데 1959년은 니덤의 『중국의 과학과 문명』 3권이 나온 해입니다. 총론 격인 1권이 1954년, 과학 사상사를 다룬 2권이 1956년, 3권인 『수학, 하늘과 땅의 과학(Mathematics and the Sciences of the Heavens and Earth)』이 이때 출간됐죠. 1959년에 벌써 책을 구해 읽으시기는 어렵지 않았나 싶은데 어떤가요?

전상운: 1959년에 3권까지 나왔다는 사실은 일본 과학사 학회 학회지를 통해 알고 있었고, 책 실물은 범한서적에서 봤죠. 실제로 사다 본격적으로 읽기 시작한 것은 5.16 뒤에요. 쿠데타 직후에 5.16 장학회라는 것이 만들어졌는데, 연구비 주는 공모전을 하는 거예요. 아마 이게 1962년이었을 겁니다. 이 공모에 응모해서 됐죠. 연구비가 당시 돈으로 2만 5000원이었는데, 이걸로 1, 2, 3권을 몽땅 샀어요. 사실 책을 살 때까지만 해도 돈이 안 나왔어요. 그래서 당선됐다는 통지서만 들고 가서 범한서적 전무에게 사정했죠. 이 책을 사서 연구를 해야 한다고. 그랬더니 외상으로 주더군요.

신동원: 연구비를 모두 책 사는 데 쓰셨군요. 사모님께서 굉장히 싫어하셨

겠는데요. (웃음) 실은 저도 공감이 되는 이야기입니다. 연구자로서 잠재력이 폭발하는 시기에 뭐가 보였겠습니까. 집을 다 팔아서라도 사고 싶죠. 저 역시 신혼 여행 갔을 때 샌드위치만 먹고 다녔습니다. 신혼 여행을 대만으로 갔는데 숙소 근처에 중화서국이 있더군요. 그때만 해도 중국 책을 우리나라에서 사기 힘들 때였거든요. 서점 들어가 정신없이 책 사다 보니 남은 돈이 샌드위치 사먹을 돈밖에 없더군요. 그 뒤로 평생 집사람의 구박을 받고 지내고 있습니다.

전상운: 맞아요. 1969년에 『한국 과학 기술사』의 영어판 내러 미국 갈 때 실제로 집을 팔아서 갔죠. 연구에 미치면 가족이 보이기나 하나요. (웃음)

신동원: 제가 생각할 때 니덤의 책은 선생님에게 일린이나 사턴의 책과는 완전히 다른 의미에서 지대한 영향을 미쳤을 것 같습니다. 선생님의 연구 이력을 보면 어쩌면 사턴 책보다 의미가 컸을 듯합니다. 저 역시 대학원 때, 군대 갔을 때 니덤 책의 번역본이 출간되었는데 축약본인데도 거기서 펼쳐지는 과학사의 파노라마일지, 문제 의식 같은 것에 깊은 감명을 받았던 기억이 납니다.

국제적으로 인정을 받는 연구를 하기 위해서는 설득력 있는 실증적 자료와 분석력, 그리고 짜임새 있는 글의 삼박자가 갖춰져야 한다고 생각하고 계셨던 30대 초반 선생님에게 니덤의 책은 아마도 경악에 가까운 느낌으로 다가왔을 것 같습니다. 아니었을까요? 특히 3권은 더 그랬을 것 같습니다.

전상운: 맞아요. 정말 홀딱 빠졌어요. 니덤한테. 그 책을 읽으면서 동양 사람들도, 아니 저는 동양 사람이라는 말보다 동아시아 사람이라는 말을 좋아하는데, 아무튼 동아시아 사람들도 이러한 과학적 업적을 낼 수 있는 백성이구나 하는 생각을 했어요. 또 한국도 동아시아에서 일정 수준을 유지하기

위해 끊임없이 노력했기 때문에 과학적으로 상당한 수준의 업적을 냈다고 평가할 수 있겠구나 생각하게 되었죠. 예를 들어 혼천시계 같은 것을 만들어 냈다는 게 이상하지 않은 백성이었구나 하고 납득하게 된 거죠.

아무튼 열심히 읽고 또 읽었습니다. 홍이섭 선생 책 다음으로 열심히 읽었던 것 같아요. 사턴 책이야 번역해 보겠다고 읽고 또 읽었지만, 니덤 책 역시 정말 열심히 읽었어요. 제가 책을 아끼는 사람이라 책을 깨끗하게 보는 편인데, 이 책들은 정말 많이 헐었죠. 주로 읽은 것이 3권이었죠. 천학(天學) 편과 지학(地學) 편이었습니다.

니덤에게 얼마나 홀딱 반했냐면 서울대에서 동아시아 과학사 회의할 때, 송상용 선생이 니덤 책을 칭찬하면서 비판했는데 그것을 듣고 굉장히 섭섭해 한 적이 있어요. 홍이섭 선생 이름이 홍이변으로 나와 있다 같은 지엽말단적인 것을 가지고 비판을 했는데, 송상용 교수하고 그토록 친했음에도 불구하고 그에게 화가 났으니, 니덤한테 정말 반한 거였죠. 사실 1950년대에 영어로 된 한국사 책이 한두 권밖에 없었는데, 니덤에게 한국사에 대한 깊은 조예를 요구하는 게 부당하다고 여겼죠.

니덤의 책을 읽으면서 그 전부터 생각해 오던 것들이 정리되는 느낌을 받았어요. 홍이섭 선생 책을 읽을 때도 느꼈던 것이지만, 상고 시대부터 근세까지 동아시아에서 과학 기술 분야에 종사하는 사람들은 왕조 교체와 무관하게 자리를 지키고 일을 합니다. 그렇다면 왕조에 따라 과학 기술사를 나눠 보는 게 무슨 의미가 있을까 생각했죠. 차라리 천문학, 물리학, 화학, 지리학 식으로 나누는 게 좋을 것 같다고 확신하게 됐죠. 사실 1964년 니덤의 책을 읽으면서 그때까지 제가 공부한 것들을 통째로 엮어 책을 쓰겠다는 생각을 하게 됐어요. 그것이 1966년판 『한국 과학 기술사』가 된 거죠. 니덤과 같은 방법, 분류를 적용해 정리해 본다면 지금까지와 다른 책을 쓸 수 있겠다고 생각했죠.

신동원: 바로 그 부분입니다. 저는 선생님이 홍이섭 선생님을 계승하지만 방법론은 니덤에 가깝다고 생각합니다. 선생님의 개인적인 성향과도 맞았겠죠. 방법론적인 것이랄까요. 홍이섭 선생님도 자기 책에서 한국 과학의 모습은 어느 정도 충실히 보였는데, 그것이 어느 수준에 이른 것인지 평가할 능력은 스스로 부족하다고 하셨어요. 그러나 니덤은 중국인 동료들과 아주 깊은 수준의 분석을 해 냈죠. 과학사 연구 방법론으로서는 가장 선진적인 것이었죠. 선생님은 니덤과 프라이스 등의 의뢰로 혼천시계를 조사하고 니덤의 책을 읽으면서, 그들이 요구하는 것 같은 깊은 수준의 분석을 해 내지 못한다면, 웬만한 논문을 써 내지 못한다면, 그들이 콧방귀도 뀌지 않을 것이라는 압력을 받았을 것이라 생각합니다. 그게 없었다면, 아무런 지침도 없는 상태에서 선생님 같은 성과를 낼 수는 없었을 것입니다.

사실 앞에서 말씀 못 드렸습니다만, 이 인터뷰를 읽을 독자들을 위해 말씀드리지만, 1963년 첫 논문 이후 1966년 『한국 과학 기술사』가 나올 때까지 선생님께서는 12편의 논문을 발표합니다. 석 달에 한 편 정도 쓰신 셈이죠. 일린, 사턴, 단네만, 홍이섭의 책을 읽으며 쌓은 내재적인 역량만으로 설명되지 않죠. 니덤의 책, 그 안에 담긴 선진적 방법론, 그리고 연구의 질적 수준에 대한 요구가 외재적 압박으로 작용했다는 것이 제 생각입니다.

전상운: 홍이섭 선생 책을 철저히 읽고, 니덤 책을 읽는 데까지 읽고, 그것을 확인하는 답사를 철저히 했죠. 지금도 후배들에게 권하는 게 답사입니다. 사실 여기 있는 집사람이 제 답사 친구예요. 독서, 그리고 답사와 실측, 이것이 제 방법론이었죠. 말씀대로 '한국 과학사'에 매진해야겠다, 평생의 프로젝트로 삼아야겠다 결심을 한 순간, 니덤의 방법론이 저도 모르게 녹아 들어온 것 같아요.

신동원: 답사와 실측 및 계산, 이 부분이 바로 니덤의 방법론과 통하는 부

분이죠. 그때까지, 아니 지금도 우리 학계에서는 문헌 연구가 중시되죠. 우리 후배들이 가장 약한 게 실측과 답사입니다. 사람들이 선생님의 연구를 운이 좋았다 하는 식으로 뭉뚱그려 평가하는 데 저는 그렇게 보지 않습니다. 선생 님의 연구 성과는 국제적인 흐름에 발맞춰 나가겠다는 선생님의 의지와 국 제적인 네트워크, 그리고 선생님이 그때까지 쌓아 오셨던 소양이 결합한 결 과물입니다. 그것이 그때까지의 과학사 책들과 선생님의 책을 구분짓는 결 정적인 차이점이 됐죠. 저는 그것이 선생님의 연구에서 아주 중요한 부분이 며 가장 선진적인 부분이라고 생각합니다.

전상운: 신 선생이 보면 알겠지만 전 모르는 건 안 씁니다. 그래서 군데군 데 이가 빠졌다고 비판하는 사람들이 많죠. 그러나 제가 무슨 만능인가요. 실측과 답사는 물론이고 과학과 사회의 관계까지, 제가 무슨 수로 다 하겠어 요. (웃음) 제 기본적인 마음가짐은 홍이섭 선생님이 비워 둔 부분을 메워 가 면서 자신 없는 것은 쓰지 않는다 하는 것이었을 겁니다.

신동원: 맞습니다. 자세한 것은 나중에 다시 여쭤 보겠습니다만, 제가 생 각할 때 선생님에 대한 후학들의 평가는 공정하지 않은 듯합니다. 물론 비판 은 후학의 특권이며 의무입니다. 그렇지만 공은 당연한 걸로 여기고, 과는 작 은 거라도 크게 보죠. 저도 연구를 해 보니까, 해석은 시대에 따라 달라지더 라도 남는 게 있다는 것을 인정하고 정당한 평가를 해야 한다고 생각하게 되 었습니다. 선생님의 연구는 홍이섭 선생님 책에서 출발했지만 니덤은 물론 이고 일본의 야부우치 그룹의 연구와 연결되었고, 국제적 네트워크를 형성 했죠. 일린과 사턴의 견해는 이념이나 가치관의 문제였지만, 니덤과 야부우 치가 추구했던 것은 과학 내적인, 실증적인 분석이었죠. 이것이 선생님의 연 구가 가진 선진성이요 국제성이라고 생각합니다. 홍이섭 선생님은 일제 강점 기 때라 정치사, 경제사 연구가 막히니까 과학사를 한 것이지만 선생님은 곧

바로 한국 과학사의 중심으로 뛰어드셨죠. 문제는 함께할 사람이 없어 혼자 하셨다는 거죠.

전상운: 그러나 그때는 그런 생각을 할 틈이 없었어요. 혼천시계를 조사하고 『증보문헌비고』를 읽고 실록을 뒤적이니, 이게 엄청난 보물 창고인 거예요. 한 100명 정도는 달려들어 수십 년은 매달려야 끝날 연구처럼 보였죠. 그래서 정신없이 매달렸고 연구했죠. 한국의 과학사는 동아시아 과학사, 중국의 과학 기술사와 떼어놓고 말할 수 없고, 분명 일본보다 더 큰 직접적인 영향을 받았겠지만, 같으면서도 다른, 다르면서도 같은 어떤 것을 발전시킨 게 분명하다, 이런 것을 찾아낼 수 있지 않을까 하는 생각이 머릿속을 가득 채우고 있었습니다.

신동원: 연구라는 게 항상 시대와 함께하는 한계와 혼자 하는 한계를 포함하는 법이죠. 선생님의 연구 인생도 그 한계 사이에서 이루어진 것이겠죠. 아마 이 인터뷰에서 그 한계와 그것을 돌파하기 위한 선생님의 노력을 함께 짚어 낼 수 있다면 후학들에게 큰 도움이 될 것 같습니다.

그런데 선생님, 기억이 정말 정확하십니다. 저는 오늘 선생님이 한국 과학사를 연구하시게 된 기원을 파헤치려고 했는데 거의 완벽하게 재구성이 되는 것 같습니다.

선생님의 연구가 어디서 출발했는지를 살피는 인터뷰는 일단 이 정도 하고, 다음에 1966년 첫 『한국 과학사』를 낸 사정, 하버드-옌칭 한국 위원회의 지원금을 받아 미국으로 가시게 된 사정 등을 살펴볼까 합니다. 그리고 책 구상을 어떤 식으로 하시게 되었는지, 어떻게 써 내려가셨는지 좀 더 공부하고 여쭤 볼까 합니다. 『한국 과학사』로 한국일보에서 주는 첫 한국 출판 문화상을 받으시고, 하버드-옌칭의 연구비 지원을 받는다는 게 대단한 영광 아니었겠습니까. 정말 흥미로운 이야기가 많으리라 짐작됩니다.

전상운: 신 선생님의 질문이 좋아서 그렇지요. 그런데 미국 가는 것과 관련해서 했으면 하는 니덤 이야기가 하나 있어요. 한국 과학사 연구가 해 볼 만한 것이구나 하는 확신을 심어 준 에피소드이기도 하죠.

당시 하버드-옌칭 한국 위원회의 위원장이 김재원 선생, 간사가 고병익 선생이었어요. 연구비 주는 것도 그분들이 미국에 있는 사람들 대신 결정했죠. 그래서 하버드-옌칭의 연구비를 받을 수 있게 됐죠. 또 아시아 재단에서 1,500달러의 연구비를 받았는데, 이 책임자가 슈타인버그라는 유태계 미국인이었어요. 그가 제가 신청한 걸 보고 제가 어떤 사람인지 여러 사람에게 물었던 것 같아요. 그중에 니덤도 있었는데, 니덤이 편지를 아시아 재단에 보냈던 거예요. 제가 신청서 내고 면접을 보러 갔는데, 슈타인버그가 따로 불러 니덤 같은 학계 거물을 어찌 아느냐고 물어보는 거예요. 그리고 니덤이 자신한테 보낸 편지를 보여 주면서, 이렇게 훌륭한 추천서를 본 적이 없다 그러는 거예요. 니덤은 그 편지에 이렇게 훌륭한 연구 프로젝트를 수행하는 데 1,500달러로 되겠냐고 써 놓았더군요. (웃음) 그것을 보면서 한국 과학사가 진짜로 해 볼 만한 거구나 하는 생각을 갖게 됐죠.

1966년 『한국 과학 기술사』 출간

신동원: 자 그럼, 지금부터는 혼천시계 연구로 촉발된 한국 과학사 연구가 1966년판 『한국 과학 기술사』로 완성될 때까지의 이야기를 본격적으로 여쭤 볼까 합니다. 이게 끝나면 미국 가셔서 영문판 준비하신 이야기, 1976년판 정음사판 이야기, 1978년 일본어판 나올 때의 이야기, 1985년에 국보 지정 과정에 얽힌 뒷이야기, 1987년에 과학 문화재 책 낼 때의 이야기 하는 식으로 연대순으로 여쭙고자 합니다. 이 인터뷰를 읽을 분들도 편하고 선생님도 편하지 않을까 싶습니다.

앞에서 니덤의 『중국의 과학과 문명』 1, 2, 3권을 구입하시고 그 책들을 읽으면서 큰 감명을 받았다고 말씀하셨습니다. 아마 연구에도 알게 모르게 많은 영향을 미쳤을 것 같은데 어떻습니까?

전상운: 그렇죠. 제가 쓴 니덤 추도사나 정음사판의 서문을 보면 아시겠지만, 학문적으로 제게 가장 큰 영향을 준 사람은 니덤입니다. 그 후 직접 만나면서 알게 된 그의 인품도 큰 감명을 줬습니다. 정말 대단한 분이었죠. 아무튼, 니덤의 책이 없었다면 제 1966년판 『한국 과학 기술사』는 더 늦게 나왔을 겁니다. 사실 니덤 책을 읽는 게 한문으로 된 우리나라 1차 사료 읽는 것보다 쉽고 이해도 빨랐으니까요.

신동원: 맞습니다. 니덤은 정말 굉장한 학자죠. 니덤은 『중국의 과학과 문명』이라는 책을 통해 과학사라는 학문, 그리고 동아시아의 과학사를 한다는 것의 윤곽을 보여 주었습니다. 그 범위와 깊이를 학문하는 사람들에게 가르쳐 준 책이지요. 하지만 제가 생각할 때 니덤이 방법론적으로나 연구 방향적으로나 선생님께 큰 영향을 끼쳤겠지만, 니덤만이 선생님의 출발점은 아니었을 것 같습니다.

제가 추정하기에 홍이섭 선생님과의 관계가 선생님의 한국 과학사 공부에서는 중요한 역할을 했다고 생각합니다. 앞에서도 말씀이 나왔습니다만, 홍이섭 선생님께서 이뤄 놓으신 부분에서 출발해서, 홍이섭 선생님께서 놓치신 부분들을 메워 가셨고, 한국 과학 기술사 연구를 새로운 단계로 올려 놓으셨죠. 그렇다면 선생님의 연구에서 홍이섭 선생님의 영향이 니덤 못지않게 컸을 것 같습니다. 실제로 1966년판 『한국 과학 기술사』를 보면 책 헌사를 홍이섭 선생님 앞으로 쓰셨더군요. 또 다른 데에서는 프라이스 교수의 편지를 받은 이후 홍이섭 선생님의 『조선 과학사』를 대여섯 번 읽으셨다고 쓰셨죠. 홍이섭 선생님과 그만큼 가깝고 영향도 많이 받으셨을 텐데, 학문적

『한국 과학 기술사』
(과학세계사, 1966년).

인 것은 물론이고 인간적인 면에 관해서도 하실 말씀이 많을 듯합니다. 어떠
신지요?

전상운: 1962년과 1963년 사이에 홍이섭 선생님 댁을 일주일에 한 번씩
찾아갔어요. 그때 댁이 돈암동 고려대 옆에 있었는데, 우리 집하고 가까워
자주 찾아갈 수 있었죠.

신동원: 일주일에 한 번씩이요. 얼마나 그렇게 하셨습니까.

전상운: 그러니까 1년 가까이 그랬어요. 상당히 오랫동안 그랬죠. 그러나
그분이 연세대 쪽으로 이사 가신 뒤에는 자주 가지 못했습니다. 한 달에 한
번 정도로 줄었죠. 이게 비극의 시작이었죠. (웃음) 아무튼, 참 제가 낯을 좀
가리는 스타일입니다. 친하게 쉽게 다가가거나 그러지 못하는 사람이죠. 그
러나 홍이섭 선생님한테는 그렇게 했죠. 물어볼 게 그렇게 많았어요. 그래도

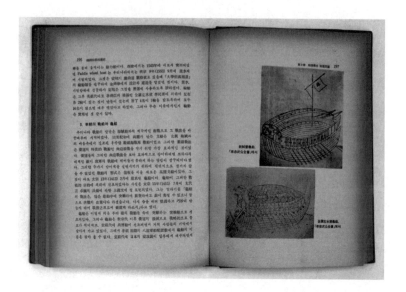

가면 그렇게 반가워하셔서 좋았습니다. 맞장구도 잘 쳐 주시고 그랬죠.

그때 선생님 돈암동 댁이 21평짜리 기와집이었는데, 대문 열고 들어가면 1.5평짜리 문간방이 있었어요. 그게 그분의 공부방이었죠. 책상 요만한 것 놓고 책장 놓고 책 쌓아 놨는데, 책상 사이에 두고 둘이 마주앉으면 코가 거의 맞닿을 정도의 공간밖에 안 남았죠. 그곳에 계실 때에는 매주 한 번씩 갔고, 1964년인가, 1965년인가 집이 좁다고 하셔서 연세대 쪽으로 이사하신 뒤에는 한 달에 한 번 정도 갔죠. 1966년판 『한국 과학 기술사』 나올 때까지 거의 그렇게 갔어요.

신동원: 그랬다는 말씀은 홍이섭 선생님께서 선생님 원고와 관련된 주제들에 대해 거의 다 토론해 주셨다는 말씀이군요. 토론하신 것 중 구체적인 사례를 들어 주실 수 있을까요? 학문이 실제로 어떤 과정을 거쳐 만들어지는지 생생하게 보여 주는 사례가 되지 않을까 싶습니다.

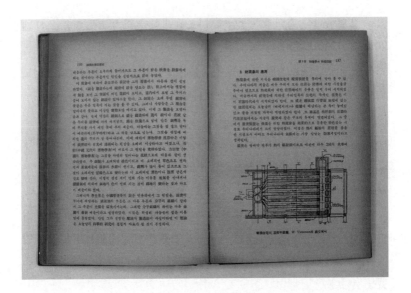

전상운: 처음 1장과 2장을 어느 정도 썼을 때 일조각 한만년 사장을 찾아갔어요. 약속도 없이 인사동 옆 공평동 근처 일조각 사무실에 다짜고짜 찾아갔죠. 한만년 사장이 보고 홍이섭 선생 이후에 과학사 연구를 한 사람이 없었는데, 귀한 연구를 한다 격려해 주시더군요. 그리고 원고 다 되면 자기 출판사에서 출간할 용의가 있으니 가져오라 하셨죠. 신났죠, 한창 쓸 때니까, 게다가 출판사에서 책도 내 준다니까. 원고 쓰다가 중간에 머리 아프고 해결 안 되는 것 있으면 자료 싸들고 홍이섭 선생님을 찾아갔죠. 아무리 기초적인 질문이라도 성실하게, 친절하게 대답해 주신 게 기억납니다. 당신이 설명하시기 힘든 것은 참고할 만한 문헌을 소개해 주셨어요. 정말 놀랐던 게 당신이 책을 쓰실 때 봤던 참고 문헌들의 저자, 책 이름, 출판 연도를 거의 다 외우고 계셨어요. 거의 다 일본 사람들 책이긴 했지만.

신동원: 제가 짐작할 때 홍이섭 선생님과 선생님은 서로 통하는 부분이 있

었을 것 같습니다. 홍이섭 선생님께서 『조선 과학사』의 원고를 처음 쓰신 게 20대 후반, 30대 초반 아니었나요. 《조광》에서 우리 과학사를 주제로 글을 쓰면 연재해 준다고 하니 분발해서 쓰셨다고 들었습니다. 홍이섭 선생님도 '한번 해 보자.' 같은 생각을 하셨을 겁니다. 아마 이런 부분이 통하셨겠죠.

전상운: 《조광》에는 한국어로 연재하셨죠. 고려 때까지 다루셨을 겁니다. 그리고 책은 먼저 일본어로 냈죠. 1944년인가 출간되어 재쇄까지 찍은 걸로 알아요. 제가 가진 책 판권지에 몇 천 부 발행이라고 표시되어 있을 겁니다. 그리고 나중에 정음사에서 우리말로 책을 내셨죠. 당신도 꽤 고무되셨을 겁니다. 정치, 경제, 사상적인 것이 아닌데도 일본 사람들의 관심을 받고 했던 게. 아마 당시 일본 학계에서 과학사에 대한 관심이 높아지고 있던 것도 한몫했을 겁니다.

아, 어떤 토론들 했냐고 물어봤지요? 일본 과학사 학회에 「금속 활자에 대한 이견」 써서 보낼 때부터 홍 선생님과 상당히 격렬한 토론을 했어요. 앞에서도 이야기했듯이, 우리는 우리가 금속 활자를 역사상 최초로 발명했다고 주장하는데 왜 외국 학계에서는 거의 인정하지 않는가 하는 문제를 다뤄 보고 싶었어요. 그랬더니 홍이섭 선생님께서 한마디로 하지 마라, 고생만 한다 하시는 거예요. 왜냐 여쭈니, 구텐베르크는 프레스기 같은 기계를 써서 인쇄를 했는데, 조선에서는 활자를 조판해서 그 위에 종이를 대고 손으로 밀었다, 원시적인 방법이었다 하시는 거예요. 그렇게 원시적인 방법으로 인쇄를 한 것을 가지고 세계적인 발명이라 하기는 어렵다는 게 요지였죠. 다른 하나는 금속 활자가 우리나라에서 처음 발명됐다고 해도 그것이 다른 나라에 영향을 미쳤다는 흔적이 없다는 말씀도 하셨죠. 이 두 가지를 강조하시면서 그 연구는 안 하는 게 좋겠다고 분명하게 말씀하셨죠.

신동원: 과도한 민족주의를 경계해야 하고, 철저하고 실증적인 연구가 필

요하다는 말씀이셨군요. 선생님께서는 어떻게 반론하셨습니까?

전상운: 저는 기계를 쓰지 않았다는 게 약점이 되지 않는다고 반론을 폈죠. 세계 최고 수준의 닥종이, 중국에서도 귀하게 여긴 기름기 있는 먹, 고려 시대와 조선 시대에 숙련된 주물 기술이 결합해 프레스기 같은 기계 없이도 멋진 인쇄물을 생산해 낼 수 있었다고 주장했죠. 청동 활자를 모아, 아, 저는 금속 활자라는 말보다는 청동 활자라는 말을 좋아해요, 조판을 해 가지고 먹 바르고 종이 덮어서 손으로 밀면 끝이죠. 기술 자체야 목판 인쇄와 차이 없지만, 옛 장인들이 해 놓은 것을 보거나 요새 고인쇄박물관 같은 데서 잘 하는 사람들이 하는 걸 보면 기가 막히게 깨끗하게 인쇄해 냅니다. 구텐베르크의 인쇄물보다 어떤 면에서는 더 나은 인쇄물을 생산해 냈던 거죠. 이런 이야기를 하며 기계가 필요 없는데 왜 쓰겠습니까 하고 반문하니 대답을 안 하시더군요.

그리고 다른 나라에 영향을 주었냐 하는 문제를 가지고는 버널 책을 인용하며 서양 학자들도 우리나라의 청동 활자 기술이 중국을 거쳐서 서유럽까지 흘러갔다고 적극적으로 해석하지 않느냐 하고 말씀드렸죠. 이렇게 말씀드리니 받아들이시는 것 같았습니다.

신동원: 선생님의 그 주장과 논리는 지금 우리나라에서는 정설이지요. 교과서에 실려 있을 정도니까요. 홍이섭 선생님께서는 분명 국수주의를 경계하고 실증적 연구를 중시하는 입장에서 그렇게 비판적으로 말씀하셨겠죠. 그러나 선생님은 기술적인 측면을 구체적으로 강조함으로써 그 비판을 멋지게 해소하셨죠. 사실 선생님의 연구들을 보면 이러한 양상이 반복되는 것을 확인할 수 있습니다. 이렇게 먹과 종이, 주물 기술을 결합시키는 아이디어는 실제로 어디서 얻으셨나요?

전상운: 다른 사람한테 얻은 건 아니죠. 김원룡 선생님이 언젠가 《향토서울》에 조선 시대의 금속 활자 인쇄술에 대한 논문을 쓰셨는데, 그 논문 읽다 보니까, 조선 태종이 금속 활자를 새로 만들라고 했다는 이야기가 나와요. 신하들은 그게 기술적으로 어려움이 많기 때문에 불가하다 간하죠. 하지만 태종이 강령(强令)해, 다시 말해 강하게 명령해 만들도록 하죠. 김원룡 선생님 논문을 보고 규장각 가서 실록을 찾아보니 '강령'이라는 두 글자가 나오는 거예요. 태종은 고려 때부터 동 활자를 쓰는 기술이 있었는데 왜 안 되냐고 다그친 거죠. 이렇게 만들어진 게 청동 활자인 계미자입니다. 계미자로 찍은 인쇄물을 보면 이것만 해도 멋지죠. 하지만 세종은 이 계미자로도 모자랐던지 경자자를 새로 만들죠. 이때 조판과 인쇄 기술도 개량했다는 기록이 나오죠. 이런 기록들을 보면서 고려 때부터 내려왔다는 동 활자 기술이 뭘까, 태종과 세종 때 어떤 기술들이 개량됐을까 궁리하면서 우리 청동 활자 고유의 기술적인 측면에 대한 그림을 그려 갔죠.

게다가 그 전까지 나온 금속 활자에 대한 우리 학자들의 논의들을 보니까, 이런 기술적인 측면에 대한 구체적인 고찰 없이 그저 막연하게 세계 최초다, 탁월한 성과다, 우리 민족 창조성의 발현이다 하는 이야기만 있는 거예요. 이래서는 안 되겠다 생각했죠. 뭐 이런 논의들도 우리 민족의 자존심을 고무시키는 이야기이니까 어느 정도 필요하기는 하죠. 그러나 우수하다는데 그게 왜 우수한 거냐 하는 것을 구체적인 증거를 들어 설명하는 게 아니니까 세계적인 인정을 받기는 어렵죠. 이런 부분을 내가 채워야겠다고 생각했죠. 정말로 우수한지 보자. 있는 그대로. 그래서 금속 활자 끝내고 측우기를 하겠다고 했죠.

신동원: 홍이섭 선생님께서 측우기 논문은 한 자의 틀림도 없는 완벽한 논문이라 칭찬하셨던 글을 본 적이 있습니다.

전상운: 측우기 논문을 일본 과학사 학회지에 발표했을 때 홍이섭 선생님께서 제일 좋아해 주셨어요. 그리고 학회지 편집진도 제 글을 맨 앞에 실어 주었죠. 그런데 이번에는 야부우치 선생이 문제 제기를 했죠. "전 선생, 내가 그 논문을 보고 참 기뻤다. 한국의 측우기 발명에 대해 깊이 있게 쓴 논문이 없어 아쉬웠기 때문이다. 그러나 중국의 수학사 책만 봐도 송나라 때 강우량 측정 이야기가 나온다. 연대적으로 중국의 측우기가 조선의 것보다 훨씬 앞 선다는 말이다. 따라서 세계 최초의 측우기라는 주장은 논거가 약할 수밖에 없다. 또 중국 사람들이 여기에 이의를 제기할 가능성이 높다. 어떻게 할 거 냐." 하셨죠.

저는 이렇게 반론했죠. "이 논문을 쓰기 위해 『세종 실록』을 찾아보았는데 거기에 측우기 발명의 경위가 너무 명쾌하게, 너무 자세하게 나옵니다. 그래서 일부분을 인용을 해 설명하고, 또 와다 유지가 지적한 것처럼 당대에 조선 말고는 어느 나라도 500년 동안 강우량 데이터를 누적해 놓고 있지 않았습니다. 또 측우기를 전국에 내려 보내 전국의 강우량 데이터를 수집하게 했고, 일정하고 규격화된 기기를 씀으로써 올해의 데이터와 작년의 데이터를 비교할 수 있도록 했고, 이걸 농업에 활용했습니다. 15세기 초반까지만 해도 간접적 측정 기기를 활용한 과학적 방법론이 정립되어 있던 나라는 서양을 포함해서 어디에도 없었습니다. 이런 시기에 목적 의식적으로 자와 측우기 그릇 같은 기구를 가지고 강우량을 측정함으로써 자연 현상을 이해하고자 했던 것은 과학사적으로 중요한 일입니다." 이렇게 주장했죠. 그랬더니 야부우치 선생님도 수긍하시더군요.

신동원: 측우기라는 빗물 받는 그릇을 만들었다는 것이 아니라 그 과학적 방법론과 그 적용이 중요하다는 말씀인 거죠. 와다 유지도 조선 왕조에서 기록한 강우량들을 통계표로 만들어 보고하기는 했지만, 그 의미를 적극적으로 해석하지는 않았죠. 그것을 선생님이 하신 거고요. 이것도 역시 지금 우

리 학계에서는 정설입니다. 선생님께서 이때, 1960년대에 하신 작업들이 다 정설 되고 국보 되고 교과서 되고 했는데, 아마 그때는 이런 결과가 될 줄 모르셨겠죠. 즐거워서 하신 일이니까요.

전상운: 그렇게 말씀해 주시니 고맙습니다. 하지만 1966년판이 처음 나왔을 때, 책에 대한 평가는 양쪽으로 갈라졌어요. 홍이섭 선생님께서 서문을 써 주셨는데, 거기에다가 당신 책은 이제 휴지통에 넣어야 한다고 하실 정도로 극찬해 주셨어요. 이렇게 좋은 서문을 써 주실 줄 알았다면, 그런 비극은 없었을 텐데. 아니. 써 주신다고 했는데, 제가 성급했지요.

이런 일이 있었어요. 원고가 다 되었을 때 일조각에 들고 갔어요. 한만년 사장 말씀도 있었으니까. 하지만 그때 한만년 사장이 출장 가고 없었어요. 대신 편집장이 있었는데, 그 양반이 보기에 새파랗게 젊은 성신여자사범대학의 전임 강사가 책 내 달라고 보따리에다가 원고를 싸 가지고 온 거예요. 역사 전공자도 아니고, 화학 전공자. 지금 생각해 보면 당연한 얘기인데, 그 양반이 대가의 추천사를 받아 오세요 하더군요. 그 말을 듣자마자 자존심이 팍 상하더군요. 그래서 원고 보따리를 싸들고 바로 나와 버렸어요. 사실 그때 홍이섭 선생님과 한 달에 한 번씩 만나서 학문적 지도를 받고 있다, 서문도 써 주시기로 했다는 말만 했으면 바로 통과였겠죠. 젊었던 탓이죠, 그런 생각이 안 든 거죠. 그래서 다른 출판사로 가서 책을 냈습니다.

신동원: 일조각이 운이 없었군요. 그럼, 송이영의 혼천시계를 다룬 「선기옥형에 대하여」와 관련해서는 어떤 토론을 하셨나요? 앞에서 말씀하실 때 유경로 선생님은 이것은 조선 것 아니니까 하지 말라고 하셨다고 하셨죠.

전상운: 홍이섭 선생님은 잘 모르겠다 하시더군요. 역사 전공이니까, 자연과학을 전공한 제가 밝혀낼 새로운 문제라 하셨죠. 홍이섭 선생님은 평소에

도 과학사는 자연 과학을 전공하고 역사 공부도 한 사람이 해야 한다고 생각
하셨어요. 당신이 인문학자, 역사학자이기 때문에 한계가 있다고 느끼셨던
탓이겠죠. 과학사를 끝까지 하시지 않은 것도 그 때문이었죠.

신동원: 저도 음악사 하려고 했다가 음악을 잘 몰라 포기한 적이 있습니
다. (웃음)

전상운: 저는 학부 전공이 자연 과학이었고, 그때도 대학 전임 강사 하면
서 연구원에서 국사 공부하고 국사학자들과 교류 많이 하니까 한국 과학사
를 해 낼 수 있을 거야 하고 격려 많이 해 주셨죠.

신동원: 혼천시계 이야기로 잠시 돌아가 보겠습니다. 선생님께서는 니덤에
게 보낼 혼천시계 사진을 찍었을 뿐만 아니라 모형까지 만드셨더라고요. 그
런데 니덤 책의 초판을 보면 선생님이 찍은 사진이라고 사진 촬영자 표시가
안 나오더군요. 대신 김성수라는 분 이름은 나오더군요. 이건 어떤 사연이 있
는 건가요?

전상운: 김성수라는 분은 니덤 쪽에서 고용한 전문 사진 작가입니다. 프라
이스 교수의 편지를 받고 제가 고려대로 달려가 사진을 찍어 프라이스 교수
에게 보낸 다음, 그들의 연구가 본격화됐어요. 사진도 정식으로 찍으려 하더
군요. 그래서 사진 기사를 소개해 달라 했어요. 당시 후암동 용산고 앞에 세
한포토라고 있었는데, 거기 김 사장이라고 젊은 사장이 있었어요. 우리나라
에서 칼라 사진 처음 도입한 사람이죠. 미국을 다녀와 사진 가게를 차린 겁
니다. 제가 거기 가서 이러저러한 일이 있다, 사진 작가를 추천해 주면 좋겠
다, 그러나 내가 돈을 못 준다, 영국에서 줄 수도 있지만 어찌 될지는 모른다,
이렇게 솔직하게 이야기했죠. 그랬더니 김 사장이 자기네 회사의 사진 기사

를 추천해 같이 가라 하더군요. 그 양반이 김성수 선생입니다. 레디야드하고 집사람하고 넷이 갔죠. 눈 많이 내린 3월이었는데, 그가 사진을 찍을 때 저는 곁다리로 찍었죠. 제가 쓴 건 아사히 펜탁스 사진기였어요. 저도 사진을 보내기는 했지만 니덤 책에 실린 사진들은 다 그 사진 작가가 찍은 거예요.

신동원: 그러나 니덤은 그 책 개정판을 내면서 선생님의 도움을 많이 받았다고 언급했죠.

전상운: 니덤이 관대하게도 자신한테 보내 준 사진들은 제 맘대로 써도 된다고 허락해 주더군요. 아무튼 그렇게 사진을 찍고 분석하고 하면서 혼천 시계 내부 구조를 스케치하고 모형 설계도를 그렸죠. 모형을 만들어 제현해 보고 싶었죠. 실제로 어떻게 작동하나 알려면 그게 필요하다 생각했고요. 니덤 책에 소개된 소송의 천문 시계 그림하고 『증보문헌비고』에 나오는 혼천시계의 메커니즘을 가지고 맞춰서 설계도를 스케치했죠.

어떻게 만들었냐고요? 당시 그것을 만들 수 있는 사람이 대한민국에 없었어요. 그래서 용산에 있던 철도 공작창에 갔죠. 거기는 기차 부품이 고장나면 그 부품을 만드는 곳인데, 해방 후 일본서 부품을 못 들여오니, 목형이니 금형이니 모두 다 직접 깎아 만들어 내는 곳이었죠. 다짜고짜 거기 찾아가서 통사정했죠. 그랬더니 공작창의 기술자들이 재밌겠네요, 조선 시대에도 그런 걸 다 만들었어요, 한번 만들어 보죠, 움직이나 봅시다 하더군요. 그러더니 제가 그린 스케치대로 나무 깎아 목형을 만들어 줬죠. 어떤 나무를 사와야 하고 어디서 어떤 부품을 구해 와야 하는지도 다 가르쳐 줬죠. 정말 열심히 도와줬어요. 마지막 조립은 성신에 같이 있던 선생님들, 그러니까 수학 가르치던 선생(이름이 잘 기억 안 나네요.)과 미술 선생 하던 표승현 씨의 도움을 받았죠. 이렇게 셋이서 밤새워 조립했죠.

신동원: 문헌과 유물로만 존재하던 기계가 재현된 셈이군요. 과학 문화재 복원 사업의 시초라고 할 수 있겠는데요.

전상운: 그런데 작동시켜 보니까, 안 돼. 안 움직이는 거예요. (웃음)

신동원: 네, 그렇군요. (웃음) 문헌에서 설명하는 작동 원리와 실제 작동 원리의 차이를 실감하셨겠군요.

전상운: 원래는 수격식이라 물로 움직여야 하는데, 그것은 재현하기 힘들어, 임시방편으로 손으로 움직였죠. (웃음) 부끄러워서 오랫동안 감춰 왔던 건데, 이제 결국 밝혀야죠. 아무튼 수격식 기계를 만드는 기술이 보통 것이 아님을 깨달을 수 있었죠, 제작 자체뿐만 아니라 운영 역시 기술적으로 쉽지 않은 일임을 알게 되었죠. 이런 것은 실제로 만들어 보지 않으면 알 수 없는 겁니다. 또 돌아가는 가도 시계로서 제대로 기능을 하려면 오차가 안 나야 하죠. 그것 역시 대단한 노하우를 필요로 하는 일임을 알게 되었죠.

예를 들어 남문현 박사가 자격루를 복원해 현재 고궁박물관에 전시되어 있잖아요. 그것을 복원하려는 움직임이 시작된 게 벌써 30년 가까이 됐어요. 역사학자부터 기계공학자까지 대학 교수들과 연구자들이 모여 연구회도 만들었죠. 저는 이 기계가 하루에 오차가 20분, 30분만 나도 성공적이라고 생각했어요. 지금 전시된 기계가 5분에서 15분 정도 오차가 난다고 하는데, 여기까지 오는 데 30년 가까이 걸린 거예요.

또 김상혁이 주도를 해서 ㈜옛기술과문화에서 100여 명 정도가 매달려 기어를 깎아 조립해 혼천시계를 만든 적이 있는데, 제가 자문을 해 줬어요. 하루 오차가 5분 이내가 아니면 가져오지 말라고 했죠. 바람개비처럼 돌아가는 탈진기 기어를 100번도 새로 만들었어요. 1밀리미터의 10분의 1만 깎아도 빨라졌다 느려졌다 하는데, 그것을 가지고 시간을 맞춰야 했어요. 지금 기술과 인력으로도 힘든 일입니다. 결국 오차를 3분 이내로 줄이는 데 성공했어요. 이 연구를 바탕으로 쓴 논문으로 김상혁이 중앙대에서 박사 학위를 받았죠.

지금도 그런데, 과거 제가 만든 모형은 어땠겠어요. 다만, 혼천시계를 만든 송이영을 비롯한 조선 시대 기술자, 장인들의 기술력에 대해 다시 평가할 수 있게 되었죠. 정확한 시간을 맞추고, 그것을 오랫동안 안정적으로 운영해 온 기술에 대해서 말이죠.

신동원: 이건 이문규 박사의 질문인데요, 고려대 박물관에 있던 혼천시계가 송이영이 만든 것임을 확신하시게 된 증거가 따로 있었나요? 문헌적 일치 여부 말고 유물에 어떤 표시가 있었나요? 이 문제를 어떻게 판단하셨는지 묻더군요.

전상운: 사실 이건 혼천시계를 처음 보러 간 날 유경로 선생님이 여러 번 일깨워 준 문제이기도 합니다. "과연 조선 사람이 만든 거냐?" 송이영이 왕명으로 혼천시계를 만들었다는 실록 기록 이후 어떤 기록에서도 혼천시계를 새로 만들었다는 기록이 없어요. 그래서 저는 송이영의 혼천시계가 확실하다고 생각을 합니다. 당시도 그랬고, 지금도 그렇습니다.

그런데 얼마 전 오상학 교수인가요, 후배 학자들이 제 고증에 대해 비판하는 논문을 읽은 적이 있어요. 비판의 요지는 크게 두 가지였죠. 하나는 하위헌스가 진자 시계의 원리를 밝혀낸 것이 1665년이었는데, 불과 4년 뒤인 1669년에 펜들럼을 단 혼천시계를 네덜란드 반대편에 있던 조선에서 만들어 낼 수 있었겠느냐는 의혹이었죠. 다른 하나는 지구의에 그려져 있는 세계 지도에 17세기 중후반에는 유럽 인은 물론이고 조선인들은 절대로 알 수 없는 오스트레일리아가 그려져 있다는 거예요.

저는 이렇게 방어했죠. "먼저 송이영이 혼천시계를 만든 뒤 20~30년을 단위로 몇 차례 수리를 했다. 지구의에 그려진 지도는 그렇게 수리될 때마다 수정되었다. 조선 시대에는 고을 이름이 바뀌거나 하면 옛 지도라고 해서 가만두지 않고 색을 다시 칠하거나 장판 종이를 오려 붙여 수정을 했다. 혼천시계 지구의의 지도 역시 장판 종이에 그려져 있는데, 20~30년 정도의 시간이 흐르면 당연히 헐어 그때그때 고쳐 그렸을 것이다. 그렇게 고쳐 그릴 때 새로 발견된 대륙이 들어가게 된 것이라고 생각한다."

그리고 『상위고』는 물론이고 『현종 실록』의 내부 구조 묘사와 김성수 선생 댁에 있던 혼천시계의 실제 구조가 일치하고, 혼천시계의 본이 된 일본에서 건너온 자명종 시계의 내부 구조와도 일치하죠. 진자 시계 기술도 사실 하위헌스가 그 원리를 이론적으로 발견하기 전부터 시계 제작공 사이에서는 어느 정도 공유되던 기술이었어요. 진자의 원리는 원래 갈릴레오가 발견했잖아요. 그 원리를 응용한 시계가 16세기부터 동유럽 수도원 같은 데 전해지고 있었어요. 그 기술이 하위헌스 등장 전에 조선까지 전해져 있다고 해서 이상할 건 없겠죠.

신동원: 직접 모형을 설계하고 만들어 보신 것이 조선 시대 기계 기술적, 장인적 전통의 노하우에 대한 확신으로 이어졌겠군요.

전상운: 프라하 같은 데 가서 보면 거대한 기계식 천문 시계가 있죠. 그것에 비하면 혼천시계는 작아요. 작다고 해서 무시하는 것은 좋은 일은 아닌 듯싶어요. 중국의 용문석불 보세요. 거대하고 웅장하죠. 하지만 그것과 석굴암의 부처님을 비교해 보세요. 석굴암의 부처님이 용문석불보다 못한가요? 작은 것은 큰 것보다 못하다 하는 생각을 버려야 해요.

신동원: 제가 태어나던 해에 선생님은 대단한 일을 하시고 계셨군요.

전상운: 사진 찍는다, 모형 만든다 돈도 많이 썼지만, 이걸로 전국 과학 전람회에서 내무부 장관상을 받았어요. 심사 위원들이 이걸 보고 대통령상 줘야 한다고 그랬다고 해요. 하지만 창작품, 발명품이 아니기 때문에 내무부 장관상을 주는 것으로 끝났죠. 상금도 받았죠. 그러나 지금은 이 모형도 남아 있지 않아요. 유리장까지 만들어 학교에 전시했는데, 박물관이 당시엔 없어 학교 창고에 넣어뒀는데, 일하는 사람들이 귀찮다고 슬그머니 없애 버렸어요. 전혀 모르고 있었죠. 스케치한 것도 이제는 남아 있지 않아요. 그때는 그런 걸 남겨놓는다는 생각을 못했죠. 아쉬울 뿐이죠.

신동원: 영국에는 니덤 도서관 같은 데에서 니덤 관련 자료들을 모두 보관하고 있죠.

전상운: 아쉬울 뿐이죠. 그래도 제가 미국에 있을 때 집사람에게 보낸 편지 같은 것은, 혹시 몰라 따로 파일로 묶어 두기도 하고 봉투에 담아 놓기도 했는데, 자식들이 어떻게 할지, 그건 모르죠. (웃음)

신동원: 선생님의 연구 성과를 연구하는 임종태 박사나 인터뷰하는 저나 후배들의 분발이 필요할 것 같습니다. 홍이섭 선생님으로부터 어떤 영향을 받으셨는지 확인하려고 했는데, 상당히 깊은 데까지 들어오게 된 것 같습니다. 그럼 초점을 다시 1966년판 『한국 과학 기술사』로 옮겨 보겠습니다. 먼저 책의 전체적 구상에 대해 여쭤 볼까 합니다. 1966년판 책이 나오기 전에 논문 12편을 쓰셨죠. 1966년판 책은 이 논문들과 다른 글들을 엮은 결과물이라 할 수 있을 겁니다. 그 배후에는 어떤 큰 구상이 있었던 것 같습니다. 앞에서도 말씀드렸지만 논문 주제 선택도 예사롭지 않습니다. 정선(精選)이라는 말이 어울리겠죠. 앞에서 예로 든 선기옥형과 혼천시계, 청동 활자, 강우량 측정 문제, 시계 제작, 서운관과 간의대, 통일신라의 천문 의기, 박물학과 『오

주서종』, 동력 기기 기술, 석굴암과 축성 기술, 고려와 조선의 인쇄 기술, 조선 초기의 지도와 지리학 같은 주제들을 다루셨죠. 당시 선생님이 정말 연구하고 싶었던 주제들이었을 것 같다는 생각은 듭니다. 하지만 그 배후에는 어떤 체계적 구상 같은 것이 있었던 것도 같습니다. 어떠한지요?

전상운: 박성래 교수도 비슷한 지적을 많이 했습니다. 왜 시대별로 안 하고 그렇게 주제별로 했냐는 이야기를 많이 들었죠. 니덤 책에 너무 깊이 빠져, 책 스타일도 그리 된 게 아니냐는 이야기인 거죠. 그리고 명색이 한국의 과학 기술사인데 천학과 지학, 그러니까 천문학과 지리학의 비중이 너무 높고 다른 분야의 비중은 너무 낮다는 지적도 받았죠. 홍이섭 선생님의 책보다 통사로서는 약하다 하는 이야기도 들었죠. 김영식 교수는 제가 과학사 속의 단절보다 연속성을 중시한다는 애기를 하기도 했죠. 사실 이 문제는 제가 꽤나 고민했던 문제이기도 해요.

일단 시대순으로 통사적 접근을 하면 당장 홍이섭 선생님의 책과 차별성을 만들 수가 없잖아요. (웃음) 그리고 앞에서도 이야기했지만 동아시아는 물론이고 우리나라의 역사에서 과학 기술 분야는 왕조가 바뀐다고, 시대가 바뀐다고 그렇게 크게 바뀌지 않았을 거라는 게 제 생각이에요. 예를 들어 고려 시대 서운관의 관리들이나 조직이 실질적으로 거의 그대로 조선 왕조로 계승되었어요. 또 고려 시대가 시작될 때에도 통일 신라의 천문 관리들이 그대로 그 자리를 차지했지요. 이것은 동아시아 공통 현상이에요. 그리고 구체적인 과학, 구체적인 기술을 있는 그대로 밝혀내 보자는 게 중심이었기 때문에 통사적 관점은 약해질 수밖에 없었죠.

또 홍이섭 선생님께서 지적하신 것이기도 하지만, 저는 제가 현장에 가서 확인한 것만 가지고 글을 썼어요. 문헌만 가지고 쓴 글은 하나도 없어요. 현장에 가서 사진도 찍고 측량도 한 것들만 가지고 연구를 했죠. 우리 민족의 기술과 유물이라고 무턱대고 자랑스럽게 여기지 말고 그 실체를 제대로 알아야 한다고 생각했죠. 그래서 실제성, 구체성을 추구했고 그것만을 담아 글을 썼기 때문에 통사적인 다른 과학사 책들과는 스타일이 달라질 수밖에 없었죠.

사실, 통사적으로 글을 써 보자는 생각이 없었던 것은 아니에요. 1966년 판 서문에다가 10년마다 개정판을 내겠다고 공약을 해 두었잖아요. 그래서 1996년판을 구상할 때에는 한국 과학사를 시대순으로 제대로 다시 써 보자 하는 욕심이 있었죠. 마침 그때 국사편찬위원회에서『한국사』를 내는데 과학사 분야를 써 달라고 박성래 교수와 제게 의뢰를 해 와서 한국 과학 기술사를 시대순으로 쓰고 있었어요. 그때 쓴 것을 발전시켜 책으로 만들면 좋겠다 싶었죠. 그래서 박성래 교수한테 농담 반 진담 반으로 당신이 쓴 글도 내 책에 넣겠다 했죠. 그랬더니 알아서 하라고 하더군요. (웃음) 하지만 시대순으로 정리해 보겠다는 생각은 결실을 맺지는 못했죠. 그래도《과학동아》에 연재할 때, 그리고 2000년판을 낼 때 일부나마 시대순으로 정리한 글들을 실을 수 있었죠. 그러고 보니까《과학동아》연재할 때에는 정말 한 달이 빨리 돌아오더군요.

신동원:《과학동아》연재 글은 굉장히 좋았습니다. 정성이 듬뿍 담겼다고 할까요. 사실 과학 기술사라고 묶기는 하지만, 그 대상이나 방법이나 개념, 그리고 실생활과의 연결 부분이 다양하게 섞여 있는 게 사실이죠. 천문학 같은 특정 분야라면 이런 것들을 한데 엮어 시대적 특질까지 이야기할 수는 있겠죠. 사실 현대인들은 과학과 기술에 대해 어떤 총체적인 상을 가지고 있으니, 과거의 역사에 대해서도 그런 것을 요구하는 것은 당연한 일이겠죠.

그러나 고구려 시대의 밤하늘을 석판에 새기는, 제왕의 학으로서의 천문학과 북방 만주 지역 주민들의 온돌 기술을 한데 엮는 것은 연결 고리가 너무 부족하죠. 통사라고 한다면 이런 것들을 총망라해야 하는데, 그게 쉽지 않죠. 니덤도 그래서 분야별로 책을 썼을 겁니다. 동아시아 과학사를 다룬 책 중에 시대순으로 잘 썼다고 할 만한 게 없습니다. 중국도 니덤이 연구한 것으로 시대순으로 엮은 책 정도밖에 없죠.

그렇다고 하더라도 중국 과학사를 분야별로 연구한 니덤도 혼자서 그 많은 분야를 다 다루지 못하고 다른 학자들과 나눠 할 수밖에 없었죠. 동아시아 과학사 연구자 중에서 선생님처럼 여러 분야에 걸쳐 종횡무진으로 연구하신 분은 없을 겁니다.

전상운: 못 하고 남겨둔 부분이 많습니다. 의학사 전공이니 잘 아시겠지만, 저의 약점은 그때나 지금이나 의학사입니다. 그리고 도자기 기술, 다시 말해 요업 기술도 제대로 연구하지 못하고 남겨둘 수밖에 없었죠. 도저히 거기까지는 힘이 미치지 못했죠. 환경적인 요인도 있었어요. 1966년에 『한국 과학기술사』 내고 하버드-옌칭의 연구비를 신청해서 다 됐어요. 하지만 막판에 제가 사립 단과 대학 전임 강사라 세금 문제 때문에 연구비를 줄 수 없다 하면서 탈락시키더군요. 그때 제가 제출했던 연구 과제가 우리나라 토기 제작 기술에 대한 것이었어요. 당시 쟁점이 토기가 출토되면 그걸 보고 가야 토기냐 신라 토기냐 통일 신라 토기냐 맞히는 것이었는데, 고미술학자들이 미술적 양식만 보고 추정했어요. 그런데 저는 그것을 과학적으로 분석하고 싶었죠. 제가 화학 전공이었잖아요. 제작 기법이나 유약 같은 것을 분석해서, 과학적인 토기 분류법을 새롭게 제시하고 싶었죠. 그리고 가능하다면 이것을 고려 시대 청자까지 확장해 보려고 했지요. 하지만 하버드-옌칭의 연구비가 날아가면서 포기했죠. 그 후에도 요업 관련 연구를 많이 하지 못했죠.

저는 지금도 미술사가들이 고려 청자가 송나라 청자의 자극과 영향을 받아 만들어졌다고 이야기할 때면 화가 나요. 그게 말이 되나요. 예를 들어 저기 있는 LCD 텔레비전을 어디 수렵 채집 사회 앞에 갖다 놔 봐요. 분명 그곳 사람들은 자극과 영향을 받겠죠. 그런데 이 기술이 어디 금방 나오나요? 어림도 없지. 그 전에 축적된 기술과 문화가 없으면 안 되는 거예요. 삼국 시대부터 통일 신라 시대를 거쳐 고려 때까지 축적된 우리 나름의 토기 기술이 있었고, 자연 유약, 다시 말해 잿물이 만드는 자연스러운 효과를 자유자재로 활용해 온 자기 기술이 있었기에 고려 청자, 상감 청자 같은 위대한 발명품들이 가능했던 겁니다. 상감 청자만 해도 그래요. 상감 기술, 아니 새김무늬 기술이라는 게 원래 나무 아니면 금속에다가 하던 기술을 자기에 적용한 것이지요. 새로운 미술 양식은 새로운 과학 기술이 없으면 성립할 수가 없어요. 저는 미술 양식 안에 숨겨진 과학 기술을 찾아내고 싶었던 거죠.

신동원: 실제로 1966년판 서문에도 건축, 제지, 화약, 수학 등은 자료를 갖춰 놓았지만 본격적으로 연구하지 못해 안타깝다고 쓰셨죠. 아마 시간에 쫓기고 계셨고, 건강도 안 좋으셨을 테니까요. 그나마 다행스럽게 건축과 관련된 것이라고 할 수 있는 석굴암에 대해서는 손을 대셨죠. 그리고 1966년판에서는 빠진 제지와 화약은 1976년에 정음사에서 낸 『한국 과학 기술사』에는 들어갔죠. 하지만 수학은 아예 안 하셨습니다. 분야가 워낙 달라서 그랬던 건가요?

전상운: 그런 것도 있지만 마침 그때 김용운 한양대 명예 교수가 동생인 김용국 경북대 선생과 함께 수학사 책을 쓴다는 이야기를 들었어요. 그래서 아예 안 하는 게 낫다고 생각했죠. 미키 사카에의 의학사 책을 읽기도 했고, 석굴암을 수치 분석한 요네다 미요지의 건축 쪽 책을 읽기는 했지만 본격적으로 파고들지는 못했죠.

다만 니덤이 중국을 비롯해 한국과 일본 등의 동아시아에는 기하학이 학문으로서 발전하지 못했다고 평가한 적이 있는데, 이게 마음에 계속 걸렸어요. 그러나 석불사, 아, 저는 석굴암이라고 하지 않고 석불사라고 하는 걸 좋아해요, 석가탑, 다보탑을 요네다 미요지가 분석을 했는데, 그 수치들 사이에 비례 관계가 들어 있어요. 요컨대 석불사, 불국사, 석가탑, 다보탑은 기하학이 없었다면 불가능한 건축물들이죠. 석굴암을 다룬 논문에서 그 부분을 강조하기는 했죠.

에우클레이데스처럼 책으로 학문으로 정리한 것만 없을 뿐, 기하학적 사고, 그 고갱이는 장인들의 기술 속에 담겨 있었던 거죠. 언젠가 저랑 가까이 지내는 미국 학자가 편지를 보내기를, 한국의 탑 그림들과 사진들을 보면 정팔각형이 많이 나오는데 한국에서 정팔각형을 언제부터 사용했느냐 하고 물어온 적이 있어요. 깜짝 놀랐어요. 나는 왜 이것을 못 봤을까. 하지만 답은 못했죠. 우리 땅에 분명 기하학적 사고가 존재했고, 이것은 밝힐 만한 가치가 있는 문제죠.

신동원: 어떤 의미에서는 전략적 선택을 하신 셈이군요. 천문학과 지리학을 뼈대로 삼고, 연관된 물리학, 동력 기술 등을 차례차례 검토하면서 확장을 해 가신 셈이죠.

전상운: 니덤의 책을 읽으면서 우리가 중국으로부터 정말 많이 배웠구나 하는 것도 알았죠. 그렇다면 그것을 가지고 우리는 무엇을 했을까, 중국으로부터 배운 것을 기초로 놓고 그 위에 어떤 새로운 것을 더했을까 같은 것을 탐구할 수 있었죠.

신동원: 이렇게 볼 수도 있지 않을까요? 민족주의적, 국수주의적으로 막연하게 상찬되는 것들의 실체를 구체적으로 확인해 보겠다는 흐름과, 동시에 우리가 중국의 주변부로서 받아쓰기만 한 게 아니라 창조적으로 변형한 것이고, 이것을 찾아야겠다는 흐름이 이 1966년판에서 만난 것이죠.

전상운: 그렇게 말씀해 주니 고맙습니다. 1966년판 내고 몸무게가 7킬로그램이나 빠졌어요. 그 책 쓸 때 참 고생 많이 했죠. 집사람과 아이들에게 미

안하기도 하고. 책 원고를 한창 쓸 때에는 거의 매일 밤을 새웠는데, 젊어서 가능한 일이기도 했지만, 정말 정신이 없었어요. 가족이 들어올 틈도 없었죠. 실은 둘째 딸이 그때 태어난 지 얼마 안 됐는데, 밤에 한번 울면 그치지를 않아요. 그래서 집사람이 깨어 달래다가 안 되어서 저한테 맡겼는데, 글 써야 하는데 하는 생각에 잠시 대충 달래다 말고 이불 위에 팽개친 적도 있을 정도죠. 지금 생각하면 참 미안한 일이죠.

1966년판은 말씀하신 대로 각 챕터가 작은 논문입니다. 그중에 책 내기 전에 발표한 것도 있고, 논문 발표 전에 먼저 실은 것도 있지만 그만큼 스트레스도 컸죠.

신동원: 그렇게 몰두하지 않으면 책이 만들어지지 않죠. 짐작이 갑니다. 1966년판의 뼈대가 천문학과 지리학이라고 하셨지만 저는 이규경의 『오주서종』과 박물학을 다룬 것도 이 책의 백미라고 생각합니다. 사실 『오주서종』은 굉장한 책입니다. 과학사하는 이들은 잘 모르지만, 『천공개물』에 견줄 만한 보물덩어리죠. 중국에 『천공개물』이 있다면 우리나라에 『오주서종』이 있다 할 수 있을 정도입니다. 이 책을 소개한 논문은 1965년에 발표하셨는데 이 책에 대한 정보를 어떻게 입수하셨는지 궁금하더군요.

전상운: 그때 마침 영인본이 나왔어요. 상하권으로 엮인 『오주연문장전산고』 뒤쪽에 부록으로 『오주서종』이 붙어 있었죠. 저는 이 책은 완전히 별개의 책이라고 주장했죠. 그리고 홍이섭 선생님 지시로 『한국의 명저』(세종대왕기념사업회, 1981년)에 소개하기도 했죠. 한문 때문에 쩔쩔 매며 어렵게 읽기는 했지만, 『오주서종』은 과학 기술 관련 전문 용어가 많이 나오는데다, 당시 일본어 번역본이 나와 있던 『천공개물』(1955년 번역 출간)과 비교해 읽으면 그런대로 읽을 만했죠.

『오주서종』의 가치는 광물 이야기가 되었든, 화포 이야기가 되었든, 오주

이규경이 직접 현장에 가서 상당히 꼼꼼하게 관찰도 하고 기록도 하고 자세히 기술했다는 것이에요. 서문을 보면 스스로를 병약하다고 했는데도 책상물림에 불과했던 조선 양반들과 달리 중국 문헌에 있다고 그대로 믿지 않고, 직접 고증도 하고 그랬죠. 그래서 우리 과학 기술의 전통을 『천공개물』 이상으로 담고 있죠.

신동원: 어떤 의미에서는 『천공개물』보다 실증적이죠. 사실 선생님의 한국 과학사 연구도 책상에서 쓴 게 아니라 현장 답사로 이뤄진 것 아닙니까. 그래서 선생님께서 이규경의 『오주서종』을 발굴했다는 게 우연처럼 읽히지 않습니다.

전상운: 하지만 우리나라에서는 그런 것들이 제대로 평가받는 것 같지는 않아요. 수차 연구도 그렇고 도량형 연구도 제가 한 게 있는데, 후학들이 참

고 문헌에 잘 실어 주지 않더군요. (웃음) 『오주서종』 책도 원래는 군밤 장수의 포장지로 쓰이다가 없어질 뻔했어요. 그걸 우연히 군밤 사러 간 육당 최남선 선생이 발견해서 없어지지 않고 남았다는 이야기는 잘 아시죠. 사실 제가 영인본을 보고 『오주서종』의 존재를 학계에 가장 먼저 보고하기는 했지만, 그게 사실 이규경의 글씨체를 그대로 보여 주는 원본을 가지고 한 게 아니에요. 원본을 베낀 것이 서울대 규장각에 있었는데, 그것을 가지고 영인본을 만들었죠. 이규경이 쓴 원본은 규장각에서 베낀 다음 사라졌어요. 아직 본격적인 연구 논문조차 없는 상태죠. 그래도 최주 선생이 번역한 역주본은 나와 있죠. 저하고 최주 선생하고는 청동기 문제로 해서 사이가 그리 좋지 않았지만 자세한 이야기는 다음 기회에 하죠.

신동원: 조선 시대의 지도와 지리학에 대한 연구도 사실상 최초로 하신 셈이죠.

전상운: 그 전까지는 그 주제를 다룬 책은 물론이고 우리나라 지도를 제대로 전시한 데도 없었어요. 그때 일주일에 한 번씩 인사동에 있는 통문관 같은 골동품 가게들을 뒤지면서 옛 천문도나 지도가 없나 찾아다녔죠. 인사동 골동품 가게들이 한창 장사가 잘 될 때인데, 이상하게도 일본 사람들이든 우리나라 사람들이든 천문도나 지도는 안 사갔어요. 그래서 인사동 상인들이 저를 좀 신통하게 봤지요. 지도를 보니까 아름다운 게 많더군요. 속으로 이게 보통 주제가 아니구나 생각해 일본 논문들을 뒤져 봤죠. 그랬더니 조선 지도와 지리학을 높게 평가한 아오야마 사다오 등의 논문이 몇 편 나오더군요. 그것을 출발점 삼아 논문을 썼죠.

신동원: 조선 시대의 지리학과 지도 연구에 대한 일반적인 틀을 세우신 셈이죠.

전상운: 지리학자 이찬 선생님께 칭찬 많이 받았어요. 제 논문 보시고 이거 할 만한 주제인데, 생각하신 듯합니다. 사실 국립중앙박물관에도 지도와 천문도 좋은 게 많아요. 지금 지도와 천문도를 모아 걸어 놓은 방이 있는데, 진짜 좋은 것은 다 나와 있지 않아요. 왜 그것들을 안 꺼내 놓고 창고에 그대로 두는지 모르겠어요. 몇 년 전에 대동여지도 목판이 발견됐다는 기사가 난 적이 있어요. 저는 그게 일제 때부터 경성제대 박물관에 있었다는 것을 알고 있었어요. 당연히 그 후신인 국립중앙박물관에 있었겠죠. 몇 십 년 전부터 찾아보자고 그리 이야기했어요. 그런데 그렇게 큰 창고 안에 그렇게 많은 물건이 있는데 무슨 수로 찾겠어요. 발견은 무슨 발견. 그때 큐레이터가 창고 뒤지다 우연히 찾은 거죠.

옛날 자 같은 도량형 연구도 그래요. 한번은 덕수궁의 궁중유물전시관에 갔는데 당시 큐레이터가 아주 좋은 자가 하나 있는데 보여 주지는 못하고 있다, 그러는 거예요. 옛날 자는 용도에 따라 길이 단위도 다르고 이름도 다 달라요. 연구할 게 무궁무진하죠. 그런데 창고 속에 처박혀 연구가 안 되고 있어요. 그래서 큐레이터한테 사정사정했죠. 박진주 선생. 이름도 잊지 않아요. 그분이 상사한테 창고 불이 안 꺼져 있다, 그것을 꺼야겠다 거짓말해서 창고 문을 열고 저를 들여보내 줬죠. 사진을 찍으려고 했는데 플래시가 작동을 안 하는 거예요. 결국 연필로 자를 그렸죠. 그때 그린 자 그림 아직도 가지고 있습니다. 그것을 바탕으로 조선 시대 자들의 길이를 재고 환산치도 구했습니다. 조선 시대 길이 단위들 환산치를 처음 구한 사람이 저일 겁니다. 그러나 다들 인용하지 않더군요. 홍이섭 선생님이나 유경로 선생님 같은 분들은 알아봐 주셨지만 말입니다.

신동원: 우리 사회가 공을 공으로서, 과를 과로서 있는 그대로 평가하는 데 서툰 편이죠. 선생님의 1966년판 『한국 과학 기술사』는 전통 과학 기술의 우수성, 창조성을 있는 그대로 평가해 보자, 검토해 보자, 국수주의적 울

령증을 벗어 던지자 하는 정신에서 씌어진 것임을 확인할 수 있는 것 같습니다. 통속적으로는 우리나라의 전통 과학 기술은 조선 전기, 특히 세종 때 잠시 우수했던 적이 있지만 봉건제 같은 정치적, 경제적, 사회적 요인 때문에 발전하지 못하고 단절되었다가 나라가 망하면서 끊어질 수밖에 없었다 하는 심상이 지배적인 것 같습니다. 홍이섭 선생님도 세종 때 전통 과학 기술이 발전하기는 했지만 봉건제라는 한계 때문에 그 전통 역시 단절되고 말았다고 하셨지요. 하지만 선생님은 꼭 그렇게 보시는 것 같지 않습니다. 중국의 영향을 지속적으로 받았지만 우리 민족 역시 삼국 시대, 고려, 조선 시대를 거치며 나름의 전통 과학 기술을 발전시키고 있었다. 제도적 뒷받침이 되었던 세종 때 꽃을 피웠던 것이다. 세계적으로도 유례가 없을 정도로. 이것이 선생님의 핵심 테제이지요. 이런 관점에서 보면 세종 시대에 전통 과학 기술이 갑자기 발전한 게 설명이 됩니다.

전상운: 1964년 홍콩 세계 과학사 회의 때 세종 시대의 과학 기술을 가지고 발표했어요. 그 시대에 대단히 매력을 느꼈죠. 우리 과학사에서 다른 어느 나라와 비교해도 뛰어난 성과를 거둔 시대였죠. 게다가 세종도 상당히 자주적인 의식을 가진 사람이었죠.

「훈민정음어제서문」 보세요. 세종 자신이 썼는지, 다른 누가 썼는지 알 수는 없지만, "나라의 말이 중국에 달라" 하고 시작하잖아요. 얼마나 훌륭한 문장이요 자주성 강한 문장인가요. 하지만 다들 중국 것에 비교하면 별것 아니다 무시하죠. 하지만 크고 많다고 다 좋은 게 아닙니다. 우리는 중국의 것을 받아들여 그것을 치밀하게 조직하고 세심하게 다듬었죠.

홍이섭 선생님도 세종 때의 업적을 인정하시는 쪽이었죠. 그러나 그것도 다 중국 것을 받아들여서 그냥 쓴 거라 생각하셨죠. 저는 그게 아니라 거기에는 자주적인 요소가 많이 가미돼 있다, 중국 과학 기술의 레플리카를 만든 게 아니라 조선의 것을 바탕으로 새로운 것으로 만들었다고 생각했죠. 이 문제와 관련해서도 홍 선생님과 말씀 많이 나눴죠.

신동원: 바로 그 부분 때문에 선생님께서 맹목적 민족주의를 그렇게나 경계하고, 선생님의 연구가 그렇게 실증적이었음에도 불구하고 민족주의자라고 비판받으시는 것이라고 생각합니다. 왜 빛나는 것만 골라 연구하냐, 빛나지 않는 것은 일부러 뺀 것 아니냐 하는 거죠.

전상운: 후학들이 그렇게 비판하면 옛날에는 발끈 화부터 냈죠. 그러나 비판할 구석이 있으니 그렇게 하는 거겠거니 하고 지금은 어느 정도 이해하고 있어요. 사실 해방 뒤 이북에서 5년간 있으면서 받은 교육의 영향이 밑바탕에 깔려 있었던 듯싶어요. 어떻게든 일제의 식민사관에서 벗어나야 한다는 생각이 있는 거죠. 예를 들어 국립중앙박물관의 관장서부터 톱 클라스 학자들까지 전부 달려들어 고생고생 만들어 낸 『미술 고고학 용어집』(을유문화사, 1965년)이 있어요. 참 참신하게 잘 만들었죠. 일본식 용어를 탈피하고 우리식 용어를 만들기 위해 애쓴 소중한 성과물이죠. 그런데 젊은 학자들이 잘 안 써요. 굉장히 열 받죠. 예를 들어 제 책 펴면 맨 먼저 나오는 고운무늬청동거울 보세요. 옛날에는 다뉴세문경이라고 했죠. 일본 사람들이 쓰는 말이에요. 무슨 뜻인지 한참 봐도 한자 모르면 알 수가 없어요. 상감청자도, 이북에서는 새김무늬청자라고 하죠. 얼마나 좋냐 하는 생각이 제 바탕에 있어요. 민족주의자일 수밖에 없는 거죠. 다만 과도한 민족주의, 맹목적 국수주의를 경계해야 한다고 생각하죠.

너는 왜 빛나는 것만 선택했냐, 빛나지 않는 것은 일부러 선택하지 않은 것이냐 하셨죠? 공교롭게 그렇게 된 것일 뿐입니다. 다루지 못한 것은 빛나지 않아서가 아니라 힘이 도저히 못 미친 것일 뿐이죠. 그리고 이왕이면 빛나는 것부터 해 보자, 연구도 안 되었는데 칭찬부터 하고 보는 상황을 바꿔 보자는 생각을 가지고 있었죠. 이대로는 빛나는 것도 제대로 알아주지 않는 것이라 여겼죠.

신 선생이 제 글과 책을 발칵 다 뒤졌으니 아시겠지만, 제가 논문 쓸 때, 누가 이렇게 썼는데, 이것은 틀렸다 하는 식으로 쓴 적이 없어요. 앞사람이 여기까지 잘 밝혔다, 나는 여기서부터 이만큼 더 밝힌다 하고 썼지요. 어렸을 때나 그렇게 하는 거죠.

신동원: 어쩌면 선생님께서 한국 과학 기술사의 중요한 부분을 거의 다 짚어 버리셨기 때문에 좋은 연구 주제를 모두 뺏긴 후배들이 샘이 나서 그러는 것일지도 모릅니다. (웃음) 선생님께서 1966년판 책뿐만 아니라 그때까지 발표한 논문들을 통해 한국 과학사를 관통하는 주제들을 거의 다 다루셨고, 대부분은 교과서에 실릴 정도의 정설이 되어 버렸죠. 사실 선생님이 밝혀낸 연구 성과인지, 그 전부터 누구나 알던 상식인지 구분할 수 없는 상황이 됐죠. 방법론도 좋았고요. 그러고 보니까, 현장 답사 가서 자로 재고 모형 제작도 하고 하셨는데, 얼마나 많은 유물을 찾아 이런 작업을 하셨나요?

전상운: 셀 수 없죠. 집사람과 둘이서 방학 때면 버스 타고 전국을 돌았죠. 비포장 도로에 에어컨 없는 버스라 힘들었죠. 전국을 거의 다 돌았어요. 실제로 제 눈으로 보고 확인하고 했죠. 그렇게 본 것들은 머릿속에 컴퓨터 입력되듯이 입력됐죠. 절대 잊지 않았어요. 옛날 이야기이지만.

신동원: 기억나시는 에피소드가 있다면, 좀 들려주시죠.

전상운: 순조 때 만들어진 측우대가 있다고 해서 찾아갔을 때에요. 와다 유지 책에서 "신미년"이라는 글자가 씌어진 게 있다는 것을 봤죠. 관상대 가서 물어보니 없다 하는 거예요. 인천에서 안 가져왔을 가능성이 있다고 했죠. 그래서 시외 버스 타고 인천 측후소를 찾아 갔어요. 딱 있더군요. 유치경

선생과 같이 사진 찍고 돌아오는데, 그게 아무래도 시멘트로 만든 것 같은 거예요. 그럼 순조 때 게 아닌 거죠. 하루 종일 찍었는데 맥이 쫙 풀려요. 그래서 광물학 잘 아는 사람한테 물어보니 시멘트가 아니라 사암이라는 거예요. 사암이 시멘트와 비슷하다는 거죠. 지금 대전 국립중앙과학관에 있어요.

한번은 부산 동아대 박물관에 해시계가 있다고 해서 갔죠. 그런데 그 해시계가 휴대용 해시계인 거예요. 휴대용 해시계라고 고증해 줬죠. 그때 관장 하던 분이, 선생님 덕분에 이 해시계가 어떤 유물인지 알았습니다 하더군요.

서울대 박물관 흉도 좀 볼까요. 옛날에는 과학 문화재에 대한 대접이 형편없었어요. 전시조차 안 했죠. 분명 기록이나 책을 보면 서울대나 전신인 경성제대 소장물로 나오는데, 하나도 없는 거예요. 그래서 큐레이터에게 고개 숙이고 부탁하면 찾아 줘요. 한쪽 구석 장롱 문을 여니 앙구일부가 들어 있고, 서가 책들 사이에 자명종이 끼어 있는 식이었죠. 제 책에 들어간 사진들도 그때 찍은 거예요. 또 병풍을 꺼내 펼치니 그게 「곤여전도」인 거예요. 서울대 박물관이 그런 시대였어요. 국립중앙박물관도 흉 볼 것 많은데 아무리 이야기해도 안 고쳐져요. 그리고 앞에 이야기한 것처럼 어려운 한자 이름도 안 바꾸고. 박물관이 세 번이나 이사했는데 잘 안 바뀌죠.

신동원: 천상열차분야지도도 그때 보셨겠군요.

전상운: 창경궁에 일본식 건물인 장서각이 있었는데 왜정 때 경성박물관이었어요. 명정전 오른쪽에 있었죠. 거기 가기 전에 명정전 전각들 추녀 밑에 돌로 된 유물들이 쫙 있더군요. 일고여덟 개. 그중 하나가 천상열차분야지도였죠. 그리고 장서각 앞에 지금 보물로 지정된 풍기대가 있었는데 안내판도 없었어요. 그런 것들을 찾아다니며 보는 게 참 즐거웠어요. 현재 원서동 현대빌딩 앞의 서운관 간의대도 그때 본 것이었어요. 그때는 휘문고등학교 담벼락 사이에 끼어 있었는데, 올라가는 계단도 없고 넝쿨로 꽉 덮여 있었죠. 거

기에 유경로, 나일성, 이은성 선생 등과 사다리 놓고 올라가 봤죠. 조선 전기의 관측대라는 게 분명했죠. 충격을 받았어요. 『조선왕조실록』은 물론이고 『궁궐지』 같은 기록을 봐도 창덕궁 앞에 있던 서운관의 관측대인데 이대로 둬서는 안 되겠다 보고라도 해야겠다 싶어 급히 나일성 선생의 도움을 받아 쓴 게 「서운관과 간의대」라는 글이었죠.

세계의 과학사 학계와 만나다: 1968년 홍콩 국제 동아시아 과학사 회의

신동원: 그랬군요. 1966년판이 어마어마한 에너지의 산물임을 짐작할 수 있을 것 같습니다. 그럼 영문판 출간의 이야기로 넘어가 보겠습니다.

그런데 영문판 출간을 본격적으로 여쭙기 전에 1968년 홍콩에서 열린 국제 동아시아 과학사 회의 참석 이야기를 좀 해 보면 어떨까 싶습니다. 이 학회가 선생님이나 동아시아 과학사 학계에 깊은 의미를 가지는 것 같습니다. 회의 관련 에피소드들은 다른 책에도 조금씩 언급하셨으니 저는 선생님들께서 또래의 야심만만한 연구자들로부터 어떤 인상을 받으셨는지 여쭐까 합니다. 제 생각에는 그분들로부터 받은 인상과 영향이 아마 선생님의 학문인생 전체에도 깊은 영향을 끼치지 않았을까 합니다. 어떤 분들이 참석하셨는지 기억하시는지요?

전상운: 1968년 1월에 학회가 있었어요. 홍콩 대학교 중지(崇基) 대학이었죠. 황(黃) 교수, 누를 황자를 쓰는 사람이었는데, 역사학 교수였어요. 과학사 전공은 아닌데, 역사학을 하면서 과학사 학자 호펭요크, 나카야마 시게루, 네이선 시빈과 친분이 있었죠. 나카야마하고 시빈이 홍콩에서 회의를 하고 싶으니까 그이를 끌어들인 거였죠. 홍콩은 1월이 기후가 제일 좋아요. 장미

꽃이 피고, 꼭 우리나라 4월 말, 5월 초 날씨죠. 네이선 시빈하고 나카야마 시게루가 하버드 박사니까, 하버드에서 돈을 따냈고, 옌칭 연구소가 돈을 대기로 결정했죠. 그 돈을 홍콩 대학 쪽에 주고 그쪽은 회의 장소와 식사를 제공했죠. 또 우리 체재 편의를 봐 주었죠.

신동원: 정말 쟁쟁한 분들이 참석하셨던 것 같습니다.

전상운: 나카야마 시게루, 호펭요크, 네이선 시빈, 야부우치 기요시가 참석했죠. 그리고 싱가포르 좋은 집안의 딸로 중국 수학사로 박사 학위를 한 람 박사라는 분도 참석했죠. 2000년 국제 동아시아 과학사 회의를 싱가포르에서 할 때 다시 뵈었는데, 싱가포르 대학교에서 귀빈 대접을 하더군요.

호펭요크 교수는 수학사와 천문학사가 전공이었죠. 우리식으로 읽으면 하병옥, 말레이시아 화교였죠. 지금은 호주에 사니 중국계 호주 사람이죠. 그야말로 호인이었습니다. 싱가포르 대학교에서 오래 있었는데, 싱가포르가 말레이시아에서 독립하기 전부터 싱가포르 대학교의 교수였어요. 독립 후에는 떠났죠.

시빈 교수는 이때는 연금술 연구를 할 때였고, 나카야마 시게루는 중국과 일본 천문학사를 공부하고 있었죠. 나카야마 시게루가 『과학 혁명의 구조』의 저자인 토머스 쿤의 제자인 건 아시죠. 최근에는 동아시아 과학 문명론 같은 큰 그림을 연구하고 있죠.

사실 그때 니덤도 오기로 했었어요. 그런데 못 왔죠. 오기 2~3일 전에 무릎이 고장 났다는 거예요. 니덤하고 그 중국인 부인 루궤이젠(魯桂珍, Lu Gwei-djen) 모두 오기로 했었는데 둘 다 빠졌죠.

처음 이 모임을 만들 때에는 이름이 국제 중국 과학사 전문가 회의였습니다. 그걸로 하버드에서 연구비를 따냈죠. 하지만 중국으로 한정짓지 말고 동아시아로 넓히자 해서 국제 동아시아 과학사 전문가 회의라고 이름을 바꿨습니다. 이게 케임브리지 로빈슨 칼리지에서 조직하는 국제 동아시아 과학사 학회와 회의의 모체가 되었죠. 2, 3년 내에 한 번씩 열자 했는데, 쉽지는 않았죠. 또 이름을 동아시아로 하려니까, 중국, 일본은 다 있는데, 한국이 없다, 한국에서 한 명은 꼭 참석해야겠다는 이야기가 나오게 되었죠. 그렇게 해서 제가 불려가게 되었어요.

신동원: 선생님을 빼면 갈 사람이 없었을 것 같습니다. 일본의 또 다른 명성 높은 과학사 학자 야마다 게이지 교수님은 참석하지 않으셨더군요. 혹시 본격적인 연구를 하시기 전이었나요? 그리고 서양인은 시빈과 니덤뿐인데 혹시 다른 분들은 뒤에서 지원만 하셨나 보죠?

전상운: 아뇨. 사실 야마다 게이지도 부르려고 했고, 불러도 되는 사람이 었어요. 하지만 야마다 게이지가 영어를 읽고 쓰는 건 귀신인데, 말을 잘 못한다고 본인이 싫다 해서 부르지 않았죠.

그리고 이 모임의 또 다른 목적 중 하나가, 미국에서 과학사를 전공한 김영식 선생의 박사 학위 지도 교수이기도 한 프린스턴의 찰스 길리스피가 『국제 과학사 인명 사전(Dictionary of Scientific Biography)』을 기획해서 펴낼 준비를 하고 있는데, 동아시아 사람을 가능한 한 많이 넣도록 압력을 가하지 않으면, 길리스피가 틀림없이 동아시아 사람을 다 뺄 거다, 그래서는 안 되니, 압력을 행사하는 모임을 만들자 하는 거였어요.

결국 『국제 과학사 인명 사전』에 한국 사람은 한 사람도 등재되지 못했죠. 저는 그 회의에서 특히 이천이나 이순지 같은 세종 때 과학자들 중 몇 사람은 들어가야 한다고 주장했어요. 그들은 15세기만 보면 세계 어떤 나라의 학자들에 비해도 뒤지지 않기 때문이죠. 호펭요크와 나카야마가 동조해 줬고, 야부우치도 사이드로 압력을 가했지만, 결국 빠지고 말았습니다. 사실 시빈과 길리스피가 사이가 나빴죠.

신동원: 『국제 의학사 인명 사전(*Dictionary of Medical Biography*)』에는 한국 인물이 4명 들어가 있습니다. 세종, 허준, 최한기, 이제마. 제가 썼습니다. 일본보다 비중은 적지만 그래도 들어가 있다는 데 만족하고 있습니다. 그럼 좀 더 구체적으로 이야기를 가지고 가 보죠. 혹시 학회 회의를 하시면서 느끼셨던 것은 없었는지요?

전상운: 일단 자괴감을 느꼈어요. 제일 섭섭했던 게 제가 영어를 자유자재로 구사하지 못해 토론을 제대로 못했다는 겁니다. 듣는 것은 70~80퍼센트 되고, 한문 읽을 줄 아니 어느 정도 따라갈 수 있겠는데, 말을 잘 못하니 토론에 참여하지를 못했죠. 야부우치 선생이 뜻밖에도 영어를 대단히 잘하더군요. 야부우치 선생이 사실은 프랑스 어도 잘해요. 『알마게스트』도 그분이 일본어로 번역했죠. 최근 개정판을 한 부 보내 줬어요.

언어 문제 말고는 동아시아 과학사의 전문가들인데, 다들 한국 과학, 전통 과학에 대한 이해가 너무 없다는 게 섭섭했습니다. 사실 한국 과학사는 물론이고 한국사 자체에 대한 영어 읽을거리가 거의 없었으니 당연한 일이지요. 지금이야 신동원 선생이 『국제 의학사 인명 사전』에 참여한 것처럼 우리나라 역사와 정보를 알리는 글들이 참 많아졌지만 그때는 정말 없었어요.

니덤도 저하고 이야기하면서 자기가 『중국의 과학과 문명』을 쓸 때, 가장 큰 애로 사항 중 하나가 한국사 관련 참고 도서가 너무 없다는 것이었다고 한 적이 있어요. 오히려 홍이섭 선생님의 책이 있어서 한국 과학사 읽을거리는 있는데, 한국사 전체를 조망할 수 있는 책이 너무 없다는 거예요. 일본에서 출간된 조선사 책 정도나 있고, 영어로 된 거로는 호머 헐버트의 『한국의 역사(*The History of Korea*)』(1905년) 정도였는데, 문제는 너무 낡아서 참고하기 어렵다는 거였죠. 그래서 처음부터 한국 과학사를 뺐다고 하더군요. 그 정도로 한국사에 대한 이해와 인식이 부족한 게 당시 현실이었어요. 야부우치, 나카야마, 시빈이 동아시아 과학사를 한다면 한국 것을 꼭 넣어야 한다고 주장한 것은 그 반작용이었을 겁니다.

신동원: 니덤은 학자로서 한국 과학사와 관련해 어떤 감을 가지셨던 듯합니다. 문명의 무게라고 할까요. 선생님에 대한 기대가 굉장했을 것 같습니다. 어떤 의미에서는 니덤을 포함해 시빈이나 나카야마 같은 대가들이 선생님을 일부러 초대하고, 영어판 출간을 도와주고 했던 것이 그런 점과 연결되는 것 같습니다. 학회 참석하신 선생님들의 나이차는 어땠나요?

전상운: 호펭요크가 1927년생인가 그렇고, 나카야마가 1928년생, 시빈이 1932년생, 제가 1928년생, 아니 사실은 1932년생이었죠. 골고루 비슷한 나이였어요. 똘똘 뭉쳤죠.

신동원: 그게 중요한 것 같습니다. 그런 30대 중후반 젊은 학자들의 의기투합이 국제적인 학회를 끌고 간 힘이 되었을 것 같습니다. 모임의 분위기는 어땠나요? 호흡이 잘 맞고, 화학적 반응이 잘 일어나는 것처럼 새로운 연구 아이디어가 팍팍 튀어 나왔을 것 같습니다.

전상운: 본인들도 놀랄 정도로 호흡이 잘 맞았고, 회의도 잘 이뤄졌습니다. 야부우치 선생이랑 같은 호텔에서 먹고 잤고, 회의장 있는 중지 대학까지 호텔에서 30분 정도 기차 타고 가야 했는데, 그때도 계속 이야기하고 토론하고 그랬죠. 사실 하루 종일 같이 있었다고 보면 됩니다.

야부우치 선생은 중국 과학사를 굉장히 높이 평가하고 있었어요. 사실 야부우치 스쿨과 니덤 연구소의 연구자들과 그 성과를 비교하자면 솔직히 말해 야부우치 스쿨 쪽을 좀 더 높게 평가할 수 있지 않을까 싶어요. 아, '야부우치 스쿨'이라는 말은 제가 만들어 붙인 거예요. 야부우치를 중심으로 한 교토의 과학사 학자들을 저는 이렇게 부르죠. 그러나 일본 사람들은 이걸 공식화하려고 하지를 않아요. 하지만 저는 야부우치 기요시 탄생 100주년 행사 때 가서 "나는 야부우치 스쿨의 시니어 펠로다."라고 공식 선언했죠. 야부우치 선생은 이제 세상을 떠났지만 야마다 게이지 등이 그 뒤를 잇고 있죠.

야부우치 스쿨과 니덤 연구소를 비교하자면 야부우치 쪽은 공동(共同) 연구라 해야 할 것 같고, 니덤 연구소 쪽은 협동(協同) 연구라 해야 할 것 같아요. 공동이나 협동이나 일본어 발음은 '교우도우'라고 같아요. 그러나 미묘하게 다른 점이 있죠. 텍스트 읽어 해석하는 깊이도 다르고. 니덤 쪽은 대중적이고 서술 중심적이고 서양인들을 계몽하는 측면도 있죠. 교토 쪽은 니덤 연구소 쪽에 비해서는 연구 자체를 수행하는 정력이라고 할까요, 그런 건 좀 부족했죠. 연구비를 따내는 것에 좀 더 적극적이었다면, 그리고 돈을 더 많이 따냈다면 니덤 연구소를 능가하는 성과를 냈을지도 모릅니다.

특히 야부우치 스쿨의 핵심인 인문 과학 연구소의 연구 보고서로서 출간된 『송원 시대 과학사』, 『명청 시대 과학사』, 『중국 과학사』 책들은 말 그대로 대작이죠. 지금 그중 한 권이 영인본으로 나와서 4만 엔, 10만 엔에 팔리고 있어요. 그 정도로 높이 평가되고 있죠. 그리고 야부우치 스쿨에서 『천공개물』을 일본어로 역주해 출간했는데, 중국에서 도로 번역해 갈 정도였죠. 『본초강목』 번역 사업도 볼 만하답니다. 원래 야부우치 스쿨의 과학사 연구회에서 이 책을 번역하고 있었는데, 독립적으로 번역을 하고 있던 개인이 이것을 알고, 자기 원고를 보내 줬죠.

신동원: 시빈 교수님이나 나카야마 교수님은 어땠나요? 말씀 나온 김에 대학자들에 대한 선생님의 평가를 한번 들어보는 것도 좋을 듯싶습니다.

전상운: 가서 보니 정말 쟁쟁하더군요. 그런데 다 젊고, 다 제 또래래요. 그러니까 불가사의한 생각이 들더군요. 도대체 나를 어떻게 알고 거기까지 불렀을까? 아무튼 시빈은, 중국어를 아주 잘했어요. 놀랐죠. 처음 만났을 때

콧수염을 길러 아랍계냐 했더니 유태계라더군요. 굉장히 야심만만한 학자였어요. 그때 이미 MIT에서 내는 동아시아 과학사 총서의 편집자였어요.

나카야마는 중국 과학사에 홀딱 반해 있었죠. 박사 학위는 일본 천문학사로 받았죠. 하버드에서 동아시아 사람으로는 아마 처음으로 박사 학위를 받았을 겁니다.

호펭요크는 영어를 굉장히 잘한다는 것이 인상적이었어요. 그리고 중국의 천문학 및 수학 고전에도 굉장히 밝았죠. 앞에서 이야기했던 싱가포르의 람 박사 있죠, 그의 지도 교수가 호펭요크였습니다. 그리고 우리나라의 천문 관측 기록에도 굉장히 밝았습니다. 그때에 이미 『증보문헌비고』「상위고」를 몽땅 읽었던 거죠.

야기 에리 선생은 도쿄대 물리학과 학위 과정 끝내고 학위 논문 쓰던 중에 예일대로 옮겨 가서 박사 학위 공부를 다시 했죠. 야기 박사의 집안이 원래부터 학자 집안이죠. 야기 박사는 과학사는 아니고 물리학사와 가까운 쪽으로 공부를 했죠. 과학사의 본류에서는 떠났다고 해야 할 거예요. 지금은 개인 연구소를 하고 있습니다.

신동원: 동아시아 과학사라는 같은 주제를 가지고 홍콩에 모이기는 했지만 그때부터 학문 성향이 분명하게 드러난 것은 아니지만 미묘하게 달랐군요. 그리고 그 뒤에 아주 다채롭게 바뀌어 가지 않습니까. 시빈만 해도 나중에 문화 인류학, 연단술 연구로 나아가고요. 호펭요크는 자미두수(紫微斗數) 같은 점술에 관심을 보였죠. 나카야마 교수 역시 천문학사의 본류에서 떠나 과학 사회학 쪽으로 넘어가셨죠? 혹시 부딪치는 부분은 따로 없었는지요?

전상운: 그때 제가 제발 더 하지 않았으면 좋겠다 한 주제가 있었어요. 니덤이 유기론자냐 기계론자냐 하는 토론이었죠. 한번 하기 시작하면 몇 시간씩 토론이 이어졌죠. 저는 영어도 짧고, 그쪽 분야 지식도 너무 없고 해서 부

담스러웠죠. 사실 저는 과학사를 정식으로 훈련받아 공부한 게 아니잖아요. 그러니까 그런 논쟁이 구체적인 연구 주제로 들리지 않고 추상적인 것처럼 들렸죠. 사실 그때 벌써, 과학사를 정식으로 훈련받지 않은 것에 대한 아쉬움을 느꼈습니다.

그리고 그때 제가 쓴 『한국 과학 기술사』를 영어로 쓰겠다는 이야기를 했어요. 마침 시빈이 그 이야기를 듣고는, 알았다, 자기가 편집 책임을 맡고 있는 MIT 동아시아 과학사 시리즈에 넣어 주겠다고 하더군요.

신동원: 영어판 출간이 또 그렇게 연결이 되는군요. 사실 선생님은 어려웠다, 부족했다 하시지만, 사실 내공이 엄청나셨던 것 같습니다. 아마 그 대학자들도 선생님의 그런 가능성들을 높이 평가했던 것이겠죠. 선생님은 다른 분들이 선생님을 어떻게 평가하는지 알고 계셨는지요?

전상운: 니덤이 저에 대한 평가를 굉장히 좋게 해 준 듯합니다. 혼천시계 관련해서 말이죠. 프라이스도 저를 좋게 봐 줬겠지만 국제 학회에서 프라이스를 만난 것은 일본에서 국제 동아시아 과학사 회의가 열렸을 때가 처음이었죠. 1975년이었죠. 그리고 1966년판을 여러 사람에게 증정했는데, 그게 나름 좋은 평가를 받았던 것 같아요. 거기에 있는 그림들 보고, 홍이섭 선생님 책에는 없는 그림이니, 한국의 전통 과학 중에 이런 업적이 있었냐 하고 놀라더군요. 그리고 일본 과학사 학회 학회지에 발표한 1963년 강우량 측정 논문도 좋은 평가를 받았죠. 일본 사람이 어떻게 한국 사람 논문을 자기네 학회지 첫머리에 올리냐, 이런 일은 거의 없다 하면서 좋게 좋게 말해 줬죠. (웃음)

신동원: 앞에서도 말씀드렸지만 지금 봐도 굉장히 탄탄한 논문입니다. 현대성이 돋보이는 논문이죠. 그렇다면 1968년 회의와 관련해서 마지막 질문

을 드릴까 합니다. 일단 이 학회는 동아시아 과학사 학회라고는 했지만 원래는 중국 과학사 학회였지 않습니까. 그러니까 사실 중국 중심의 과학사 연구 모임인 거죠. 비슷하지만 미묘하게 다른 부분이죠. 그때 학회에 참석하시면서 동아시아 과학사와 한국 과학사의 관계에 대해서 고민하셨을 것 같습니다. 혹시 이 부분에 대해 들려주실 수 있는지요?

전상운: 개인적으로 중국 학자나 서양 학자를 만날 때 화날 때가 종종 있습니다. 항상 중국 중심으로 생각을 하고, 한국은 그 일부라고 평가하죠. 이것은 과학사만이 아닙니다. 그리고 공평한 평가도 아니라고 생각합니다.

1968년 학회에서 저는 세종 시대의 전통 과학에 대해 발표했습니다. 물론 거기 참가한 사람들도 세종 시대가 한국 전통 과학에서 전성기라는 것을 알고 있었죠. 다만 구체적인 것을 몰랐는데, 제가 구체적으로 이야기하니까 그들도 그대로 수용하더군요. 중국 과학사 전문가의 입장에서 보더라도, 중국 과학사와 비교하더라도 돋보인다고 평가하더군요. 인정을 받은 거예요. 저한테는 그게 컸죠. 그러면서도 "한국 과학의 흐름은 결국 지류다, 하지만 창조적인 업적을 가진 지류다." 하고 정리를 하더군요. 그때는 그 정도로 이야기를 마무리했죠. 그때까지만 해도 우리가 중국에 어떤 영향을 미쳤으리라고는 생각도 못 하던 때니까요. 신 선생은 잘 아시겠지만 『동의보감』은 당대 중국에서도 높은 평가를 받았거든요. 하지만 당시 회의에서는 감히 내세우기 어려웠죠.

한국의 과학 기술사를 세계에 알리다:
1974년 『한국 과학 기술사』 영어판 출간

신동원: 그럼 영어판을 펴내신 과정으로 넘어가 보죠. 1966년판과 영어

판의 차이, 영어판 내는 과정 등등 학자로서는 흥미진진한 이야기가 가득
할 것 같습니다. 먼저 제목 이야기부터 하죠. 제목에 과학사라고, 다시 말해
*History of Korean Science*라고 못 붙인 이유는 무엇인가요?

전상운: 영어판 책은 처음에는 시작이 『그림으로 보는 한국 과학의 역사
(*Illustrated History of Korean Science*)』였어요. 다들 한국에 대해 너무 모를 때니
까, 도판을 많이 넣으려고 했죠. 옛 문헌들과 과학 문화재들 사진을 제대로
찍어 가지고 그것을 해설하면서 한국의 과학사와 전통 과학을 새롭게 인식
시키는 책을 쓰려고 했죠. 처음에는 프라이스 교수의 친구요, 스미스소니언
박물관의 부관장을 했던 실비오 베디니(Silvio A. Bedini)와 공저로 기획을 했
죠. 원래 베디니는 중국 시간 측정 기기에 대한 연구를 많이 한 사람입니다.

그이와 제가 서로 알게 된 건 향(香)시계 때문이었죠. 향시계가 중국과 일
본에서는 발달했는데, 한국에서는 왜 발달 안 했냐 하는 문제로 의견 교환하
다가 친해졌죠. 그때 절에 있는 노승들에게 물어봤어요. 그랬더니 자기들 젊
었을 때에는 있었다 하더군요. 왜 없었겠어요. 1시간 향, 30분 향 이런 게 있
었다고 하더군요. 그리고 고승들, 공부하는 학승들이 천문이나 별자리에 아
주 밝았다는 이야기도 그때 이 향시계 공부하면서 알게 됐죠.

아무튼 베디니가 저에게 도판으로 한국의 전통 과학을 소개하는 책을 함
께 쓰면 좋겠다고 제안해 왔고, 실제로 그렇게 하자고까지 이야기도 됐죠.
그러나 앞에서 이야기한 것처럼 시빈을 통해 MIT에서 출판하는 것으로 이
야기가 됐고, 결국 원고 쓰기 위해 1966년판 책을 번역하는 과정에서 MIT
쪽에서 요구하는 것과 원래 기획했던 게 다르다는 것을 알게 되었죠. 결국
1966년판을 번역, 수정, 보완하는 방향으로 정리가 됐죠. 그래서 제목도 그
리 된 거죠.

신동원: 그렇다고 하더라도 처음 영어판을 기획하실 때는 어떤 계획이나

포부 같은 게 있지 않았습니까?

전상운: 앞에서도 이야기했지만 영어로 책을 내는 이상 한국 과학사를 포괄하는 동시에, 국제 학계에서도 통용되는 책을 내고 싶었어요. 그렇지만 평양 학자들의 성과와 자료를 보고 반영하지 않는다면 반쪽짜리가 된다고 생각했습니다. 그리고 이것을 보려면 오직 하버드-옌칭 연구소를 가야 한다고 생각했죠. 누구한테 들은 이야기도 아니었고, 심지어 그때까지 북한의 연구 성과나 평양 학자들이 발굴해 낸 사료를 거의 못 봤어요. 일본에 가서 교토 대 도서관, 일본 국회 도서관 가서 보려고 해도 힘들었죠. 일본 서점가에도 평양 학자들의 책이 몇 권 없었어요. 북한에서 나온 『조선 문화사』 일본어판 정도가 전부였죠. 『조선 문화사』를 보니까, 문화사 책인데, 각 장 시작이 전부 과학사인 거예요. 생산력을 중시한 유물사관이 반영된 거겠죠. 이걸 읽다 보니, 체제를 이렇게 엮어 놓으려면 그 바탕에 연구가 꽤 있었을 텐데, 하는 생각이 들었어요. 하지만 자료를 구체적으로 읽을 수 없으니까 답답한 거예요. 홍콩 회의 갔을 때에도 중국 서점에 가니 평양 자료가 더러 있더군요. 아무튼 이대로 영어판을 쓰는 것은 장님 코끼리 만지기다, 생각했죠.

신동원: 북한 학자들의 연구 성과에 대한 관심은 본능적이었나요, 아니면 의식적이었나요?

전상운: 아마 제가 그쪽 출신이라는 게 영향을 주었겠죠. (웃음) 아무튼 하버드-옌칭 연구소의 도서관을 갔더니, 평양 쪽 자료가 거기서 구할 수 있는 건 다 있더군요. 우선 본 게 평양에서 내던 학술지인 《고고민속》이었죠. 게다가 역사 관련 저널들도 다 있어 몽땅 읽었죠. 또 관련 논문들, 단행본들이 다 있는 거예요. 그중에 특히 《고고민속》에 실린 최상준 교수의 논문들을 보고 정말 놀랐죠. 그러나 그때 리용태 교수는 존재 자체를 몰랐어요. 도서관에서

보지도 못했죠. 나중에 1990년대에 다시 갔을 때에는 『우리나라 중세 과학
사』라는 제목으로 영인되어 출간된 책들도 있었죠. 그때 굉장히 큰 자극을
받았답니다.

신동원: 앞에서 포부 말씀하실 때 들어 보니까 분명하게 말씀하시지는 않
았지만 어떤 가설 같은 것을 머릿속에 생각해 두고 계셨던 것 같습니다. 아니
면 뭔가 좀 막힌 게 있는데, 이런 걸 좀 보완하면 어떨까 하는 생각을 가지셨
던 것 같습니다. 그랬으니까 북한 자료를 봐야 한다는 의식이 드셨겠지요.

전상운: 그랬죠. 특히 한반도의 청동기, 철기 기술의 기원과 관련된 문제가
특히 그랬죠. 고고학자들이야 청동기, 철기 기술 모두 중국서 들어왔다 하는
데, 저는 그때부터 이것에 상당히 강한 의문을 가졌습니다. 한번은 서울대 역
사학과 교수로 계시던 김철준 선생님과 이 문제로 토론을 한 적이 있는데, 중
국이 아니라 중앙아시아 쪽에서 들어온 과학사적 흔적은 발견되지 않았냐
고 물으시더군요. 하지만 그때는 중앙아시아 쪽은 생각도 못 하던 때였죠. 그
러나 하버드-옌칭 연구소 가서 최상준 교수의 논문(「우리나라 원시 시대 및 고대
의 쇠붙이 유물 분석」,《고고민속》3호, 1966년)을 보니까, 한반도의 청동기 기술이
꼭 중국에서 들어온 것이라고 하면 안 되겠다는 생각이 들었습니다. 이 부분
이 우리나라 고고학계의 주류와 생각이 달라지는 부분이었죠.

사실 그때까지만 해도 한국의 청동기 기술이 중앙아시아는 물론이고, 중
국 같은 외부에서 들어왔다는 흔적이 발견되지 않고 있었어요. 일본과 한국
의 고고학자들이 그렇게 연구했는데도 그랬죠. 당연히 '아연 청동'이나 '한
국 청동'이라고 부를 수 있는 한반도의 청동기 기술은 어쩌면 고조선 지역에
서 자체적으로 형성된 게 아닌가 하는 생각으로 이어졌죠. '한국 문명권'이
라고 부를 수 있는 넓은 지역에서 형성되었다고 본 거죠. 그리고 북한에서 평
양 학자들이 연구한 자료들 중에 그런 상상을 가능케 하는 증거들이 있는

게 아닌가 생각했죠.

신동원: 문자 이전 시기에 대한 나름의 역사 해석을 하신 거군요.

전상운: 그렇죠. 일본 학자들 연구를 보니까, 『증보문헌비고』나 『삼국유사』나 『삼국사기』에 중국에는 없는 천문 관측 자료 같은 게 나온다는 거예요. 일본 사람들은 이것도 베낀 것이라고 억지 주장을 하기도 했죠. 하지만 모든 것을 중국의 영향을 받은 것으로 보는 시각들에 의심을 가지기 시작하던 차에 하버드-옌칭 연구소 도서관에서 북한 문헌들을 보니까 한반도의 청동기 시대에 대해 새로운 가설을 세우게 되었죠. 중국의 것과는 조금 다른, 독자적인 청동기 문명이 있었다고 생각하게 된 거죠. 맹목적인 중국 유입설에 대해 재검토를 제안하고 싶었습니다.

신동원: 선생님의 청동기 관련 가설들은 학계에서도 논쟁거리가 되었죠. 그렇다면 북한 연구들 중에서 청동기 분야 말고 다른 분야에서 자극 받으신 건 없는지요?

전상운: 다른 건 별로 없었습니다. 다만 청동기 시대 다음에 오는 철기 시대의 성립을 좀 앞당겨야 한다고 생각하게 되었죠. 잘 아시겠지만 우리나라 고고학자들은 한반도에서 철기 시대가 성립된 시기를 굉장히 늦춰 봅니다. 그런데 그렇게 보면 청동기 시대와 이어지지 않게 됩니다. 철기 시대 유물들이 두만강 강변이나 무산 유역에서 많이 나오는데, 사실 이게 철광석이 많이 매장된 철광산 지역과 겹칩니다. 그렇다면 중국 같은 외부에서 선진적인 철기와 그 기술이 본격적으로 들어오기 전에 자생적인 철기 기술이 형성되었던 것은 아닐까 하는 의문을 가지게 되었죠. 온도를 섭씨 1,000도 정도로 올릴 수만 있으면 철기는 자연스럽게 만들어집니다. 우리나라의 철광 지역과

철기 유물이 많이 나오는 지역이 겹친다는 것은 중국에서 철기가 본격적으로 유입되기 전에 독자적인 철기 문명이 형성되었을 수도 있다는 가설의 간접적인 증거, 아니 그것까지는 안 되어도 실마리 정도는 되지 않을까 생각했죠. 그리고 이렇게 자생적으로 발생한 청동기 기술이나 철기 기술이 중국이나 중앙아시아에서 넘어온 고도의 선진적 기술과 결합해 독자적인 기술로 발전한 거죠. 이것은 한국 전통 과학 기술에서 볼 수 있는 독자적인 기술 전통과 맥이 닿죠.

신동원: 선생님의 이런 견해에 대해 한국 학계, 역사학계나 고고학계는 어떻게 반응했나요? 선생님께서 한국 청동기 기술의 독자성을 주장하신 지 오래되었고, 그동안 여러 번 논쟁도 이루어진 걸로 알고 있습니다. 선생님의 생각이 한국 학계에서는 어느 정도 수용되고 있는지요?

전상운: 일단 청동기 시대의 성립 연대가 올라가고 있어요. 중국 학자들이나, 평양 학자들은 물론이고 우리 학자들도 청동기 시대와 철기 시대의 성립 연대를 다 높이고 있죠. 남쪽에서는 김정배 선생이 젊었을 적에, 1971년일 겁니다, 최상준 교수의 논문 복사해 온 것을 받아 가지고 자기만의 학설을 세웠어요. 최소한 기원전 10세기 이전, 최대한 거슬러 올라간다면, 기원전 13세기에 한반도에서 청동기 시대가 시작된 것으로 봐야 한다고 주장했죠. 하지만 당시에는 다들 황당하다고 평가 절하했죠. 심지어 학계에서 상대도 안 할 정도였어요. 제가 1976년판 책을 쓸 때 청동기 시대 시작을 기원전 10세기로 잡았었는데, 당시 우리 고고학계는 기원전 7세기 이후로 봤어요. 사실 그때 저는 기원전 13~12세기 이야기를 하고 싶었죠. 그러나 비전공자가 황당한 소리 한다고 할까 봐 그러지 못했죠. 하지만 이기백 선생님도 제 가설이 온건하다고 평가하신 적이 있죠. 이기백 선생님도 평소에는 비슷하게 생각하셨던 것 같아요.

신동원: 이제는 '한국 청동'이라는 말도 보편적으로 쓰이고 있습니다. 교과서에도 나오고요. 그런 의미에서 선생님의 생각이 어느 정도 사회에서 자리 잡았다는 이야기도 되는 것 같습니다.

전상운: 사실 '한국 청동'이라는 용어를 쓰기 시작한 것은 저입니다. 최근 최주 박사 같은 분은 제 연구나 최상준의 연구를 낮게 평가하고 비판하기도 하는데, 솔직히 말씀드리자면 최주 박사의 연구 자체도 불완전하다고 생각해요. 저도 최주 박사가 홍릉 카이스트에 있을 때부터 그에게 제가 가지고 있던 시료 분석 자료 등을 넘기기도 했었는데, 남쪽 시료들만 가지고 분석해서는 한반도의 청동기 시대의 성립 시점이라든가 한국 청동기의 본질에 대해 온전한 이론을 세우기는 힘들 것이라는 게 제 판단입니다.

신동원: 분단이 과학사 연구에도 이렇게 영향을 미치는군요. 아무튼 하버드-옌칭 연구소에서 북한 쪽 자료들을 보시면서 청동기 기술과 관련된 부분들은 보완, 보강하셨음을 짐작할 수 있을 것 같습니다. 그렇다면 1966년판과 비교해서 다른 변화는 없었는지요? 혹시 수정, 보완을 했다거나 빼 버린 부분은 없는지요?

전상운: 서문을 다시 썼죠.

신동원: 그렇군요. 제가 봤을 때 한국 과학사를 어떻게 볼 것인가 하는 기조 관점 같은 게 좀 바뀐 것 같습니다. 1966년판에 있던 흥분 같은 게 없어지고 과학 문화재들에 대해서 일정 정도 거리를 두는 '쿨함' 같은 게 느껴진다고 할까요.

전상운: 비분강개 같은 게 많이 줄어든 거죠. 1966년판과 가장 많이 달라

진 부분을 꼽는다면 서문일 거예요. 1976년판과 일본어판을 낼 때에도 서문을 다시 썼는데, 이 영어판의 서문은 그 중간쯤에 위치한다 할 수 있겠죠. 비분강개와 객관의 중간이라 할까요. 1966년판을 쓸 때에는 한국 사람이 어떻게 자신들의 조상들이 만든 것을 이렇게 모를 수가 있느냐, 어떻게 모두 중국에서 왔다고 그러고 있느냐, 이럴 수는 없다, 과학적 연구를 통해서 한국의 전통 과학과 기술이 중국과 일본을 포함한 동아시아에서 그렇게 초라한 존재가 아니라는 것을 증명해 보이겠다 하는 비분강개함이 나이 40 먹으니까 줄어들더군요. 문장도 달라지는 걸 그때 느꼈습니다. 미국 가느라 고생하다 보니 그리 된 걸 수도 있겠죠. (웃음)

신동원: 나이도 드시고 염두에 두신 대상 독자가 달라진 탓도 있겠지만, 아마 진짜 이유는 선생님의 공부가 깊어진 것과 관련 있는 것 같습니다. 인용 문헌을 봐도 1966년판과 영어판이 아주 딴판입니다. 말씀하신 북한 쪽 문헌은 물론이고 영어 문헌과 일어 문헌 등이 빽빽하게 들어갔죠. 선생님의 문헌 해석 능력이 굉장히 좋아졌음을 보여 주는 것 같습니다. 제도권 학계의 성과들과 이론들을 마른 수건처럼 흡수해 가셨던 선생님의 모습이 상상이 됩니다.

전상운: 눈을 뜬 거죠. 다 읽지는 못해도 수집해 뒀던 책들을 보면서 어느 정도 맥은 짚고 있었는데, 하버드-옌칭 연구소 도서관에서 귀중한 도서들을 열람하면서 공부 수준이 확 바뀌었죠. 하버드-옌칭 도서관은 정말 대단한 곳이었어요. 당시 우리나라에서는 규장각에서만 볼 수 있던 책들도 다 있더군요. 그러나 그때 우리 규장각에서는 자신들이 어떤 문헌을 가지고 있는지 파악도 못 하고 있었죠. 소장 도서 목록도 없던 시절이었고, 있는 걸 알았다 해도 바깥사람은 보기도 힘들 때였죠. 하지만 하버드-옌칭 도서관에서는 개가식 서가에서 내 집 책처럼 맘대로 꺼내 볼 수 있었죠.

아침 9시에 출근, 저녁 5시에 퇴근하는 생활을 반복했습니다. 도서관 부관장 사무실이 현관 옆에 있었는데, 부관장 선생님이 한번은 절 보고 한국에서 온 학자들 중 그렇게 꼬박꼬박 도서관에 출근하는 사람은 전상운밖에 없어, 하시더군요. 서울대 교수도 그러지 않았는데, 돈도 안 줬는데 말이죠. 당시 하버드–옌칭 도서관에서 한국 도서들은 지하에 있었어요. 1층은 사무실과 일반 열람실이었고, 2층은 일본 도서, 3층은 중국 도서가 있었죠. 미국에 있는 동안 1, 2, 3층을 올라갔다 내려갔다 하면서 관련 도서라면 다 찾아봤어요.

신동원: 좋은 도서관이 옆에 있으면 좋은 책이 나온다는 것을 보여 주는 좋은 사례였군요. 그러고 보니까 원래는 영어판 제목과 얽힌 이야기를 하려다가 여기까지 온 것 같습니다. 이야기를 다시 돌려 보죠. 이 책의 편집 책임자가 시빈 교수였죠. 책 제목과 표지야 원래 편집자가 결정하는 것이니까, 그렇다면 제목과 관련해서도 시빈 교수가 큰 역할을 했을 것 같은데요.

전상운: 그렇죠. 하지만 불만스러운 부분도 있습니다. "history"라는 글자를 제목에 못 넣었으니까요. 사실 제목을 결정할 때 시빈과 오래 토론을 했어요. 그런데 "history"를 제목에 넣지 말자 하더군요. "Science and Technology in Korea"라고 하고 부제에 "Traditional Instruments and Techniques" 이렇게 하자는 거예요. 제 책에 "history"를 넣으면 공격할 사람이 많을 것 같다는 거예요. 그랬다면 아마 첫째는 박성래 선생, 다음은 김영식 선생이었겠죠. (웃음) 시빈은 그 비판을 피할 길을 찾아 준 거죠.

신동원: 표지에 거북선 그림이 들어가 있지 않습니까. 이것도 시빈이 고른 건가요? MIT에 가면 거북선 모형이 있지 않습니까, 그래서 저는 MIT 출판부에서 나온 이 책의 표지에 거북선이 들어 있는 게 우연이 아니라 생각하고

있었습니다.

전상운: 시빈이 표지에 사용된 이 색을 좋아했어요. 거북선 그림은 북 디 자이너가 고른 거예요. 그가 제가 준 사진을 다 봤는데, 그 가운데 거북선이 가장 한국적이고 세계적인 배구나 하고 골랐다고 해요. MIT 출판부에 있던 독일계 편집장은 제목이나 표지나 그리 맘에 들어 하지 않았던 것 같은데, 시빈이 싸워서 결국 이런 표지가 나오게 됐죠.

신동원: 2003년 MIT 출판부에서 표지를 갈아서 새로 출간했던데, 그때는 검은색으로 제목만 넣었더군요. 보셨는지요? 앞에서 말씀하실 때 원래 영어 판 기획은 공저였는데, 최종적으로 1966년판을 번역, 보완하는 방향으로 수 정되었다고 하셨죠. 그 과정에 대해 말씀을 들으면 좋겠습니다. 제가 듣기로 는 많은 분들이 번역을 도와주셨던 것으로 알고 있습니다.

전상운: 제가 미국으로 건너가는 거나 이게 책으로 나오게 되는 데에는 우 선 김재원, 김원룡, 이기백 선생님들의 도움이 컸죠. 그리고 하버드-엔칭 한 국 위원회의 간사였던 곽동찬 씨가 도움을 줬지요. 하버드-엔칭 한국 위원 회의 연구비는 지원받지 못했지만 말이죠. 그리고 송상용 교수, 제 친구죠, 제가 영어로 책을 내려고 미국 간다 했더니, 그게 혼자서 할 일이냐, 미리 알 았으면 도시락 싸들고 다니며 말렸을 것이라고 잔소리를 하더군요. 게다가 하버드-엔칭 지원금도 못 받은 주제에 어딜 가냐고 뭐라 했죠. 하지만 번역 하는 건 두말없이 도와줬어요. 지리학 부분 번역을 맡아 도와줬죠.

그리고 황돈 선생이라는 분이 있었어요. 저하고 비슷한 시기에 월남한 이 죠. 영어를 정식으로 배운 적은 없는데 니덤 책을 머릿속에 다 넣고 있는 인 물이었어요. 그리고 서울신문에서 과학부장 했던 현원복 씨. 그때 무역협회 간사 노릇을 했었는데 국제 회의 갈 때면 통역 맡아 주고, 문서 번역을 도맡아 줬죠. 또 이병훈 선생이 천문학 분야 번역하다 포기했죠. 또 외신 기자를 하던 심재권 선생이 있었는데 영문학과를 다니지는 않았지만 영어의 달인이 었어요. 그분이 황돈 선생이 번역하던 파트를 이어받아 번역해 줬죠. 미국 가기 전이지요.

신동원: 그 책 한 권 번역하려고 대한민국의 영어 달인들이 다 달려든 셈이군요.

전상운: 미국에 가서도 여러 사람들의 도움을 많이 받았죠. 처음에 도움을 많이 준 이가 유영익 선생이었습니다. 서울대 외교학과 나와 외교사 전공으로 브랜다이스에서 석사를 하고 하버드에서 박사 과정까지 끝내고 논문 마무리 단계에 있었는데, 도서관에서 만나 알게 되었죠. 매일 지하에 있는 한국 도서 섹션에서 만나 얼굴 보고, 점심 함께하고 그랬죠. 그런데 그때 제점심 메뉴가 도넛 2개하고 콜라 한 캔이 전부였어요. 그것 먹고는 견딜 수 없는데, 어떻게 해요, 돈이 없는데, 참아야지. 집 판 돈 1,000달러 가지고 갔는데, 그것만 가지고는 그렇게 먹어야 했죠. 음식 파는 차가 매일 하버드-엔칭 연구소 현관 앞에 왔는데, 핫도그, 빵, 도넛 같은 걸 팔았죠. 저는 매일 도넛하고 콜라니까 제가 가면 주인이 "하이." 하고 도넛과 콜라를 꺼내 놔요.

한번은 하버드의 에드워드 와그너 교수가 연구비를 몇 백 달러 받게 해 준적이 있어요. 연구비 받아 가지고 기분 좋아서 유 선생한테 "오늘은 내가 쏜다." 했죠. 그랬더니 "아니다. 나는 바나나 갖고 왔으니 오늘은 선생 먹고 싶은 것 먹어라." 하더군요. 음식 파는 차에 갔더니 그날도 주인이 도넛과 콜라를 꺼내는 거예요. 하지만 그날은 "노. 서브마린 샌드위치." 했죠. 하버드-엔칭 도서관 휴게실에서 그렇게 점심 먹는 것은 유 선생과 저밖에 없었어요. 한국 학자는 본 적 없죠. 하버드-엔칭 연구비 지원받은 이들은 돈 많으니까, 휴게실 같은 데서 식사할 일 없었겠죠. (웃음)

아무튼 유영익 선생이 영어판 쓰는 데 조언을 많이 해 줬어요. 그분이 미국 와서 공부하면서 외교사로 논문을 쓰려고 미국 쪽 자료도 많이 읽고 우리나라 학자들 논문도 많이 읽었어요. 그중 괜찮은 것은 번역도 하고, 미국 학계에 소개도 하려고 했는데, 우리나라 학자들 글은 영어로 번역하기 너무 어렵다는 걸 깨닫고 포기했다고 하더군요. 그리고 제게는 절대로 영어로 번역할 수 없는 원고는 쓰지 말라고 충고하더군요. 제게는 영어 글쓰기를 위한 중요한 힌트가 됐죠.

사실 처음에는 쉽게 생각했어요. 1966년판을 가지고 가 번역하면서, 하버드-옌칭 연구소에서 새로 공부한 것과 미국 현지에서 새로 익힌 영어를 가지고 마무리를 할 수 있을 줄 알았어요. 유 선생 말대로 문장을 거의 다 새로 쓰다시피 해야 했죠.

신동원: 그랬다면 영어 독자들을 염두에 두셨을 텐데, 그렇게 거의 다 새로 쓰시면서 서술이나 구성은 물론이고 글쓰기 스타일도 어떤 식으로든 변형되지 않았을까요?

전상운: 오늘 처음 이야기하는 것이긴 하지만 그곳 학생들의 도움도 많이 받았습니다. 하버드의 한국학과 학생들, 그러니까 와그너 교수 제자들의 도움을 받았죠. 그때까지만 해도 그들은 한국 과학사를 너무나도 몰랐죠. 그때 석사, 박사 과정 한국 유학생들만 모이는 모임이 있었는데, 그 첫 모임을 보스턴에서 했어요. 그 모임에서 곧 두 번째 모임을 할 텐데 저한테 나와서 강의해 달라고 하는 거예요. 그런데 강의 다 끝나고 나니까 한 학생이 과학사라는 회사가 요새는 잘 되는지 물어보는 거예요. 첫 질문이 그렇게 나오니까, 사람들은 웃지만, 저는 답답했죠. 그 학생은 다른 이들이 왜 웃는가 하는 표정을 짓고 있었어요. 음대 학생인가 그랬죠. 저는 속으로 1시간 강연했는데 공쳤네 했죠.

그러나 그게 그렇지만도 않았어요. 그중 한 사람이 제 강연 이야기를 어디 가서 했는지, 하버드에서 와그너 제자들 모임이 있는데, 그 모임에서 한국의 전통 과학에 대한 총론 강의를 해 달라는 요청이 들어왔어요. 날씨도 좋아 강의실에서 안 하고 하버드 캠퍼스 구내에서 야외 강연을 했죠. 강연 다 마치고 나니까, 이 친구들이 와서 저를 돕고 싶다고, 영어판 내는 일을 도울 테니 일을 달라 하더군요. 와그너 교수가 그 이야기를 듣고 5명을 뽑아서, 챕터가 모두 5개니까. 한 챕터씩 맡아서 영문 번역해 놓은 것을 책을 낼 수 있는 수준으로 고치거나 다시 쓰라고 지시했죠. 공쳤네 했던 강연이 놀라운 기회로 연결된 거죠. 그때까지 번역했던 영문 원고를 챕터 별로 나눠 줬죠. 영어판 서문에서 챕터별로 누구, 누구에게 감사 표시하고 있잖아요. 그들이에요.

그중에서도 제일 꼼꼼하게 봐 줬지만, 끝까지 속을 썩인 이가 로버트 쇼라고 국립 국회 도서관에서 한국관 관장을 했던 친구에요. 가지고 가서는 돌려 줄 생각은 안 하고 붙들고 있는 거예요. 제가 싫은 소리는 못 하고 한국에서 집사람이 보내 준 것들 챙겨 선물하고 그랬죠. 선물 주면서 얼마나 했냐 묻고 그랬죠. 송상용 선생 같은 대한민국의 난다 긴다 하는 영어 달인들이 번역한 건데, 맘에 안 들었는지 자기 문장으로 완전히 고쳐 써서 줬죠.

신동원: 그리고 그것을 또 출판부의 편집자가 다 만졌겠군요. 깡그리 고치기도 하던데요.

전상운: MIT 출판부의 편집자가 처음부터 그러더군요. "우리가 고친 문장에 잔소리를 하면 하버드 정교수라고 해도 책 못 내 준다. 그걸 양해해 달라." 사실 그들이 고친 문장에 토를 달 만한 영어 실력도 안 됐죠.

또 그것을 시빈이 다 봤죠. 니덤도 보고. 정말 대단했던 게 제가 글에 『삼국사기』 문구를 인용해 놓잖아요, 그러면 『삼국사기』를 가져와 가지고 책상에 펴놓고 자기 생각에 이 문장은 이렇게 번역해야 하는 것 같은데 하면서,

하나하나 읽고 영어로 번역하는 거예요. 그런데 시빈이 그렇게 한문을 잘하리라고는 생각지도 못했어요. MIT 출신이잖아요. 나중에 물었죠. 한문 공부어디서 했냐고. 중국학 하려고 했다고 하더군요. 돈을 벌기 위해 미국 군함에서 1년간 일하며 중국어 공부했는데 중국어 말고 영어 쓰면 그날로 퇴교당하는 스파르타식으로 공부했다고 하더군요.

신동원: 정말 대단하군요. 그렇게 일일이 대조하면서 함께 읽고, 번역하면서 오류도 잡고, 새로운 아이디어도 얻고. 제가 만약 그 자리에 있었다면 대단한 영광이라 여겼을 것 같습니다. 그리고 선생님의 입장에서는 한국 과학사를 잘 모르는 이들에게 한국 과학사를 어떻게 설명해야 하는가 하는 문제를 인식하는 계기가 되었겠군요. 영어로 풀어 쓰시는 과정에서 선생님의 한국 과학사 이해도 보다 명확해지고 깊어졌을 것 같습니다. 아마 이것은 서양학계가 가진 굉장한 전통일 것 같습니다. 우리는 가지고 있지 않은.

전상운: 저로서도 영광이었죠. 시빈은 정말 천재였습니다. 말씀하신 것처럼 많은 걸 배웠죠. 예를 들어 와그너 교수가 이기백 선생님의 『한국사 신론』을 번역하고 있었는데, 1년이면 다 번역할 줄 알고 시작했는데, 그때까지 끝내지 못하고 있었어요. 나중에 책 나온 것 보니까 제자 한 사람과 함께 공역했더군요. 와그너 교수가 본격적인 번역에 착수하기 전에 삼국 시대부터 조선 시대까지 한국의 관공서와 관직 이름을 영어로 표기하는 표를 만들어 뒀었어요. 그걸 통째로 절 줬죠. 행운이었지요. 그렇지 않았으면 그런 것들을 번역하고 표기를 통일하는 작업 때문에 정말 고생했을 겁니다.

그리고 영어로 된 과학사 관련 논문 및 문헌과 대조하는 작업도 한참 했죠. 논문이나 책이야 하버드-옌칭 도서관에 다 있었으니 이론적으로 문제는 없었죠. 하지만 그 작업이 얼마나 오래 걸리고 지루한지 말도 못 해요. 그걸 겨우 끝냈다 싶었더니 시빈이 와서 각주를 손보자고 하는 거예요. 우리는

"『세종실록』몇 년 몇 월조" 하고 끝내잖아요. 그런데 시빈은 이것을 권, 장표시로 바꾸고, 쪽수까지 정확하게 달라는 거예요. A면이냐 B면이냐 하는 것도 다 읽어 몇 쪽인지 정확하게 쓰라고 하더군요. 그 시간이 한 달 걸렸죠. 아침 9시부터 저녁 5시까지 하루 종일 작업했는데 말이죠.

신동원: 조교가 있으면 해결되는 문제긴 하죠. 하지만 특훈을 제대로 하신 셈이군요. 서양 학계와 출판계의 꼼꼼함과 엄밀함을 체험하신 거죠. 혹시 그런 작업을 하시면서 내용상의 변화나 추가된 아이디어가 같은 있었나요?

전상운: 많지는 않았던 것 같습니다. 시빈도 제가 쓴 원고에 대해서 큰 이의 같은 게 없었죠. 다만 한 가지, 시빈이 쓴 서문에도 나오는데, 제 책을 보면 조선 왕조의 과학 기술이 가진 큰 특징이, 그 성과가 강력한 중앙 집권 체제 아래서 이루어진 것처럼 보인다고 지적했죠. 혹시 제가 쓴 원고가 그렇게 보이도록 치우친 것은 아닌지 주의 깊게 점검하려 하더군요. 저로 하여금 역사 서술의 균형 감각을 갖추도록 했죠. 사실 실록을 보면 왕이 이렇게 말했다, 왕이 이렇게 지시했다 하는 이야기만 있죠. 자연스럽게 모든 것을 왕이 주도한 것처럼 보이게 되죠. 제가 생각할 때에도 왕이 다 그랬겠냐 싶어 그런 건 좀 빼고 균형을 잡는다고 잡아 봤죠. 하지만 시빈이 봤을 때에는 아직도 그런 경향이 강해 보였던 것 같아요. 하지만 저는 이게 어쩌면 조선 왕조 시대 전통 과학의 특징일지도 모르겠다고 주장했죠. 아무튼 이 문제를 가지고 여러 번 토론했죠. 크게 바꾸지는 않았지만 책의 균형을 잡는 데는 큰 역할을 했죠.

시빈은 제 책을 편집하기 전엔 나카야마 교수의 『일본 천문학사(*A History of Japanese Astronomy*)』(1969년)의 편집을 맡아 했는데, 그때도 그렇게 꼼꼼하게 편집을 했다고 해요. 아무튼 시빈은 천재요 완벽주의자였어요. 시빈의 사인을 본 적이 있나요. 사인을 보면 성격이 잘 드러나요. 얼마나 완벽주의자냐면, 부인 이름이 캐롤인데, 조각가였어요. 그녀가 10달러 잃어버린 것 갖고 남편이 알까 봐 전전긍긍하더군요. 아마 시빈이 알면 어떻게 돈을 간수했기에 10달러를 잃어버리냐 하고 혼날까 봐 두려워 하더군요. 그 정도로 완벽주의자였어요.

신동원: 여러 경로를 통해 비슷한 일화를 많이 들었습니다. 아무튼 시빈 교수가 자기 맡은 구실, 에디터 구실을 다 했네요. 자 이렇게 영어판 출간에 대한 이야기가 얼추 마무리된 것 같습니다. 그렇게 원고를 마무리하신 게 1971년이었나요? 책 출간은 1974년이었죠. 출간까지 시간이 좀 걸렸군요. 한국 과학사 학계로서는 전인미답의 경지랄 수 있겠죠. 아마 이 과정에서 여러 가지 부가적인 에피소드들이 있었을 것 같습니다. 앞에 미처 말씀하지 못한 도움 주신 분들도 꽤 있을 것 같고요.

전상운: 하버드-옌칭 도서관 한국 섹션의 책임자 김성하 씨가 있죠. 책에서 그분에게 고마움을 표시한 건, 하루에 두 번 티타임 때, 그러니까 11시와 15시 30분쯤에 절대로 혼자 안 하고, 저를 불러서 커피하고 티하고 비스킷 조금 놓고 이야기를 나눴죠. 그리고 한국학 관련 사서와 큐레이터 하면서 보고 들은 이야기들을 들려줬죠. 도넛으로 끼니를 때울 때였으니까 정말 감사했어요. 그때 김성하 씨가 한국 책들, 한국의 귀중본들 분류하고 정리하는 일을 혼자 하다가 다 못해 백린 선생을 모셔왔어요. 앞에서도 말씀드렸는데 규장각 도서관에서 과장 하시던 분이죠. 영어를 영자도 못하는 분이었는데, 미국 와서 김성하 씨하고 한국 고전과 중국 고전을 귀신처럼 분류하고 정리했죠. 결국 도서관에서 백린 선생을 채용하게 되었고 그대로 미국에 눌러 앉으시게 되었죠.

신동원: 가족 분들의 도움도 크셨을 텐데요. "TO MY FAMILY"라고 가족

에게 헌사를 바치지 않으셨습니까.

전상운: 이 책 때문에 우리 집이 날아갔으니까요. (웃음) 미국 갈 때 1,000달러 현금을 가지고 갔는데, 사실은 이게 당시 살던 집을 판 돈이었어요. 원래 하버드-옌칭 연구비를 신청했다 사립대다, 세법 문제다 해서 거절당하고, 아시아 재단에다가 연구비를 신청해 1,000달러 받은 게 있었는데, 앞에서 이야기했지만 니덤 책 산다고 다 써 버렸죠. 아시아 재단에 여비를 좀 더 받으면 좋겠다고 했지만 어렵다 하더군요. 다만 여권 받는 것 같은 행정적 도움은 다 주겠다 하더군요. 당시에는 외국 돈이나 나랏돈이 아니라 자기 돈으로 미국 간다고 하면 여권 안 주던 시대였거든요. 앞에서 언급했던 스타인버그 같은 이들이 도움을 많이 줬죠.

여비는 여러 사람 도움을 받았죠. 서대문 적십자병원 옆에 한미재단이라는 데가 있었는데, 거기에 집사람 친구 남편이 있었어요. 그분의 도움을 받아 여비를 마련했죠. 나름 계산으로는 책을 내서 인세를 받으면 다시 집을 살 수 있을 거라 생각했답니다.

신동원: 사모님 입장에서는 사기였겠네요. 사모님이 그 말씀을 믿으셨나요? (웃음)

전상운: 가족들에게는 고생만 시켰죠. 사실 김재원 선생님은 제 말을 들으시더니, 웃으시면서, 그 돈 받아 부엌 고치면 다 끝나, 그러시더군요. (웃음) 사실 집사람과 아이들만이 아니라 아버지께도 죄송했죠. 제가 미국으로 떠나기 전전날 아버지께서 제 손을 잡으시고 지금이라도 안 갈 수 없냐, 그러시더군요. 그건 정말, 그때 생각하면, 아버지 표정을 잊을 수가 없어요. 그 표정 참. 당신께서 일본어를 하도 잘하셔서 일본과 무역하는 무역 회사 일을 맡아 하셨어요. 그때는 자유롭게 일본 못 다녀올 때니까, 전화로 교섭을 했죠.

아버지는 일제 강점기 때 실제로 무역 일도 하셨고, 다녀오시기도 했으니 정말 잘하셨죠. 그래서 명동에 사무실 차리고 여러 회사 일을 맡아 하시고 그랬죠. 그런데 아버지는 늙어 가시는데 거래처 사람들은 직급도 높아지고. 그 사람들이 당신을 부르는 호칭이 선생에서 영감으로 바뀌는 걸 참지 못하셨던 것 같아요. "전 영감, 전 영감" 하는 소리에 기분 상하고 자존심 상해 가지고 어느 날 저를 보고, "명동 사무실 치워 버리겠다. 네가 직장도 있고, 나도 조금 벌어 놓은 게 있으니 그만두겠다." 하시더군요. 그때 미국 갈 준비하던 판이라 속으로 큰일 났다 생각했죠.

신동원: 그런 마음들이 모여 이 헌사가 된 거군요.

전상운: 그런데 제가 헌사를 이렇게 하니까 시빈이 이해를 잘 못 하더군요. "FAMILY"라는 말은 미국에서는 마피아들이나 쓰는 말이니까요. 실제로 나카야마도 『일본 천문학사』 영어판 서문에 "TO MY FATHER"라고만 했죠. 저는 시빈에게 이 책 볼 동아시아 사람들은 "FAMILY"라는 말을 이해하니 걱정 말라 했죠.

신동원: 가족들의 눈물로 씌어진 책이군요. 하지만 학자로서는 감동적인 것 같습니다. '집 팔아 만든 책'이라니요. (웃음)

전상운: 그때 집사람이 많이 울었어요. 그렇지만 편지도 참 많이 주고받았죠. 집사람은 물론이고 송상용 선생이든 다른 분이든 편지를 많이 주고받았어요. 그때 공부와 관련해서 고민하던 것, 새로 발견한 것 모두 빼곡하게 적어 뒀죠. 이것도 역사라 자식들에게 넘겨주려고 파일에 모아 두었는데, 아이들이 어떻게 할지는 잘 모르겠어요.

신동원: 그 편지들 정말 중요한 자료가 될 것 같습니다. 엮어서 책으로 낸다면 한국 과학사 연구의 역사뿐만 아니라 한국 학계의 역사를 이해하는 데 중요한 역할을 하겠죠.

10년의 약속을 지키다:
1976년판 『한국 과학 기술사』

신동원: 자 선생님께서 영어판 원고를 탈고하신 것은 1971년이고, 책이 출간된 것은 1974년이니 시간차가 있기는 하지만, 그래도 1971년에 돌아오셨을 때에는 아마 새로운 길이 선생님 앞에 펼쳐졌을 것이라고 생각합니다. 물론 인세로 집을 다시 살 돈을 마련하신 건 아니지만 말입니다. 그렇다고 해도 일약 세계적인 학자가 되셨으니까요. 집을 다시 사지 못했다고 하더라도 보상이 되고 남았을 것 같습니다.

실제로 선생님의 이력서나 출간된 도서 목록만 봐도 1970년대에 선생님께서는 정말 정력적으로 학문 활동을 전개하셨습니다. 도서 목록만 해도 그렇습니다. 저술만 해도 벌써 『한국의 고대 과학: 청동기에서 첨성대까지』(탐구당, 1972년), 『잃어버린 장: 한국 과학의 유산을 더듬어』(전파과학사, 1974년), 『한국 과학 기술사』(정음사, 1976년), 일본어판 『한국 과학 기술사』(고려서림, 1978년)이 있고, 번역으로는 야부우치 기요시 선생의 『중국의 과학 문명』(전파과학사, 1974년), 편저와 공저로 『한국의 명저』(현암사, 1969년), 『과학의 역사』(동화문화사, 1976년)이 있습니다. 벌써 몇 권인가요.

신분 변화도 드라마틱하게 전개된 것 같습니다. 1975년에는 일본에 유학을 가셔서 1976년에 과정을 끝내시고 1977년에 학위를 받으셨죠. 성신여고의 과학 교사에서 성신여대 전임 강사와 조교수를 거쳐 정교수가 되신 것도 이 시기의 일이지요. 한국 과학사 학계에서 이렇게 해외에서 먼저 인정을 받

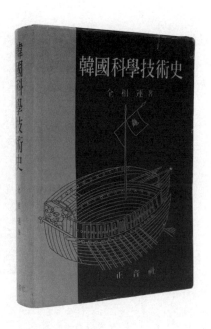

『한국 과학 기술사』(정음사, 1976년).

아 일약 세계적인 학자 반열에 오르고 국내에서 자리를 잡은 분은 전무후무한 것으로 알고 있습니다. 아마 첫 케이스이지 않을까요.

게다가 1979년 외솔상, 1982년 국민 훈장 동백장 하는 식으로 이 시기의 성과를 바탕으로 사회적 평가도 최정점을 찍었던 것 같습니다. 선생님의 황금기였다고 볼 수 있지 않을까요. 아무튼 이제 1970년대는 1976년의 정음사 판과 1978년의 일본어판을 중심으로 이야기를 풀어 가 볼까 합니다.

전상운: 저를 칭찬해 주는 건 신 박사밖에 없는 것 같아요, 다른 사람들이 하는 건 칭찬은 칭찬인데, 으레 하는 칭찬으로 들릴 때가 많죠. 나이 들었나 봐요. 하지만 이렇게 늙은이 북돋아 주고 그러니 좋아요. (웃음)

신동원: 저만 그렇게 말씀드리는 게 아닙니다. 저는 객관적인 사실을 말씀

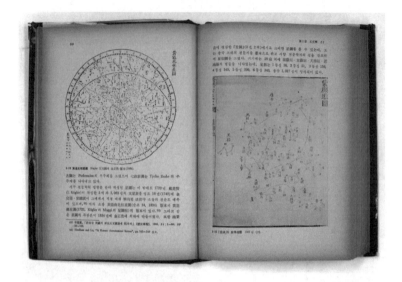

드릴 뿐입니다. (웃음) 인터뷰로 돌아가 볼까요. 1976년도에 나온 정음사판 『한국 과학 기술사』를 보면, 1966년판과 많이 달라졌음을 알 수 있습니다. 특히 서론 부분이 많이 달라졌죠. 그리고 추가된 분야도 여럿 있고, 차례 구성도 훨씬 더 번듯해졌죠. 아마 영어판 준비하시면서 세계 독자를 염두에 두고 글을 쓰신 것이 영향을 미쳤을 것 같습니다. 특히 1976년판은 1966년판에서 말씀하신 10년마다 개정판을 내겠다는 스스로의 약속을 지키신 의미도 있었을 것 같습니다. 한국 독자들도 10년 사이에 1966년판을 쓰실 때와 달라졌을 테니 선생님도 거기에 대응하시려 했겠지요. 1966년판과 어떤 차별성을 두려고 하셨는지 자세히 말씀 주시면 좋을 것 같습니다. 그리고 일본어판과의 차이도 말씀 주시면 좋겠습니다.

전상운: 1978년 일본어판은 사실 1966년판과 1976년판의 중간 단계 같은 책입니다. 영어판이 1966년판과 1976년판의 징검다리 같은 것이었는데, 일

본어판도 그렇죠. 제가 공부하는 과정을 그대로 보여 준다고 할까요.

신동원: 1974년에 나온 영어판은 하버드-옌칭 연구소에 가서 얻은 새로운 경험과 자원이 활용된 책이라고 보면 될 것 같고, 1976년판에는 일본에 가 계실 때 얻은 새로운 학문적 자양분의 영향을 받은 것 같습니다. 일본의 연구 업적과 풍토에 자극을 받으셨겠죠.

전상운: 그렇죠. 자극을 많이 받았어요. 1976년판 서문은 일본에 있으면서, 그리고 다녀와서 완전히 새로 쓰게 되었죠. 서문을 쓰는 데 책 쓰는 시간의 절반 정도를 바칠 정도였어요. 일본에서 한국 책을 전문적으로 팔고 한국 관계 도서를 출간하기도 하는 고마쇼린(高麗書林), 그러니까 고려서림에서 나온 일본어판이 1978년에 나왔는데, 사실 전체 원고는 1976년판 나올 무렵에, 아니 1976년판 서문 쓰기 전에 넘겼기 때문에 일본어판 서문은 1976

년판 서문 쓰기 전에 쓴 거였어요. 그래서 일본어판과 1976년 정음사판은 체재는 거의 같은데, 서문이 전혀 다르죠. 1976년판 서문 쓰기 전에 썼던 초고를 그대로 낸 거였죠. 그래서 일본어판이 1966년판과 1976년판의 중간이라 한 거예요.

신동원: 아, 그랬군요. 순서 관계가 명확해지는 것 같습니다. 그럼 일본에서 박사 학위 받으신 것은 이 일본어판 원고로 받으셨던 것인가요?

전상운: 아니지요. MIT 출판부에서 나온 영어판 단행본과 강우량 논문으로 학위를 받았죠. 제가 교토 대학교에 박사 과정을 밟기 위해 일본에 간 게 1975년이었는데, 사실 일본 학술 진흥회에서 초빙 교수로 돈을 받기 전이었어요. 고려서림에서 원고료를 선불로 받아서 간 거였죠. 제가 학위 과정을 1976년에 끝냈는데, 학위가 안 나오는 거예요. 결국 1977년에 받았는데, 그게 알아보니까, 지도 교수인 시마다 겐지 선생이 자신이 학위를 주는 제자를 처음 가져 봐서 업무 처리 과정을 전혀 몰라 학교 당국에 신청을 안 했던 거죠. 그래서 결국 책과 논문을 들고 대학원 총무과 과장을 찾아갔죠. 갔더니 어떻게 오셨냐 하는 거예요. 그래서 학위 신청하러 왔다 했더니, 지도 교수가 누구냐는 거예요. 시마다 겐지 선생이다 했더니, 자기는 들은 바 없다 그러더군요. 그래서 제가 다 신청하고 처리했죠. 일본은 이렇게 자신이 직접 다 신청하고 그래야 하는 나라예요. (웃음)

신동원: 글들의 선후 관계가 명확해지니까 보이는 게 있는 것 같습니다. 앞의 책들이나 글들에서는 '중국 것에 대한 창조적 변형이라는 개념'이 명확하게 쓰이지 않고 있었는데, 이 책들부터는 명확하게 쓰이기 시작했습니다. 이전에는 행간에만 있었고 선생님도 자신 있게 주장하시지 않았죠. 이 개념에 특별한 의미 부여를 하시기 시작한 것을 눈치 챌 수 있습니다. 제 생각에는

일본에서의 연구가 이런 식의 개념 정립에 어떤 형태로든 영향을 미쳤을 것 같은데, 설명해 주시면 좋겠습니다.

전상운: 제가 1966년판 내고 다른 글에도 썼는데, 아, 앞에서도 이야기했죠, 한국 과학사는 학자들 한 100명쯤이 평생을 걸고 달려들어야 하는 깊이와 넓이가 있는 분야다, 10년쯤 되면 강산이 변하듯 연구 성과도 상당히 쌓일 것이고 이 책도 낡을 테니, 10년마다 한 번씩 개정판을 내야 한다, 이렇게 생각했죠.

실제로 1966년부터 1976년까지 정말 많이 변했죠. 물론 그때까지도 국내 연구자는 많지 않았습니다. 그러나 일본 학술 진흥회 연구비를 넉넉히 받고 일본 가서 보니까, 제가 우물 안 개구리였다는 것을 절감하게 됐죠. 일본 교토에서 책방을 거의 2~3일에 한 번씩 갔죠. 그게 일과였어요. 많이들 하는 말이지만 일본 서점 가면 일단 어마어마하게 큰 데 놀라요. 그리고 또 책 보러 오는 사람이 그렇게 많다는 걸 보고 다시 한번 놀라죠. 한반도와 아시아 관계 섹션만 봐도 매일매일 책이 나오는 거예요. 놀라울 정도죠.

그리고 진분겐, 그러니까 교토 대학교 인문 과학 연구소를 출퇴근했는데, 초빙 교수라 강의는 안 하고 연구만 해도 되는 거였죠. 사실 인문 과학 연구소의 구성원이 한 100명 정도 있었는데, 50명은 교수고 50명은 지원 인력이었죠. 그 인문 과학 연구소 과학사 연구실에 회의실이 있고, 그 벽에 서가가 있었는데, 서가 가득 중국 과학사 관련 서적, 문헌이 있었어요. 그것들을 맘대로 볼 수 있었기 때문에 중국 과학사의 실체가 뭔지 제대로 만끽할 수 있었죠.

그때까지 중국 과학사야 니덤 책 같은 2차 문헌을 통해서 연구하고 있었는데, 이제 1차 자료로 보니까 중국 과학의 총체를 가늠할 수 있을 것 같더군요. 그것들을 보고 있으니까 우리 과학의 본질이 상대적으로 명확해지는 것 같더군요.

그리고 야부우치 선생과의 대화가 큰 힘이 되었어요. 실제로 홍이섭 선생님 다음으로 많이 대화를 나눴어요. 그다음이 야마다 게이지였죠. 요시다 미쓰쿠니와도 이야기를 많이 했는데, 그는 특히 조선의 철기 시대의 철기 관련 과학 기술의 실체를 모르면 일본 금속 기술의 실체를 알 수 없다는 생각을 가지고 있었어요. 그래서 전상운 덕분에 이게 가능해진다고 격려해 줬죠. 그리고 나카야마 교수는 저에게 동아시아의 전통 과학을 아우르는 동아시아 과학사를 쓰라고 진지하게 권유했죠. 한국이나 제가 중국과 일본, 그리고 동양과 서양의 교량 역할을 해 왔으니 적임자라는 거죠.

신동원: '중국 것의 창조적 변형'이라는 개념이 일본에서, 비교 연구를 통해 얻어진 것이군요. 그렇다면 선생님께서 생각하실 때 그것은 돈오(頓悟)인가요, 점수(漸修)인가요?

전상운: 상당히 시간이 걸렸으니 점수라고 해야겠죠. 그 계기는 아마 청동 거울일 겁니다. 지금은 숭실대 박물관에 있는데, 그걸 처음 봤을 때 너무 놀랐어요. 어떻게 그 시절에 이렇게 가는 줄을 이렇게 많이 넣을 수 있었을까. 그것을 가능케 한 기술은 어디서 기원한 것일까 생각하게 됐죠. 나중에 그걸 국립과학관에서 복제품을 만들겠다고 나섰는데, 선정된 업자가 저한테 자문 위원이 돼 달라고 하는 거예요. 그 자리에서 제가 그 업자에게 처음 한 이야기가 여기 줄이 몇 개 있는지 세라 했죠. 그게 그 기술의 핵심이니까요. 세계에 없는 기술이니까요. 그래서 우리 청동기 기술의 기원을 기원전 7세기 또는 그 이전으로 봐야 한다고 생각하게 됐죠.

신동원: 중국에도 없고, 전 세계적으로도 유례가 없는 것이라면 변형이라는 말보다 창조라는 말이 맞지 않을까요?

전상운: 그러나 그것과 비슷한 디자인의 청동 거울이 중국에 있어요. 다만 무늬가 성길 뿐이죠. 다뉴조문경하고 비슷한 디자인의 거울이죠. 그러나 세 문경, 아뇨, 가는무늬거울은 우리나라에만 있죠. 이게 창조적 변형의 실례인 거죠. 저는 이것이 성덕대왕신종과 이어져 있다고 봤어요.

야부우치 선생과 놋그릇 가지고도 논쟁을 많이 했죠. 신라 때부터 놋그릇을 썼는데, 야부우치는 그 놋그릇을 황동 그릇이라고 보고 중동에서 기원해 중국을 거쳐 신라까지 전해진 것이라고 파악했죠. 그러나 저는 독자적 기술로 만들어진 청동 그릇이라고 봤어요. 우리나라나 중국이나 출토되는 청동 유물에는 구리와 주석 말고 납이 들어가 있는데, 신라 때 놋그릇에는 납이 안 들어가 있죠. 지금 만들어지는 유기에도 납이 안 들어가요. 이렇게 서쪽에서 전래된 청동/황동 기술을 가지고 동아시아 사람들은 납을 안 넣거나 아연을 추가하거나 하는 식으로 독자적인 기술을 개발했을 것이고, '한국 청동' 같은 한반도 고유의 독자적인 기술이 나왔을 것이다 하는 생각이 들었죠.

그리고 인문 과학 연구소에서 일본어로 번역된 『천공개물』을 완독했는데, 그때까지 해결하지 못했던 『오주연문장전산고』 『오주서종』에 소개된 기술들을 한반도에서 독립적으로 발달한 화학, 금속 공학 기술로 정리할 수 있게 되었죠.

신동원: 맞습니다. 1976년판을 보면 말씀하신 대로 박물학, 화학, 화학 공학 쪽 기술들이 보강되어 있죠. 지금도 『오주연문장전산고』에 소개되어 있는 우리나라 전통 박물학이나 금속 공학 분야는 아직 많이 연구되고 있지 않은데, 선생님의 학문적 감각은 대단했던 것 같습니다. 그리고 세종 시대 과학 기술 관련 원고가 보강된 것 같습니다.

전상운: 삼성에서 임원으로 일하다 농심 사장으로 간 이가 있는데, 그때

그가 삼성 기획 실장으로 있으면서, 저한테 세종 시대 과학에 대해 보고서를 하나 써 달라고 하더군요. 과학 정책에 주안점을 둬서요. 사실 1968년 국제 동아시아 과학사 회의 때부터 그 이야기를 쓰고 싶어서 안달이 나 있을 때였어요. 머릿속에 다 들어 있었죠. 그런데 연구비를 몇 백만 원 준다는 거예요. 신나서 썼죠. 완성된 논문으로는 보고서로 정리해서 삼성에서 냈고, 그중 일부를 고쳐 1976년판에 실었죠.

신동원: 어떤 의미에서 그 보고서는 선생님의 그때까지 연구 중에서 특이점입니다. 과학 사회학을 직접적으로 언급하시지는 않았지만 과학 사회학이라고 할 수 있을 정도로 제도적인 틀에서 전통 과학 문화를 분석하셨죠.

전상운: 1976년판을 쓸 때에 시대별로 정리하냐, 분야별로 가냐 고민했어요. 과학사 하는 학자 친구들이 1966년판 보고 니덤 것 너무 흉내 냈다고 비판했기 때문이죠. 사실 박성래 선생이 제일 많이 지적했어요. 특히 과학 사회학이 너무 없다 그랬죠. 그러나 저는 과학 사회학, 과학 사상까지 터치할 능력도 시간도 없다, 그걸 할 만한 한문 실력이 못 된다, 했죠. 내가 못 하는 걸 글로 쓰는 건 못 한다 했죠.

신동원: 그래도 제한적이나마 많이 하셨던 것 같습니다. 그러나 2000년 사이언스북스에서 나온 책에서는 그런 게 약해지고 다시 자신 있는 걸로 돌아가셨죠. 분야로 봐도 박물학과 화학과 화학 공학 쪽 이야기가 늘었죠. 그러니까 선생님이 가장 자신 있어 하셨고 계속 추구하셨던 부분이죠. "흙의 과학, 불의 과학"이라는 멋진 수사학도 만드셨고요. 이 문제는 나중에 좀 더 말씀 나누기로 하고, 일본어판 이야기를 하기 전에 1976년판 이야기를 좀 더 나눠 보면 좋을 것 같습니다.

이 이야기를 언제 하면 좋을까 했는데, 지금 하는 게 좋을 듯합니다. 1996

년 한국과학사학회에서 선생님의『한국 과학 기술사』출판 30주년을 기념해서 세미나를 열었습니다. 그때 발표를 맡았던 두 분 중 김영식 교수는 선생님 연구의 성과를 인정하는 가운데, 선생님의 한국 과학사 통사에 대해 비판적인 견해를 제시했죠. 김영식 교수는 한국인의 우수성 강조, 중국-조선으로 이어지는 서술 유형, 사회·사상적 맥락보다는 과학 기술적 측면의 강조, 전통 과학을 보는 현대 과학적 시각, 통사로서 빠진 분야가 많으며 포함된 각 분야 사이의 서술이 잘 균형 잡혀 있다고 보기 힘든 점 등을 들었습니다.

박성래 교수도 "이 책이 국내, 국제적으로 유일한 한국 통사이며 앞으로도 비슷한 성격의 책이 나오기 힘든" 그런 것이라 하면서도, 이 책이 아직 "한국 과학 기술사의 사회-역동적인 측면까지 나아가지 못했다."라는 시빈의 지적을 소개했습니다.

저는 그때 영국에 있어 참석을 못했습니다만, 어떻게 보면 선생님께서 불쾌하셨을 수도 있을 것 같습니다. 이런 이야기를 듣고 어떻게 생각하셨는지요?

전상운: 좀 '어색한' 기념회였죠. (웃음) 원래 30주년 기념회를 하자는 건 송상용 선생 생각이었어요. 그런데 그게 기념회가 아니라 비판적 서평회가 된 거죠. 솔직히 말해 당황스러웠고 서운하기도 했어요. 그 자리엔 30년 전부터 똘똘 뭉쳐 과학 문화재 관련 일을 해 온 친구들, 그러니까 김재근 씨 동생인 김재관, 서울신문과 동아일보 과학부장 했던 현원복도 있었는데, 축하 모임이라 해서 왔는데 분위기가 이상하다, 그러더군요. 송상용 선생이 마지막에 나가 뭉뚱그려 칭찬하고 축하하고 정리했죠.

신동원: 우리 한국 과학사 학회가 안 봐주기로 악명 높죠. (웃음) 혹시 이 자리를 빌려 두 분 선생님께 한 말씀 하시는 건 어떨지요.

전상운: 평가야 어차피 남들이 하는 거죠. 독자들이 알아보고 평가하겠죠. 노인 되면 가진 걸 다 줘 버려라 하는 말이 있는데, 그래야 마음이 편해진다 그래요. 서운함이 남는 아직도 욕심 많아서 그런 거죠.

신동원: 박성래 선생님이나 김영식 선생님 모두 선생님의 연구를 두고 사상사적인 게 없다, 사회학적인 게 없다 하지만 저는 반대로 선생님께서 그 두 분께 당신들에게는 과학이 없다고 반론하실 수 있지 않을까 합니다. 실제로 학자 한 사람이 할 수 있는 영역, 그 시대가 할 수 있는 영역에는 한계가 있습니다. 지금 한국 과학사를 공부하는 후학들이야 과학, 사상, 사회학 이 세 가지를 다 갖춰야 하지만, 예전에는 시대적 한계로 어려웠지요. 선생님의 연구는 우리 학계에 남겨진 유산으로서 그 가치가 공정하게 평가되어야 한다고 생각합니다. 저도 두 분이 그것을 부정하시는 건 아니라고 생각합니다. 하지만 선생님이 애써 하신 연구를 너무나도 당연한 것으로 전제하시는데, 그분들의 글쓰기 스타일이라고 할까요, 아쉬운 부분이죠.

그럼 1976년판 이야기를 마무리하고 일본어판 이야기를 해 보면 좋을 것 같습니다. 다만 그 전에 1976년판 내시고 나서 얼마나 만족하셨는지 여쭤보고 싶습니다. 혹시 불만족스러운 부분은 없으셨는지 궁금합니다. 이만하면 됐고, 다음 1986년판의 과제로 남겨 놓자 하신 게 없는지요?

전상운: 1976년판에서 가장 아쉬웠던 점은, 1966년판을 냈을 때도 느낀 거지만, 평양 학자들의 성과를 온전히 반영하지 못했다는 데 있어요. 이때까지도 리용태의 업적을 전혀 몰랐죠. 그때까지 수집하고 공부한 자료만 보면, 평양 학자들이 뭔가 한국 과학사 가지고 성과를 낸 게 있을 것 같은데, 구체적으로 읽지 못한 거죠.

신동원: 리용태의 연구 성과는 1990년에 나왔으니까요.

전상운: 그때 본 자료가 『조선 문화사』, 『조선 전사』, 『조선 철학사』 일본어
판 같은 거였는데 과학 이야기도 많이 나오고 그래요. 김성칠 선생이 번역한
다산 책도 나왔고, 『동의보감』도 번역돼 나오고 『의방유취』도 나올 때였죠.
좀 더 파헤쳐 보고 싶었는데, 결국 구체적인 과학사 자료는 못 찾고 말았죠.
아쉬웠죠. 『조선 문화사』 책은 평양에서 나온 것을 구해 가지고 일본에서 들
여오는데 걸릴까 봐 겁 많이 냈었죠. (웃음)

그래도 미키 사카에 선생에게 책도 얻고, 한국 의학사 관련 책들도 열심히
읽어 의약학 부분을 일부 정리할 수 있어서 좋았죠. 화학이 제 전공이잖아
요, 그런 게 도움이 됐죠. 그리고 청자와 백자 같은 도자기 문제도 1976년판
에서 본격적으로 다뤄 미술사가들과 다른 과학사적 관점, 기술사적 관점을
분명하게 보여 주고 싶어 욕심을 냈는데 다 넣지 못하고 어물쩍 넘어갔죠. 천
문학에서도 크게 달라진 건 없지만, 야부우치 스쿨의 제자들이 다 천문학과
출신인 덕에 거기서 놀면서 자극을 많이 받았죠. 천문학 관련 내용이 견실해
졌다고 할 수 있을 겁니다.

신동원: 제가 감히 보태 보자면, 『오주서종』 부분이 보강되면서 박물학 부
분이 광물학으로 발전했죠. 결과적으로 하늘과 땅, 생명과 몸, 기술과 광물
을 아우르는 체재를 갖췄다고 평가할 수 있을 것 같습니다. 1966년판의 체
재는 좀 불완전했다면, 훨씬 더 견실해지고 짜임새 있어졌죠. 말씀하신 대로
야부우치 스쿨에서 공부하신 게 큰 자극이 된 것 같습니다. 또 총론 격인 서
장도 많이 달라졌죠. 1966년판에는 비분강개함이 넘쳐 선동적인 면이 없잖
아 있습니다만, 1976년판에서는 학술적 총론으로 잘 정리됐죠. 그리고 '중
국 것의 창조적 변형'이라는 중국 과학과 한국 과학의 차이에 대한 통찰이 본
격적으로 드러나기 시작하죠. 제 생각에 이 책이 나오고 비로소 한국 과학사
라는 제목을 붙일 수 있게 되었다고 생각합니다. 아마 시대 구분을 엄밀하게
하지 않은 것, 국내는 물론이고 북한을 비롯해 새로운 연구를 수용한 부분

이 부족한 것은 이후의 과제, 1986년판의 과제로 남겨 두셨겠죠.

전상운: 신 박사가 저보다 정리를 잘하시는군요. (웃음) 맞아요. 잘 정리해 주셨어요.

신동원: 그럼 다시 일본어판 이야기로 넘어가 볼까요. 일본어판의 특징이라고 할까요, 한번 일본어판에 대해 간단하게 정리를 해 주시면 좋을 것 같습니다.

일본에 한국 과학사의 긍지를 알리다: 1978년 일본어판 출간

전상운: 일본어판의 특징이라, 먼저 어떻게 이 책을 내게 됐는지부터 이야기해 보죠. 먼저 일본 고려서림 박 사장이라는 분, 그러니까 박광수 사장이죠, 그분이 한국 문화의 우수성에 대한 생각을 일본 사람들에게 심어 주어야 하는데, 그러려면 먼저 일본에 있는 재일 한국인, 재일 조선인들에게 한국 문화에 대한 긍지를 갖게 해야 한다고 생각했죠. 그래서 한국 문화를 소개하는 책들을 출간하겠다고 결심을 했어요. 그래서 자기 나름대로 책들을 골랐는데, 전상운의 『한국 과학 기술사』 1966년이 눈에 띈 거죠. 한국 문화사를 다룬 책은 좋은 게 없으니 새로 써야겠다고 생각했다고 하더군요. 아무튼 제 책을 그대로 번역 출간하겠다고 제안을 해 왔어요.

그 이야기를 듣고 직접 번역해 보겠다고 했어요. 처음에는 1966년판을 일대일로 계속 번역하고 있었는데, 나중에는 거의 다 새로 쓰게 되더군요. 아무튼 첫 챕터를 그렇게 번역하고 다시 쓰기를 반복하면서 3개월쯤 되니까 번역이 상당히 빠르게 되는 거예요. 그렇게 번역한 걸 일부 박 사장이 보더니,

이게 베스트입니다, 일본 사람 도움 안 받아도 되겠습니다 하더군요. 20년 넘게 재일 교포로 살아온 사람이 그러니까 기분이 좋더군요. 그래서 온전히 제가 다 번역하게 됐죠. 사실 허동찬 선생이 번역해 낸 2005년 일본어판도 시간이 허락하고 체력만 된다면 제가 다 번역하고 싶었죠. (웃음)

신동원: 전에 말씀하실 때 일본어를 일제 강점기 때 배우기는 하셨지만 전문 서적을 쓸 정도로 배우지는 못했다고 하셨지 않습니까. 그동안 어디서 일본어를 따로 공부하셨던 건가요?

전상운: 1950년 12월이죠, 원산 떠나 부산에 왔을 때 제일 먼저 산 책이 일본 산세이도 출판사에서 나온 영일 사전이었어요. 그리고 그 후에도 책방에서 일본어 책을 살 때면 과학사와 관련된 것을 사서 읽었죠. 우연히. (웃음) 그런 책들 사서 읽은 게 학습이 됐죠.

첫 일본어판 번역을 할 때 우리 집이 정릉에 있었는데, 정릉 집 서재에 앉아서 하려니까, 무슨 생각이 드냐 하면, 일본 말을 하는 나라에 가서 그 속에 파묻혀 가지고 번역 작업을 하는 게 훨씬 더 효과적일 거다 하는 생각이 드는 거예요. 일본 학술 진흥회 초빙 교수로 일본 갈 때 박사 학위 받겠다는 생각 말고도 일본어판 번역을 일본에서 마무리하겠다는 욕심도 있었어요. 확실히 일본어에 둘러싸인 환경에서 번역 작업을 하니까 도움이 많이 됐죠.

제일 도움이 된 게 《분게이순주(文藝春秋)》 같은 잡지의 논설 글들이었어요. 상당히 꼼꼼히 읽었죠. 야마다 게이지하고 나카야마 같은 이들도 일본어 번역을 한다고 하니까, 딴 것 말고 두 가지는 꼭 하라고 충고를 하더군요. 하나는 텔레비전을 열심히 봐라, 다른 또 하나는 괜찮은 시사 주간지를 보라는 거였죠. 제가 배운 일본어는 전쟁 전 구식 일본어니까 현대 젊은이들이 쓰는 신식 일본어를 배워야 한다고 했죠.

신동원: 지금 학생들한테 《이코노미스트》, 《타임》 등을 영어로 보라고 하는 것과 같은 이야기군요.

전상운: 일본에 있을 때 제 일과는 국제 학생 기숙사 제 방에서 1976년판, 일본어판 원고 작업하다가, 자전거 타고 인문 과학 연구소의 과학사 연구실 가서 그곳에 있는 책을 뽑아 읽는 거였어요. 그때 제 바람은, 박광수 사장과 마찬가지로, 일본의 재일 한국인, 재일 조선인들이 조국의 전통 과학에 대한 긍지를 가졌으면 하는 거였어요. 민족주의 사학자들의 단편적인 찬양을 넘어서서, 이런 과학 문화재들에 대한 이야기가 어떻게 하나의 당당한 학문이 될 수 있는지를 설득할 수 있는 책을 써 보고 싶었지요. 그래서 일본 문화 속에서 자란 사람, 일본 문화 속에서 자란 재일 한국인들이 거부감을 느끼지 않을 문장으로 다듬자는 게 제 생각이었어요.

신동원: 한일 관계를 특별히 더 길게 쓴다든지 하는 건 없었다는 말씀이죠?

전상운: 그런 건 특별하게 없었어요. 사카데 요시노부(坂出祥伸) 선생이 일본어 교정을 봐 줬는데, 정말 꼼꼼했죠. 말도 못 해요. 문장 하나하나 모두 읽고 표현도 수정했죠. 박 사장은 책 표지에 "사카데 요시노부 교감(矯監)"이라고 넣자고 했는데, 사카데 선생은 처음에는 동의했는데, 나중에는 빼자고 하더군요.

사실 탐구당에서 낸 『한국의 고대 과학』 책을 사카데 선생이 자기가 편역해서 내겠다, 공저로 해서 내자 한 적이 있어요. 그런데 고려서림 박 사장이 제 책 팔리는 속도가 느려진다고 해서 반대했죠. 결국 사카데 선생도, 저도 바빠지고 해서 흐지부지됐죠. 300자 원고지로 300~400매 원고가 있는데, 아쉽죠.

신동원: 사카데 요시노부 선생은 중국 철학의 권위자인데 일본어판도 영어판처럼 세계적인 학자들이 도움을 주었군요.

전상운: 또 그때 일본 동방학회에서 기조 강연 의뢰받아 쓴 글이 있어요. 동방학회에서 자기들 학회지에 내겠다는 걸 야마다 게이지가 복사해 가지고 미리 《주오코론(中央公論)》 편집장에게 줘 버렸죠. 그래서 1975년 9월호에 첫 글로 나갔죠. 제가 다 번역한 게 아니고 제가 일부 번역한 걸 일본어를 기차게 잘하는 여자 분이 번역해 준 거였죠. 몽땅. 다만 자기 문체로 번역했죠. (웃음) 이게 1976년판의 서문으로도 연결이 됐어요.

아무튼 그걸 계기로 주오코론 사하고 연결이 됐고, 야마다 게이지하고 나카야마 시게루가 다리를 놔서 《주오코론》 편집장 하던 사람과 탐구당 책 번역한 걸 책으로 내자고 이야기가 다 됐어요. 주오코론 사의 신서판으로 내자고 이야기를 했죠. 한국의 고대 과학을 주제로 한 책이 일본에는 없다고 하면서 그리 하기로 했죠. 신서판으로 찍으면 그때에는 초판을 5,000부씩 찍는다고 했는데, 인세로 계산을 해 보니 제가 1년 먹고살 만한 돈이었어요. 그게 그냥 다 날아갔죠. 그 편집장이 5년 정도 더 있다가 정년 퇴직해서 나갔는데, 나가면서 그 밑에 있던 사람에게 다 이야기해 놨다고 했어요. 신임 편집장한테 야마다 게이지가 원고 일부를 보냈더니 회사 사정상 어렵다고 거절하더군요. 어쩔 수 없죠.

신동원: 저도 제 책 『호열자 조선을 습격하다』를 조선대 임정혁 선생이 다 번역해 놓고, 출판사 알아보는 데 어려움을 겪고 있다는 말을 들었습니다. 대학자 반열에 오른 이들의 지원으로 영어판, 일본어판 내신 선생님이 부럽습니다. (웃음)

어떻게 보면 한국 학계에서 선생님에 대한 평가가 좀 더 박한 것 같습니다. 선생님과 동시대 분들이 이룬 성과를 너무 당연한 걸로 생각하는 거죠. 해발

고도 0 지점부터 길을 닦아 여기까지 이르게 한 선학들의 노고를 모르고, 자신들이 서 있는 2,000 고지에서 모든 걸 평가하는 거죠. 하지만 해외에 있는 분들은 액면 그대로 평가하는 거죠.

대학 보직 스트레스가 몸과 마음의 병을 부르고

신동원: 이제는 1980년대 이야기를 해 볼까 합니다. 사실 앞의 시대에 비하자면 생산력이 좀 떨어진 시대지요. 그래도 출간 도서 목록만 보면 1980년대에는 『과학의 역사』(산학사, 1983년), 『과학사의 길목에서』(성신여자대학교출

판부, 1984년), 『이야기 한국 과학사』(서울신문사, 1984년), 『세종 시대의 과학』(세종대왕기념사업회, 1986년), 『한국의 과학 문화재』(정음사, 1987년), 이렇게 내셨는데, 1980년대 초반까지는 생산성을 유지하셨던 것 같습니다. 그렇지만 결국 1986년판 출간 약속은 지키지 못하셨죠. 앞에서도 말씀하셨지만 병 때문이셨겠죠.

전상운: 1976년에는 책을 내고 1986년에 못 낸 건, 순전히 제 건강 때문이었습니다. 총장 맡은 것도 영향을 줬을 겁니다. 1977년 교무처장을 시작으로 해서, 부총장, 대학원장 하는 식으로 보직을 맡아 10년 넘게 일했는데, 그때 심적 고통이 너무 심했어요. 요새 식으로 말하면 우울증 같은 것에 걸렸던 것 같아요. 집사람 이야기가 그때 제가 웃지도 않고 전화도 안 받고 그랬다고 해요.

신동원: 제가 선생님을 첨 뵌 게 그때였죠. 지금 멋지게 웃으시는 모습이 낯설 정도로 첫 인상은 무서운 어른 같았지요. 높은 자리에 있다는 것이 그런 스트레스를 주는 건 당연한 것 같습니다.

전상운: 보직 맡아 일할 때 말이죠, 아침에 세수하고 면도하고 머리 빗으면서 거울 속 저한테 이렇게 혼잣말을 했죠. "전상운, 오늘도 학교 가서 얼마나 속을 썩이고 얼마나 또 고민을 할 거냐." 이런 혼잣말 하면서 오늘 하루도 무사히 보내기를 기도하면서 지냈죠. 5시 땡 하면 퇴근했죠. 학교 일이 너무 많았어요.

결국 설립자 리숙종 선생이 제가 우울증에 걸린 걸 느낀 거예요. 불러서 금일봉을 주고는, 강원도 바닷가라도 가서 일주일 휴양하고 와라 하시더군요. 그래서 집사람과 둘이 대관령 너머 목적지도 정하지 않고 휴가를 간 적도 있죠. 성신 역사상 한번도 없던 일이었죠. 원래 설립자 선생은 절 굉장히 예뻐서 보직 같은 거 시키지 말라 했는데, 총장까지 해 버리고 말았죠. 몇몇 선생들은 학교 일이면 학교 일, 공부면 공부만 하라고, 양자택일하라고 했지만 어찌 그럴 수 있나요. 그리고 일단 보직 시키니 안 할 수도 없었죠. 심리적 고통은 정말 심했어요. 아마 위암 걸린 것 원인의 절반은 이 보직 때문일 거예요. 결국 1986년판은 약속을 지키지 못하고 공백으로 둘 수밖에 없었죠.

아무튼 1985년에 시작한 총장 임기 1989년에 끝내고 일본 1년, 영국 1년 유급 휴가를 받았어요. 이것도 성신 역사상 처음 있는 일이었죠. 1990년 일본의 경우에는 연구비까지 지급받았죠. 원래는 영국도 그러기로 했는데 학교 선생들 반란으로 못 받았죠. 왜 전상운만 그렇게 혜택 주느냐는 거죠. (웃음)

1991년 영국 가서 처음 한 게 케임브리지 중앙 도서관에 가서 열람증 받은 거였어요. 그리고 제일 먼저 읽은 게 북한에서 나온 『조선 전사』였어요. 일부 복사도 하고 그랬죠. 굉장히 비쌌는데, 나온 지 얼마 안 될 때라 정말 열심히 읽었죠.

신동원: 저희도 그 책이 나왔다는 것을 알고 있었습니다. 1989년쯤인가요, 운동권 지하 서클에서는 몰래 제본한 게 돌고 그랬습니다. 일본에는 교토 대학교 객원 교수, 영국에는 니덤 연구소 방문 교수로 가셨던 거였죠.

전상운: 당시 학계에서는 김정배 선생이 우리나라의 청동기 시대 기원을 기원전 13세기까지 올려서 '미친놈' 소리 들은 적이 있었는데 평양 학자들 중에는 기원전 15세기까지 올린 사람도 있다는 소문이 들려왔죠.

막상 『조선 전사』를 보니까, 생각보다 학문적 진전은 없어 보이더군요. 특히 과학 기술사 분야에서는. 평양 학자들이 들으면 기분 나쁠 수도 있겠지만, 매 챕터 앞에 과학 기술 이야기가 들어가 있기는 하지만, 형식적으로, 원고

매수 채우기 위해 엿가락처럼 늘였다는 인상을 받았죠. 또 유물 사관의 영향인지, 생산력에 직접적인 영향을 끼치는 기술적인 것에만 관심을 가져서 사상사적인 것을 경시한 것 같더군요. 게다가 천문학은 맨 뒤에 가 있었죠. 그래도 우리도 한국사를 쓸 때 이렇게 하면 좋겠다고 생각하기는 했죠. 그때는 국사편찬위원회에서 과학사 껴 주는 것만도 고마워 할 때였죠. 열심히 썼는데 맨 뒤에 넣더군요.

아무튼 평양 학자들이 쓴 책을 읽고 있자니 1986년판은 공백이 되었지만 1996년판을 낼 때에는 이 평양 학자들의 성과까지 깡그리 모아서 제대로 된 '한국 과학 기술사'를 내고 내 학문을 끝내 보자고 생각하게 되었죠.

신동원: 북한 학자들은 주체 사상, 유물 사관의 영향을 심하게 받고, 남한 학자들이나 다른 나라 학자들과 자유롭게 교류하지 못하는 것 같지만, 남한 학자들 책을 읽고 있다는 느낌을 받을 때가 많습니다. 참고 문헌 같은 데 구체적으로 밝힐 수가 없으니 일본 책을 통해 간접 인용하는 식으로 처리하는 것 같기도 합니다. 이념 탓, 체제 갈등 탓이겠죠. 계속 북한 학자들의 연구 성과에 관심을 가져 오셨고, 어느 정도는 기대하시는 부분이 있는 것 같은데 구체적으로 북한 학자들을 어떻게 평가하시는지요?

전상운: 평양 학자들이 서울 학자들이 한 연구에 대해 이렇다 저렇다 한 것을 구체적으로 듣지 못했고, 책에서도 볼 수 없었기 때문에 어떻게 평가해야 할지는 잘 모르겠습니다. 다만, 저는 못 봤지만, 누가 그러던데, 『조선 전사』, 『조선 기술 발전사』에 제 1976년판 책에 쓰인 사진이 그대로 들어가 있다고 하더군요. 평양 학자들이 야마다 게이지가 편집한 『과학 기술사 사전』을 많이 인용하는 것 같은데, 사실 그 사전의 한국 관련 항목들은 제가 다 쓴 것이거든요. 그럼 제 글을 읽은 거예요. 고려서림에서 나온 일본어판도 평양 도서관에 다 있다고 하더군요. 다만 특수한 신분의 사람들만 볼 수 있다

더군요.

1976년판을 중국 과학원 산하 자연 과학사 연구소에서 번역 출판하기로 했었는데, 그쪽에서 제목에 "한국"이라고 쓸 거냐, "조선"이라고 쓸 거냐 논쟁하다가 출간 안 됐다고 하더군요. 아무튼 중국에서 관심을 가질 정도였으니, 당연히 평양 학자들도 제 책들을 다 봤겠지요. 그리 짐작하고 있어요.

신동원: 그게 남북한 학계의 굉장히 흥미로운 현상입니다. 겉으로는 벌벌 떨면서, 속으로는 다 보는 관계인 거죠. 북한에서 나온 논문이나 책을 보면서 남쪽 학자들 체취를 느낄 수 있고, 선생님 책에서 북한 학자들 아이디어를 읽을 수 있죠. 이런 상호 작용이 이데올로기를 넘어 어떤 식으로든 학문적 성과로 이어지는 과정이 흥미롭습니다. 예를 들어 유경로, 이은성, 나일성 선생님이 펴낸 『칠정산 내편』 번역본이 없었다면, 북한 학자들이 저렇게 썼을까 하는 연구들도 많습니다. 저 역시 북한 학자들이 남쪽에서 나온 중요한 연구 성과는 다 읽는 것 같다는 생각이 듭니다. 그것은 과학이라는 분야가 객관성을 띠기 때문이라고 생각합니다. 물론 연구 방향이 최고 지도자의 정통성을 강조하고 우리 민족의 우수성을 강조하는 방향으로 기울어져 있지만 나름 활발하게 이뤄지는 부분이 있어 평가할 만하다고 생각합니다.

북한에서 한국 과학사 한 사람들 중 선생님의 책에 견줄 만한 성과를 낸 것은 리용태 교수뿐인 것 같습니다. 앞에서도 몇 번 언급이 됐었죠. 저도 리용태 교수의 책을 학생들과 함께 읽어 보기도 했습니다. 형식적으로 달려 있는 이데올로기적 주장은 빼고 읽어야겠지만, 굉장한 노작이고, 아주 실증적인 연구를 바탕으로 하고 있더군요. 글도 간결하면서 군더더기가 없었습니다. 아마 1991년 이후 꼼꼼히 읽으셨을 것 같은데, 어떻게 평가하시는지요?

전상운: 한마디로 완전히 다른 스타일이죠. 그이가 저보다 나이도 좀 많고, 서울에서 대학까지 공부를 하다 갔으니까, 그 문장이 평양에서만 자란 학자

와 달라요. 제가 출신 성분 때문에 고생해 봤기 때문에 알아요. 출신 성분은 못 속이는 법이거든요. 문장이 좋아요. 내용도 누구 것을 베꼈거나 짜깁기한 게 아니라는 것을 알 수 있었어요. 2000년판 내기 전에 일본 사람 누가 그랬는데, 제가 만약 1976년판을 낼 때 리용태의 연구 성과를 읽을 수 있었다면 제 책이 좀 더 세련되어졌을지도 모른다고 하더군요. 2000년판에는 리용태 책을 읽고 생긴 잠재적 경쟁 의식, 아니면 그 책으로부터 촉발된 깨달음 같은 게 반영되어 있을지도 모르죠.

저는 리용태 교수의 책에서 한국 과학사를 통사로서 정리해 낸 것을 높이 평가해요. 시대 구분도 잘했죠. 19세기를 최고봉으로 잡은 것도 인상적이었어요. 보통은 그 시기를 낮게 평가하는데, 리용태는 조선의 과학 기술이 조선 시대 내내 세종 때 수준을 어느 정도 유지하다가 18~19세기에 최정점에 올라갔다고 평가했죠. 인상적이었어요.

신동원: 조선 시대를 조금씩 진전되어 가는 사회로 그린 것에는 아마도 유물 사관의 자본주의 맹아론의 영향도 있었겠지요. 그렇게 시대들을 무리하게 엮다 보니 다소 도식적, 즉 억지로 꿰맞추려고 하는 부분이 느껴지기도 합니다만, 사실 우리가 쓴다 하더라도 그 한계를 극복하는 건 쉽지 않을 것 같습니다.

리용태 선생 책의 영향이었는지 1998년에 나온 『한국 과학사의 새로운 이해』를 보면 시대 구분 문제, 한국 과학사를 시대순으로 엮는 문제를 고심하신 흔적이 엿보입니다. 1996년에 연세대학교에서 강의를 하셨고, 그동안 내셨던 논문을 엮은 것이었죠. 국사편찬위원회 단행본 시리즈에 쓰신 글에서도 그런 고민이 느껴지죠.

이전에는 세종 시대 말고는 시대 구분이 불분명했는데, 고려 시대, 삼국 시대의 고구려, 신라, 백제 하는 식으로 쪼개서 보려는 시도를 시작하셨죠. 조선 후기도 실학을 중심으로 해서 나눠 보셨죠.

전상운: 그러나 결국 1996년도 약속을 지키지 못했죠. 이사장 하느라 그랬죠.

신동원: 그렇죠. 연세대학교 한국학 연구원의 다산 객원 교수로 가신 게 1996년이었고, 『한국 과학사의 새로운 이해』 낸 게 1998년이었습니다. 이사장은 1992년부터 시작하셨고 1996년에 마치셨죠?

전상운: 원래 이사장은 할 생각이 추호도 없었어요. 설립자 할머니, 리숙종 선생이 1985년에 돌아가신 다음, 그분의 조카인 심용현 선생이 맡았는데, 이 분이 얼마 안 가 세상을 떠났어요. 1986년이었죠. 그때 여행한다고 스페인에 있었는데, 그대로 귀국했죠. 심용현 선생의 아들로 심규형 대령이라고 공군 파일럿이 있었는데, 이 사람이 이사장을 맡게 됐죠. 샤프하고 깐깐한 사람이었는데 군에 계속 있었다면 장군까지 되었을 거예요. 그런데 이 사람 역시 뜻밖에 빨리 돌아갔어요. 우리나라 사학 잘 아시잖아요. 원래 설립자와 그 가족들이 이사장으로 계속 운영하던 학교가 다른 사람으로 바뀌면 풍비박산 나는 것. 관선 이사든, 뭐든 문제 많잖아요. 그래서 영국에 있던 제가 급하게 불려가서 이사장을 맡게 됐죠.

그래서 이사장 맡으면서 성신은 절대 바람을 타지 말아야 한다고 생각했죠. 그때 정권이 바뀌어서 사립대들 기부금 받았다, 아니다 하면서 엉망진창으로 얻어맞던 시기였습니다. 하지만 성신만은 바람이 전혀 불지 않았어요. 제가 주력한 것은 그거였어요. 외풍 타지 않게만 하면 된다. 그렇게 바깥만 보고, 마음속으로는 하늘 보며 과학사 생각만 했죠. 제가 이사장을 맡기까지 엄청난 권력 투쟁이 있었다는 것을 모르고 있었어요. 그래서 결국 쫓겨났죠. (웃음)

이사장을 그만둔 계기는 1996년 동아시아 과학사 회의였습니다. 그런데 학교에서 이사장이 이사장 일은 안 하고 자기 공부 관련 일만 한다고 말들이 나왔죠. 학교에 일주일 동안 안 나타났다고 욕하는 사람도 있었죠.

신동원: 선생님의 인생은 모두 과학사와 엮이는군요.

전상운: 바로 이럴 때에 연대에서 다산 객원 교수로 불러 준 게 고마웠죠. 열심히 강의했어요. (웃음)

신동원: 선생님은 공부하는 일을 맡으면 신나 하시는데, 공부와 관계 없는 일만 맡으면 우울해지시는 듯합니다. 암도 걸리셨고요. (웃음)

과학 문화재 연구의 빛나는 순간:
1985년 과학 문화재 국보 • 보물 지정

신동원: 1980년대와 1990년대가 공부 측면에서 아쉬웠고, 학교 일로 정신적, 육체적으로 힘든 시기였지만, 그래도 과학 문화재를 국보, 보물로 만드는 큰일을 하시지 않았습니까. 1985년 8월 3일로 기억합니다만, 천상열차분야지도 각석, 보루각 자격루 그리고 혼천시계가 국보로 지정되었고, 복각 천상열차분야지도와 수표, 측우대, 해시계 등 15개가 무더기로 보물로 지정되었지요.

문화재 지정의 역사에서 이례적인 사건이었을 텐데, 아마도 과학사 연구자가 아닌 일반인들은 이 부분에서 가장 크게 선생님 덕을 보고 있다는 생각이 듭니다. 2000년판 출간 이야기를 나누기 전에 과학 유물의 문화재 지정과 관련된 선생님의 활동을 듣고 싶습니다.

전상운: 간단해요. 대한민국은 힘센 사람 누구 하나가 적극적으로 일을 하

면 일의 70퍼센트는 되는 나라예요. 지금도 그런 것 같아요. 이게 국보, 보물로 지정되는 데에는 그때 문화공보부 장관이었던 이원홍 씨가 큰 역할을 했어요. 그분이 장관 아니었으면 어림도 없었죠. 장관 하기 전에 한국방송공사(KBS) 사장도 했는데, 사장 되자마자 KBS 임직원들 다 불러 놓고, 과학 문화재가 그렇게 중요한데 왜 하나도 안 다루냐, 영상에 한 번도 안 나오냐 따졌다고 해요. 피디들과 편성국 임원들이 벌벌 떨면서, 저 사람이 이걸 어떻게 아냐, 했다고 해요. 그런데 그분이 그것을 어떻게 아냐면, 제가 한국정신문화연구원에서 여름에 해외 공관장 회의, 교육할 때 강연을 한 적이 있어요. 그걸 들었다는 거예요. 사실 그 강연도 연구원에서 오라오라 하는 걸 안 가고 있다가 어떻게 해서 가게 돼서 했던 거죠. 전통 과학, 한국 과학사에 대해서 강의했는데, 한국 사람 욕 실컷 했어요. (웃음) 천상열차분야지도 각석 위에 올라가 도시락 먹고, 아이들 놀게 두고, 문화 국민으로서 창피한 일 아니냐, 우린 아직 멀었다 하는 이야기를 비분강개해서 1시간 30분 했어요. 이원홍 씨가 그 자리에 있다가 그걸 들은 거죠. KBS 사장 한 다음에 문화공보부 장관이 됐죠. 그때도 문화재관리국 국장 불러서, 정재훈 씨가 국장이었죠, 왜 과학 문화재 중에는 국보 없냐 하고 따졌죠. 그때까지만 해도 문화재관리국에 과학 문화재에 대한 관심이 하나도 없었어요. 1960년대 초에 홍이섭 선생님이 과학 문화재를 문화재 지정 안 해 준다고 문화재 위원 사퇴한 적이 있을 정도죠. 문화재 위원 중에는 아마 유일할 겁니다.

신동원: 이원홍 씨가 일본 대사관 공보관 한 적이 있으니까, 아마 1970년대 말에 선생님 강연을 들었겠군요. 혹시 신문 칼럼 같은 것으로 문화재 지정을 촉구하신 적은 없는지요?

전상운: 《한국일보》부터 《조선일보》, 《중앙일보》, 《동아일보》까지 저한테 관련 칼럼 쓰라고 의뢰가 많았어요. 그래서 열댓 편 과학 문화재 관련 칼

럼 썼죠. 그리고 현원복 부장이《서울신문》과학부장 할 때 저랑 의기투합해서 과학 문화재 중에는 문화재로 지정된 게 왜 없냐 하는 식으로 문제 제기 많이 했어요. 그러니까 1960년대 후반과 1970년대 초반 사이부터 이 문제를 제기했죠.

그리고 유경로, 이은성, 박성래, 김영식, 송상용, 전상운, 이렇게 몰려다니면서 보고서도 서너 개 만들었죠. 밤낮 없이 모였죠. 그때 만든 보고서 중 하나가 경복궁 간의대와 자격루를 복원하자는 거였어요. 또 박성래 선생이 청와대 가서 장관들 모아 놓은 자리에서 특강한 적이 있어요. 거기서 한국의 전통 과학 이야기를 하면서『칠정산 내편』이야기도 많이 했죠. 아랍의 천문학 문헌에 버금가는 자료가 우리나라에 있는데 활용 안 되고 있다 이야기했죠. 아, 이것은 1985년 문화재 지정 이루어진 다음 이야기지요. 아무튼 이원홍 장관이 그렇게 강하게 추진할 줄은 아무도 예상을 못 했죠.

신동원: 그런데 이원홍 씨가 1985년 장관 됐을 때 과학사 하신 분들 중 문화재 위원은 선생님 혼자 아니셨나요? 1981년부터 하셨죠?

전상운: 말석이었죠. 그런데 이원홍 씨에게 혼난 다음 문화재 관리국 국장이 저한테 직접 와서 보고서를 부탁하더군요. 전통 과학 유물들을 문화재로 지정해야 하니, 지정할 만한 걸 우선 골라서 보고서를 써 달라고 하더군요.

신동원: 그 결과가 1987년에 정음사에서 나온 책인『한국의 과학 문화재』겠군요.

전상운: 지정이 된 다음 책으로 나왔죠. 그것도 이원홍 장관이 왜 문화재 지정된 과학 문화재에 대한 책은 없냐고 물어서 만들게 된 거예요. 문화공보부에서 출판비까지 다 지원해 줄 테니까, 빨리 책 만들라고. 그래서 아는 게

정음사이니까, 정음사하고 이야기해서 금방 책으로 내게 됐죠. 불행하게도 그때가 위암으로 수술받고 그럴 때라 몸이 불편해 책으로서는 잘 만들지는 못했죠. 조금 소홀하게 만들어졌던 것 같아요. 그럼도 새로 좀 바꿨으면 했는데, 출판사에서 자기들 가진 걸 급하게 짜깁기해서 만들었죠. 그래서 지금 생각하면 좀 마음이 불편하죠.

신동원: 선생님의 성격이 잘 안 드러나는 책 같았습니다. 그런 사연이 있었군요. 그렇다면 결국 어떤 것을 국보로 할지, 어떤 것을 보물로 할지 같은 것들을 선생님께서 혼자 뛰다시피 하신 거군요. 문화재 지정의 원안을 정하신 거죠. 아마 문화재 위원들 회의에 올려 의견을 들으셨을 텐데, 어떤 기준으로 문화재를 선별하셨는지요?

전상운: 문화재 위원회에서는 국보, 보물 구분 없이 목록 전체가 올라가요. 그러면 위원회에서 보고를 듣고, 거기서 이건 국보가 돼도 되겠다, 이건 보물로 있는 게 낫겠다, 이렇게 결정하죠. 혼천시계는 제가 문화재 위원이 아닐 때 이미 올라간 적이 있었어요. 1964년인가 김두종 선생이 문화재 위원으로 있을 때였는데, 고려대 박물관에서 올렸는데, 거부됐어요. 20년이 흘러 다시 올린 거였죠. 그때는 김두종 선생은 안 계셨고, 전통 과학 분야에서는 문화재 위원이 저밖에 없었죠. 보존 과학 분야를 대표해서 이태영 선생이 문화재 위원으로 계셨는데, 과학 쪽은 이렇게 둘뿐이었죠. 그때에는 김원룡 선생님이 중요한 역할을 하셨어요. 원로로서 좌장 역할을 하셨죠. 동산 문화재 2분과였는데, 그때는 문화재 위원이 10여 명 되었죠. 진홍섭, 임창순, 김원룡, 이태영, 윤장섭, 최영희, 그리고 공간 사장 하던 건축가 김수근 선생도 있었죠. 또 한두 분 더 계셨죠. 제가 제일 젊어 말석이었죠. 제가 보고를 하면서 설명을 하면, 고려대 사학과의 최영희 선생이 그걸 받아서 추가로 설명을 해 주셨죠. 경성공업전문학교 출신이었는데 과학사에 대한 이해가 깊으셨죠. 그러

면 김원룡 선생님이 호응하는 식으로 결정이 됐죠.

두 번인가 회의하고 다 결정됐어요. 분위기가 참 좋았죠. 다만 성덕대왕신종 무게 다는 것은 결국 못했죠. 함부로 건들지 못한다는 거였어요. 국보니까. 30분을 설득했는데도 어림도 없었죠. 포철을 어떻게 믿냐는 말도 나왔어요. (웃음)

문화재 지정 발표 기자 회견은 이원홍 장관이 직접 했어요. 문공부의 브리핑실에 기자가 40~50명 왔어요. 장관이 발표문을 읽고, 제가 전문가로 나서서 기자들 질문 받고 그랬죠.

신동원: 영어판과 일어판으로 이미 세계적인 학자 반열에 오르신 선생님이 아니었다면 불가능했을 일일 듯싶습니다. 그리고 완성도 높은 1976년판의 공도 컸겠죠. 세부적인 것 질문 좀 더 하겠습니다. 국보, 보물 구분 없이 회의에 올렸다고 하셨는데, 국보가 됐으면 좋았는데, 안 된 게 있는지, 아니면 올렸는데 국보도 보물도 되지 않고 탈락한 것 없는지요?

전상운: 없었습니다. 제가 그때 신중하게 골랐죠. 1960년대 초 혼천시계를 올렸다가 떨어진 쓰라린 경험이 있었기에 이거 잘못 올렸다가 거부당하면 저도 망신스럽고 해서, 선례가 되어 두 번 다시 안 될 수도 있겠다고 생각했죠. 그래서 최소한으로 줄이자 했죠. 오히려 문화재관리국 국장이 아쉬워하더군요.

신동원: 그럼, 회의 때 논쟁이 거의 없었겠군요.

전상운: 없었어요. 자연스럽게 그리 됐죠. 국보 3개는 아무런 이의 없이 결정됐어요. 나머지는 보물로 지정됐죠. 하지만 공교롭게도 보물이 된 것은 다 덩치가 작은 거예요. 그러니까 2분과 위원들이 고구려 시대, 통일 신라 시대

유물이나 조선 시대도 도자기만 취급하던 분들이라 그랬던 것일 수도 있어요. 홍이섭 선생님께서 문화재 위원 사표 내면서 "문화재 위원회가 아니라 불교 문화재 위원회냐?" 하고 비판하실 정도로 어느 정도 편향이 있었던 것이지요. 홍이섭 선생님이 문화재 위원 그만두신 게 제가 그 집에 매주 다닐 때라 직접 들은 이야기죠.

신동원: 국보 지정된 것들 중에서도 천상열차분야지도 각석이 이채롭습니다.

전상운: 논란 없이 국보로 지정됐죠. 제가 슬라이드 비추면서 태조 4년에 만들어진 각석이고, 여기 새겨진 3,500자 쓴 사람들이 설장수, 설경수라는 위구르 사람들이라고 하니까, 문화재 위원 선생들이 다들 놀라면서 이런 게 어디 있었냐고 묻더군요. 뿌듯했죠. 그러나 그때까지도 뒷면에도 천문도가 새겨져 있다는 것을 모르고 있었어요. 루퍼스 글에도 나오고, 그 글을 제가 읽었는데도 불구하고 말이죠. 나중에 알았어요. 이번 책에서도 솔직하게 이야기했고요.
혼천시계에 대해서는 질문이 있었죠. 전에 거부당한 전력이 있으니까요. 그래서 실록에 기록이 있는 유물이고 자명종 시계의 원리에 따라 만들어진 세계에서도 유일한 천문 시계라고 했더니, 그럼 됐다, 하더군요. 그때는 제작자 문제는 특별하게 부각되지 않았죠.

신동원: 그러나 자격루는 장영실이 만든 세종 때 것도 아닌 중종 때 것이고, 자격 장치도 없지 않습니까.

전상운: 중종 때 것이기는 하지만 동시대 세계 물시계 중 이 정도까지 남아 있는 게 없다는 와다 유지의 논문이 옹호 근거가 됐죠. 그리고 가서 보면 볼

수록 용 조각이 대단해요. 그 후 다른 천문 기기 복원할 때 다리 같은 데 용 조각을 새기면, 저는 이것을 모델로 해서 만들라고 했어요. 이 용 조각을 보면 조선 용은 순해요. 그러나 복원 업체들이 만들어 온 것 보면 꼭 불도그 얼굴처럼 사납게 만들어 와요. 그러면 항상 바둑이 얼굴처럼 만들어라, 순하게 만들어라 했죠. 복원 업체들이 죽으려고 했죠. 순한 용이 어디 있냐고.

사실 받침돌 위에 있는 물항아리와 용 조각 새겨진 실린더 모양 물통 부분만 중종 때 만들어진 오리지널이에요. 큰 받침돌은 일제 때 일본식 축조 기술자가 만든 거죠. 그것은 국보 지정된 후인 지금도 고쳐지지 않고 있죠.

신동원: 「국조역상고」나 「서운관지」 같은데 설명이 없나요?

전상운: 없습니다. 한번 만들면 고치기 어렵다는 걸 그때 알았어요. 대를 다시 만들어야 하죠. 지금 창경궁에 있는 관천대나 현대빌딩 앞에 있는 관천대 모두 조선 전기 돌 쌓는 법을 고려해서 다시 복원해야 해요.

신동원: 우리나라 문화재 정책 역사에서 보물이 그렇게 많이 지정된 것은 흔한 일이 아니지요. 『한국 과학 기술사』 책에 사진으로 실렸던 것은 다 지정된 것 같습니다. (웃음) 혹시 문화재 지정과 관련된 아쉬우셨던 부분은 없는지요?

전상운: 신 박사가 전공이라 잘 아시겠지만 의학 관계 도서들도 보물로 지정할 가치가 높은데, 많이 안 됐죠. 의학 분야는 제가 보고서 쓴 적은 없지만 자문은 하고 그랬죠. 그러나 서적은 국보 잘 안 주더라고요. 임진왜란 전 서적이어야 하고, 유일본이어야 하며, 거의 훼손되지 않은 전질이어야 하죠.

신동원: 세종 때 『의방유취』, 태종 때 『향약제생집성방』, 광해군 때 『동의

보감』 초간본은 돼야 하는 것 같습니다. 의학사적 가치도 굉장히 크고, 『의 방유취』는 두 권밖에 없고, 『제생집성방』은 유일본이니까요. 『동의보감』 초 간본은 올해(2009년) 세계 기록 문화 유산으로도 등재 신청했잖아요.

전상운: 제가 전에 일본에 있는 다케다 약품 주식 회사를 방문한 적이 있 는데, 『향약집성방』 전질이 있더군요. 초판본이라고 하더군요. 게다가 서울 대 규장각에 임란 전 과학 관계 서적들이 굉장히 많아요. 적어도 보물 지정 은 해야 한다고 생각해요. 그러나 너무 많아 그런지, 귀찮아서 그런지 규장 각에서 잘 안 하더군요.

그리고 1990년대 초에 문화재 지정 취소된 화포 사건 있잖아요, 만약 그 것을 과학 문화재로 조사했다면, 그렇게까지 되지는 않았을 거예요.

신동원: 1992년에 임진왜란 때 화포라고 해서 해군이 발견했다는 그 총통 사건 말씀이시군요. 그것은 대통령이 직접 문화재 관리국에 국보로 지정하 라고 전화를 했다는 소문이 돌았죠. 해군 사관 학교에서 발견했다니 지정하 라 했다죠.

전상운: 홍역 치렀죠. 해군 사관 학교에서 자기들이 가지고 있는 측우기도 국보 지정해 달라고 올라왔어요. 저는 바로 "노." 했죠. 이건 암만 봐도 이상 하다. 그러니까 어른 몇 분이 전 선생, 이건 신중을 기해야 하는 일이겠지만, 잘 보고, 웬만하면 긍정적으로 다시 보라, 하시더군요. 하지만 아무리 봐도 아닌 거예요. 박성래 선생도 보고. 문화재 연구소의 보존 과학 팀이 몰래 시 료 뜯어 분석했죠. 그 분석 보고서를 먼저 보여 줬는데, 보고서 보니, 그 청동 이 요새 청동 같은 거예요. 결정적인 거였죠. 박성래 선생도 자기는 잘 모르 겠지만 뭔가 느낌이 아닌 것 같다. 석연치가 않다 하더군요. 측우기는 그래서 문화재위원회에 상정하지 않고 지정 보류 결정을 했습니다. 화표는 공교롭게

도 제가 중국에서 열린 동아시아 과학사 회의에 참석하느라 자리를 비운 회의 자리에서 국보로 지정됐죠. 하지만 결국 위조품이라는 게 밝혀져 국보 지정이 해제됐죠. 1996년이었죠.

한바탕 소동이 나고 국보 지정 해제를 위한 문화재위원회 회의를 했는데, 그때 위원장이 임창순 선생이었어요. 기자들이 회의장까지 밀고 들어와서 카메라 들이댔죠. 임창순 선생님이 대가는 대가예요. 그분이 4.19 때 교수들 데모할 때 플랜카드 들고 앞장서서 나갔어요. 결국 5.16 나고 제일 먼저 잘렸죠. 오랫동안 재야에서 한학당만 했죠.

아무튼 문화재 위원회 회의 사회자로서 기자들한테 이렇게 말했죠. "대한민국 해군 다이버가 건져 올린 건데, 그걸 문화재위원회가 이상하다고 거부를 한다면 대한민국 해군의 입장이 어떻게 되겠냐. 그래서 이론의 여지 없이 국보가 됐다. 그런데 지금 와서, 문제가 생겨 국보 해제하는 마당에, 국보 지정한 모든 사람을 죄인 취급하는데, 여러분도 입장 바꿔 생각해 봐라." 그리고 "문화재 위원장 승인 없이 들어와 있는 기자 분들, 카메라맨들, 방송국 피디들 다 퇴장하시오." 했죠. 결국 국보 274호는 영구 결번 처리가 됐어요.

신동원: 청와대 개입이 심했다는 이야기는 학계에서 많이 돌았습니다.

전상운: 해저 유물 관련해서는 이야기가 많았어요. 1980년대, 1990년대까지만 해도 수중 고고학 분야가 좀 약했거든요. 해저 탐사선도 없었고. 그런데 아사히 신문사에서 다이버와 탐사선을 운용할 수 있는 배를 가지고 있고, 빌려 주겠다고 하는 거예요. 다만 거기서 나온 유물 보도권을 자기들에게 달라고 했죠. 최영희 선생하고 김재근 선생, 해사 박물관장, 그리고 제가 회의를 해서 오케이 했죠. 그리고 한국일보 사와 함께 임시 위원회 만들어 준비를 하고 있는데, 문화재 위원회 어른들이 이 이야기를 듣고는 전상운이 정신 나갔냐, 이순신 장군 유물을 일본 놈들 배 빌려서 탐사한다니 말도 안

된다, 하시는 거예요. 그 말 한마디에 한국일보 사장 특명으로 없던 일로 돼버렸죠. 이건 어떤 기록에도 없는 이야기일 거예요.

신동원: 흥미롭군요. 앞에서 규장각 고서들 말씀하셨는데 혹시 과학 문화재 중에서 국보급이나 보물급인데 아직까지 지정되지 않은 건 없는지요?

전상운: 보물급인데 안 된 게 하나 있죠. 선 화랑이라는 곳에 소장되어 있는 나무 혼천의가 있는데, 그건 반드시 보물 지정 돼야 하는 과학 문화재예요. 『주자어류』에 나오는 선기옥형하고 거의 같죠. 제작 시기는 아마 조선 중기와 후기 사이일 거예요. 그런데 서울시 문화재위원회에서 먼저 심의하고 문화재위원회에 올리지 않고 제멋대로 서울시 문화재로 지정해 버렸어요. 이유는 설명 안 하는데, 들리는 소문으로는 서울시 문화재위원회에서 중요 문화재로 지정되기는 미흡하다고 판정했다고 해요. 현재 민속박물관에 대여 전시되어 있죠.
선 화랑의 사장이 공대 출신인데, 제가 문화재 위원회에 문화재 지정 신청하라고 할 때에는 귓등으로도 안 듣더니만, 엉뚱한 때 올려 고생하고 있죠.

신동원: 그렇다면 보물 중에 국보로 지정되어야 하는 건 따로 없는지요?

전상운: 아직은 없는 것 같습니다.

신동원: 선생님도 유물 많이 수집하셨고 인사동의 고서점상과도 거래가 많으셨다고 들었습니다. 1999년 12월에는 평생 수집하신 유물 120점을 서울역사박물관에 기증하시기도 하셨죠. 수집하신 유물들 중에 보물급 문화재는 있었는지요?

전상운: 보물 852호인 앙부일구가 있죠. 이건 국립중앙박물관에 팔았어요. 1960년대에 집사람이 계 탄 돈을 몽땅 써서 산 거였죠. 집사람은 뭔지도 모르고 제가 중요하다니까 피 같은 돈을 줬죠. 지금 생각하면 미안한 부분도 있어요. 박물관에 팔 때 그리 비싸게 팔지는 못했어요. 보물급으로는 최저가였어요. (웃음)

신동원: 구체적으로 얼마에 사셨고, 또 얼마에 파셨는지는 여쭙지 않겠습니다. (웃음) 정말로 사모님이 고생 많이 하셨을 것 같습니다. 그럼 국보 이야기를 마무리하면서 정리를 좀 해 보겠습니다. 선생님께서 하신 일들 중에서 책을 내신 것도 있지만, 대중에게 의미 있게 다가간 작업은 국보, 보물 문화재 지정이었던 것 같습니다. 인식이 확 바뀌었으니까요. 연구자가 아닌 사람들이야 국보에 들어가 있냐, 아니냐로 인식이 많이 바뀌니까요. 이제는 과학 문화재 이야기가 교과서에도 실려 있고, 심지어 1만 원권에도 들어가 있죠. 신권에는 세종 대왕과 함께 혼천시계의 선기옥형과 천상열차분야지도의 별자리 그림이 들어가 있죠. 예전에는 자격루 물항아리 부분이 들어가 있었죠. 선생님께서 1960년대부터 과학사 연구를 하셨으니까, 1980년대 국보 지정 이후 사회적 환경, 분위기 변화 느끼신 게 있는지요?

전상운: 있죠. 예를 들어 덕수궁에 궁중 유물 전시관이 있을 때 일인데, 그때 문화재 위원회 2분과 과장 하던 이가 관장을 맡게 됐어요. 그러더니 궁중 유물 특설 강좌 열었으면 한다고 연락을 해 오더군요. 저는 그때 교재도 안 쓰고, 계획서도 안 쓴다, 다만 어느 주일에 어떤 주제로 한다는 거는 써서 내겠다 했죠. 그것을 인터넷으로 공고를 냈더니 유료 강연인데 만석인 거예요. 게다가 그중에는 대전 이남에서 기차 타고 올라와 강연 듣고 간 사람도 있었죠. 정말 열심히 했죠. 1만 원권 도안에 세종 대왕이나 과학 문화재가 들어간 것은 1985년부터죠.

신동원: 저는 한국 과학사 연구에서 커다란 사건이 세 가지 있었다고 생각합니다. 하나는 선생님 책 영어판 나온 것, 다른 하나는 유경로, 이은성, 나일성 선생님께서 『칠정산 내편』 번역하신 것, 그리고 마지막 하나가 이 국보 지정이라고 생각합니다. 그 국보 지정이 어떤 과정을 통해 이뤄졌는지 들을 수 있어 흥미로운 시간이었던 것 같습니다.

그럼 이제 20세기 마지막 책, 2000년에 사이언스북스에서 나온 『한국 과학사』 이야기를 하면 어떨까 싶습니다. 이 책은 일단 제목부터가 이전 책들과 다릅니다. 결국 못 내신 1996년판과도 연관성이 있을 것 같습니다.

새로운 세기, 새로운 과학사: 2000년판 『한국 과학사』 출간

전상운: 2000년판 책에 『한국 과학사』라는 제목을 단 것은 송상용 선생의 강력한 입김 탓이었어요. 이것은 《과학동아》 연재 원고를 바탕으로 만든 책인데, 연재를 시작한 게 총장 자리를 막 물러났을 때예요. 그때 1986년판도 없고 해서, '에잇, 편하게 좀 써 보자.' 마음먹고 있었을 때인데, 하루는 《과학동아》 기자라는 이가 찾아와서, 한국 과학사를 주제로 연재 원고를 써 달라고 하더군요. 《과학동아》에 평소에도 관심이 있었기 때문에 한번 써 보자 했죠. 대신 조건을 달기를 첫째로 컬러로 그림을 넣어야 한다, 크게, 가능하면 페이지를 가득 채워서. 꽉꽉. 둘째로 제가 쓴 글이 내용이 부드럽지 못하다면 적당히 수정해서 이야기해 달라, 일부 수정 권한을 주겠다고 했죠.

《과학동아》 연재에서 중요하게 부각시키고 싶었던 것이 바로 고려 시대 과학 이야기였습니다. 고려 시대 과학에 대한 이해가 너무 부족합니다. 고려 시대가 마치 서양의 중세와 같은 취급을 받고 있죠. 사료도 『고려사』, 『고려사절요』밖에 없는데다가 남쪽에는 유물도 없다시피 하고 북쪽에만 좀 남아 있죠. 그러나 고려 시대를 들여다보면 결코 소홀히 해서는 안 되는 시대라는 것을 알 수 있습니다. 만만한 시대가 아니죠. 통일 신라 시대보다 쳐지지 않고, 심지어 조선에 견줄 만한 시대라고 봅니다. 사실 천상열차분야지도를 만든 유방택부터가 고려 시대 때부터의 천문학자들이죠. 야부우치 선생은 『칠정산』을 굉장히 높이 평가했는데, 『칠정산 내편』 역시 고려 천문학이 없었다면 불가능했겠죠. 『칠정산 내편』 역시 고려 천문학이 없었다면 불가능했겠죠. 이 문제는 시빈과도 오래 토론한 문제였어요. 하지만 고려를 무너뜨리고 나라를 세운 조선 왕조에서 고려 시대를 평가절하했죠.

고려 청자도 그래요. 잘 아시겠지만 저는 미술사 하는 분들에게 오래전부터 투덜대 왔거든요. 송나라 청자를 모방해 고려 청자가 나왔다는 게 가장 큰 불만이죠. 그러나 상감청자, 아니 새김무늬청자 기법을 발명한 게 고려 사람들이에요. 도자기 기술이 최고조에 이르렀음을 말해 주는 거죠. 중국 청자 보고 반해서 뚝딱 만들 수 있는 수준의 물건이 아니에요. 통일 신라 때부터 발전해 온 토기 기술, 섭씨 1,200도 높은 온도에서 그릇을 구울 때 나오는 자연 유약을 이용하는 기술에서 고려 청자가 태동한 거죠. 이것이 바로 중국 것의 창조적 변형인 거죠.

고려 시대 기록을 보면 청동 거울이 전국적으로 보급되어 널리 사용되었다고 되어 있어요. 당시 청동 거울을 양산할 수 있는 금속 기술을 갖춘 나라가 세계에 얼마나 있었겠어요. 고려 시대에 웬만한 돈 있는 상류층이면 놋그릇을 다 썼어요. 그럴 수 있는 사회도 거의 없었어요. 화약도 그렇죠. 훔친 기술이라고만 할 수 없어요. 결정적인 힌트를 중국 사람에게 얻었다고는 하지만 오랫동안 연구가 있었겠죠.

정말 많은 이야기를 하고 싶었는데, 시간이 너무 없더군요. 한 달이 너무 빨리 왔어요. 총장 그만두고 썼는데도 마감에 쫓겼죠. 케임브리지 가서까지 원고를 보내고는 했죠.

신동원: 한국 과학사를 한데 아우르고, 고려 시대를 강조한다는 데 중점을 두셨다면, 형식적으로든 내용적으로든 이전 책들과는 많이 달라지는군요.

전상운: 이게 좀 일찍 나왔으면 1996년판이 됐을지도 몰라요. (웃음) 원고와 사진 뭉치를 1997년 IMF 외환 위기가 터졌을 때 사이언스북스 편집부에 넘겼는데, 거기서 4년 넘게 묵혔죠. 출판사 사정이 참 어려울 때였죠. 그래도 나오기는 나왔죠. 이 책이 싱가포르 대학교 출판부에서 영어판으로 나오고, 일본어판으로도 나왔는데, 싱가포르 대학교 과학사 교수 하나가 말하기를, 제 어떤 책보다 낫다고 평가하더군요. 제 학설을 부인하는 사람의 학설까지 공평하게 넣어 주고, 문장이 아주 선명하다고 해 췄죠. 송상용 선생도 글이 질질 끄는 게 아니라 짧게 써져 있어 젊은 사람들 의식한 것 아니냐고 했죠. 그래도 이 책은 미완의 책이라는 생각이 들어요. 고려 시대 이야기도 생각만큼 많이 못 넣었고.

신동원: 어떤 과학사 학자는 이 문장 보고는 선생님의 나이를 알 수 없다고 하기도 했죠. (웃음) 미완이라 하셨는데, 이전보다 나아진 부분도 많다고 생각합니다. 주장도 선명해지고, 다른 사람 주장, 학설도 반영하고 있죠. 물론 시대 문제는 아직 명확하게 해결되어 있지는 않은데, "하늘의 과학, 땅의 과학, 불과 흙의 과학"으로 파트를 구성하신 것을 보면 한국 과학사 전반에 대해 큰 틀을 구축하신 것을 알 수 있습니다. 제가 보기에 이 제목 붙인 것에 스스로 만족하실 듯합니다. 어떠신가요.

전상운: 그래요. 사실 "흙과 불의 과학"이라는 제목을 붙이면서 굉장히 만족스럽고 기뻤죠. 집사람에게 한참 자랑했어요. 고려 청자와 관련돼서 신라 토기와 고려 청자의 연결 고리를 명확하게 짚어낸 것도 만족스러웠지요. 또

분청 사기에 대해서도 이 책을 통해 우리나라 사람들이 잘못 인식하고 있다는 것을 지적할 수 있어서 좋았어요. 이 책의 영향이라고 생각하는데, 일본 오사카 시립 동양 도자 미술관에 우리 도자기가 많은데, 그곳의 분청 사기 설명이 싹 바뀌었죠. 그 전까지만 해도 우리 미술사가들은 분청사기를 고려 청자와 비교해서 퇴보라는 뉘앙스로 평가를 했는데, 퇴보가 아니라고 확실하게 보게 됐죠.

신동원: "흙과 불의 과학"이라는 제목 보면서 저 역시 선생님께서 드디어 니덤을 넘어섰다는 생각을 하게 됐습니다. 아주 생동감 있는, 유기적 체제라고 판단합니다. 드디어 과학사 분야 분류에서도 학문적으로 성과를 거둔 것이라고 평가합니다. 이전 책에서는 이 문제를 '기술'이나 '장인' 개념으로 접근했었는데, '흙과 불의 과학'이라는 통일적 개념을 부여하신 거죠. 이것은 과학사 연구에서 최초라고 생각합니다. 하나의 경지를 개척하신 거죠. '하늘의 과학'과 '땅의 과학'을 나눈 부분도 이전의 니덤식 분류보다는 시빈의 분류에 가까워진 것처럼 보입니다. 분류와 체재 문제로 고민을 굉장히 많이 하신 듯합니다. 그래도 세부적인 것을 깊게 다루면서 답을 찾아가신 것이겠죠. 2000년판에는 선생님이 평상시 생각해 왔던 것들을 선생님 자신의 틀로 정리했다는 느낌이 들었습니다.

그래서 그랬을까요, 책으로서도 나름 성공을 거두었죠. 이 책으로 위암 장지연상 한국학 부문도 수상하셨고, 말씀하셨던 것처럼 한국문학번역원의 번역 지원 도서로 선정되어 영어와 일본어로 번역 출간되기도 했었죠. 또 2005년 프랑크푸르트 도서전에 한국이 주빈국일 때 한국을 대표하는 100권의 아름다운 책 중 한 권으로 선정되기도 했었죠.

전상운: 잘 보셨네요. 누구 눈치 안 보고 맘대로 쓰겠다고 결심하고 쓴 책이라 그럴 거예요. 어쩌면 프로 과학사 학자의 글로 보기에는 조잡하고 거친

부분이 있지만, 이렇게 쓰고 싶었어요. 다른 사람의 틀에 매이지 않고 내가 보는 한국 과학사를 내 맘대로 써 보자는 생각이 있었죠.

그래도 해결하지 못한 부분이 많이 있었죠. '인물'이 특히 그랬죠. "조선 시대 과학자와 그들의 업적"이라는 제목으로 엮었는데, 어디 붙일 데가 없어서 그렇게 정리했죠. 기왕 써 놓은 걸 그냥 버리기가 너무 아까워서 그랬던 면도 있어요. 또 교토와 영국 있을 때 써 놓은 이슬람의 과학과 통일 신라 및 고려 과학의 관계에 대한 글들을 넣지 못했죠. 논문까지 발전시키지 못한 것들이었죠.

신동원: 의학사를 전공한 독자로서 아쉬운 부분은 의학 관련 부분이 또 빠진 겁니다. 여기에 "생명의 과학"이라는 제목으로 들어갔으면 더 좋지 않았을까 하는 생각이 들더군요. 정말로 과학사 전체를 아우르는 틀이 되었을 텐데요. 아마 생명, 생물, 의학, 양생 분야는 너무 이질적이라 같이 다루기 힘드셨겠죠.

전상운: 그건 신 박사 같은 분이 도와주면 공저로 해서 한번 시도해 볼 수는 있겠죠. (웃음) 아니면 신 박사가 맡아서 새로운 책을 만들어 주셔야죠. 카이스트 제자들과 함께 만든 『카이스트 학생들과 함께 풀어보는 우리과학의 수수께끼』(한겨레출판, 2006년)가 대중에게 호응 많이 받았잖아요. 우리나라 과학사 책 중에 그렇게 많은 자료를 풍부하게 담은 책은 없었던 것 같아요.

신동원: 많이 팔린 편이긴 한데, 같이 후속 책 만들기로 한 학생들이 다 도망가 버려, 3권은 못 하고 말았죠. 4권까지 구상했었는데 언젠가 시간과 기회가 되면 하고 싶습니다. 그 책을 학생들과 함께 만들면서, 우리가 찾던 게 결국 창조성의 순간이었구나 하는 생각을 하게 되었습니다. 선생님이 평생 추구해 오신 주제와 비슷하죠. 박성래 선생님이 한국 과학사에서 역사성과 사상성을 찾았다면, 선생님은 창조성을 추구해 오셨던 거죠. 인터뷰를 준비하면서 선생님들의 책을 읽고 실제로 인터뷰를 하면서 이 생각은 분명해졌습니다.

과학사 학자의 의무는
창조성의 순간을 이야기해 주는 것

전상운: 어린이를 위한 한국 과학사 책 쓰면서 느낀 것이, 과학사 하는 사람의 1차적 의무는 창조성의 순간들을 이야기해 주는 것이다 하는 거였어요. 그 창조성의 순간을 만든 일상, 사상, 미래 비전을 살펴보는 다양한 시도도 필요하다고 생각했죠. 그런 측면 때문에 민족주의자라는 욕을 먹고는 했죠. 그런데 지금 잘 생각해 보니까 저는 민족주의자예요. 신 박사가 일깨워 줘서 속이 편해졌는데, '내셔널리스트'가 꼭 '쇼비니스트'는 아니다 했잖아요. 그 말을 듣고 맘이 편해졌어요. 나의 민족주의는 쇼비니즘은 아니다.

신동원: 민족주의는 필요악일 수도 있습니다.

전상운: 니덤은 동아시아라고 할 때, 중국, 일본, 베트남, 한국 네 나라를 꼽았어요. 이 네 나라마다 자연이 다 달라요. 중국이라는 자연, 한국이라는 자연, 일본이라는 자연, 베트남이라는 자연이 다 다르죠. 이 자연들 속에서 서로 다른 인간의 문화가 형성되었을 것이고 마땅히 다른 과학이 형성되었을 것이겠죠. 일본 산만 봐도 그렇죠. 얼마나 가파르고 높아요. 그러니 다른 문명이 형성됐겠죠.

신동원: 선생님 말씀이 자연스럽게 다음 주제로 넘어가는 것 같습니다. 선생님의 학문과 업적을 훑어 봤을 때 '전상운 테제'라고 할 만한 게 없습니다. 어쩌면 '전상운 스쿨'이 형성되지 못한 게 그것 때문일지도 모르지요. 한국 과학사를 아우르는 이론 같은 것을 말할 듯, 말 듯 안 하셨습니다. 박성래 선생님만 하더라도 맞냐, 틀리냐를 떠나서 '민족 과학론'이라는 이론을 세웠죠. 하지만 선생님께서는 실증적 연구에 힘을 기울이실 뿐 거기서 한 발 더 나아가 이론화, 비전화 작업은 스스로 삼가셨죠.

전상운: 그게 사실입니다. 정곡을 찌르시네요. 제가 스스로 생각하기에 제가 이 정도 한 것 가지고는 더 큰 걸 만들어 내세우기가 좀 어렵다 생각했어요. 그러다 늙어 버린 거죠. 송상용 선생도 지적하고는 했던 건데, 세종 때 우리는 15세기 전반기의 서유럽은 물론, 아랍에 비해서도 뒤지지 않는 과학적 방법론을 가지고 있었다, 당시 한국인의 과학적 창조성이 이렇게나 뛰어났다는 것을 가지고 좀 더 나아갔어야 했을지도 모르죠. 그렇죠, '세종 시대'.

제가 정말로 주장하고 싶었던 것은 우리 민족이 남긴 과학적 성과를 그냥 나열만 하고, 구체적인 설명 없이 무조건 우수하다고 주장하는 것은 세계에 통용되지 않는다, 왜 훌륭하고 탁월한 건지 설득력 있게 설명해야 한다는 것이었죠. 그래서 신석기 시대부터 시작해서, 청동기 시대, 삼국 시대, 조선 시대까지 어떤 성과들을 남겼고, 그것이 왜 뛰어난지를 설명하고 싶었어요.

누구는 전상운이 우리 민족의 과학이 중국보다 뒤진 적이 없다고 주장했다 하는데, 오해예요. 우리는 정말 거대한 강토와 유구한 역사를 가진 중국 옆에서 나름의 창조성을 가지고 중국의 과학과 기술을 수용, 변형, 발전시켰던 것이지요. 우리에게도 나름의 창조성이 있었다는 것을 정말로 말하고 싶었죠.

신동원: 박성래 선생님의 '민족 과학론'은 민족에 따라 과학의 진행 양상이 같지 않다는 주장이죠. 그래서 그 진행 양상을 개별적으로 잘 이해해 주고, 그대로 접근해 주는 지혜와 정신이 필요하다는 주장이죠. 민족마다 다른 과학 양식이 있기 때문에 그걸 존중하자는 것이죠. 그러나 이 주장은 학계로부터 많은 비판을 받았고, 논쟁을 야기했죠. 사실 동아시아 3국 중 한국이 과학 기술 발전이 지체되어 나라가 망했다는 주장으로 연결되어 역사학계의 신랄한 비판을 부르기도 했죠.

전상운: 박성래 선생의 오래된 주장인데, 한국 학계에서는 비판도 많이 받았지만 일본 학계에서는 높게 평가해요. 박 선생이 한·중·일 동아시아 3국 사이의 과학 교류에 대해 폭넓게 관심을 가졌기 때문에 동아시아 3국 과학사 모두에 능통하죠. 그래서 일본에서 초빙해 강연을 듣기도 했죠.

신동원: 그렇습니다. 박 선생님의 민족 과학론은 동아시아 3국 과학사 학자들이 논쟁할 수 있는 주제를 던진 셈인 거죠. 박성래 선생님이 던진 질문을 현재 과학사 학계가 소화해 낸다면 학문 수준이 더 깊어지겠죠.

그러나 선생님은 상대적으로 그런 논쟁을 안 좋아하신 듯합니다. 첨성대 같은 작은 주제와 관련해서도 후학들과 논쟁하실 때 그렇게 신중하게 발언

하신 것을 알 수 있으니까요.

전상운: 저는 논쟁을 싫어해요. 논쟁이 벌어지면 제가 너무 지치죠. 잠도 잘 못 자게 되고. 제가 할 이야기는 논문에 다 썼다 하는 게 제 생각이에요. 첨성대만 해도 직접 논쟁을 벌이지는 않았는데, 아직은 다른 사람 주장 받아들여 수정할 단계는 아닌 것 같습니다. "상설적인 천문대라고 보기 힘들며 해시계 구실을 한 구조물이었을 것"이라는 첨성대에 대한 제 가설을 젊은 학자들이 너무 잘못 이해하고 있죠. 하지만 독자들이 언젠가 판단할 거라고 생각하죠.

대신 이번 책 쓰면서 좀 생각이 바뀌고 있어요. 민족주의자로 비치는 게 싫어 누가 나를 민족주의자라고 하면 불쾌했는데, 이제는 생각이 좀 바뀌었어요. 한국인의 창조성의 기원 문제를 전면적으로 다루고 싶어진 거죠. 예를 들어 이번 책에서는 고인돌도 다뤘는데, 20년 전만 해도 고인돌 가지고 왜 이렇게 난리냐 생각했어요. 고인돌을 실물로 봐도 감동도 뭐도 없었죠. 그런데 몇 년 전에 강화도 가서 다시 보고, 고창 가서 보면서 생각이 바뀌는 거예요. 예전에는 박창범 선생이나 평양 학자들이 고인돌 천장에 새겨진 구멍이 별자리라는 주장을 황당한 것이라고 여겼는데, 요새는 거기에 동의하게 됐어요. 한반도 주변 지역에 이렇게 많은 고인돌을 지어 놓은 문명의 기원에 대해서 궁금해지는 거예요. 미친놈이라고 해도 좋다, 이 책 나왔을 때쯤 나는 무덤 속에 있을 테니 쓰고 싶은 이야기 다 쓰겠다 생각하고 쓰고 있어요. 여기에 한국인의 창조성의 기원을 찾아 줄 비밀이 숨어 있을지도 모르니까요.

신동원: 우리 민족이 가진 창조성의 기원이 더 오래전으로 올라간다는 것을 확신했다는 말씀이시죠. 청동기 시대의 성립 연대를 새롭게 비정해야 한다는 말씀하고 통하는 것 같군요. 삼국 시대에 본격화된 창조성의 기원을, 그 문화적 바탕을 찾아 간다는 말씀으로 이해할 수 있을 것 같습니다. 그만

큼 지평을 넓히고 빈틈을 메우는 작업을 하신다는 거죠.

전상운: 아직도 고고학자나 미술사학자는 어떤 유물이 나오면 중국의 어떤 것과 비슷하다, 어느 시대 것과 비슷하다, 중국에서 건너온 어떤 금속 기술의 영향을 받았다고 하지요. 왜 한국 사람은 밤낮 받기만 하고 자기가 만들면 안 되는가 하는 문제 의식인 거죠. 하위헌스의 흔들이 원리가 언제 발명됐든, 조선의 기술자들이 경험적으로 알던 원리를 이용해 흔들이 시계를 만들면 안 되는 건가 하는 생각이 드는 거죠.

세종 때 아악 정비한 과정에서도 그게 잘 드러나요. 중국 고대의 아악을 복원하는데, 음정이 중국도 다 틀려요. 그래서 세종은 우리가 직접 다시 잡아서 쓰자 했죠. 저는 이게 우리의 창조성이라고 생각했죠. 고정 관념이 너무 심한 걸지도 모릅니다. 중국이 먼저 있고 전수받아야 한다는 고정 관념. 잘못된 가정입니다. 한국 과학 기술사를 보면 반증 사례가 굉장히 많죠.

신동원: 중국이라는 것 자체를 통일된 단일체로 보는 가정이 잘못된 것일지도 모릅니다. 청나라, 명나라 다르고, 그 전 시대도 다 다르죠. 우리보다 뛰어난 시대도 있었겠지만 그렇지 않은 시대도 있었고, 우리보다 뛰어난 사람도 있었겠지만 형편없는 사람도 많고. 이것을 모두 묶어 이것 전부와 우리를 비교하는 것은 논리적이지도 않고 공평하지도 않죠. 선생님께서는 이런 부분을 일부러 강조하시지 않은 것 같습니다. 없는 걸 지어내려 하시지도 않았고요. 다만 있는 게 뭔지를 열심히 파헤치신 거죠. 오히려 그런 논쟁을 무의미하다고 생각하셨던 거죠. 이것을 민족주의라고 폄하하는 것도 올바른 게 아니죠.

저는 이번 인터뷰를 하면서 정말 많이 배웠습니다. 하나의 이론 틀을 세우기가 거의 불가능한 분야를 아무것도 없는 데서 이렇게 쌓아 놓으신 선학들의 업적을 육성으로 들었으니까요. 감동적이었습니다.

전상운: 신 박사 같은 분이 그렇게 말씀해 주시니 고마울 뿐이죠. 다른 분들의 숨은 도움이 없었다면 그렇게 하지도 못했겠지만, 그래도 나름 한국 과학사 분야에서 신작로를 닦는다고 닦아 봤어요. 후학들이 이 길로 따라올지, 말지는 알아서들 결정하겠죠. (웃음)

강순영, 『석굴암 관계 자료 목록집』(경주: 동악미술관, 1988년).

강희안, 서윤희 · 이경록 옮김, 『양화소록』(서울: 눌와, 1999년).

국립문화재연구소, 『한국 고고학 사전』(서울:국립문화재연구소, 2001년).

국립부여박물관, 『백제의 도량형: 국립부여박물관 특별전 도록』(부여: 국립부여박물관, 2003년).

국사편찬위원회, 『한국사』(전7권, 과천: 탐구당문화사, 1997년).

김두종, 『한국 고인쇄 문화사』(서울: 삼성미술문화재단, 1980년).

김영식, 김근배, 『근현대 한국 사회의 과학』(서울: 창작과 비평사, 1998년).

김용운, 김용국, 『한국 수학사』(서울: 과학과 인간, 1977년).

김원룡, 안휘준, 『한국 미술사』(서울: 서울대학교 출판부, 1993년).

김재근, 『우리 배의 역사』(서울: 서울대학교 출판부, 1989년).

김종태, 「유기장」, 『무형 문화재 조사 보고서』 148호(1982년).

김종태, 『한국 수공예 미술』(서울: 예경산업사, 1991년).

김주삼, 『문화재의 보존과 복원』(서울: 책세상, 2004년).

나일성 『한국 천문학사』(서울: 서울대학교 출판부, 2000년).

남문현, 『한국의 물시계』(서울: 건국대학교 출판부, 1995년).

남문현, 「간의대(簡儀臺)의 어제와 오늘」, 《고궁문화》 제2호(2008년).

남문현, 「조선 시대 척도 자료 조사 용역」(보고서, 서울, 1992년).

남천우, 『유물의 재발견』(서울: 정음사, 1987년).

리용태, 『우리나라 중세 과학 기술사』(평양: 과학백과사전종합출판사, 1990년).

리태영, 『조선 광업사』(서울: 백산자료원, 1991년).

문중양, 『우리 역사 과학 기행』(서울: 동아시아, 2006년).

박성래, 『민족 과학의 뿌리를 찾아서』(서울: 두산동아, 1991년).

박성래, 『한국 초기 철기 유물의 금속학적 연구』(서울: 고려대학교 출판부, 1984년).

박성래, 『한국과학사의 새로운 이해』(서울, 연세대학교 출판부, 1998년).

박성래, 『한국사에도 과학이 있는가』(서울: 교보문고, 1998년).

박성래, 『한국의 과학 문화재』(서울: 정음사, 1987년).

박성래, 『한국인의 과학 정신』(서울: 평민사, 1993년).

박진석, 강맹산, 『고구려 유적과 유물 연구』(연변: 東北朝鮮民族教育出版社, 1994년).

박창범, 『하늘에 새긴 우리 역사』(서울: 김영사, 2003년).

박창범, 『한국의 전통 과학, 천문학』(서울: 이화여자대학교 출판부, 2007년).

손보기, 『금속 활자와 인쇄술』(서울: 세종대왕기념사업회, 1977년).

손보기, 『한국의 고활자』(서울: 세종대왕기념사업회, 1982년).

송상용 외, 『우리의 과학 문화재』(서울: 서해문집, 1994년).

신동원, 『카이스트 학생들과 함께 풀어 보는 우리 과학의 수수께끼』(2006년).

신영훈, 『고구려: 기마 민족의 삶과 문화』(서울: 조선일보사, 2004년),

신종환, 「진천 석장리 철생산 유적의 조사 성과」, 『신라 고고학의 제문제』(서울: 한국고고학회, 1996년).

안상현, 「외규장각에 소장되어 있었던 천문학 관련 도서」, 《규장각》37(서울: 2010년).

양보경, 『우리의 옛 지도』(2006년).

염영하, 『한국 종 연구』(초판, 한국정신문화연구원, 1984년).

염영하, 『한국의 종』(서울: 서울대학교 출판부, 1991년).

오상학, 「정상기의 「동국지도」에 관한 연구」(1994년).

유경로, 『한국 천문학사 연구』(한국천문학사 편찬위원회 편, 서울: 녹두, 1999년).

유홍준, 『나의 문화 유산 답사기』 2권(서울: 창작과비평사, 1994년).

윤동석, 『삼국시대 철기 유물의 금속학적 연구』(서울: 고려대학교 출판부, 1989년).

윤장섭, 『한국의 건축』(서울: 서울대학교 출판부, 1996년).

이기백, 『한국사 신론』(개정판, 서울:일조각, 1976년).

이난영, 『한국 고대 금속 공예 연구』(서울: 일지사, 1992년).

이난영, 『한국 고대의 금속 공예』(서울대학교 출판부, 2000년).

이상태, 『한국 고지도 발달사』(서울: 혜안, 1999년).

이성우, 『한국식경대전: 식생활사문헌연구』(서울: 향문사, 1981년).

이영훈, 「진천 석장리 철생산 유적」, 『철의 역사』(청주: 국립청주박물관, 1997년).

이용범, 『한국 과학 사상사 연구』(서울: 동국대학교 출판부, 1993년).

이은성, 『한국의 책력』(서울, 전파과학사, 1978년).

이인숙, 『한국의 고대 유리』(서울: 창문, 1993년),

이찬, 『한국의 고지도』(서울: 범우사, 1991년).

이찬, 양보경, 『서울의 옛지도』(서울: 서울학연구소, 1995년).

이찬, 『한국의 고지도』(서울: 범우사, 1991년).

이춘영, 『한국농학사』(서울: 민음사, 1989년).

전상운, 『한국 과학 기술사』(서울: 정음사, 1976년).

전상운 · 박성래 · 송상용 외, 『이야기 한국 과학사』(서울: 풀빛, 1984년).

전호태, 『고구려 고분 벽화 연구』(서울: 사계절, 2000년).

전호태, 『고분 벽화로 본 고구려 이야기』(서울: 풀빛, 1999년).

전호태, 『벽화여, 고구려를 말하라』(파주: 사계절, 2004년).

정수일, 『씰크로드학』(파주: 창비, 2001년).

천혜봉, 『한국 서지학』(서울: 민음사, 1991년).

최몽룡, 신숙경, 이동영, 『고고학과 자연 과학』(서울: 서울대학교 출판부, 1996년).

최무장, 『고구려 고고학 Ⅱ』(서울: 민음사, 1995년).

최상준 외, 『조선 기술 발전사』(전5권, 평양: 과학백과사전종합출판사, 1997년).

최재석, 『정창원 소장품과 통일 신라』(서울: 일지사, 1996년).

한국과학사학회, 《한국과학사학회지》, 1960~현재.

한국문화역사 지리학회 엮음, 『한국의 전통 지리 사상』(서울: 민음사, 1991년).

한국상고사학회 『고고학 연구 방법론: 자연 과학의 응용』(최몽룡, 최성락, 신숙정

한국전통기술학회, 《한국전통기술학회지》, 1995~현재.

한영우, 안휘준, 배우성, 『우리 옛지도와 그 아름다움』(서울: 효형출판, 1999년).

허선도, 『조선 시대 화약 병기사 연구』(서울: 일조각, 1994년).

홍이섭, 『조선 과학사』(서울: 정음사, 1946년).

황진주, 한민수, 「낙산사 동종의 성분 분석 및 금속학적 고찰」, 『보존 과학 연구』 26(2005년).

우리 과학 문화재 한길에 서서

1판 1쇄 찍음 2016년 12월 15일
1판 1쇄 펴냄 2016년 12월 25일

지은이 전상운
펴낸이 박상준
펴낸곳 (주)사이언스북스

출판등록 1997. 3. 24.(제16-1444호)
(06027) 서울시 강남구 도산대로1길 62
대표전화 515-2000   팩시밀리 515-2007
편집부 517-4263   팩시밀리 514-2329
www.sciencebooks.co.kr

ISBN 978-89-8371-818-1 93400